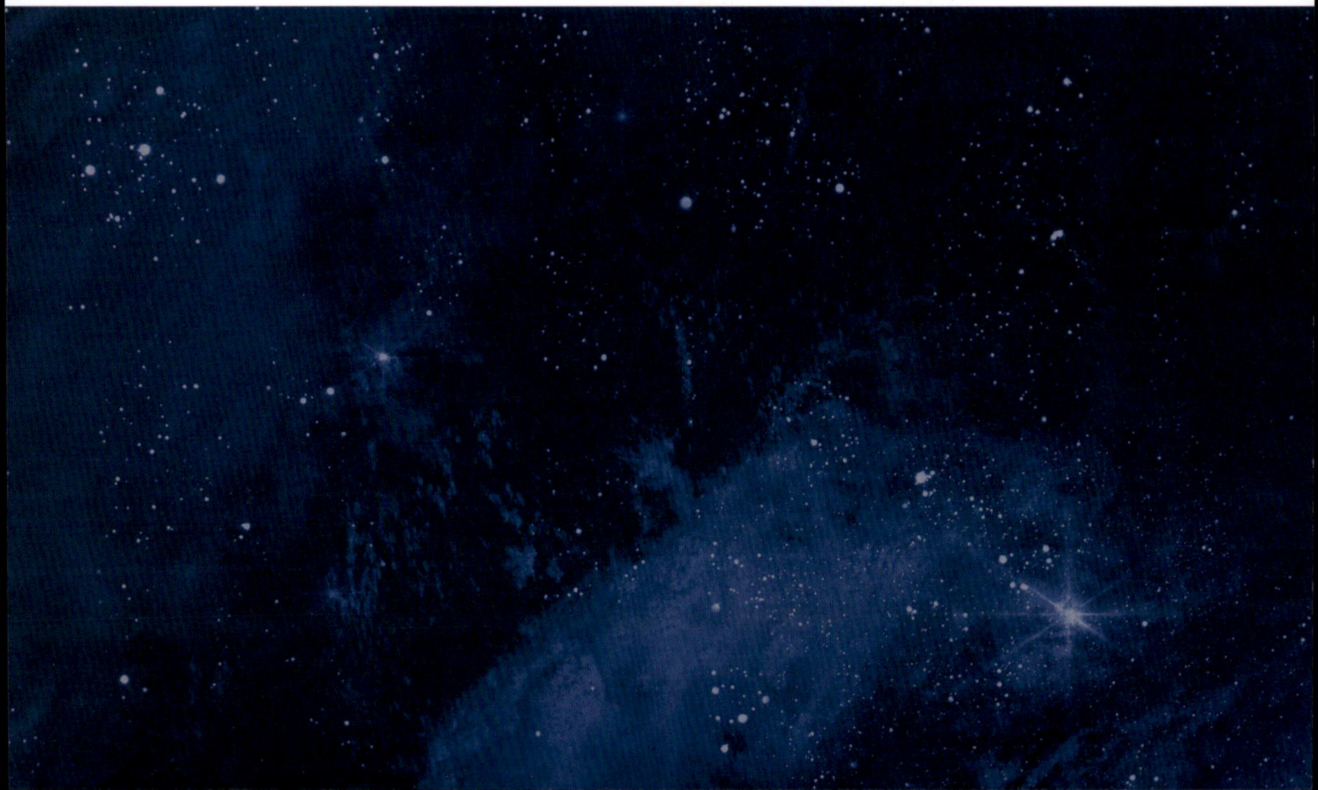

海底科学与技术丛书

洋底动力学
模拟篇

MARINE GEODYNAMICS FOR PHYSICAL
AND NUMERICAL MODELING

李三忠　戴黎明　郭玲莉　等/编著
刘泽栋　王光增　王永明

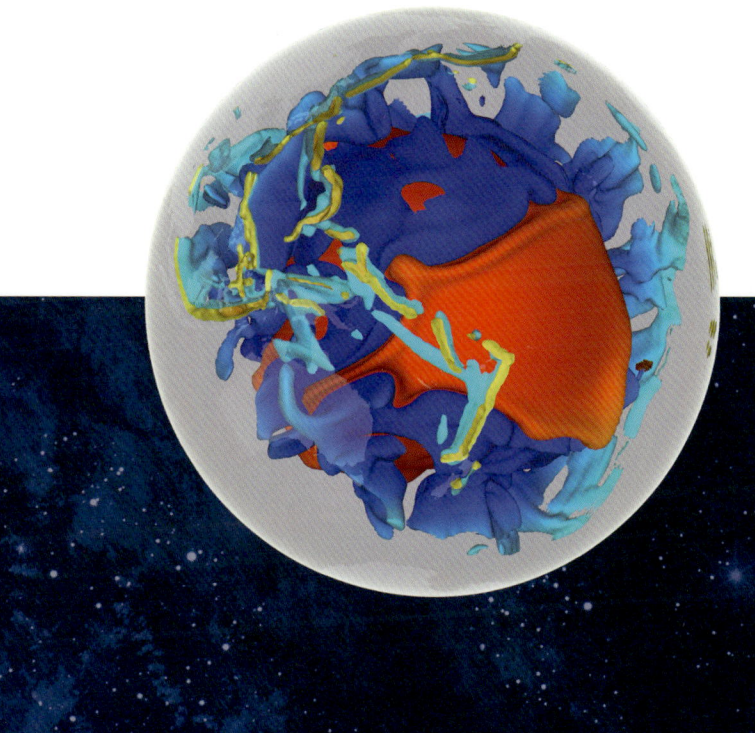

科学出版社
北京

内 容 简 介

本书介绍了地表动力系统的数值模拟技术及相关软件,以及不同洋底动力过程的物理模拟技术及实例。本书以地球系统科学思想为指导,构建了深时古气候、古源汇、古板块的多圈层耦合技术体系,也深入介绍了地幔对流模拟的相关核心技术方法。这是一本既有基础知识,又有前沿技术的教学参考书。

本书资料系统、图件精美、内容深入浅出、技术操作性强,适合从事海底科学研究的专业人员和大专院校师生阅读和应用。部分前沿内容也可供对古气候动力学、地貌学、海洋地质学、地球物理学、构造地质学、大地构造学、地球系统科学感兴趣的广大科研人员及多学科交叉人员参考。

图书在版编目(CIP)数据

洋底动力学. 模拟篇/李三忠等编著. —北京:科学出版社,2021.3
(海底科学与技术丛书)
ISBN 978-7-03-067917-8

Ⅰ.①洋⋯ Ⅱ.①李⋯ Ⅲ.①海洋地质学-动力学 Ⅳ.①P736.12

中国版本图书馆 CIP 数据核字(2021)第 017428 号

责任编辑:周 杰 王勤勤/责任校对:王晓茜
责任印制:肖 兴/封面设计:无极书装

科 学 出 版 社 出版
北京东黄城根北街 16 号
邮政编码:100717
http://www.sciencep.com

北京汇瑞嘉合文化发展有限公司 印刷
科学出版社发行 各地新华书店经销

*

2021 年 3 月第 一 版 开本:787×1092 1/16
2021 年 3 月第一次印刷 印张:23 1/4
字数:550 000

定价:286.00 元
(如有印装质量问题,我社负责调换)

序

地球科学近年来对秒级尺度的地震已有深入研究，对百万年尺度的造山运动、10亿年来的板块迁移也有较系统的重建与研究。不同时间尺度分辨率的年代学发展，提升了对千年尺度、万年尺度地质事件的识别能力，然而，迄今人类还是难以认知秒级到百万年级跨时间尺度的连续地质演变过程。计算机科学的发展为跨越时间障碍提供了机遇，数值模拟手段的应用给系统地连续刻画多时间尺度的地质演变过程带来了前所未有的绝好机会。因此，现今地球科学开始深度认知地球的秒级尺度地震动力学过程与百万年尺度造山运动的构造动力学过程的关联，其发展迎来了新曙光。

然而，地球系统是复杂的，由多个子系统构成，这些子系统具有不同的物理状态（气、液、固、超临界等，脆性、塑性、黏弹性、黏性等流变状态）、物理属性（温度、黏度、密度、孔隙度、渗透率等）和化学组成特性（成分、反应、相变）与过程（交代、脱水、脱碳、熔融、结晶、变形、变位），而且不同的子系统各有其动力学演变行为、机制和规律，因此，整体地球系统研究需要开展跨越多时间尺度的同时需要跨越不同相态系统和多空间尺度系统的过程分析，这种跨越性研究迄今存在重重障碍。不过，构建统一的地球系统动力学模型指日可待。为了未来多学科交叉、更精深地认知地球系统，有必要在关注地球表层动力系统研究的同时，侧重突破对地球系统运行有关键作用的固体地球系统动力学问题。

《洋底动力学》分为多卷，为全面认知复杂地球系统而撰写，是以构建整体地球系统为目标而编著的一组教材，工程量巨大，但面向未来，总体集中围绕海底过程及其动力学机制而展开。洋底动力学学科主要内容包括两部分：①地球浅表系统，涉及与物理和化学风化、剥蚀与流体动力侵蚀、搬运、沉积等过程密切相关的从源到汇、从河流到河口并跨陆架到深海的风化动力学、剥蚀动力学、沉积动力学、地貌动力学，特别是涉及与人类活动密切相关的河口海岸带、海底边界层关键带的过程和机制，需要开展广泛深入的总结与研究；②地球深部系统，构建跨地壳、岩石圈地幔、软流圈、下地幔等多个圈层的物质-能量交换过程、机制的海底固体圈层地球动力学，包括不同分类和级别的岩石圈动力学、地幔动力学、俯冲动力学、变质动力学、岩浆动力学、成矿动力学、海底灾害动力学以及宇宙天体多体动力学问题等内容。

《洋底动力学》隶属《海底科学与技术丛书》，受众是地质学和海洋地质学或一些交叉学科的多层次学生与研究人员，而不仅仅是针对地球物理学和地球动力学专门工作者撰写的关于地球动力机制的著述，但书中也不乏一些深入的数值模拟与结果的地质解释概述，它是多个学科领域研究人员沟通的桥梁，也是深入理解地球系统运行规律的工具。

当今，地球科学正进入动力学探索阶段，其最宏伟的目标就是建立整体全时地球系统动力学理论，然而，迄今板块构造理论还没有完全解决动力驱动问题，也没有建立固体圈层的板块动力与流体圈层的动力过程之间的耦合机制，更没有系统揭示板块构造出现之前的固体地球圈层运行规律，特别是传统地球动力学研究并不涉及地表系统流体圈层运行及其与固体圈层的相互作用，因而，迫切需要一个学科桥梁来桥接这个流固耦合方面的缺失知识环节。板块构造动力学问题，迄今仍是板块构造理论的三大难题之一，依然停留在探索研究假说和模拟验证阶段。为了推动相关研究，李三忠教授团队长期学习研究积累，在广泛收集前人已有成果基础上，结合最新动态，耗时巨大，整理编著了这组著作。

传统认为，地幔对流是板块运动的驱动力。但迄今，这仍是一个争论问题，仍然在探索、研究与讨论中的主要问题。不可否认，它可能是驱动地表系统和深部地质过程的基本营力之一。然而，关于地幔对流的本质及其根本机制如何，它又如何控制驱动地质过程等，迄今依然缺乏深刻理解和了解。当然，并不是所有过程都受到地幔对流的影响，但只有当地学研究者对此深入了解时，才会理解何时这些过程产生了关联，进而发现和理解那种相关又是什么。

关于现今地幔对流存在的争议，大部分的焦点争论通过改进模型便可解决，有些争论是合理的，但也有一些争论是无用的。关键是面对现实和实质问题，将来如何探索、积累与发展。

基于这些原因，提供一本可以被地球科学学习者和研究者理解或超越现有地幔对流或地球驱动力认知的书籍是值得的。这就意味着这本书需要有基本的数理基础和运算，但是，要面对未来、开拓新领域、创造新知识，就必须考虑、也要给予一定深度的必备数理知识和思维，以提供引导。所以，该套书可以供本科生到博士生等跨度很大的群体阅读，读者各取所需，可跳跃着阅读，都应有所收获，因此，服务多层次读者也是该套书的初衷。

该套书对基本参数有时以相当简单的术语提出和表达，有时也以深入的数学或者细节清楚地标出，其中无疑也有一些较艰深的数理问题及方程式推导。特别是，以往大量地球动力学专著多被视为地球物理学范畴，高深公式及推导太多，故而很少有地质学者精读。为此，期望该套书能达到让广大地球科学工作者，尤其地质科学工作者，喜读又都能理解的目的。

但是该套书不只是围绕固体圈层动力学问题，它另外一个特点是，还有大篇幅阐述恢复古地表系统的地质、地球化学、地球物理的新方法，为深时地球系统科学构建提供了工具；也关注水圈等圈层中相关的地质过程，如从源区、河流、河口、海岸带到大陆架、深海的沉积物输运动力学，以往，很少研究关注到这些地表系统过程还能与深部地幔动力学相关，即使知道相关，也不知从何处下手来揭示两者的关联。该书为这些新领域的研究提供了新工具和新思路。这些新发展应当也是油气工业部门感兴趣的，不仅是层序地层学由定性向定量发展跨出的一大步，而且由二维走向四维，这是突破板块构造理论囿于固体圈层、建立地球系统科学理论的必然途径，有望催生新的地学革命。

计算机科学快速迅猛发展、计算能力超常规快速提升到 E 级计算的当今，大数据挖掘、可视化分析、人工智能、虚拟现实和增强现实展示等新技术不断融合，推动不断发现现象间新关联的信息时代背景下，地质学家们和海洋地质学家等共同参与地球深浅部动力机制计算及论证显得尤为重要与必要。

总之，天体地球在不停地运动，在地球演变历史的长河中，其基本组成物质——不同深度的固体岩石材料常处在随时间而发生流变的状态下，因而从流变学角度重新认知大陆，乃至大洋，是当今大陆动力学和洋底动力学要共同承担的重大任务。从最本质的宇宙、天体、物理、化学、生物基础理论和定律出发，在地质条件约束下和地质思维考虑中，认识地球系统动力机制及其地质的连续过程，是动力学研究的根本。进行跨时间尺度、跨空间尺度、跨相态的动态多物理量约束下的复杂地球系统动力学探索研究与构建洋底动力学理论是洋底动力学学科要追求的目标。

中国科学院院士

2020 年 4 月 30 日

前　言

"洋底动力学"（Marine Geodynamics）自2009年在两篇姊妹篇论文中提出，至今已整整十年。在这十年间，地球系统科学也从口号、理念快速进入动力学数值模拟时代，大规模数值模拟将地球系统科学推动到了状态清楚、过程明确、动力透明的认知层面。十年间，我们不曾懈怠，不断积累，不断收集整理，并系统化洋底动力学相关的零零总总。国际著名学者们也以"工匠精神"不断深入而精细研究，提出了很多新概念、新理念，超越了概念的争论或宣传，持续不断深耕细作和创新编写了一些相关专著或教材，但一些专著依然存在缺陷和视野不足。今天新学科著作《洋底动力学》终于在团队多年共同努力下，付梓出版，本套书以系统而整体的形象面世，以反映当代洋底动力学的全面成就，书中试图以洋底为窗口，构建整体地球系统科学框架和知识体系。

洋底动力学是以传统地质学理论、板块构造理论为基础，在地球系统科学思想的指导下，以海洋科学、海洋地质、海洋地球化学与海洋地球物理、数值模拟等尖新探测和处理技术为依托，侧重研究伸展裂解系统、洋脊增生系统、深海盆地系统和俯冲消减系统的动力学过程，以及不同圈层界面和圈层之间的物质与能量交换、传输、转变、循环等相互作用的过程，为探索海底起源和演化、保障人类开发海底资源等各种海洋活动、维护海洋权益和保护海洋环境服务的学科（李三忠等，2009a）。可见，洋底动力学旨在研究洋底固态圈层的结构构造、物质组成和时空演化规律，也研究洋底固态圈层，如岩石圈、软流圈、土壤圈，与其他相关圈层，如水圈、冰冻圈、大气圈、生物圈、地磁圈之间的相互作用和耦合机理，以及由此产生的资源、灾害和环境效应。

洋底动力学学科主体包括两部分：表层沉积动力学（Sediment Dynamics）和固体圈层动力学（Solid Geodynamics），两个核心部分同等重要，因为沉积动力和洋底动力过程共同塑造着这个蓝色星球。其目标是将表层地球系统过程与深部壳幔动力过程有机结合起来，并使之成为地质研究人员参与地球系统动力学研究的新切入点。在地质学领域，地球系统的思想应当追踪到地震地层学和层序地层学的建立与发展。层序地层学被认为是20世纪70年代油气工业界和沉积学领域的一次革命，它将气候变化、海平面变化、沉积物输运与沉积、地壳沉降、固体圈层的构造作用等过程有机地紧密结合起来。与此同时，古海洋学在1968年开启的DSDP之后逐步建立起来，为认知古全球变化性和深时地球系统拓展了思路，构建了大气圈、水圈、生物圈、人类圈和地圈之间的关联，也被誉为海洋地质学领域的另一场革命。其实，基于海底调查而于1968年建立的板块构造理论也开始渗入到各个地学分支学科，该理论是海洋地质学领域的第一场革命，同时是一场范围更广的地学领域理论统一的革命，被誉为第二次地学革命（第一次地学革命是唯物论战胜唯心论）。在轰轰烈烈的板块革命期间，中国错失良机，没有参与到以板块理论指导下的对地球各个角落广泛对比的研究中，但就是在这场革命后期，广为普通民众关注的全球变暖或全球变化研究浪潮中，地球科学家潜意识中开启了对地球系统的研究。为此，特别需要大力培养具有全球视野并系统化认识地球的综合性人才，以抢占构建地球系统理论的新机遇。

地球系统科学理念到20世纪90年代逐渐明晰，凸显了中国古人的"天人合一"思想，众多学科开始推行"宜居地球"的发展理念，甚至拓展到宇宙中探索"宜居星球"和星际生命，地球系统科学因而被广泛倡导。然而，迄今为止，无论是层序地层学、古海洋学还是地球系统科学都依然处于对地球表层系统的定性描述或半定量阶段，甚至有的还停留在理念思考上，没有真正实现对状态、过程和动力的定量描述、模拟、分析，这其中的原因就是自然科学的分科研究碎片化。如今，国内外都开始注意到这些不足之处，积极构建有机关联这些圈层间相互作用的新技术，在高速发展的计算机技术、计算方法、人工智能、大数据、物联网等基础上，大力发展智能勘探技术，开发相关数值模拟技术和物理模拟技术，依托这些强大的软、硬件工具，研究地幔或软流圈、岩石圈、水圈、大气圈和生物圈之间相互作用和耦合过程与机理，为建立跨海陆、跨圈层、跨相态、跨时长的动态多物理量约束下的复杂地球系统动力学技术、方法与理论，将所有圈层耦合一体的洋底动力学应是一个关键切入点。

《洋底动力学》分为多卷，包括先出版的系统篇、动力篇、技术篇、模拟篇、应用篇和计划中的资源篇、灾害篇和环境篇以及战略篇，主要从物理学、化学、生物学、地质学等学科的动力学基本原理的角度对《海底科学与技术丛书》中《海底构造原理》理论的深度解释，是深度认知《海底构造系统》各系统结构、过程和动力的理论指导，也有助于对《区域海底构造》中各海域特征的深度理解，同时介绍了开展相关调查的技术方法。本书力求系统，试图集方法性、技术性、操作性、基础性、理论性、前沿性、应用性、资料性、启发性为一体，但当今洋底动力学调查研究技术，特别是数值模拟方法、数值-物理一体化模拟技术等发展迅猛，本书难以全面反映当前研究领域的最高水平，权且作为入门教材，供大家参考。

本书初稿由李三忠、郭玲莉、王光增、戴黎明、刘泽栋、王永明、曹现志、刘泽、董昊等完成，最终统稿由李三忠、郭玲莉、刘博完成。具体分工撰写章节如下：第1章的1.1节由刘泽栋、李三忠编写，1.2节由刘泽、戴黎明编写，1.3节由曹现志编写；第2章的2.1节、2.2节、2.4节和2.5节由郭玲莉编写，2.3节和2.6节由王光增编写；第3章的3.1节和3.2节由戴黎明编写，3.3节由刘泽、董昊编写，3.4节由王永明编写。

书中很多技术只是引导读者入门的基础知识或者高度简化的概括，相关数学、物理学、化学等高深知识，还需要读者自己查找专门书籍学习，为了方便读者延伸阅读，与《海底科学与技术丛书》的其他几本教材不同。这里强调的技术主要是开展洋底动力学研究的常用技术，但为了系统化，有所取舍。

为了全面反映学科内容，我们有些部分引用了前人优秀的综述论文成果、书籍和图件，精选并重绘了2000多幅图件，书中涉及的内容庞大，编辑时非常难统一风格，难免有未能标注清楚的，对一些基本概念的不同定义也未深入进行剖析，有些为了阅读的连续性，一些繁杂的引用也不得不删除，请读者多多谅解。

在本套书即将付梓之时，编者感谢初期为此书做了大量内容整理工作的其他团队青年教师和研究生们，他们是王誉桦、王鹏程、周洁、刘一鸣等博士后和唐长燕博士；尤其是，兰浩圆、刘金平、赵浩等博士生和甄立冰、王宇、王亮亮、李法坤、陶圩、马晓倩等硕士生们为初稿图件的清绘做出了很大贡献。同时，感谢专家和编辑的仔细校改和提出的许多建设性修改建议，本套书公式较多而复杂，他们仔细一一校对，万分感激。也感谢编者们家人的支持，没有他们的鼓励和帮助，大家不可能全身心投入教材的建设中。

特别感谢中国海洋大学的前辈们，他们的积累孕育了这一系列的教材；也特别感谢中国海洋大学从学校到学院很多同事和各级领导长期的支持和鼓励，编者本着为学生提供一本好教材的本意、初心，整理编辑了这一系列教材，也以此奉献给学校、学院和全国同行，因为这里面有他们的默默支持、大量辛劳、历史沉淀和学术结晶。我们也广泛收集并消化吸收了当代国际上部分最先进成果，将其核心要义纳入本书，供广大地球科学的研究人员和业余爱好者参考。由于编者知识水平有限，不足在所难免，引用遗漏也可能不少，敬请读者及时指正、谅解，我们团队将不断提升和修改。

最后，要感谢海底科学与探测技术教育部重点实验室及以下项目对本书出版给予的联合资助：国家自然科学基金（91958214）、国家海洋局重大专项（GASI-GEOGE-01）、山东省泰山学者攀登计划、青岛海洋科学与技术试点国家实验室海洋矿产功能实验室、国家重点研发计划项目（2016YFC0601002、2017YFC0601401）、国家自然科学基金委员会–山东海洋科学中心联合项目（U1606401）、国家自然科学基金委员会国家杰出青年基金项目（41325009）、国家实验室深海专项（预研）（2016ASKJ 3）和国家科技重大专项项目（2016ZX05004001-003）等。

2020 年 4 月 14 日

目 录

第1章　洋底圈层耦合重构与同化模拟 ……………………………………… 1
　1.1　古气候动力学模拟 ……………………………………………………… 1
　　1.1.1　气候模式与气候模拟的发展 …………………………………… 5
　　1.1.2　古气候模拟研究的途径 ………………………………………… 10
　　1.1.3　气候模式与气候模拟 …………………………………………… 23
　　1.1.4　简化气候模式 …………………………………………………… 36
　　1.1.5　大气环流模式 …………………………………………………… 43
　　1.1.6　海洋环流模式 …………………………………………………… 45
　　1.1.7　陆面模式 ………………………………………………………… 47
　　1.1.8　冰雪模式 ………………………………………………………… 50
　　1.1.9　气候系统耦合模式 ……………………………………………… 56
　　1.1.10　古气候建模的意义及发展 …………………………………… 70
　1.2　Badlands 地表系统动力学模拟 ……………………………………… 81
　　1.2.1　Badlands 基本原理 …………………………………………… 81
　　1.2.2　Badlands 安装及使用 ………………………………………… 84
　　1.2.3　程序结构的构建 ………………………………………………… 86
　　1.2.4　程序结构的输出和分析 ………………………………………… 91
　　1.2.5　Badlands 动态古地貌再造应用 ……………………………… 95
　1.3　GPlates 板块重建模拟 ………………………………………………… 105
　　1.3.1　GPlates 简介 …………………………………………………… 105
　　1.3.2　GPlates 板块重建 ……………………………………………… 105

第2章　洋底构造过程物理模拟技术 …………………………………………… 112
　2.1　构造物理模拟方法 ……………………………………………………… 112
　　2.1.1　发展历程 ………………………………………………………… 112
　　2.1.2　相似理论 ………………………………………………………… 119
　　2.1.3　相似条件和基本原则 …………………………………………… 123

2.1.4 相似材料 127
2.2 洋中脊-转换断层 132
    2.2.1 转换断层 132
    2.2.2 洋中脊斜向扩张 141
2.3 地幔柱 155
    2.3.1 地幔柱相关概念和认识 155
    2.3.2 物理模拟相关设置 161
    2.3.3 实验结果展示 167
2.4 俯冲带 170
    2.4.1 实验方法 170
    2.4.2 模拟结果 174
2.5 海底滑坡 182
    2.5.1 分类 183
    2.5.2 诱发机制 184
    2.5.3 天然气水合物与海底滑坡的关系 184
    2.5.4 研究方法 186
    2.5.5 实验方法 187
    2.5.6 实验结果 191
2.6 底辟构造 194
    2.6.1 底辟构造的相关概念 194
    2.6.2 物理模拟相关设置 202
    2.6.3 实验结果分析 210

第3章 洋底构造机制数值模拟方法 218
3.1 ANSYS 有限元应力-应变模拟 218
    3.1.1 有限元基本理论 218
    3.1.2 地学领域有限元关键技术 220
    3.1.3 模型构建实例 225
    3.1.4 模拟结果例析 234
3.2 I2ViS 有限差分构造-热模拟 247
    3.2.1 有限差分法的基本原理 247
    3.2.2 有限差分的网格化过程 250
    3.2.3 二维热结构计算的基本流程 256
    3.2.4 沉积-部分熔融过程模拟方法 258
3.3 ASPECT 地幔动力模拟 260

3.3.1	基本方程及原理	261
3.3.2	初始条件和绝热压力/温度	269
3.3.3	运行 ASPECT	270
3.4 CitcomS 地幔动力模拟		287
3.4.1	地幔动力学基本方程	287
3.4.2	地幔对流的数值方法	289
3.4.3	真实地球的模拟	302
参考文献		309
索引		348
后记		352

第1章　洋底圈层耦合重构与同化模拟

地球动力学数值模拟方法有两种，一种是基于地球大数据或地球动力学过程的重构与同化模拟（geodynamic reconstruction and assimilation），另一种是基于物理原理的纯地球动力学数值模拟（pure geodynamic modelling）。地球动力学数值模拟是研究海底构造过程与机制的有效手段，特别是现今超级计算机和量子计算机的飞速发展，给数值模拟带来了生机和活力，也大力推动着洋底动力学的快速发展。海底过程难以直接观测，但通过建立地质模型，利用数值模拟可以揭示看不见、摸不着的海底演变精细过程和机制。本章侧重介绍常用的基于大数据、地质事实的洋底动力过程数值模拟手段、相关软件及其操作，这些手段、相关软件及其操作不是万能的，有的侧重固体圈层运动本质，有的侧重地球表层系统过程模拟。因此，多种方法或软件并用，采用适当的方式将各种模拟手段获得的结果进行耦合分析，通过这种方法体系，可获得对海底构造系统的全面认知。这里主要介绍一些入门知识，若读者想要深入学习并达到熟练解决洋底动力学问题还需要参考相关文献和软件说明。

1.1　古气候动力学模拟

自古以来，人类就不断改变着自己的生活环境，工业革命以来，人类活动对全球环境产生了显著影响。现今，人类对全球气候造成影响是毫无疑问的，甚至人类对生物地球化学循环的干扰可能已经逼近临界水平。在过去几十年中，大气中温室气体中（如 CO_2、CH_4、N_2O）的浓度一直在急剧增加，并已达到了过去百万年以来前所未有的高值范围，引发了人们对全球热平衡的广泛关注。然而，温室气体的升高仅是人类活动所导致诸多问题的冰山一角。尽管人们正努力地寻找解决方案，来应对气候污染和资源枯竭带来的问题，但由于缺乏对气候自然变化过程的认识，人们对气候变化的理解仍困难重重。

自 1990 年美国全球变化研究计划（U.S. Global Change Research Plan，USGCRP）发布报告以来，气候变化研究已经取得一系列重要成果。这些研究更加关注古气候记录，如最引人注目的成果是：证实快速气候变化事件［海洋-大气系统的快速及大规模重组事件，其中包括著名的新仙女木事件（Younger Dryas event，YD 事件）］

会在末次冰期旋回（Last Glacial Cycle，115~10ka BP）中频繁发生。最令人惊讶的是，这些事件可在几十年甚至更短的时间内发生，可持续几百至几千年，并且其气候变化与冰期/间冰期循环相似。其实，现今所在的间冰期内（全新世，始于约11 500年前），此类事件同样存在，只不过其强度有所减弱。因此，开展与这些快速气候变化事件相关的研究对人类理解气候变化意义重大。

尽管导致快速气候变化事件及气候自然变化的原因总体上仍未被完全掌握，但不断积累的古气候证据证明了各种物理过程的重要性，如全球海洋温盐环流的变化、地球轨道诱导（即米兰科维奇理论）的日照循环、太阳变化、温室气体、火山活动等。因此，古气候研究就显得相当重要：①可评估无人为强迫情形下，气候变化的时空特征；②评估与地球系统演化相关的自然内部变率，以了解多个时间和空间尺度上物理与生物圈等的相互作用；③确定地球气候与生物圈对大量强迫因子的敏感性；④研究地球系统中的气候、化学及生物等因素对各种扰动的响应；⑤检验数值模型在不同气候背景下的预测能力。

目前，仅涉及无人为强迫的情形下，理解气候变化、预测其未来变化的研究任务就已足够复杂，若再考虑人为强迫的影响，尤其是在观测资料存在巨大局限的前提下，研究任务将会更加复杂。但是，古气候记录为此类研究提供了一系列的案例和经验，在此基础上，人们能够更好地构建气候变化模型、检验对气候变化的理解与认知。

古气候研究的任务主要包括以下几方面：

1) 记录全球气候和地球环境在过去是如何变化的，并确定导致变化的因素。探索如何应用此记录来理解未来的气候和环境变化。

2) 记录人类活动如何影响全球环境和气候，并确定如何将人为外部因素与自然内部变率区分开，描述人类干预之前的自然环境变化情况。

3) 探索全球环境自然变率的界限（如频率、趋势、极端事件的情况），并确定对应边界条件（如温室气体、海洋环流、海冰及陆冰覆盖范围）的变化情况。

4) 记录重要的驱动因素（如温室气体、太阳辐射通量、海洋环流、火山喷发的物质和大气气溶胶）及其如何在季节到百年时间（甚至百万年）尺度上控制气候变化，确定快速气候变化事件和气候状态快速转变的原因。

古气候的研究可以追溯到300年以前，从17~18世纪达尔文、莱伊尔对地质时代气候变迁的研究，到20世纪南极60万年冰芯记录的研究，古气候研究从未止步。直到20世纪，随着人们对全球变暖的关注，古气候成为研究热点。如今，人类试图全面认识地质时期的气候变化、认识气候变化的机制，进而预测未来气候。古气候模拟是解决这个问题的一个重要途径，随着全球变化研究的需要而发生和发展。自20世纪下半叶以来，得益于气候模式的发展以及计算机技术的进步，人们进行了不同地质时期、不同气候变化过程以及不同动力驱动的古气候模拟实践，逐步形成了古气候动力模拟的理论、方法和技术途径，促使了古气候动力学的建立。古气候动力学是地质学多个分支学科与海洋科学、气候学和物理学之间学科交叉的新兴学科，包括采用动力学途径重建和反演地质时期气候变化，通过气候系统的物理过程，探究气候变化成因机制（Wright et al., 1993）。

早在20世纪初期，人们就已经开始注意到全球变暖与化石燃料燃烧后释放到大气中的CO_2有关。20世纪70年代随着温室气体CO_2含量迅速升高和极端气候出现，严重的人为大气污染及其气候效应引起人们的广泛关注。有关人类活动与气候环境的关系的研究变得日益重要，并积累了大量的研究成果。但是在对未来发展趋势的预测和评价工作中，所要研究的核心问题是大气CO_2含量如何发展，增加的CO_2中人类活动的贡献有多少，对应的气候又如何变化。Zubakov和Borzenkova（1990）综述了大气CO_2含量增长将造成气候变化的三种独立途径：第一种途径是对器测时期的各种记录做出分析研究，以获得全球热量、动力场与空间温度和大气降水变化的关系；第二种途径是对地史时期的古气候重建和认识，特别是对第四纪乃至古生代、前寒武纪不同地质时期大气CO_2含量变化的认识和理解；第三种途径是采用各种气候模型，在设定不同的CO_2含量变化条件驱动下进行气候变化模拟，以此预测CO_2含量变化对未来气候的影响。

工业革命100多年以来的仪器观测和气候诊断揭示，近代气候变化反映出强烈的人类活动对大气系统的影响和效应。当人们考虑更长时间尺度的地史时期的气候时，人们惊讶地发现大气CO_2含量在20世纪快速变化这一事实并不是人类强烈活动时期所独有，在全新世乃至中新生代不同地质时期中大气CO_2含量与20世纪的峰值、变化幅度、速度相类似甚至更高，多次出现大气CO_2含量从280ppm①迅速增加到350ppm的情况。中生代火山喷发、灰白色碳酸盐岩和深海黑色页岩、植物化石结构等大量地质记录，充分反映了当时大气CO_2浓度为现代的4倍以上，超过1000ppm（Berner and Raiswell, 1983），这一高CO_2浓度带来的温室效应使极地气温达到了现代全球的平均温度（15℃）（Barrera and Savin, 1999）。而第四纪40万年以来南极东方站（Vostok）冰芯揭示的CO_2记录不仅有从低值（180ppm）到高值（300ppm）的变化，而且CO_2浓度曲线变化显示了3~4个周期，约10万年1个旋回，温度升幅2~5℃。在低纬度副热带地区和中纬度内陆地区，2℃的平均温度升幅足以使牛羊成群的肥沃草原变成干旱无人的荒漠。

海平面上升是气候变暖的一个重大响应，这将迫使亚洲数千万人口由沿海向内陆转移，导致生存空间缩小、淡水资源短缺、沿海工程和环境恶化等巨大灾难。然而，

---

① 1ppm=1×10^{-6}。

这相比中生代海平面升高60m、末次间冰期升幅5~7m的变化，则小巫见大巫。此外，大气中CO_2增加将与全新世中期太阳辐射加强造成的增温效应相当，都会深刻改变大陆的蒸发和降水，从而影响人类的生存和发展。虽然人类对热量和温度的变化有较强的承受能力，但是当大气降水大量减少，地表有效降水长期匮乏时，人类的承受能力却相当脆弱。无论是中国西域两千年前残留的文明古城，还是北非沙漠中六千年前的人类遗迹，都反映了人类对长期干旱和水量枯竭的屈服。可见，数万年、数千万年以前无人类活动或者人类活动极其微弱的时代同样发生了温室效应增强的事件，然而其机制如何？历史的温室气候是否可能再现？这些问题的答案尚不明确。

气候的严寒和干旱是人们关心的第二个重要话题，与温室气候截然相反的气候是冰室气候。20世纪70年代初的气候"变冷说"最早由Dansgaard等（1971）提出，他们基于格陵兰冰芯氧同位素谱分析成果，发现地球气候有10万年轨道周期变化，其中9万年为冷期，1万年为暖期。按此规律，目前气候的暖期已接近尾声。15~19世纪明清时期小冰期，中国长江、太湖冰封，旱涝灾荒导致经济农作物产量下降，耕畜死于严寒，农业经济萎缩，人口再生产衰退（竺可桢，1972）；北方面临持续干旱，多次出现干旱、大风和沙漠化，灾难连连（张丕远，1996；满志敏等，2000）。此时，欧洲的英伦三岛、北欧、东欧、俄罗斯都出现了谷物歉收、大饥荒、人口严重减少的迹象。可见，气候变化是当时中国社会兴衰、经济发展不容忽视的重要因素。

比起这些小冰期气候灾难，更显著的是大冰期的灾难，后者在地史时期不断重现，更让人类不寒而栗。在95ka至20ka期间，北美劳伦泰冰盖（Laurentide icesheet）推进到38°N，北美五大湖泊、美国纽约的冰盖覆盖面积超过1300万km^2，欧洲斯堪的纳维亚冰盖伸展到51°N，伦敦、柏林、华沙面临着中心超过3000m厚的冰盖高山。生活在中、高纬度地区的人类和动物在冰盖压境下纷纷南逃，引发人类生存空间的连绵战争，大量植物也遭到灭顶之灾。同样，位于38°N附近的中国兰州、太原、北京庆幸没有被冰盖覆盖，但持续千年的漫天黄土、移动沙丘也几乎把这些地区掩埋。如果把历史推到远古的寒武纪以前，冰川和海冰在一些时期（如新元古代）覆盖了差不多整个地球。若从太空上看，当时的地球是一个雪球地球（snowball），而不是现在人类自豪拥有的一个蓝色星球。

如果说万年尺度以上冰期与大冰期对百年寿命的人类个体影响不大的话，那么百年尺度气候灾变和极端气候就需要人们研究相应的对策了。例如，从冰筏沉积中认识的Heinrich（海因里希）事件为末次冰期（115~10ka BP）中多次冰盖的快速扩张过程。在末次冰期中，从间冰阶逐渐降温到冰阶，然后快速增温，反复发生了20多个百年至千年级的气候旋回。其中的YD事件又特别引人注目。在末次冰期（15~10ka BP）中，格陵兰中部冰芯的氧同位素记录反映出在12.5~11.5ka BP的千年内发生了快速剧烈降温（200年内降幅达4℃），而YD事件后的迅速剧烈升温

（100年内升幅达5℃）（Schwander et al.，2000）。

可见，研究古气候需要从地质记录开始，从地质证据中恢复古气候变化的特征、速度、周期以及区域等。在大量气候变化的事实面前，人们不仅关心气候是怎样变化的，还会进一步关心气候为什么发生变化，即气候变化的成因研究。同时，由于气候的状态（温室和冰室气候）以及变化（快速和反复变化），使得人们必须在气候变化中同时做好应对气候变暖和变冷的两种准备。古气候的研究为人类认识气候变化提供了论据，但是古气候变化的原因究竟是什么，需要一定物理机制的探究。为此应运而生的古气候模拟，试图揭示出过去气候变化的特征、过程、趋势、频率，并且在两个方面寻求突破：一是内因，二是外延，即分析气候变化的原因和对未来尚未发生的气候变化进行预测（于革等，2007）。

1.1.1 气候模式与气候模拟的发展

要认识气候变化机制，需要探索解决这一科学问题的途径。发展气候模式，进行气候模拟是重要途径之一。气候模式是建立在用数学方程表示物理定律基础之上的，它的求解采用全球三维格点来得到。气候模拟需要发展和耦合气候系统中的主要子模式（大气、海洋、大陆、冰雪以及生物系统），包括它们之间的相互作用。表1-1概要地给出了气候模式与气候模拟发展史上的一些重要事件。

表1-1 气候模式与气候模拟的发展简表

时间	研究者和气候模式与模拟过程
1904年	V. Bjerknes利用流体力学方程来讨论大气和海洋的流体运动问题
1922年	L. F. Richardson首次用数值方法进行了数值天气预报尝试
1945年	冯·诺伊曼（J. von Neumann）研制用于数值天气预报的计算机，成立了第一个数值天气预报研究小组
1950年	J. Charney利用正压滤波模式成功地做出了24h的数值预报
20世纪50年代中期	N. Phillips使用具备非绝热和摩擦耗散作用的两层准地转模式，做大气环流的长时间数值积分试验
20世纪50年代末	Adem研制了用于进行月平均和季平均温度距平预报的能量平衡模式（energy balance model，EBM）
1960年	大尺度海洋环流模式和海冰模式（sea ice model，SIM）开始建立与发展
20世纪60年代中期	以J. Smagorinsky等为首的研究小组发展和完善了大气环流模式（AGCM）
1970年	气候模式和气候模拟与预报的大发展时期，建立了从简单到复杂、从低维到高维、从非耦合到耦合、从低分辨率到高分辨率的各种等级和层次的气候模式，并用这些模式进行了大量的气候模拟和预报试验研究
20世纪70年代初期	E. Eliasen、S. A. Orszag、W. Bourke等建立了大气环流谱模式

资料来源：李晓东，1997。

1904年由比耶克内斯（Bjerknes）最早提出用流体力学方程来分析大气和海洋运动。1922年，Richardson首先通过求解大气的数值模式，将大气运动的分析和研究付诸实践，但并未做出成功的预报，其工作仍然是开拓性的，他明确指出了数值天气预报所面临的问题和数值预报的基本思路。第二次世界大战后不久，普林斯顿高等研究院（Institute for Advanced Study）的冯·诺伊曼（von Neumann）设计并制造了用于数值天气预报的计算机，同时成立了世界上第一个数值天气预报研究小组。1950年，查尼（Charney）等首次成功发表数值天气预报结果。

20世纪50年代开始，数值天气预报研究建立了各种预报模式。1956年，N. Phillips考虑非绝热加热和摩擦耗散作用，利用简化大气运动方程（两层准地转模式），首先进行了大气环流的长时间数值积分试验，成功地模拟出了大气环流的基本特征。在基本方程组中，当时的数值预报模式采用准地转近似，但准地转近似显然具有缺陷，即准地转近似在全球尺度的大气运动和在处理摩擦与热源项等方面具有局限性。1958年，Smagorinsky指出，在预报全球范围的大气运动时，应该放弃准地转近似假定而使用原始方程。

20世纪50年代末，Adem就开始研制用于进行月平均和季平均温度距平预报的EBM，并在60年代初用于业务预报。EBM的预报思路和AGCM完全不同，在形式上，它忽略了"微观""局部"大气和海洋的动力过程，而集中在"宏观性"和"大尺度"热量输送的各种物理过程（如辐射收支、蒸发和凝结、湍流交换等非绝热过程）。它将热力学和动力学过程紧密关联起来，不直接描述"微观""短时间尺度""局部"的大气和海洋环流引起的热量传输，而直接描述由这些"微观上""短时间尺度""局部"的由大气和海洋环流引起的热量传输造成的"宏观上""长时间尺度（月到季节尺度）""总体上"的热量再分配，使得EBM成为一种计算用时少、富有挑战性、有其独特优势的气候预报工具。严格讲，Adem是第一个不用统计方法进行气候预报，并获得成效的气象学家。

20世纪60年代开始，以Adem的框架和思路研制的各种理论气候模式开始崭露头角，大尺度海洋环流模式也开始发展起来。到60年代中期，以Smagorinsky为首的研究小组，建立了最早的以原始方程为基础的数值模式，即通过流体静力平衡的假定而简化，这就是NOAA/GFDL的AGCM的前身。此时，海冰模式也开始建立。到70年代初期，Eliasen、Orszag、Bourke等建立了大气环流谱模式，引起了气候模式求解方面的一次大变革。20世纪70年代以来，是气候模式和气候模拟与预报的大发展时期，气候模式和气候模拟研究的进展，主要体现在以下几个方面。

1）气候模式多样化和复杂化发展：各类模式的水平分辨率不断提高，模式包括的物理过程不断完善，对各种参数化过程的处理水平日益提高，模拟结果和观测结果更加吻合。

2）气候模式多参数化：进行了大量的敏感性试验，研究了气候系统中各类物理因子的作用和影响机制。

3）气候模式多尺度化：进行月到季，甚至更长时间尺度的气候预报或预测试验。

4）气候模式多圈层化：建立了更为复杂和全面的耦合模式，如海洋-大气-海冰耦合环流模式。

随着气候模式的发展，气候系统各圈层的模式以及耦合模式也随之发展，如图 1-1 所示。20 世纪 70 年代中期气候模式只是大气模式，海洋仅仅作为下边界条件；80 年代中期，海洋和海冰模式以及陆面模式被研制出来，并开始与大气模式耦合，同时，研制了大气化学模式，包括硫化物循环模式、陆地碳循环模式、海洋碳循环模式等；至 90 年代末，气候模式已发展得相对完善，在海-陆-气耦合模式中已包含了硫化物循环，还研制了非硫化物循环模式和动态植被模式，陆地和海洋碳循环模式已融合成完整的碳循环模式。现在模式已经发展到地球系统模式（earth

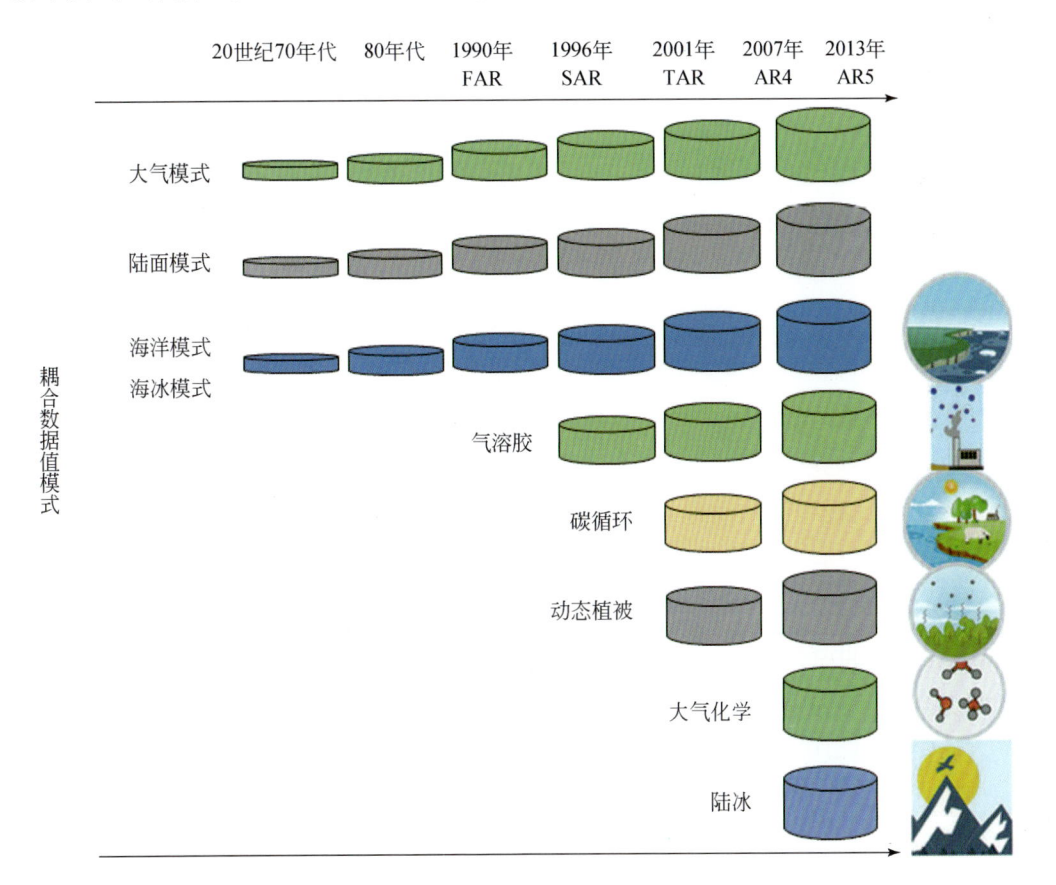

图 1-1　IPCC 评估报告中使用的气候模型发展概念图（Ambrizzi et al., 2019）

FAR、SAR、TAR、AR4、AR5 分别表示联合国政府间气候变化专门委员会（Intergovernment Panel on Climate Change，IPCC）第一至第五次评估报告

system model，ESM）阶段，把大气圈、水圈、冰冻圈、岩石圈和生物圈作为一个相互作用的整体来考虑。地球系统模式在以地球流体（海洋、大气）为主体的物理气候系统模式（climate system model，CSM）的基础上，加入了大气化学过程、生物地球化学过程（包括陆地及海洋）和人文过程等，并考虑各圈层之间的相互作用。

总之，随着计算机能力的日益强大，气候模式在过去的几十年业已发展起来。这期间，气候系统各组成部分的模式，包括大气、陆地、海洋、海冰等子系统模式独立发展完成，并逐渐实现耦合。目前，气候模式不断发展，在一些模式中已经考虑了陆地碳循环和海洋碳循环，大气化学过程模式、动态植被或生态模式也被耦合到气候模式中。

在气候模式发展的基础上，人们开始把现代气候模拟引入到古气候模拟中。随着大量古气候记录的发现和对气候变化过程的认识，对地史时期重大冰室气候、温室气候的发生和转化、一系列导致冰期-间冰期气候天文因素和地球内部因素的成因机制，人们提出了一系列假说。在古气候模拟中，人们首先关注具有极端气候特征的地质时期或历史时期。纵观地质时期的古气候模拟研究，集中在地史上寒冷冰期和温暖间冰期。Saltzman（2002）对内外动力因子的驱动下的各类古气候模拟试验做了介绍和总结。地质时期中冰期古气候模拟集中在以下四个时期：

1）前寒武纪（~540Ma 之前），目前在地质记录中发现最早的冰期时代，且可能发生了多次全球性的冰封事件。

2）奥陶纪—志留纪（~440Ma），当时冰盖出现在南极大陆，即冈瓦纳大陆。

3）石炭纪—二叠纪（~300Ma），当时冰盖出现在泛大陆地区。

4）晚新生代，重点在 20ka 以来记录完整的末次盛冰期（last glacial maximum，LGM）。地史时期出现过多个温室气候时代。

建立在真实地理基础上的地质时代温室气候的模拟成为古气候模拟的一个焦点。对地史中温暖气候的模拟，集中在以下 4 个时期：

1）白垩纪（145~66Ma），代表着地质历史上的最温暖时期。

2）始新世（56~33.9Ma），代表着新生代的最温暖时期。

3）早上新世（5.3~3.6Ma），全面进入新近纪冰期前的温室时期。

4）全新世（11.5ka 至今），距现代最近的间冰期。

在古气候模拟中，由于 10 多万年以来古气候变化成因与人类生存和发展密切相关，同时，由于人们对地球气候系统突然变化的关注，大量古气候模拟集中在距今 12 万年以来的时段。极地冰芯、海洋沉积物和陆地古气候记录表明，末次间冰期以来，全球经历了一系列数百年至数千年时间尺度的气候突变事件，证明了全球气候存在较大不稳定性这一基本事实。例如，末次间冰期中期的干冷事件、末次冰期的 D-O 旋回、Heinrich 事件和 YD 事件以及发生在全新世的降温事件。同时，由于这段时期地质资料记录完整，古气候模拟能够得到对比和验证，对改进气候试验和改进模式有重要作用。这些古气候模拟包括了末次间冰期气候模拟（125ka BP）、末次间冰阶气候模拟（40~30ka BP）、末次盛冰期气候模拟（21ka BP）、晚冰期气候模拟（11~13ka）和全新世中期、全新世气候模拟（9ka BP，6ka BP），以及包括中世纪暖期和小冰期的历史气候模拟。

古气候模拟已成为研究气候变化的最具有挑战性的课题。例如，关于全新世气候变化的成因。自 Denton 和 Karlen（1973）在 20 世纪 70 年代发现了全新世新冰期以来，人们在世界各地发现了全新世寒冷气候突变事件（Björck et al., 2001）。这些发现和研究突破了传统的全新世气候变化模式，即由北欧资料地层建立的气候序列。研究发现，冰期-间冰期旋回与米兰科维奇地球轨道驱动机制不同，人们提出了冰盖浮冰-海洋环流、火山喷发、太阳常数变化等不同驱动机制。其中，北美第四纪劳伦泰冰盖融化过程中浮冰和冰融水注入北大西洋引发的海洋环流变化及造成了全新世早、中期快速气候变化，且得到了大量地质证据的支持。

太阳常数变化可能是百年至千年级气候变化的一个主要原因，与天文地球轨道理论不同。地球轨道变化仅仅造成太阳能量在地球不同区域分布上和季节分配上的差异，取决于天文理论计算；而太阳常数变化（如太阳黑子活动模式）导致了太阳能量的增减，依赖于观察记录；在深时（deep time）的气候模拟中，一些重建的太阳常数也被广泛应用，可能还依赖一些针对太阳常数重建的数值模拟工作。太阳黑子活动和太阳能量常数的变化幅度、时间序列与活动周期，依赖于现代观察、历史记录以及地质证据，其仍然是一种统计数据和理论。气候统计研究表明，不同地区的气候序列中可以找出从 2 年开始到 10 年、11 年……100 年、200 年，乃至 900 年、1000 年等不同时间尺度的周期现象（幺枕生，1984），在地质记录重建的气候序列中也有类似的现象。这给人们认识全新世气候变化的原因带来了一定的困扰。

关于从冰期到间冰期转型的成因，目前仍未彻底解决。从冰期到间冰期的转变很快，常在几年到几十年之内即可完成；而从间冰期到冰期的转变则相对较慢，中间常被若干短暂的暖期打断，这一转变历时至少 10 万年。这些迅速的气候变化不可能由地球轨道参数的变化引起。末次间冰期（117ka BP）结束后，加拿大和格陵兰冰盖以 5~15ka 的周期迅速扩张，同时，大规模向北大西洋倾泻冰筏。冰筏经西风和湾流携带穿越大西洋，在全球洋流体系中传输，引起了周期性的气候降温期。全球性的气候急剧变冷 YD 事件，是在晚冰期向全新世变暖过程中的突然回冷现象，其变冷速度在 5~10℃/100a。而在该寒冷期结束时，温度迅速转暖，仅在 100 年左右的时间内就恢复到降温前的温度。是什么机制导致大陆冰盖的扩张或消融？环流的调整和对气候系统的反馈能否制约末次冰期的转向？大气温室气体浓度变化在冰期-间冰期的转化中是起因还是结果？这些都需要进一步探究更高层次的气候变化机制。

正因为在这个领域中充满了如此之多的矛盾和困惑，它也提供了众多的机遇和挑战。基于物理机制的古气候模拟试验，成为认识过去气候环境变化过程和机制的一个重要途径。采用物理机制发展的各种数值模型（大气环流模式、海洋环流模式、陆面和植被模式、冰雪模式、大气化学模式、各个圈层的耦合模式以及全球和区域气候模式等）进行研究。以国际古气候模拟比较计划为标志，从气候变化和预测计划（Climate and Ocean：Variability，Predictability and Change，CLIVAR）到大气模式比较计划（Atmospheric Model Intercomparison Project，AMIP）、从 CLIMAP 计划（Climate：Long-Range Investigation, Mapping, and Prediction）到美国全新世制图研究计划（Cooperative Holocene Maping Project，COHMAP）（COHMAP Members，1988）、从古气候模拟比较计划（Palaeoclimate Modelling Intercomparison Project，PMIP）到地球系统模拟与古气候观测对比计划（Testing Earth System Models with Paleoenvironmental Observations，TEMPO），以及国际地圈-生物圈计划（International Geosphere-Biosphere Program，IGBP），古气候模拟研究仅有数十年的历史。中国古气候变化过程和成因推论的研究始于 20 世纪 80 年代，基本与国际学术界同步，但系统的古气候模拟开展较晚（Yu et al.，2001）。采用数值模拟认识和探讨古气候变化原因机制，能够有效地认识古气候变化的非线性和不确定性。古气候模拟研究的理论和成果，将为人类应对气候灾难并提出相关对策做出重大贡献。

1.1.2 古气候模拟研究的途径

气候变化成因可以通过统计学意义上和动力学意义上的两种途径获得。

1）统计学意义上，一个最为经典的例子是原南斯拉夫科学家米兰科维奇根据天文理论计算出地球偏心率、黄赤交角和岁差的周期变化。这些地球轨道参数变化导致地球接受太阳辐射的季节和地区分布变化。该变化与北半球冰川进退的证据相符，从而推导出地球轨道周期的变化是第四纪冰期-间冰期更替的主要原因。20 世纪 70 年代以来，由于米兰科维奇理论不断被深海钻孔沉积记录、高纬度冰盖冰芯记录以及大陆黄土、湖泊沉积资料揭示的古气候记录所证实，米兰科维奇的地球轨道参数普遍被人们接受，即认为地球轨道参数变化是驱动第四纪气候变化的重要机制。这样的研究在地质学上意义重大，把冰期变化的史实与地球轨道动力机制结合起来，为人类认识冰期成因跨出了重要一步。然而，这样的气候变化机制是一种假说，是 A（地球轨道参数变化）与 B（冰川-冰期变化）一对事件在统计上的联系，或者 A 事件与 B、C（深海钻孔沉积记录）、D（高纬冰盖冰芯记录）……N（大陆黄土沉积记录）等多项事件的统计联系。当然，根据统计学理论，当调查的样本趋向于总体时，统计学关系可以向真理逼近。20世纪以来，当大量地质证据不断与米兰科维奇理论吻合时，则有理由把米兰科维奇理论当成真理。然而，自然界中的样本与总体永远不可等同，人们渴望证实假说的初衷丝毫未减。

2）动力学意义上，气候模拟应用数值模拟方法，根据大气动力、物理和化学的基本过程与规律，进行气候及环境的变化机理研究与预测。古气候模拟原理与之一致，但是古气候模拟是在现代气候模拟基础上，对已经消失的气候进行模拟，采用动力学原理进行古气候模拟，以解决人类所面临的巨大挑战。模拟试验的输入和输出建立在物理原理与机制上，试验的实施通过数值模拟完成，避免了定性推理和主观判断。这些地质时期的气候可能在现在不存在，也可能有着巨大差异。因此，与现在气候模拟相比，古气候模拟有着自身的学科特点。

古气候模拟是根据动力学、热力学定律，在给定边界条件下，采用数值计算的方法研究古气候特征与古气候过程。因此，古气候模拟主要依赖于现代气候模式，包括了大气环流模式（AGCM）和耦合海洋、陆面、冰雪、生物等不同气候系统各圈层的气候系统模式。由于现代气候与古气候不完全相似，如地史上温室气候、雪球气候和典型的冰期气候，现代气候模式也在不断发展和改进。古海洋模式、大陆冰盖模式、大气化学模式，以及适合古地形、古地理模拟的模式和模块，这些分量模式在整个气候模式中都进一步发展以适用古气候模拟。目前，古气候模拟采用的气候模式能够捕捉一级气候信号，即受地球轨道机制驱动的太阳辐射控制的气候变化，并对大陆尺度的区域气候有着较好的预测能力，然而气候模式的预测能力都还非常有限。

1.1.2.1 古气候模拟边界场

空间上，古气候模拟边界场就是构建一个特定时间点上的空间条件，包括初始场和强迫条件，具体形式为空间分布设置和参数设置。这基于对气候变化动力机制的大量历史事件、理论以及假说。目前，气候变化的成因涉及地球外部和内部各种作用与反馈（Bryant，1997），古气候模拟因此采用地球外部和内部系统的相应因素来构建边界场的基本内容。地球系统的外部动力因素包括太阳辐射变化与太阳活动影响、行星摄动引起的地球轨道运动、地球自转变化轨道参数变化等。地球系统的内部系统边界场设置的根据是地质资料记录，包括海陆分布、地形高度、海洋、冰盖、植被、大气成分等。

在不同时间尺度上，需要构建这些驱动因子在不同时期古气候模拟的边界场。例如，地球轨道参数模拟的太阳辐射、南极冰芯记录重建的冰盖体积、大气温室气体CO_2浓度变化，是第四纪450ka BP以来气候变化的主要驱动因子（图1-2）。Kutzbach等（1993）认为驱动末次盛冰期（~21ka BP）以来古气候模拟的内外动力因子包括北半球太阳辐射季节变化、大陆冰盖、大气 CO_2 和气溶胶、海表温度（sea surface temperature，SST）。

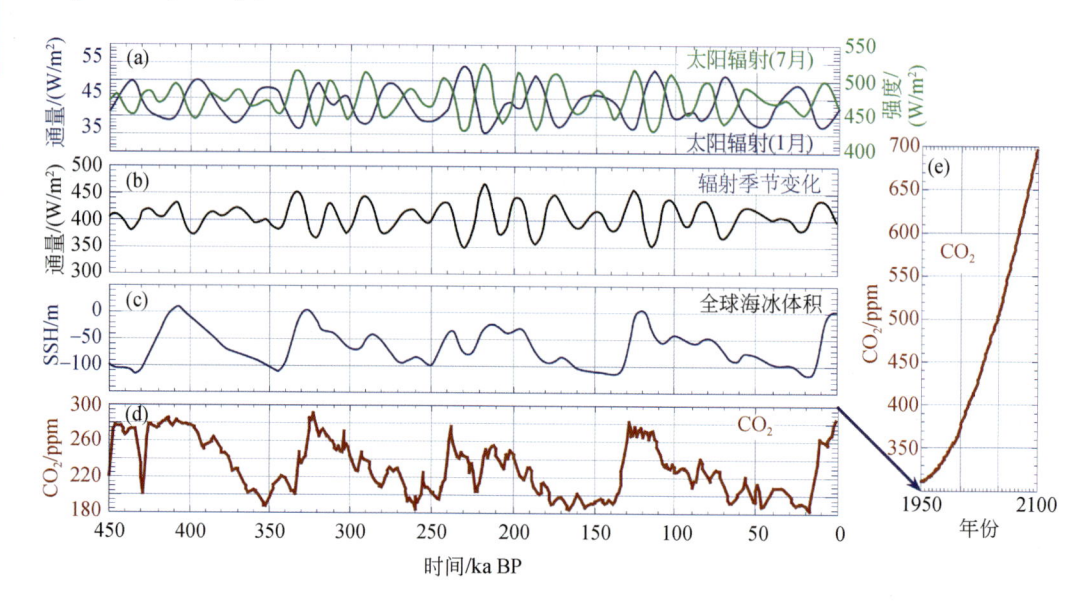

图 1-2　450ka BP 以来气候变化主要驱动因子（Alverson and Bradley，2003）
(a) 7 月和 1 月太阳辐射通量变化；(b) 太阳辐射季节变化；(c) 全球冰量驱动的海面变化；
(d) 大气 CO_2 浓度变化；(e) 1950～2100 年大气 CO_2 浓度变化

1.1.2.2　古气候模拟试验

在地史时期，冰室气候、温室气候及二者之间的差异显著，另外，晚白垩纪、上新世、末次盛冰期以及现代全球纬度平均温度的古气候模拟结果差异也十分巨大。因此，有必要针对各不同地质时段的特征气候期开展模拟试验。Anthes 等（1971）总结了以下四个气候模拟时期。

（1）人类与自然共同作用——17～20 世纪

对过去 300 年的古气候模拟评估测试了气候的持续性以及短期气候变率模式能否模拟出海洋、冰雪、生物与大气的响应，测试了气候系统对太阳变化、火山活动、人为引起的大气 CO_2、气溶胶增多、土地利用变化等作用和反馈，同时，集中了对自然的十年至百年际气候变率的评估。

（2）冰期和气候突变的第四纪——全新世

第四纪冰期——全新世间冰期循环和气候突变模拟重点模拟了 130 000 年气候系统的百年际振荡，并分析了轨道机制理论以外的动力机制，其中包含海气耦合反馈的三个特征时期（Bolling-Allerod 15ka BP 突然出现的暖期、YD 事件大约 11ka BP 突然出现的冷期及 8ka BP 全新世早期），另外，测试了北半球冰盖融化所引发的气候突变的机制。

（3）温暖气候的中生代—新生代

1亿年来温暖时期的古气候模拟，包括了白垩纪（144~60Ma）无冰盖存在的全球温暖期、古近纪（50Ma）突变及极端增暖事件气候、中新世晚期—上新世（10Ma）的全球变冷期在内的不同气候阶段，并重点模拟了南极和格陵兰冰盖发展、北极海冰扩展、全球出现冰期-间冰期循环的气候特征，而且探讨和分析了温暖气候海洋温盐环流的性质、海洋热输送的作用、高原的隆起和大洋通道的改变、CO_2浓度降低以及化学侵蚀及碳循环的变化。

（4）冰期气候的新元古代

过去6亿年中地球气候历经冰期到无冰期，又从无冰期到冰期的发展演化，古气候模拟重点模拟测定了多种气候变化成因，包括大气中CO_2和CH_4浓度的变化、陆地地理和海拔的变化、海洋面积和深度的变化、植被的演化以及与地球轨道强迫等的作用与反馈。

1.1.2.3 古气候模拟与资料的对比

由于人们对基于物理规律的气候模式、气候或古气候变化机制等众多因素的认识不完善，古气候模拟还存在很大的不确定性。而探究这些不确定性的来源及关键因子的作用，对模型的改善和机制研究有重要意义。

从地质资料中重建过去的气候变化记录，是对古气候评判的最好标准。古气候模拟验证依赖于地质资料及重建的气候数据。而这些资料，必须具有时间连续、全球空间化分布的特性，同时也需要是可定年的、可定量的。目前获取的资料来源于不同介质，时空尺度、分辨率均不相同，因此，需要对建立的古气候序列进行校正与整合，建立具有国际统一标准的古气候环境数据库，使之成为验证古气候模拟的基准。

1.1.2.4 气候系统

从一些重要的过程来看，气候系统十分复杂。这些过程正是气候系统各组分之间相互影响、相互作用的表现，也是气候系统高度非线性的根本原因。气候系统中的重要过程按类型至少可分为三大类：物理过程、化学过程及生物过程。例如，辐射传输和热量输送过程，云辐射过程，陆面、海洋和冰雪圈过程，水分、碳、硫等重要物质循环过程等（图1-3）。即使具体到某一个过程，甚至单一过程的某些环节，都具有极高的复杂性。

（1）气候系统的主要特征

A. 气候系统各组成部分的属性差异

气候系统各组成部分之间热力学、动力学属性有着非常显著的差异，这是导致

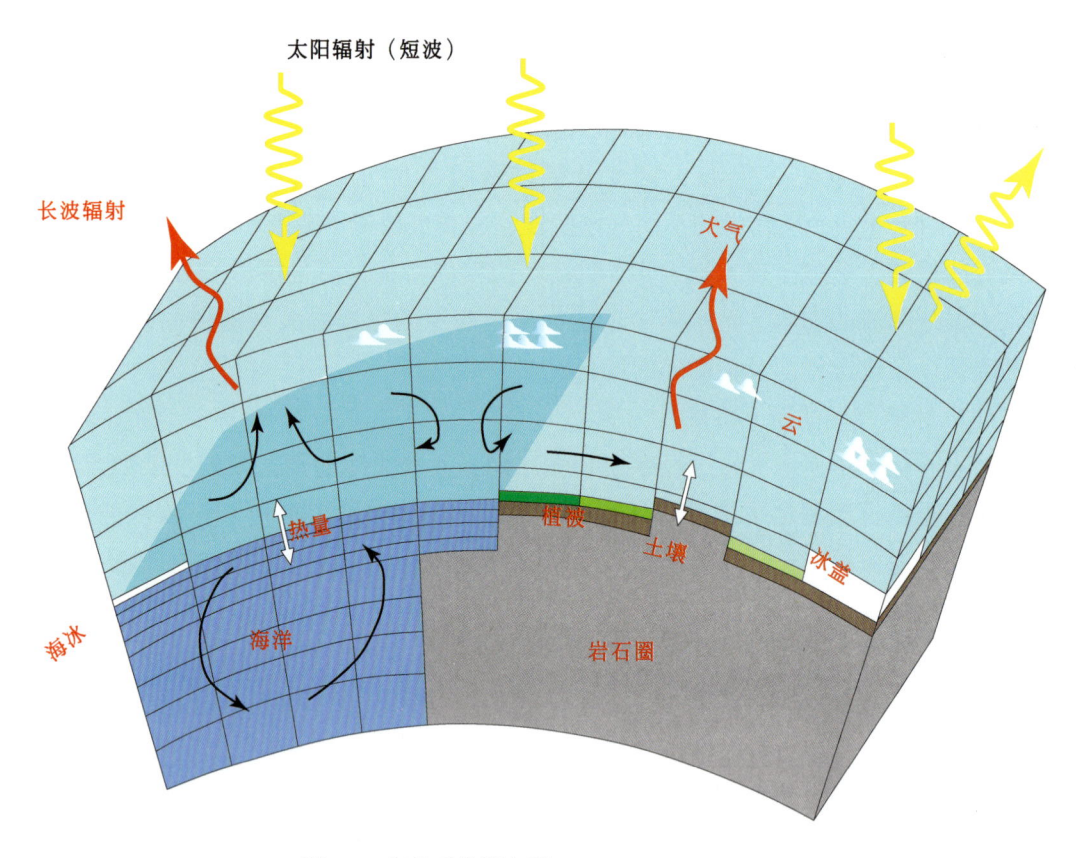

图 1-3　气候系统概念图（Cerezal et al.，2014）

地球气候系统的活动表现出复杂多样性的一个重要原因，这些差异也是形成表 1-2 中的属性的基础。表 1-2 列举了气候系统各组成部分的一些重要的热力学和动力学属性的差异。

表 1-2　气候系统各组成部分的属性差异

指标	单位	大气圈 空气	水圈 水	冰雪圈 冰	冰雪圈 雪	陆面 黏土	生物圈 森林
密度	$10^3\,\text{kg/m}^3$	0.0012	1.00	0.92	0.10	1.60	—
比热容	$10^3\,\text{J}/(\text{kg}\cdot\text{K})$	1.00	4.19	2.10	2.09	0.89	—
热容量	$10^6\,\text{J}/(\text{m}^3\cdot\text{K})$	0.0012	4.19	1.93	0.21	1.42	—
热传导率	$\text{W}/(\text{m}\cdot\text{K})$	0.026	0.58	2.24	0.08	0.25	—
热扩散率	$10^{-6}\cdot\text{m}^2/\text{s}$	21.5	0.14	1.16	0.38	0.18	—
热传导能力	$10^3\,\text{J}/(\text{m}^2\cdot\text{K}\cdot\text{s}^{1/2})$	0.006	1.57	2.08	0.13	0.60	—
日穿透深度	m	2.3	0.2	0.5	0.3	0.2	—
年穿透深度	m	44	3.6	10.2	6.0	3.9	—
反射率	%	~27	2~10	~70	84~95	>20	<20

续表

指标	单位	大气圈	水圈	冰雪圈		陆面	生物圈
		空气	水	冰	雪	黏土	森林
连续性		好	好	—	—		
可压缩性		较强	较弱	弱	—	弱	
黏性		小	较大	大	—	大	—
流动性		好	好	差	—	差	

资料来源：Peixoto and Oort，1991。

如表 1-2 所示，空气具有最小的密度、热容量和热传导率和热传导能力，但具有最大的热扩散率和穿透深度。水具有最大的比热容和热容量，但具有最小的穿透深度。这里的热扩散率和热传导能力是对于静态的空气和水来说的，对于运动着的空气和水来说，其热扩散率和热传导能力，分别要比表 1-2 中的数字大 4 个、2 个量级以上，这是由于湍流扰动混合的垂直热输送要比分子传导有效得多。冰、雪的密度和热容量比水小，却远远比空气大。土壤（以黏土为例）具有最大的密度、最小的比热容和较小的穿透深度，但其热传导率和热传导能力不到水的一半。值得注意的是，冰雪圈具有较大的反射率，而作为水圈主体的海洋反射率较小。

B. 气候系统的稳定性和可变性

气候系统的稳定性是气候系统演变的重要特性。地球气候尽管千变万化，但历经几十亿年的演化，从宏观上而言，至今正处于一种稳定的变化之中。地球气候并没有无休止地变暖，也没有无限地冷却，温度和湿度都有其变化的上界与下界。这种源于物理规律控制的宏观稳定性是构建气候模式的基础。气候系统的稳定性与气候系统的内部结构特性及外强迫特性是紧密联系的，主要受两个因素的制约：一个是能量收支方面的外部因素；另一个是气候系统内部的性质。

然而，尽管从观测到的气候系统的变率来看，现在的气候系统似乎是稳定的，但从更长的地质时间尺度看，气候系统具有显著的可变性，稳定性是相对的。变化对于万事万物都是永恒的，气候系统也不例外。这种可变性主要表现为一种稳定的气候状态向另一种稳定的气候状态的转化。在这个转化过程中，气候系统的不同组成部分及其相互作用具有不同的时间尺度：大气圈内部变化的时间尺度为 $10^0 \sim 10^2$ 年，"大气-海洋"相互作用的时间尺度为 $10^0 \sim 10^4$ 年，"大气-海洋-冰冻圈"相互作用的时间尺度为 $10^0 \sim 10^6$ 年，而"大气-海洋-冰冻圈-生物圈-岩石圈"相互作用的时间尺度为 $10^0 \sim 10^9$ 年。

（2）气候系统中各圈层的相互作用

气候系统的各圈层并非独立，它们之间发生着显著的物理、化学和生物方面的相互作用，在时间与空间上还具有多尺度特性，从而使气候系统成为一个在组成、物理与化学特征、结构和状态上有明显差别的极端复杂系统。各圈层通过质量、热量和动量通量相互联系在一起,因而这些圈层是一个相互联系的开放系统。在气候系统各圈层的相互作用中,最重要的是"海-气"相互作用、"陆-气"相互作用和"陆-海"相互作用(丁一汇等,2003)。

A. "海-气"相互作用

海洋和大气强烈地耦合在一起,并通过感热输送、动量输送和蒸发过程交换热量、动量和水汽。"海-气"相互作用通过四个方面来实现。

1)海洋是大气中水汽的主要来源,随着温度变化,海洋蒸发可以影响大气中水汽含量的变化,进而影响气候变化。

2)海洋的热容量很大,海洋温度升高需要的热量比大气升高同样温度所需的热量要大得多。在气候系统变化中,海洋变暖比大气慢得多,因而海洋巨大的热惯性对大气变化的速率起着关键的控制与调节作用。

3)海洋内部的海洋环流(如大西洋热盐环流)可以输送热量,使热量在整个气候系统中完成重新分配。在大西洋,这种海洋环流输送的热量非常大,如西北欧和冰岛之间输入的热量与该地区海洋表面接收的太阳辐射相近,这是北欧地区冬季气温偏暖的主要原因。一旦这种环流停止,北欧会发生明显的气候变冷,其温度将比现在降低10℃左右。

4)海洋与大气之间交换的CO_2,是全球碳循环的重要部分。CO_2在两极海域冷水中下沉和溶解,在近赤道较暖的海水中上升和释放,从而维持一种动态平衡。

B. "陆-气"相互作用

"陆-气"相互作用是气候系统中最基本的相互作用之一,包括冰冻圈中的积雪、冰川、冻土及岩石与大气的相互作用,也包括各种物质、热量、水汽输送与转换以及土地利用变化等。其中的关键问题包括:"陆-气"之间的水与能量交换如何改变地球上的气候变化及痕量气体的排放和沉降?陆面大量的中小尺度过程如何影响大尺度天气过程?人类活动引起的地表覆盖类型变化对陆气界面过程及整个气候系统具有何种影响?为人类提供食物与纤维的生态系统,对气候变化与人类利用具有何种响应?

C. "陆-海"相互作用

"陆-海"相互作用最关键的问题是海岸带地区变化及跨边界输送问题,这包括跨陆海界面的物质输送及沿岸生态系统对气候变化的影响;海岸带的加速变化对来自陆地的物质转移、过滤或储存能力的影响;气候系统的变化对海岸带的影响,特别是脆弱地区以及海气界面对加热场及大气环流的影响等。除了上述三种相互作用之外,各圈层间的其他相互作用也值得注意,如海冰可阻碍大气与海洋之间的交换;生物圈通过光合作用与呼吸作用影响CO_2含量,同时通过蒸散影响水分向大气的输入；通过改变太阳辐射反射回太空的数量（反照率）影响大气的辐射平衡。总之，相互作用的例子还有很多，所有这些都说明气候系统包含了非常复杂的物理、化学和生物过程与反馈作用。气候系统中任一圈层的任何变化，不论它是人为的还是自然的，源于内部的还是外部的，都会通过相互作用造成气候系统的变化甚至变异。

（3）气候系统中的相互作用和反馈机制

如果一个过程的结果反过来又影响其初始施加的强迫作用，这种反向的过程就称为反馈。通过这种过程，如果初始作用被加强，则为正反馈机制；如果被减弱，则为负反馈机制。在讨论气候系统内的相互作用时，必须考虑气候系统中的反馈过程与机制，给定的气候强迫条件下的气候响应正是由这些反馈机制所决定的，正反馈机制使气候系统趋于不稳定，负反馈机制则使气候系统趋于稳定。气候系统中的反馈机制是复杂多样的，主要有4种（丁一汇等，2003）。

A. 水汽的正反馈机制

温度升高使蒸发加强，地表向大气的潜热输送增强，使大气中的水汽含量增加，地气系统对太阳辐射的吸收随之增加，地球变得更暖，这就是水汽的正反馈机制。

B. CO_2的正反馈机制

地球变暖时，大气CO_2的浓度增加。温室效应导致全球变暖，海面温度升高，海水垂直层结增加，海洋吸收CO_2能力减弱，大气中CO_2浓度更高，全球更暖，这就是CO_2的正反馈机制。

C. 冰雪反照率的正反馈机制

冰雪表面是太阳辐射的强烈反射体。地球变冷时，冰雪覆盖增多，行星反射率增大，气候系统吸收的太阳辐射减少，地球变得更冷，反之亦然。这就是冰雪反照率的正反馈机制。如果低反照率的海面（反照率为0.1）或陆面（反照率为0.3）被高反照率的海冰（反照率至少为0.6）覆盖，地表所吸收的太阳辐射将不到原来的一半。

D. 云的反馈机制

全球增暖使云含水量增加，导致云的亮度增加，系统反射更多的太阳辐射，地球变冷，这是云反馈的一种情形——云含水量的负反馈机制。云对辐射有强烈的吸收、反射或散射作用，这就是云的反馈作用。但云的反馈作用十分复杂，取决于云的种类、高度、光学性质等。一方面，云对太阳光可以产生反射作用，将入射到云面的一部分太阳辐射反射回太空，减少气候系统获得的总入射能量，因而具有降温作用；另一方面，云能吸收云下地表和大气放射的长波辐射，同时自身也放射辐射，这与温室气体的作用一样，能减少地面向外太空的热量损失，从而使云下层温度增加。一般来说，低云以反射作用为主，常使地面降温；高云则以"被毯"效应为主，常使地面增暖。

气候系统中的各种反馈机制往往是相互联系的复杂过程，某个过程或因子在不同的条件下可能会形成不同的反馈机制。例如，冰雪反馈，可造成反照率变化，形成正反馈；但冰雪也可能通过影响海洋深水的形成，引起海水上翻的变化，从而导致一种负反馈过程。气候系统中的这些反馈机制的相互影响，使得总反馈效应并不是这些单个反馈效应的简单叠加。正是由于气候系统中各种反馈机制的相互影响，气候系统的某一部分发生异常时，就会引起其他变量和过程的一系列变化。如果气候系统中正反馈总是占绝对主导地位，气候系统必定是不稳定的，而事实并非如此，这说明任何一种正反馈机制都受到其他反馈机制的调节和抑制。正是因为我们对气候系统中的各种反馈机制还不十分了解，所以必须用动力模拟的方法对气候系统进行定量的研究。

1.1.2.5 气候变化

(1) 地质时期的气候变化

约在46亿年前，刚刚成为行星的地球上充满了原始大气，并开始慢慢逃逸。到40亿年前，次生大气逐渐形成。约在38亿年前，地球上出现生命活动，并开始改造大气。寒武纪以来，大气才被生物改造至接近现在的状态。但是，对于古生代以前的古气候，人们几乎一无所知。基于地质记录，人们逐渐了解了古生代的古气候状况。无论在远古的地质时代，还是后来的历史时期和现代，冷暖交替，干湿更迭，气候的变化从来没有停息过。气候变化有一个非常宽的时间谱，表现为从日到亿年尺度的不同变化。

观测事实和古气候记录表明，地球气候从古生代以来，经历了若干次"大冰期–大间冰期"的旋回。如图1-4所示，在过去的4亿年间，存在的大冰期主要是：晚古生代大冰期（又称石炭–二叠纪大冰期，发生在石炭纪中期至二叠纪初期）、晚新生代大冰期（主要为第四纪冰期）。

亿年时间尺度的大冰期与大间冰期不断交替变化，全球平均温度变化的幅度超过10℃。在大冰期期间，地球显著变冷，地球50°N以北几乎全被冰雪覆盖，冰雪覆盖面积可占大陆总面积的20%~30%，远超过当前的比例（约11%）；陆冰厚度可达几十到几百米，较低纬度的高山冰川也前进扩展，全球平均温度可能比当前低3~7℃。

第四纪冰期从2Ma开始（图1-4），气候变化也呈现出冷暖交替，即冰期与间冰期的反反复复，其特征时间尺度约为10万年，全球平均地表气温的变化幅度至少为

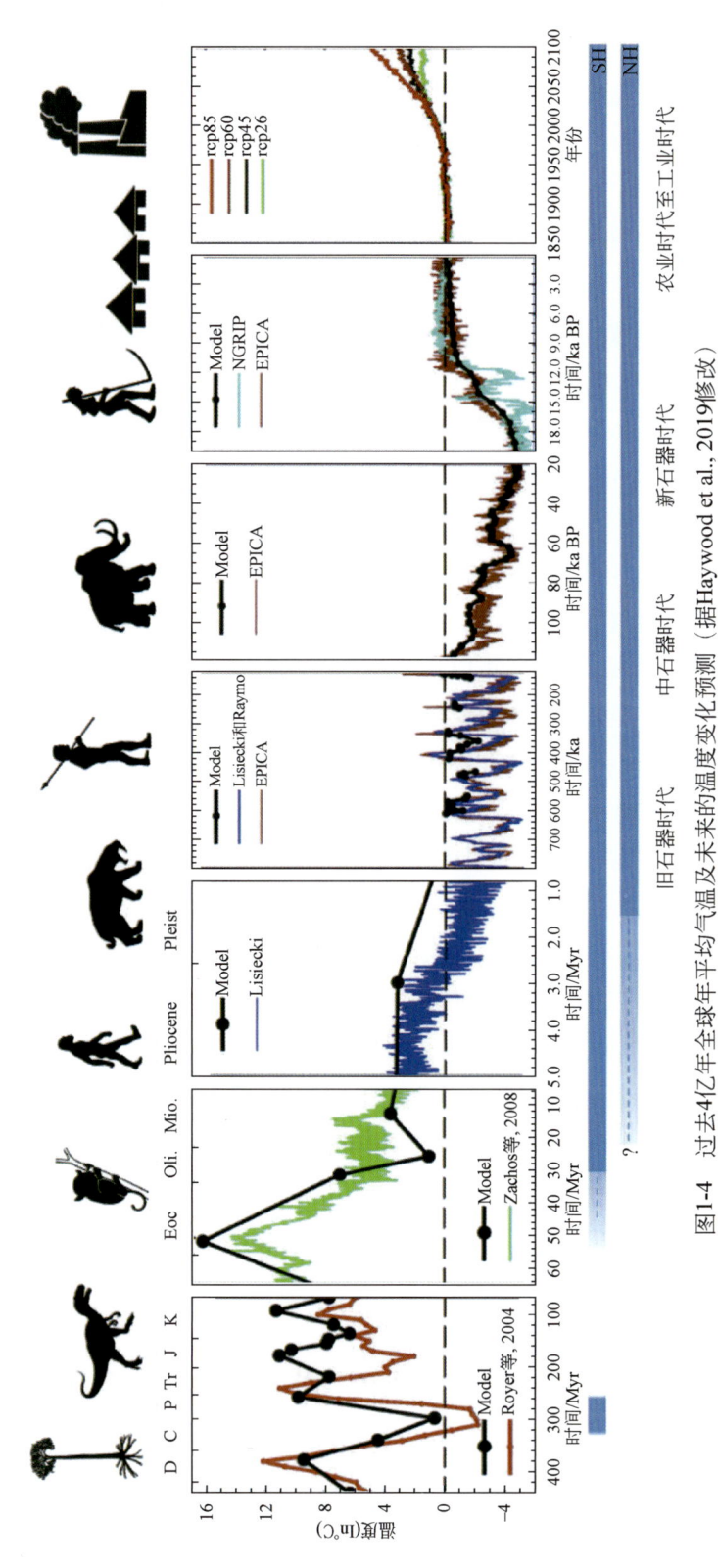

图1-4 过去44亿年全球年平均气温及未来的温度变化预测（据Haywood et al., 2019修改）

其中，采用的气候模式为HadCM3；古温度数据来源主要有温度记录（Royer et al., 2004; Zachos et al., 2008）、古温度氧同位素记录（Lisiecki and Raymo, 2005）、冰芯记录（European Project for Ice Coring in Antarctica, 2004; North Gucenland Ice Core Project, 2004）等。图上方的卡通形式表示过去44亿年的主要演化特征和事件；主要的地质时代包括泥盆纪（D）、石炭纪（C）、二叠纪（P）、三叠纪（Tr）、侏罗纪（J）、白垩纪（K）以及始新世（Eoc）、渐新世（Oli.）、中新世（Mio.）、上新世（Pliocene）和更新世（Pleist.）。图下方的蓝线分别代表北半球（NH）和南半球（SH）冰盖的地质资料

第1章 洋底圈层耦合重构与同化模拟

19

5~7℃，中高纬度地区的变幅可达 10~15℃。冰期时的雪线下降，冰川体积增大并前进扩展，海平面降低，气候带南移，中低纬度雨量比较丰富。间冰期时的气候比现在的气候温暖，冰盖退缩到小范围的极地内，海平面升高，气候带北移，中低纬度降水减少。第四纪冰期中仍有间冰期交替，反映了气候的冷暖循环（Bryant，1997）。另有充分证据表明，晚第四纪发生过百年时间尺度的快速变化。一个典型的例子就是在末次冰期中出现的 YD 事件，表现为不断增暖的过程中出现骤冷现象。

（2）全新世——历史时期气候变化

大约在 1 万年前，地球的最后一次冰期结束，之后的时期被称为全新世（冰后期）。在这期间，普遍存在着从百年到千年尺度的气候变化，但全球平均温度的变化幅度不超过 2℃，相对冰期和间冰期较为平稳。全新世最暖时期出现在中全新世（3~6ka BP），尤其在 5~6ka BP，全球平均温度比目前要高约 1℃（图 1-4）。根据植物孢粉分析，中国华北一带偏暖 3℃左右，华南地区偏暖 1℃左右，青藏高原偏暖 4~5℃，北半球高纬度地区可能还存在更大的偏暖幅度（Shi et al., 1993）。

中国很早便出现了对气候的历史记录。早在 20 世纪 70 年代，竺可桢先生将这些记载加以整理分析，发现 5000 多年以来中国的气候有 4 次温暖期和寒冷期的交替。其中，公元前 200 年至今的主要气候变化如图 1-5 所示。

1）第一个温暖期出现在公元前 3000 年至公元前 1000 年左右（仰韶文化时代到安阳殷墟时代），这个时期大部分温度比现在高 2℃左右，最冷月的温度比现在高 3~5℃。公元前 1000 年左右到公元前 850 年（周朝初期）有一个短暂的寒冷期，年均温度低于 0℃。

2）公元前 770 年到公元初年（秦汉时代），又进入到一个新的温暖期。公元初年到公元 600 年（东汉、三国到六朝时代），为第二个寒冷期。

3）公元 600~1000 年（隋唐时代），是第三个温暖期。公元 1000~1200 年（南宋时代），是第三个寒冷期，温度比现在要低 1℃左右。

4）公元 1200~1300 年（宋末元初），是第四个温暖期，但此次温暖期不如隋唐时那样温暖，表现为大象生存的北限逐渐由淮河流域移到长江流域以南，退到广东、云南等地。公元 1300 年以后（明、清时代以来），是第四个寒冷期，温度比现在低 1~2℃。

（3）气候变化时间和空间的多尺度性

气候变化的时间尺度长至数亿年的大冰期和大间冰期旋回，也有几百年、几十年、几年，甚至月、季尺度的气候振荡。气候变化影响的空间范围既有全球，也有一个洲，甚至更小区域。表 1-3 为气候变化的时间尺度。

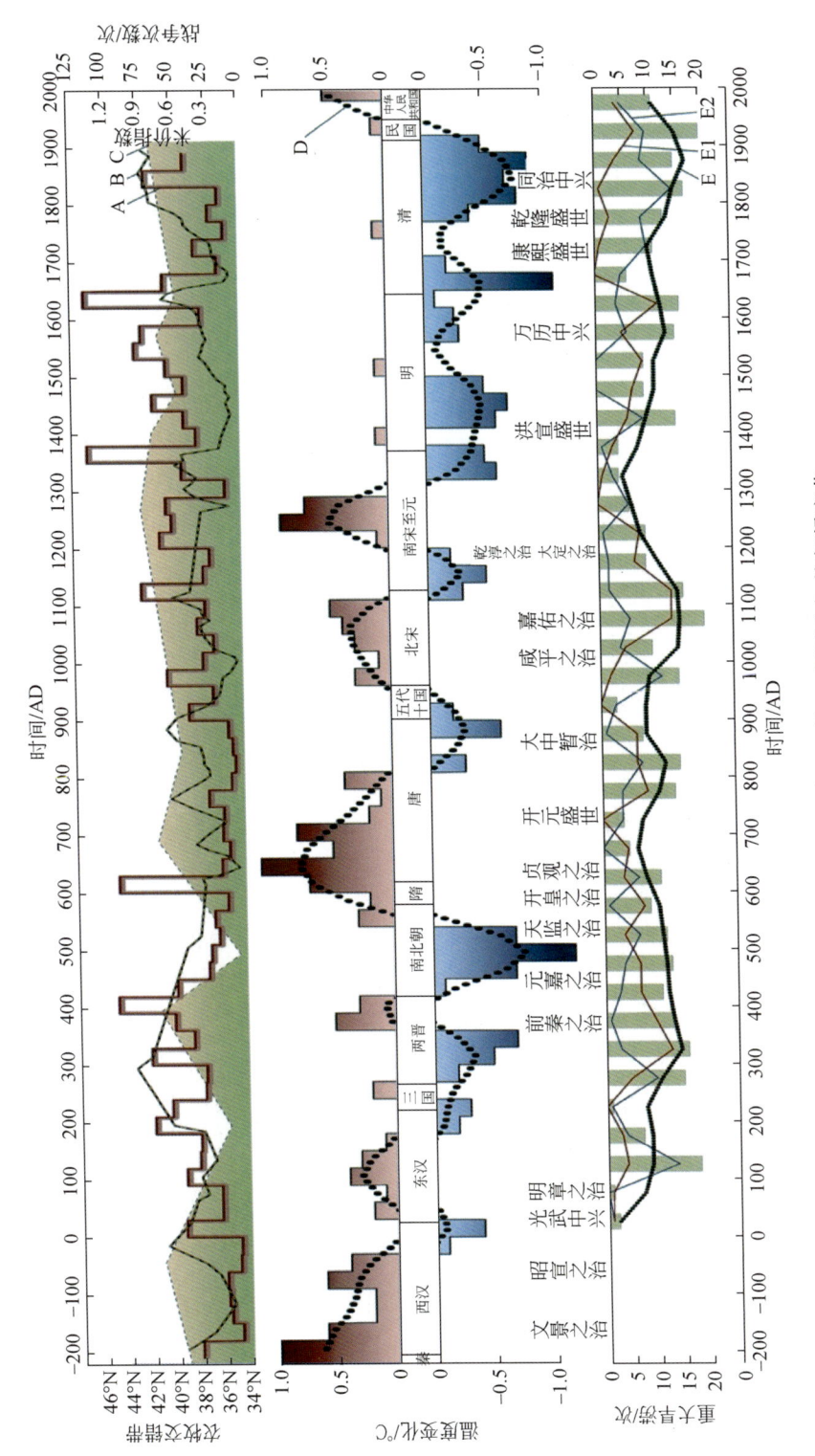

图1-5 中国历史（公元前200年至今）的气候变化

表 1-3 气候变化的时间尺度

等级	气候期	时间尺度/年	全球平均温度变幅/℃	可能原因
1	地质时期	$10^4 \sim 10^8$	10	太阳辐射量变化、地球轨道参数变化、银河周期、极移、大陆漂移、海陆分布、构造运动、大气成分演化、火山活动
1a	大冰期-大间冰期	$10^6 \sim 10^8$	10	
1b	冰期-间冰期	$10^4 \sim 10^5$	10	
2	历史时期	$10^2 \sim 10^3$	$1 \sim 2$	太阳辐射、火山活动、温室气体浓度、海洋温盐环流、下垫面植被变化
3	百年	$10^1 \sim 10^2$	0.5	太阳辐射、火山活动、温室气体浓度、海气相互作用、人类活动
4	年际	$10^0 \sim 10^1$	$0.3 \sim 0.5$	地球公转、海气相互作用、大气中的非线性过程
5	日、月际	$10^{-1} \sim 10^0$	$0.2 \sim 0.3$	地球自转、海气相互作用、天气系统、大气环流

气候变化具有多时间尺度性。时间尺度越大，气候变化幅度也越大。

地质时期的大冰期-大间冰期旋回，时间尺度长达 $10^6 \sim 10^8$ 年，其间又发生着时间尺度为 $10^4 \sim 10^5$ 年的冰期-间冰期旋回，全球平均温度变幅在 10℃ 左右。从上一次冰期结束时起，大约距今 1 万年，全球平均温度以百年或更长的时间尺度波动，变幅约为 2℃。例如，5000～6000 年前的全新世气候适宜期，公元 1000 年左右持续较短的中世纪暖期，以及到 19 世纪中期才结束的小冰期等，这些事件的时间尺度为 $10^2 \sim 10^3$ 年。从 19 世纪中期开始，逐渐有了陆地和海洋的温度观测资料，这些数据表明，近百年来全球平均温度变幅约为 0.5℃，最暖的两个时期一个发生在 1920～1940 年，一个出现在 20 世纪 80 年代末至今。这个时期气候变化的时间尺度为 $10^1 \sim 10^2$ 年。几年到几十年时间尺度的气候变化称为短期气候变化或气候振荡，如 ENSO 变化和准两年振荡（quasi-biennial oscillation，QBO）。最小时间尺度的气候变化是月、季时间尺度的气候波动。表 1-3 列出了上述各种气候变化的时间尺度、全球平均温度变幅及可能原因。

由于气候系统的各组成部分（子系统）的热力和动力属性具有很大的差异，气候系统的热力学和动力学状态具有空间分布的不均匀性。这种空间不均匀性的尺度在量级上有一个非常宽的范围：从 10^{-6}m（类似于大气和海洋中的微湍流尺度）到 10^7m（相当于地球的直径）。因此，对不同时间尺度的气候变化来说，气候变化并不是全球同步的和均匀的，并具有不同的空间尺度。例如，一个地点的温度和雨量记录的长期变化代表着直径为 $10^2 \sim 10^3$km 的中尺度气候变化，而欧亚大陆环流指数或环流型的长期变化属于 10^4km 的大尺度范围，北半球乃至全球的气候变化则是 10^5km 或更大范围的变化。

一般说来，一个地区较长时间尺度的气候变化也代表较大范围的气候变化，而较短的气候变化只反映较小范围的气候变化。由于不同时空尺度的变化常常叠加在一起，实际情况是很复杂的。另外，不同气候要素所代表的时空尺度也是不同的，如一个地点温度记录所代表的地区范围比降水要大得多。

1.1.3 气候模式与气候模拟

1.1.3.1 气候模式

气候模式，也称作气候系统模式，主要用来模拟地球各圈层（包括大气圈、水圈、岩石圈、冰雪圈、生物圈等）的相互作用及内部物理过程，是由一系列偏微分方程组构成的，对气候系统的状态、运动及变化进行描述，是研究气候变化的成因机制及预测的有力工具。

气候系统是一个高度非线性系统，包括各种复杂的相互作用过程，因此很难进行定量描述。气候模式主要包括气候系统中各子系统（如大气、海洋和海冰等）的动力学和热力学方程，以及物质（如大气中的水汽、温室气体，海洋的盐分和示踪物质等）的状态方程和守恒定律（Flato et al., 2014）。

由于气候系统的高度非线性、非静力性和复杂性，在模式中就需要对一些物理过程及机制进行参数的理想简化——考虑特定时空尺度上最主要的过程和特征，而忽略次要的过程和特征。例如，在海气耦合模式中，通常将陆冰和海冰作为边界条件处理，而忽略其覆盖范围的季节变化。同时，对于模式中不能直接进行精确描述的过程和参量，需要进行参数化模拟，即利用模式的大尺度变量来描述模式不能分辨但重要的物理过程，如大气、海洋环流模式中的次网格尺度过程。而实际上，模式的参数化是经验的、统计的，甚至是人为的。在实际应用过程中，参数化需要进行严格的理论分析与检验。

对地球气候系统而言，如果外部能量强迫（如太阳辐射、轨道变化）性质、系统内部各成分相互影响和作用的过程（如海气相互作用）、边界条件（如海陆分布）等约束条件已知的情况下，可根据基本动力框架的原始方程组（纳维-斯托克斯方程，Navier-Stokes Equations），建立特定约束条件的、特定时空尺度的气候系统。同样，根据所求解问题的复杂程度，对特定的物理过程和参量进行一系列的参数化简化，从而可进一步建立包含不同时空尺度的主要物理过程的气候模式。

根据所模拟的空间范围，数值模式可分为全球模式和区域模式（本书主要介绍全球模式，有关区域模式的详细论述可参考相关书籍）。根据模式的物理方程和简化方法，可分为概念模型（如箱式模型，Box Models）、能量平衡模式（Energy Balance Climate Model，EBM）、辐射对流模式（Radiative Convective Model，RCM）、统计动力模式（Statistical-Dynamical Model，SDM）、环流模式（General Circulation Model，GCM）及地球系统模式（Earth System Model，ESM）。其中，概念模型、能量平衡模式、辐射对流模式、统计动力模式等被称为"机制模式"，主要用于研究单个机制或少数简单的耦合机制；后期发展的环流模式等气候模式及地球系统模式可以研究气候系统或子系统中的各种物理过程、耦合过程及反馈机制，又被称为"模拟模式"。根据地球系统圈层组成，可分为大气环流模式、海洋环流模式、海冰模式、陆面模式、陆冰模式（Ice Sheet Model，ISM），以及生物模式、化学模式等。这两大类模式的共同结合与发展，使得人们认识了气候系统中的各种物理过程的耦合过程和反馈机制，并进一步促进了不同时空尺度的气候变化模拟的发展。

按照所研究物理过程的复杂程度及空间维度，气候模式可分为简单模式（空间维度为零维或一维）、中间模式（空间维度为二维）和复杂模式（空间维度为三维）。简单模式主要包括箱式模型、能量平衡模式（空间维度为零维和一维）和一维辐射对流模式等。中间模式是简单模式的扩展，主要包括两维动力和能量平衡模式。复杂模式主要以三维的大气环流模式、海洋模式、海冰模式、陆面模式等为核心，以及同时在不断发展过程中的耦合生物、化学等模式。复杂模式系统包含比较全面的动力和物理过程，能够全面地反映气候系统中各物理过程及其耦合过程，也是目前气候模拟所普遍采用的模式。例如，中国科学院地球系统模式CAS-ESM、美国国家大气科学研究中心（National Center for Atmospheric Research，NCAR）地球系统模式（Community Earth System Model，CESM）等。

对于大气环流模式而言，根据采用的数学处理方法和计算方案，又可分为格点模式和谱模式。其中，格点模式是用空间差分方式近似代替空间导数，然后求数值解；谱模式是将物理量展开为基函数的截断级数（谱）形式，从而求解偏微分方程的数值解的模式。球谐函数是球面谱模式中广泛使用的展开函数。谱模式与经典的格点模式相比，具有计算精度高、稳定性好、实用性强的优点，而在物理过程参数化和地形引入等方面，格点模式更加方便和灵活。

1.1.3.2 气候模拟

气候系统集合了多种物理、化学、生物等复杂过程，是一个强非线性相互作用和强迫耗散的系统，具有多物理层次和时空尺度的特征。仅依靠传统的统计学方法不能从根本上揭示气候系统的物理本质和变化规律，因此，气候模拟应运而生。

气候模拟是通过计算机数值求解描述气候系统中各种物理过程的偏微分方程组，即气候模式，定量研究并解释气候系统及其变化，揭示气候变化的规律与成因机制，从而使气候学成为可实验、可回溯、可验证的学科。气候模拟实施的基本步骤包括物理过程设计、数学物理设计、程序设计和资料设计4个紧密结合的方面（表1-4）。

表 1-4　气候模拟设计

项目	基本内容	说明
物理过程设计	物理过程（动力学、热力学及物质循环过程）、化学过程、生物过程等	牛顿第二定律、热力学定律、质量守恒定律等
数学物理设计	模式方程、控制参数、初始条件和边界条件、参数化、时空分辨率等	计算稳定性、收敛性，耦合方案
程序设计	数值计算求解，时空离散化，程序（计算流程图等主程序、通用模块单元等子程序），并行计算等	物理过程设计及程序编程
资料设计	强迫、边界及初始等条件，数据输出等	

气候模式是由热力学和动力学方程组成，具有特定边界条件和初始条件的"数学-物理模型"。一般形式为

$$\frac{\mathrm{d}\xi}{\mathrm{d}t}=\Phi(\xi,\eta) \tag{1-1}$$

式中，ξ 为物理变量，$\xi=\xi(x, y, z, t)$，对应了采用较低维的空间（如一维）、时间函数的机制模式；η 为模式控制参数；Φ 为方程算子。模式控制参数和方程算子的形式会随模式的不同而变化。

气候模式的数学物理设计，是气候模拟的基本核心问题，即根据所研究问题的特征和物理过程，给定物理变量 ξ、控制参数 η 和方程算子 Φ 的具体形式，并规定边界条件和初始条件、设计模式的参数化方案。例如，大气环流模式是地球系统动力学模式中的核心分量系统模式，也是最早发展的分量模式。大气环流模式使用数值计算的方法来模拟和预测地球系统中的大气圈演变，基本的模拟变量包括温度、降水、风速、气压、湿度、云量、辐射通量等。大气环流模式包括动力框架和物理过程两个部分。动力框架是对不含源汇项（绝热）的球面大气原始方程组（包括运动学方程、热力学方程、连续方程以及水汽平流方程）进行离散化，并采用数值方法进行求解。物理过程则是计算控制方程中的源汇项。物理过程相对于动力框架而言是一个次网格过程，包含一些尺度过小而不能直接解析的过程（如对流），需要对其进行参数化处理。通常，大气环流模式的物理过程主要包括云辐射过程、对流过程、边界层过程、云微物理过程等。模式控制参数包括各类物理常数，如大气总质量、化学成分、比热容、潜热、辐射传输参数等；边界条件包括海陆分布、地形、表面粗糙度及下垫面的反照率、植被等。由于各参量（包括模式控制参数、模式方程算子、边界条件、初始条件及参数化方案等）不同，形成的模式也就各不相同。

在气候模式数学物理设计的基础上，设计程序来求解模式方程。通过模式模拟与实测数据的对比，从而确定模拟的效果，并通过对模式进一步的调试或修正来进

行敏感性试验或气候预报。

敏感性试验是气候模式中经常采用的对比试验方法，即改变某参数或者物理过程的表达形式，获得与控制试验（对照试验）的差异，从而研究气候系统中各种因子的重要性和各种物理过程及其成因机制，如大气 CO_2 浓度、气溶胶浓度、地面反照率、冰雪覆盖面积、太阳常数等因素变化对气候的影响。敏感性试验通常是在模拟达到平衡态后，设计两组试验：其中一组在不改变任何条件的基础上继续进行模拟，即控制试验；而另一组改变一个参数或物理过程进行模拟，即敏感性试验。通过两组试验的对比，从而分析气候变化的敏感性。敏感性试验给出了各种自然变化和人类活动对气候变化影响的数值结果，从而为气候预测和气候变化提供一定的参考数据。

一般，在平衡态的敏感性试验中，强迫项（如辐射强迫或其他的外源强迫）为固定值，不随时间变化，因此，平衡态模拟只能进行敏感性研究，而不进行预报。与平衡态模拟不同，瞬变模拟试验的强迫项会按实际情况随时间变化，从而预报气候或天气。然而，瞬变模拟的计算量大，对计算机的要求更高，并且对外强迫随时间变化的细节要求也更精细。

目前平衡态模拟比瞬变模拟应用得多，除了上述原因外，还主要包括：①平衡态模拟的单因子敏感性试验结果及机制相对更容易解释，而瞬变模拟包含更多更复杂的因子或物理过程，解释起来更困难，并且由于模式本身的缺陷，其结果有时并不可信；②在进行瞬变模拟之前，往往会设计多组平衡态模拟对可能存在影响的因子进行一一验证，进而在瞬变模拟中进一步研究物理过程的相互作用及其机制，从某种意义上说，平衡态模拟往往是瞬变模拟的先导试验。

另外，气候系统非线性的复杂性，在许多方面表现为混沌的性质——初值敏感依赖和敏感常数，即数值结果往往对初始条件或某些参数的微小扰动十分敏感。因此，气候模拟和预报往往具有一定的不确定性。实际应用中，经常采用集合预报（ensemble forecast）和多模式集成预报（multimodel ensemble forecast）的方法来消除初值敏感依赖、敏感常数及模式不确定性所造成的不确定性。其中，集合预报是指在同一个模式中，各个预报具有不同的初始条件、边界条件、参数设定，进行重复多次模拟，然后经过统计、综合得到最终结果。多模式集成预报是用客观、定量的方法，对各种预报方法做出的预报结果进行综合，使其在统计意义下更为正确的一种数理统计预报。采用不同的气候模式，选定相同的初始条件、边界条件、参数设定，进行相同的模拟试验，然后对各模式结果进行统计平均。在过去 20 多年中，世界气候研究计划（World Climate Research Programme，WCRP）相继组织了从大气模式比较计划（Atmospheric Model Intercomparison Project，AMIP）、海洋模式比较计划（Ocean Model Intercomparison Project，OMIP）、古气候模拟比较计划（Palaeoclimate

Modelling Intercomparison Project，PMIP）到耦合模式比较计划（Coupled Model Intercomparison Project，CMIP）等一系列国际模式比较计划，引起了社会各界对气候变化模拟与预估问题的高度重视，并推动了相关领域研究的发展。

1.1.3.3 古气候模拟

古气候模拟不仅可以反映古气候变化的过程和机理，解释人类活动下气候变化的成因机制及规律，还能检验并改进气候模式的模拟能力，提高预报预测水平，从而进一步丰富和完善气候学理论，为可持续发展战略规划提供科学依据。

气候系统各圈层具有空间不均匀、时间变化的特性，因此，需用三个空间变量与一个时间变量组成的函数来描述。若通过数学语言将支配各圈层物理现象的物理规律描述出来，就需要给出各圈层的基本方程组。气候系统所处的环境状况设定为边界条件，某一历史状态则可作为初始条件。

古气候模式（Paleoclimate Model），是一个由动力学和热力学方程、特定物质状态方程和守恒定律组成的三维气候系统模式，涵盖地球外部圈层中的大气圈、水圈和生物圈，以及地球内部圈层中的岩石圈表面。古气候模式至少应该包括大气模式、海洋模式、陆冰模式、海冰模式、陆面模式等三维模式，同时也要包括生物地球化学模块（如碳、氮循环）等。在古气候模式的众多子模式中，最基本和最主要的是大气环流模式、海洋环流模式、陆地模式和冰雪模式。这些模式的基本方程组是根据物理学基本定律（动量、质量和能量守恒定律）推导出来的。

由于地球各圈层内的各物理、化学、生物过程及圈层之间的相互作用过程是高度复杂的，加之对外部强迫因子的研究并不深入，要建立完全的古气候模式困难重重。因此，在早期的古气候模拟中，经常采用简单概念性模式、能量平衡模式和其他简化模式。即使现阶段的模拟中，采用的三维耦合模式也并非完全的地球系统模式，其中大部分是在现代气候模式或动力框架的基础上，根据地质时期的具体情况对初始条件、边界条件、关键参数等修改而进行的模拟。

（1）古气候模拟的现在和未来发展

古气候模拟与气候模拟的原理是一致的，都是根据物理、化学、生物等基本过程和规律，在内外动驱动力的作用下，应用数值模拟的方法，研究地球环境和气候的变化机理并进行预测。古气候模拟以现代气候模式为基础，亦有自身的学科特点：针对地质时期或历史时期的气候进行模拟，初始条件、边界条件及参数等与现在的状态存在着巨大差异，需要地质资料等进行对比和检验。

气候预测是人类面临的世界难题。首先，气候系统是一个复杂的、非线性的系统，包括多种过程及相互作用，且不同时间尺度气候变化的成因及其动力机制也不尽相同，加之其本身的某些复杂物理过程至今还未被完全地捕捉和理解，气候模式所包含的物理过程和对物理过程的数学描述具有局限性;而气候模式中参数化方案、耦合方案、方程离散化方案、初始与边界条件等因素的微小变化,也会引起气候模式模拟结果明显偏离实际观测值。其次,气候系统的变化受到内因和外因的共同作用,气候系统内部的"准随机"(quasi-random)变化属于内因,外部驱动属于外因。Widmann 等(2010)指出,气候系统内部的"准随机"变化随时间的演化过程是无法通过气候模式来模拟的,且气候系统对外部驱动的响应也是一个相当复杂的过程,对这个复杂过程的准确模拟也极具难度(方苗和李新,2016)。

古气候模拟是破解气候变化及其预测这一难题的重要途径。在古气候学研究的基础上,古气候模拟进一步发展主要依赖于三个环节:①气候变化的成因机理及气候预测取决于对地球系统内外动力机制和物理过程的理论研究;②气候模式的完善依赖于理论及物理模式的发展;③古气候模式模拟的验证依赖于地质资料等代用资料的重建和集成。这些均是今后古气候模拟需要突破的地方。

(2)古气候模拟的现代气候基本理论

古气候模拟是基于现代气候的基本理论,通过数值模拟的方法,从而再现古气候的基本特征及变化,并阐明气候形成与演化机制。现代气候系统理论为古气候模拟提供了坚实的理论基础。为了真实地刻画古气候变化的过程和机理,古气候模式包含地球外部圈层(大气圈、水圈和生物圈)、内部圈层(岩石圈表面)的各种动力和热力方程,以及特定物质的状态方程和守恒定律在内的三维气候系统模式。古气候模拟与现代气候模拟的过程类似,也包括物理过程设计、数学物理设计、程序设计和资料设计等。

与现代气候模拟相比,古气候模拟涉及更多的学科,包含更多的模块、物理过程和参数,是由地球系统各圈层的模式构成的,如大气环流模式、海洋环流模式、海冰模式、陆冰模式、陆地模式,以及地球化学循环(碳、氮循环)模式、大气化学模式、气溶胶模式等子模式。然而,其模拟难度也更大,初始条件、边界条件与某些关键参数的不确定性大,如冰雪覆盖范围、太阳辐射、海洋深层环流等;积分时间更长(至少千年级别),对计算机的要求更高;同时由于重建资料的缺乏及全球分布还很稀疏,其模拟结果更难以验证。

气候变化具有各种不同动力机制控制的时间尺度,目前对地质时期和历史时期的古气候变化的成因机理研究并不深入,因此,需要通过代用资料重建和古气候模式模拟进行检验与验证。当然,现阶段的古气候模拟还存在很大的不确定性,还有大量的工作值得进一步深入开展。

古气候模拟也经常采用平衡态模拟和瞬变模拟。通过平衡态模拟,可获得特定地质时期的气候与控制试验的差异,如常见的末次盛冰期(21ka BP)、中全新世

(mid-holocene，MH，6ka BP) 的间冰期模拟。通过瞬变模拟，可获得地质时期内的气候变化过程，如从末次盛冰期到现代的瞬变模拟，就可以反映出过去2.1万年以来的气候变化过程。

(3) 古气候代用指标

各种高分辨率代用指标分析的综合开展为研究区域气候对全球变化的响应提供了翔实的资料，可以反映较大尺度空间的区域气候变化特征及其与全球变化的联系。因此，针对承载古环境信息的载体，如树轮、石笋、黄土、冰芯、湖海沉积以及生物化石等地质载体，通过器测记录、历史记载、考古信息、环境地质载体等多个信息渠道进行古气候重建是一个重要的研究手段。从古气候重建资料中选取合适的代用指标来解析古环境变化的相关信息，是研究古气候和古环境变化的重要基础。

每种环境地质载体的古气候和古环境的指示意义、分辨率、代用指标体系也并不相同（其综合归纳见表1-5）。冰芯、黄土、湖海沉积和花粉等是相对比较成熟的几类代用指标，同时人类的历史记录资料也会记录数千年来的气候变化，可与地质资料相互补充和验证。极区冰芯和中纬度山地冰川冰芯在揭示过去气候变化、太阳活动、温室气体、火山活动和人类活动等方面取得了重要成就；海洋沉积集中在氧同位素反映的全球冰量、海水温度以及海洋环流的研究，表明全新世气候变化存在显著的百年至千年尺度的准周期；湖泊沉积物可反映湖泊水位的振荡和气候变化；季风区石笋中的记录反映了夏季风降水的强度；树木年轮气候学可将树木的生长状况转换成气候要素的函数，完成对过去气候的推断和重建；黄土-古土壤系列记录了200万~300万年以来黄土沉积和古土壤发育的历史，并反映了气候尤其是风场的演变（赵传湖，2009）。

表1-5 古气候重建的环境指标信息

信息类型	信息对象	信息载体	气候指标	时间尺度/a	时间分辨率
器测记录	气象观测		温度、降水、风、水汽、云、物候	10^1	小时、日
	水文观测		降水、水位、径流、地下水等	10^1	小时、日
		微量气体、温室气体、气溶胶、地表植被、土壤湿度、土壤利用类型	太阳能、紫外线、大气温度、降水、风、反照率	10^1	日
	遥感观测	海洋叶绿素、海冰等；地球物理变量（重力、大地水准面、地震、地磁、板块运动等）	辐射、海表温度、气压、CO_2、大洋环流	10^1	日

续表

信息类型	信息对象	信息载体	气候指标	时间尺度/a	时间分辨率
文献考古	文献记载	动植物类型及分布、物候、土地利用方式、农业活动、社会经济状况、人类学等	天气日记、雨量观测、自然灾害	10^3	日、年
文献考古	考古信息	遗址；动植物大化石、孢粉、微体化石；文化类型和区域、作物和畜禽类型、生活用品、随葬品等	温度、降水、气候带的推测	10^4	年
代用指标	树木年轮	树轮宽度及密度、化学元素、同位素等	太阳辐射、雪线、温度、湿度、植被气候带类型	10^4	季节、年
代用指标	湖泊沉积	纹层、粒度、盐类、矿物成分；同位素、常量和微量元素；孢粉、介形虫、植物硅酸体等	水位、温度、盐度、蒸发-降水	10^6	年
代用指标	冰芯	冰晶、微粒含量和粒径、同位素、化学元素、大气成分、pH、电导率等	温度、大气环流、冰雪累积量	10^5	季节、年
代用指标	花粉	花粉百分比、浓度、通量	温度、降水	10^5	10~100年
代用指标	珊瑚	生物结构、化学成分；宽度；$\delta^{18}O$、Sr/Cs 同位素、海面位置等	海表温度、海平面、降水-蒸发	10^3	季节、年
代用指标	黄土和古土壤	粒度、磁化率、土壤类型和微形态；同位素、化学成分；动植物硅酸体、孢粉、大化石、有机质、黄土分布范围等	风向、粉尘通量以及气压场、CO_2、气候带类型	10^6	10~100年
代用指标	风场层和古土壤	粒度、风沙层理、磁化率、土壤层类型、大化石、昆虫、孢粉、有机质；文化层；黄土分布范围等	风向、粉尘通量以及气压场、气候带类型	10^5	10~100年
代用指标	洞穴沉积	石笋纹层；同位素、化学元素；孢粉、大化石、植物硅酸体；文化层等	洞穴温度、降水	10^3	季节、年
代用指标	地貌形态和堆积	湖泊、海岸线；古河道、河流阶地、夷平面；冰斗、冰川末端位置、冰川冰缘堆积；古岩溶等	海面湖面水准面、雪线、气候带类型	10^5	100~1000年
代用指标	海洋沉积	碳酸盐及分布、同位素、化学成分；风成及冰筏碎屑含量、粒度、沉积速率；化学成分、同位素；生物化石和微体化石等	全球冰量、海洋环流、海水表面温度	10^6	100~1000年
代用指标	海岸带	蒸发岩、碎屑沉积、贝壳堤、古沙丘、珊瑚礁、红树林、孢粉等	海面、冰量	10^4	10~100年

资料来源：Saltzman（2002）、于革等（2007）。

(4) 古气候模拟

A. 应用和发展古气候模式的技术途径

古气候模式实质上是气候系统模式或地球系统模式，包含地球各圈层的物理、化学和生物过程在内，主要由大气环流模式（atmospheric general circulation model，AGCM）、海洋环流模式（oceanic general circulation model，OGCM）、陆地模式（land model）、海冰模式、陆冰模式组成，有的还包括全球碳氮循环、动态植被、大气化学、海洋生物地球化学等子模块。古气候模式是现代气候模式的改进和扩充，适用于古海洋、古大陆的分布情形，从而对古气候过程和机理进行模拟及描述。

B. 古气候历史重建的方法

古气候重建资料为模式提供所需的边界条件及初始条件，同时也可对模式的结果进行对比验证。通过地质资料可以复原不同时间尺度（年至数千万年）、不同空间范围（点、区域、全球）古气候特征及其变化，进而进行定性和定量研究，发掘出古气候变化系统信息，为古气候模拟提供必不可少的基础资料。

地质记录综合体现了多种环境因素。例如，湖泊水位的高低反映流域的水平衡（主要为降水与蒸发、径流等）及湿度变化，冰川主要体现温度与降雪量，花粉的类型和组合变化反映植被变化、植物有效湿度等状况。因此，需要研究古气候代用指标所代表的气候意义，并将其与古气候模拟的特定指标进行分析对比。

从技术层面上来看，主要环节有：①年代学的应用，在特定地质时期集合多个地质记录；②古气候学的应用，将各个地质记录统一为相同量纲的气候参数；③统计学的应用，将空间离散的地质记录点处理成空间分布数据。

围绕上述三个方面，需要开展古气候年代学、代用指标重建、时间序列重建、空间重建等研究工作，如古温度与降水等气候要素的定量重建。

C. 构建古气候模拟边界场，认识古气候变化的成因

古气候模拟的边界场主要包括地球系统的外部环境和内部系统，是古气候模拟的重要基础。古气候模拟边界场就是构建一个特定时间点上的空间条件，具体形式为初始场和强迫条件的空间分布设置和参数设置。人们对气候变化的地质证据、成因机制的理论分析及成因假说的研究，共同构成了设计古气候模拟试验的驱动因素的基础。

目前的主流观点认为，地球外部和内部各种作用和反馈是气候变化的成因。因而古气候模拟的边界场主要为地球系统的外部和内部系统的相应因素（各类因子及其设置见表1-6）。其中，外部因素主要包括太阳辐射、地球自转、轨道参数等；内部因素主要为海陆分布、地形高度、海洋、大气成分、冰盖、植被等。同时，各个因子之间的相互作用及反馈过程也需着重考虑。

表 1-6　古气候模拟的边界场和参数设置的基本要素

模拟边界场	模拟的设置要素	获得的途径
地幔辐射、重力加速度、地球自转速度	地热对流和扩散、重力、地球自转速度	地球物理、地质构造、沉积、古生物
太阳辐射、地球轨道参数	太阳常数；地球偏心率、黄赤交角、岁差精度	历史记载、火山灰、放射性同位素；天文计算
大气成分	CO_2等温室气体、气溶胶	冰芯、火山灰、岩浆岩
海洋动力及热力状况	海表温度、海表盐度、海冰	海洋沉积和海洋古生物
地表反照率	植被和地表覆盖	古植物、花粉、微体古生物、古土壤
海陆位置、地形高度	古大陆、古纬度、古地形	地质构造、沉积、古生物、地球化学
冰盖	地形、反照率	冰川地质、海面、同位素化学

资料来源：Saltzman（2002）、于革等（2007）。

D. 进行古气候模拟试验以测试古气候变化的关键时期

古气候的驱动因子与现代气候不完全相同，有些因子在现代气候的模拟中可以不考虑，但在古气候模拟中必不可少，其中包括高原抬升、板块运动、大洋通道的开关、轨道参数、大陆冰盖等。在不同的地质时期，这些因子的作用也不同。在第四纪以前的深时古气候阶段，由于缺乏器测气象参数，如温度、降水、风和气压等，我们对古气候的所有了解都来自地质记录的间接证据，即代用指标数据。然而，由于对代用指标数据和古气候动力学机制的认知不足，我们对间接证据及气候变化的解释是有限的。古气候信息通常与用于现代气候分类的气候变量没有直接关系，这是现代气候和古气候（尤其是深时古气候）之间的一个重大区别。

一般，根据所模拟的地质时期，可将古气候模拟分成两类。

1）第四纪以前的深时古气候模拟（deep-time paleoclimate simulation）。由于这个阶段的年代久远，全面恢复其边界条件十分困难甚至不太可能，所以此类模拟的研究重点是全球气候对下垫面边界条件改变时的响应特征，如青藏高原抬升效应模拟、海道开合效应模拟、泛大陆气候模拟，以及一些极端气候时期气候系统对驱动因子响应的敏感性问题，如晚古生代冰期消亡（290~260Ma）、古新世—始新世极热（Paleocene-Eocene thermal maximum，PETM；~56Ma）事件以及理想的"雪球"模拟。

晚古生代冰消期（290~260Ma）是距今最近的一次地球从冰室气候状态向温室气候状态的过渡时期。尽管晚古生代的陆地分布和高程、海洋环流模式以及海洋和陆地生态系统与现今地球均不同，但这次冰消期为冰室气候如何响应温室气体等外界强迫提供了宝贵的地质记录。在这次漫长冰期的最后阶段，大气CO_2、大陆和海洋表面温度以及冰盖面积的协同演化说明了在温室气体强迫下，大气CO_2-气候-冰盖之间具有密切联系（孙枢和王成善，2009）。

PETM 事件发生在约 56Ma（图 1-6），这次快速气候变暖事件伴随着反复的、快速的（千年尺度）、大规模的碳释放以及碳循环的重大扰动，被认为与未来的气候变化有相似之处。PETM 事件最有可能的触发机制是火成岩侵入北大西洋富含有机质的沉积物，产生热解的 CH_4 和 CO_2。随后发生解离，导致巨量的碳突然释放进入大气-海洋系统，激发气候系统不同组成部分之间的正反馈作用，引起全球变暖进一步加剧并伴随着极端水文循环变化和风化作用加强、海洋深部酸化以及大范围的海底缺氧。极端温室气候期间的短期正反馈作用放大了初始碳注入对气候系统的影响，并且正反馈作用的强度远远超过能够将全球碳循环恢复到一个稳定状态的负反馈作用强度，因此，PETM 事件期间的气候恢复被大大放缓（孙枢和王成善，2009）。

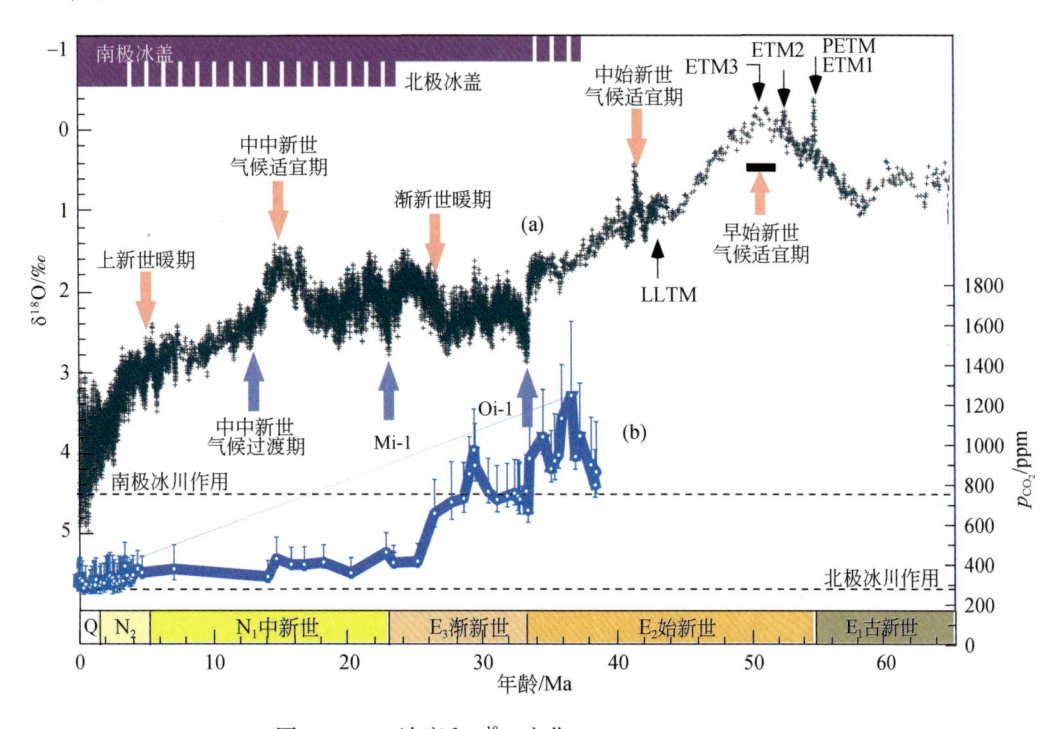

图 1-6 CO_2 浓度和 $\delta^{18}O$ 变化（Zachos et al., 2008）

(a) 65Ma 以来，$\delta^{18}O$ 变化与反演的气候事件；(b) 40Ma 以来 CO_2 浓度变化。其中 $\delta^{18}O$ 一定程度上可指征温度变化；左上的示意图揭示了南极与北极冰盖的形成时间：南极冰盖形成于约 34Ma，现今北极冰盖形成于约 3Ma。ETM1：始新世第一次极热事件；ETM2：始新世第二次极热事件；ETM3：始新世第三次极热事件；LLTM：晚卢泰特期极热事件；Oi-1：渐新世第一次骤冷事件；Mi-1：中新世第一次降温事件

早新生代温室气候及冰期气候转型的模拟表明，新生代早期的温暖气候受到了地球构造、海陆分布、大气成分及海陆生态系统的相互作用和反馈，特别是海洋环流及热输送、高原隆起、大洋通道改变、大气 CO_2 浓度及碳循环的变化，对温暖气候起到重要作用。

南极和北极冰盖以及北极海冰，也是导致新生代早期温暖气候结束、晚新生代冰期气候来临的关键原因。根据研究，很多气候事件的发生也与冰盖变化有关。例如，图1-6所示，PETM事件，表现为比现今温度平均高10~12℃、纬度间温差较小、南极底层水（Antarctic Bottom Water，AABW）变暖、底栖有孔虫灭绝、碳和氧同位素负漂、海底碳酸盐强烈溶解、深海碳酸钙补偿深度（CCD）面上升、造礁生物种群巨变、大规模甲烷或水合物泄漏；34Ma南极冰盖扩张（Oi-1）事件，表现为底层水温剧烈降低5~6℃、底栖有孔虫氧同位素加重、深海CCD面加深1000m、大气CO_2浓度从3000ppm[①]降低为350ppm、洋流和碳循环巨变；23Ma的Mi-1事件，表现为海洋氧同位素加重；15Ma前后的Ni-1事件，表现为全球气温平均比现今高3~8℃、13.6~8Ma发生的一系列降温事件、13.9~13.8Ma底栖有孔虫氧同位素加重、海平面大幅度下降、早—中中新世大洋碳同位素长期负漂背景上叠加的6次重组事件、表层水氧同位素变幅超过底层水指示的大洋环流重组事件、中中新世有机碳埋藏和大气CO_2浓度下降指示的全球变冷与经向温差加大指示的大气环流增强事件。Oi-1事件被认为与南极冰盖形成有关，而Mi-1事件和Ni-1事件都与南极冰盖演变有关，且后两次事件之间的气候变化主要动力来自南极冰盖的扩展和退缩的制约。

2）对第四纪以来的冰期旋回模拟。此类的主要理论基础为米兰科维奇理论。第四纪气候模拟是古气候模拟的一个重要目标。第四纪是与人类最接近的地质时期，尤其10多万年以来，古气候变化成因与人类生存和发展密切相关，它的气候变迁对于人类的影响最大，并且存在多种高分辨率、高精度的古气候记录和古气候替代性指标。这一时期古气候记录比较丰富，测年相对准确，便于我们对模拟结果进行评估。

在这个气候阶段内，全球发生了数次百年至千年时间尺度的气候突变事件，证明了在末次冰期–间冰期旋回的大尺度背景下，气候系统存在较大不稳定性。同时，完整的地质资料记录也使古气候模拟得到了对比和验证，对气候评估和模式改善有重要作用。大量古气候模拟集中在12万年末次间冰期以来的各个气候阶段，包括末次间冰期（125ka BP）、末次间冰阶（40~30ka BP）、末次盛冰期（21ka BP）、晚冰期（11~13ka BP）和早、中全新世（9ka BP、6ka BP），以及历史气候模拟（中世纪暖期和小冰期）。特别是末次盛冰期（21ka BP）和中全新世（6ka BP）两个分别代表距今最近寒冷期和温暖期的典型时段，大量的模拟围绕它们展开，力求借此解释冰期旋回的驱动机制，理解冰期环境的形成过程。这些古气候模拟试验锁定在气候变化的关键时段和重要驱动因子，具有不同的气候差异和气候变化成因，对测试地球内外动力驱动和各种地球圈层的反馈作用提供了科学依据。

---

① 1ppm = 1×10^{-6}。

E. 实现地质资料对比、统计检验和不确定性分析

代用资料（或代用指标）的重建和古气候模式模拟是古气候变化研究的两个常用途径。两种方法有着不同的方法论，为过去气候变化研究提供了两种不同的思路。代用资料作为过去气候变化信息的载体，保存着一定空间和时间内气候变化的"变化场景"。气候模式模拟能依靠模式内在的物理过程和动力学机制，给出气候变化在时间和空间上的连续演化。独立使用两种方法中的任何一种都可以对过去气候的变化进行研究。同时，两种方法又是互补关系（图1-7），通过两种方法获得结果进行相互比较和验证，一方面有助于发现气候模式的不足，进而有针对性地改进气候模式的模拟能力；另一方面可以基于过去气候变化的事实，结合气候系统变化的规律更好地认识和理解过去气候变化的机制（方苗和李新，2016）。

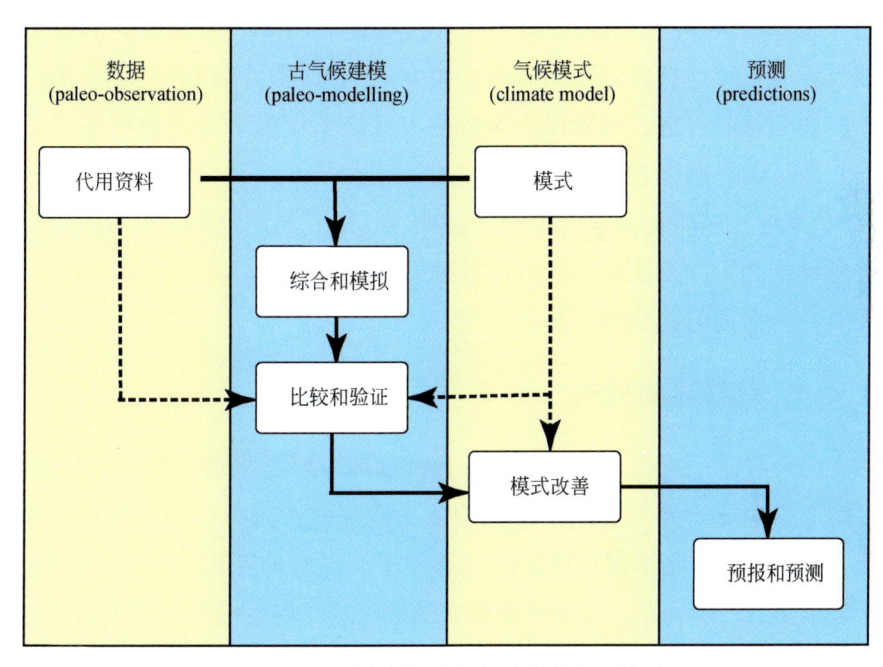

图 1-7　地质资料与古气候建模的相互关系

由于地质资料是间接的、观测气候的代用指标，本质上是随机变量，其本身不可避免地包含有观测误差（包括代表性误差和器测误差）。以代表性误差为例，在某一个采样点获取的代用资料指标，其实际所能代表的空间范围是一个很难确定的量，如果我们以这个点上的重建结果去解释一定区域内的气候变化过程，则无法准确衡量其误差。因此在验证古气候模拟之前，需要进行一系列的数据处理与分析；同时利用各种数理统计方法（如平均值、方差、相关系数、Kappa 系数）对空间数据进行评估分析，以进一步定量比较模型与数据的一致性和差异性。

模式是研究古气候的一个重要途径，但模拟结果存在一定的不确定性，因而并不能简单地直接应用。为了厘清模式系统、边界场、模拟试验等统计误差和概率，就需

要我们采用统计检验和不确定性等分析方法进行检验。常用的统计检验包括 E 检验、t 检验、F 检验以及 χ^2 检验；常用的不确定性分析包括敏感性分析、情景分析和概率分析。不断发展和完善这些分析方法，对认识模式的不确定性及概率分析至关重要。

1.1.4　简化气候模式

理论上，古气候模拟是有能力对大气圈、水圈、岩石圈、冰冻圈、生物圈范围内各种动力学及热力学方程进行求解的完整的三维古气候模式，并且也能通过进行相当长时间的积分完成对古气候变化过程的模拟。然而，当前阶段，由于我们在对各圈层内部物理、化学、生物过程、圈层之间的相互作用过程，以及各种外强迫因子长期变化过程的认知不够充分，建立一个完善的古气候模式难度巨大。另外，现阶段突破计算能力和计算稳定性的限制，建立一个可长时间积分且完善的古气候模式仍难以实现。总而言之，现阶段大多数的古气候模拟模式并不是完整意义上的古气候模式，而是选择部分相对简化的气候模式来替代。简化模式的分辨率较粗，或降低 1~2 个维度，或简化其动力及物理过程，其最大的用处是研究气候变化对不同参数的敏感性，并指导复杂模式，针对性地开展试验。

以下对几种常用的简化模式进行介绍。

1.1.4.1　能量平衡模式

地球上的冷暖变化过程十分缓慢，若无长期的考察是很难感知其变化的。因而，在一定程度上，地球与外界之间的能量收支大致平衡。另外，除有规律的季节变化外，地球上的温度分布还是相对稳定的（即年平均温度的变化小）。由此推断，气候系统处于局域热力平衡状态。能量平衡模式就是依照气候系统中各热力过程之间的能量平衡来计算温度及其分布的简单气候模式。气候系统主要包含以下几种热力过程。

1）辐射输送：短波太阳辐射和地气系统的长波辐射。
2）潜热输送：主要由水汽相变引起的热量交换输送。
3）感热输送：大气水平涡旋输送、大气平流输送、大气垂直湍流输送及海洋中的冷暖洋流输送。

考虑上述热力过程，并忽略与动力过程有关的动能和位能的变化，则系统的能量平衡方程可写为

$$-\text{div}\vec{R}-\text{div}\vec{P}-\text{div}(\rho C_\text{p} T\vec{V})-\text{div}\vec{G}-\text{div}\vec{Q}_\text{A}=0 \tag{1-2}$$

式中，$\vec{R}$ 为辐射通量；$\vec{P}$ 为湍流感热输送通量；T 为大气的温度；$\vec{V}$ 为大气的速度；$\vec{G}$ 为潜热输送通量（水汽输送通量与凝结潜热系数之乘积）；$\rho C_\text{p} T\vec{V}$ 为平流感热通

量；ρ 为空气密度；C_P 为空气的定压比热；$\vec{Q}_A$ 为土壤的热通量；**div** 为散度标记，热量输送通量的散度表示该热量输送造成的单位体积内热量的净输出值。

上述能量平衡方程表示所有热量输送造成的单位体积内的热量净收入为零，即该单位体积处于能量平衡状态。若方程存在定解，则需一定的边界条件约束，因此能量平衡模式往往是一个边值问题。一般情况，取下边界（地面处）的地表热量平衡作为边界条件

$$-\lambda \frac{\partial T}{\partial Z} - LK \frac{\partial q}{\partial Z} + \vec{Q}_A = R_S \tag{1-3}$$

式中，$-\lambda \frac{\partial T}{\partial Z}$ 为湍流热通量；λ 为感热湍流交换系数；$-LK \frac{\partial q}{\partial Z}$ 为蒸发耗热通量；L 为凝结潜热系数；K 为潜热湍流交换系数；q 为比湿；R_S 为地表辐射平衡值。

因整个地气系统与太空的热量净交换为零，且该交换均为辐射能量的交换，在大气上边界处的辐射能量取空间积分应为 0，即

$$\iint_S R \mathrm{d}S = 0 \tag{1-4}$$

绝大部分的能量平衡模式是建立在基本的能量平衡方程以及相应的边界条件之上的。利用多种方式简化上述方程，就能得出多种能量平衡模式，在理论气候模式中，该类模式占重要地位。

（1）零维能量平衡模式

描述地球大气平均温度的基本方程为

$$C \frac{\partial T}{\partial t} = Q(1-\alpha) - \varepsilon \sigma T^4 \tag{1-5}$$

或

$$C \frac{\partial T}{\partial t} = Q(1-\alpha) - (A + BT) \tag{1-6}$$

式中，C 为常数，表示大气单柱的有效热能；T 为全球平均的地球表面温度；t 为时间；Q 为全球平均的大气层顶入射太阳通量；α 为行星反照率；σT^4 为地球辐射量，表示大气层顶向外的长波辐射；ε 为黑体的辐射系数；σ 为 Stefan-Boltzmann 常数 $[5.67 \times 10^{-8}/(\mathrm{Wm}^2 \cdot \mathrm{K}^4)]$；$A+BT$ 为地球辐射能量的一维简化。

（2）一维能量平衡模式

温度是纬度和时间的函数，即

$$C(x) \frac{\partial T(x,t)}{\partial t} = QS(x,t)[1 - \alpha(x,t)] - A - BT(x,t) + D(x,t) \tag{1-7}$$

式中，$x = \sin\varphi$ 为纬度的正弦函数；$S(x,t)$ 为太阳辐射分布函数；$D(x,t)$ 为热量的经向交换量；α 为行星反射率；Q 为热通量。

（3）二维能量平衡模式

引入水平二维位置矢量$\vec{r}$，即考虑变量在经向和纬向的分布，则有

$$C(\vec{r})\frac{\partial T(\vec{r},t)}{\partial t} - \nabla[D(\vec{r}) \cdot \nabla T(\vec{r},t) + A + BT(\vec{r},t)] = QS(\vec{r},t)[1-a(\vec{r},t)] \quad (1-8)$$

式中，∇为向量微分算子，$\nabla = \dfrac{\mathrm{d}}{\mathrm{d}\vec{r}} = \left(\dfrac{\partial}{\partial x}, \dfrac{\partial}{\partial y}, \dfrac{\partial}{\partial z}\right)$。

考虑经向和垂直方向的分布，相当于一维模式与辐射对流模式的合成。

另一类能量平衡模式，即盒式能量平衡模式（Box-EBM），它既有简单的垂向分层，又将大气与海洋分开考虑，以此突显大气与海洋在热容量等方面差异的影响，同时也可进行海气相互作用的研究。一般情况下，Box-EBM模型的垂直分层为：大气层、气海混合层、海洋中间层、深海层，同时考虑海洋各层之间的热量等交换。相较其他 EBM 而言，Box-EBM 更加强调深海内部的热量过程及不同深度层间的能量交换。模式刻画出的典型过程包括热通量的上翻作用（向上）和扩散作用（向下）。因此，Box-EBM 同以大气为主的其他 EBM 相比，在长时间尺度气候变化的研究中更具优势。表1-7 是各类 EBM 及其主要特征。

表 1-7 各类 EBM 的主要特征

模式名	模式变量	模式参数	模式特征
0D-EBM	$T(t)$	A, B, α	冰雪反照率反馈
1D-EBM	$T(\alpha, t)$	A, B, D, α	冰雪反照率反馈；扩散过程
2D-EBM（水平）	$T(\alpha, \lambda, t)$ 或 $(\vec{r}, t)$	A, B, C, D, α	冰雪反照率反馈；扩散过程；海陆热力差异
2D-EBM（经向/垂直）	$T(\varphi, z, t)$ 或 $T(\varphi, p, t)$	云量、湿度、反照率	云、水汽、反照率对辐射的影响；经圈环流热输送、涡旋热输送
Box-EBM	$T(b, h, t)$ 或 $T(b, z, t)$ b 为海洋或大陆盒子	有关辐射参数；盒子间的热交换系数；热扩散系数；海水垂直速度；深层海水形成临界温度	海洋中的各种能量过程

1.1.4.2 辐射对流模式

辐射对流模式（Radiative-Covective Model，RCM）将大气简化为铅直的气柱，气柱垂直温度结构可以通过其内部辐射加热或冷却与之垂直热通量之间的平衡关系计算出，从而深化气柱内的辐射过程。这种根据垂向的辐射收支及温度对流调整从

而获得大气的垂直温度分布的模式,是一种考虑时间演变的一维模式,它的建立遵循两个原理:

1) 任何高度上,太阳辐射、长波辐射的通量与对流热通量保持平衡;
2) 对流调整过程使得辐射差异引起的温度垂向分布的不稳定趋于稳定。

(1) 无对流调整的辐射平衡模式

假定大气温度的垂向变化 $T(z,t)$ 受辐射收支控制,则温度变化方程为

$$\left(\frac{\partial T}{\partial t}\right)_r = \left(\frac{\partial T}{\partial t}\right)_l + \left(\frac{\partial T}{\partial t}\right)_s \tag{1-9}$$

式中,$\left(\frac{\partial T}{\partial t}\right)_r$ 为辐射导致的温度变化率;$\left(\frac{\partial T}{\partial t}\right)_l$、$\left(\frac{\partial T}{\partial t}\right)_s$ 分别为长波、短波辐射导致的温度变化率。

据此算得的温度廓线,在近地面处垂直递减率过大,并且在对流层顶及平流层的下部,所得温度值与实际偏差较大。

(2) 有对流调整的辐射平衡模式

基本假定:

1) 在大气层顶,净入射短波辐射与出射长波辐射相平衡。
2) 大气的净辐射冷却作用与大气长、短波辐射之差相平衡。
3) 当气温直减率小于规定值时,气层维持局地辐射平衡。
4) 当气温直减率大于规定值时,对温度分布进行调整,以使其达到规定值。

模式温度变化方程:

$$\left(\frac{\partial T}{\partial t}\right)_{rc} = \left(\frac{\partial T}{\partial t}\right)_r + \left(\frac{\partial T}{\partial t}\right)_c \tag{1-10}$$

式中,$\left(\frac{\partial T}{\partial t}\right)_{rc}$ 为辐射和对流导致的温度变化率;$\left(\frac{\partial T}{\partial t}\right)_r$ 为辐射导致的温度变化率;$\left(\frac{\partial T}{\partial t}\right)_c$ 为对流导致的温度变化率,若该项为零,则忽略对流调整过程。

非接地层,满足

$$\frac{C_P}{g}\int_{P_T}^{P_B}\left(\frac{\partial T}{\partial t}\right)_{rc} dp = \frac{C_P}{g}\int_{P_T}^{P_B}\left(\frac{\partial T}{\partial t}\right)_r dp \tag{1-11}$$

式中,C_P 为空气比热容,P_T、P_B 分别为发生对流的层顶气压和层底气压。

在地表(接地层),满足

$$\frac{C_P}{g}\int_{P_T}^{P_B}\left(\frac{\partial T}{\partial t}\right)_{rc} dp = \frac{C_P}{g}\int_{P_T}^{P_B}\left(\frac{\partial T}{\partial t}\right)_r dp + (S_s - F_s) \tag{1-12}$$

利用迭代法求解

$$T^{(n+1)} = T^{(n)} + \left(\frac{\partial T}{\partial t}\right)_{rc}^{(n)} \Delta t \qquad (1\text{-}13)$$

式中，n、$n+1$ 分别表示第 n 步、第 $n+1$ 步；Δt 为时间步长，$\Delta t = t_{n+1} - t_n$。

当满足

$$|T^{(n+1)} - T^{(n)}| \leq \varepsilon \qquad (1\text{-}14)$$

式中，ε 为收敛条件，是一个小值常数。

迭代结束，得到垂直温度廓线。

辐射对流模式主要应用于：

1）与地球气候系统能量传输相关的研究。

2）辐射传输的气体总体效应，如温室效应、气溶胶的气候效应、云与辐射的相互作用等。

3）通过结合能量平衡模式，形成二维能量平衡模式。

4）提供给 GCM 辐射计算模式。

1.1.4.3 纬向平均动力模式

纬向平均动力模式（zonal mean dynamic model，ZADM）其实就是将大气沿纬圈进行平均，用纬度、高度相交成的网格点表示大气的模式。ZADM 是介于一维气候模式（EBM 和 RCM）及三维气候模式（AGCM）之间连接两者的桥梁，它包括基本的动力、物理过程。因此，在气候模拟的研究中，ZADM 发挥着重要作用。ZADM 最大的挑战是涡旋输送的参数化，而由于涡旋输送的处理是建立在统计近似基础上的，ZADM 又被称为统计动力模式（Saltzman，1978）。

（1）纬向平均动力模式在气候模拟中的作用

综合气候系统的复杂性，其时空变化的多尺度嵌套性，加之现今计算机技术尚无法支撑在模式中细致地考虑气候中的各种过程等情况，简化处理某些系统过程是必要的。其中，简化的一个最基本方法是进行空间平均。

实际上，最简单的能量平衡模式是通过假定整个大气圈是一个均匀的体系，对三维空间进行平均，就产生了最简单的零维模式。若对纬向、高度平均，则是一维能量平衡模式；若对水平方向平均，仅考虑温度的垂向变化，则是一维辐射对流模式。作为一级近似，一维模式是研究气候变化的有效工具。

三维气候模式则尽可能细致地考虑各种动力、物理过程，可用于研究气候变化的地理分布和时间演变特征，因此这类模式可清晰地模拟天气系统的日变化。

介于二者之间的二维纬向平均动力模式，与一维 EBM 相同，在纬向和经向进行了平均处理，但在经向方向的处理比一维 EBM 精细，它能够和 AGCM 一样精细地对辐射过程进行处理，甚至与最精细的 RCM 相比也毫不逊色。

ZADM 与 RCM 和 EBM 相比，具有下述优点：

1）由于模式是二维的，在 ZADM 中，可将许多在一维模式中必须作参数化处理的反馈机制进行显式处理。

2）通过显示方式引入水循环及水循环和大气动力过程可能的相互作用。

由于 ZADM 这样处理造成计算量的剧增，利用一维模式来设计、检验 ZADM 试验极为有益。

ZADM 与 AGCM 相比，能够消除天气过程产生的"气候噪声"，而在 AGCM 的模拟中，该"噪声"会掩盖小的气候扰动。假定边界条件定常，上述特点可使 ZADM 得到一个稳定解，并使 ZADM 在设计和分析 AGCM 的参数化与敏感性研究中非常有用。然而，该优点也可能被模式分辨率及涡旋输送参数化造成的误差所抵消。

由于 ZADM 在气候模式中处于中间地位，它在设计与分析 AGCM 的模拟试验以及检验 RCM 和 EBM 的模拟结果方面起着特别重要的作用。此外，研究具有经向、高度和时间变化的气候小扰动时，ZADM 比其他两类模式更优越。例如，与 EBM 相比，ZADM 能够更准确地模拟对流层气溶胶的潜在气候效应，因为它对辐射过程的处理有较高的垂直分辨率，同时考虑了扰动动能对平均经向环流的影响。虽然 RCM 在辐射问题的处理上具有同样的垂直分辨率，但它无法刻画相应的经向分布特征。而 AGCM 虽然具有很高的水平和垂直分辨率，但用它来研究该类扰动问题是较为困难的，这是因为对这类小扰动，特别是扰动是瞬变的，产生的气候响应无法从模拟结果中分辨出来，因此 ZADM 可以确定是否需要用 AGCM 做进一步研究。

（2）纬向平均动力模式的设计

为了模拟大气的经向和垂直变化，ZADM 基本上包含了三维 AGCM 中的所有物理过程。与 AGCM 相同，ZADM 也是建立在质量、能量和动量守恒方程基础上的，此外，模式还可以包括水汽和其他因子的守恒方程。这类模式的主要问题是在中、高纬度地区，大部分热量输送和动量输送并不是靠经向运动而是靠涡旋来完成的。例如，中纬度低压和高空波动，如果不考虑纬向变化，这些涡旋是不能在模式中加以显式考虑的，必须进行参数化。对于非绝热加热和热量交换的处理，ZADM 和 AGCM 基本一致。

A. 模式的时空结构

在经向上，纬向平均动力模式一般是指从北极到南极。经向分辨率一般最大取 15°，粗网格可以防止由 CISK 机制引起的"气候噪声"并减少计算量，但过粗的网格则无法模拟出气候带的发展和季节变化。若要精细地模拟小扰动对气候带漂移的影响，则需较高的经向分辨率及特殊的地面处理。一般经向网格的选取包含以下两种方法：

1) 等面积网格，$d = \Delta\cos\varphi$，使得所取网格在高纬度网格的分辨率比较低，低纬度网格的分辨率比较高。

2) $d = \Delta\varphi$，从而提高了高纬度网格的分辨率，但对于低纬度地区类似赤道辐合带（ITCZ）系统，则略显不足。一般气候模式采用第二种网格。

对纬向平均动力模式而言，在经向方向还有下垫面类型的处理，一般也有两种方法。

1) 和 AGCM 一样，每个网格点上只选取一种地表类型（如陆地、海洋或海冰），这种处理对网格的分辨率要求较高。

2) 采用 North 和 Coakley（1979）在 EBM 中的处理方法，即在同一网格点上，地表特征按比例分为几种类型（如海洋70%、陆地30%），使用该方式时，较粗分辨率的网格便能够满足部分研究需求。

事实证明，后一种方法要优于前一种方法。

模式在垂直方向上的分辨率取决于所研究的问题，但至少要在几个层次上分辨出云、高纬度地区的近地层逆温、对流层温度递减率的变化、火山爆发气溶胶注入平流层等。因此，模式一般在对流层和平流层都会设置多层。

在 AGCM 中，时间步长的选取受非线性平流作用限制，虽然在 ZADM 中此情况同样存在，但要好得多。一般纬向平均风速约 30m/s，但最大平均经向风速仅 3m/s，因此，ZADM 的时间步长可以比 AGCM 大 10 倍。

B. 模式的基本方程组

p 坐标下，纬向平均的原始方程组为

$$\frac{d[u]}{dt} - \left(f + [u]\frac{\tan\varphi}{a}\right)[v] = -\frac{1}{a\cos^2\varphi}\frac{\partial}{\partial\varphi}([v^*u^*]\cos^2\varphi) - \frac{\partial}{\partial p}[\omega^*u^*] + F_u \quad (1-15)$$

$$\frac{d[v]}{dt} + \left(f + [u]\frac{\tan\varphi}{a}\right)[u] + \frac{1}{2}\frac{\partial}{\partial\varphi}[\Phi]$$

$$= -\frac{1}{a\cos\varphi}\frac{\partial}{\partial\varphi}([v^*v^*]\cos\varphi) - \frac{\partial}{\partial p}[\omega^*v^*] - [u^*u^*]\frac{\tan\varphi}{a} + F_v \quad (1-16)$$

$$\frac{d[\theta]}{dt} = -\frac{1}{a\cos\varphi}\frac{\partial}{\partial\varphi}([v^*\theta^*]\cos\varphi) - \frac{\partial}{\partial p}[\omega^*\theta^*] + F_\theta \quad (1-17)$$

$$\frac{d[q]}{dt} = -\frac{1}{a\cos\varphi}\frac{\partial}{\partial\varphi}([v^*q^*]\cos\varphi) - \frac{\partial}{\partial p}[\omega^*q^*] + F_q \quad (1-18)$$

$$\frac{\partial}{\partial p}[\Phi] + \frac{R[T]}{p} = 0 \quad (1-19)$$

$$-\frac{1}{a\cos\varphi}\frac{\partial}{\partial\varphi}([v]\cos\varphi) + \frac{\partial}{\partial p}[\omega] = 0 \quad (1-20)$$

式中，t 为时间；f 为科氏参数；φ 为纬度；p 为气压；T 为温度；R 为理想气体常数 [8.314J/(mol·K)]。

其中

$$\frac{\mathrm{d}[x]}{\mathrm{d}t} = \frac{\partial[x]}{\partial t} + \frac{[v]}{a}\frac{\partial[x]}{\partial \varphi} + [\omega]\frac{\partial[x]}{\partial p}$$

$$= \frac{\partial[x]}{\partial t} + \frac{1}{a\cos\varphi}\frac{\partial}{\partial \varphi}([v][x]\cos\varphi) + \frac{\partial}{\partial p}([\omega][x]) \tag{1-21}$$

式中，u 为纬向风速；v 为经向风速；a 为地球半径；ω 为垂直运动；Φ 为位势高度；θ 为位温；q 为水汽的混合比；F_u，F_v，F_θ 和 F_q 为各个方程的外源项；[ ] 表示纬向平均；* 表示与纬向平均的偏差。

式（1-21）左边表示模式变量的时间变化项，右边表示涡旋输送和外源项。纬向平均处理的优点是减少了模式的自由度和计算时间，缺点是必须对涡旋输送的影响进行参数化。在讨论涡旋输送的参数化之前，首先讨论它们在平均经向环流的形成及维持过程的作用。

1.1.5 大气环流模式

大气环流运动受三大守恒定律的约束，即动量守恒定律（牛顿第二定律）、质量守恒定律和能量守恒定律（热力学第一定律）。大气环流模式（又称大气动力模式）的基本方程组由描述物理守恒定律的大气运动学和热力学方程，以及描述大气系统内热力学参量间关系的方程等共同组成。

在球坐标系下，大气环流模式的基本方程组如下（黄建平，1992）。

运动学方程

$$\frac{\mathrm{d}u}{\mathrm{d}t} - \frac{uv}{r}\tan\varphi + \frac{uw}{r} = -\frac{1}{\rho r\cos\varphi}\frac{\partial p}{\partial \lambda} + fv - \hat{f}w + F_\lambda \tag{1-22}$$

$$\frac{\mathrm{d}v}{\mathrm{d}t} + \frac{u^2}{r}\tan\varphi + \frac{vw}{r} = -\frac{1}{\rho r}\frac{\partial p}{\partial \varphi} - fu + F_\varphi \tag{1-23}$$

$$\frac{\mathrm{d}w}{\mathrm{d}t} - \frac{u^2+v^2}{r} = -\frac{1}{\rho}\frac{\partial p}{\partial z} - g + \hat{f}u + F_r \tag{1-24}$$

连续方程

$$\frac{\mathrm{d}\rho}{\mathrm{d}t} + \rho\left(\frac{1}{r\cos\varphi}\frac{\partial u}{\partial \lambda} + \frac{1}{r}\frac{\partial v}{\partial \varphi} + \frac{\partial w}{\partial r} - \frac{u}{v}\tan\varphi + \frac{2w}{r}\right) = 0 \tag{1-25}$$

热流量方程

$$C_p \frac{dT}{dt} - \frac{RT}{P}\frac{dp}{dt} = Q \tag{1-26}$$

式中，C_p 为空气比热容。

状态方程

$$p = \rho RT \tag{1-27}$$

水汽方程

$$\frac{dq}{dt} = \frac{1}{\rho}M + E \tag{1-28}$$

其中

$$\frac{d}{dt} = \frac{\partial}{\partial t} + \frac{u}{r\cos\varphi}\frac{\partial}{\partial \lambda} + \frac{v}{r}\frac{\partial}{\partial \varphi} + w\frac{\partial}{\partial z},\ f = 2\Omega\sin\varphi,\ \hat{f} = 2\Omega\cos\varphi$$

上述方程内的符号是描述一般大气动力学变量中的常用符号。式中，λ、φ、z 分别为球坐标的经度、纬度、高度；$z = r - a$，r 为与地心的距离，a 为地球半径；u、v、w 为沿 λ、φ 和 z 方向的速度分量；F_λ、F_φ、F_r 为沿 λ、φ 和 z 方向的摩擦力；t 为时间；ρ 为密度，p 为气压；g 为重力加速度；C_p 为空气比热容；T 为温度；R 为理想气体常数 [8.314J/(mol·K)]；q 为比湿；M 为凝结或冻结所形成单位体积水汽的时间变率；E 为由表面蒸发和大气中次网格尺度的垂直和水平水汽扩散造成的单位体积水汽含量的时间变率；Ω 为地球自转角速度。

以上方程组一共含 7 个变量：u、v、w、ρ、P、T、q。运动学方程式（1-22）~式（1-24）给出了三个方向的速度分量及气压 P、密度 ρ 等关系；连续性方程式（1-25）将密度 ρ 和速度分量 u、v、w 联系起来；热流量方程式（1-26）给出了温度 T 和气压 P 的关系。如果可用上述 7 个变量将摩擦力 F、热源 Q、水汽汇 M 以及水汽源 E 参数化，则方程组变为一定的边界条件和初值条件下可求解的闭合方程组，但事实上，该模型难以得出其精确解。由此，人们建立出多种简化模式，是依据大气观测事实的特征尺度及物理原则进行简化的。

对大尺度的大气运动而言，式（1-24）中，可以忽略除气压的垂直梯度项和重力项之外的其他小项，因此气压梯度力和重力相平衡，即静力平衡方程

$$\frac{\partial P}{\partial z} = -\rho g \tag{1-29}$$

人们依照静力平衡关系用气压 P 作为垂直坐标刻画大尺度的大气运动。因此，大气的基本方程组变为

$$\frac{du}{dt} - \frac{uv}{a}\tan\varphi = -\frac{\partial \Phi}{a\cos\varphi \partial \lambda} + fv \tag{1-30}$$

$$\frac{dv}{dt} + \frac{u^2}{a}\tan\varphi = -\frac{\partial \Phi}{a\partial \varphi} - fu \tag{1-31}$$

$$\frac{\partial \Phi}{\partial P} = -\frac{RT}{p} \tag{1-32}$$

$$\frac{\partial u}{a\cos\varphi \partial \lambda} + \frac{1}{a\cos\varphi}\frac{\partial u\cos\varphi}{\partial \varphi} + \frac{\partial \omega}{\partial P} = 0 \tag{1-33}$$

$$C_p \frac{dT}{dt} - \frac{RT}{P}\omega = Q \tag{1-34}$$

$$\frac{dq}{dt} = S \tag{1-35}$$

式中，$\frac{d}{dt} = \frac{\partial}{\partial t} + \frac{1}{\cos\varphi}\frac{\partial}{\partial \lambda} + \frac{1}{a\cos\varphi}\frac{\partial}{\partial \varphi} + \omega\frac{\partial}{\partial p}$，$\omega = \frac{dp}{dt}$ 则等价于 z 坐标系下的垂直速度 w。

1.1.6 海洋环流模式

海洋数值模式通过求解地球流体力学方程来模拟海水的运动及海洋状态的演化，按其刻画的运动形态时空尺度不同，可分为海洋环流、海浪、潮汐、风暴潮等数值模式，通过与大气、陆面、海冰、生物地球化学等过程耦合，组成气候或地球系统模式。

1.1.6.1 海洋环流模式的基本特征

海洋环流的模拟与大气环流模拟相似，如应用的数值方法、物理过程及运动方程等。但是，在海洋环流模式的设计中仍需单独考虑海洋环境独有的、重要的物理和技术问题。这些特点包括以下方面。

1）不同于大气层全部受热力强迫，海洋的强迫主要来自海表热力学和动力学，且受海盆几何形状复杂的影响，因此，海洋环流特殊性体现在两方面：首先，在海洋的所有边界附近及内部都有薄而重要的边界层，且海洋的平均状态十分复杂；其次，海洋环流边界条件的确定及参数化过程都相当困难。因此，先后发展了沼泽（swamp）、平板（slab）及混合（mixed）三种海洋模式。其中，沼泽海洋模式中的海表温度（SST）仅由海表能量平衡计算，无热量储存及洋流；在平板海洋模式中，整个海洋作为大气的边界层，忽略洋流作用；混合海洋模式则侧重于考量一定深度混合层海洋中热量的垂直交换过程。

2）在动力学上，与大气中天气尺度涡相对应的海洋中尺度涡在世界大洋处处存在，它们的时间尺度约几周到几个月，空间范围为几十千米到几百千米。但大气涡旋与海洋涡旋仍有不同，大气涡旋是对能量平均流的扰动，而海洋中尺度涡蕴含海洋中大部分的动能，且它们对海洋经向热量输运过程至关重要。另外，海洋中尺度涡在空间尺度比大气涡旋空间尺度约小一个量级，而时间尺度约大一个量级。

因此，海洋气候模式分辨率需比大气环流模式高 20 倍才能显式地分辨海洋中的涡旋。

相比大气环流，海洋环流的观测更困难，资料更缺乏。经统计，海洋观测包括卫星观测的海表温度和海面高度在内的 20 世纪 90 年代以来可用的资料，相对大气资料而言，数量上仍小一个量级，且由于海洋观测的局限性，资料在时间和空间的连续性差，分布很不均匀，多数集中在海表及北半球，且多为间接观测所得的质量场而不是速度场，使得海洋模拟及验证困难重重，因此，更加需要借助数值模式模拟海洋的气候状态。从静止海洋开始，在适当的初始条件和边界条件下，将模式积分数千年甚至更长的时间以得到模式的气候状态，尤其是洋流的分布。

1.1.6.2 基本方程和方程组

球坐标系中，海洋运动的基本方程组：

$$\frac{du}{dt} - \frac{uv}{a}\tan\varphi = -\frac{1}{\rho_{S_0} a \cos\varphi}\frac{\partial p}{\partial \lambda} + fv + A_m\left\{\nabla^2 u + \frac{(1-\tan^2\varphi)u}{a^2} - \frac{2\sin\varphi}{a^2\cos^2\varphi}\frac{\partial v}{\partial \lambda}\right\} + \mu\frac{\partial^2 u}{\partial z^2} \quad (1\text{-}36)$$

$$\frac{dv}{dt} - \frac{u^2}{a^2}\tan\varphi = -\frac{1}{\rho_{S_0} a}\frac{\partial p}{\partial \varphi} - fu + A_m\left\{\nabla^2 v + \frac{(1-\tan^2\varphi)v}{a^2} - \frac{2\sin\varphi}{a^2\cos^2\varphi}\frac{\partial u}{\partial \lambda}\right\} + k\frac{\partial^2 v}{\partial z^2} \quad (1\text{-}37)$$

$$\frac{\partial p}{\partial z} = -\rho_S g \quad (1\text{-}38)$$

$$\frac{\partial w}{\partial z} + \frac{1}{a\cos\varphi}\left[\frac{\partial u}{\partial \lambda} + \frac{\partial}{\partial \varphi}(v\cos\varphi)\right] = 0 \quad (1\text{-}39)$$

$$\frac{dT}{dt} = A_H \nabla^2 T + k\frac{\partial^2 T}{\partial z^2} \quad (1\text{-}40)$$

$$\frac{dS}{dt} = A_H \nabla^2 S + k\frac{\partial^2 S}{\partial z^2} \quad (1\text{-}41)$$

其中

$$\frac{d}{dt} = \frac{\partial}{\partial t} + \frac{u}{a\cos\varphi}\frac{\partial}{\partial \lambda} + \frac{v}{a}\frac{\partial}{\partial \varphi} + w\frac{\partial}{\partial z}$$

$$\nabla^2 = \frac{1}{a^2}\frac{\partial^2}{\partial \varphi^2} + \frac{1}{a^2\cos^2\varphi}\frac{\partial^2}{\partial \lambda^2}$$

$$f = 2\Omega\sin\varphi$$

上述符号与大气运动方程组中符号一致。式中，λ、φ 和 z 分别为经度、纬度和深度；在海面，$z=0$，向下为负。u、v、w 分别为 λ、φ 和 z 方向的速度分量；垂直和水平黏滞项代替大气中的摩擦项，μ 为垂直涡动黏滞系数；A_m 为水平涡动黏滞系数；ρ_S 为海水密度；ρ_{S_0} 为海水密度的常数近似；p 为海洋压强；T 为海水温度；S 为盐度；k 和 A_H 为垂直和水平涡动扩散系数。

海洋底层，即 $z=-H$（λ、φ）的边界条件：

$$\frac{\partial}{\partial z}(u,v) = 0 \tag{1-42}$$

$$\frac{\partial}{\partial z}(T,S) = 0 \tag{1-43}$$

$$w = -\frac{u}{a\cos\varphi}\frac{\partial H}{\partial \lambda} - \frac{v}{a}\frac{\partial H}{\partial \varphi} \tag{1-44}$$

海洋顶层（$z=0$）的边界条件：

$$\rho_{S_0}\mu\frac{\partial}{\partial z}(u,v) = (\tau_\lambda, \tau_\varphi) \tag{1-45}$$

$$\rho_{S_0}k\frac{\partial}{\partial z}(T,S) = \left[\frac{1}{C_{pw}}H_{OCN}, v_s(E-P)S_0\right] \tag{1-46}$$

其中

$$\tau_\lambda = \rho C_D |V_a| u_a \tag{1-47}$$

$$\tau_\varphi = \rho C_D |V_a| v_a \tag{1-48}$$

式中，ρ 为大气密度；C_D 为拖曳系数；u_a、v_a 分别为 λ、φ 方向的大气速度分量；$|V_a| = \sqrt{u_a^2 + v_a^2}$ 为大气的速度值；H_{OCN} 为流入海洋的净热量（加热为正，冷却为负）；P 为降水率；E 为蒸发率；S_0 为海表面盐度；C_{pw} 为海水的比热；v_s 为一个经验转换因子。

1.1.7 陆面模式

陆面模式涉及众多学科的交叉与技术的应用（图1-8）。陆面过程及相关参数对古气候变化有显著影响，其参数主要包括植被、土壤湿度、积雪、山地冰川和大陆冰川等。其中，植被和土壤湿度分别是影响地表反射率及地表湿度通量的重要因素。由于冰雪极大地增强了地面反射率，其对所有的时间尺度过程都具有重要作用。但是，要想准确地模拟积雪，既要准确地模拟降雪、微云及云物理过程，还需要将积雪反射率与诸如地形、积雪年代以及积雪深度等因子进行参数化处理。山地冰川和大陆冰川破坏了植被，不仅极大地影响了地面反射率，还改变了大气中的气流。相对于大气、海洋而言，冰盖的模拟具有相似的流量方程，同时也受冰内温度和密度三维结构的影响，且因冰的黏滞性极大，可作为类固体处理，因此更为简易。综上所述，了解和认识陆面模式基本理论和模块十分重要。

（1）动量通量公式

陆地表面常作为大气的相对动量汇，而边界层的大气动量由地表面的摩擦所消耗，其动量的边界通量公式参考式（1-47）和式（1-48）。

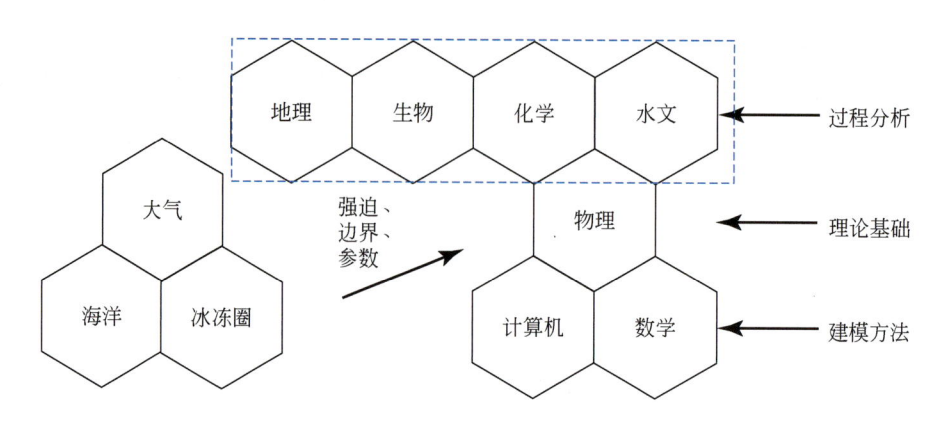

图 1-8　陆面模式涉及的学科与技术

根据理论和经验，一般

$$C_D = \begin{cases} 10^{-13}, & \text{洋面和平坦的陆面} \\ 3\times 10^{-13}, & \text{凹凸不平的地区} \end{cases}$$

（2）地气交界面的能量平衡方程

假定地气交界面是一无限薄的几何面，质量为零。一般此面的热量平衡方程的表达式为

$$R_N = LE + H + S_t + Q_g \tag{1-49}$$

式中，R_N 为地表面的净辐射通量；LE 为潜热通量；H 为地表与大气之间的感热通量；S_t 为地表面与生物、化学过程有关的热通量；Q_g 为地表向下的热通量。

为方便模拟气候，需对式（1-49）的各项进行方程简化。各项的常用表达式如下。

1）地表面的净辐射通量（R_N）：

$$R_N = (1-\alpha)S^{\downarrow} + \varepsilon(F^{\downarrow} - \sigma T_g^4) \tag{1-50}$$

式中，α 为地表反照率；$S^{\downarrow}$ 为地表向下的太阳辐射通量；ε 为地表的红外放射率；$F^{\downarrow}$ 为向下的长波辐射通量；σ 为 Stefen-Boltzmann 常数；T_g 为地表温度。

2）潜热通量（LE）和感热通量（H）：

$$LE = \rho L C_E |v_a|(q_g - q_a) \tag{1-51}$$

$$H = \rho C_P C_H |v_a|(\theta_g - \theta_a) \tag{1-52}$$

式中，L 为相变潜热系数；C_E 和 C_H 分别潜热交换系数和感热交换系数，在洋面和平坦的路面一般取 $C_g = C_H = 10^{-3}$；θ_a 和 q_a 分别为边界层的位温及混合比；θ_g 和 q_g 分别为地表的位温和混合比。

3）生物化学通量（S_t）：

$$S_t = P_h + S_R \tag{1-53}$$

式中，P_h 为植物光合作用所消耗的能量，一般此项很小，但在热带雨林地区，P_h 可至 R_N 的 2% 以上；S_R 为植物生长过程所储藏的能量，其值也很小，仅在果园区可至 R_N 的 1%。在地气交界面的能量平衡方程中，相对于其他各项，S_t 的量级较小，故对大部分区域或短期气候变化可忽略。

4）地表向下热通量（Q_g）：

$$Q_g = \rho_g C_g k_g \frac{\partial T_g}{\partial z}\bigg|_z = 0 \tag{1-54}$$

式中，ρ_g、C_g 分别为下垫面的密度和比热；k_g 为垂向的热传导系数。

（3）陆面热量平衡方程

一般陆面热量平衡方程可写为

$$\frac{\partial T_g}{\partial t} - k_g \frac{\partial^2 T_g}{\partial z^2} - k_h \nabla^2 T_g = \frac{1}{\rho_g C_g} R_G \tag{1-55}$$

式中，k_g 和 k_h 分别为垂直和水平热传导系数；R_G 为下垫面内的热源项，如放射性物质的放热，一般 R_G 较小，可以忽略。

假定厚度为 D 的陆地表层中 T_g 不变，则热量平衡方程为

$$\rho_g C_g D \left(\frac{\partial T_g}{\partial t} - k_h \nabla^2 T_g \right) = Q_g + Q_D + R_G \tag{1-56}$$

或用地气交界面的能量平衡方程消去 Q_g，则有

$$\rho_g C_g D \left(\frac{\partial T_g}{\partial t} - k_h \nabla^2 T_g \right) = R_N - H - LE - S_t + Q_D + R_G \tag{1-57}$$

式中，Q_D 为通过 D 深度的下垫面向上传递的热量。

（4）陆面水分平衡方程

裸露和雪盖陆地表面的水分收支方程为

$$\frac{\partial W}{\partial t} = P_r + M_g - E - Y \tag{1-58}$$

式中，W 为地表层的有效土壤湿度（m）；P_r 为地表的降水率；M_g 为融雪率；E 为蒸发率；Y 为径流率，包括地表层的径流及土壤表层向下层的渗流。

蒸发率可按下述方式与土壤湿度联系起来：

$$W \geqslant W_c, \quad E = E_{ap}$$

$$W < W_c, \quad E = E_{ap} \frac{W}{W_c}$$

式中，W_c 为土壤湿度的临界值；E_{ap} 为饱和面上可能的蒸发率。

上述方程表明，若土壤湿度比 W_c 大，则蒸发率 E_{ap} 可达最大值；若土壤湿度比 W_c 小，则蒸发率作为 W_c 的函数线性减少。假定以水层厚度表示的田间持水量（field capacity）为 0.15m 时，W_c 为该值的 75%（Manabe and Delworth，1990）。

雪质量收支方程为

$$\frac{\partial S}{\partial t} = P_s - E_s - M_s \tag{1-59}$$

式中，S 为单位面积的积雪质量（$S = \rho_s h_s$，h_s 为雪深；ρ_s 为雪的密度）；P_s 为地表面的降雪率；E_s 为地面的升华率；M_s 为融雪率，它根据地面的能量平衡来计算，假如有雪存在时，地表温度小于273K，则 $M_s = 0$，否则，

$$M_s = \begin{cases} \dfrac{1}{L_f}(R_N - H - LE), & 若(R_N - H - LE) > 0 \\ 0, & 若(R_N - H - LE) < 0 \end{cases} \tag{1-60}$$

式中，L_f 为溶解潜热。

1.1.8 冰雪模式

冰冻圈分为海冰和陆冰，对应两种冰雪模式，即海冰模式和陆冰模式。

1.1.8.1 海冰模式

海冰是固体，具有不连续的性质，同时具有一定的周期性，与流体的大气及海洋有很大差异。海洋和大气模式的计算重点在于确定水团与空气性质。可是对大时空尺度的海冰模式，首先要在每个空间格点和时间步长上确定冰是否存在，然后根据冰的存在确定冰量（包括冰的厚度和区域海冰密集度）与分布。由于冰的性质变化不大，模式通常没有特别的处理。

海冰模式主要包括热力学与动力学两部分。热力学部分以能量守恒定律为基础，计算冰的厚度及温度结构；动力学以动量守恒定律为基础，计算确定冰的运动。

海冰模式的热力学计算重点在于能量平衡，主要为空气或雪、雪或冰以及冰或水内界面收入和支出的能量通量。这些通量包括太阳辐射、长波辐射、感热、潜热、冰雪之间的热传导、海洋热通量以及相变能量等。

海冰模式的动力学计算重点是动量平衡，主要应力是空气应力、水应力、科氏力、动力地形产生的应力（与海面的倾斜有关）和海冰内应力。在不同海冰模式中，应力的表述方式不同，尤其是海冰内应力。

（1）无雪覆盖海冰系统的热力学方程组

无雪覆盖海冰系统的能量收支过程（图1-9）包括入射的太阳短波辐射 $S\downarrow$，向下的长波辐射 $F\downarrow$，向上的长波辐射 $F\uparrow$，冰气之间的感热通量 H 和潜热通量 LE，通过冰层的热传导 G_i，冰融化的能量通量 M_i（Washington and Parkinson，1991）。

1）冰气界面的能量平衡方程：

$$H + \text{LE} + \varepsilon_i F^\downarrow + (1-\alpha_i) S^\downarrow - I_0 - F^\uparrow + (G_i)_0 - M_i = 0 \tag{1-61}$$

式中，ε_i 为海冰发射率；α_i 为冰的反照率；I_0 为透过冰层的太阳短波辐射通量，其值取决于冰的物理性质，在模式中一般取为常数，为入射总量的 0~10%。

感热通量 H 和潜热通量 LE 一般为

$$H = \rho C_P C_H |v_a| (\theta_a - \theta_i) \tag{1-62}$$

$$\text{LE} = \rho L C_E |v_a| (q_a - q_i) \tag{1-63}$$

式中，ρ 为大气密度；C_H 为感热交换系数；C_E 为潜热交换系数；L 为凝结潜热；θ_a 和 q_a 为大气边界层的位温和混合比；θ_i 和 q_i 为冰面的位温和混合比。其中 H 和 LE 取通量向下为正（吸收）、向上为负（损失）。

向上的长波辐射 $F^\uparrow$ 和 $S^\downarrow$ 一般用经验公式计算。向上的长波辐射 $F^\uparrow$ 可由黑体辐射公式得到：

$$F^\uparrow = \varepsilon_i \sigma (T_i)_0^4 \tag{1-64}$$

式中，σ 为 Stefen-Boltzmann 常数；T_i 为海冰温度；$(T_i)_0$ 为冰面温度。

冰面的热传导通量 G_i 为

$$(G_i)_0 = k_i \left(\frac{\partial T_i}{\partial z}\right)_0 \tag{1-65}$$

式中，k_i 为冰的热传导系数，近似为常数。

冰融化的能量通量 M_i 为

$$M_i = -Q_i \frac{\mathrm{d}h_i}{\mathrm{d}t} \tag{1-66}$$

式中，h_i 为冰厚度；Q_i 为冰的融化潜热。

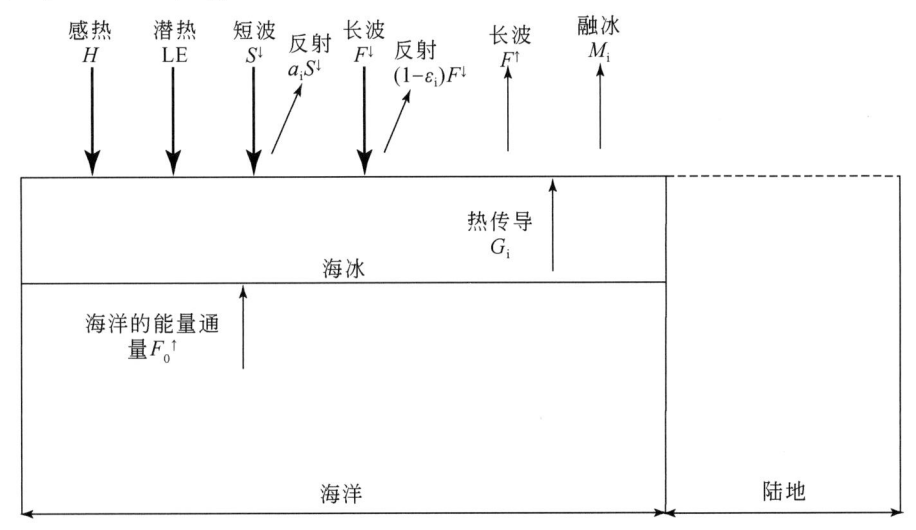

图 1-9　无雪覆盖海冰系统的能量收支（黄建平，1992；于革等，2007）

2）冰的热传导方程：

冰的热传导方程由考虑太阳短波辐射透射修正的热传导方程给出，即

$$\rho_i C_i \frac{\partial T_i}{\partial t} = k_i \frac{\partial^2 T_i}{\partial z^2} + K_i I_0 \mathrm{e}^{-kz} \tag{1-67}$$

式中，ρ_i 为冰的密度；C_i 为冰的比热；k_i 为冰的热传导系数；K_i 为冰的消光系数；I_0 为渗透辐射比；z 为冰厚。

3）冰海界面的能量平衡方程：

在冰海界面上的能量平衡方程表示为内界面的相变能量（融化所吸收的能量或结冰释放的能量）$-Q_i\left(\frac{\partial h_i}{t}\right)_{h_i}$ 与通过冰向上传导通量 $k_i\left(\frac{\partial T_i}{z}\right)_{h_i}$ 之和，与来自海洋的能量通量 $F_0^\uparrow$ 相平衡，即

$$-Q_i\left(\frac{\partial h_i}{t}\right)_{h_i} + k_i\left(\frac{\partial T_i}{z}\right)_{h_i} = F_0^\uparrow \tag{1-68}$$

以上冰气、冰海界面的能量平衡方程与冰的热传导方程，构成了无雪覆盖情况下的海冰系统热力学方程组。求解即可得海冰厚度 h_i 和温度 T_i。

(2) 有雪覆盖海冰系统的热力学方程组

当冰面上有雪覆盖时，情况要复杂一些。因为当温度超过冰点时，雪首先融化，并且融化速度一般比冰快。有雪覆盖时海冰系统的能量收支如图 1-10 所示。

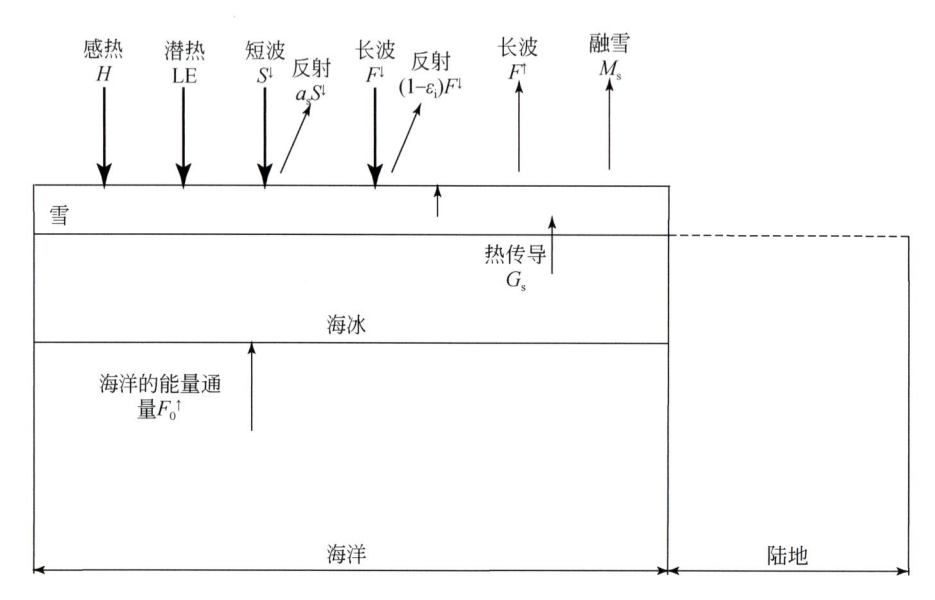

图 1-10 有雪覆盖时海冰系统的能量收支（黄建平，1992；于革等，2007）

1）雪气界面的能量平衡方程：

与无雪覆盖时冰气界面的情况类似，雪气界面的能量平衡方程为

$$H+\mathrm{LE}+\varepsilon_s F^{\downarrow}+(1-\alpha_s)S^{\downarrow}-I_0-F^{\uparrow}+(G_s)_0-M_s=0 \qquad (1\text{-}69)$$

式中，ε_s 为雪发射率；α_s 为雪的短波反射率；G_s 为通过雪层的热传导通量，$(G_s)_0$ 为表面的 G_s 值；M_s 为雪融解的能量通量。

通过雪层的热传导通量 G_s 计算公式

$$(G_s)_0 = k_s \left(\frac{\mathrm{d}T_s}{\mathrm{d}z} \right)_0 \qquad (1\text{-}70)$$

式中，$(G_s)_0$ 为表面的 G_s 值；k_s 为雪的热传导系数（近似为常数）。

雪融解的能量通量 M_s 为

$$M_s = -Q_s \frac{\mathrm{d}h_s}{\mathrm{d}t} \qquad (1\text{-}71)$$

式中，h_s 为雪的厚度；Q_s 为雪的融化潜热。

2）雪的热传导方程：

$$\rho_s C_s \frac{\partial T_s}{\partial t} = k_s \frac{\partial^2 T_s}{\partial z^2} + K_s I_0 \mathrm{e}^{-k_s z} \qquad (1\text{-}72)$$

式中，ρ_s 为雪的密度；C_s 为雪的比热；K_s 为雪的消光系数。

3）雪冰界面的能量平衡方程：

$$k_s \left(\frac{\partial T_s}{\partial z} \right)_{h_s} = k_i \left(\frac{\partial T_i}{\partial z} \right)_{h_s} \qquad (1\text{-}73)$$

式中，下标 h_s 表示雪和冰的交界面。

4）冰的热传导方程：

与无雪覆盖的情况一样，冰的热传导方程为

$$\rho_i C_i \frac{\partial T_i}{\partial t} = k_i \frac{\partial^2 T_i}{\partial z^2} + K_i I_0 \mathrm{e}^{-k_i z} \qquad (1\text{-}74)$$

5）冰海界面的能量平衡方程：

$$-Q_i \left(\frac{\partial h_i}{t} \right)_{h_i+h_s} = F_0^{\uparrow} - k_i \left(\frac{\partial T_i}{z} \right)_{h_i+h_s} \qquad (1\text{-}75)$$

式中，下标 h_i+h_s 表示冰和海水的交界面。

以上三个交界面（雪气、雪冰、冰海）的能量守恒方程与两个热传导方程（雪、冰）共 5 个方程，构成了有雪覆盖时海冰系统的热力学方程组。

（3）海冰系统的动力方程

海冰的运动主要受 5 种力的控制：大气的风应力 $\vec{\tau}_a$、海冰下方的海水应力 $\vec{\tau}_w$、科氏力 $\vec{D}$、潮汐力 $\vec{G}$ 以及海水与冰之间的内应力 $\vec{I}$。

海冰的动量平衡方程可以写为

$$m\frac{d\vec{V}_i}{dt}=\vec{\tau}_a+\vec{\tau}_w+\vec{D}+\vec{G}+\vec{I} \tag{1-76}$$

式中，m 为单位面积海冰的质量；$\vec{V}_i$ 为冰的速度。

下面给出各项力的一般表达形式。

1) 大气的风应力 $\vec{\tau}_a$：

$$\vec{\tau}_a = \rho_a C_a |\vec{V}_g - \vec{V}_i| [(\vec{V}_g - \vec{V}_i)\cos\varphi + \vec{k} \wedge (\vec{V}_g - \vec{V}_i)\sin\varphi] \tag{1-77}$$

式中，ρ_a 为大气的密度；C_a 为大气的拖曳系数；$\wedge$ 为两个变量的外积；$\vec{V}_g$ 为地转风；φ 为大气边界层中的转向角（由于 φ 和 C_a 值一般难以确定，通常假定为常数）。

此外，一般情况下 $|\vec{V}_g| \gg |\vec{V}_i|$，因此式（1-103）常简化为

$$\vec{\tau}_a = \rho_a C_a |\vec{V}_g|(\vec{V}_g \cos\varphi + \vec{k} \wedge \vec{V}_g \sin\varphi) \tag{1-78}$$

2) 海洋的水应力 $\vec{\tau}_w$：

$$\vec{\tau}_w = \rho_w C_w |\vec{V}_w - \vec{V}_i| [(\vec{V}_w - \vec{V}_i)\cos\theta + \vec{k} \wedge (\vec{V}_w - \vec{V}_i)\sin\theta] \tag{1-79}$$

式中，ρ_w 为海水密度；C_w 为海洋的拖曳系数；$\vec{V}_w$ 为海洋地转速度；θ 为海洋边界层的转向角。通常也假定 θ 与 C_w 为常数。

3) 科氏力 $\vec{D}$：

$$\vec{D} = \rho_i h_i f \vec{V}_i \wedge \vec{k} \tag{1-80}$$

式中，ρ_i 为冰的密度；h_i 为冰的厚度；$f = 2\Omega\sin\varphi$ 为科氏参数，其中 φ 为纬度。

4) 潮汐力 $\vec{G}$：

$$\vec{G} = -\rho_i h_i g \nabla H \tag{1-81}$$

式中，g 为重力加速度；H 为海表面高度场。

5) 冰的内应力 $\vec{I}$：

内应力 $\vec{I} = (I_x, I_y)$，常表示为

$$I_x = \frac{\partial}{\partial x}\left[(\eta+\zeta)\frac{\partial u}{\partial x} + (\zeta-\eta)\frac{\partial v}{\partial y} - \frac{P}{2}\right] + \frac{\partial}{\partial y}\left[\eta\left(\frac{\partial u}{\partial y} + \frac{\partial v}{\partial x}\right)\right] \tag{1-82}$$

$$I_y = \frac{\partial}{\partial y}\left[(\eta+\zeta)\frac{\partial v}{\partial y} + (\zeta-\eta)\frac{\partial u}{\partial x} - \frac{P}{2}\right] + \frac{\partial}{\partial x}\left[\eta\left(\frac{\partial u}{\partial y} + \frac{\partial v}{\partial x}\right)\right] \tag{1-83}$$

式中，ζ 为非线性总体黏滞性；η 为非线性切变黏滞性；P 为依赖于冰厚度的压强。

1.1.8.2 陆冰模式

大陆冰表现为固态冰川、冰盖、河湖冰等以及地下冰掺杂的多年冻土、季节冻

土等多种形式。全球冰雪圈占海洋总面积的7%，占陆地面积的11%。由于冰雪的高反射率，对辐射能量反射、冰川融化有重要作用。冰融化和水汽化的相变热量分别是同体积液态水升高1℃所需热量的80倍和539倍，每年到达地面的太阳能大约有30%消耗于冰雪圈中，因而大陆冰在地表热量平衡中起到了举足轻重的作用。冰雪是气候的产物，同时也对气候有着重要的反馈作用。目前，大陆冰盖仅仅分布在极地地区，而地质史上的冰期和大冰期，其覆盖可延伸到中低纬度。因此，陆冰模式（land ice model，LIM）在全球冰雪模式以及气候模式中扮演着重要角色，科学家们已经发展了许多模拟冰盖数值模型。

一维能量平衡冰盖模型能够估算冰盖年代演变的规模。采用太阳常数和能量平衡模式，模型能够直接模拟陆冰温度和反馈。同时根据太阳辐射因子、陆冰范围的大小，来模拟它的稳定性以及对气温的反馈（Ghil，2001）（图1-11）。

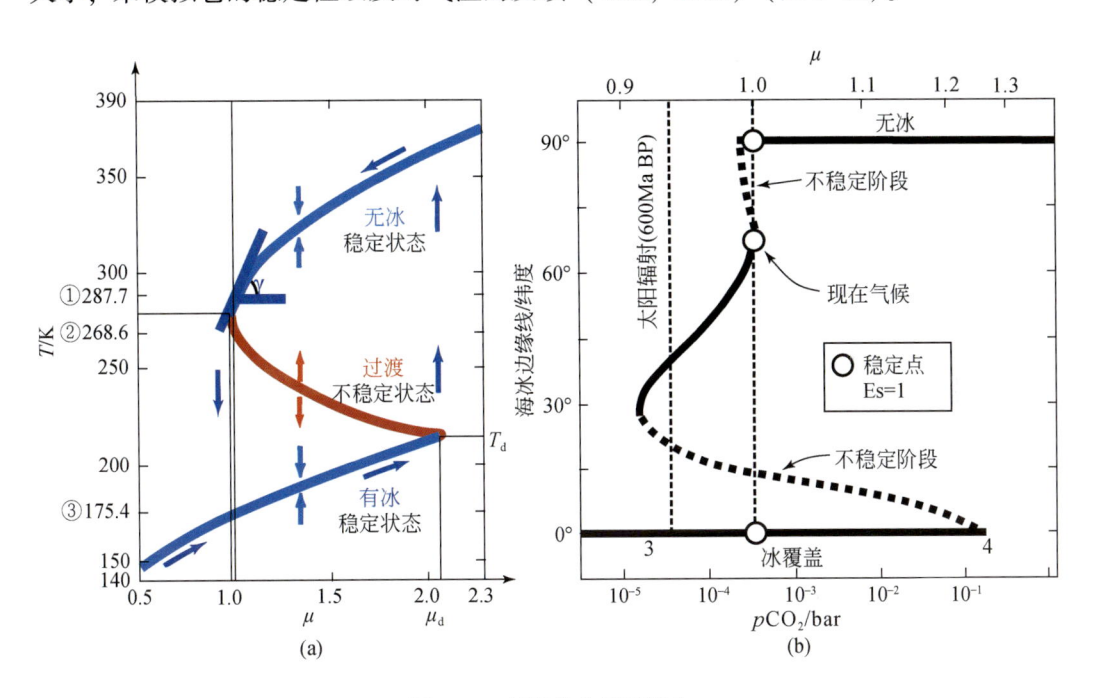

图1-11 气候分岔模型概念

(a) EBM 的气候分岔模型概念，表示冰盖变化与太阳辐射变化的关系；(b) "雪球模型"（snowball earth model）中陆冰覆盖范围与太阳辐射、CO_2 浓度（$1bar=10^5 Pa=1dN/mm^2$）变化关系。其中，图（a）中的①～③分别为太阳辐射驱动冰盖变化的三个阶段，$\mu=1.4$ 处的箭头表示各分支的稳定性，γ 角表示当前气候对太阳辐射变化的敏感性（Ghil，2001）。图（b）中 EBM 采用现今气候态的经向热输送，冰盖反照率取0.6，Es 表示接收到的太阳辐射

(Fairchild and Kennedy，2007)

大陆冰川、冰盖与大气和海洋不同，它们的运动是一种准水平的"固体"慢运动，是压力和黏滞力之间的平衡。因此，陆冰模式是在质量方程、动量方程和能量方程基础上发展起来的。根据式（1-84）～式（1-85）

$$-\nabla p+\vec{F}=0 \qquad (1\text{-}84)$$

$$-\frac{\partial p}{\partial z}-\rho g=0 \qquad (1\text{-}85)$$

$$\nabla V=0 \qquad (1\text{-}86)$$

获得

$$\frac{\mathrm{d}T}{\mathrm{d}t}=\left(\frac{\partial T}{\partial t}+V\cdot\nabla T\right)=k\nabla^2 T+\frac{qE}{c} \qquad (1\text{-}87)$$

式中，∇ 为水平二维梯度；p 为压力；$\vec{F}$ 为水平二维分量；z 为冰厚度；ρ 为冰密度；V 为三维速度矢量；T 为温度；t 为时间；k 为热传导率；q 和 c 分别为冰的热容量和扩散率。

根据冰盖处于稳定状态且冰盖总是向地势低处运动的假设，研究者们发展了南极冰盖模式。此后，进一步发展了具有垂直冰架结构并耦合地壳均衡模式的二维冰盖模式。为进一步了解南极冰盖对气候响应的机制，人们开始考虑耦合冰温度场的三维动力热力学冰盖模式。在欧洲冰盖数值模拟计划（EISMINT）中，三维冰盖模式被发展为三维动力热力学标准耦合模式（GLIMMER），成为模拟南极冰盖演化和机制研究的一个重要模式。GLIMMER 模式既可以作为单一模式独立运行，也可以作为一个子模块参与气候系统模式的耦合运行。GLIMMER 模式基于三维有限差分构建各种冰盖动力热力学特征的数学模式，并耦合冰盖深度的年代学模式对冰川的积累和演变进行模拟。

美国 NCAR 的地球系统模式 CESM 中的通用陆冰模式（community ice sheet model，CISM）也是被广泛采用的陆冰模式。最新的 CISM2.1 版本较之前版本有许多改进，具有并行的高阶动态核心，不仅可以精确模拟缓慢的内部流动，还可以模拟沿冰盖边缘的快速流动。CISM 中的基底边界滑动、冰架崩坍等都得到了极大的改善，还增加了一些物理过程的参数化方案，如加入表层冰的融水渗透和再结冰机制，使得南极冰盖和格陵兰冰盖的表面融化模拟得到了较大改善，模拟结果与观测更接近。通过设置新的冰盖阻力参数，风的模拟也更加精确，并且大大减少了高纬度云强迫辐射的偏差。CISM 还能与陆地模式（CLM）和大气模式（CAM）交互耦合，从而实现陆地地形和地表类型随冰盖的进退而变化。

1.1.9　气候系统耦合模式

气候系统是一个复杂的巨系统。为了模拟古气候及变化，需要将地球系统中的大气、海洋、海冰、陆冰、陆地及其他圈层或过程进行耦合，以得到整个气候系统的结果。但是，在耦合通用环流模式（coupled general circulation model，CGCM）发展的最初阶段，其模拟结果不一定优于单独模式的结果。这是因为在耦合模式中，各个模式分量的误差会累计并且相互影响，且可能由于模式的非线性特点而被放大。例如，首先利用实测大气强迫场的相关数据来单独驱动海洋模式，进而将海洋模式与大气模式进行耦合计算，再次获得的海洋场数据反而会变差。主要原因是大气模式中存在不完善的计算方法，模拟结果并不能完全代表真实的大气场。对于久远的地质时期而言，其气候状况与现代气候差异很大，并且越久远，差异就越大。因此在古气候模拟中，不能采用现代气候态的变量来驱动模式，尤其是大气、海洋、海冰及下垫面等关键变量。对于长时期古气候模拟来说，即使耦合后的最初结果可能并不好，也需要采用耦合模式。

  在耦合模式中，一个重要问题就是关于各个分量的典型时间和空间尺度。具体而言，大气对环境变化的响应最快，而海洋（尤其是深海）和陆地的响应要慢得多；海冰的响应比深海要快得多，但是一般慢于大气。因此，大气分量的时间步长要明显小于海洋或海冰的时间步长。另外，海洋涡旋的空间尺度往往远小于大气涡旋的空间尺度，因此，海洋模式需要较细的水平分辨率才能分辨出这些涡旋。从总体来看，由于大气的快响应，需要采用非同步耦合的方案来耦合各个模式分量，即慢响应分量的时间计算步长要大于快响应分量，从而节省计算时间。但是，同步耦合可能是唯一可行的有效耦合方法，因为上层海洋（尤其在热带）对风场变化的响应快，上层海洋和深海都受到底层水形成的影响，而底层水形成的时间对高纬度海冰生成的响应时间尺度很短。目前，很多不同的海气耦合模式都可进行古气候的研究，但是所研究的时空尺度以及热力学、动力学等问题也不尽相同（赵其庚，1999）。

  地球系统模式是理解过去气候与环境演变机理、预估未来潜在全球变化情景的重要工具，是集成地学相关研究的重要平台，其发展水平及模拟能力的高低已成为衡量一个国家地学综合水平的重要标志。

  地球系统模式的前身是气候系统模式。传统意义的气候系统模式主要包括大气环流系统、陆表物理系统、海洋环流系统、海冰及陆冰系统等。20 世纪末到 21 世纪初，随着对全球气候变化研究的不断深入，气候系统模式不断发展，其领域逐渐扩展到地球表层的生态与环境系统，包括陆地及海洋生态系统、大气化学、气溶胶等。现阶段的地球系统模式是基于地球各圈层中的物理、化学和生物过程以及它们之间的物质与能量交换规律而建立起来的数学模型，然后用数值计算方法求解，编制成一种大型综合性计算程序。

  目前，世界各主要国家纷纷制定了有关地球系统模式的重大研究计划，如美国 2001 年启动"地球系统模拟框架"（ESMF）的国家计划，欧盟 2001 年启动的"地球系统模拟集成计划"（PRISM），澳大利亚启动的"澳大利亚地球模拟器计划"

（ACCESS）等。2010 年，美国 NCAR 公开发布了其第一个地球系统模式——CESM1.0，2019 年已经更新至 CESM2。

我国从 2003 年起开始关注地球系统模式的发展。国家自然科学基金委员会"十一五"规划中将"地球系统模式"列入战略研究科技项目中。2007 年起，中国科学院、科学技术部等实施了一系列项目，以支持中国地球系统模式的研发。中国科学院组织开发了地球系统模式（CAS-ESM），主要包括以下分量模式：气候系统模式（陆表物理及水文过程模式、大气环流模式、海洋环流模式和海冰模式等）、生态和环境系统模式（陆地植被生态系统模式、陆地生物地球化学过程模式、气溶胶和大气化学过程模式、海洋生物地球化学过程模式等），并通过耦合器实现了各分系统模式的耦合（图 1-12）。

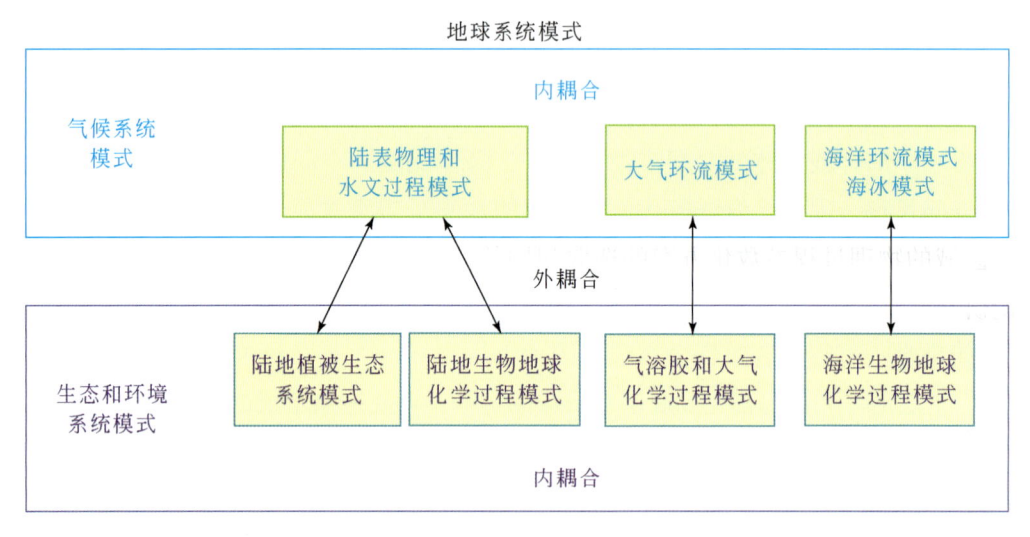

图 1-12 中国科学院地球系统模式（CAS-ESM）示意图

1.1.9.1 全球-区域嵌套模式

由于古气候研究所需要模拟的时间尺度都比较长，至少是千年级别，为了加快模式的运算速度，全球耦合模式的空间分辨率一般都较低，大多在 1°（~100km），有些可能会达到 3°（~300km）。这样的空间分辨率难以刻画区域尺度的复杂地形、植被分布和物理过程的细节，也无法描述区域尺度的气候及其变化，尤其是对降水的模拟与预报能力不高。为了减小 CGCM 空间分辨率带来的不确定性，20 世纪 90 年代以来区域气候模式获得了极为迅速的发展。

目前提高气候变化模拟的能力主要有以下几个途径。

1）增加现有全球环流模式的水平分辨率，如青岛海洋科学与技术试点国家实验室与美国国家大气科学研究中心、美国得州农工大学（Texas A & M University,

TAMU）共同成立的"国际高分辨率地球系统预测联合实验室"，正在发展高分辨率的地球系统模式，其中大气环流模式水平分辨率约为0.25°（或0.125°）、海洋环流模式为0.1°，并为此而开发研制E级超高性能计算机。

2）在全球环流模式中采用变网格方案技术，在重点研究区域采用较高的水平分辨率，而远离重点研究区域的地区则取较低分辨率。两种网格之间采用降尺度等方式进行衔接。

3）采用高分辨率的区域气候模式与全球环流模式进行嵌套。将区域气候模式的模拟范围缩小至研究区域，再与相应的全球模式嵌套。区域气候模式的动力学框架大多取自中尺度天气模式，并引入适应于气候研究的物理过程参数化方案。由于具有较高的分辨率，区域气候模式可以细致地描述研究区域内的地形、海岸线及地表植被分布等地表特征，加之相对完善的物理过程，进而能对区域内不同尺度系统之间的相互作用进行模拟研究，区域气候模式通常可以更准确地揭示大尺度背景下的区域气候特征。

在过去，由于受计算能力、复杂的变网格方案及参数化方案等困难所限，前两种方法很难大规模地应用到古气候模拟研究中，利用全球-区域嵌套模式进行区域气候模拟研究占多数。但是区域嵌套模拟也存在一些问题，如侧边界嵌套方案、不同区域的物理过程参数化方案的选取问题等。因此，随着计算能力的提升与相关理论研究的突破，目前，古气候的模拟研究大多采用全球耦合模式或变网格模式。

1.1.9.2 古气候模拟比较计划

古气候模拟最初的研究焦点是末次盛冰期（~21ka BP），当时大陆存在着巨大冰盖——北美的劳伦泰冰盖和北欧的欧亚冰盖，且大气成分存在急剧变化（与19世纪50年代相比），导致大气背景场（强迫场）发生巨大变化。最早的模拟实验（Alyea，1972；Kutzbach and Guetter，1986）是用大气环流模型完成的。然而，当时受计算能力的限制，在某些情况下仅进行了一个季节的模拟试验。尽管如此，这些模式的模拟确定了冰盖对北半球气候存在重大影响（包括冰的高反照率的直接影响以及冰盖引起的区域海拔升高），也影响了大气环流。

(1) 美国全新世制图研究计划

美国全新世制图研究计划（Cooperative Holocene Mapping Project，COHMAP）（COHMAP Members，1988；Wright et al.，1993）极大地扩大了古气候模拟的研究范围，涵盖了从末次盛冰期至今整个时期的模拟，以研究轨道变化对辐射强迫的影响及18 000年以来的气候变化。COHMAP采用"双叉式"的研究途径，即在古气候观测资料和模式模拟研究两个方面开展的同时，又进行两者的定量比较。研究全球性及区域性的气候变化动力机制，其目标在于改进对气候系统物理过程的认识，同时有助于我们进一步了解热带季风和中纬度气候对太阳辐射规律性增加的响应，以及冰盖退缩带来的大气环流变异的响应。实际观测资料与模拟结果的对比，有助于验证气候模式的有效性。该计划创建的大量古环境和古气候数据综合资料，记录了最后一次冰期–间冰期的区域气候变化，从而为模拟和观测区域气候奠定了基础（张德二，1989；Wright et al.，1993）。

尽管这些模拟仍是利用大气模型进行的平衡模拟，需要规定海冰温度、冰盖高度和范围、海洋及陆地的地形、大气成分及日照强度的变化，但是 COHMAP 试验依然特别重要，因为它们证明了轨道变化在北半球季风系统演化中的作用（Kutzbach and Street-Perrott，1985）。COHMAP 是使用美国国家大气科学研究中心的 GCM 模式，以及简化的边界条件模拟出 18 000 年以来的每 3000 年时段的全球气候型模式；且利用高、低两种分辨率的环流模式进行的模拟试验。它清楚地表明，轨道参数变化导致太阳辐射变化和气候的季节性变化，以及与海陆热力对比的变化、与季风环流和气候格局的一系列关联等。当时，根据模拟研究结果也提出了有关过去气候变化的新见解，如可能存在这样一种机制，太阳辐射相对较小的变化也能对全球气候产生巨大的影响。另外，模拟研究还指出，边界条件对辐射变化有滞后响应，它本身对大气环流型也有极大的影响。与冰盖和海冰的边界条件有关的晚新生代大冰期模拟研究清楚地揭示了这种影响：当北美劳伦泰冰盖达到最大范围时，北美地区上空的西风急流被分裂成南北两支，并使北美东部的气候季节性降低，北美劳伦泰冰盖和欧亚冰盖产生了反气旋，导致地面东风气流沿着南部高压边缘运动，北大西洋的海冰受来自寒冷冰原吹来的北风控制，与此同时，它又反过来影响高空西风急流的强度和位置。由于辐射的变化，加之辐射因子和反馈作用的影响，冰盖融化，大气流型也因此作相应的调整。这些模拟结果与北半球中、高纬度的观测证据基本一致。

（2）国际古气候模拟比较计划

国际古气候模拟比较计划（Palaeoclimate Modelling Intercomparison Project, PMIP）是古气候领域开展的一项大型国际研究计划。PMIP 始于 20 世纪 90 年代初，其建立的动机是系统地研究和理解数值模式对古气候边界条件与外强迫因子的响应，更好地开展古气候模拟与古气候资料的对比工作，主要包含两方面的因素，其一是 COHMAP 研究证实了将数值模拟和古环境数据相结合来研究气候变化的重要性；其二是随着数值模式的发展及应用，人们认识到数值模式的独特性和不确定性，需要通过多模式对比来解决。该计划的主旨是：①利用气候数值模式，通过开展一系列针对古气候变化的模拟试验，理解全球气候变化的机理，确定气候系统内部的各种影响气候变化的关键反馈因子；②通过评估比较不同气候模式对不同于现代气候特征的古气候的模拟能力，进而促进气候模式的发展；③为全球变化背景下利用气候模式预估未来气候变化提供借鉴（Kageyama et al.，2012）。为实现这些目标，PMIP 积极推动古气候数据合成、模型数据比较及多模型分析。

PMIP 实施以来已经历了三个阶段（PMIP1～3），目前正在开展第四阶段（PMIP4）的模拟研究。PMIP 各阶段的主要工作内容如下。

1) PMIP1 阶段（1991～2001年），主要进行单独大气环流模式的研究，研究的重点时期是——中全新世（~6ka BP）和末次盛冰期（~21ka BP），这两组试验也被作为古气候模拟比较计划的基准试验。

2) PMIP2 阶段（2002～2007年），采用海气耦合模式，在有些模式中加入了动态植被模型 DGVM（Dynamic Global Vegetation Model），除继续研究两组基准试验以外，还开始关注其他地质历史时期的气候变化，如早全新世（Early Holocene，~9.5ka BP），同时增加了北大西洋淡水注入（Hosting）试验以开展气候突变的研究。中全新世和末次盛冰期模拟结果表明，气候模型可重现观测现象及气候对淡水、冰盖等强迫变化的响应（Joussaume et al.，1999；Otto-Bliesner et al.，2009）。但是，各个模式的结果相差很大，与古气候重建的结果对比表明，模型常常无法准确地捕获区域变化（Perez-Sanz et al.，2014）。因此，了解各模式间的差异以及差异产生的原因，成为 PMIP 3 阶段的重点。

3) PMIP3 阶段（2008～2013年），全部采用的是耦合气候系统模式（包括地球系统模式），空间分辨率也有一定程度的提高。在这一阶段，古气候模式加强了与第五次耦合模式比较计划（Coupled Model Inter-comparison Project Phase 5，CMIP5）的联系。PMIP 通过讨论制订了一系列试验设计方案，针对不同古气候背景，试验的设计各有侧重，如末次盛冰期侧重于考察边界条件对气候的影响，中全新世重点关注地球轨道参数变化引起的太阳辐射变化对气候的影响。两组基准试验成为 CMIP5 中的第 1 优先级（Tier-1）试验，用以检验和评估古气候模拟对外强迫场的响应。除了两个典型时期（中全新世和末次盛冰期）外，PMIP3 还重点关注过去千年的气候变化，并有针对性地开展了其他气候时期的模拟工作，如末次间冰期（130～115ka BP）、中上新世暖期（mid-pliocene warm period，mPWP，3.3～3Ma）。随着古气候模拟比较计划的推进，有 20 多个耦合气候系统模式（包括地球系统模式）参加了古气候数值模拟试验，为古气候研究提供了丰富的模拟数据。相关模拟结果被研究学者和 IPCC 第五次评估报告（AR5）广泛引用。

4) PMIP4 目前正在实施中（2014年至今）。基于以往 PMIP 试验和新的科学问题，同时针对第六次耦合模式比较计划（CMIP6），PMIP4 选取了 5 组试验作为 PMIP4 与 CMIP6 共同关注的古气候模拟试验，包括中全新世、过去千年模拟、末次盛冰期、末次间冰期（last interglacial，LIG）和中上新世暖期，这 5 组试验在 CMIP6 中被列为第 1 优先级试验。图 1-13 概括了这 5 组试验与 CMIP6 模式比较子计划（MIPs）以及 PMIP4 其他工作组之间的关系（Kageyama et al.，2018；郑伟鹏等，2019），这 5 组试验将与 CMIP6 中的气候诊断、评估和描述试验（DECK）以及历史

洋底动力学 模拟篇

图1-13　PMIP4、CMIP6试验计划关系示意（Kageyama et al., 2018；郑伟鹏等，2019）

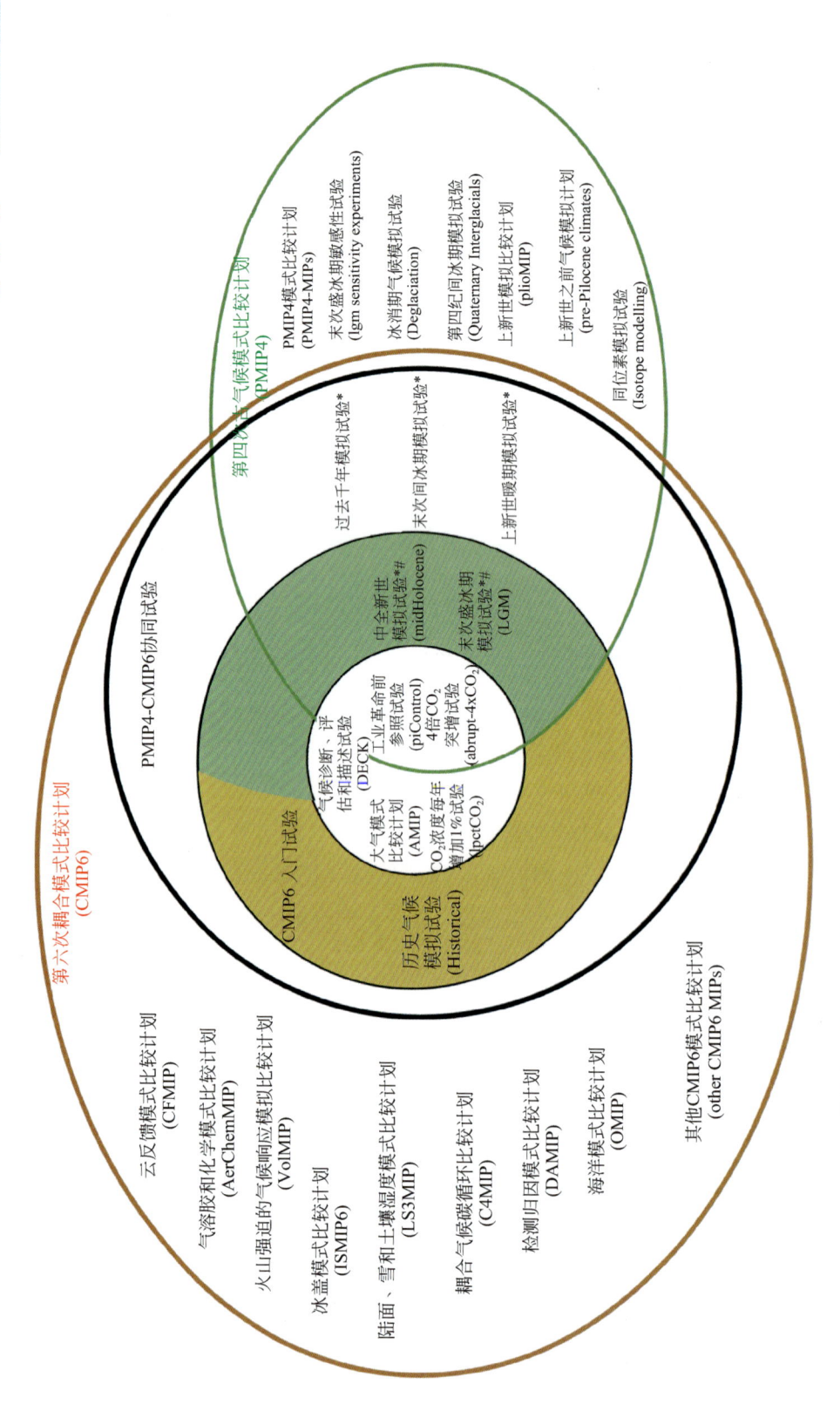

图中红色线圈表示CMIP6试验，黑色线圈表示PMIP4-CMIP6协同试验，绿色线圈表示PMIP4试验，*表示CMIP6第1优先级试验，#号表示PMIP4-CMIP6入门试验

第六次耦合模式比较计划（CMIP6）:
- 云反馈模式比较计划（CFMIP）
- 气溶胶和化学模式响应模拟比较计划（AerChemMIP）
- 火山强迫的气候响应模拟比较计划（VolMIP）
- 冰盖模式比较计划（ISMIP6）
- 陆面、雪和土壤湿度模式比较计划（LS3MIP）
- 耦合气候碳循环比较计划（C4MIP）
- 检测归因模式比较计划（DAMIP）
- 海洋模式比较计划（OMIP）
- 其他CMIP6模式比较计划（other CMIP6 MIPs）

PMIP4-CMIP6协同试验

CMIP6入门试验:
- 大气模式比较计划（AMIP）
- CO_2浓度每年增加1%试验（1pctCO2）
- 历史气候模拟试验（Historical）

气候诊断、评估和描述试验（DECK）:
- 工业革命前参照试验（piControl）
- 4倍CO_2突增试验（abrupt-4xCO_2）

中全新世模拟试验*#（midHolocene）
末次盛冰期模拟试验*#（LGM）

过去千年模拟试验*
末次间冰期模拟试验*
上新世暖期模拟试验*

第四纪之前气候模式比较计划（PMIP4）:
- PMIP4模式比较计划（PMIP4-MIPs）
- 末次盛冰期敏感性试验（lgm sensitivity experiments）
- 冰消期气候模拟试验（Deglaciation）
- 第四纪间冰期模拟试验（Quaternary Interglacials）
- 上新世模拟比较计划（plioMIP）
- 上新世之前气候模拟试验（pre-Piliocene climates）
- 同位素模拟试验（Isotope modelling）

62

气候模拟试验一起作为未来地球科学重点关注的前沿问题。根据统计，共有 27 个模式参与，大多数模式为低分辨率的耦合气候系统模式或地球系统模式，其中大气模式的水平分辨率约为 2°，海洋模式约为 1°，这主要是为了适应古气候模拟大规模计算量的需求。

PMIP3、PMIP4 中重点关注的古气候模拟试验主要包括中全新世、末次盛冰期、末次间冰期、中上新世暖期。图 1-14 展示的是在 PMIP3 计划中，这几个时期的夏季气温的分布情况。

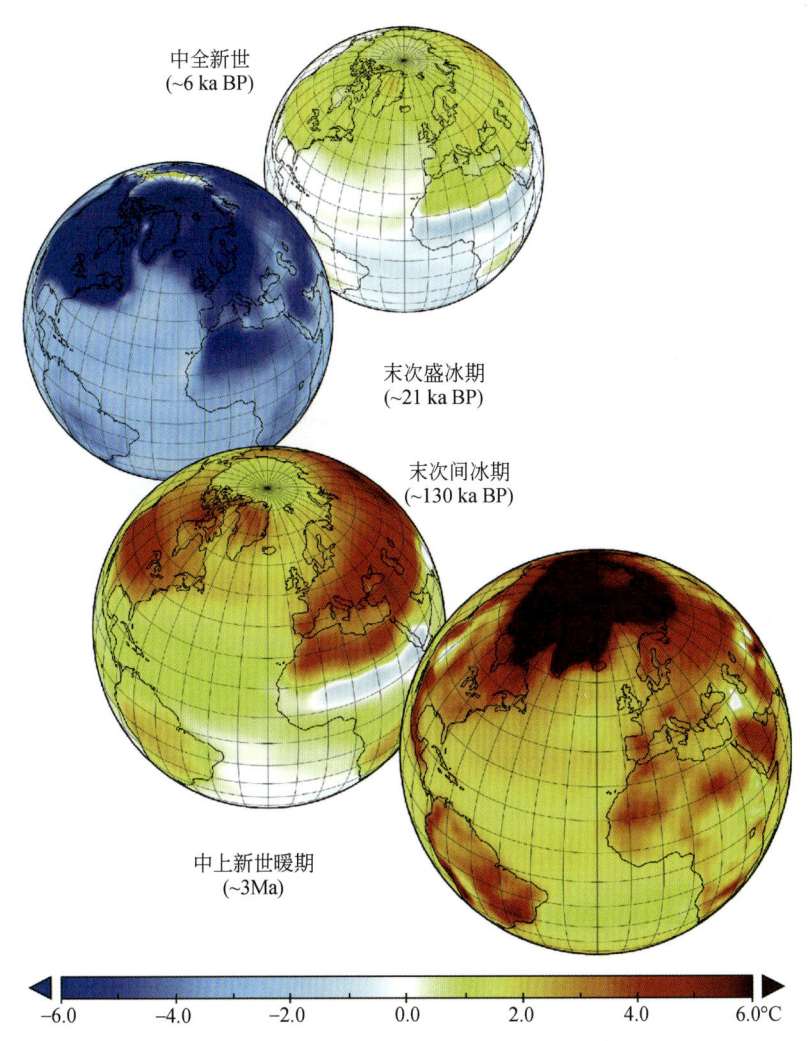

图 1-14 PMIP3 中多模式平均的夏季气温模拟分布（Braconnot et al., 2012；Lunt et al., 2012；Haywood et al., 2013）

在 PMIP4 中，这几个重点关注时期的相关试验方案分别如下。

A. 中全新世和末次盛冰期模拟实验

中全新世和末次盛冰期一直是 PMIP 重点关注的两个古气候时期。这两个时期的气候平均态呈现出强烈的反差，即中全新世气候相对现代气候表现为偏暖，北半球夏季风、水循环加强；而末次盛冰期气候则寒冷且干燥。两个时期的外部强迫也有很大差别，即中全新世暖期的外部强迫因子主要是轨道参数变化导致的太阳辐射的季节和纬向分布变化；而末次盛冰期则是受到边界条件（冰盖的分布范围、厚度以及海平面降低等）和较低浓度温室气体的共同影响（表1-8）。相对于之前的PMIP，在PMIP4中，中全新世时期温室气体浓度更接近真实值；末次盛冰期中考虑了沙尘影响的外强迫作用，并且将大陆冰川的重建资料作为模式边界条件。

表1-8 PMIP4-CMIP6古气候模拟试验方案

试验类型	试验名称（时间）	温室气体浓度	地球轨道参数	冰盖	对流层气溶胶	土地覆盖	火山	太阳常数
PMIP4-CMIP6 入门试验	中全新世（midHolocene，6ka）	6ka时期量值	6ka时期量值	PI时期量值	各模式自行修改	自行选择	PI时期量值	PI时期量值
	末次盛冰期（Last Glacial Maximum，21ka）	21ka时期量值	21ka时期量值	增大	各模式自行修改	自行选择	PI时期量值	PI时期量值
PMIP4-CMIP6 第1优先级试验	过去千年模拟（last millennium，850~1849）	随时间变化	随时间变化	PI时期量值	PI时期量值	随时间变化	平流层气溶胶引起的时变辐射强迫	随时间变化
	末次间冰期模拟（Last Interglacial，127ka）	127ka时期量值	127ka时期量值	PI时期量值	各模式自行修改	自行选择	PI时期量值	PI时期量值
	中上新世暖期（mid-Pliocene Warm Period，3.2Ma）	CO_2：400ppm（其他气体含量为PI时期量值）	PI时期量值	减小	PI时期量值	自行选择	PI时期量值	PI时期量值

注：对流层气溶胶，仅对非动态沙尘（粉尘）的模拟有效。土地利用/土地覆盖，可根据模式的复杂度，自行选择动态植被、碳循环或固定值。PI为preindustrial的简写，代表采用工业革命前的强迫条件进行的模拟试验。

B. 过去千年模拟试验

过去千年模拟试验的关注重点是评估气候系统模式对多年代际或更长时间尺度气候变率的模拟能力，区分自然变率、外部强迫对气候变率的影响，同时为检测和归因研究提供长期气候模拟试验结果。过去千年气候演变以中世纪气候异常期（medieval climate anomaly，MCA，950~1250年）、小冰期（little ice age，LIA，14~19世纪中期）及20世纪3个典型气候变暖阶段为主要特征。外强迫因子主要包括地球轨道参数、太阳辐射、火山活动、土地利用/土地覆盖变化及温室气体浓度的变化（表1-8）。

C. 末次间冰期模拟试验

末次间冰期（130~115ka BP）关注的重点是评估气候模式对地球轨道的天文

学参数和温室气体浓度等强迫条件的敏感度。这一时期大气和海洋偏暖，水循环和能量质量循环均发生了变化，这对于考察气候变暖背景下气候–冰盖之间相互作用的研究具有重要的参考价值。与工业革命前控制试验（PI）相比，这一时期的试验方案主要是地球轨道参数和温室气体浓度的变化（表1-8），其中轨道参数变化所引起的北半球太阳辐射的季节变化甚至超过了中全新世时期。

D. 中上新世暖期模拟试验

中上新世暖期（3.3~3Ma）是距今最近的一个 CO_2 浓度超过 400ppm 的地质历史时期，处于中上新世的晚期。这一时期 CO_2 浓度与当前气候接近，轨道参数配置也与现代气候类似（表1-8），但全球表面温度相对工业革命前有 2~3℃ 的升温，因此该地质暖期的气候特征可用来类比评估地球气候系统对长期高浓度 CO_2 的敏感度。该试验旨在阐明这一时期气候对 CO_2 浓度、冰盖、地形高度变化等强迫的综合响应特征，同时还可定量评估不同外强迫因子对气候响应的相对贡献。

PMIP 对促进古气候变化研究、模式模拟性能检验以及未来气候预估等方面都起到了积极作用。尤其是在 PMIP4 和 CMIP6 的共同协调下，古气候研究得以在统一框架和标准下开展模拟及评估，推动了不同研究团体之间的协作，有利于共同理解地球气候的自然变率与人类活动对气候变化的影响。PMIP 对耦合气候系统模式和地球系统模式的研发也具有重大的推动作用，PMIP4 致力于古气候资料数据的重建，从而为模式模拟性能的评估验证提供保障，为减少模式不确定性提供科学依据，这对于提高模式对未来气候的预估能力和可信度具有重要的科学意义。

自 PMIP 实施以来，中国科学家就积极参与了 PMIP 框架下的模拟研究工作，并承担了 PMIP 不同阶段的多个古气候模拟研究任务，其中中国科学院大气物理研究所的大气环流模式及耦合气候系统模式（FGOALS）参与了历次古气候模拟比较试验，国家气候中心耦合气候系统模式（BCC-CSM）参与了 PMIP3 的模式试验。PMIP4 中国有 4 个模式参与，包括中国科学院的地球系统模式（CAS-ESM）、耦合气候系统模式（FGOALS-g3 和 FGOALS-f3-L），以及南京信息工程大学的模式（NESM3）。我国在古气候模拟领域，特别是东亚古气候的模拟方面具有较好的研究基础，已有较丰富的研究成果。基于 PMIP 数值模拟工作，中国科学家在古气候领域，尤其是中国和东亚气候的数值模拟方面，取得了很多有意义的研究成果（王会军和曾庆存，1992；陈星等，2002；Zheng et al.，2013；Sun et al.，2016，2018）。大多数模式重现了不同古气候地质时期的主要气候特征，如过去千年中的中世纪暖期和小冰期，中全新世时期北半球陆地增暖、季风加强现象，末次盛冰期的干冷气候，中上新世暖期的暖湿气候等大尺度特征等。同时，基于 PMIP 试验归因分析的结果，人们进一步揭示了不同气候背景下东亚季风年际和年代际变率的特征以及外强迫因子对东亚区域气候的影响机制，并结合古气候模拟及未来气候预估，为减小未来气候预估的不确定性提供了科学依据。此外，大量的模式对比工作也为揭示模式不确定性的来源，进一步改进模式模拟性能提供了重要的支撑。

PMIP4 阶段的模拟试验涵盖了更广泛的时间尺度，使不同时期的科学问题更为明确，这对于进一步拓展我国古气候模拟研究的时空尺度，促进我国数值气候系统模式的发展，都是一次难得的机遇，有助于提升我国在气候变化模拟研究领域的话语权。然而，随着 PMIP 研究的不断深入，新的挑战和问题也不断出现。如何进一步加强模式与数据之间的联系和交流以及更好地相互验证，这不仅是中国也是当前国际上古气候模拟团队和古气候环境资料重建团队之间需要共同面对的科学问题。针对这一问题，PMIP4 中新增的同位素模拟将起到一定的积极作用。另外，在当前 PMIP4 中，地球系统只占一部分，这主要是受到模式发展和计算资源的限制，而气候系统模式并不能包含所有物理过程，如海洋生物化学过程、粉尘方案等过程，导致模式的性能可能受到影响，因此，进一步优化模式代码适应更大规模的复杂计算，以包含更为复杂的地球生化过程和其他参数化方案，更多地利用地球系统模式开展模拟研究也将是应对未来古气候模拟研究发展的重要挑战（郑伟鹏等，2019）。

1.1.9.3 末次盛冰期的数值模拟研究

末次盛冰期是古气候学研究的热门时期之一。末次盛冰期处在距今约 23 000 ~ 19 000 年以前（Mix et al., 2001；Otto-Bliesner et al., 2009；Kurahashi et al., 2014），是研究古气候课题的最适合的时间之一。因为同其他时间相比，LGM 的数据覆盖面积相对较好（Solomon et al., 2007），且主要的边界条件（如陆地地形、地球轨道参数、大气 CO_2 浓度等）都是已知的，其他方面（如海平面高度、冰川面积以及冰川厚度等）也都有了初步的了解（Mix et al., 2001）。另外，LGM 是距今最近的一次冰川极盛期，通过对它的深入研究和认识，可以对未来气候变化趋势以及人类该如何应对气候变化有一定的借鉴和参考价值。为了重新构建 LGM 的海表温度、冰川以及海平面高度，大量的国际重大合作项目启动，如 CLIMAP、EPILOG（Environment Processes of the Ice Age: Land, Oceans, Glaciers）、GLAMAP2000（Global Atlantic Mapping and Prediction, 2000）、MARGO（Multi-proxy Approach for the Reconstruction of the Glacial Ocean Surface, 2009）。学者们通过各站点钻孔，利用动植物（浮游生物的有孔虫目、硅藻、鞭毛藻类、放射虫类的微化石构成）、有机地球化学（长链烯酮、浮游生物有孔虫贝壳上的镁和钙等）、微量元素（Sr/Ca、U/Ca 等）、花粉、植物大化石、湖泊水面、地下水标志性气体以及沉积物等作为不同指标的替代物（Mix et al., 2001），推断出 LGM 地球表面温度以及降水、冰川及海冰分布范围等一些基本特征。全球冰川对气候的影响在这一时期被清晰地记录下来（Clark et al.,

1999），从而证明了冰对气候状态的主要作用（Mix et al.，2001）。但由于生物干扰或不能完全排除其他影响因素等问题，不同方法所得到的推论都存在着一定的偏差甚至相反；而且，由于存在成岩溶解或珊瑚礁处于海面以上等客观因素，所得到的数据也存在不连续的问题。此外，由于使用不同的定年方法和模型，不同替代物测定的年代也会产生误差。对于代表了全球气候状况与现在完全不同的 LGM，数值模拟方法就成了另一种研究和认知这一时期的主要途径。人们利用数值模式不但可以根据 LGM 的强迫和边界条件模拟这一时期的地球气候基本特征，还可以通过改变不同条件从而找出影响 LGM 环境条件的主要因素。通过与地质证据相互对比，分析理解过去气候变化机制，能够更好地预估未来气候变化（张冉等，2013）。此外，模拟这一时期的气候状态也对数值模式发展和敏感性研究起到测试作用（Mix et al.，2001；燕青等，2011）。利用海气耦合模式模拟 LGM 大体分成两个阶段：第一阶段，采用的边界条件和强迫不同，模式结果也不同（Kitoh et al.，2001；Hewitt et al.，2003；Shin et al.，2003；Kim，2004；Peltier and Solheim，2004；Weber et al.，2007），不同的强迫和边界条件导致了不同模式降温的敏感性，所以很难比较 LGM 的降温结果（Otto-Bliesner et al.，2009）；第二阶段，PMIP2 要求采用标准的边界条件和强迫从而使得 LGM 各模式结果之间可以进行对比（Braconnot et al.，2006）。PMIP2 规定的 LGM 边界条件和强迫主要包括：①使用 LGM 陆冰重构数据 ICE-5G（Peltier，2004）；②对 CO_2、CH_4 和 N_2O 进行修改；③增加由于海平面降低而露出的新陆地；④修改因地球轨道参数变化而改变的辐射值（Otto-Bliesner et al.，2007）。与重构数据相同，不同数值模式模拟的 LGM 地球气候基本状态，即使应用了相同的边界条件和强迫，所得到的结论也存在差异。此外，PMIP3 从 2009 年末也开始计划执行。PMIP3 在保留 PMIP2 目标的基础上，修改了一些边界条件，如陆冰重构数据是将 ICE-6Gv2.0、MOCA 和 ANU 三种重构数据综合起来应用（Brady et al.，2013）。而在最新的 PMIP4 中，LGM 考虑了沙尘影响的外强迫作用，并且将大陆冰川的重建资料作为模式边界条件。

随着海气耦合模式的飞速发展，模式分辨率和复杂性都有所提高，加之 LGM 主要边界条件及部分环境状况已达成一致，虽然这一时期的大部分气候特征仍存在很多争议，但通过对重构替代物的综合考虑以及和各数值模拟结果的相互对比印证，LGM 的气候状态继续细节化是可能和可行的。

（1）海表温度

LGM 地球海表温度的重构是探知地球气候基本状态的重要变量，也是重构 LGM 气候状态的各种方法中采用较多、较准确的一个变量。其主要分布特征为：经向和纬向温度梯度大、热带及南大洋区域降温、北半球高纬度地区剧烈降温等（图 1-15）。对于古气候模式模拟方面，Otto-Bliesner 等（2009）在 PMIP2 条件下对比了 6 种模式（CCSM3、FGOALS、HadCM、IPSL、MIROC、EcBilt-CLIO）的热带海表温度，所得数据虽然存在差异，但仍然得到了一些共同结论：热带平均降温在 1.0~2.4℃，热带大西洋海表温度比热带太平洋海表温度低，但是海盆内部和海盆之间降温的差异性要小于 MARGO 重构数据（Rosell-Mele et al.，2004；Barker et al.，2005；Barrows and Juggins，2005；Chen et al.，2005；Kucera et al.，2005）；模式中未出现像钻孔数据中推测的降温大于 6℃的地区。Liu 等（2003）提出热带海洋表面降温是因为 CO_2 浓度的降低，但这一初始的热带降温只占最终总降温的一半，而其他降温则与上层环流有关，尤其是受到南太平洋热盐和中层水通风的影响。

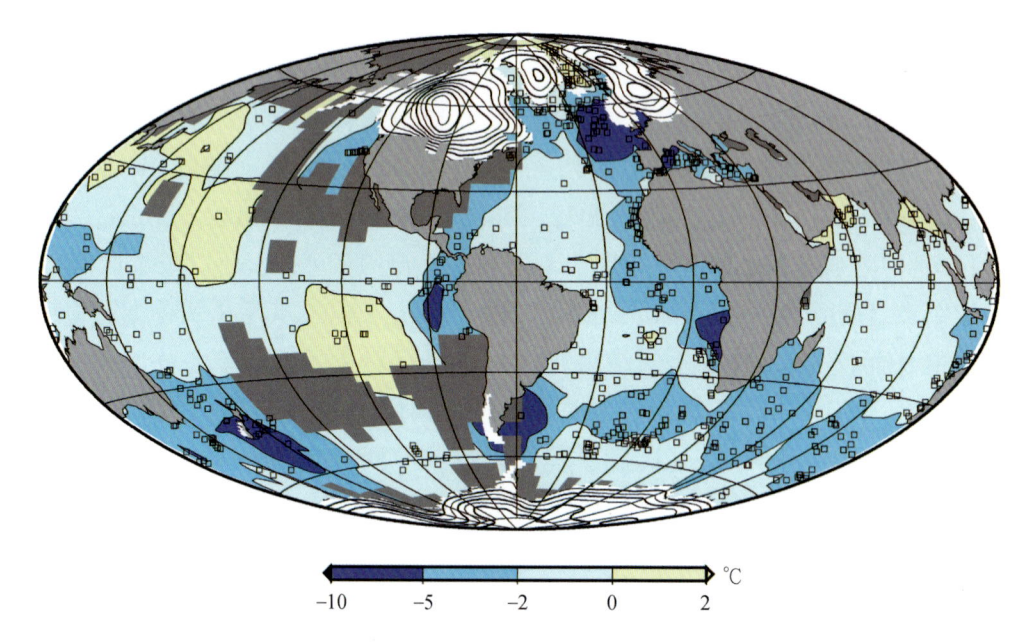

图 1-15　LGM 与现在气候下的海表温度差值分布（张秋颖等，2017）

经纬度各相隔 30°。北半球表征的是冬季（1~3 月）温度的差异，蓝色区域表示 LGM 比现在冷，黄色表示 LGM 时暖期。正方形点表示 MARGO 的钻孔点，灰色部分表示无值区域。陆地等值线（间隔 500m）表示大陆冰川的范围（资料来源：https://www.geo.uni-bremen.de/~apau/margo/margo_EN.html）

CCSM3 模拟 LGM 得出这一时期表面温度更冷且更干燥的结论：全球年平均表面温度是 9.0℃，比 PI 低了 4.5℃，CCSM3 模拟的全球降温比 CSM1 模拟全球降温低 10%（Shin et al.，2003）；大气降水降低 18%，年平均降水 2.49mm/d，比控制试验 PI 降低 0.25mm/d（Otto-Bliesner et al.，2006）。

（2）环流特征

整体来说，LGM 海洋环流分布与现在相差不多，有部分洋流因为海陆分布的不同而有所差异甚至消失，如印尼贯穿流。其中，大西洋经向翻转流（AMOC）和南极绕极流（Antarctic Circumpolar Current，ACC）对气候变化影响较为重要且通过模拟和重构数据学者得到的结论存在差异甚至相反,所以一直是人们关注的热点。

在数值模式方面,Otto-Bliesner 等(2007)对比了 4 个耦合模式(CCSM3、HadCM、MIROC 和 ECBilt-CLIO)模拟的 LGM 的 AMOC 的结果。4 种模式模拟出的 AMOC 最强处(500m 以下)流量均为 13.8~20.8Sv[①],这在观测估计的(18±3)~(18±5)Sv 范围之内(Talley et al., 2003)。在这一前提下,不同模式对于 AMOC 强度的模拟各不相同:CCSM3 模拟 AMOC 强度减弱约 20%(Otto-Bliesner et al., 2006),HadCM 基本不变,ECBilt-CLIO 和 MIROC 增强(20%~40%);在 45°N 处,AMOC 深度也有变化:CCSM3 模拟的 LGM 的 AMOC 影响深度比现在的 AMOC 浅,MIROC 则在 LGM 加深到了整层模式,ECBilt-CLIV 的 AMOC 占据了 30°S 以北的整个大西洋,HadCM 模式模拟的北大西洋深层水是最弱的。北大西洋南极底层水(AABW)在 CCSM3 和 HadCM 中增加,在 MIROC 中减少,在 ECBilt-CLIV 中消失。Otto-Bliesner 等(2007)认为 CCSM3 高估了冬季格陵兰岛南部海冰的区域(CLIMAP Project Membership, 1981; Sarnthein et al., 2003),而 MIROC 虽然低估了 LGM 海冰的范围,却可能高估了北大西洋深层水(North Atlantic Deep Water, NADW)的强度,所以模式的结果表明,冰河期北大西洋中层水(Glacial North Atlantic Intermediate Water, GNAIW)可能同现在的情况相差不多。

在 ACC 方面,对于 LGM 的 ACC 的强度和位置也存在着争议。总体概括为:ACC 的强度或位置的改变可能是增强的(Pudsey and Howe, 1998; Dezileau et al., 2000; Noble, 2012)或者基本保持不变(Matsumoto et al., 2001; McCave et al., 2012)。在模式方面,CCSM3 和 CSM1 都得到在 LGM 的 ACC 增强(Otto-Blienser et al., 2006)的结论,一方面是因为南大洋风应力增强,另一方面是因为南极洲附近更多海冰形成,AABW 增强,从而对 ACC 输运产生影响(Gent et al., 2001)。现在已经基本确定的是,ACC 的强度在很大程度上是由密度的不同而驱使的,而不仅仅是通过风来驱动的(Hogg, 2010; Kohfeld et al., 2013)。

古气候的客观重现被认为是准确预测未来气候状况的重要前提,而 LGM 被认为是研究古气候较为理想的时期之一。这不仅是因为这一时期有相对较多的重构数据且分布较为广泛,有利于探知这一时期的基本特征,也因为在这一时期全球气候状况处于与现在完全不同的情况,有利于测试模式的敏感性并对模式进行评估改进和完善,从而达到更准确预测未来气候状况的目的。受轨道参数的影响,太阳辐射在 LGM 处于最小值,这是造成这一时期环境特征的最根本因素。而温室气体浓度降

---

① $1Sv = 10^6 m^3/s$。

低、冰川覆盖范围增加、植被和新陆地的产生等现象对这一时期环境的改变起到了加强的作用。对于 LGM 环境特征的推测主要通过重构数据和数值模式模拟两种方法进行。国际大型合作项目已开展 30 多年，主要致力于重建 LGM 的海表温度并绘制地图，这也使得人们对这一时期有了较为形象的认知。虽然这一时期的海表温度等变量采用多种重构方法和替代数据构建，且考虑到数据的非连续性季节性变化以及生物扰动等客观因素的影响，部分区域相同的变量数值有偏差甚至相互矛盾，但重构数据仍然给人们指明了 LGM 各变量情况的大体方向。例如，与现在环境特征相比，海表温度会有区域性的升温，而不是全球都在降温，且仅有少量区域降温幅度超过 6℃；深海温度与现在相比，更趋于一致性；海冰范围存在季节性变化，季节性海冰所占面积很大，有很多浮冰迁移，而不是全球大部分地区处于冰冻状态；AMOC 的强度深度以及 ACC 的位置和强度仍处于争执阶段，并无确定性结果等。很多学者也致力于利用数值模式模拟 LGM 的环境状况。从早期的利用不同边界条件通过大气模式模拟基本特征，到 PMIP2 时期选择相同的强迫和边界条件通过海气耦合模式模拟 LGM 环境特征，人们通过模式结论之间的对比与不断改进，力求达到模拟更为准确的 LGM 环境特征。随着技术的不断发展与完善，LGM 气候特征的不确定性将逐渐降低，人类对于古气候的认知也会逐渐清晰。

1.1.10　古气候建模的意义及发展

气候模型以及地球系统模型，是评估温室气体人为排放的影响、风险及潜在影响的强有力工具。IPCC 在 2013 年的报告中指出，气候预测为减缓气候变化的研究提供了科学评估的基础。

自 20 世纪 70 年代 Gates（1976）首次利用大气环流模型模拟末次盛冰期以来，（古）气候模型在研究气候、环境和生命的演变过程中占据越来越重要的地位，其模拟能力也逐步增强。之后，为充分研究气候和环境之间的复杂相互作用，人们逐渐意识到有必要采取多学科交叉研究的方法，来进行气候预测评估以及地球系统模型对古气候的模拟再现性等方面的研究（Haywood et al., 2013）。

对过去时期的气候及环境状况的多学科研究对于构建包含更多更真实的物理过程、空间分辨率更高的地球系统模型尤为重要。目前，模式已然从最初简单三维大气模式发展到包含地球各圈层在内的复杂系统模式，既包括海洋、陆地、大气、海冰、冰盖等各个独立模块，也包括大气、海洋、陆地和冰盖之间的相互作用，同时可以动态模拟过去植被分布、冰盖分布和变化以及生态系统的物质循环（Prinn, 2013）。模式发展与日益丰富的观测相结合将带来更多新颖和令人兴奋的结果。

尽管古气候建模及其相关研究工作的贡献是显而易见的，但当前模型模拟的效用性和可及性却没有达到完善的程度，致使古气候建模及其他学科间的联系没有得到足够重视。古气候模拟在满足社会需求、解决可持续发展目标和重大科学目标等方面的工作，仍未被人们充分地理解。

实际上，古气候模型对于深化气候敏感性、代用指标、生物及生态系统、冰川和海平面变化、极端水文（气候）事件、人类学、自然资源及能源、工业发展等方面研究都意义重大。同时，古气候建模的未来发展，也能够增强对其他学科的贡献，并更好地满足社会需求。

1.1.10.1 气候敏感性

气候敏感性研究有助于量化全球平均温度的变化对大气 CO_2 浓度变化的响应，其中，气候平衡态的概念至关重要。假设 CO_2 扰动前后的气候态均处于平衡态（von der Heydt et al., 2016），平衡态的气候敏感性（Equilibrium Climate Sensitivity, ECS），即此假设下温度对 CO_2 倍增后的响应。量化 ECS 的一个重要目的是预测未来的气候变化，ECS 在量化 2100 年的气候变暖中发挥重要作用。此外，依照最新气候变化协定（《巴黎协定》）编制的《IPCC 全球升温 1.5℃ 特别报告》，如何限制温室气体排放，将全球变暖限制在 1.5℃ 而非 2℃ 或更高的温度这一范围内，促进实现可持续发展的目标至关重要。

除 CO_2 浓度变化导致的直接辐射效应外，地表温度还受气候系统中各种反馈过程的影响。这些反馈可以在多时间尺度上起作用，并放大（或抑制）CO_2 强迫引起的初始温度变化。另外，某些快速（或更快速）的反馈过程，如地表反照率-温度反馈，往往会放大 CO_2 辐射引起的气候效应。实际上，气候敏感性的量值通常是由气候模式模拟得到的，包含快速反馈过程在内的气候敏感性变化范围为 1.5~4.5℃（Solomon et al., 2007），通常在一个世纪内可使气候达到新的平衡态。自首次达到平衡态之后，该量值范围至今几乎无变化（Charney et al., 1979）。

自 1979 年起，人们对 ECS 稳定性、慢（或更缓慢）反馈过程对其影响的科学理解，均有了实质性的发展，而这在很大程度上归功于古气候模型。长期气候敏感性或地球系统敏感性的概念，是通过研究气候随大气 CO_2 浓度变化而产生的（Hansen et al., 2008）。而古气候的研究表明，重建的古气候变化幅度很难与特定时期的 CO_2 强迫相对应，即仅考虑快速（或更快速）气候反馈过程无法得到如此效果。这使人们注意到气候研究中的一个重要局限，即如果局限在现代和最近的气候状态下，无法得到气候变化中存在的更长时间尺度（几百年到几千年）的周期性特征。只有考虑地球系统响应中的慢过程对温度变化的贡献，如冰盖和植被（Hansen et al., 2008；Lunt et al., 2010；Rohling et al., 2012；Haywood et al., 2013），才会获得气候变化与 CO_2 强迫的对应关系，如图 1-16 所示。此外，古气候模型也表明，ECS 本身可能不是一个常数，气候系统与反馈过程的相互影响，会影响地表温度对 CO_2 强迫的响应，因此，古气候建模为理解气候敏感性（ECS）的复杂性做出了重要贡献。从更广泛的意义上讲，古气候模型有助于我们理解气候变化（或气候敏感性）中重要强迫因子（一阶控制量）的相关贡献。

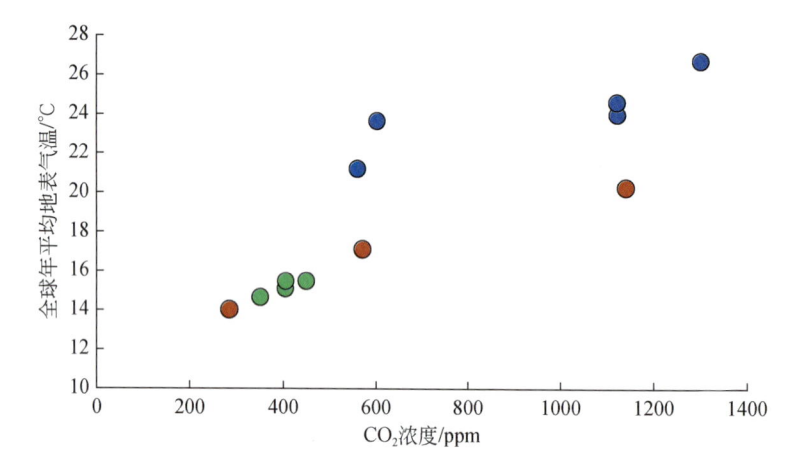

图 1-16　CCSM4 模拟的全球年平均地表气温与大气 CO_2 关系（据 Haywood et al., 2019 修改）
红点表示利用现代地理地形地貌、冰盖和植被分布时模拟的全球温度对 CO_2 浓度升高的响应；绿点表示利用现代地形地貌、上新世冰盖和植被分布时模拟的全球温度对 CO_2 浓度升高的响应；蓝点表示利用始新世或白垩纪的地形地貌分布、无冰盖和指定的古植被时模拟的全球温度对 CO_2 浓度升高的响应（Bitz et al., 2012；Tabor et al., 2016；Baatsen et al., 2018）

1.1.10.2　模式/数据比较：真实性、不确定性和协同效应

基于代用数据的古环境重建，在评估气候模型对过去、现在和未来气候变化的模拟能力方面发挥着核心作用。在过去几十年中，古气候模拟比较计划提供了陆地和海洋的生物与地球化学数据资料汇编，促进了不同地质时期的数据与模式对比（Kageyama et al., 2018）。对于定性和定量比较，气候模型或用于"正向模式"，即气候模型能够模拟代用数据，如生物群落或同位素，或用于"反向模式"，即代用数据测量值被转换成气候模型的模拟值（温度、降水等）。古气候模拟的最大优势之一是能够解释古环境变化的过程。通过古气候建模来测试反馈机制，是识别和理解环境对气候变化的非线性响应的重要一步，如利用古气候模型中模拟的植被、海洋和土壤反馈来认识全新世非洲湿润期（African Humid Period，AHP）的非洲季风的强响应及撒哈拉快速"绿化"现象。AHP 记录于多个考古和地质记录中，不能仅

用轨道变化理论来解释（Tjallingii et al., 2008；Tierney et al., 2017）。

数据与模型之间的比较研究大多数集中在最近的地质时期（如全新世和更新世）（Braconnot et al., 2012；Harrison et al., 2016）。然而，古气候建模也加深了对深时地质时期（deeper geological past）中由高浓度温室气体控制的温暖气候的认知，也为理解未来气候变化提供了一个理论框架。虽然第四纪之前的温暖气候是理解环境如何长期响应 CO_2 增暖的关键，但重构地质边界条件和古环境的不确定性也随着地质年代的增加而增加。此外，气候模型模拟的结果与现有的极区地质数据之间仍然存在分歧，而模型低估了变暖的程度（Haywood et al., 2013；Dowsett, 2013）。

代用数据和模型模拟之间的一致性是互利的，既可以改进模型性能，也可以提高基于代用数据重构古环境的鲁棒性。数据同化将观测结果（代用数据）与数值建模结合，可在一定的区域范围内改善模型模拟能力，并提高基于代用数据重建的古环境的空间和时间分辨率（Salzmann et al., 2008；Pound et al., 2012）。所谓的"热带凉爽悖论"（cool tropics paradox）就是模式对代用数据重构方法的挑战——早期，利用代用数据重构的白垩纪热带海温远比气候模型模拟结果要冷很多（D'Hondt and Arthur, 1996）。然而，最近利用保存完好的古近纪微生物化石（Sexton et al., 2006）对重构的 SST 进行修订，结果表明重构数据和模型结果是一致的（Pearson et al., 2001）。

近年来，随着科技的进步及研究的深入，第四纪深时重构的空间、时间分辨率及精确度都有了显著提高。由于各种模型比较计划的增多，如 PlioMIP（Haywood et al., 2016）和 DeepMIP（Lunt et al., 2017），以及各种代用数据的汇编，如 PRISM3（Dowsett et al., 2016），在全球范围内重构过去 6500 万年以来陆地和海洋的环境变化成为可能。同时，越来越多的高分辨率深时地质记录开始出现（Brigham-Grette et al., 2013；Herbert et al., 2015；Panitz et al., 2018），使得我们能够更好地结合古气候模型与代用数据，来分析研究极端气候、天文周期、非线性响应及反馈机制的作用和重要性。

1.1.10.3 地球生命的过去、现在和未来

地球生物群落将如何应对已经开始的快速气候变化（Barnosky et al., 2004；Urban, 2015）得到了人们越来越多的关注，联合国可持续发展目标也强调了维持和保护生物多样性的重要性。然而，生物多样性的保护和维持依赖于对短期与长期气候的准确理解及预测（Dawson et al., 2011；Finnegan et al., 2015）。物种与气候在更长时间尺度上的相互作用，为生物在不同环境变化率、古气候情景和极端气候下的反应提供了必要的见解（Finnegan et al., 2015）。

古气候模型为认知生物对气候变化的反应提供了一个用来检验假说或理论的框架。尽管代用数据可以提供准确的古环境条件及局部的古环境约束，但空间上并不连续，且通常时间是有限的。一般而言，数据汇编中更长期的环境记录通常代表的是全球平均信号（Zachos et al., 2008），因此，从全球汇编数据中找出区域生物的因果过程可能是一项挑战。

古气候模型填补了代用数据在时空分辨率上的空白，为生物对气候的反应提供了更高分辨率的空间和时间约束。当其与生态模型（ecological niche model, ENM）结合时（Peterson et al., 2011；Myers et al., 2015），便可提供物种对气候变化的反应。生物对过去不同的环境变化率的反应记录，能够说明一个特定物种是否有足够的适应能力，从而在当今快速且空前的气候变化中存活下来（Dawson et al., 2011；Saupe et al., 2014）。古气候模型已被用于研究地球和生命的共同进化方面，重点是气候如何影响物种形成、灭绝和适应的速度及模式。此外，古气候模型可以通过测试气候在控制生物分布、扩散、群落组成和聚集模式的影响程度（Gavin et al., 2014），来研究气候在生态模式和过程中的作用。了解气候如何调节主要元素循环的生物控制，特别是碳，对于准确估计大气 CO_2 升高对全球温度、碳源和碳汇、海洋化学和生态系统反应的影响至关重要（Cox et al., 2000；Sarmiento et al., 2004）。古生物学的观点能够使我们确定对这些系统理解的真实性；将生物地球化学过程整合到古气候模型中，能够在更短的时间尺度上重建气候变化和生物地球化学的影响，并获得对阈值、敏感性和临界点的更好理解，还能在与人类相关的时间尺度上研究冰期-间冰期气候对海洋化学和碳循环的影响（Buchanan et al., 2016；Adloff et al., 2018）。

地质记录提供了不同气候背景下生物过程的直接信息来源，使我们能够调查生物在不同气候状态下的系统适应性和故障点。从建模的角度来看，为了利用这一丰富的资源，我们需要更高空间分辨率的瞬变气候模拟，这将为物种形成、灭绝、进化及快速变化环境下的迁徙等方面提供充足的时空信息，从而为未来生物多样性的管理提供基础知识。

1.1.10.4 冰川融化与海平面变化

了解冰川/冰盖对变暖的响应，以及未来百年内区域海平面变化速率、量级和影响是一个重大的科学问题与社会挑战（Church et al., 2013）。历史重构有助于加深对冰川/冰盖在百年到千年尺度以及更长的时间尺度变化的理解，这对研究未来气候变化的影响具有重要意义。

各种古记录能够"固定"特定的气候状态冰川变化的驱动力。在过去 6500 万年中，冰川及气候变化叠加在大气逐渐变冷的趋势上（Zachos et al., 2008），然而，冰川范围和海平面历史的地质证据稀少，为加深对冰川机制的理解，需要借助冰川模型和古气候模型才能更好地从主要气候变迁中分离出二氧化碳及板块构造的作用，例如，DeConto 和 Pollard（2003）的研究表明，始新世—渐新世过渡期（~34Ma）南极冰川的增长是由大气 CO_2 减少驱动的，与之前德雷克海峡通道的打开及之后大陆热隔离的观点相反（Kennett，1977）。在 3.6~2.4Ma，北半球逐渐进入冰期，涉及构造和造山运动（Mudelsee and Raymo，2005）。Lunt 等（2008）给出 CO_2 减少是格陵兰冰盖扩张的主要控制因素的证据，推翻了前人认为的板块构造的原因。

尽管古气候模拟在冰川生长方面提供了大量信息，但更为紧迫的问题是要搞清楚在气候变暖背景下，未来的冰川质量损失规模和速度。仪器观测（如卫星数据）仅系统地记录了过去 40 年冰川范围的变化，限制了我们对冰川大规模、长期变化的了解。1901~2010 年，全球平均海平面（GMSL）的上升速度为 1.7mm/a（Church et al.，2013），然而，在次冰消期（21~7ka BP）的 14.5ka BP 时期，由于气候突然变暖，北美冰川快速崩塌，GMSL 快速升高 5~6m，速率高达 14.7~17.6mm/a（Gregoire et al.，2016）。

鉴于冰川的长周期变化能力及快速崩溃的潜在机制，未来长期预测至关重要（Clark et al.，2016）。古气候暖期的相关研究使我们进一步了解海平面上升的潜在速率和规模。在末次间冰期（130~115ka BP），极地气候变暖 3~5℃（Capron et al.，2014），GMSL 比现在高 6~9m（Dutton et al.，2015），耦合古气候及冰川模式结果表明，这主要与格陵兰冰盖及南极冰盖的融化有关，且其分别有 1.4m、3~4m 的贡献（Goelzer et al.，2016）。Sutter 等（2016）提出若南大洋升温超过 2~3℃，南极西部冰川有可能完全崩塌。在未来气候变化的背景下，末次间冰期和更温暖的中上新世暖期（3~3.3Ma），常作为研究未来地球系统对两极变暖响应的指标。DeConto 和 Pollard（2016）根据该时期地质记录中的海平面变化，校准了古气候和冰川模型框架，以预测南极的未来冰量损失，结果显示，至 2100 年，南极冰盖对海平面的贡献将超过 1m，至 2500 年，该贡献将会超过 15m。因而，更充足的古气候经验证据是当前气候预测的一大挑战（Ritz et al.，2015）。

古气候模拟对于提高人们对冰川、海平面的认识，应对日益增加的温室气体所带来的影响至关重要。因此，需要通过完全耦合的古气候和冰川模型，在高分辨率下进行瞬变模拟，从而更好地量化地球系统组成部分之间的反馈。同时，纳入影响海平面的其他因素，如海水密度变化、冰水平衡调整、动态地形、侵蚀和泥沙输移（Church et al.，2013），将有助于减少长期（百年至千年）预测的不确定性。

1.1.10.5 极端气候事件

关于气候变化的争论，大多集中在温度的变化上。然而，世界气候研究计划面临的巨大挑战凸显了供水对粮食生产的重要性以及极端水文事件（洪水和干旱）的作用，而这两个方面均与联合国消除饥饿、改善粮食安全以及提供清洁饮水和卫生设施的可持续性目标密切相关。

直至今日，大多数古气候模型都致力于提高我们对温度/降水平均变化的理解和建模能力。这种模式包括长时间尺度的变化，如青藏高原隆升在增强的南亚季风系统中的作用（Manabe and Terpstra，1974；Ramstein et al.，1997；Lunt et al.，2010），或对晚第四纪轨道变化引起的季风变化及其对湖泊水位影响的评估（Kutzbach and Street-Perrott，1985）。古气候的瞬变模拟表明，第四纪期间 CO_2 和融水的变化，可能会影响降水模态的演变（Otto-Bliesner et al.，2014）。

古气候模型可以提供清洁水的来源信息。例如，备受关注的非洲乍得湖的水量、面积日益减少，而在全新世和上新世时期，乍得湖被称为大乍得湖，比现在要大得多。Contoux 等（2013）利用古气候模拟指出这是 ITCZ 位置变化的结果，因此，当地需适应乍得湖存在的十年甚至更长时间尺度上的周期变化。同样，在非洲许多地区，人们都极度依赖地下水资源，甚至一些水库中还有数千年前积累的水。但目前我们对其中许多机制的了解并不充分，今后的工作须改善该领域。

极端水文或气候事件的模拟仍是古气候研究的难点，但应成为优先研究的重点。虽然目前极端事件很难模拟，但模型空间分辨率的提高使得古气候模型能够在将来解决这些问题。Haywood 等（2004）使用区域模型的研究结果表明，与极端温暖期有关的水文循环的运行方式有很大不同，这影响了对此类时期发现的沉积结构的解释。最近的工作越来越多的集中于古风暴学和极端事件的研究上，如 Peng 等（2014）模拟了中国过去千年中持续的严重干旱，并指出这些干旱（以及东亚季风系统）可能受太阳辐射变化的影响。

1.1.10.6 古人类学

古人类学家、考古学家与气候模型学家有着长期的合作历史。从建模角度看，从考古沉积物（如花粉、微生物化石）获得的古气候替代性指标可以帮助气候学家测试古气候模型的性能。从考古学角度看，古环境重建和古气候模拟都为理解古人类学提供了必要的背景知识。从古人类学角度看，根植于进化生态学的古人类学家早就认识到气候变化对人类进化的影响（Vrba，1995），古气候模式在古人类学争论中占有重要地位。古气候模型也越来越多地被纳入考古模型中。例如，这些模型试图了解人类从非洲向外迁徙的模式，或者探索古气候条件如何影响人类种群的空间分布和结构，从而改变文明进化的过程。这是考古学、古人类学及古气候学等多学科的交叉研究，展示了古气候模型和考古学数据的融合。高分辨率的古气候模型已被用于研究人类系统对气候不稳定的响应，以评估气候事件对人口结构和人口统计学的影响，并测试人类系统对诸如生态风险等气候预测因素的敏感性（Banks et al., 2013; Tallavaara et al., 2015; Burke et al., 2017）。

古气候模型的建立者、考古学家和古人类学家之间的合作，为模拟人类与环境的相互作用以及改进气候模型设计提供了丰富的机会。然而，气候模式和古气候信息的分辨率不同，限制了古气候模式在人类早期进化研究中的应用。此外，人类在广泛的时空尺度上感知并响应环境变化，通过提高古气候研究的能力、改进模式的分辨率以及提高非专业人员对气候模型的可及性，将在未来有所改善。

1.1.10.7 工业与革新

一直以来，人们都十分关注气候对当代工业等各方面的影响（图1-17），但往往忽视了需要用更长远的眼光来看待未来的社会需求。

现代社会最具挑战性的需求之一是地球资源和储量，世界经济的增长需要更多的金属资源（如铝）及化石燃料，铝土矿和富含有机物的烃源岩（可生成油气）的地理分布与古气候有密切关系，因此，对古气候的预测（或追溯）有助于勘探资源的分布。自古气候模型建立起，人们一直在努力追溯烃源岩，如 Parrish 和 Curtis（1982）、Scotese 和 Summerhayes（1986）等学者建立了大气环流模式模型，以期预测海洋上升流发生的位置（这些地区常具有高有机生产力，被掩埋后可能形成烃源岩）。古气候模型提供了进一步定量化研究并进行预测的可能性（Barron, 1985）。最近的研究中，Harris 等（2017）利用地球系统模式进行了大气、海洋以及碳循环过程的模拟，对烃源岩的区域分布进行了预测。

古气候模拟在核废料长期储存的风险评估中也发挥着重要作用。任何拟建为核废料处置库的场址都需要进行长达10万年的风险评估。在长时间尺度上，未来的轨道强迫气候变化与人为强迫同样重要。早期研究只是简单地将过去的长期变化推算到未来（Goddess et al., 1990），但是最近的研究需要使用基于更详细的古气候模型。Lindborg 等（2018）使用简单和复杂气候模型的组合，与许多古气候建模研究相同的方法，为未来20万年特定地点的气候提供了详细的预测结果。

古气候模拟方法已被应用于地质工程研究。例如，Taylor 等（2016）讨论了人工加速岩石风化作为碳存储及减少海洋酸化的潜在方法。古气候模型的研究，能够用于预测未来气候演变包括极端天气事件的频率，可以为基础性设施建设相关指标的选取提供参考。

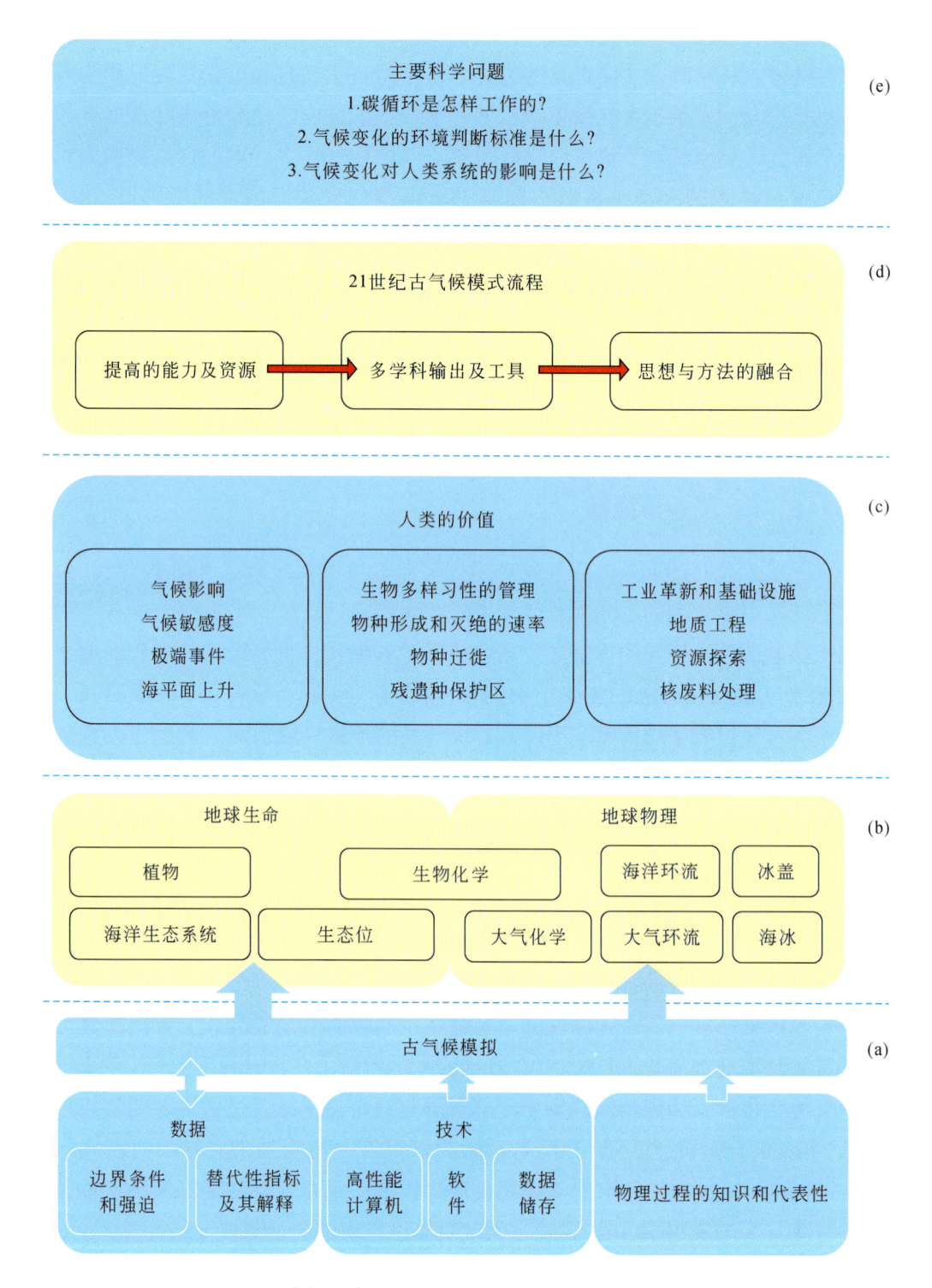

图 1-17　古气候建模的总结（据 Haywood et al.，2019 修改）

(a) 展示了支持古气候模拟的关键性数据和技术/知识要求，(b) 展示了地球上不同的物理体系和生命所占的主要区域，(c) 对应 (b) 中所展示的人类价值部分，(d) 和 (e) 强调了研究方向及科学问题

(e) 主要科学问题
1. 碳循环是怎样工作的？
2. 气候变化的环境判断标准是什么？
3. 气候变化对人类系统的影响是什么？

(d) 21世纪古气候模式流程
提高的能力及资源 → 多学科输出及工具 → 思想与方法的融合

(c) 人类的价值
- 气候影响、气候敏感度、极端事件、海平面上升
- 生物多样习性的管理、物种形成和灭绝的速率、物种迁徙、残遗种保护区
- 工业革新和基础设施、地质工程、资源探索、核废料处理

(b) 地球生命：植物、生物化学、海洋生态系统、生态位
地球物理：海洋环流、冰盖、大气化学、大气环流、海冰

(a) 古气候模拟
数据：边界条件和强迫、替代性指标及其解释
技术：高性能计算机、软件、数据储存
物理过程的知识和代表性

1.1.10.8　古气候模拟的展望

古气候模拟对气候变化的机制研究有重要贡献，在试验方法和技术上也不断推陈出新，从对现今气候变暖时期的"类比性"模拟到对不同极端气候（冰期、间冰期）的"反差性"模拟，从对典型气候期进行平衡态模拟到气候变化的发展与转换的瞬变模拟；时间尺度从第四纪晚期的 $10^3 \sim 10^4$ 年气候模拟到中生代—新生代的 $10^5 \sim 10^7$ 年气候模拟，从采用物理概念型气候模型或单一大气环流模式到地球系统模式，从米兰科维奇理论的地球轨道机制到地球系统内部反馈机制的模拟。古气候模拟在时间、空间、过程、成因等多维领域拓展了广阔的前景。

古气候模拟的目的是重建和反演，尽管已经取得了相当大的进展，许多领域依然阻碍了气候模拟和预测能力的提高，还需要从以下几个方面进行突破。

（1）克服现有方法/技术的限制

透彻理解物理过程，有力地应用数学方法和统计技术，精确的地质边界及强迫估计，以及计算机和相应软件工程的加持，为提高古气候模拟的综合能力提供了重要的保障。

古气候模拟的一个最大优势就是能够综合检验地球系统对强迫机制的反馈情况。与未来气候变化有关的主要不确定性来自与气候系统有关的正反馈强度，而该气候系统是对中长时间尺度的强迫做出的反馈（如海洋环流和冰盖）。地质记录独特地保留了地球系统做出较慢反应的信号变化（Haywood et al., 2013）。如今，地球气候系统模式的空间分辨率越来越高（Peng et al., 2014），且该模式嵌入了更广泛的地球系统过程和中长时间尺度的气候相关过程，有能力模拟更长时间的气候反馈。因此，分辨率的提高和模式复杂性的增强带来了更高的计算需求及消耗，此外，使用高分辨率的地球系统模式模拟过去本身也存在科学和技术方面的挑战，从而大幅度提高计算资源的消耗和与产品模拟相关的计算时间。

例如，地质边界条件的不确定性常需要在某特定时间段内进行的大量的相似试验（Haywood et al., 2013）。此外，地球系统模式需要重新配置才能够更好地模拟更久远的古气候，并且这些模式并非专门为研究古气候模式的需求所开发，因此，重新配置海陆分布、陆地高度、海洋地形、地表覆盖类型等都增加了挑战的难度，并且软件工程方面的支撑资源也不足以满足模式的需求，模拟能力的增强需要更多的合适的边界条件和强迫数据，只有这样这些新模式的潜能才能够完全开发出来。例如，包含了复杂大气化学和/或大气尘土/气溶胶与气候相互作用的模式，需要大气中甲烷的初始浓度或者尘土释放源和释放特定的挥发性有机物的含量。除非地球系统模式能够开发到用模式动力机制预测出这些参数的程度，而不是需要它们的初始状态，否则古气候模拟用到的边界条件和强迫场的不确定性都会大幅度提升，因为这些参数在地质上基本没有记录。考虑到模式模拟古气候与现在气候的根本性不同，以及边界条件存在必要的大量改变，古气候模拟需要很长的启动及调整时间，包括海洋动力学上几千年的调整，大气的调整时间会更快一些（约几十年到一百年），因而模式代码的计算效率和可扩展性就显得更为重要。实际上，目前很难找到大型计算机进行轨道尺度乃至地质构造尺度上的古气候模拟，这对于能否有效应用于古气候模拟及研究古气候的不确定性都会带来巨大的挑战。

最新一代的复杂地球系统模式大部分都无法满足古气候模拟的要求，模式的发展已经脱离了古气候模拟的特殊要求，意味着古气候模拟未来的热点可能集中于开发专门模拟古气候的模式，如 EMICs（中等复杂程度的地球系统模式）的开发、德国联邦教育及研究部为了解末次大冰期的气候系统动力学和变化性而资助的 PalMod（古模拟）气候模式方案等。因此，模式研究的空间和垂直分辨率及复杂程度等具有挑战性的科学问题仍需更多灵活的战略来实现。

（2）加强整合统计学方法从而评估不确定性

尽管当前的气候模式追求天气、气候最优的物理过程，但仍无法完美模拟天气和气候。模式仍需调整才可达到现代气候领域可接受的模拟结果。在古气候模拟方面，由于边界条件，如大气中 CO_2 浓度，与现在气候不同，模拟方法也存在较大差异。解决这一问题的普遍方法就是通过模式的大量试验来了解模式可能的输出结果的异同点，如利用贝叶斯统计方法计算平均态。

此外，特定时空平均气候变量的改变不能完全认为是受全球气候变暖的影响。只有根据变化的边界条件（如温室气体浓度）模拟出该变量的分布情况（不是仅作平均），才可能分析出气候变暖带来的变化。分位数回归（线性回归的一个常用统计方法）可估计任意气候变量分布的分位数，而不只是作平均。例如，使用特殊技术来寻找替代性变量和气候变量在时空上的相关性（如 GraphEM 方法）。因此，古气候模拟者与应用统计学家之间需要更进一步的合作。

（3）消除数据共享和多学科合作的障碍

其他学科在使用古气候模式数据方面仍存在很大的局限性，因此进行数据共享是多学科合作的前提条件。扩大获取途径方面现已取得了一些进展，其中一部分要归因于共享的公共科学资源。另外，期刊要求上传统一格式的数据，输出数据的标准化和耦合模式比较计划（CMIP），也都有助于消除数据共享和多学科合作的障碍。同时，软件库也有很大的帮助，如气候模式输出重写软件（climate model output rewriter，CMOR），对不同气候模式的输出数据在文件结构、格式和变量等方面，进行了统一化和标准化的要求和转换。

以团体为基础，科学家正在尽全力支持跨学科数据共享，如古气候数据库提供了预处理的气候数据,从而支持了生态位的研究(Brown et al., 2018)。处理模式输出的方法因应用而异,需要气候输出数据的学者可能没有成功处理原始古气候模式数据的能力和经验,因此,以团体为主导的计划十分重要。古气候数据为各团体一起探讨怎样消除障碍、如何了解和获取古气候模式数据提供了模板。

1.2 Badlands 地表系统动力学模拟

1.2.1 Badlands 基本原理

Badlands 是 Basin and Landscape Dynamics 的缩写,即"盆地和地貌动力学",是基于 parallel TIN(平行不规则三角网)的地貌演化模型,用于模拟多种时空规模的地形演化。这个模型能够模拟边坡作用过程、河流下蚀作用(侵蚀、搬运、沉积)、时空上变化的地球动力(三维位移),以及简单变化的大气动力过程,同时,包含气候变化或海平面起伏的影响。它主要用于地球浅表地层沉积和叠置关系的研究,是四维层序地层学研究的得力工具和革命性手段。

在过去的几十年中,为了模拟地球表层系统的演化过程,前人发展了不同驱动机制(如构造或气候变率等)、不同地质时间尺度的数值模型(Whipple and Tucker, 2002; Tucker and Hancock, 2010a; Salles and Hardiman, 2016; Adams et al., 2017; Campforts et al., 2017)。这些模型将经验数据和概念方法结合到一组数学方程中,这组数学方程不仅可用于地貌重建和相关沉积物通量评估方面(Howard et al., 1994; Hobley et al., 2011),目前还正应用在其他研究领域,如水文学、土壤侵蚀、山坡稳定性和常见的地貌演化研究。

地质上,许多地球表层系统模型都专注于侵蚀过程,特别是在河流动力学中(Sklar and Dietrich, 2001; Turowski et al., 2007; Attal et al., 2008; Cowie et al., 2008; Hobley et al., 2011),模拟模型主要涉及大陆沉积系统和相关地层层序成因研究,但很少结合沉积盆地的成盆模拟工作(Howard et al., 1994; Salles et al., 2017)。此外,除少数模型外(Tucker and Slingerland, 1997; Salles et al., 2011),大多数模型或者仅限于沉积物路径系统的一部分(如河流地貌、海岸侵蚀、碳酸盐岩台地发育区),或者是基于简单定律之上的扩散方程,拓展应用到上千千米的空间范围(Hobley et al., 2017)。上述这些缺陷限制了人们对沉积物从源到汇这一整体过程的全面理解,使得人们难以将特定地点的观测与数字模型输出联系起来。

pyBadlands 是 Badlands 的 Python 版本(Granjeon and Joseph, 1992; Salles and

Hardiman，2016）。它为前一代代码的所有已有功能提供了可编程且灵活的前端，并添加了关于模拟过程、可移植性和可用性的新功能。pyBadlands 框架及其背后的开发工作旨在解决上述这些缺点。它提供更加直接和灵活的对陆地、海洋和珊瑚礁环境之间的相互联系的描述，并且明确地将这些系统联系在一起。pyBadlands 框架的重点和核心主要是：大陆尺度和地质时间（数千年到数百万年）的地球表层系统演化和区域沉积盆地形成的模型描述。本节介绍的 pyBadlands 视为一个综合框架，提供一个简单和适应性强的数值工具，以探索地球表层系统动态演化，并量化气候、构造、侵蚀和沉积之间的反馈机制。

pyBadlands 使用不规则三角网（triangular irregular network，TIN）来求解下面给出的地貌方程（Braun and Sambridge，1997）。该连续性方程使用有限体积方法定义，并依赖于 Tucker 等（2001）描述的方法。

1.2.1.1 结构方程

在 pyBadlands 中，由如下标准方程定义质量守恒

$$\frac{\partial z}{\partial t} = -\nabla \cdot q_s + u \tag{1-88}$$

式中，等号左侧为 z（地面高程）单位时间增量；u 为构造运动引起的地形变化，抬升为正值，代表物质输入，单位为 m/a；q_s 为在深度上整合为一体的、每单元宽度的总体积沉积物通量，单位为 m^2/a；$-\nabla q_s$ 为 q_s 垂向分量梯度的相反数，单位为 m/a，代表物质输出。

沉积物搬运速率包括河道径流 q_r 和坡地搬运 q_d。对于河道径流来说，此模型可以同时模拟搬运控制（transport-limited）和剥蚀控制（detachment-limited）的物理条件（Davy and Lague，2009；Pelletier，2011）。

在应用 pyBadlands 的研究中，假设河流侵蚀和搬运作用仅基于剥蚀控制模式，因此，对 q_r 的模拟遵循传统的河流水力方程，且 q_r 被定义为地形梯度 ∇z 和地表水排泄的函数。地表水排泄由沉积速率 P 和泄水面积 A 控制，沉积速率可在整个研究区统一，也可在不同分区设置不同数值

$$-\nabla \cdot q_r = -\epsilon (PA)^m (\nabla z)^n \tag{1-89}$$

式中，ϵ 为侵蚀系数，用来衡量侵蚀速率大小；m 和 n 都为正值，指示冲蚀速率如何随底床剪切应力成比例地变化。m/n 约等于 0.5，在这种情况下，$(PA)^m (\nabla z)^n$ 和床底剪切应力呈现成比例的正幂次变化关系（Tucker and Hancock，2010a）。

坡地作用过程由简单蠕移法则定义（Fernandes and Dietrich，1997；Braun et al.，2001；Perron et al.，2009），标准方程如下

$$-\nabla \cdot q_\mathrm{d} = -\kappa \nabla^2 z \qquad (1\text{-}90)$$

式中，κ 为扩散系数。侵蚀系数和扩散系数包含了气候、岩石学和沉积物搬运过程的影响（Dietrich et al., 1995；Whipple and Tucker, 1999；Lague et al., 2005；Tucker and Hancock, 2010a）。

1.2.1.2 Badlands 中地壳挠曲均衡理论的表达

地球地表过程造成的沉积物再分配，改变了地球弹性外壳上沉积物荷载的地表分配（Hodgetts et al., 1998；Wickert, 2016）。Badlands 包含一个在两个维度（Altas et al., 1998；Salles and Hardiman, 2016）解决岩石圈挠曲的模组，利用有限差分可以模拟出区域的均衡补偿。在抗弯强度统一且不考虑水平作用力的情况下，下面给出的等式可用以调整弹性形变量

$$D\nabla^2\nabla^2\omega + (\rho_\mathrm{m} - \rho_\mathrm{f})g\omega = q_1 \qquad (1\text{-}91)$$

式中，ω 为板块的垂直偏转量；ρ_m 和 ρ_f 分别为地幔和填充物的密度，填充物可以是沉积物、大气、水或是它们的组合；$q_1 = \rho_1 g h_1$，ρ_1 为荷载物的密度；h_1 为荷载物的高度；D 为弹性板块的抗弯强度，计算公式为

$$D = \frac{E T_\mathrm{e}^3}{12(1-\nu^2)} \qquad (1\text{-}92)$$

其中，E 为杨氏模量；ν 为泊松比；T_e 为有效厚度。

1.2.1.3 孔隙率和压缩率

在 Badlands 中，长时间尺度的压缩算法近似于沉积和压实相耦合，在沉积柱中，孔隙压力随时间而变化（Bahr et al., 2001；Tetzlaff, 2005；Salles et al., 2011），计算公式为

$$\frac{\partial \Phi}{\partial \sigma} = -C_\Phi (\Phi - \Phi_\mathrm{min}) \qquad (1\text{-}93)$$

式中，σ 为岩层静态应力；Φ 为孔隙度；C_Φ 为压实率；Φ_min 为最小压实率。

据 Bahr 等（2001）的公式，可以写出式（1-92）的依赖深度的函数，并通过整合给出式（1-93）

$$\Phi_z = \frac{\mathrm{e}^{-C_\Phi g(\rho_\mathrm{s}-\rho_\mathrm{w})z}}{\mathrm{e}^{-C_\Phi g(\rho_\mathrm{s}-\rho_\mathrm{w})z} + \beta} \qquad (1\text{-}94)$$

式中，ρ_s 和 ρ_w 分别为沉积物密度和水密度；$\beta = (1-\Phi_\mathrm{max})/\Phi_\mathrm{max}$，$\Phi_\mathrm{max}$ 为表层沉积物的最大孔隙度。改变沉积物压实率，可用来调整下伏的盆地沉积物厚度，也可用来调整地面高程。

1.2.2　Badlands 安装及使用

Badlands 由悉尼大学 EarthByte 团队的 Tristan Salles 博士开发，是一个开源的利用 Python 3.X 语言在 Linux 系统中运行的程序，通过 XML 格式的 Input 文件进行参数的设定和修改。

1.2.2.1　Badlands 版本

2015 年 8 月，Badlands v1.0 版本发布并应用于层序地层重建研究。2017 年 2 月，发布的 2.0 版本为程序代码加入了新的功能：对河流的模拟、Hdf5（第五代层级数据格式）流程网络中 Chi（地表地质模拟）参数的输出、多元侵蚀地层的创建、3D 地层的位移。

1.2.2.2　Badlands 的安装

最简单的安装和运行 pyBadlands-Companion 的方法是使用 Kitematic 加载与之关联的 Docker container。联网后，打开 Docker Quickstart Terminal，启动 Docker，然后打开 Kitematic，将 pyBadlands-demo-dev 添加到 Containers 中（图 1-18）。

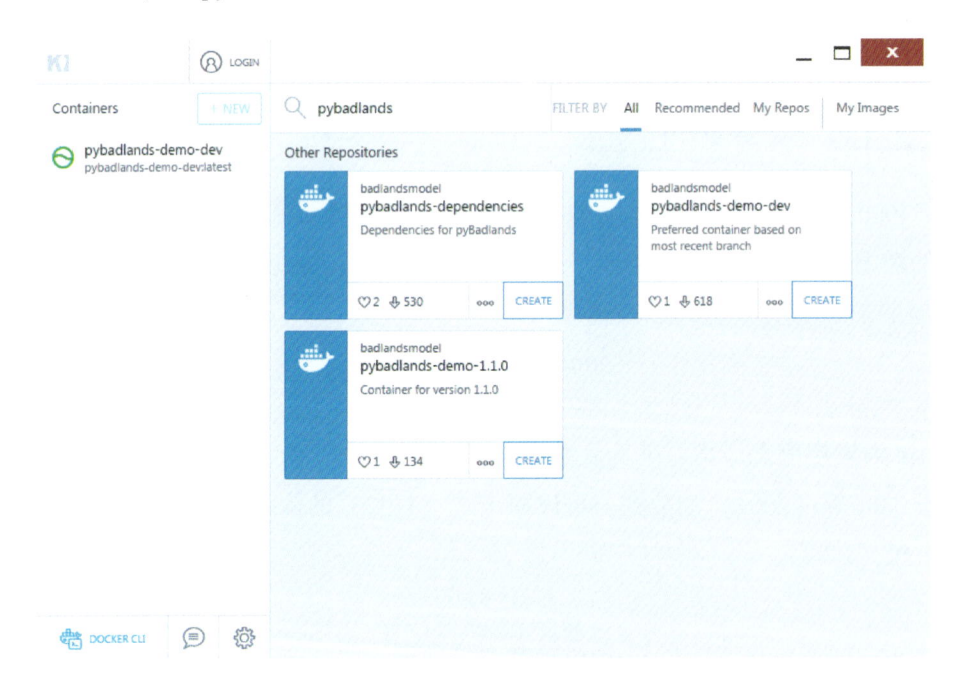

图 1-18　在 Kitematic 中安装 Badlands

在安装设置过程中，选择本地文件夹（图 1-19）。

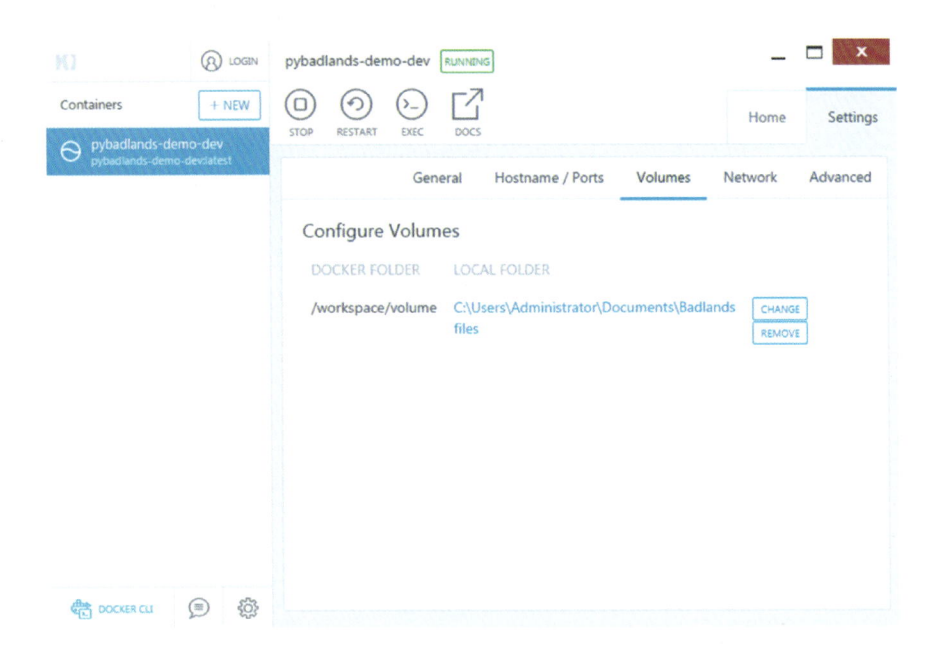

图 1-19　在 Kitematic 中选择本地文件夹

1.2.2.3　Badlands 的使用流程

使用 Badlands 进行地表系统的地貌演化模拟，主要分为前处理阶段、编写输入（Input）文件和后处理阶段。

（1）前处理阶段

1）利用一般（简单几何模型）而真实的地形（基于地形数据）或水深数据，建立地形表面网格。这一地形表面网格代表了初始地形数据，分 x、y、z 三列，保存在 CSV 格式的文件中，也可以直接使用 ETOPO1 提取数据，或通过编写小程序输入数据。

2）建立海平面波动的 CSV 格式的文件（使用 Haq 曲线，或者可以建立自己的波动曲线）来观察海平面变化对地貌动力的影响。

3）加载地表（上升或下降）迁移数据，来研究地貌对构造应力的响应。

4）建立栅格化脚本来完善初始输入文件（initial input file）。

（2）编写输入文件

在 pyBadlands 中，用 XML 格式文件来设定参数和条件，以应用于给定的模拟。主要参数结构模块包括：Grid structure（网格模块）、Time structure（时间模块）、Stratal structure（地层模块）、Sea-level structure（海平面模块）、Tectonic structure（构造模块）、Precipitation structure（降水模块）、Stream power law structure（河流水力模块）、Erodibility structure（侵蚀模块）、Hillslope structure（斜坡运输模块）、Flexural isostasy structure（地壳挠曲均衡模块）、Output folder（输出文件夹）。

各模块代码中参数的详细解释及设定将在 1.2.3 节中说明。

（3）后处理阶段

A. 地貌形态分析和水体形态分析（Hydrometrics analyses）

a. 地貌形态分析

地貌形态分析（morphometrics analyses）是指对 Badlands 所做的地貌定量描述和分析。它可以应用于特定的地貌类型或者泄水盆地和更大区域，可以提取出以下地貌属性组合。

1）梯度：最大梯度的量级。

2）水平曲率：描述了收敛或发散的通量。

3）竖直曲率：正值说明地形高凸，负值说明地形下凹。

4）方位：最大梯度的方向。

5）排泄量：与排水面积有关。

b. 水体形态分析

水体形态分析是指对水面的定量描述和分析，可以从一个给定模型中提取出特定的汇水区，并估算这个特定汇水区的一系列参数：基于干流海拔和其到河口距离的河流剖面演化、评估塑造地貌主导过程的佩克莱（Peclet）数分布、基于地形坡度和支流分布描述河流系统演化的 Chi 参数和沿主要汇水河的排泄剖面。

B. 地层学分析

1）用系统数和惠勒图提取横截面并作地层图。

2）为任意给定时间段创建三维地层网络——可以用 ParaView 或 VisIt 打开的 VTK 结构化网格。

C. 操作菜单

Badlands 使用 Jupyter（图 1-20）进行编写和运行。

可通过图 1-21 所示的菜单实现新建（File）、编辑（Edit）或删除窗格、更改窗格属性（View）、插入（Insert）程序框、编辑程序框（Cell）、控制程序窗格的运行（Kernel）这些功能，也可新建 ipynb 文件。

1.2.3　程序结构的构建

1.2.3.1　前处理阶段

（1）获取原始地形数据—CSV 文件

使用 etopo 自动获取，打开 workspace/etopo/etopoGen.ipynb，就可以通过程序连接网络 ETOPO1 数据库，获得真实的初始地形网格。获取 CSV 文件的步骤如下。

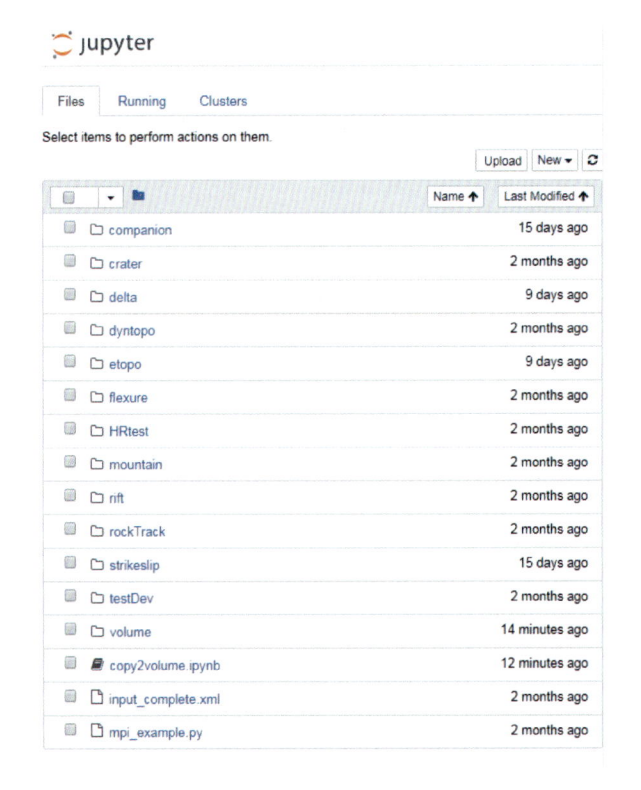

图 1-20　Jupyter 根目录操作菜单

图 1-21　Jupyter-ipynb 操作菜单

1）定义区域边界范围。需要使用此方法导出的区域是矩形，因此，只需设置左下角及右上角的经纬度。相关参数含义为：llcrnrlon 代表左下角坐标点经度；llcrnrlat 代表左下角坐标点纬度；urcrnrlon 代表右上角坐标点经度；urcrnrlat 代表右上角坐标点纬度；正号代表东经、北纬；负号代表西经、南纬。

2）在 Basemap 中显示区域，且添加该区域的 ArcGIS 图像。可以选用默认的 EPSG：3857 投影坐标系，或用 EPSG 注册表获得该区域的特定代码。通过参数 llspace 可以设置经纬线之间的间距（以角度表示），fsize 设置图像尺寸，title 设置图像名称。

3）从 ETOPO1 中提取数据组并保存，输出为包括三列数据的 CSV 文件。

（2）获取海平面变化文件

1）使用 Haq 海平面变化曲线数据库，自动获取。

2）通过 Sealevel.ipynb，按需生成。

3）程序只提供了两套网络数据库，因此，不可能同时满足不同研究区域的不同数据精度或类型要求，当软件原有数据库不能满足研究需求时，Badlands 推荐自行使用 Python、MATLAB 等软件，自编程序，获取并处理所需数据，但是，数据格式必须保存为 CSV 文件才可被程序所识别。

1.2.3.2　Input 文件释义及参数修改

（1）基本交互方式

从 ipython 记事本中运行 pyBadlands，需要使用 Python 类别模型。这一类别模型涵盖运行 pyBadlands 模型所需的全部操作。一般使用下列三种方式进行交互。

`__init__()`：启动模型。

`load_xml()`：载入一个 XML 结构文件。

`run_to_time()`：运行模型到指定年代。

安装 pyBadlands-demo-dev 后，workplace 文件夹中给出了各个模块的代码及各部分解释。

（2）Input 文件中各模块模拟公式及参数

A. 必选模块的创建

a. 网格模型模块的加载

首先，对于初始网格模型的加载，需要通过 demfile 参数，来选择调用的 CSV 文件及地址，确定网格各点的海拔高程，并且通过改变 resfactor，来调节模型分辨率。不同的边界类型（boundary）代表控制物质沉积或溢出的不同模式。模拟程序支持可供选择的 4 种边界类型——flat、slope、fix、wall。该软件在设计之初，留有与 Underworld 软件联算的接口，即通过 Underworld 参数声明作为连接 Underworld 的标记。

b. 时间模块

可以通过 start、end、mindt、maxdt 和 display 参数，分别设置运行开始时间（单位：年）、运行终止时间、最小时间间隔、最大时间间隔、输出/保存模拟数据的时间步长。若想要将上一次没有运行完的程序，从最后一次计算结果继续运行，需要使用"restart"功能。为此，首先应该设置被引结果文件时间模块的终止时间作为起始时间，并通过 rfolder 和 rstep 参数，导入已存在的运行结果和该文件上一次运行停止时的时间步。

c. 模拟结果文件输出

程序可以通过 outfolder 参数的调用，设置模拟结果的输出位置，并根据实际安装环境的需求，以绝对路径和相对路径两种方式，设置输出文件的输出位置（系统默认路径为 Docker 挂载点的内部文件夹）。

B. 可选模块的创建

a. 海平面模块

在地质时间尺度上，从源到汇的泥沙输运主要受海平面变化、气候和构造等影响因素控制。在 pyBadlands 中，海平面模块可以加载海平面波动数据。海平面曲线（海平面高度随时间变化）可以从已公布的海平面曲线（Haq et al., 1987; Miller et al., 2005），或由用户直接通过 Python 对区域海平面变化进行数据化。需要注意的是，数据文件应该由时间和高度两列数据组成。时间设置一定要和时间模块中的参数吻合。Position 参数表示初始海平面高度，而 curve 参数可设置海平面变化数据文件的路径位置。

b. 地层模块

该模块是一个可选项，只有当研究需要该输出结果时，才需要添加。运行这部分模块时，会使得运行时间加长，输出数据量变大。模型通过 Stratdx 参数，设置地层分辨率，单位为 m；利用 laytime 参数，设置沉积层沉积时间步，单位为年；利用 poro0 参数，设置地层孔隙度。

c. 构造模块

在模型中，加入构造运动过程，可按时间顺序添加多期运动。通过 events 参数，对不同构造运动进行顺序编号。每次构造事件需要应用 dstart、dend 和 dfile，对开始时间、结束时间（单位：年）和空间位移量（单位：m）进行设定。而对于三维构造运动来说，Disp3d 控制了三维地质体位移运动是否启用：1 表示开，0 表示关。Time3d 表示为当每次计算步提供的水平位移大于不规则三角网的分辨率时，将每次运移发生的时间按照给定的时间间隔（单位：年）均分。

d. 侵蚀模块

该模块可以在地表或在一些初始地层中指定不同的侵蚀率，可使用以下三种方法建立不同侵蚀率模型。

1）恒定的侵蚀率和地层厚度：通过 erocst 和 thcst，设置所有对象地层的统一侵蚀率（单位：m/a）和统一厚度（单位：m）。

2）恒定的侵蚀率和不同的地层厚度：通过 erocst 和 thmap，设置所有对象地层的统一侵蚀率（单位：m/a）和不同地层的各自厚度（单位：m）。

3）不同的侵蚀率和相同的地层厚度：通过 eromap 和 thcst，设置所有对象地层的不同侵蚀率（单位：m/a）和统一厚度（单位：m）。

4）不同的侵蚀度和地层厚度：通过 eromap 和 thmap，设置所有对象地层的不同侵蚀率（单位：m/a）和厚度（单位：m）。

e. 降水模块

该模块首先需要通过 rstart 和 rend 参数，设置降水开始和降水结束的时间，并且可使用以下三种方法，建立不同的降水模型。

1）全区域统一降水模式：降水的时间变化可以作为恒定值（单位：m/a），通过 rval 参数进行设定。

2）规则网格中各质点降水非恒定值模式：包含规则网格中一组代表空间内各质点降水状况的数据文件，通过 map 参数进行数据加载。

3）山地降水模式：为了解释降水与地形之间的相互作用，可以选择使用 Smith 和 Barstad 理论计算得出的地形降水线性模型。此种降水模式和地形的耦合演化可用于量化山地地貌中气候、侵蚀和构造的相对重要性。

可以通过 tauc、tauf、nm、cw 和 hw 参数，分别设置云水到水汽凝结体的转换时间（单位：s）、水汽凝结体降落的时间（单位：s）、潮湿的稳定频率（次/s）、敏感性因素致使水汽抬升的速率（单位：kg/m^3）和潮湿层的深度（单位：m，默认值为 3000m）。

f. 河流水力模块

河流水力是控制沉积物输运的控制方程，从常见的水流引起的沉积物运移表示方法中简化而来，其传输速率可等同于沉积物的搬运能力，它本身是个边界剪切应力函数。在程序中，对水流幂次法则进行参数化：Dep 表示为确定模型演化背景为纯粹侵蚀（0）还是侵蚀/沉积（1）模式的参变量；fillmax 表示为区域最大湖泊深度，单位为 m，用以定义负地形区域的最大水面高度；slp_cr 参数用来控制冲积平原沉积的临界坡度（m/m）；perc_dep 表示在任何给定的时间间隔内，沉积在冲积平原的沉积荷载的最大百分比；m 和 n 值指示了底床剪切应力对泥沙流量和泥沙输运能力恒定值的影响。通常，m 和 n 都是正值，m/n 接近 0.5。Erodibility（侵蚀系数）为标量，其值依赖于岩性和平均降水率、河道宽度、洪水频率、河流水力学等。当启用侵蚀模块时，此系数可应用于再沉积的沉积物运移过程。

g. 斜坡输运模块

沿着地形斜坡面向下的方向，假设重力是泥沙输运的主要驱动因素，并指出沉积物通量与地形梯度成正比。这里，有两种计算模式可供选择，以模拟这些过程。

第一种称为线性扩散法，通常也称为土壤蠕变法则（Tucker and Hancock, 2010b; Salles and Duclaux, 2015），其中 khl 是扩散系数，可以用海洋和陆地环境的不同值来定义。它以简单的计算方程描述沉积层上部的物质运移过程。对 khl 变异的主要控制包括基质、岩性、土壤深度、气候和生物活性。

然而，线性扩散近似并不适用所有的斜坡输运过程（Tucker and Bradley, 2010;

Foufoula-Georgiou et al., 2010；DiBiase et al., 2010；Larsen and Montgomery, 2012）。相反，Andrews 和 Bucknam（1987）以及 Roering 等（1999，2001）提出了一种非线性的斜坡输运公式，假设如果坡度值接近临界坡度 Sc，通量率会增加到无穷大。这种替代性内置算法可作为第二种选择。

在程序中可以设置不同的斜坡扩散参数，包括表层扩散速率（aerial，单位：m^2/a）、海洋扩散速率（cmarine，单位：m^2/a）、在海洋中河流荷载沉积的扩散速率（criver，单位：m^2/a）。

h. 地壳挠曲均衡模块

地壳挠曲均衡模块的参数化模式，使用 Wickert（2016）建立的 gFlex 模型，该模型非常成熟，因此，在一些大型深部动力学模拟软件中也可底层调用（如 CitocomS）。但是，封装格式限制了 gFlex 部分算法功能的使用，因此，现阶段只能利用 van Wees 和 Cloetingh（2002）的挠曲均衡的算法部分，直接使用 2D 有限差分法求解。

可以通过 ftime、dmantle、dsediment、youngMod 和 elasticH 参数，分别设置计算挠曲均衡的时间步长（单位：m）、地幔密度（单位：km/m^3）、沉积密度（单位：km/m^3）、杨氏模量（单位：Pa）和均匀岩石圈弹性厚度（Te，单位：m）等。

当 Te 在模拟区域有变化时，也可以进行数据输入，对外，留有读取栅格文件的程序接口。但是该软件只是一个软件平台，关注于核心算法的实现。因此，对于具体的栅格文件，需要软件操作人员应用 Python 自行编写一个栅格文件，来定义栅格网格上的每一个点 Te 的估计值。需要注意的是，对于栅格网格，要确保网格尺寸和分辨率与 DEM 文件相匹配，并且通过 elasticGrid 参数，引入栅格文件的绝对路径。

以下两个参数为可选项，可以设置一个高分辨率的内建计算网格，以提高运算速度。在这种情况下，需要在 X 和 Y 轴上定义离散化识别值。Fnx 表示 X 轴的坐标点数目，Fny 表示 Y 轴的坐标点数目。默认使用与 DEM 文件相同的分辨率。现阶段此模块直接使用 2D 有限差分法求解，因此，在模型边界处均应用有限差分边界条件进行计算。

1.2.4 程序结构的输出和分析

1.2.4.1 可视化处理

以 etopo 范例的运行结果为例，使用 ParaView 或者 VisIt 打开输出文件夹（默认名称为 output）/data/flow.series.xdmf 和 tin.series.xdmf 文件，可制作三维图像

(图1-22),并进行地貌演化的动画演示。更多可视化内容参见《洋底动力学:技术篇》。

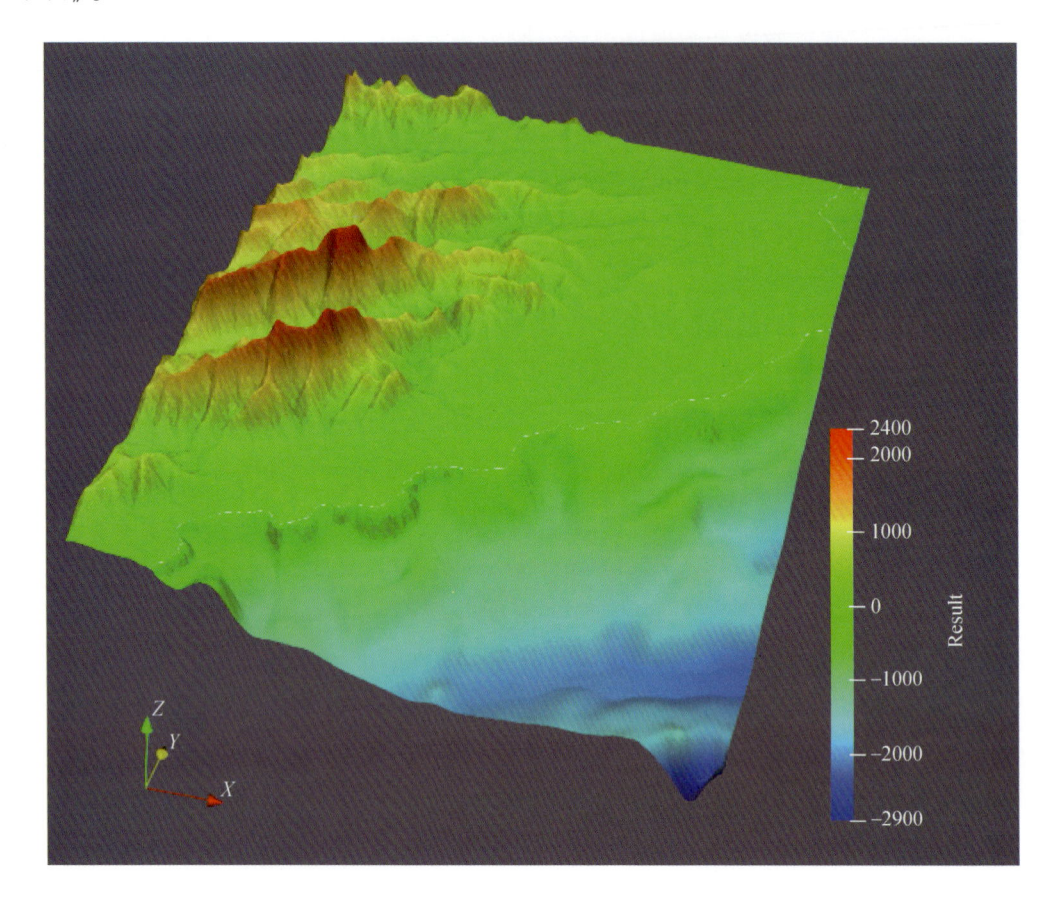

图1-22 更改颜色与缩放比例后的地表高程三维图像(单位为m)
(Salles, 2016; Salles and Hardiman, 2016)

使用calculator和contour工具处理后,可获得侵蚀/沉积演化模型和海岸线演化模型(图1-23)。

1.2.4.2 地层学分析

使用strataAnalyse.ipynb,进行层序地层学分析。可以选取任意剖面,绘出按沉积时间填充的层序地层剖面和海平面变化。根据海平面变化,划分出各个体系域(HST、FSST、LST、TST),并按体系域填充颜色。同样,可以绘制岸线迁移、可容纳空间-沉积物供应量曲线并据此划分层序。所有剖面都可以进行移动、缩放、导出图片等操作。图1-24~图1-28以delta范例的运行结果为例展示。

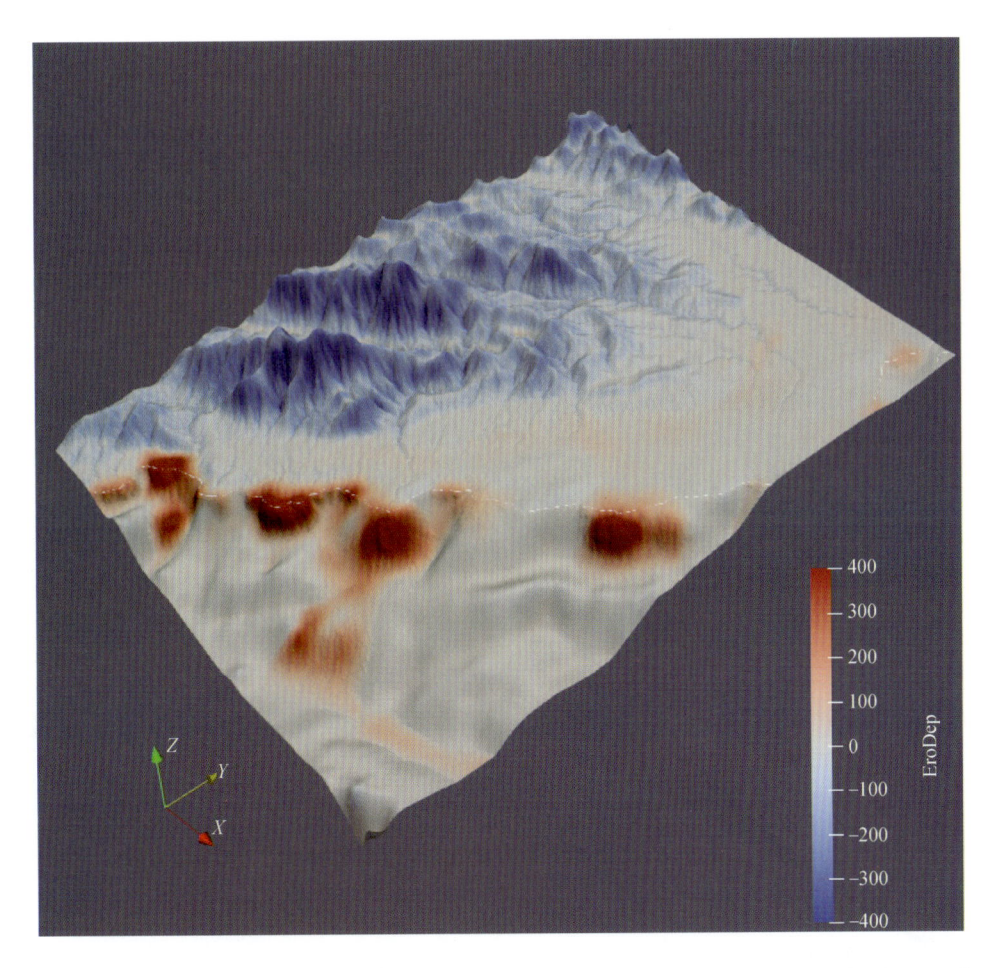

图 1-23 侵蚀/沉积模型与海岸线模型（Salles and Duclaux, 2015；Salles and Hardiman, 2016）
* 蓝色表示侵蚀，红色表示沉积，白色实线表示海岸线；正值代表沉积厚度（m），负值代表剥蚀厚度（m）

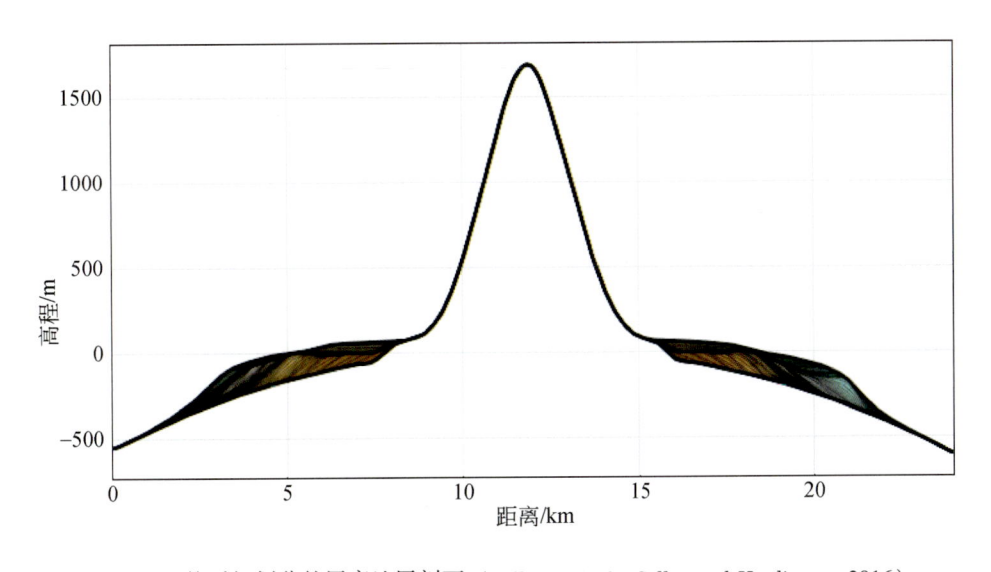

图 1-24 按时间划分的层序地层剖面（Salles, 2016；Salles and Hardiman, 2016）

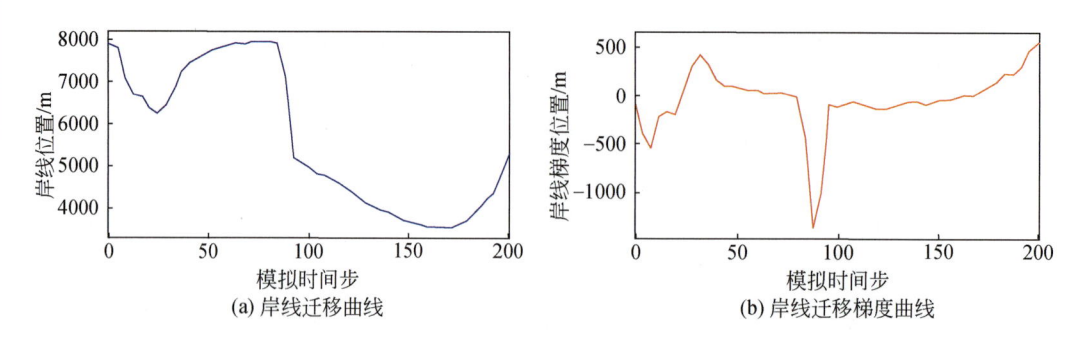

图 1-25　岸线迁移曲线和岸线迁移梯度曲线（Salles，2016；Salles and Hardiman，2016）

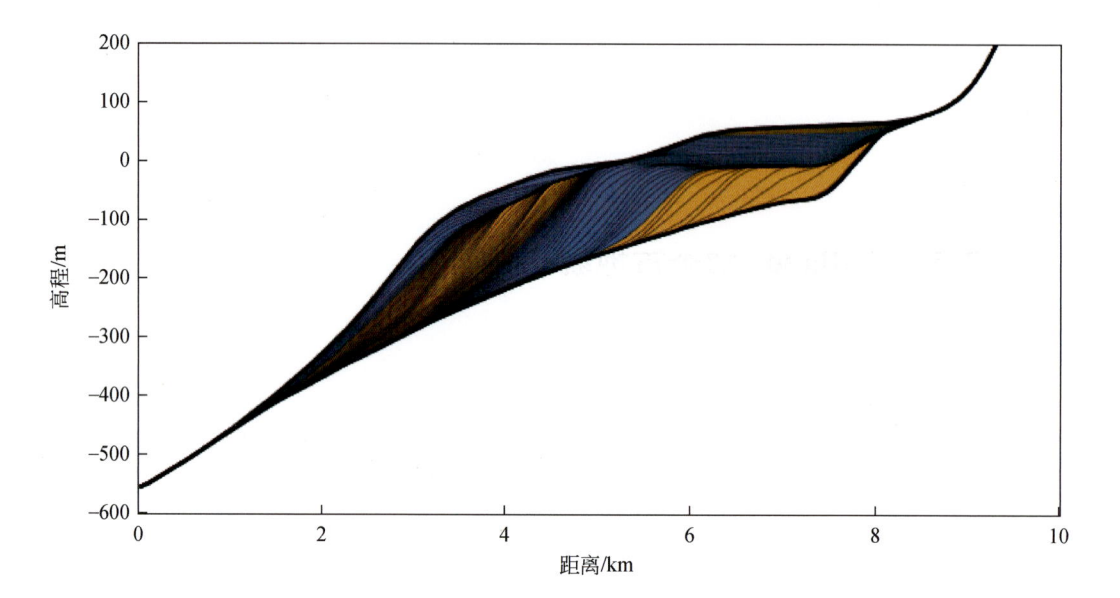

图 1-26　据岸线迁移阶级划分的层序地层剖面（Salles，2016；Salles and Hardiman，2016）

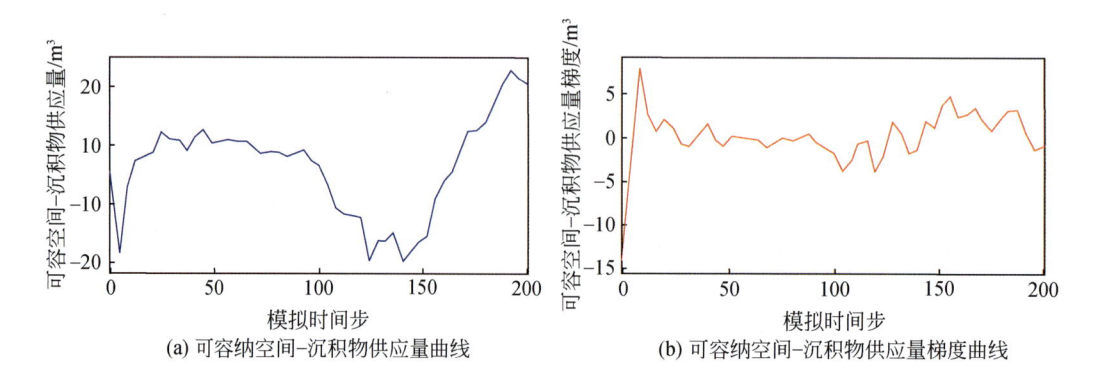

图 1-27　可容纳空间-沉积物供应量曲线及其梯度曲线（Salles，2016；Salles and Hardiman，2016）

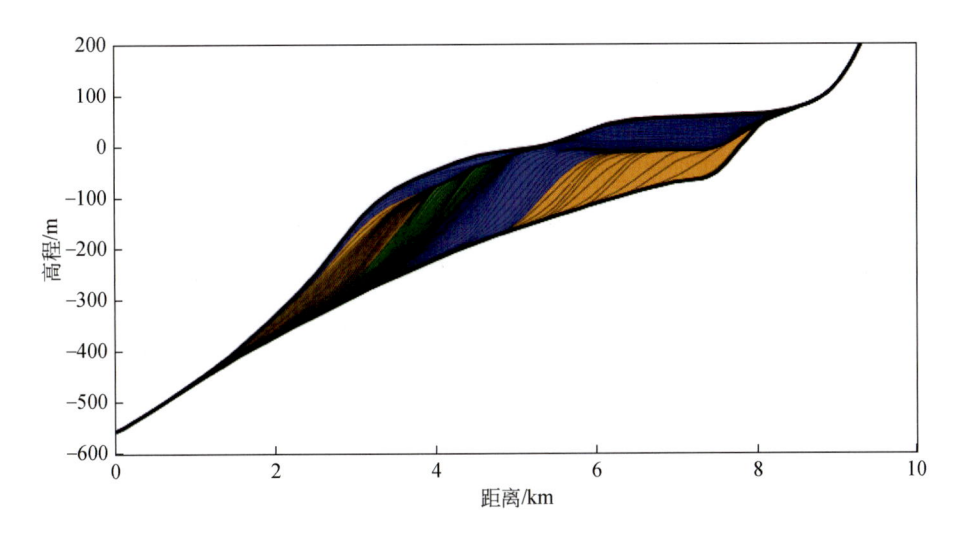

图 1-28　据可容纳空间-沉积物供应量划分的层序地层剖面（Salles，2016；Salles and Hardiman，2016）

1.2.5　Badlands 动态古地貌再造应用

目前，常用的古地理和古地貌研究方法大多立足于三维地震资料，先应用沉积学原理，开展地层古厚度恢复，进而进行古地理和古地貌研究。该研究方法的精度主要取决于地层古厚度恢复的精度。常用的古地貌恢复方法有残留厚度和补偿厚度印模法、回剥和填平补齐法、沉积学分析法以及层序地层学恢复法（康志宏和吴铭东，2003；李家强，2008；康波等，2012；刘军锷等，2014；刘瑞东等，2014；高艺等，2015）。当构造活动较弱时，一些古地理、古地貌特征变化相对缓慢，可以应用上述方法，并结合研究区域内的古地磁、古生物、古气候信息，恢复个别特定时刻的古地理和古地貌特征。但是，当研究区域存在较强的构造活动时，其古地理特征变化将会迅速加快，而上述的常规方法很难对这一构造活动过程中的古地理和古地貌动态变化进行恢复与研究。

近 30 年来，利用数值方法对地质过程进行了大量的模拟研究（石广仁等，1996；Gerya and Burg，2007；李忠海等，2014），模拟研究内容包括深部动力过程（地幔对流、岩石圈伸展、板块深俯冲过程、沉积成盆、裂谷形成等）和地表过程模拟演化（河流侵蚀、降水及气候变化对地貌演化的影响等）（Watts and Thorne，1984；Whipple and Tucker，1999；Whipple，2009；Wickert，2016）。Badlands 正是基于前人的研究工作而开发的一个并行软件，用于模拟各种空间和时间尺度的地貌演化（Salles and Hardiman，2016；Salles et al.，2017）。该软件是研究构造、侵蚀、河流下切（侵蚀、沉积）以及气候变化和海平面波动之间耦合过程的重要工具，可用于研究地表过程演化，预测侵蚀和沉积速率，并评估不同沉积环境下沉积物的通量（Sklar and Dietrich, 1998; Simpson and Schlunegger, 2003; Tucker and Hancock, 2010b），从而使其能够对动态古地理和古地貌进行更为精细化的研究。

Badlands 软件正是基于前人的研究工作而开发的一款数值模拟软件，用于模拟各种空间和时间尺度的地貌演化。它不仅可以用于地表演化过程研究、侵蚀和沉积速率预测及沉积物通量评估，还可以动态再现古地理和古地貌更为精细化的演变。基于上述 Badlands 软件的基本原理，这里将此方法应用于东海陆架盆地南部中生代地貌及地质演化过程的研究：首先，利用研究区域内现有的地震剖面、测井、平衡剖面等资料获得中生代早期的古地形；其次，通过恢复的古地形构建数值模型，加载降水量、岩石侵蚀性、海平面变化、动力地形和地壳弹性层厚度等相关参数，即可进行模拟研究，以分析强烈的构造运动对盆地地貌演化的影响；最后，对比模拟结果与已知的中生代的地貌特征和沉积物分布规律的一致性，并据此进一步分析中生代盆地演化过程中沉积物分布规律以及三维古地理和古地貌演化特征。该方法可以为沉积盆地充填过程分析和能源矿产勘探提供有益的思路，也可以为动态古地貌环境恢复、四维层序地层模拟再现、沉积矿产智能勘探、水合物分布和岩性油气藏精准勘探与预测提供帮助。

1.2.5.1　Badlands 基本参数设置

（1）初始模型的建立

Badlands 使用有限体积方法定义续性方程，应用不规则三角网的方式来求解地貌方程。初始模型设定时，需要确定研究区内某一特定地质时间点的古地形，作为模拟演化的初始条件。这一初始古地形的恢复，可以结合板块重建、平衡剖面法等进行。之后，将获得的古地形三维曲面网格化处理，并加载到初始模型中。

（2）可选模块的设置

此外，Badlands 软件也可以加入部分可选模块，包括构造运动、海平面波动、降水分布、波浪条件和挠曲均衡等。

1）构造运动具有可变的三维空间累积位移，从而可以模拟复杂的空间构造演化，包括垂直（隆起和沉降）和水平方向的运动。同时，还可以结合其他地球动力学软件或算法（Gerya and Burg, 2007），计算出动力地形，其结果作为深部动力（如地幔流动产生的深部驱动力）的地貌贡献。当施加三维空间位移量时，该模型使用 Thieulot 等（2014）提出的节点加密技术。在自然的地表演化之前，其表面几何形状首先被构造形变所改变。此后节点密度随着时间推移而演变，这可能导致局部网格的分辨率不均匀。为了避免这个效应，通过添加或删除节点来修改几何表面，以确保节点的均匀分布。这样就可将深部动力过程和浅部地形变化相结合，有助于研究两者之间的相互关系，同时也可更好地对古地貌和古地理演化进行模拟再现。

2）海平面变化一直以来被认为是影响地球表层系统演化的基本因素之一。如果想要进行长时间的模拟分析，要考虑到其长周期的全球海平面波动很可能会受到区域性大陆架和边缘海盆地的扰动（Hallam，2003；Haq and Al-Qahtani，2005；Miller et al.，2005；Müller et al.，2016a），恢复出的区域性海平面变化数据，反过来可以作为模型演化的约束条件。为此，软件中的海平面变化曲线可以直接应用一些公认的全球海平面曲线数据库或由研究人员个人资料直接定义。

3）影响地表地貌变化的因素有很多，其中，水是极其重要的因素，包括降水和河流流水，且降水和河流流水也影响相关的沉积过程。Badlands 软件不仅可以设置相应的降水量、侵蚀性系数、岩石类型，还可以设定河道宽度、泥沙压实率、孔隙度、波浪和潮流对沉积物进行再搬运的相关模拟参数。陆地地貌演化同时受山体沉积物滑移和沟谷通道运移两种方式影响，可以根据研究区的具体情况进行设置。

全球气候变化受到太阳光照强度、海陆分布、海洋环流和大气成分的影响。而气候变化又影响了在地质历史时期的全球降水状况。特别是在大陆上，降水控制岩石风化以及河流下游沉积物的分布，从而驱动河流侵蚀和影响流域内水系网络的形成。降水的时间变化可以作为恒定值（m/a）或一组代表空间变化的降水状况来进行设置。此外，为了了解降水与地形之间的相互作用，可以选择使用 Smith 和 Barstad（2004）的地形降水线性模型。例如，降水模式和地形的耦合演化可用于量化山地地貌中气候、侵蚀和构造三者之间的相对重要性。

4）波浪的状态可以影响数千年来海洋沉积物的运输，这里采用的方法依赖于当前区域内多年波浪状态参数的平均值。波变换模型通常在 5~50 年的时间间隔内进行。目的是通过施加一系列波浪强迫条件来模拟真实波场。在任何给定的时间间隔内，定义每个深水波条件的活动百分比以及波高。然后再根据测深法计算相关波参数。上述强迫机制将直接控制沉积物运移、相关的地层结构以及碳酸盐岩的发育。

5）模型的演化过程中存在古海岸山脉的剥蚀和沉积物负荷再分配。一般认为，地表地形的起伏造成的载荷差异将在地壳深部乃至更深的部位得到充分补偿。过多的地表载荷会导致在补偿界面之上要有等量的质量亏缺才能达到静态平衡，反之亦然。因此，需要考虑重力均衡作用对地表产生的影响。Badlands 软件同时考虑到岩石圈表层沉积物负荷再分配对地壳形变的影响，它是通过挠曲均衡模块进行计算，并可根据具体的地质背景，自由选择挠曲或非挠曲的地壳均衡模块进行模拟计算。

1.2.5.2 应用实例分析

东海陆架盆地位于华南大陆东部的邻海区域，西接闽浙隆起区，东邻钓鱼岛隆褶带，东西宽 250~300km，整体呈 NNE 向展布，为中国东部海域中、新生代叠合型含油气盆地（江东辉等，2017；刘泽，2018）。东海陆架盆地南部区域主要受 NE 向断裂控制，区域上表现为 NNE 向隆坳相间的特征，自西向东包括多个构造单元：瓯江凹陷、雁荡低凸起、闽江凹陷、台北低凸起、基隆凹陷等（图 1-29）。

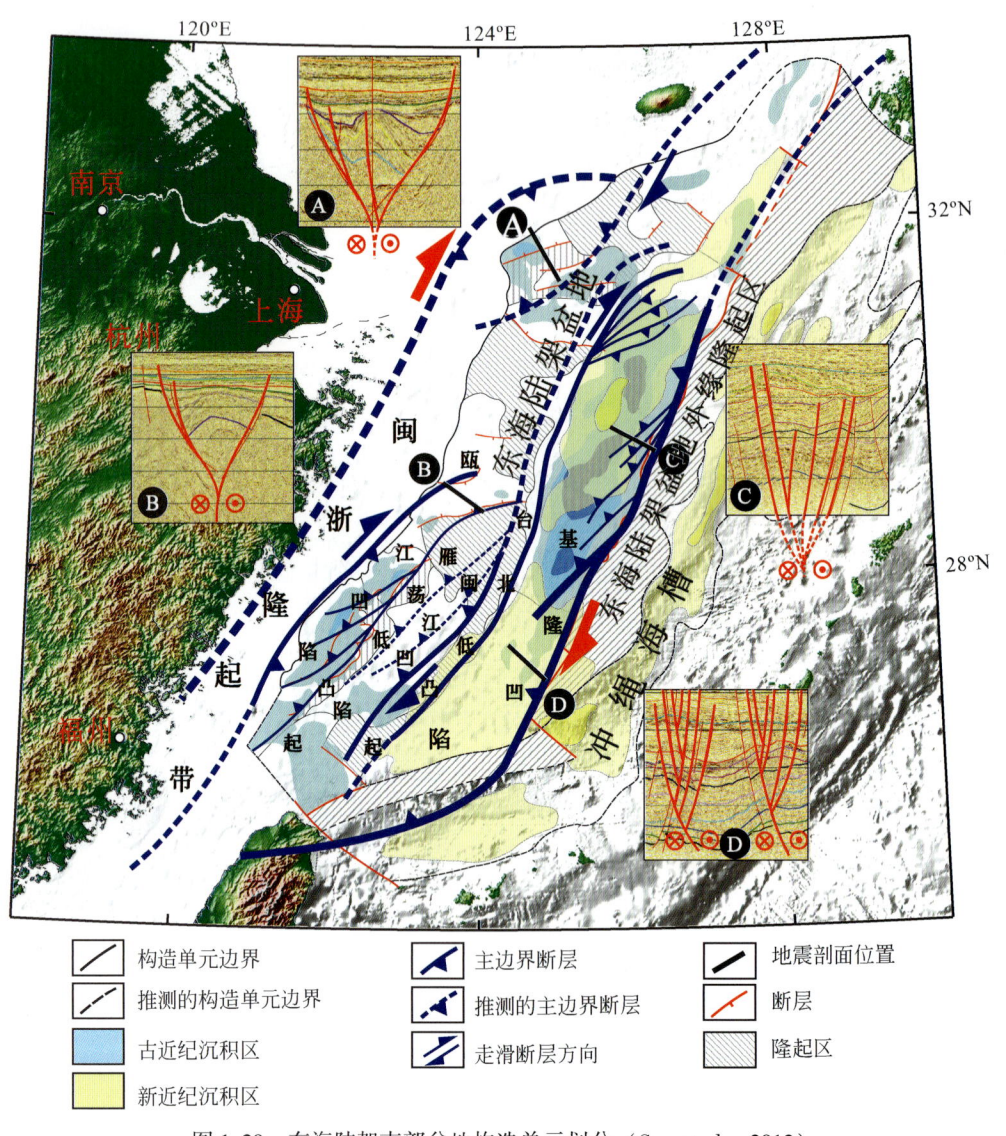

图 1-29 东海陆架南部盆地构造单元划分（Suo et al.，2012）

东海陆架盆地在中生代曾接受了广泛沉积，地层厚度较大，总体具有"东厚西薄、南厚北薄"的特征。沉积中心分别位于东部的基隆、闽江凹陷一带和西部的瓯江凹陷一带内。区域内沉积层一般厚2000~5000m，最厚可达6000m。东部的基隆、闽江凹陷一带的平均沉积层厚度5000m左右，而瓯江凹陷的平均沉积层厚度较薄，大约为3000m。东海陆架盆地南部多发育滨浅海相沉积物，由南向北逐渐变薄。

垂向上，研究区则表现为双层盆地结构。雁荡低凸起和闽浙隆起带在中生代期间对研究区的盆地构造格架有重要影响。通过对东海陆架盆地西部地震和重磁资料的综合地球物理解释，认为雁荡低凸起在中生代晚期发育于瓯江凹陷和闽江凹陷之间，长约170km、宽15~50km，呈NE向展布。其可能为低山或高地形地貌形态，分割瓯江凹陷和闽江凹陷（杨传胜，2014），形成了两个隆起带和两个盆地相间分布的盆地构造格架（图1-29）。

（1）模型构建

为了获取中生代早期的古地形，可通过质量平衡法和平衡剖面法，并结合研究区域内现有的地震剖面、测井、平衡剖面等资料对其进行恢复。具体来说，对于中生代期间的陆地区域，由于其一直处于剥蚀状态，应用质量平衡法对中生代期间的陆地区域古地形进行恢复。而在海域范围内，由于存在大量的地震剖面资料，基于封闭体系中体积守恒、面积守恒和线长守恒三项基本原则（Cristallini and Allmendinger，2001），先进行二维平衡剖面法的恢复，再将大量恢复后的平衡剖面海域区域的盆地基底数据，进行分段三次Hermite多项式插值，进而拟合出更为精细的中生代海域古地形。之后，将获得的海、陆古地形结合起来进行三维曲面网格化处理，并加载到初始模型中。这里应用Badlands软件，设置三维模型的分辨率为1km。

海平面升降导致的海进海退同时，也会显著地影响大陆边缘盆地的沉积演化的整个过程，所以它是模型设置中非常重要的参数（Watts and Thorne，1984；Haq et al.，1987；Hallam，2003；Haq and Al-Qahtani，2005；Miller et al.，2005）。首先使用Didger软件对Haq等（1987）恢复的全球海平面变化曲线进行数字化，之后数据采用初始化函数得到标准化曲线（图1-30中绿色曲线），并截取中生代200~100Ma的海平面变化数据（图1-30中右侧曲线部分），存储为CSV文件格式，以便输入模型时进行加载。

区域降水是判断区域气候类型的重要参数，它也控制岩石风化以及河流的流量，从而驱动河流侵蚀和河流体系的演化（Willgoose，2005；Whipple，2009）。模型的降水参数设置为每年1000mm（陈云华，2008；Whipple，2009）。地表地貌的塑造不仅和降水有关，同时也和地表的风化剥蚀率有着密切的关系。ϵ是模型中的侵蚀系数，用来衡量冲蚀速率大小。这个侵蚀系数被假定为在整个区域中是均匀的，其数值为每年0.00005m。m和n的值分布表示：在恒定的泥沙通量和输沙能力条件下的河床底部剪切应力与河床下切率大小之间的关系，也就是指示了冲蚀速率随河床底部剪切应力成比例地变化。m和n都为正值，在本节模型中m和n的值设置为0.5。

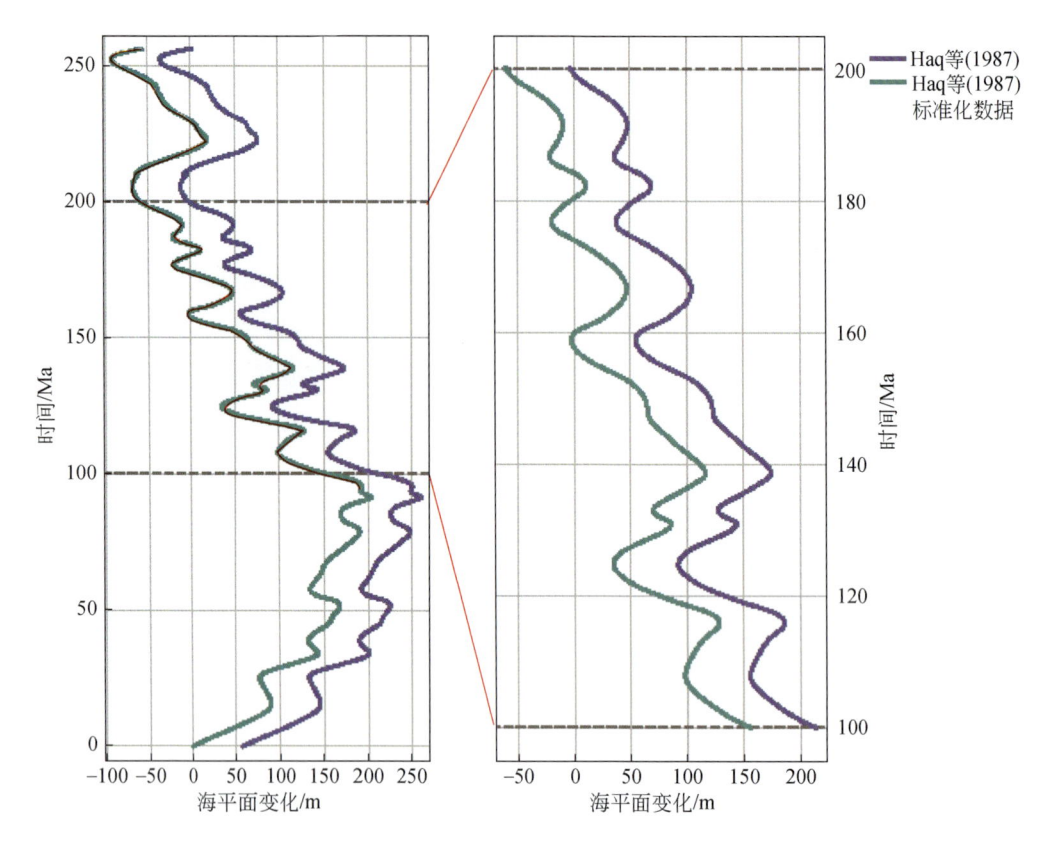

图 1-30 海平面变化曲线（Haq et al., 1987）

　　另外，还要获得一个能够较好反映研究区深部动力学过程的区域动力数据。本节结合其他地球动力学软件和有限差分法（Gerya and Burg，2007）计算出的动力地形模拟结果，作为深部动力的来源（Liu et al., 2017；Rubey et al., 2017）。计算过程中的动量守恒和连续性方程解的边界条件是非滑动边界条件。

　　这里设定研究区域地壳的有效厚度为 50km（蒋玉波等，2013），平均沉积物和地幔密度设定分别为 2700kg/m³ 和 3500kg/m³。保存每一个时间步模拟结果后，可以通过加载地壳挠曲均衡模块，计算重力均衡作用对地表产生的影响。

（2）模拟结果对比分析

　　从模拟结果来看，在深部地幔物质运动和岩石圈尺度的构造运动共同作用下，闽浙隆起发生裂陷，在其东侧形成了雁荡低凸起。这点在模拟结果剖面和地震剖面上有着很好的一致性，具体表现为：雁荡低凸起的西侧为大断距的瓯江凹陷，其东侧为具凹陷特征的闽江凹陷，而两者之间的雁荡低凸起为相对高地形，并将两个凹陷分开。闽浙和粤东沿海地区一直处于山地地形，几乎没有沉积盆地形成，而该区域实际地层中也缺乏这个时期的地层记录，表明该区域基本没有这一时期的沉积盆地（蒋玉波等，2013），当时地势高，长期处于剥蚀状态（图 1-31）。另外，从闽江凹陷、瓯江凹陷的钻井揭示的岩性来看，白垩系以陆相碎屑岩为主，这也说明了瓯江凹陷和闽江凹陷的沉积物可能是来自雁荡低凸起和闽浙隆起带的陆相地层风化剥蚀的产物（杨传胜，2014）。

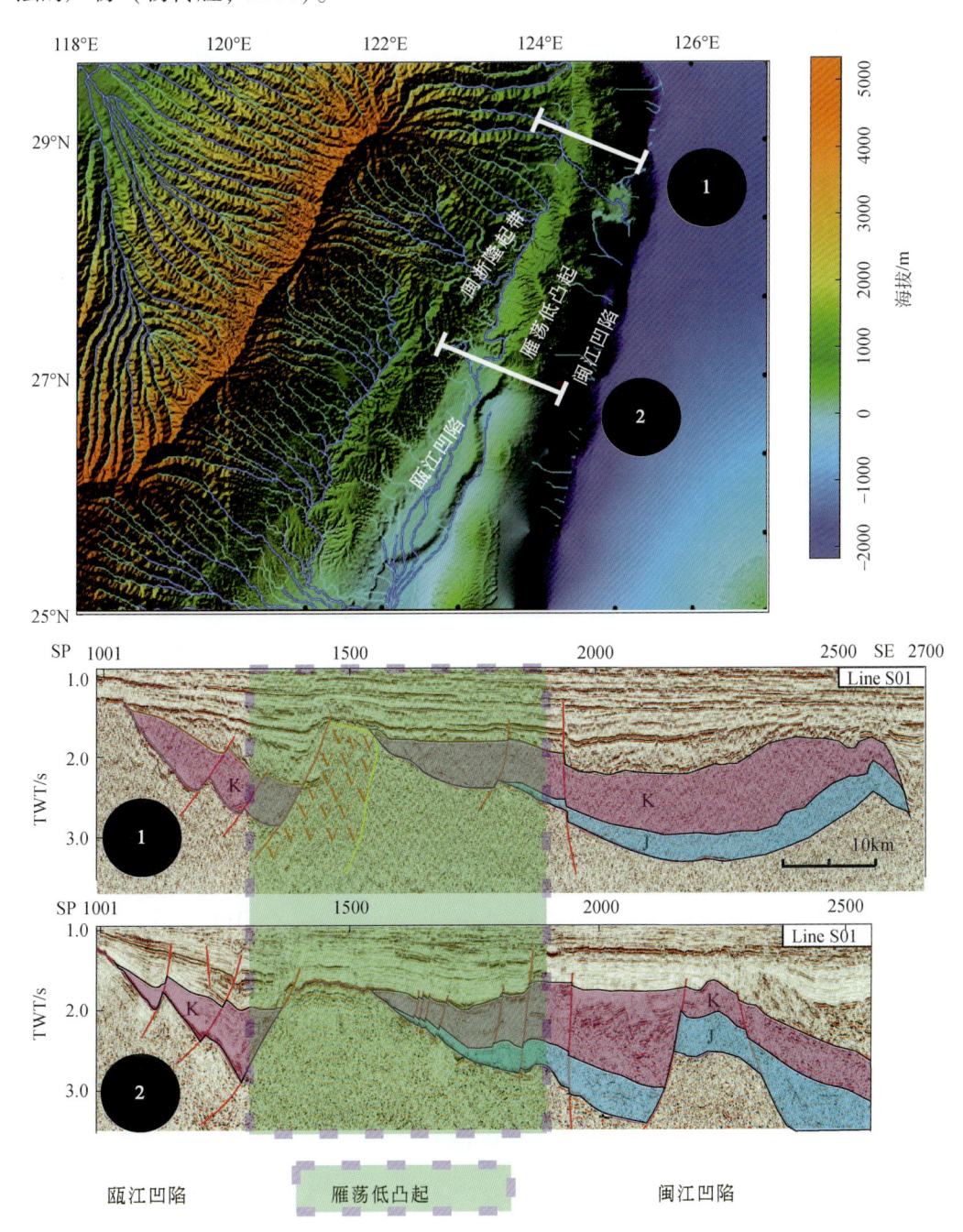

图 1-31　东海陆架盆地南部中生代古地貌模拟结果（刘泽等，2020）

海拔是根据 Haq 等（1987）的海平面曲线进行计算的；SP 指地震炮道号

随后，进一步将沉积体系模拟结果与中生代残留沉积地层及地貌演化等进行对比。东海陆架盆地的中生界分布特征为南厚北薄［图1-32（b）］，其南部中生界整

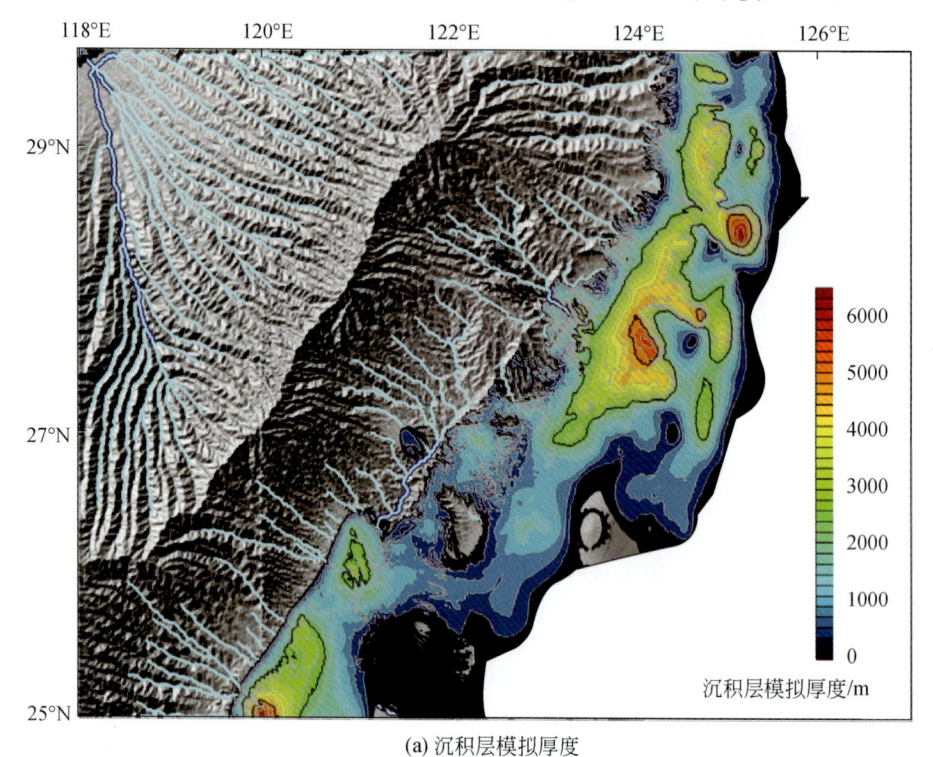

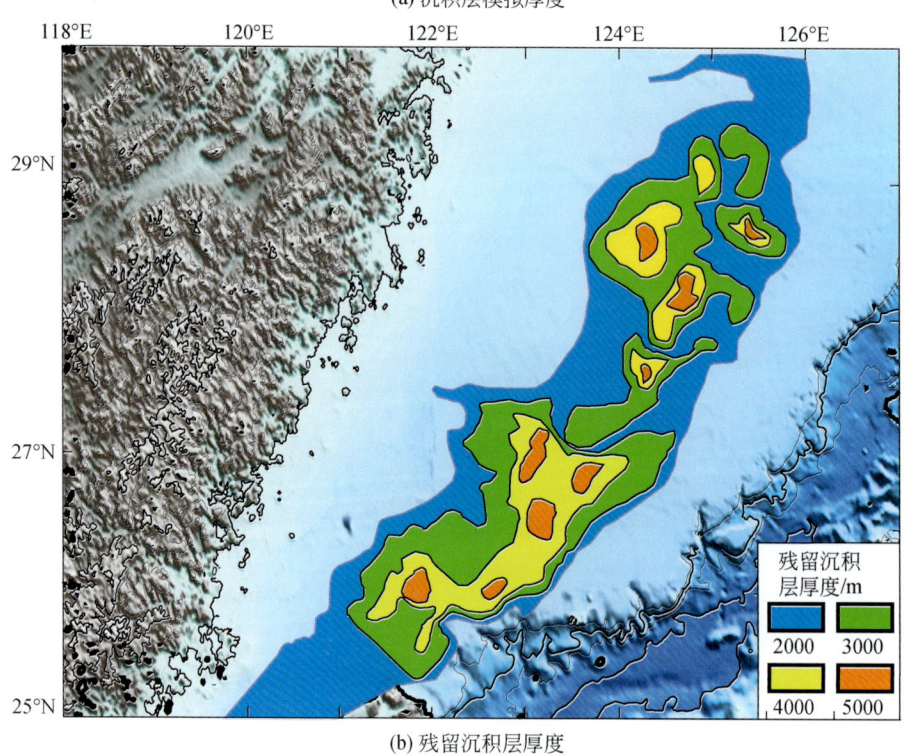

(a) 沉积层模拟厚度

(b) 残留沉积层厚度

图1-32 东海陆架盆地南部中生界残留沉积厚度分布与模拟结果对比（刘泽等，2020）

体呈北东向残留分布，东西宽90~110km，南北长约550km，面积约4万km²，沉积层厚度一般在2000~4000m（毛建仁，1994；杨传胜等，2012；Li et al.，2013；杨传胜，2014）。从模拟结果来看，中生界残留沉积与模拟沉积区平面分布具有比较好的可对比性：两者均为NE向条带状展布，自西向东依次为闽浙隆起带、瓯江凹陷、雁荡低凸起和闽江凹陷带；区域性盆地形态也极为相似；中生界沉积厚度一般为2500~5000m，最大厚度为5500m左右。上述这些特征与中生界残留沉积特征较为相符［图1-32（a）］。

对比分析发现，模拟结果与已知的中生代盆地构造格架特征和沉积分布规律具有较好的一致性，这也说明了模拟结果可能较好地反映了研究区中生代的地质演化过程。因此，现有的模拟结果所反映的中生代地貌演化特征，可能对其他相关学科研究有一定的参考价值。

对应于200~175Ma的侏罗纪早期［图1-33（a）］，闽浙隆起带逐渐在沿海边缘开始隆起，在此阶段隆升不明显，其中在北部沿海区域出现一系列丘陵地带。闽浙隆起区为主要物源区，在东南部地区主要发育大陆边缘沉积盆地，总体处于滨海-浅海陆架沉积环境。盆地形态北高南低，研究区的西北侧（对应现今中国东南沿海）发育NW向河流，在河流下游存在山间盆地，在盆地南部发育由北向南流向的河流，在河流下游发育沉积盆地。这一模拟结果可能正好对应于闽浙陆域分布较广，西北部以陆相为主，多呈NNE向条带状分布的特征（江东辉等，2017）。

在175~150Ma的侏罗纪晚期［图1-33（b）］，闽浙隆起带北部隆升明显，仍为主要物源区，东侧近海沉积范围在之前的基础上有所扩大。闽浙隆起带东侧近海河流三角洲向东拓展。在整个侏罗纪时期，未见雁荡低凸起在地表的发育隆起，仍为一系列丘陵地貌特征。此阶段的雁荡低凸起与闽浙隆起区可能连为一体。前人认为，从侏罗世早期开始，陆域西南部海侵面积扩大，但多数地区仍处于隆起状态。侏罗世末期海侵结束，海水退出，至中侏罗世全境上升，气候也由早期的温暖潮湿逐渐转为炎热干燥，仅有陆相沉积，多为山间盆地沉积（江东辉等，2017），这与本节的模拟结果相对应。东海陆架盆地南部发育滨浅湖相，东侧的大陆边缘前缘区域有多个河流入海，形成多个河流三角洲。这很可能是模型东北部分区域地层中多为以紫红色为主的陆相细碎屑岩的原因（蒋玉波等，2013）。

150~125Ma时［图1-33（c）（d）］，闽浙隆起带和雁荡低凸起开始逐渐隆升，成为其东侧的闽江凹陷和斜坡带的物源供应区。南部的部分沉积区物质抬升到地表，遭到风化剥蚀。盆地构造格局也发生了变化，大陆边缘沉积盆地以西，古海岸山脉的两侧是山间盆地。瓯江凹陷和闽江斜坡带为主要沉积区域。在此阶段，研究区的西部主要沿着河流发育冲积平原、三角洲沉积。东北部沿海地区沉积区扩大显著。雁荡低凸起东侧沿海区域则以冲积平原-三角洲发育为主。至此，瓯江凹陷和闽江凹陷的中生代盆地形态基本形成。

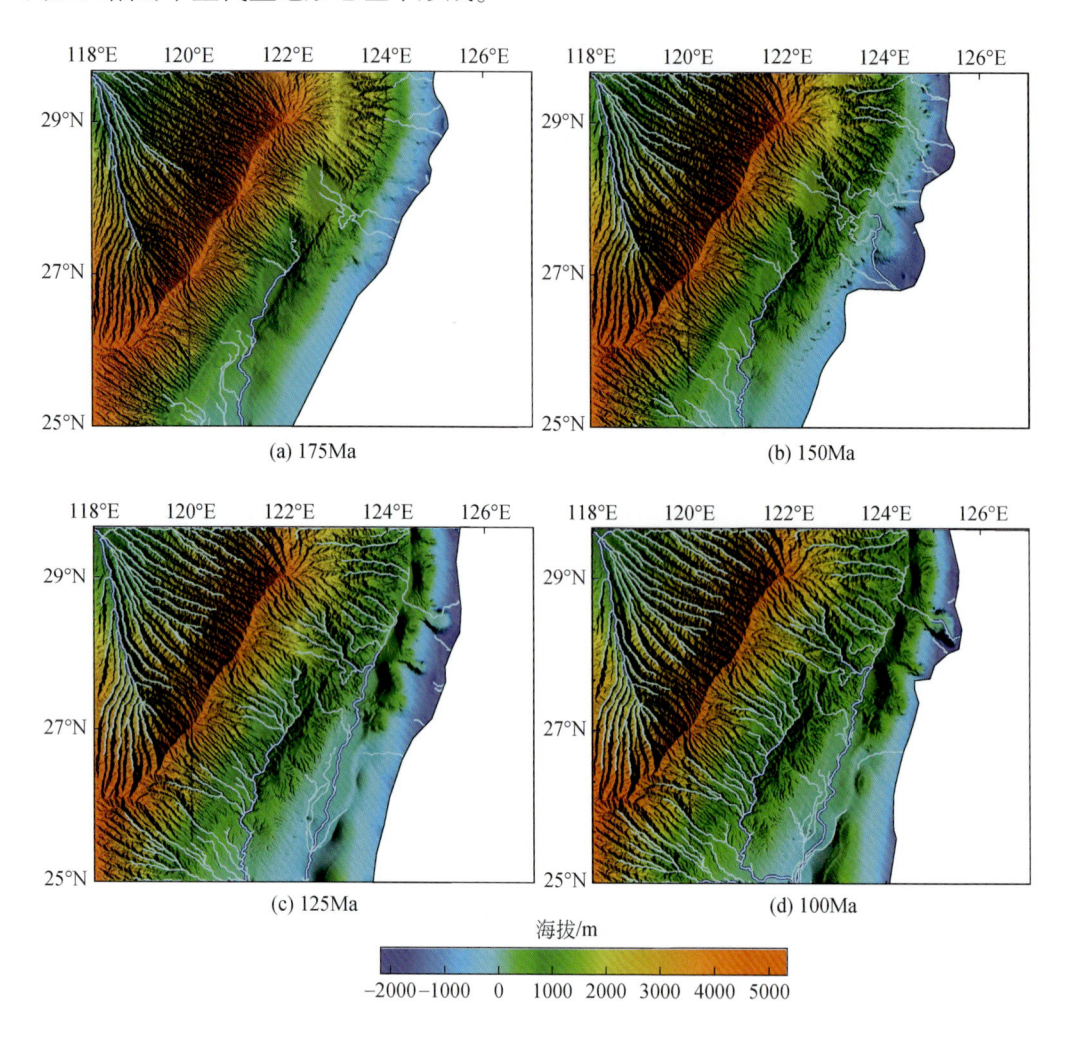

图 1-33　东海陆架盆地南部中生代地貌演化模拟结果（刘泽等，2020）

以上应用实例表明，在强烈的深部构造运动背景下，Badlands 软件可能是模拟古地形恢复的一种有效方法。该方法可以获得更为连续的古地理、古地貌信息，也为其他盆地的沉积过程、能源矿产勘探的研究提供有益的思路。

通过以上研究，可以发现：

1）Badlands 软件是一种新的恢复古地理和古地貌的方法，可以很好地应用于东海陆架盆地南部中生代地貌及地质演化过程的研究，并将模拟结果与已知的中生代的地貌特征和沉积分布规律进行对比，发现两者具有较好的一致性。模拟得到的研究区内的三维古地理和地貌演化特征能够解释许多现今看到的中生代盆地沉积分布特征及其规律，这也说明了 Badlands 软件是一个能够较好地恢复古地理和古地貌演化的数值模拟软件。在整个模拟过程中，可以根据区域地质背景和古气候特征设置剥蚀率、降水量、古水深变化等参数。

2）Badlands 软件通过使用开源建模工具，耦合地幔对流、地壳变形、侵蚀和沉积过程的演化，将多维数据融合到 4D 盆地模型（空间和时间，具有不确定性估计功能）。因为它是开源的，必将会得到更多的地质工作者的使用。同时，它也有助于解决沉积盆地充填过程和浅层地下资源开采和管理过程中的一些问题。

1.3 GPlates 板块重建模拟

1.2 节介绍的 Badlands 是重建地球地表系统的软件工具，而本节介绍的 GPlates 是现今板块重建或者固体地球系统重建的最佳软件工具。这两个工具可以充分利用现有地质资料，约束从地表系统到深部动力制约的各种地质过程，连续再现每个演化阶段，并可以结合地球大数据，开展深入的地质分析。

1.3.1 GPlates 简介

GPlates 是由悉尼大学 EarthByte 团队为主开发，具有板块重建、数据可视化等功能的开源软件（图 1-34）。GPlates 主要为了实现数据的可视化和可操作化、将板块运动学与动力学相结合、网格计算环境中的互动客户端以及用于古地理重建。目前该软件主要功能包括：①加载或输出地质、地理以及构造特征数据体；②加载、创立或修改重建极；③加载和处理栅格图片；④对虚拟地磁极（virtual geomagnetic pole）进行处理，如创建新虚拟地磁极、基于虚拟地磁极计算重建极等；⑤建立时间-空间连续的板块边界；⑥考虑岩石圈变形的板块重建；⑦海底磁异常条带的对比匹配，等等。

GPlates 支持多种操作系统，包括 Windows、MacOS X、Linux 等主流系统。EarthByte 团队也向用户提供可直接在 GPlates 上运行的数据文件，以便于用户对该软件进行学习。

1.3.2 GPlates 板块重建

GPlates 板块重建模型主要包括四部分：相对板块运动模型重建、绝对参考系、重建时间和连续板块边界的建立（Müller et al.，2016b）。

在 GPlates 重建模型中，全球相对板块运动是一个倒树形的多等级的相对板块运动（用旋转约束），用来表达板块之间的相对运动关系。由于非洲板块位于潘吉亚超大陆中间，相对于绝对参考系运动幅度小，一般将其放在树的顶端作为固

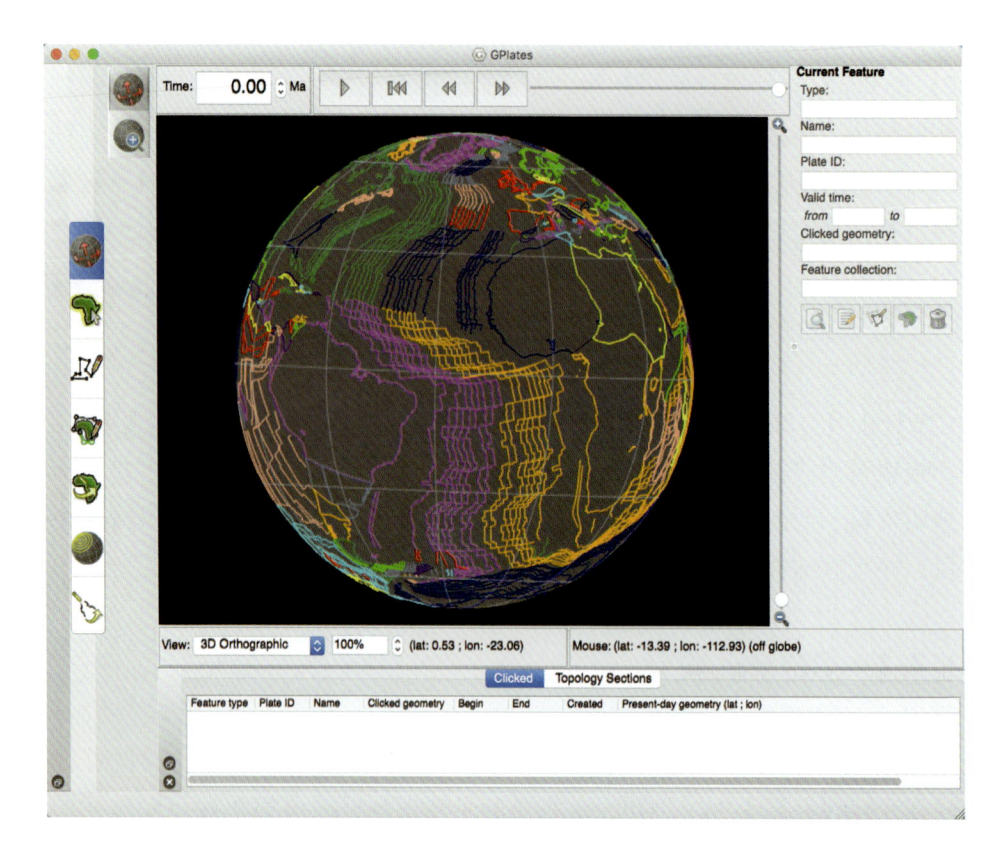

图 1-34　GPlates 操作界面

图中等时线以及板块边界数据参考 Müller 等（2016b）

定板块（图 1-35）。其他板块通过非洲板块与绝对参考系相连，如研究南美板块（SA）相对于绝对参考系（如热点参考系 HS）的运动，则首先分析其相对于非洲板块（AF）的运动，然后获得其绝对运动（$_{HS}ROT_{SA} = {_{AF}ROT_{SA}} + {_{HS}ROT_{AF}}$）。

相对板块运动主要靠洋壳记录来获取，如全球大洋的磁异常条带（Seton et al., 2014）和破碎带（Wessel et al., 2015）。当洋中脊两侧洋壳保存完整时，有限旋转的计算和海底等时线（seafloor spreading isochrons）的创建比较容易。如果大洋板块因为俯冲只剩下一翼（如太平洋-依泽奈崎板块、太平洋-法拉隆板块等），板块的重建会更加复杂，一般使用的是"半阶段旋转"（half-stage rotation）方法（Stock and Molnar, 1988），即通过一翼板块海底磁条带计算旋转量，然后乘以 2，得到"完整阶段旋转"（full stage rotation），这个方法有效的前提是板块对称扩张。如果整个大洋板块都俯冲消失，则只能借助陆地的地质记录（如缝合线，或者岩浆记录）来恢复板块的运动历史，洋中脊的可能位置以及扩张速率。当地块穿过大洋时（如西藏地区的块体群穿过特提斯洋），一般假设大洋对称扩张。

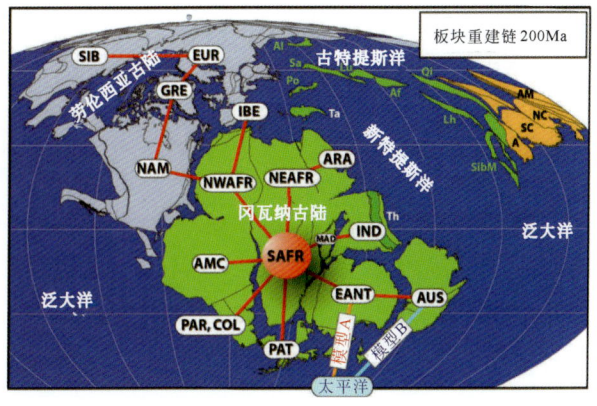

图 1-35 200Ma 时板块重建链

非洲南部位于重建链的顶端，其他板块依次位于重建链下方；其中
AM. 阿穆尔板块，AMC. 亚马孙克拉通，ARA. 阿拉伯，AUS. 澳大利亚，EANT. 东南极洲，EUR. 欧洲，GRE. 格陵兰，IBE. 伊比利亚，IND. 印度，Lh. 中国西藏拉萨，Lu. 卢特（伊朗），MAD. 马达加斯加，NAM. 北美洲，NC. 华北克拉通，NEAFR. 东北非洲，NWAFR. 西北非洲，PAR. 巴拉那，COL. 科罗拉多，PAT. 巴塔哥尼亚，Qi. 中国祁连，Sa. 萨纳恩德（伊朗），SC. 华南克拉通，SIB. 西伯利亚，SibM. 滇缅马苏，Ta. Taurides（土耳其），Th. 特提斯喜马拉雅，Af. 阿富汗，Al. 厄尔布尔士（伊朗），Po. Pontides（土耳其），A. Annamia 代表安那米亚

1.3.2.1 创建板块

现今全球板块边界一般都有发表数据（Seton et al.，2012），已知板块已经按照一定规则进行了编号（图 1-36），GPlates 可以直接导入，也可以通过 GPlates 自带工具创建板块。一个板块通常由多个边界组成，主要包括俯冲带、洋中脊和转换断层三种类型，板块边界位置可以通过重磁等数据约束。但随着微板块研究深入（Li et al.，2018），更多微板块边界类型得到揭示，因此 GPlates 也可以自定义微板块边界类型。创建过程中需要用到折线工具（图 1-37）。画完线条以后，选择 Create Feature，然后选 SubductionZone、MidOceanRidge 或者 FractureZone 等相应的边界类型。用"拓扑工具"（Topology）建立封闭的板块边界，这里以纳兹卡板块为例，如图 1-38 所示。因为板块有 4 个边界，需要用"拓扑工具"中的"建立新的拓扑边界"（Build New Boundary Topology），选择一条边界，然后选择 Add 添加到板块连续边界上，并顺时针或者逆时针连续地将其他边界添加到连续边界，最后操作 Create Feature 并选择 TopologicalClosedPlateBoundary。这样一个板块就创建完成了。

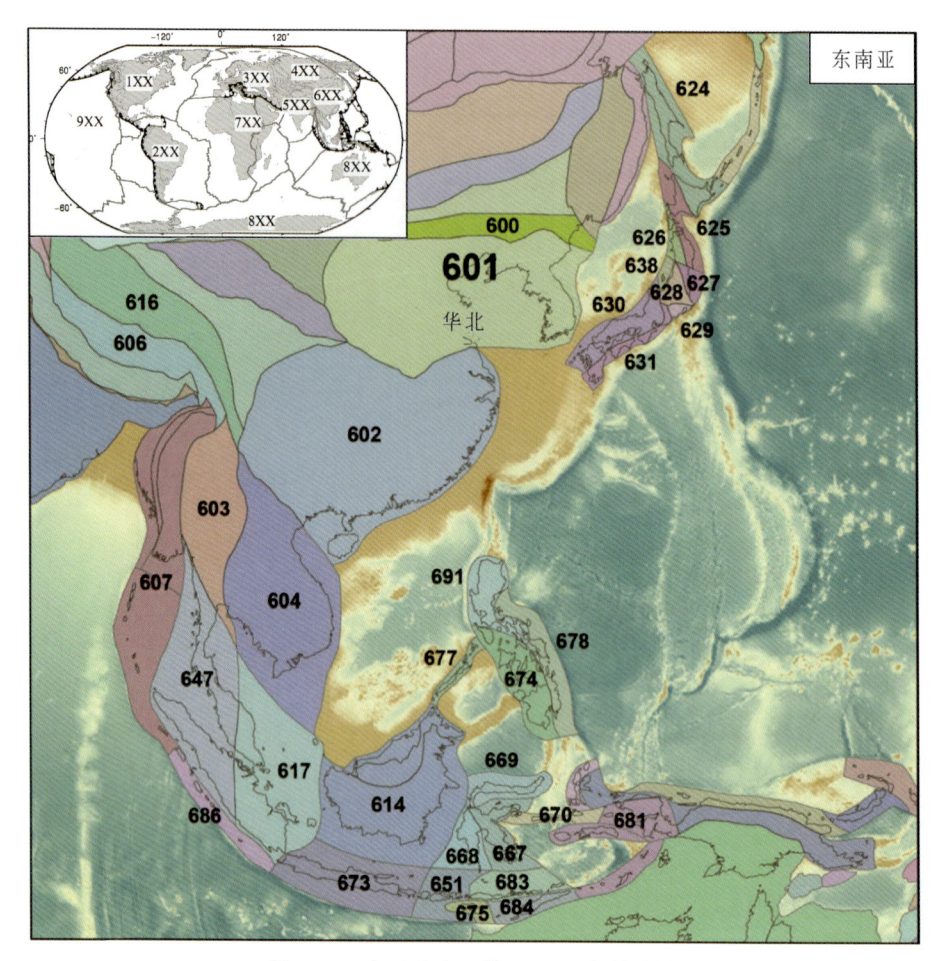

图 1-36　东亚和南亚的 GPlates 板块编号

插图为全球按地区划分的板块编号分布

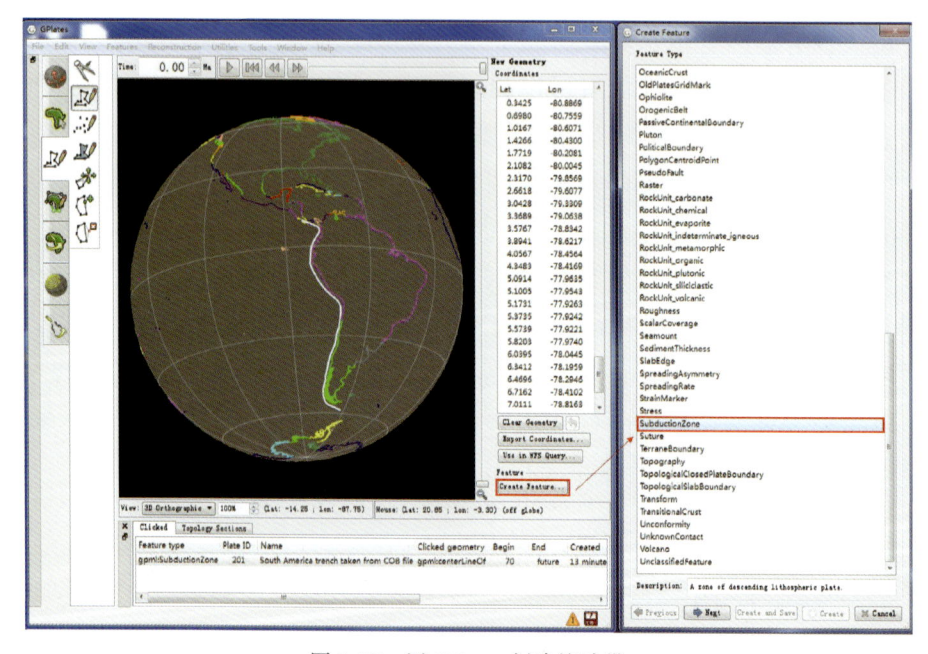

图 1-37　用 GPlates 创建俯冲带

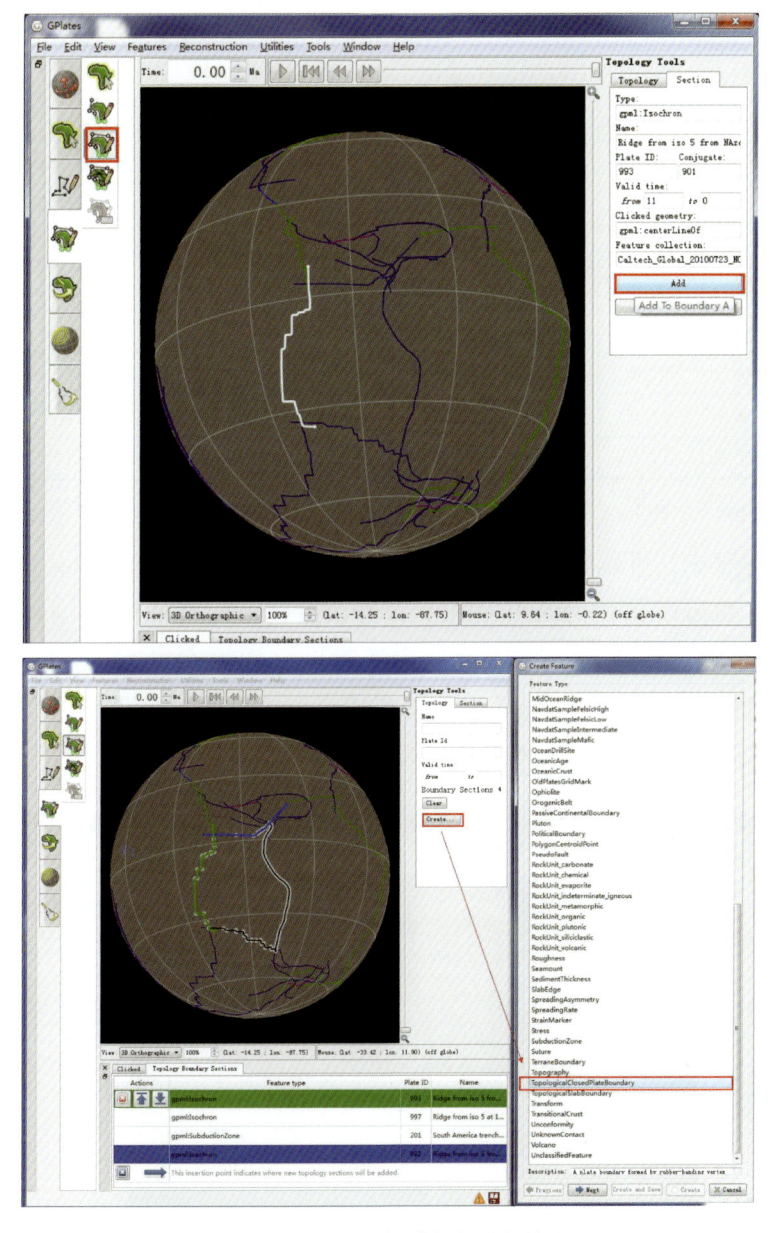

图 1-38 用 GPlates 创建封闭的板块边界

1.3.2.2 建立、修改旋转文件

旋转文件是 GPlates 重建模型中的核心文件，它包含所有板块的有限旋转信息、板块存在的时间等，决定了各个板块之间的等级关系。典型的旋转文件包括 7 列（表 1-9），分别是：运动板块 ID；时间；有限旋转纬度、经度、旋转角度；固定（相对）板块 ID；注释内容（即"!"之后内容）一般包括运动板块和固定板块的字母缩写以及数据来源等。

表 1-9　华北地块旋转极参数

运动板块 ID	时间/Ma	欧拉极纬度/°N	欧拉极经度/°E	旋转角度/(°)	固定板块 ID	注释
601	0	0	0	0	410	! NCH-MNG North China-Mongolia Block
601	150	0	0	0	410	! NCH-MNG
601	195	32.78	70.36	−18.15	410	! Mongol-Okhotsk ocean basin
601	200	32.78	70.36	−18.15	410	! Mongol-Okhotsk ocean basin
601	250	32.78	70.36	−18.15	410	!
601	250	27.66	82.63	−72.19	401	!
601	320	−11.62	−78.44	43.51	401	!
601	800	−11.62	−78.44	43.51	401	!

资料来源：Seton 等，2012。

在重建过程中，可以收集已发表文献中的旋转数据，按照 GPlates 格式创建或修改旋转文件，也可以在 GPlates 中用工具"修改重建极"（Modify Reconstruction Pole）进行修改。例如，在 54Ma，把印度从赤道附近（深白色）往北移动（浅白色）（图 1-39），移动之后，点击 Apply，则会应用该旋转；如果不满意，可以选择 Reset Rotation，重新回到修改之前位置。

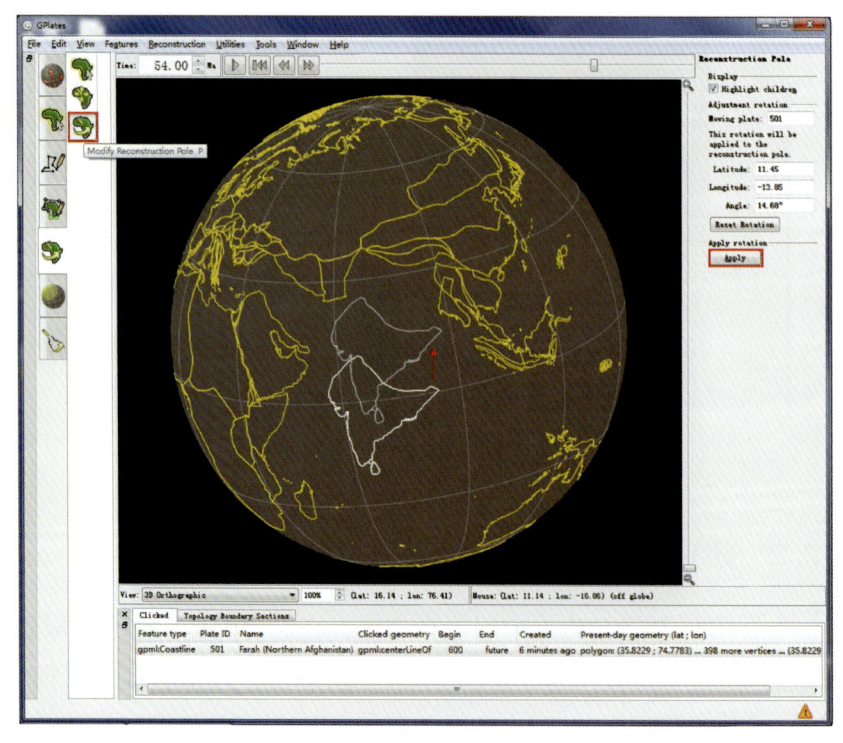

图 1-39　用 GPlates 修改重建极

1.3.2.3 导出重建数据

GPlates 可以用来导出重建数据，如海岸线、板块边界、断层、板块运动速率等。这里以海岸线和主要陆内板块边界为例，操作过程可以分为 7 步（图 1-40）：①选择 Reconstruction 下的 Export 功能；②选择导出时间；③选择 Add Export；④填写需要导出的文件；⑤导出数据类型；⑥选择 OK；⑦单击 Begin Export。

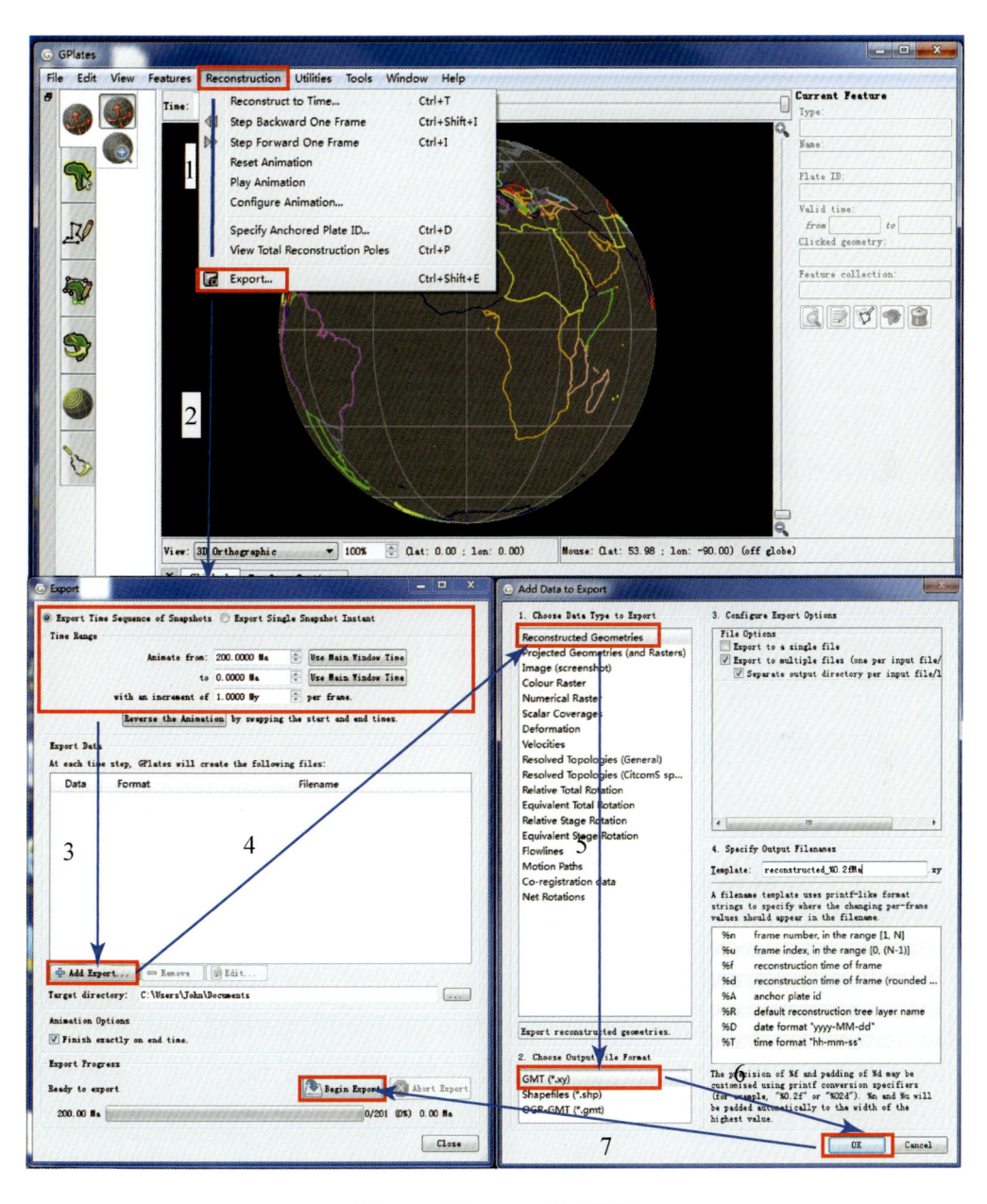

图 1-40 用 GPlates 导出数据

第 2 章　洋底构造过程物理模拟技术

构造物理模拟实验（structural analog 或 physical modelling）是一种传统的研究构造变形过程和形成机制的重要方法，通过物理模拟不仅可以再现构造发育的过程，正确认识构造的形成机制，还可以研究各种构造要素之间的内在联系，建立科学合理的构造解释模型。可见，它是构造地质学研究中的一个非常有效的手段（McClay and White，1995；Dooley and McClay，1997；Gutscher et al.，1998；Chemenda et al.，2002），也被广泛应用于海底构造过程、洋底动力机制模拟。

迄今，构造物理模拟的理论已经取得了较大的发展，构造物理模拟为还原地质演化过程，尤其是构造变形的演化，提供了切实有效的重要手段。根据实际研究对象，构造物理模拟需要确定模型的边界条件和变形方式，选择合适的实验材料，研究随应变量增加时模型的变形特征和演化过程。除了在实验材料的选择过程中需考虑力学性质的相似性问题之外，实验所考虑的模型边界条件、变形方式和应变量等均是几何参数，所以物理模拟的实质是变形几何学方法，也是研究构造变形问题切实可行的方法。在洋底动力学，有关的洋中脊-转换断层、俯冲带、地幔柱、底辟、海底滑坡等构造的形成机制研究中，构造物理模拟都已得到广泛应用。

2.1　构造物理模拟方法

2.1.1　发展历程

很早以前，人们通过地质填图方法，对构造的几何形态与地壳岩石变形的运动学特征等方面就已积累了许多感性认识。通过观察不同形式的构造变形特征，人们对于构造变形的过程和变形条件有了一定的了解，但这种了解仅仅基于某种推测。由于构造变形过程的长时性，人们所能见到的仅是地壳岩石、岩层发生构造变形的最终结果，无法观察到构造变形的整个过程，对构造变形过程的力学机理及许多重要的基本问题无法真正地理解。于是，构造物理模拟实验方法的目标就是用模型再现构造变形，从而揭示并研究自然界中所观察不到的构造变形过程。构造物理模拟的发展历程大体划分为以下几个阶段。

(1) 形态模拟初始阶段

19世纪为物理模拟发展的初始阶段。由于对岩石性质了解甚少，且缺乏成熟的相似理论实验，基本不考虑相似条件。所采用的模型材料包括锌、铁、铝等金属材料，或黏土、石膏、玻璃、肥皂、布料、纸等非金属材料，以及石膏、蜡、柏油、松节油的混合物等。

Hall（1815）最早采用多层布料［图2-1（a）］与致密黏土［图2-1（b）］，模拟相邻地块间地槽内的沉积建造，进行了水平挤压的变形机制的实验研究。他成功地模拟了褶皱，突出了水平压缩对褶皱形成机制的影响。50多年后，地质学家Lyell（1871）使用书籍和布片重现了其结果［图2-1（c）］。Daubrée（1878，1879）研究了玻璃薄板受扭转的破裂实验，证明节理组系的存在及变形固体中剪裂面的同时性，并对岩石劈理、裂隙、节理与褶曲等方面的实验进行了总结；还研究了压力和岩层性质（厚度、流变学）对单层褶皱几何形状的影响，其实验材料为由锌、铁或复合铅制成的薄层，实验设备为一个装有水平和垂直蜗杆的木箱，通过操作蜗杆使地层变形［图2-1（d）］。其结果证明，褶皱波长取决于岩层厚度和流变性，而褶皱对称性取决于围压。同时，他也建立了一套类似于Hall的设备，模拟褶皱与断层的关系［图2-1（e）］。但他仅采用金属板材作为褶皱模型材料，缺乏相似条件方面的考虑。同时，Favre（1878）开发了另一套实验装置来研究褶皱［图2-1（f）］，被拉伸的橡胶基底逐渐回缩，其上覆均匀沉积的黏土层发生变形，生成了与野外相似的背斜和向斜［图2-1（f）］。

Schardt（1884）采用沙子和黏土层交替铺设，并用水沾湿固定；研究了流变学性质不同的岩层对褶皱几何形状，特别是断层相关褶皱的影响［图2-1（i）］。其研究结果指出，能干层不易褶皱，而软弱的非能干层易褶皱。Cadell（1888）则对叠瓦构造进行了模拟实验［图2-1（k）］。德国的Reyer（1892）首次提出了由深部作用造成地壳隆起而形成斜坡，层状岩层沿斜坡发生重力滑动的构造理论，用以解释褶皱成因。Reyer（1892）按自己的重力滑动理论进行褶皱模拟，还对香肠构造、雁列、地垒与地堑构造、放射状-同心圆状构造等进行了实验模拟，并对岩浆侵入与火山喷发的构造现象进行了模拟实验，首次提出了构造模拟变形的相似条件问题。他认为，在时间和尺度都比实际地质体小得多的模型上，再现构造变形过程时，所使用相似材料的黏度必须大大低于实际岩石的黏度。因此，他采用的模型材料多为湿黏土、黏土、石膏、糖浆、石膏与明胶的混合物、黏土夹胶冻层与各种粉末。

美国地质调查局Willis（1893）的地质模型以熟石膏作为硬层、蜂蜡作为软层［图2-1（l）］，模拟了阿巴拉契亚山的褶皱作用。

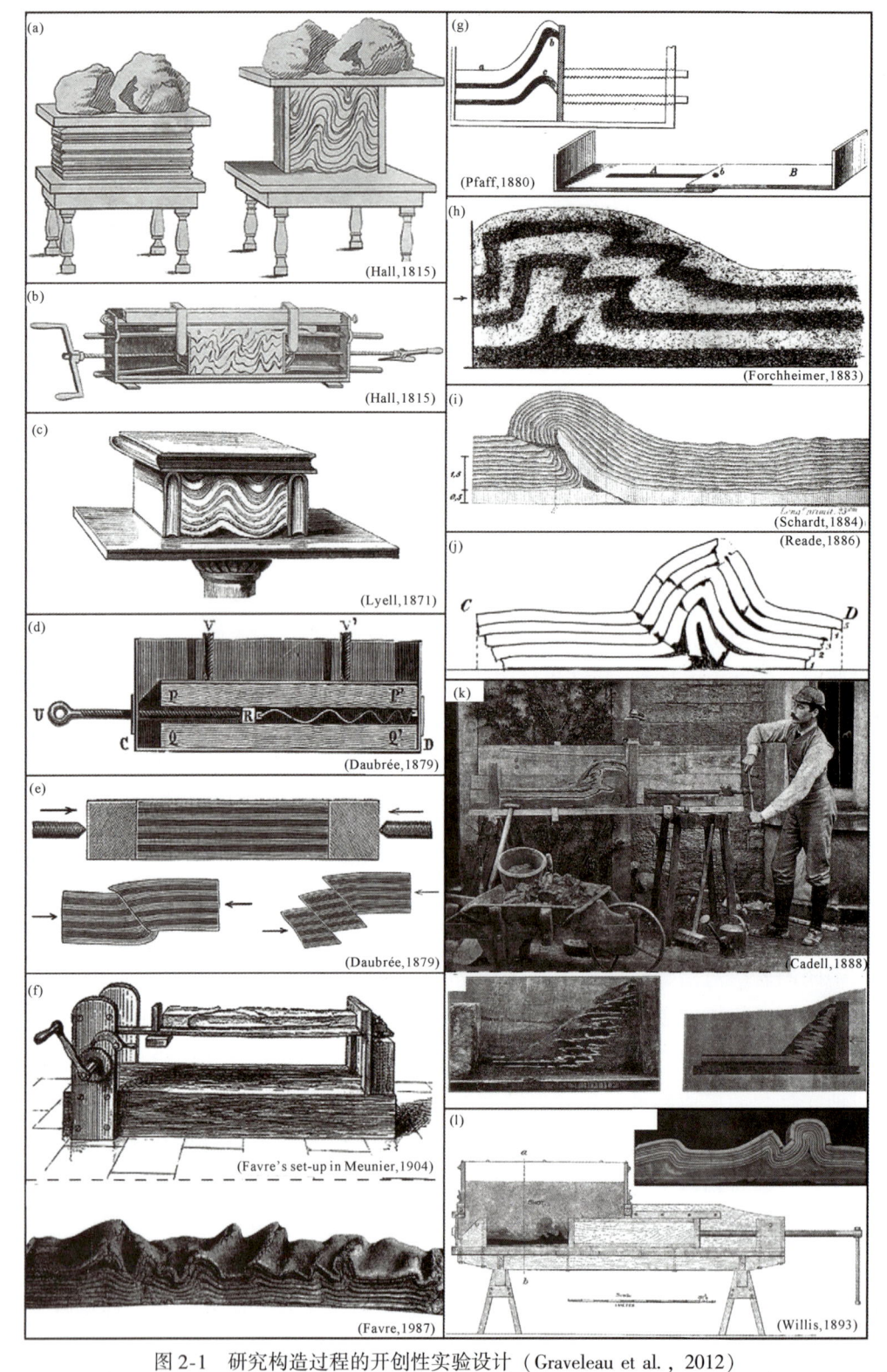

图 2-1 研究构造过程的开创性实验设计（Graveleau et al.，2012）
（a）首次模拟褶皱的实验装置（Hall, 1815）。多层布料被压在一定载荷之下，并受两个木板水平向挤压。（b）力学实验装置（Hall, 1815），通过移动蜗杆挤压黏土层产生褶皱。（c）英国地质学家 Lyell 再现了 Hall 的首次褶皱模拟实验，通过缩短夹在书本中的布料实现。（d）Daubrée（1879）褶皱模拟装置。（e）Daubrée（1879）首个增生楔模型装置。（f）Favre（1878）褶皱模拟装置（Meunier, 1904）。（g）Pfaff（1880）褶皱模拟装置。（h）Forchheimer（1883）砂层增生楔装置。（i）Schardt（1884）断裂相关褶皱模型装置，通过砂和黏土层缩短获得。（j）Reade（1886）弯曲滑动的黏土褶皱装置。（k）Cadell（1888）研究岩石断裂的模拟装置。通过推动右侧的垂直板片实现缩短。（l）Willis（1893）建立的褶皱模拟装置

总体来说，这一阶段属于构造模拟实验发展的初始阶段，在构造观点上，主要与地球的收缩说相联系。在模型材料选择上也缺乏相似性方面的考虑。

(2) 材料相似性探索阶段

20世纪前半期，是模拟实验发展的重要阶段（图2-2）。越来越多的地质学家通过实验研究造山过程。人们甚至开始为构造实验室和教学班提供模型装置。在褶皱实验研究中，研究者也集中在褶皱不对称和围压关系上［图2-2（a）］、褶皱随深度的三维演变过程［图2-2（b）］、褶皱和断层关系［图2-2（c）和（d）］、岩性和变形样式关系［图2-2（e）］。另一些研究者研究了褶皱轴方向与运动学的关系［图2-2（f）］或与流变学相关的褶皱叠变形机制［图2-2（g）］。实验模拟也开始关注造山带的其他特征，如造山旋回［图2-2（h）和（i）］、弧形造山带的几何形态［图2-2（j）～（l）］、低角度作用力［图2-2（m）］、推覆作用［图2-2（n）］、斜向汇聚［图2-2（o）］、楔形动力学过程［图2-2（p）～（r）］、构造反转或盐/侵入构造［图2-2（s）］。

Sheldon（1912）为验证剪节理面与张节理面性质，也做了很多实验。Hobbs（1914a，1914b）综合前人的资料并结合模拟实验，对阿尔卑斯山的形成机制，做了大量工作。Mead（1920）通过实验认为，褶皱带的形成在很多情况下可能是受剪切作用形成的；Chamberlin和Shepard（1923）也做了褶皱的模拟实验研究。Tokuda（1926）用模拟实验对日本岛弧、马里亚纳岛弧等进行了研究。Sherrill（1929）通过实验证明，在同沉积褶皱中，背斜顶面的倾角受下面埋丘的坡度限制。De Sitter（1956）用橡皮条、黏土、石蜡等做了实验，认为平行岩层的变短是产生同心褶皱的原因。

德国的Cloos（1930a，1930b）用软泥做了许多实验，符合相似原理，获得了很好的结果，模拟了尺度较小的构造变形，其中最成功的是对断裂机制的模拟。他也曾模拟过莱茵地堑、红海裂谷等，并认为这些地堑或裂谷是地球表面张力造成的，等等。

随着构造物理模拟实验研究的不断深入，有关模拟实验中物理相似性的理论也不断得到完善。Koenigsberger和Morath（1913）将定量理论应用于构造模型，采用量纲分析来推算地质材料的强度因子，指出如果给定长度缩小因子，则强度也应按同样的因子缩小。Hubbert（1937）在前人研究的基础上加以发展，并在《应用于地质构造研究的尺度模型理论》一书中，利用他的理论解释了一些现象，如地球虽然由强度很大的岩石组成，这些岩石是可变形的，表现出软弱的性质。他还提出，在模型中，如果变形尺度被减少了百万倍，那么在介质密度不变的情况下，介质强度也应减少百万倍。同时，他认为，用实验材料去模拟高温高压下的岩石，最重要的是黏度上的相似。

Nettleton（1934，1943）、Dobrin（1941）用柏油和糖浆做了有关盐底辟穹窿形成过程的实验，并对实验的物理相似性做了很好的解释，提出盐丘是由岩盐重力上浮流动形成的观点，这使模拟实验工作大大前进了一步。苏联系统的模拟实验是由别洛乌索夫开始的。1944年，他在理论大地构造实验室进行了模拟实验。1949年，苏联科学院地球物理研究所成立了构造物理实验室，对横弯、纵弯、香肠构造、劈理等进行了实验研究，这些工作是在垂直力起主导作用的观点下进行的。在中国地质力学的建立与发展过程中，泥巴实验也发挥了重要作用，体现在李四光20世纪40年代的《地质力学之基础与方法》、50年代的《旋卷构造及其他有关中国西北部大地构造体系复合问题》、60年代的《地质力学概论》中。

总的来说，在第二阶段，构造模型相似理论得到了很好的发展，并有意识地使用黏土、柏油、糖浆等相似材料，做出了不少成功的实验，这一时期是模拟实验理论和实践发展的一个重要阶段，对构造物理学、构造地质学与地质力学的发展做出了重要贡献，但是总体仍停留到形态相似的程度上。

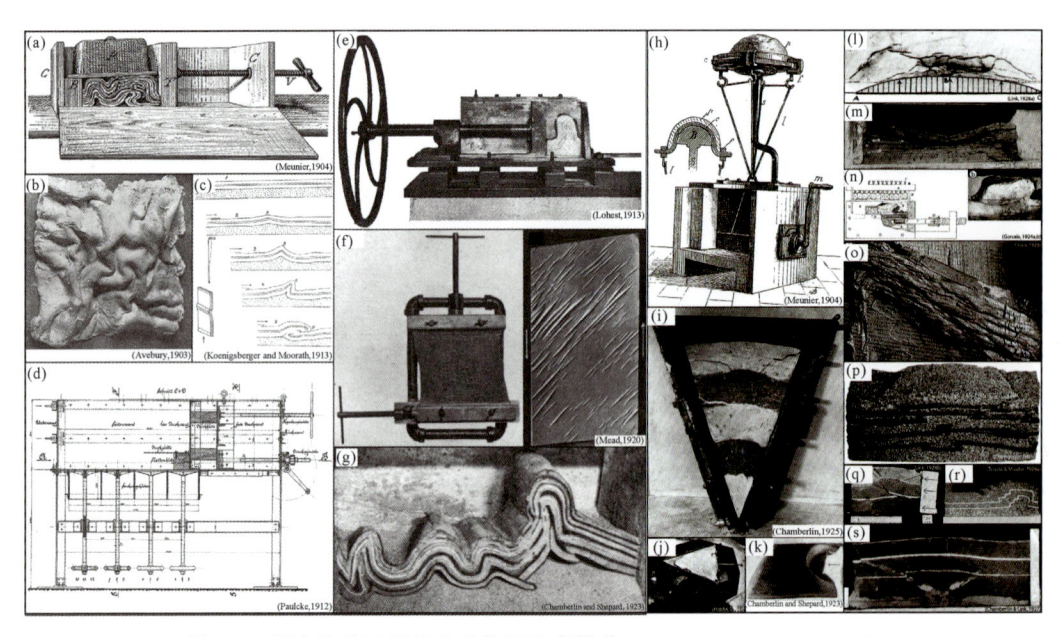

图2-2 研究构造过程的实验装置的多样化（Graveleau et al.，2012）

(a) Meunier（1904）的加载装置。(b) Avebury（1903）对褶皱随深度演化的三维解析。(c) 褶皱和逆冲关系（Koenigsberger and Morath, 1913）。(d) Paulcke（1912）的模拟装置。(e) Lohest（1913）的模拟装置。(f) 褶皱轴向的运动学模拟（Mead, 1920）。(g) Chamberlin和Shepard（1923）的褶皱模型。(h) 模拟造山旋回的半球形装置（Meunier, 1904）。(i) 压缩装置中的大陆部分（Chamberlin, 1925）。(j)、(k) 和 (l) 弧形山几何形态（Chamberlin and Shepard, 1923; Hobbs, 1914a, 1914b; Link, 1928a）。(m) 低角度推力（Chamberlin and Miller, 1918）。(n) 推覆装置（Gorceix, 1924a, 1924b）。(o) 斜向汇聚模型（Cloos, 1928）。(p) (q) 和 (r) 楔形装置（Chamberlin, 1925; Link, 1928b; Terada and Miyabe, 1929）。(s) 岩浆侵入体（熔融石蜡）（Chamberlin and Link, 1927）。

（3）定量化模拟发展阶段

自 20 世纪 50 年代开始，模拟实验进入一个新的发展阶段：一方面，模拟实验在不少国家得到广泛开展；另一方面，模拟实验已不再满足于形态上的再现，而是不断朝定量化方向努力。

1944 年，在别洛乌索夫领导下，苏联组建了第一个理论大地构造实验室，开始进行构造物理学的研究。格佐夫斯基于 1950 进入苏联科学院地球物理研究所的构造物理实验室工作，格佐夫斯基和别洛乌索夫等在很大程度上决定了苏联构造物理学的发展方向。他们在实验室内做出了不同类型的褶皱、断裂与香肠构造，并进行了各种影响因素的定量估计研究。同时，对构造模拟实验的理论基础和实验方法进行了进一步的系统研究，将确定相似条件的"无量纲化方法"引入构造模拟研究。格佐夫斯基从 1953 年开始引进了光弹方法，分析了简单剪切和纵弯曲褶皱的应力分布，使构造模型的应力研究进入了定量分析的新阶段。在 1965 年别洛乌索夫和格佐夫斯基合著的《实验构造地质学》一书中，对这些发展进行了初步总结，并在 1975 年出版的《构造物理学基础》中，对构造模拟实验的基本原则、相似条件、等效材料、用模型研究应力的光学方法等进行了详细论述。

进入 20 世纪 50 年代，美国学者继续开展了盐丘构造模拟实验，Parker 和 McDowell（1955）在稍加改进的条件下重复了 Nettleton 和 Dobrin 所做的盐穹窿实验，Bucher（1956）研究了在隆起背景下地堑的形成过程。Ramberg（1967、1970）建立了离心机构造实验室，实现了对模型的定量离心惯力加载，对重力构造进行了独到的研究，并与 1967 年总结出版了《重力、变形和地壳的离心机模拟研究》一书，经过后来的修改与扩充，再版为《重力、变形和地壳的理论、实验与地质应用》。

20 世纪 60 年代以来，国际上在断裂构造（Horsfield，1977；Davis et al., 1983；Naylor et al., 1986）、褶皱构造（Currie et al., 1956）、区域构造（Elmohandes，1981；Tapponnier et al., 1982）、底辟构造（Ramberg, 1990；Vendeville and Jackson, 1992a, 1992b）的物理模拟方面开展了大量工作。随着板块构造理论的兴起与发展，研究者开始利用流体力学实验建立地幔对流模型（Whitehead, 1976；Jacoby, 1976；Ito et al., 1983）。

（4）物理-数值一体化模拟全新阶段

2018 年，浙江大学牵头建设的超重力离心模拟与实验装置（Centrifugal Hypergravity and Interdisciplinary Experiment Facility, CHIEF）是综合集成超重力离心机与力学激励、高压、高温等机载装置，将超重力场与极端环境叠加一体的大型复杂科学实验设施。设施主要建设内容包括：超重力离心机主机、超重力实验舱、超重力试验保障系统和配套设施。其中，两台超重力离心机主机，最大容量1900gt，最大离心加速度1500g，最大负载32t，超过目前世界上最大的超重力离心机（目前世界上离心机最大容量为 1200gt·吨）；超重力实验舱包括边坡与高坝、岩土地震工程、深海工程、深地工程与环境、地质过程、材料制备 6 个实验舱。18 台机载装置中，6 台国际首创，12 台技术指标国际领先（图 2-3）。中国建成后，将填补超大容量超重力装置的空白，成为世界领先、应用范围最广的超重力多学科综合实验平台。

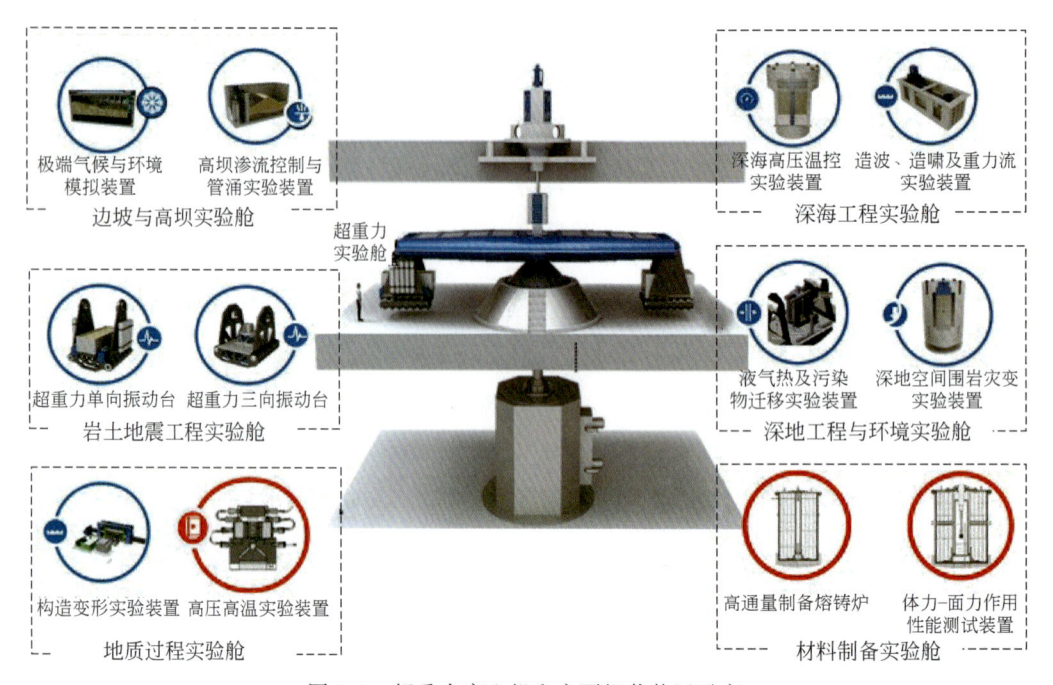

图 2-3 超重力离心机和主要机载装置示意

资料来源：http://www.news.zju.edu.cn/2019/0118/c23225a968387/page.htm

与常重力实验相比，通过加大实验舱的超重力场，该设施能够压缩空间和时间尺度，缩短物理运动的时间，产生"时空压缩"般的效应。超重力离心模拟与实验装置可以为研究岩土体和地球深部物质的时空演变、加速物质相分离提供必不可少的实验手段，为国家重大科技任务开展、重大工程新技术研发和验证、物质前沿科学发展提供先进的实验平台和基础条件支撑，显著提升中国相关多学科领域的研究水平和国际竞争力。

21 世纪初，构造物理-数值一体化模拟平台得以构建，全球开启了物理模拟、数字化采集、数值建模到进一步数值模拟的综合研究，一系列先进数据测量技术得到快速应用，如超高速相机、数字散斑技术、三维激光扫描技术、工业 CT 扫描技术等。在进军地球深部模拟方面，高温高压物理模拟装置也不断革新。总体上，模拟内容朝着极端构造环境下的构造机制方向发展，同时也向大型工程稳定性、安全性和灾害机理与防震减灾等应用方面开拓。

2.1.2 相似理论

在模拟实验中，模型与实物之间必须保持某种关系，即需要满足若干基本条件，才能保证模型与实物的相似。研究构成模型与实物之间互为相似的现象，满足模型与实物之间互为相似的基本条件或相互关系，称为相似条件。相似条件是模拟实验的基础。一个物理过程，总有很多物理量参与变化，如果物理过程不是随机现象，这些物理量之间就必然存在相互制约的关系，这种关系可以用数学基本方程（组）表达出来。如果两个现象参与的物理过程相互对应并且性质相同，又同时满足同一方程组，它们的两个对应点在对应时间和对应空间位置上，其对应的物理量成比例。在对模型和实物的两个方程进行相似变换时，即所有变数都用和它成比例的量代替时，每一个方程的各项都可以得到一组相似常数和物理量。前者称为相似指标，后者叫作相似判据，有时称为相似不变量或相似准则。若两个现象相似，必须满足一定条件，这种相似称为有条件的相似。

自然界中的物质体系有各种不同的变化过程，物理力学过程相似是指体系的形态和某种变化过程的相似。两个相似现象必须具有同一物理性质，才能有严格意义的相似，若两个不同体系的物理性质相似，但它们的变化过程遵循相同的数学规律，也可有广义的相似。依据客观事物所具有的不同相似关系，相似现象可分为纵向相似和横向相似，其中，客观事物内部的物理、化学联系而形成的相似关系，称为纵向相似；系统与系统之间相互联系、相互作用所形成的相似关系，称为横向相似。

2.1.2.1 相似第一定理

相似理论的理论基础是相似第一定理。相似三定理的实用意义在于指导模型的设计及其有关实验数据的处理和推广，并在特定情况下，根据经过处理的数据，提供建立微分方程的指示，还可以进一步帮助人们科学而简捷地去建立一些经验性的指导方程，工程上的许多经验公式，可以由此而得，其中，相似第一和第二定理给出了相似的必要条件，而相似第三定理给出了相似的充分条件。

相似第一定理（相似正定理）于1848年，由法国J. Bertrand建立，可表述为，对相似的现象，其相似指标等于1；或表述为，对相似的现象，其相似准则的数值相同。

考察两个系统所发生的现象，如果在其所对应的点上均满足相似现象的各对应物理量之比为常数，均可用同一个基本方程式描述，则可称这两种现象为相似现象。

（1）相似常数

相似现象的各对应物理量之比为常数。例如，对任何一力学过程，长度、时间及质量属于基本的物理量。因此，两个相似力学系统之间，各对应的基本物理量必须满足下列比例关系。

A. 几何相似

要求模型与原型的几何相似，必须将原型的尺寸，包括长度、宽度、高度等都按一定比例缩小（或放大）做成模型，就好像将照片缩小（放大）一样。以L_H和L_M代表原型和模型的"长度"。这里，L表示一个广义的长度，可以是长、宽、高等，角标H表示原型，角标M表示模型（下同）。以α_L代表L_H和L_M的比值，且称为长度比，那么，几何相似要求α_L为常数，即

$$\alpha_L = \frac{L_H}{L_M} = 常数 \tag{2-1}$$

因面积A是长度L的二次方，所以面积比为

$$\alpha_L^2 = \frac{A_H}{A_M} = \frac{L_H \cdot L_H}{L_M \cdot L_M} = \alpha_L \cdot \alpha_L \tag{2-2}$$

又因体积V是长度L的三次方，所以体积比为

$$\alpha_L^3 = \frac{V_H}{V_M} = \frac{A_H}{A_M} \cdot \frac{L_H}{L_M} = \alpha_L^2 \cdot \alpha_L \tag{2-3}$$

一般说来，模型越大，越能反映原型的实际情况（当$\alpha_L = 1$时，说明模型与原型是一样大小），但往往由于各方面的条件限制，模型不能做得太大，通常模拟地壳以上的模型采用1∶5000～1∶1000。

B. 运动相似

要求模型中与原型中所有各对应点的运动情况相似，即要求各对应点的速度v、加速度a、运动时间t等都成一定比例，并且要求速度、加速度等都有相对应的方向。设t_H和t_M分别表示原型和模型中对应点完成沿几何相似的轨迹运动所需的时间，以α_t表示t_H和t_M的比值，称为时间比尺。那么，运动相似要求α_t为常数，即

$$\alpha_t = \frac{t_H}{t_M} = 常数 \tag{2-4}$$

同理，可导出速度比尺α_V和加速度比尺α_a，即

$$\alpha_V = \frac{V_H}{V_M} = \frac{L_H}{t_H} \bigg/ \frac{L_M}{t_M} = \frac{L_H}{L_M} \cdot \frac{t_M}{t_H} = \frac{\alpha_L}{\alpha_t} \tag{2-5}$$

$$\alpha_a = \frac{\alpha_H}{\alpha_M} = \frac{L_H}{t_H^2} \bigg/ \frac{L_M}{t_M^2} = \frac{L_H}{L_M} \cdot \frac{t_M^2}{t_H^2} = \frac{\alpha_L}{\alpha_t^2} \tag{2-6}$$

C. 动力相似

动力相似要求模型与原型的有关作用力相似。对于岩体压力问题，主要考虑重力作用，即要求重力相似。设P_H、γ_H、V_H和P_M、γ_M、V_M分别表示原型和模型对应部分的重力、容重和体积，因为

$$P_H = \gamma_H \cdot V_H \qquad P_M = \gamma_M \cdot V_M \tag{2-7}$$

所以在几何相似的前提下，对重力相似而言，还要求γ_H和γ_M的比值为常数，称为容重比尺，即

$$\alpha_\gamma = \frac{\gamma_H}{\gamma_M} = 常数 \tag{2-8}$$

故重力比尺α_P为

$$\alpha_P = \frac{P_H}{P_M} = \frac{\gamma_H}{\gamma_M} \cdot \frac{V_H}{V_M} = \alpha_L^3 \tag{2-9}$$

以上种种说明，要使模型与原型相似，必须满足模型与原型中各对应的物理量成一定比例。

（2）相似现象

凡属相似现象均可用同一个基本方程式描述。因此，各相似常数α_L、α_t、α_γ等不能任意选取，它们将受到某个公共数学方程的相互制约。

必须指出相似判据从概念上讲是与相似常数不同的，两者都是无量纲量，但存在意义上的区别。

相似常数是指在一对相似现象的所有对应点和对应时刻上，有关参数均保持其比值不变，而当此对相似现象被另一对相似现象所代替，尽管参量相同，这一比值都是不同的。

相似判据是指一个现象中的某一量，它在这一现象的不同点上具有不同的数值，但当这一现象转变为与它相似的另一现象时，则在对应点和对应时刻上保持相同的数值。

2.1.2.2 相似第二定理

相似第二定理（π定理）认为约束两相似现象的基本物理方程，可以用量纲分析的方法，转换成相似判据π方程来表达的新方程，即转换成π方程，且两个相似系统的π方程必须相同。

为了弄清相似第二定理，现就量纲分析的概念以及将物理方程转换成π方程的量纲分析方法介绍如下。

在物理学中，通用的单位是从长度、时间和质量的单位导出的。例如，若用米、千克、秒制时，速度的单位是m/s，若用厘米、克、秒制时，那么速度的单位是cm/s。如果不用这种人为确定的单位，而直接将［长度］、［时间］和［质量］的普遍单位用［L］、［T］和［M］来表达，那么这种度量单位称为量纲（因次）。由于各个物理量都是互相联系的，可以将其他物理量从这几个基本量纲中推导出来。也就是说，可以用［L］、［T］、［M］这几个基本单位的组合来表示其他物理量的单位，这种单位叫作导出单位，如速度单位m/s是从公式$v = s/t$（s为运行的距

离，t 为运行时间）中导出来的，说明它是长度和时间单位的组合，其导出单位的量纲可以写成 $[L][T^{-1}]$。加速度单位 m/s² 是从公式 $a=s/t^2$ 中导出来的，说明它是长度和时间单位的又一种组合，其导出单位的量纲可以写成 $[L][T^{-2}]$。为了便于进行量纲分析，表 2-1 列出了以 $[L]$、$[T]$、$[M]$ 为基本单位的量纲表达式。

表 2-1 $[L]$、$[T]$、$[M]$ 为基本单位的量纲表达式

物理量	符号	量纲	物理量	符号	量纲
质量	m	$[M]$	剪切弹模	G	$[M][L^{-1}][T^{-2}]$
长度	l	L	泊松比	μ	$[0]$
时间	t	T	正应力	σ	$[M][L^{-1}][T^{-2}]$
角度	Φ	$[0]$	剪切应力	τ	$[M][L^{-1}][T^{-2}]$
速度	v	$[L][T^{-1}]$	正应变	ϵ	$[0]$
线加速度	a	$[L][T^{-2}]$	剪切应变	ψ	$[0]$
角加速度	ω	$[T^{-2}]$	容重	γ	$[M][L^{-2}][T^{-2}]$
密度	ρ	$[M][L^{-3}]$	重力加速度	g	$[L][T^{-2}]$
力	F	$[M][L][T^{-2}]$	位移	u, v, w	$[L]$
力矩	M'	$[M][L^2][T^{-2}]$	内摩擦角	ϕ	$[0]$
弹性模量	E	$[M][L^{-1}][T^{-2}]$	内聚力	C	$[M][L^{-1}][T^{-2}]$

资料来源：李晓红，2007。

2.1.2.3 相似第三定理（相似存在定理）

1930 年，相似第三定理由苏联 M. B. 基尔比契夫建立。该定理认为，对于同类物理现象，如果单值量相似，而且由单值量所组成的相似判据在数值上相等，那么同类物理现象才互相相似。

所谓单值量是指单值条件下的物理量，而单值条件是将一个个别现象从同类现象中区分开来，即将现象的通解变成特解的具体条件。而单值条件包括几何条件（或空间条件）、介质条件（或物理条件）、边界条件和初始条件，同类现象的各种物理量实质上都是由单值条件引出的。

1）几何条件：许多物理现象都发生在一定的几何空间内，所以参与过程的物体几何形状和大小就应作为一个单值条件。例如，岩体的结构尺寸、地下空间的几何尺寸以及地下工程的埋深等。

2）介质条件：许多具体现象都在一定物理性质的介质参与下进行，而参与过程的介质的物理性质也属单值条件。例如，岩体的容重、力学参数等。

3）边界条件：许多现象都必然受到相邻周围情况的影响，因此发生在边界的情况也是一种单值条件。例如，是平面应变还是平面应力状态，先加载后开孔还是先开孔后加载，等等。

4）初始条件：许多物理现象发展过程直接受到初始状态的影响。例如，岩体的结构特征，片理、节理、层理、断层、洞穴的分布情况，水文地质情况，等等。

相似第三定理由于直接同代表具体现象的单值条件相联系，并强调了单值量的相似，所以显示出其科学上的严密性。因为其照顾到单值量的变化特征，又不会漏掉重要的物理量。

从以上三个相似定理可知，相似第一定理可在模型实验中将模型系统得到的相似判据推广到所模拟的原型系统中，相似第二定理则可将模型所得的实验结果用于与之相似的实物上；相似第三定理指出了模型实验所必须遵守的法则。以上三个相似定理，是进行相似模拟实验的理论依据。

相似第一定理和相似第二定理是在假定现象相似的前提下得出的相似后的性质，是现象相似的必要条件。相似第三定理直接和代表具体现象的单值条件相联系，并强调单值量相似，显示了其在科学上的严密性。三个相似定理构成了模型实验必须遵循的理论原则。

2.1.3 相似条件和基本原则

构造模拟实验需要遵循以下几个原则（周建勋，2002）。

1）相似原则：实验模型与研究对象必须符合相似原理，只有符合这一原则，实验结果才能对研究对象做出正确的解释。

2）选择原则：影响构造变形的因素很多，往往无法同时满足相似原则，因此只能选择其中主要因素的相似原则。

3）分解原则：如果同时考虑所有影响构造变形的因素，模型的设计就会变得十分复杂，以至于难以实现，因此模型设计时，每一组实验只考虑一个因素，而固定其他因素，在此原则下设计多组实验，进行分解研究，在分解研究各个因素的基础上进行综合分析，以达到理想的构造模拟结果。

4）逐步近似原则：自然界的条件很复杂，实验条件有时只能做到大致相似，实验模型随着认识的发展和实验条件的改善逐步逼近相似。

自然界的现象是相关的，所以相似常数不能任意选择，需要相互制约。例如，有了长度和时间的相似常数，速度和加速度的相似常数就不能任意选择，而应与长度和时间的相似常数保持一定的关系。所以，相似条件也就是说明各物理量之间达到相似所必须遵循的条件。

相似条件的确定方法有两种：一种是列举过程所牵涉的物理量，通过物理量的量纲求出相似模量；另一种是从描述过程的方程式导出，如描述应力、位移、变形、断裂之间关系的柯西平衡方程，描述岩石变形和物理性质随时间变化的蠕变方程、破裂过程的方程等。现以柯西平衡方程为例来加以说明，为了导出相似条件，首先把方程式中所涉及的物理量变成统一的标准量纲"∃"，如柯西平衡方程为

$$\frac{\partial \sigma_x}{\partial x}+\frac{\partial \tau_{xy}}{\partial y}+\frac{\partial \tau_{xz}}{\partial z}=\rho j_x$$

$$\frac{\partial \tau_{yx}}{\partial x}+\frac{\partial \sigma_y}{\partial y}+\frac{\partial \tau_{yz}}{\partial z}=\rho j_y \quad (2\text{-}10)$$

$$\frac{\partial \tau_{zx}}{\partial x}+\frac{\partial \tau_{zy}}{\partial y}+\frac{\partial \sigma_z}{\partial z}+\rho g=\rho j_z$$

式中，x、y、z 为笛卡儿坐标；σ_x、σ_y、σ_z 为位于垂直于角标相应的坐标平面上的正应力；τ_{xy}、τ_{xz}、τ_{yx}、τ_{zy}、τ_{zx}、τ_{yz} 位于垂直于第二个角标相应的坐标轴平面上，作用在平行第一个角标相应的坐标轴的剪切应力；ρ 为物质密度；g 为重力加速度；j_x、j_y、j_z 为加速度的投影。

$$\text{长度：} x=XL_\exists,\ y=YL_\exists,\ z=ZL_\exists \quad (2\text{-}11)$$

$$\text{应力：} \sigma_x=\Sigma_x G_\exists,\ \sigma_y=\Sigma_y G_\exists,\ \sigma_z=\Sigma_z G_\exists$$

$$\tau_{xy}=T_{xy}G_\exists,\ \tau_{zx}=T_{zx}G_\exists,\ \tau_{yz}=T_{yz}G_\exists \quad (2\text{-}12)$$

$$\text{密度：} \rho=\rho_\exists \quad (2\text{-}13)$$

$$\text{重力加速度：} g=g_\exists,\ j_x=H_x g_\exists,\ j_y=H_y g_\exists,\ j_z=H_z g_\exists \quad (2\text{-}14)$$

其中，X、Σ_x、T_{xy}、H_x 等为无量纲常数，因此，柯西平衡方程变为

$$\frac{G_\exists}{L_\exists}\left[\frac{\partial \Sigma_x}{\partial x}+\frac{\partial T_{xy}}{\partial y}+\frac{\partial T_{xz}}{\partial z}\right]=\rho_\exists g_\exists H_x$$

$$\frac{G_\exists}{L_\exists}\left[\frac{\partial T_{yx}}{\partial x}+\frac{\partial \Sigma_y}{\partial y}+\frac{\partial T_{yz}}{\partial z}\right]=\rho_\exists g_\exists H_y \quad (2\text{-}15)$$

$$\frac{G_\exists}{L_\exists}\left[\frac{\partial T_{zx}}{\partial x}+\frac{\partial T_{zy}}{\partial y}+\frac{\partial \Sigma_z}{\partial z}\right]+\rho_\exists g=\rho_\exists g_\exists H_z$$

要使式（2-15）变为无量纲形式，则需要满足条件

$$\frac{G_\exists}{L_\exists}=\rho_\exists g_\exists,\ \text{即}\ G_\exists=L_\exists \rho_\exists g_\exists \quad (2\text{-}16)$$

要使模型与客体相似，必须满足

$$\frac{G_{\exists\text{客体}}}{G_{\exists\text{模型}}}=\frac{L_{\exists\text{客体}}\rho_\exists g_\exists}{L_{\exists\text{模型}}\rho_\exists g_\exists} \quad (2\text{-}17)$$

设长度相似系数 $C_L=\dfrac{L_{\text{模型}}}{L_{\text{客体}}}$，应力相似系数 $C_\sigma=\dfrac{\sigma_{\text{模型}}}{\sigma_{\text{客体}}}$，密度相似常数 $C_\rho=\dfrac{\rho_{\text{模型}}}{\rho_{\text{客体}}}$，重力加速相似常数 $C_g=\dfrac{g_{\text{模型}}}{g_{\text{客体}}}$。因此，要使式（2-17）成立，须有

$$C_\sigma = C_\rho C_g C_l \tag{2-18}$$

这就是应力、密度、重力加速度和长度之间关系的相似条件,其他一些基本的相似条件,如黏度与应力、时间之间关系的相似条件为

$$C_\eta = C_\sigma C_t \tag{2-19}$$

能量、应力和长度之间关系的相似条件为

$$C_u = C_\sigma C_l^3 \tag{2-20}$$

强度、应力、弹模之间关系的相似条件为

$$C_\sigma = C_p = C_G = C_\tau = C_E \tag{2-21}$$

所有无量纲的值,如泊松系数 ν、摩擦系数 f 等,在确定相似条件时,不需要经过比例变换。它们的大小在模型中和自然界中是一样的。归纳起来,两种现象相似,必须满足以下三个条件:

1) 同类物理量构成相同的比例常数。
2) 描述现象的方程式必须是量纲的齐次方程。
3) 在物理方程相同的情况下,如两个现象的单值条件相似,即单值条件下引出的相似判据与现象本身的相似判据相同,则两个现象相似。

地壳变形和断裂产生的过程、引起变形和断裂的力,以及岩石的物理-力学性质等,都可以用物理量来描述。在模拟实验时,对其中的每一个物理量都应该选择相似因子,当选择了一定的相似因子后,一些与之相关联的相似因子就被确定而不能任意改变,否则相似性就会遭到破坏(周建勋,2002)。根据相似性原理,模型与原型在动力学、运动学和几何学三方面保持相似是实验开展的前提。模型与原型的相似程度决定着模拟实验结果的精度和可靠性,因此,实验要尽量满足时间相似、组合形式相似、边界条件相似和受力方式相似。

(1) 时间相似

现在所做的模拟实验,大部分是在几十分钟,至多在几小时内完成的。尽管地质时期中的造山运动的周期性可以用数字表达,然而,在实验室中,按原时间再现却是不可想象的和不可能的。要做到模型的形变时间与地质时代或构造形变的过程相似,也是很困难的。但是,人们可以从选择的每种实验材料的应力、时间与变形的关系式中找出作用力的时间常数。通过实验可知,一般塑性材料的极限强度是相当小的,所以构建一个完全塑性状态下的模型,只需很短的时间便可完成。假如不考虑时间的因素,实验往往可以得到相反的结果。例如,在缓慢的作用力下,沥青、麦芽糖等可以产生塑性形变;而在快速的挤压下,则可发生脆性形变。因此,必须考虑到地质体中的时间、能量作用因素。又如,在地质历史中的古地震所造成的局部地区的构造形变,它们只能代表局部地区的能量快速释放的结果。所以,在进行实验时,一定要把实验材料的物理力学性质搞清楚,这样才能确定实验时作用

力的时间，即时间相似系数。

（2）组合形式相似

这里所说的组合是指在构建模型时，不同的材料在模型中如何组合，并使之近似于野外的实际情况。模拟褶皱或断裂、泥底辟构造时都要考虑到这个条件，这实际上是介质的不均一性问题。微观结构可以有不均一性，而宏观的不均一性则常常由局部的不同层序反映出来。在大区域上，大的构造单元在垂向上和平面上都可以进行详细的划分，如区域构造的垂向变化，即深层与浅层的变化、基底与盖层的变化；再进一步，又可划分为古构造、古地貌与上覆地层的组合关系，等等。在构建模型时，这些都可以看作是组合上的不均一性问题。如果在模拟一个局部地区的构造形变特征时，这个地区的一套岩系是由一系列不同岩层组成的，在构建模型时，只能选择几层，而且层的数量和厚度都要按比例缩小，那么层的缩小标准是什么呢？就是根据岩性在垂向上的变化，按比例地、选择性地归并，分几个具有代表性的层段，同时，还应注意层与层之间的滑动条件。尤其在模拟泥底辟构造的实验中，必须考虑到层面滑动，因不同的滑动条件可以决定不同的流变特性，以及底辟构造在垂向和平面上的变化。当模拟破裂时也同样存在这一问题，即在不同材料性质组合的层序中，在同一受力状态下，变形的形式及规模等都不相同。

（3）边界条件相似

边界条件相似是进行模拟实验不可少的重要条件。因为所构建的实验模型与实际的地质构造现象相比，同是在三维空间下进行的，尤其在地质体中，任何一种构造的形成彼此都不是孤立的，不同的边界条件是形成不同构造形式的主导因素之一。在模拟单个构造时，边界条件比较简单，而模拟一个地区的构造形式不仅要考虑模型本身的组合形式和平面上边界条件的变化及其特点，而且要考虑模型上、下的变化，更主要的是下部边界的控制因素。从实验模型本身考虑，边界条件是非常重要的因素，尤其对于一个完整的地质构造模型来说，更是不可忽视的。从已知的国内外资料和在实验中所取得的结果证实，局部或区域以至更大范围的构造特征明显受到深部构造物理场的控制作用。所以，在实验中，尤其在模拟大区域的构造形变特征时，必须把周围和深部的地球物理场条件搞清楚，才能得出更准确的结果。

（4）受力方式相似

一种构造形式或一个实验模型所反映的形变都是受应力作用的结果，即对一个实验模型来说，什么方式的力是较容易分辨的，如水平挤压、垂直作用、剪切作用或是几种应力的联合作用。但在地质构造中，要确定作用力的方式，首先必须进行大量的实际调研、野外和资料分析，得出微观上（或局部）以至宏观上（或大区域上）的应力场，最后得出作用力的形式和方向。这样结合所要模拟的某个地区或局部构造的受力方向，就可确定模型上的受力方式，在考虑力学相似的同时，必须把边界条件搞清楚，因为它们之间也有着直接的关系。

2.1.4 相似材料

从材料力学上分析，实验中使用的各种实验材料与实际岩石在材料性质和力学特性等方面，应具有良好的对应关系。当施加于物体上的应力撤除后，可能会发生两种情况。第一种情况是物体的变形恢复到施加应力以前的情况，这种物体的变形可以恢复的性质称为弹性。第二种情况是材料的变形不能完全恢复，这是由于材料发生了破裂或塑性变形，产生了永久形变的缘故。当施加的应力达到一定程度后，材料会发生破坏，由完整的整体分成若干分离的部分，这种宏观形式的破坏称为破裂（或断裂）。如果材料破裂不伴有（或少量的）永久变形，称材料是脆性的，反之，则称材料是延性的或韧性的。按材料性质划分，构造模拟实验中使用的实验材料，可分为以下两类：脆性材料和具有流变学特性的塑性材料。

2.1.4.1 脆性材料

脆性材料是模拟上地壳或脆性岩石变形的理想材料。在材料力学中，通常以伸长率 $s<5\%$ 作为脆性材料定义界限。Hubbert（1937）指出，根据相似理论，颗粒材料适合模拟脆性上地壳。与脆性地壳岩石相似，颗粒材料符合莫尔-库仑破裂准则，剪切应力与法向应力近似线性增加（Mandl et al., 1977; Krantz, 1991; Schellart, 2000; Lohrmann et al., 2003）。

单轴压缩试验和剪切试验（Faccenna et al., 1996）表明，不同岩石类型的脆性地壳的摩擦角范围为25°~45°，内聚力范围为5~180MPa（Schellart, 2000）。在干燥的玻璃微球和石英砂等颗粒材料上的剪切试验表明，内部摩擦角范围为27°~42°，内聚力为50~250Pa（McClay, 1990; Cobbold and Castro, 1999; Schellart, 2000; Lohrmann et al., 2003; Hampel et al., 2004; Panien et al., 2006; Schreurs et al., 2006; Hoth et al., 2007），这确保了自然和模型之间的动态相似性。颗粒材料的剪切应力随剪切应变的变化与岩石样品的变形相似（Lohrmann et al., 2003）。

随着上地壳形变模拟研究的不断深入，模拟研究中所用颗粒材料的多样性也随之上升，物理力学性质范围也随之扩大。可以根据颗粒材料的物理力学性质，在不同目的的模拟实验中，使用不同的颗粒材料（表2-2）。干颗粒材料不仅用于模拟脆性上地壳，而且用于脆性上部岩石圈地幔。常用的干颗粒材料包括石英砂、钾长石粉、玻璃微珠、硅粉、黏土粉末、云母片和乙基纤维素粉末。其他干颗粒材料包括铝微球、胡桃壳粉、空心微球和糖粉等。

表 2-2 用于实验模拟的颗粒材料、物性和在实验中的用途

颗粒材料	特性	目的	参考文献
石英砂	内摩擦角 Φ 和内聚力 C 为常数	模拟脆性上地壳	Krantz（1991），Cobbold 和 Castro（1999），Schellart（2000），Graveleau 等（2011），Dooley 和 Schreurs（2012）
钾长石粉末	内摩擦角 Φ 和内聚力 C 为常数	模拟脆性上地壳	Sokoutis 等（2005），Corti 和 Manetti（2006），Corti（2008），Luth 等（2013），Calignano 等（2015）
玻璃微珠	内摩擦角 Φ 和内聚力 C 相对较小	模拟软弱拆离水平或脆性岩石圈	Krantz（1991），Colletta 等（1991），Schellart（2000），Leturmy 等（2000），Schellart 等（2002a，2002b，2003），Koyi 和 Vendeville（2003），Konstantinovskaia 和 Malavieille（2005），Hoth 等（2007）
	X 光衰减与砂不同	X 光成像	Colletta 等（1991）
硅粉	内聚力 C 大	增加强度	Konstantinovskaia 和 Malavieille（2005），Galland 等（2006），Bonnet 等（2007）
	X 光衰减与砂不同	X 光成像	Colletta 等（1991）
黏土粉末	内聚力 C 相对较大	增加强度	McClay（1990），Krantz（1991），Gartrell（1997），Hampel 等（2004）
	弹性模量增加	地震反射	Sherlock 和 Evans（2001）
云母片	内摩擦角 Φ 低，内聚力 C 可忽略不计	模拟弱拆离水平	McClay（1990），Storti 等（2000）
石英砂+云母片	增加材料破坏之前的塑性变形的持续时间	模拟更多分布式变形	Gomes（2013）
乙基纤维素粉末（加到石英砂中）	减少体积密度	防止沙子沉入下面的黏性材料中	Davy 和 Cobbold（1988，1991）Ratschbacher 等（1991），Faccenna 等（1996），Cagnard 等（2006），Marques 和 Cobbold（2006），Schueller 和 Davy（2008），Bajolet 等（2015）
玻璃和铝微球	内摩擦角 Φ 和内聚力 C 以及密度相对较小	模拟弱拆离水平或脆性岩石圈 模拟脆性上地壳和岩石圈地幔上部	Schellart（2000），Rossi 和 Storti（2003），Autin 等（2010）
核桃壳	密度和磨损相对低	允许增加层的高度，避免划伤侧壁	Cruz 等（2008）
砂糖	密度相对较低，内摩擦角 Φ 和内聚力 C 大	模拟脆性上地壳	Schellart（2000），Moore 等（2005）
糖粉（加入石英砂）	降低体积密度	模拟脆性上地壳和岩石圈地幔上部	Keep（2000），Zhang 等（2006）

资料来源：Schellart 和 Strak，2016。

在沉积盆地和增生楔块的脆性变形模拟中，不同内摩擦系数和内聚力的颗粒材料交替使用，表示不同岩石强度的沉积层序，以研究断层作用，如夹层灰岩和黏土。除了干燥的颗粒材料外，湿黏土也被用来模拟脆性上地壳，如走滑试验（Dooley and Schreurs, 2012）。然而，尽管内部摩擦角与沙子类似，但湿黏土的内聚力依赖于含水量（Eisenstadt and Sims, 2005）。其他湿颗粒材料也常用于研究地貌问题，且其内聚力通常比干燥的石英砂高。

尽管实验室的脆性变形特征与自然界中观察到的脆性变形特征有着惊人的相似之处，但在颗粒状物质和自然断层中发育的剪切带之间的相似性是不完善的。在颗粒模拟材料中，剪切带的宽度随着平均颗粒尺寸的增加而增加（McClay, 1990），是平均颗粒尺寸的 11～16 倍（Panien et al., 2006）。因此，为了获得精细的结果，使用粒度较小的颗粒材料更合适（Rossi and Storti, 2003）。另外，未变形脆性材料的强度通常比再活化时的强度要高，因此，发育断层的上陆壳强度和内聚力应小于完整洋壳（Schellart, 2000）。此外，岩石剪切试验和单轴压缩试验表明，天然岩石的内聚力取决于成分，并且在一个数量级范围变化。因此，应慎重选择哪种颗粒材料最适合代表岩石原型。

2.1.4.2 具流变学特性的塑性材料

构造模拟实验中，使用的塑性材料几乎全部选自人工合成材料，有些材料是由专业公司根据研究者所提出的力学要求和指标而专门研制的。许多塑性材料"一职多兼"，在快速应变条件下，它们具有脆性材料特性；在常规应变速率下，它们具有黏弹性特征；在缓慢应变速率下，它们具有黏滞特性。例如，法国构造模拟界使用的特定塑胶（RhodorsilGomme 和 Polydimethy-Lsiloxane）就属于特制材料。绝大部分材料与温度有密切关系，呈现出明显的流变性。流变性是指物体在不同温度和压力作用下所具有的变形和流动的性能。这里所说的变形是指物体受力瞬间所发生的大小和形状的改变，所说的流动是指物体的变形程度随着时间而发生的变化。流变性是物体的特殊力学性质，它把弹性、塑性和黏性流动等都作为特例包括在内。地质体中相当一部分构造形迹具有流变学特征，且随着地壳深度的增加，岩石物质的流变性明显增大，因而流变学的研究日益得到重视。

在实验模拟中，广泛使用了线性黏性、非线性黏性、黏塑性和复杂的韧性流变学特征的材料（表2-3）。最常用的线性黏性（牛顿体）材料包括葡萄糖浆、玉米糖浆和金色糖浆（在室温下，动态剪切黏度 $\eta \approx 10^1 \sim 10^3 \mathrm{Pa \cdot s}$）、蜂蜜（$\eta \approx 10^0 \sim 10^2 \mathrm{Pa \cdot s}$）、蔗糖或糖或水溶液（$\eta \approx 10^1 \sim 10^2 \mathrm{Pa \cdot s}$）、水（$\eta \approx 10^{-3} \mathrm{Pa \cdot s}$）和硅油灰（$\eta \approx 10^3 \sim 10^5 \mathrm{Pa \cdot s}$）。低黏度物质，如蔗糖或糖溶液、葡萄糖浆和水，经常被用来模拟软流圈或岩石圈之下的地幔。玉米糖浆和葡萄糖浆也被用来模拟下沉板片。高黏度有机硅油灰主要用于模拟韧性地壳和韧性岩石圈地幔或整个岩石圈。

表 2-3 实验模拟中线性黏性、非线性黏性、黏塑性和复杂的韧性流变学特征的材料

材料	流变学性质	用途	参考文献
石蜡	黏度随温度变化	模拟上地壳和下地壳	Cobbold（1975），Jacoby（1976），Neurath 和 Smith（1982），Mancktelow（1988），Shemenda（1993），Chemenda 等（1995），Brune 和 Ellis（1997），Rossetti 等（1999），Boutelier 和 Oncken（2011）
石蜡油	低黏度牛顿体	润滑剂	Boutelier 和 Oncken（2011），Duarte 等（2014）
凡士林	应变和应变率依赖	润滑剂	Corti 等（2003a），Cerca 等（2004），Mart 等（2005），Schreurs 等（2006），Pastor-Galán 等（2012），Duarte 等（2014）
橡皮泥	温度依赖性，应变硬化和应变弱化	模拟岩石圈中的位错蠕变；如果存在温度梯度，则模拟分层	McClay（1976），Peltzer 等（1984），Weijermars（1986），Kobberger 和 Zulauf（1995），Schöpfer 和 Zulauf（2002），Zulauf 和 Zulauf（2004）
有机硅聚合物	$10^{-5} \sim 10^{-2}$/s 低应变率实验下的牛顿体	模拟下地壳和最下层岩石圈地幔的长期黏性变形	Dixon 和 Summers（1985），Weijermars（1986），Weijermars 和 Schmeling（1986），Davy 和 Cobbold（1991），Nalpas 和 Brun（1993），Faccenna 等（1999），Bonini 等（2000），Koyi（2001），ten Grotenhuis 等（2002），Schrank 等（2008）
糖浆和蜂蜜	牛顿体	模拟次级岩石圈地幔中的扩散蠕变	Kincaid 和 Olson（1987），Davy 和 Cobbold（1988），Griffiths 和 Campbell（1990），Ratschbacher 等（1991），Schellart 等（2002a，2002b，2003），Funiciello 等（2003），Funiciello 等（2006），Schellart（2004，2008，2010，2011），Kerr 和 Mériaux（2004），Cruden 等（2006），Schueller 和 Davy（2008），Mathieu 等（2008），Guillaume 等（2009，2010），Davaille 等（2011），Duarte 等（2013），Chen 等（2015a，2015b）
水	牛顿体	模拟次级岩石圈地幔中的扩散蠕变	Shemenda（1992，1993），Chemenda 等（1995，1996，2000），Boutelier 等（2003），Boutelier 和 Oncken（2011），Boutelier 和 Cruden（2013）
明胶	凝胶态下为黏弹性-脆性，溶胶态下为黏性，流变学性质取决于温度、组成、浓度和应变率	模拟地壳/岩石圈的黏弹性-脆性行为；如果存在温度梯度，则模拟分层	Di Giuseppe 等（2009）
卡波普水凝胶	黏弹性-脆性，应变弱化，流变学性质取决于组成、浓度、pH 和温度	模拟地壳/岩石圈的黏弹性-脆性行为，模拟对流地幔	Schrank 等（2008），Balmforth 和 Rust（2009），Darbouli 等（2013），Davaille 等（2013），Kebiche 等（2014），Di Giuseppe 等（2015）
有机硅聚合物与粒状填料	随填料含量增加，牛顿体变为黏弹性体，应变率依赖	在实验低应变率下，模拟岩石圈板块的长期黏性变形	ten Grotenhuis 等（2002），Boutelier 等（2008）

续表

材料	流变学性质	用途	参考文献
有机硅聚合物与橡皮泥混合	黏弹塑性、应变硬化和应变弱化，温度依赖	模拟地壳/岩石圈的黏弹性脆性行为，增强韧性蠕变过程；如果存在温度梯度，则模拟分层	Boutelier 等（2008），Schrank 等（2008）
	流变学取决于变形历史	尚未用于模拟模型	ten Grotenhuis 等（2002）
橡皮泥与粒状填料混合	幂律指数随着填料含量的增加而增加	模拟岩石圈中的位错蠕变；如果存在温度梯度，则模拟分层	Zulauf J 和 Zulauf G（2004）
橡皮泥与油混合	幂律指数随着含油量的增加而降低	模拟岩石圈中的位错蠕变；如果存在温度梯度，则模拟分层	Schöpfer 和 Zulauf（2002），Zulauf 等（2003），Zulauf J 和 Zulauf G（2004）
凡士林-石蜡油混合物	应变和应变率依赖	滑润剂	Duarte 等（2014）

资料来源：Schellart 和 Strak，2016

许多实验模型使用黏塑性和非线性黏性材料，或与线性黏性材料联合使用。最常用的材料包括油脂类混合物（固体烃、粉末和矿物油的混合物）、石蜡、凡士林或凡士林和石蜡混合物。凡士林和石蜡特别用于俯冲实验中的俯冲带界面。凡士林、石蜡和甘油的混合物通过改变凡士林、石蜡和甘油的配方比，黏度可以由 10^1 Pa·s 变化到 10^5 Pa·s。油脂混合物对温度相当敏感。温度每变化 10℃，黏度变化 $10^{0.5} \sim 10^1$ Pa·s。在构造模拟实验中，实验温度限制在 20±2℃ 范围内，这种条件下实验材料性能较稳定，且处于黏塑性状态下。温度升高到 60℃ 时，凡士林、石蜡和甘油的混合物就可变为流体，此时的黏度为 $10^{0.5} \sim 10^1$ Pa·s。

在模拟实验中，如果使用黏性材料，则应该进行黏度的缩放，自然黏性材料遵循应力与应变速率的幂律方程（Kirby，1985；Weertman et al.，1978）

$$\sigma^n = \dot{\varepsilon} \eta \tag{2-22}$$

式中，$\dot{\varepsilon}$ 为应变速率；η 是 $n=1$ 时黏度对应的材料常数。应力指数 n 取决于流动是否由扩散蠕变发生，$n \approx 1$ 时（线性流动法则），材料是线性黏性的（牛顿体），或者位错蠕变，$n \approx 3 \sim 5$ 时（动力流动法则），材料是非线性黏性的。因此，为了实现模型（上标 m）与自然原型（上标 p）之间的应力平衡的动态相似性，可以写出下面的等式

$$\frac{(\sigma^n)^m}{(\sigma^n)^p} = \frac{\dot{\varepsilon}^m \eta^m}{\dot{\varepsilon}^p \eta^p} \tag{2-23}$$

并且考虑到应变速率是长度范围内的速度的度量，式（2-23）可以重新排列为

$$\frac{(\sigma^n)^m}{(\sigma^n)^p} = \frac{\eta^m t^p}{\eta^p t^m} \tag{2-24}$$

式中，t^p 和 t^m 分别为实验模型和自然原型的时间。对于模型和自然原型，应力指数 n 应该是相似的，以确保动态相似性。

2.1.4.3 实验材料的确定方法

构造模拟实验是研究地质体中各种构造形迹成因机制的物理和力学实验。所研究的比例规模在 $1:10^6 \sim 1:10^3$，涉及上地壳、下地壳和上地幔三大构造层。构造模拟实验所使用的各类材料的力学特性分析是人们关注的问题之一。在选择实验材料时，应充分了解所要替代的岩石地质特征和主要力学参数，要清楚知道它们的粒径分布范围、结构特征和主要成分。在大比例尺的构造模拟实验中，所研究的剖面往往上千千米长和上百千米深，即便是这样，所选择的实验材料也必须有足够的地质依据，能够明确指出所使用的实验材料与所替代的岩石类型之间在物理和力学性质方面的相似性。

2.2 洋中脊–转换断层

洋底转换断层与洋中脊相伴生，它往往垂直于洋中脊发育，并将洋中脊分割成段。洋中脊以及垂直于洋中脊的转换断层共同组成了整个洋脊增生系统。

2.2.1 转换断层

转换断层的物理模拟分两种模型：有增生和板块冷却的热力学（冻蜡）模型，无增生的脆性岩石圈力学模型。

2.2.1.1 冻蜡模型

转换断层的模拟研究始于 Oldenburg 和 Brune（1972，1975）的开创性工作，他们进行了一系列冻蜡实验，以重现大洋板块分离所产生的洋中脊–转换断层组合的正交样式（orthogonal ridge-tranform pattern）。

在冻蜡模型中［图2-4（a）］，可变速风扇冷却托盘中的熔融石蜡，托盘和移动板之间形成一层固体蜡薄膜。移动板通过可变速电机在石蜡中以均匀的速率拉伸。

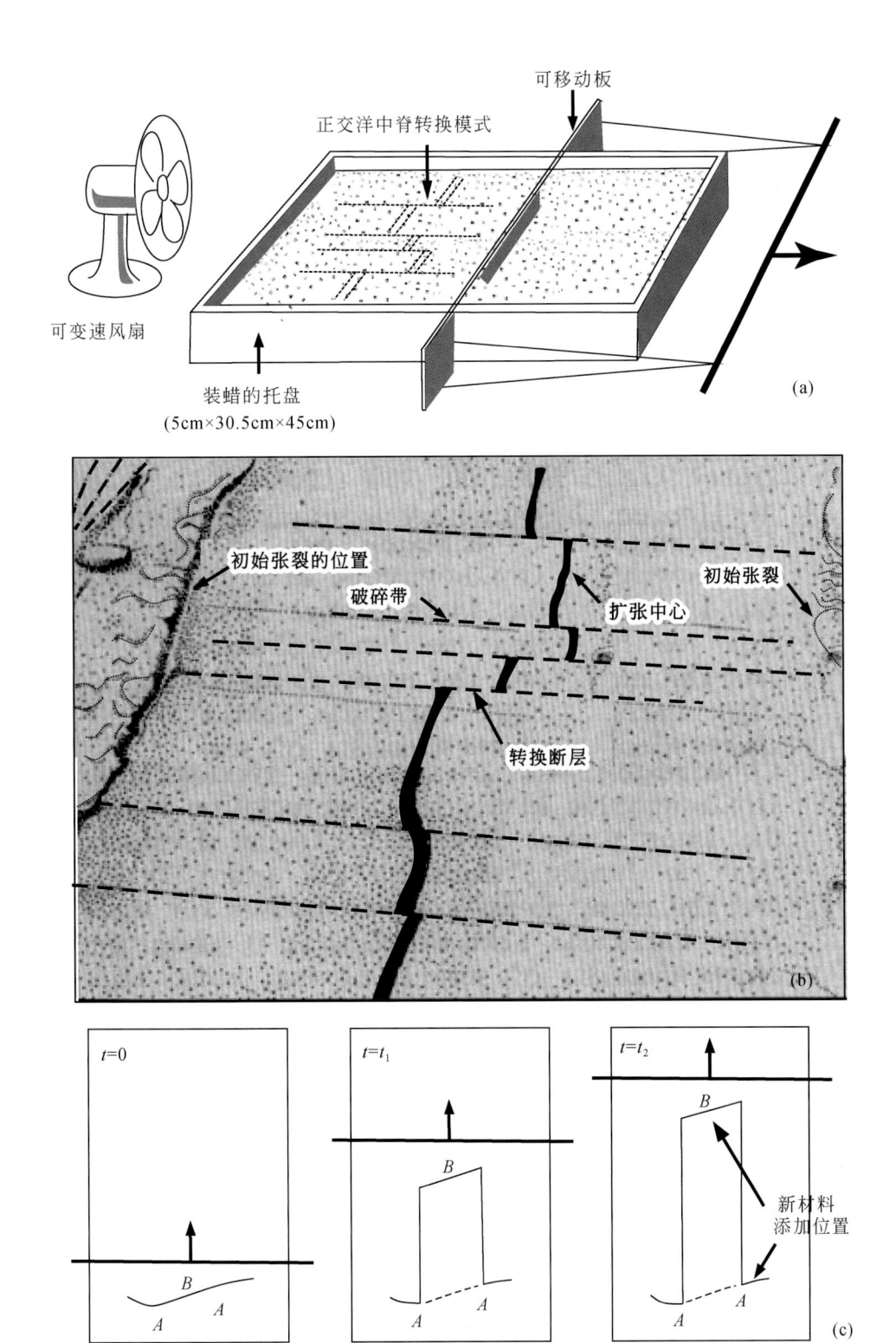

图 2-4 冻蜡模型（Oldenburg and Brune，1972）

(a) 模型装置；(b) 典型的实验结果；(c) 不对称板块增生引起转换断层的自发形成

在大多数情况下，软弱区域是预先设定的，以确保在板的边界处不会发生初始扩张。

这些实验显示，转换断层、不活动的破碎带以及其他扩张洋中脊的典型特征［图2-4（b）］都可以在各种各样的石蜡中产生。尽管最终的样式取决于石蜡的温度和扩张速率与表面冷却速率的比值，但是典型的正交样式的洋中脊-转换断层系统，是板块分离的主要模式。在洋中脊无抗拉强度的条件下，扩张对称发生，而转换断层的产生是洋中脊缺乏剪切强度的结果。实验同样表明，在洋中脊顶端存在被动上涌物质的条件下，洋中脊特征出现，这受控于施加的板块分离条件，而不是受控于活跃的热对流运动（Oldenburg and Brune，1972）。

有趣的是，并不是所有的石蜡都能够产生转换断层。Oldenburg 和 Brune（1972）研究了各种石蜡熔化温度范围，为 55.5~69℃，其中 Shell120 蜡熔点为 55.50℃，Shell200 蜡熔点为 62.8℃，Chevron156 蜡熔点为 69℃。使用 Shell120 蜡获得了最成功的实验。蜂蜡是一种经常用于地球物理建模的物质，因为它不会产生转换断层（Oldenburg and Brune，1972）。在后续实验中，Oldenburg 和 Brune（1975）证明，不同的固体石蜡产生和维持这种正交性的洋中脊-转换断层特征的能力，可以用固体石蜡的剪切强度与沿着转换断层的抗压能力的比值来表征。只有这个比值大于1，这种正交样式才能维持。如果这个条件满足了，正交样式的发展演化就可以通过对称性的应力场使石蜡在这些施加的应力条件下发生脆性断裂并稳定下来。Freund 和 Merzer（1976）通过类似的实验研究了石蜡壳层的显微结构，结果表明，这些石蜡薄膜的力学各向异性（沿扩张方向抗拉强度高且剪切强度低）是转换断层起始的原因。进一步实验表明，大洋上地幔的地震各向异性很可能是洋中脊-转换断层产生的原因（Freund and Merzer，1976）。Oldenburg 和 Brune（1975）更详细地描述了单条转换断层的形成过程（图2-5）。

O'Bryan 等（1975）利用冻蜡对转换断层的起源，进行了进一步细致的研究，探讨沿着海沟扩张速率变化情况下的板块增生（图2-6）。该模型是基于 Oldenburg 和 Brune（1972）的石蜡模型，以及 Cox（1973）实验的综合模型。在慢速扩张速率下，扩张中心的形状是明显的"之"字形而且缺少同轴裂隙。"之"字形的直线部分很可能来源于剪切作用。在快速扩张速率下，"之"字形变成了典型的正交式，而其中的直线部分被同轴裂隙所弥补。因此，O'Bryan 等（1975）提出，洋中脊系统起源于软流圈或者是岩石圈底部的"之"字形扩张中心，然后，向上逐渐传播演化成正交系统。与 Oldenburg 和 Brune（1972）一样，O'Bryan 等（1975）观察到了由冷却和增生差异所造成的不规则的、弯曲的扩张边界。这一过程造成了"之"字形扩张中心演化，并成为被弧形断裂所分割的正交直线型扩张中心段［图2-6（c）］。这些观测进一步表明，冻蜡实验中的正交样式并不是一个板块分裂的瞬时结果。相反，这一样式的形成是与板块分离、冷却和增生相关的长期逐渐演化的一个过程。

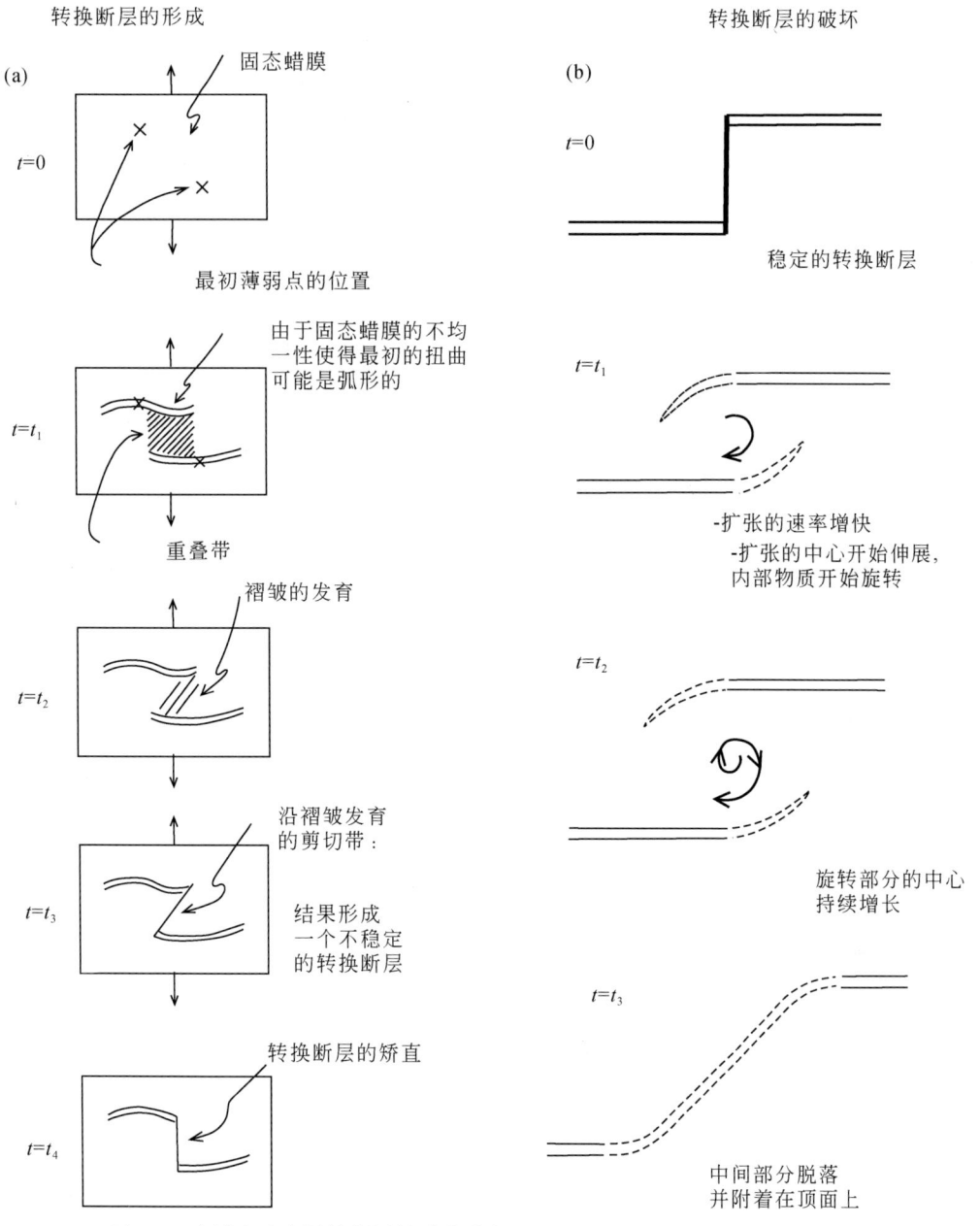

图 2-5 冻蜡实验中转换断层的形成动态和破坏（Oldenburg and Brune，1975）

之后，另外一些模拟研究也以冻蜡为材料进行了实验，这些研究中没有一个能够成功重现 Oldenburg 和 Brune（1972）、O'Bryan 等（1975）所做出的正交样式的洋中脊-转换断层样式。这很可能是由于后面的这些实验中改变了石蜡的物理、化学性质和显微结构。

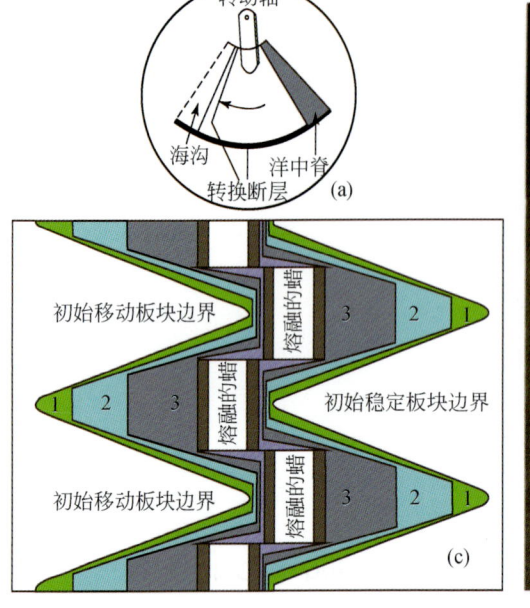

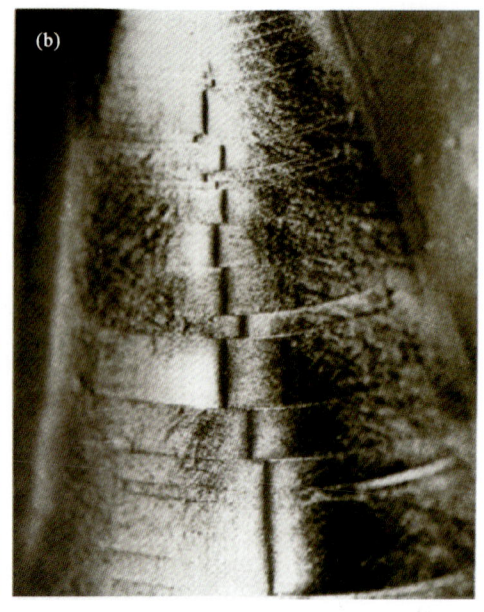

图 2-6 冻蜡模型（O'Bryan et al.，1975）
（a）模型装置；（b）典型实验结果；（c）不对称/板块增生、冷却示意。由初始"之"字形扩张模式而来的正交扩张中心——转换断层的形成

Katz 等（2005）利用石蜡研究了微板块的自发形成过程——替代高扩张速率下正交性洋中脊-转换断层样式的伸展模型。在石蜡中观测到的微板块旋转、生长类似于海底扩张模型。成对的、相对短的、不显著的转换断层常常在微板块的两侧边界上形成。研究发现，石蜡微板块在扩张速率和生长速率等运动学特征上都与海底微板块类似。而且在数量上，它们的螺旋式的假断层几何构造和 Schouten 等（1993）提出的大洋微板块生长模型一致。

Shemenda 和 Grocholsky（1994）利用一种碳氢化合物（硬石蜡和地蜡）和矿物油的合成物，选用合适比例的热力学实验模型（图 2-7）来研究岩石圈增生的机制。结晶化的上层（岩石圈）具有半塑性-半脆性的性质。在这一模型中，扩张过程非常不稳定且不对称，扩张中心有规律地跃迁。尽管洋中脊可以被强烈地弯曲，但是转换断层并不显著。相反，拆离断层非常常见，而且经常控制着板块边界的变形，从而造成不对称的板块增生。实验结果按比例对应到实际的海底扩张过程中，跃迁长度为 10km，周期为 $10^5 \sim 10^6$ 年。与自然界类似，洋中脊中央裂谷的规模以及整体的海底地形强烈依赖于扩张速率，速率越低，地形越粗糙。扩张中心不是同步跃迁的。此外，扩张中心类型也可以是不同的，扩张轴上相邻两段可以距离不同、方向相反，这就导致了转换带或调节带的出现。

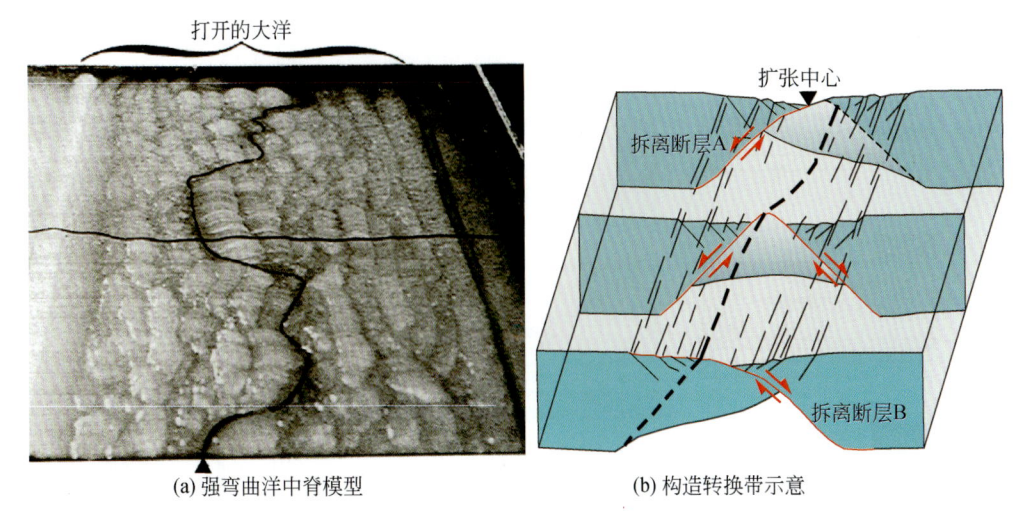

(a) 强弯曲洋中脊模型　　　　(b) 构造转换带示意

图 2-7　慢速扩张热力学模型（Shemenda and Grocholsky，1994）

2.2.1.2　无增生模型（non-accreting analog models）

通过物理模型，能够直接观察理解大洋转换断层和斜向裂解过程内部结构以及表面的表现形式。Dauteuil 等（2002）采用砂和硅油灰分别作为模拟岩石圈脆性层和黏性层的材料。两块塑料板之间的裂隙作为由转换边界连接的两个间断面（图2-8）。通过改变转换边界处黏性层的形态，来调整模型的流变学分层和强度。在发散不连续点之上，断层模式总是由平行的正断层形成[图 2-8（b）和（c）]。当没有黏性层位于转换边界时（强不连续性），变形区窄，线性断层少（图 2-8，FT-1）。通过增加一层窄而薄的黏性层，变形区域会随斜滑断层作用和其内部的纯走滑断层作用而变宽（图 2-8，FT-2），且这些纯走滑断层倾向转换边界。当宽黏性层不连续覆盖且变形弱时，断层以广泛分布的正断层为主，走滑断层仅限于变形区内部（图 2-8，FT-3）。实验结果说明，扩张速率和转换断错或间断是控制转换边界岩石圈强度与变形模式的主要因素。

Marques 等（2007）利用物理模型，研究了低密度软流圈之上大洋岩石圈的自发破裂（图 2-9）。在模型中，上部楔形砂层表示大洋岩石圈，聚二甲基硅氧烷混合钨锰铁矿粉末（PDMS）代表软流圈[图 2-9（a）]。自然界中的等静压补偿导致脊部隆起，并使其侧翼沉降，这些结果是对洋中脊推动力的响应。岩石圈较薄且洋中脊处无断层嵌入的模型中，洋中脊推动导致短的转换断层连接雁行式洋中脊[图 2-9（b）]。在类似但岩石圈较厚的模型中，斜向断裂形成的偏移迹线约为 20°[图 2-9（c）]。Marques 等（2007）得出结论，洋中脊推动力不足以形成理想的转换断层。在偏移脊的模型中，具有含纯聚二甲基硅氧烷的嵌入式薄垂直层与洋中脊

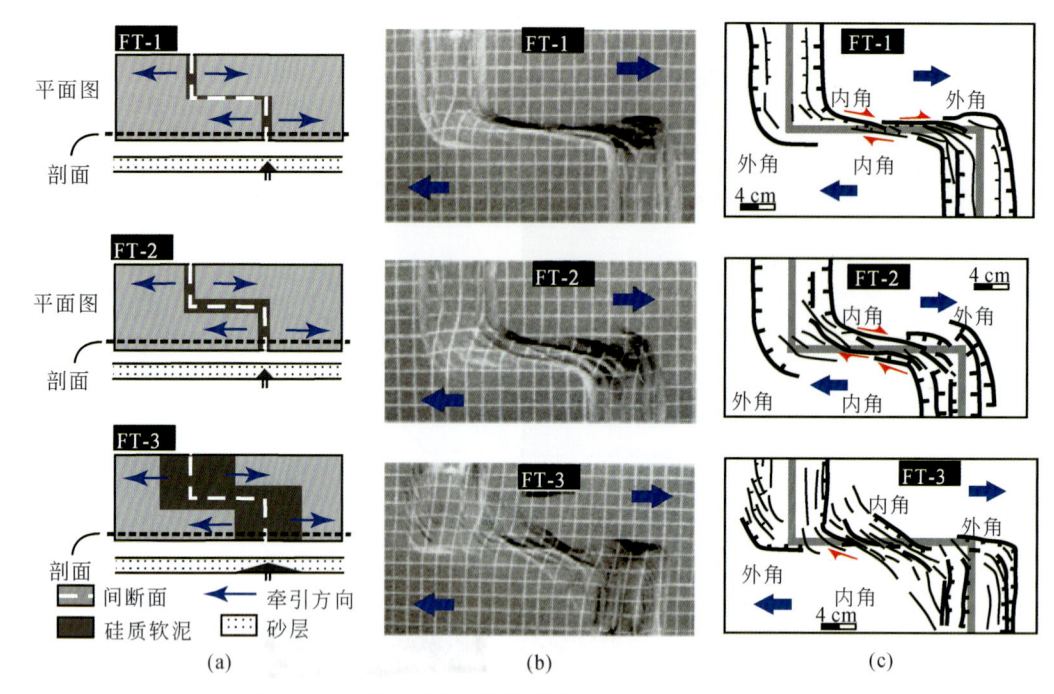

图 2-8 无增生脆性岩石圈模型（Dauteuil et al., 2002）

(a) 模型装置；FT-1 转换间断上无硅胶层；FT-2 转换间断上有窄硅胶层；FT-3 转换间断上有宽硅胶层。
(b)(c) 实验结果：(b) 变形模型平面图；(c) 断层模式素描

成 90°，沿嵌入的软弱层处产生转换断层，所得到的结构模式与自然界非常相似[图 2-9 (d)]。在这些结果的基础上，Marques 等（2007）推断，如果转换断层处岩石圈强度小于相邻岩石圈，并且在扩张早期形成，那么洋中脊的推动力能够驱使转换断层发生错移运动。

Tentler（2003a，2003b，2007）、Tentler 和 Acocella（2010）利用物理模拟，研究了洋中脊区段的初始错动如何影响转换断层和叠接扩张中心形成与发展（图 2-10）。结果显示，洋中脊错动较小时，类似叠接扩张中心的相互作用发育，而洋中脊错动距离较大时，产生转换带几何形态。实验结果与自然现象对比，发现离散板块边界的初始结构存在差异，导致自然界形成类型广泛的洋中脊-洋中脊相互作用。

与冻蜡模型相比，由于脆性岩石圈模拟模型无法涉及上部脆性岩石圈的增生作用，其模拟结果更适合解释扩张初期不同板块分裂模式的形成，而不适用于解释长期板块分离和增生过程中洋中脊-转换断层模式的形成。另外，冻蜡模型实验通常产生开放式扩张中心，液态蜡暴露在表面。这与自然界中幔源岩浆多在深部结晶、扩张中心被固态洋壳覆盖的现象明显不同。

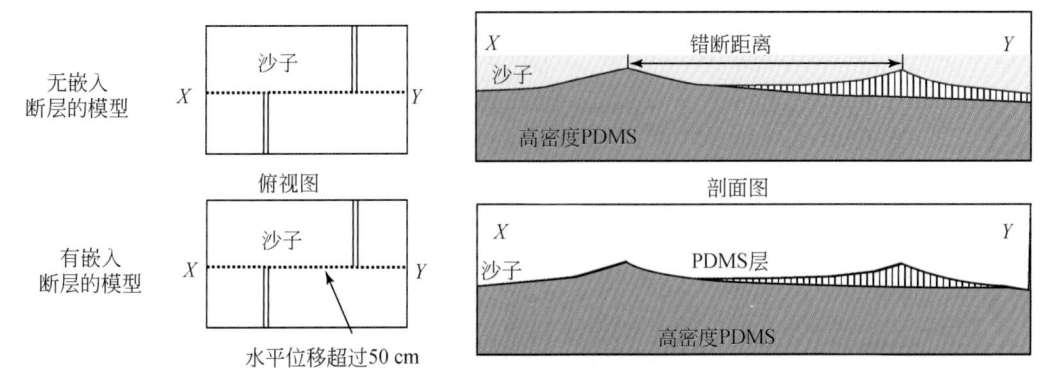

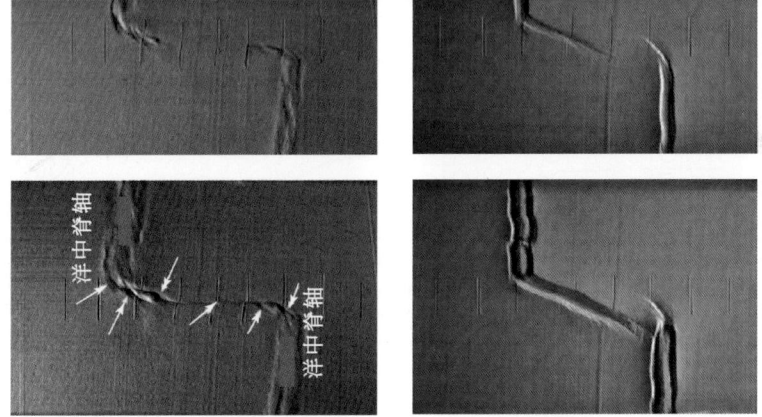

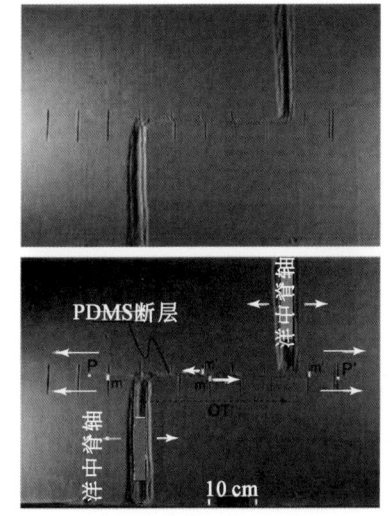

图 2-9 无增生脆性岩石圈模型（Marques et al., 2007）

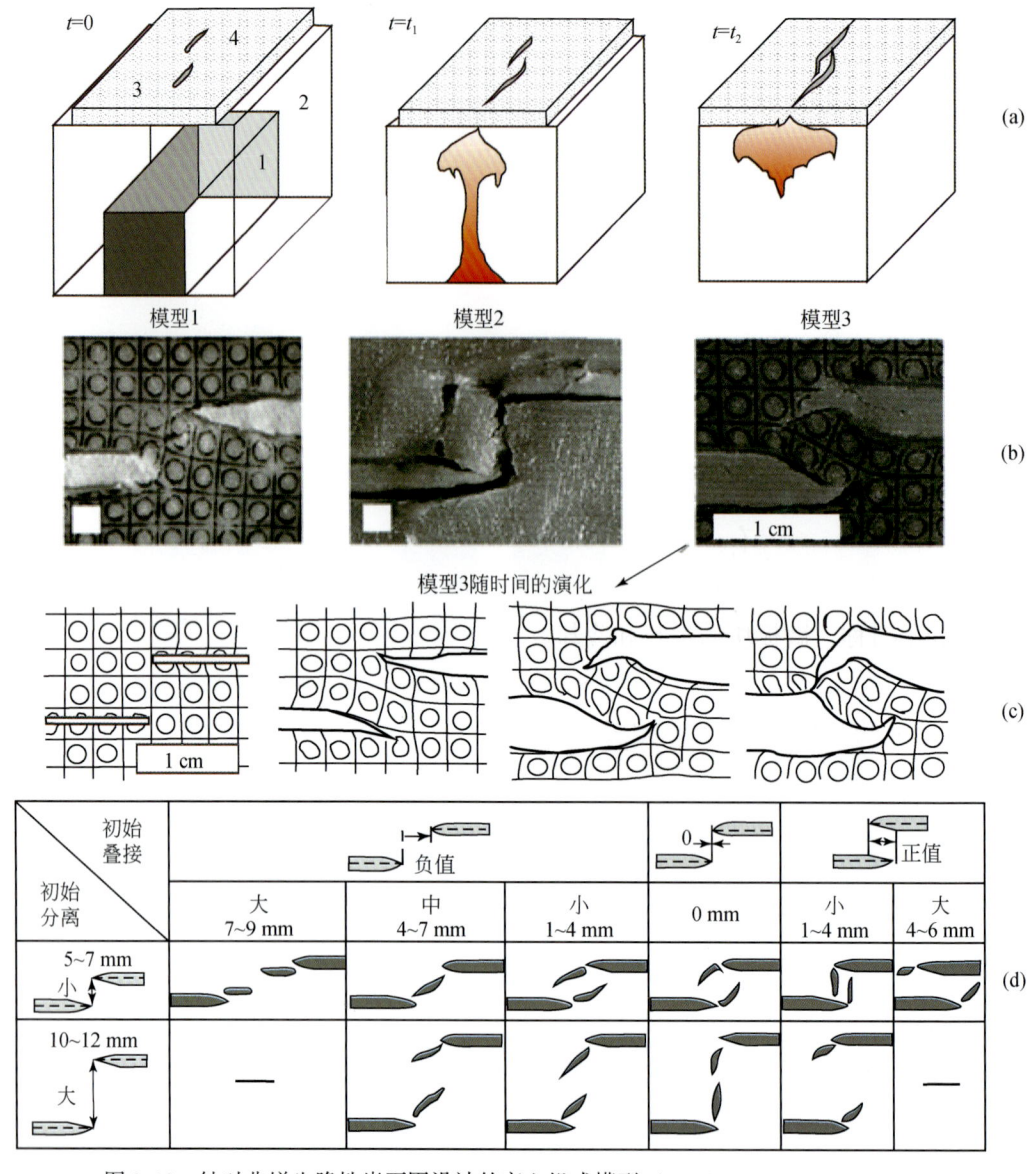

图 2-10　针对非增生脆性岩石圈设计的离心机式模型（Tentler and Acocella，2010）

(a) 实验设置：1. 相对低密度硅树脂模拟软流圈，2. 相对高密度硅树脂模拟上地幔，3. 最上部的脆性层模拟大洋岩石圈，4. 提前切割好的断层；(b) 不同类型的断层交汇方式；(c) 选取特定模式演化过程；(d) 脆性层模型中提前设定断层的不同交汇方式

固态蜡或冻腊模型的组成部分包括顶部敞开的长方形箱体、大量的蜡、风扇、可在箱体中水平滑动的活动板与系好的拉杆。长方体箱体扁平且不容易形变，是蜡的容器，并代表了模拟的研究区域；蜡经过加热融化成液态，并填满箱体；风扇不断对模型进行送风，并促进蜡的凝固；箱体中的活动板按照一定的速度向一侧平行移动，使得蜡处于一种拉张的状态。

无增生模型则是采用沙土与聚二甲基硅氧烷粉末来模拟。用高密度的聚二甲基硅氧烷粉末铺在实验台上来模拟地幔物质，并做出两段平行但不共线的脊状凸起以模拟洋中脊地幔的上涌现象。两脊状凸起的水平间距作为预设的洋中脊偏移量。随后，用密度较小的沙土平整地覆盖在聚二甲基硅氧烷粉末上来模拟密度较小的洋壳。当实验台向两侧移动时，整套模型处于水平拉伸的应力状态。

利用固态蜡的模拟方法，前人成功地模拟出了具有洋中脊–转换断层模式的图形，取得的主要成果有以下几点：

1）固态蜡模拟实验成功模拟了许多重要的特征，如洋中脊、转换断层、活动断裂带、旋转的微板块、叠接扩张中心以及其他洋中脊的特征等。

2）对于以蜡为介质的模拟来说，正交模式是一种很好的分离模式。蜡在冷凝过程中形成蜡纤维，蜡纤维组成了模型的固体外壳。在正交模式下，蜡纤维定向排列，进而使固体外壳具有明显的各向异性特征。

3）正交转换断层的形成方式多种多样，包括叠接扩张中心的发展、地壳的黏性变形和不对称、微板块的生长和冷却。

4）当蜡的扩张速度超过某个临界值时，蜡中的正交图形可能会消失。

5）在缓慢扩张的情况下，可以观察到许多现象，如板块的不对称扩张、拆离断层的存在和洋中脊的跃移。模型中的洋中脊可以强烈弯曲，但转换断层并不明显。

6）开放式的扩张中心暴露出液态蜡并不妨碍转换断层的形成与稳定。

无增生模型的模拟也取得了以下两点成果：

1）内部转换断层变形模式受转换断层下面的薄弱层的存在和宽度的控制。

2）初始偏移较小的洋中脊发展出与叠接扩张中心相似的作用，而较大偏移的洋中脊则产生与转换断层带有关的几何形状。

2.2.2 洋中脊斜向扩张

裂谷的几何学和运动学受到地壳与地幔岩石圈中先存结构的控制。在亚丁湾，古近纪斜向裂谷是在中生代伸展盆地基础上形成的，该盆地的延伸方向与渐新世—中新世伸展方向垂直（图2-11）。这种继承性将导致地壳厚度的横向变化，从而导致地壳和地幔岩石圈的流变性存在差异。

Autin等（2010，2013）通过脆性–韧性多层岩石圈模型，再现了斜向扩张的过程；通过引入斜向的岩石圈局部弱化带，模拟了岩石圈地幔中初始的斜向弱化（即热点）的影响；通过在两个模型中添加与伸展方向垂直、细长而较脆弱的地幔，研究了中生代继承盆地的作用。

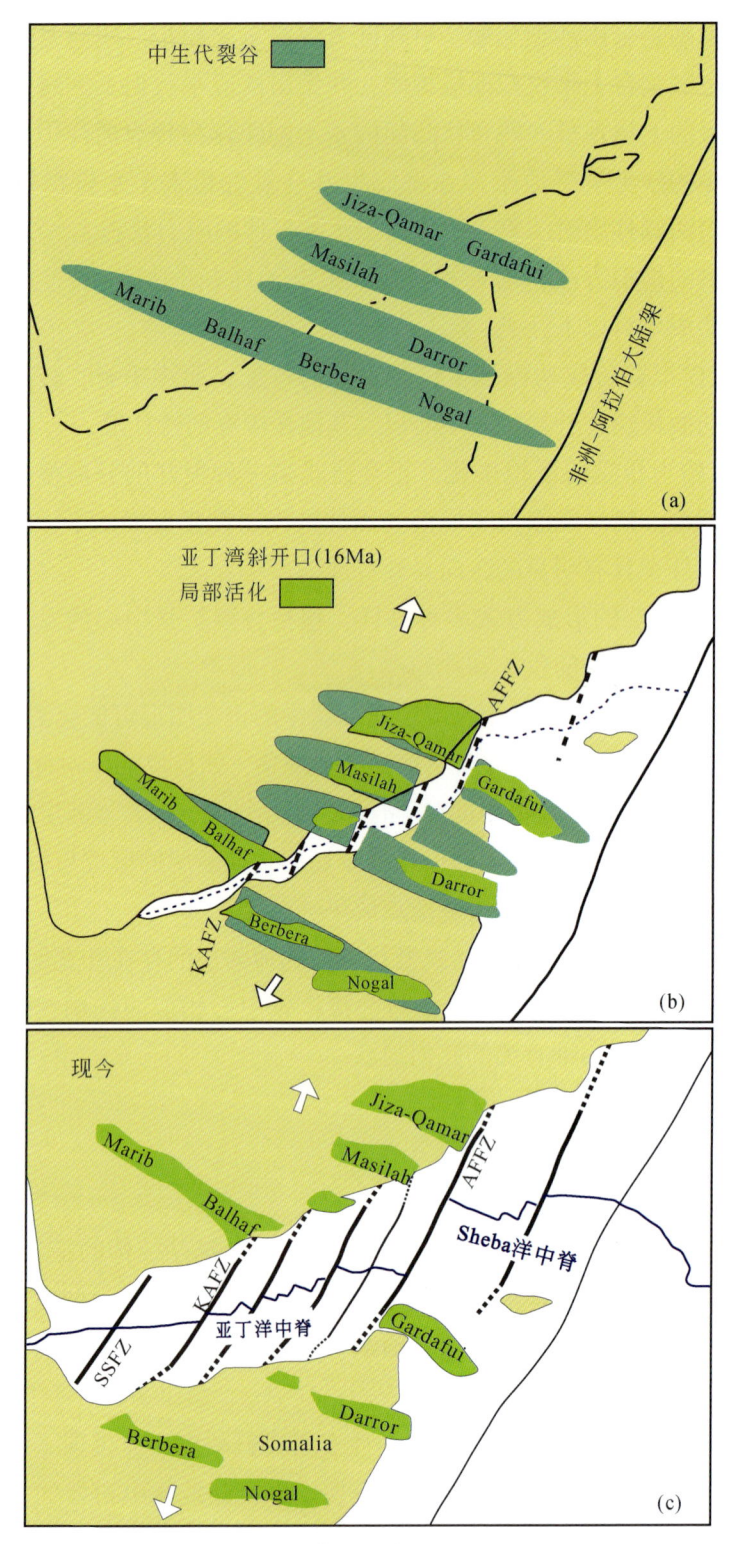

图 2-11 亚丁湾盆地演化示意（Leroy et al., 2012）
(a) 中生代盆地示意；(b) 三次裂谷作用重新活化的中生代盆地；(c) 现今沿亚丁湾共轭边缘的盆地分布。
SSFZ 代表 Shukra El Sheik 破碎带，KAFZ 代表 Khanshir Al Irquah 破碎带，AFFZ 代表 Alula-Fartak 破碎带

2.2.2.1 加载装置

模型实验在大小为 56cm×30cm×30cm、体积约为 0.05m³ 的沙箱中进行（图2-12）。该实验装置由一个矩形砂箱和一个无底的抽屉组成，丝杠步进电机带动抽屉在矩形砂箱内滑动，运动方向代表伸展方向。无底的抽屉两臂长度不同，将导致两侧的运动速度不同，进一步形成一个斜向变形区。

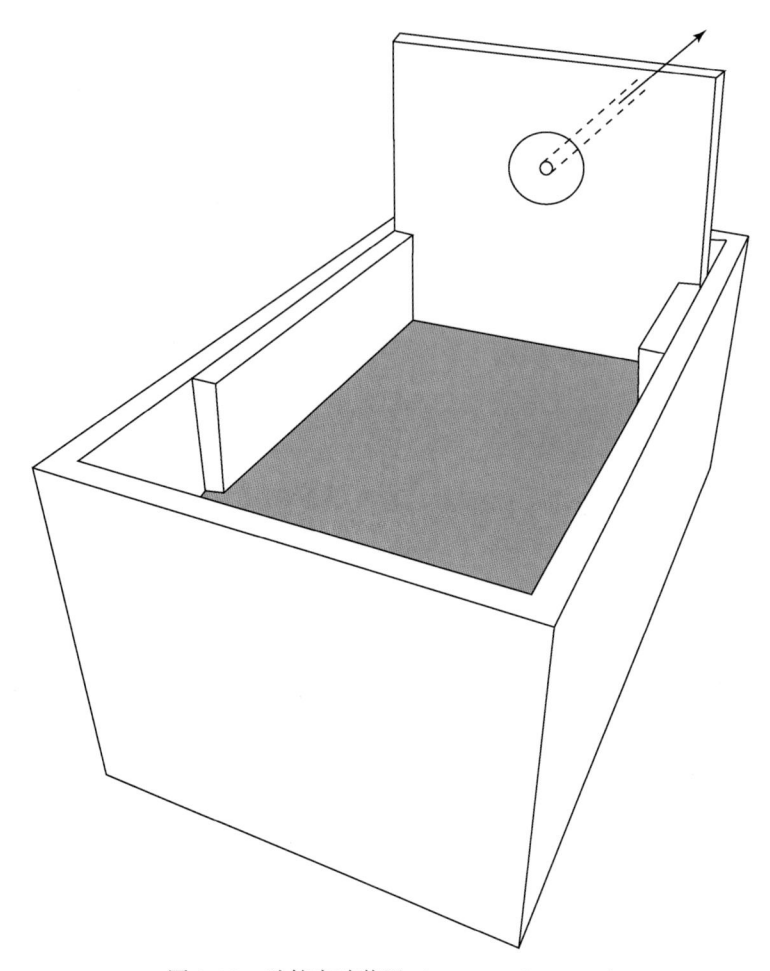

图 2-12 砂箱实验装置（Autin et al., 2013）

2.2.2.2 实验材料

一般认为，具有正常地壳厚度（约35km）和稳定地热的伸展型大陆岩石圈，表现为脆性-韧性的多层结构（Kirby，1983），可以简化为具有不同强度的脆性上地壳、韧性下地壳、上部脆性岩石圈地幔、下部韧性岩石圈地幔四层（Davy and Cobbold，1988，1991）。在实验模拟中，通常使用颗粒微珠材料和硅脂来模拟不同层。这里的实验使用微珠混合物作为脆性层的相似材料，硅脂作为延性层的相似材料。

亚丁湾地区岩石圈由脆性上地壳、韧性下地壳、上部脆性岩石圈地幔和下部韧性岩石圈地幔组成，实验材料参数见表2-4。

表2-4 自然状态以及模型所用实验模拟材料的主要物理参数对比

指标	地壳						地幔				
	上地壳		下地壳			岩石圈脆性地幔		岩石圈韧性地幔		软流圈	
	厚度	密度	厚度	密度	黏度	厚度	密度	厚度	密度	黏度	厚度	黏度
自然状态	20km	2.6~2.8 g/cm³	10km	2.9 g/cm³	10^{21} Pa·s	~12km	3.3 g/cm³	~50km	3.3 g/cm³	10^{23} Pa·s	3.2~3.4 g/cm³	10^{19} Pa·s
模型参数	1.5cm	1.2 g/cm³	0.7cm	1.25 g/cm³	4×10^4 Pa·s	0.8cm	1.2 g/cm³	2cm	1.33 g/cm³	7×10^4 Pa·s	1.41 g/cm³	10 Pa·s

资料来源：Autin 等，2013

微珠混合物由80%的玻璃微珠和20%的空心铝微珠组成，玻璃微珠密度为1.49g/cm³，内摩擦角为31.5°；空心铝微珠密度为0.39g/cm³，内摩擦角为24.7°（Rossi and Storti，2003）；两种物质按比例混合后的相似材料密度为1.2g/cm³，内摩擦角约为30°。该材料内聚力低，适用于模拟模型的脆性上地壳和上部脆性岩石圈地幔。

硅胶泥（罗纳-普朗克公司生产的SGM36型）富含氧化铁或碳酸铅，可以达到合适的密度和黏度。富含二氧化三铁的红色硅质层密度为1.33g/cm³，黏度为7.104Pa·s，用于模拟韧性上地幔。富含碳酸铅的白色硅质层密度为1.25g/cm³，黏度为4.104Pa·s，用于模拟韧性下地壳。

高密度低黏度的葡萄糖浆用于模拟软流圈，密度从顶部到底部逐渐增加，用于匹配被动裂解模型。

厚度、黏度、密度和应变率按比例适当缩放，以模拟伸展型大陆岩石圈，为保持几何学、动力学、运动学和流变学方面的相似性，按比例将自然原型缩放至实验模型尺寸。

脆性材料的相似比公式如下

$$\sigma^* = \rho^* \cdot g^* \cdot L^* \qquad (2-25)$$

式中，σ^* 为应力比；ρ^* 为密度比；g^* 为重力加速度比；L^* 为模型长度比（即实验模型参数除以模拟的自然模型参数），这些参数均无量纲。在该模型中，模型相似比为 $L^* = L_{实验模型}/L_{自然模型} = 0.75\times10^{-6}$（这里 $L_{实验模型}$ 和 $L_{自然模型}$ 分别代表其等效长度），实验模型中的1.5cm相当于自然模型中的20km。重力加速度比 $g^*=1$，因为自然材料和相似材料的重力加速度均为同一值。密度相似比约0.4（脆性材料为0.41，韧性材料为 0.36)。代入式（2-25）可知，应力比 $\sigma^* = \rho^* \cdot g^* \cdot L^* = 3 \times 10^{-7}$，因此，选择上地壳的模拟材料时应选择内聚力为 10~30Pa 的材料（上地壳的内聚力为 30~100MPa），这里选择的混合微球符合应力相似比模型。

脆性材料的时间相似比公式如下

$$\eta^* = \rho^* \cdot g^* \cdot L^* \cdot \tau^* \tag{2-26}$$

式中，η^* 为黏度相似比；τ^* 为时间相似比。在该模型中黏度比为 4×10^{-17}（下地壳的黏度为 10^{21}Pa·s，实验模型中的下地壳为 4×10^{4}Pa·s），因此可以推算出下地壳的时间相似比 τ^* 约为 1.33×10^{-10}（模型中的 1h 等于实际的 0.85Ma）。

实验伸展速率为 5cm/h。在快速裂解过程中，对应于自然界的 6cm/a 运动速率，该速率与以往流变学模型研究相当（McClay and White，1995；Benes and Davy，1996；Brun and Beslier，1996；Sokoutis et al.，2007）。

2.2.2.3 模型设置及加载过程

中生代岩石圈冷却后受阿法尔热点的影响，热点会弱化相邻的岩石圈。由于在模拟模型中很难加入热效应，因此，模型设置时加入局部弱化岩石圈表示热点的影响。图 2-13 (c) 的 4 种模型主要研究两方面内容：①垂向断裂在斜向裂谷和转换边缘发育中的作用；②斜向扩张对裂谷形态的影响。

1) 中生代伸展盆地转变为相对坚硬的岩石圈一部分，中生代裂谷发生在古近纪斜向裂谷 30Myr 以前，随后上升的岩石圈地幔冷却后比未伸展的周围地幔厚（van Wijk and Cloetingh，2002），导致岩石圈强度较大的区域，变形更大。

2) 裂谷斜向扩张可能是继承了之前的斜向扩张，也可能由板块边界对初始均质岩石圈的影响（边界驱动导致的倾斜）引起。在图 2-13 模型中，选择两种斜向作用类型进行建模，这两种模型分别为：边界条件限定的斜向扩张模型、边界条件限定与先存的斜向断层联合作用。这种继承而来的斜向断裂可能代表了先存地质断裂，也可能代表了西部邻近的阿法尔热点对岩石圈的局部热弱化。

4 种斜向扩张模型的配置 [图 2-13 (c)]：①初始厚度相同的分层岩石圈模型（模型 A），其中，斜向扩张由横向不连续性引起，代表由加载边界导致的斜向断裂，没有与之垂直的继承型裂谷。②与加载方向垂直的局部岩石圈增厚模型（模型 B），它由局部较厚的脆性岩石圈地幔组成（厚度为 1cm，宽度为 2cm，代表自然界 26km，比模型 A 的岩石圈厚度增厚 0.2cm）。该模型表示具有边界驱动的斜向裂谷和与之垂直的继承型裂谷。③与边界倾斜方向平行的局部岩石圈弱化模型（模型 C）。弱化带由局部减薄的脆性岩石圈地幔组成（厚度为 0.6cm，宽度为 0.5cm，比模型 A 的岩石圈厚度减薄 0.2cm）。该模型表示一个具有继承的斜向作用且没有正交继承的裂谷。④局部岩石圈弱化和强化共存模型（模型 D），代表由加载边界导

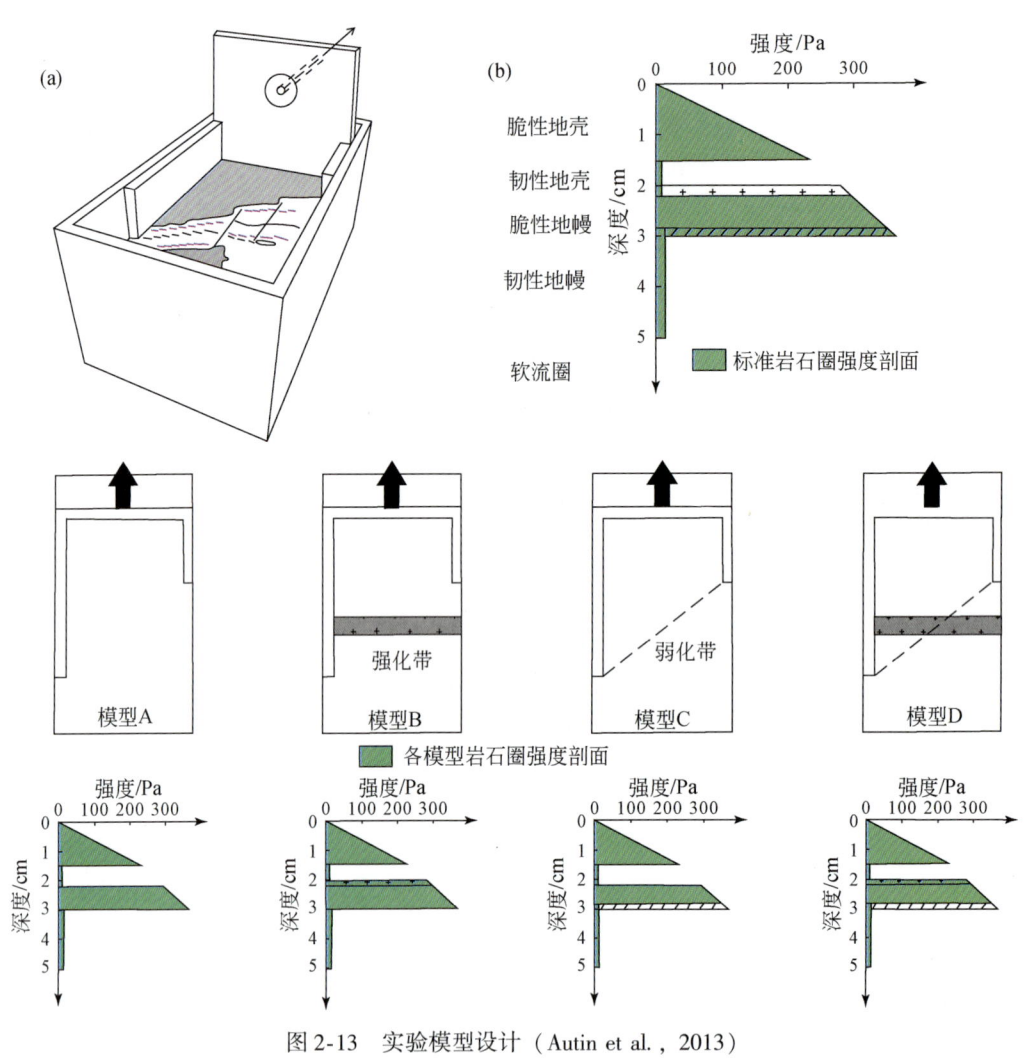

图 2-13 实验模型设计（Autin et al., 2013）

（a）模型中使用的砂箱初始大小为 56cm×30cm×30cm。抽屉两臂长度不同产生横向不连续，使变形的趋势为整体倾斜。倾斜度可能由侧面的不连续性造成（倾斜边界驱动），或者由侧向不连续与弱化带的联合作用导致。（b）实验模型的岩石圈强度剖面

致的斜向断裂，以及与之垂直的继承型裂谷。

亚丁湾洋中脊走向为 75°E，区域应力场方向为 25°E。因此，斜向扩张的倾角，即区域应力场方向与裂谷法线方向之间的夹角为 50°，4 种模型中倾角保持一致。总位移量为 10cm，伸展量为 20%，裂谷增大了 150%~200%。为了简化模型，实验过程中没有进行同沉积模拟，以便于使用顶部视图照片和扫描对断层活动的表面形貌进行观察与记录。

2.2.2.4 实验结果分析

主要发育三组断裂，实验加载方向与断层夹角用 θ 表示：①$\theta \sim 50°$，与裂谷平

行的断层（斜向断层）；②$\theta \sim 70°$，介于裂谷方向和垂直于加载方向之间的断层（中间断层）；③$\theta \sim 90°$，垂直于加载方向的断层（正交断层）。

（1）无岩石圈弱化的斜向模型

模型 A 作为参考模型，没有设置岩石圈局部强化或者斜向的岩石圈弱化，伸展量为 2.5% 时 [图 2-14（a）]，两端出现 $\theta \sim 70°$ 的中间断层，模型中心尚未变形贯

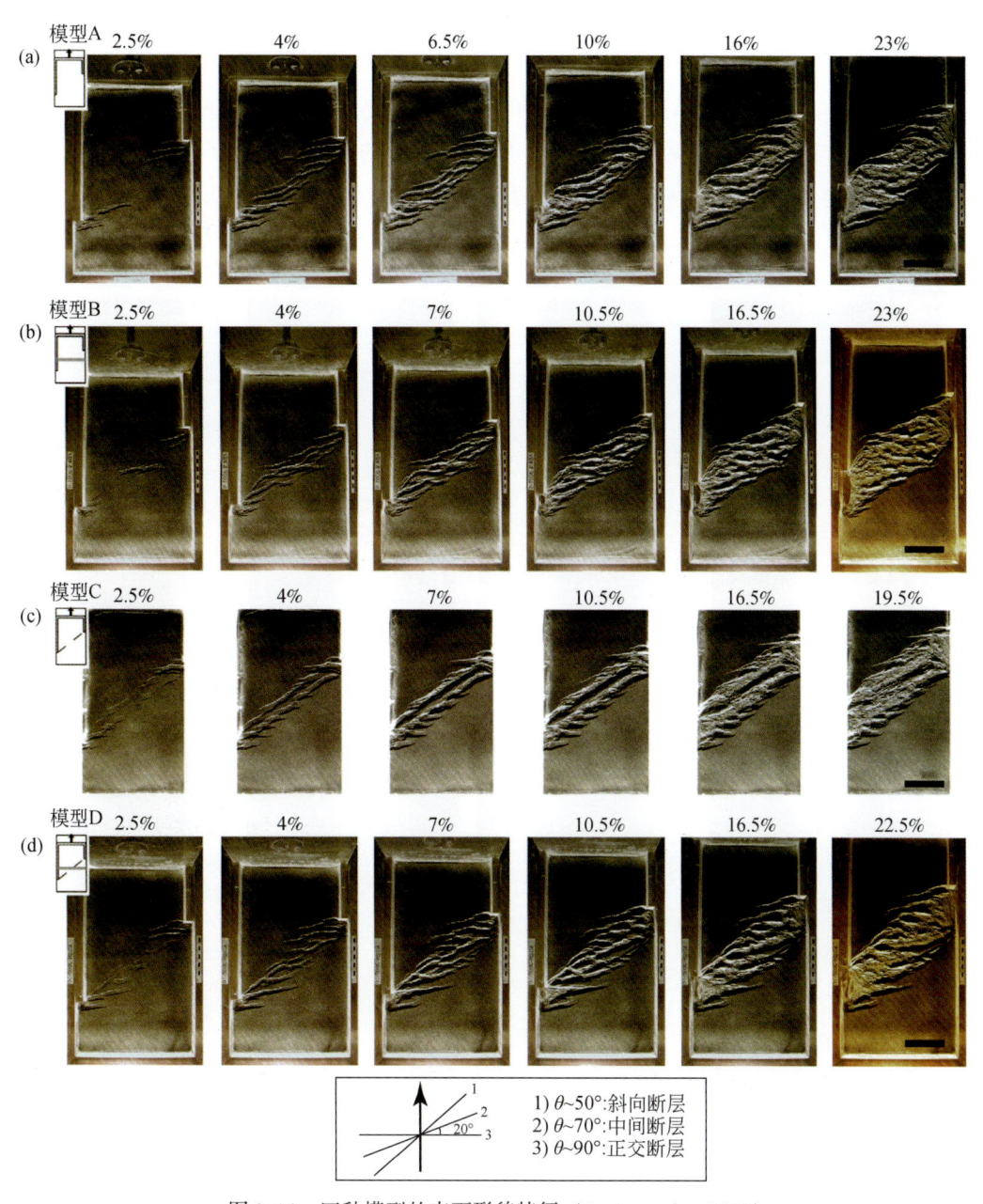

图 2-14 四种模型的表面形貌特征（Autin et al., 2013）

（a）~（d）代表脆性上地壳的变形演化。模型 C 和 D 之间的差异比模型 A 和 B 之间的差异更大，即对存在先存斜向的局部弱化岩石圈地幔影响更大

通。伸展量为4%时，模型中心产生了平行于裂谷的断层，变形主要集中于现存的裂谷中。这些新生裂谷不断扩大和加深，在现存的裂谷中出现新断层（伸展量为6.5%和10%）。结构上，顺时针旋转大于20°，最初以中间方向为主的地壳伸展至10%~16%时，会变为与加载方向垂直的横向断层，伸展量为16%~21%时，在伸展量最大的地堑深部出现了更多的正交断层。

模型B和模型A在各演化阶段有一定的相似性。在初始阶段，可以看到垂向的局部岩石圈强化作用，在模型两端及岩石圈强化部位，裂谷发育［伸展量为2.5%，图2-14（b）和图2-15（a）］。随着伸展增加，三支不连续的裂谷相互连接（伸展量为4%）。与裂谷平行的断层位于整个裂谷中间段的末端。较深的中央地堑可阻止变形横向传播。对于模型A，变形仅发生于现有地堑中。伸展量达10.5%时，模型

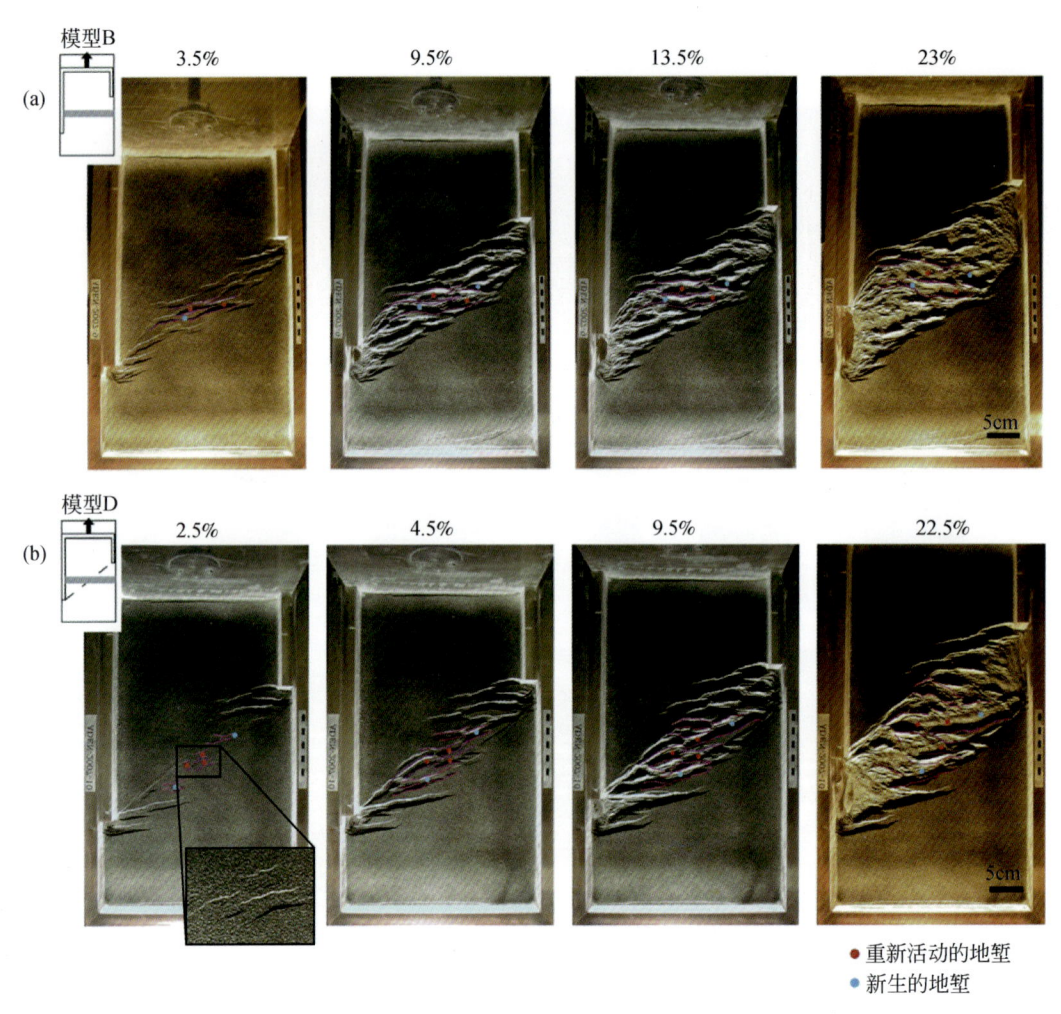

图2-15 模型B（a）和模型D（b）中重新活动的地堑（红点）演化（Autin et al.，2013）

重新活动的地堑在模型B中呈现雁列结构，模型D中也显示为活化的盆地

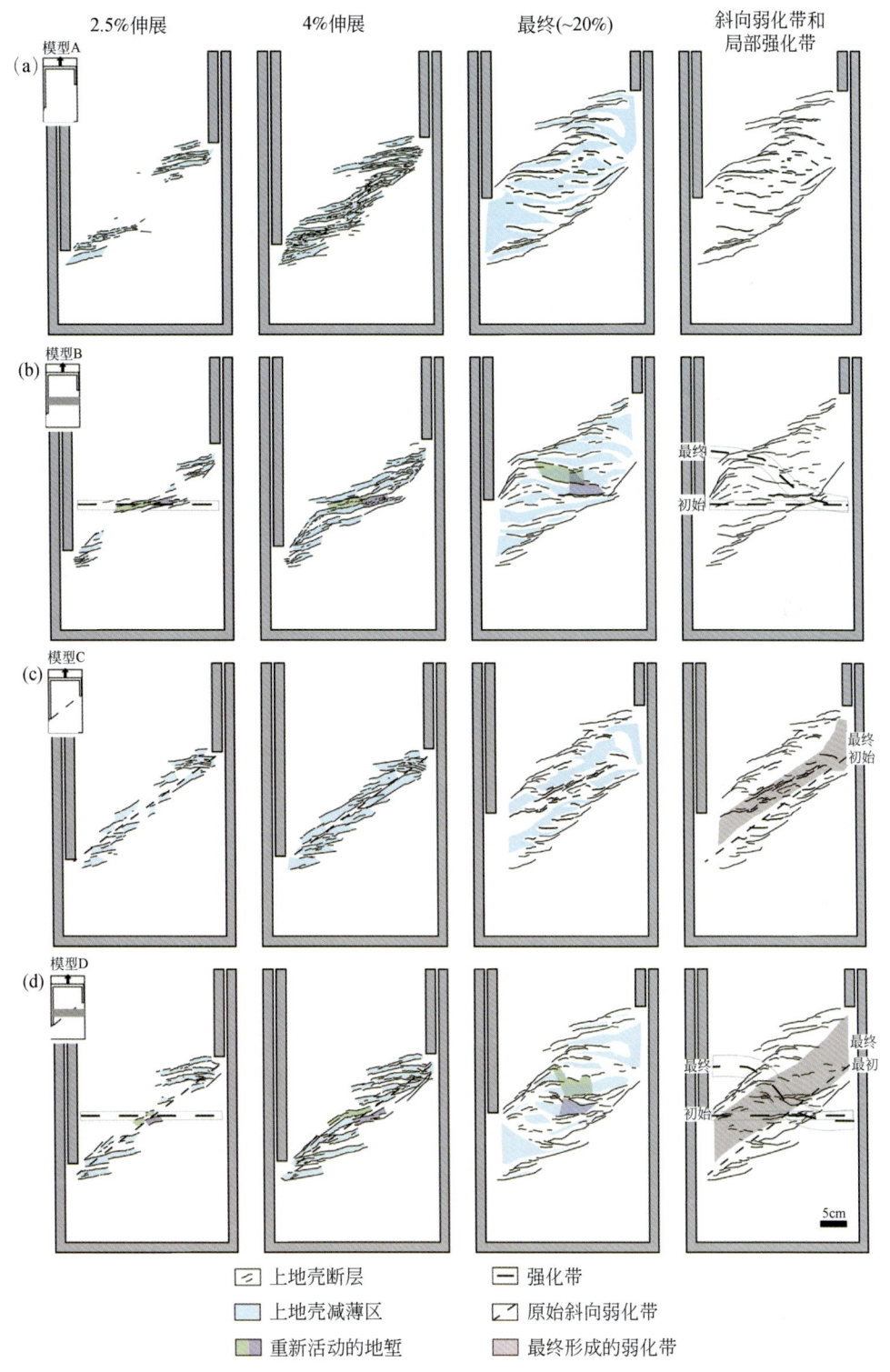

图 2-16 4 种模型的脆性上地壳断层组合的演化以及斜向弱化带和局部强化带的演化（Autin et al., 2013）

中各地堑变形类似，表明变形不再局限在最初形成的地堑中。在结构上，顺时针旋转角度（最大50°）比模型 A 中的旋转角度更大（>20°），伸展量达23%时，中间地垒的倾斜角度由（$\theta=70°$）旋转到 $\theta=120°$ 位置［图2-15（a），以红色点代表地堑，地堑之间的为地垒］。该旋转类似于局部岩石圈强化带从 $\theta=90°$ 旋转到 $\theta=134°$，经历了44°的旋转［图2-16（b）］。伸展量为16.5%~23%时，在伸展量最大的地堑深部出现了大量新生正交断层（图2-15和图2-16）。

（2）岩石圈局部斜向弱化与垂向强化

伸展量为2.5%时，模型 C 沿裂谷方向最开始在中间出现雁列式地堑，沿先存弱化带两侧分布［图2-14（c）］。从早期阶段开始，变形仅集中于现有的地堑中。随伸展量增加，地堑也在变宽和变深。平行的裂谷由断层与中间地堑相连，在弱化带上部的裂谷中心位置形成了一个连续的地垒（伸展量为4%和7%）。伸展量达10.5%时，中部地垒开始被与裂谷平行的断层和中间断层切割，在伸展量最大的地堑深部出现了大量新生断层（伸展量为16.5%~19.5%）。整个模型，中心的地垒和两侧的地堑都经历了8°的顺时针旋转，这比没有斜向岩石圈弱化带模型（模型 A 和 B）旋转量小得多。

与模型 C 相比，模型 D 则包含了岩石圈局部强化作用，变形的初始阶段与模型 C 相似，沿裂谷方向最开始在中间出现雁列式地堑，沿先存弱化带两侧分布［伸展量为2.5%，图2-14（d）］。在先存的岩石圈强化带上，形成了三个中部地堑［伸展量为2.5%，图2-15（b）和图2-16］，而模型 B 中只出现了两个地堑；其中，两个出现在弱化带的左侧，另一个出现在右侧。与模型 B 相反，这些中部地堑不能阻止变形的横向拓展。平行裂谷的断层在中部地堑的末端出现，并切割了中部地垒。与模型 C 相比，中部地垒被分成了更多段落［图2-14（d）伸展量为7%，图2-15］。之后，不会在局部变形的已有地堑外部产生新结构。伸展量达10.5%时，在中部地垒的两侧，地堑相互连接成主要变形的中间区域。伸展量为9.5%~22.5%时，这一大地堑以顺时针旋转了24°［图2-15（b）］。在伸展量最大的地堑深部出现了大量离散分布的断层。

值得注意的是，模型 C 和模型 D 之间的差异（继承的斜向弱化带）比模型 A 和 B 之间的差异（边界设置的斜向扩张）重要得多，即存在斜向弱化带时，局部岩石圈强化具有更强的作用。

（3）主减薄区的发育位置和演化

在多层模型中，岩石圈最坚硬的部分是脆性地幔［图2-13（b）］。因此，可以认为，脆性地幔底部厚度变小（图2-17和图2-18）表明岩石圈显著变薄，最薄的部分与砂层伸展量最大的部分重合。在4层模拟模型中（Brun and Beslier，1996），两个脆性层的变薄不会在同一位置发生，脆性地壳中存在地堑，则在深部地幔中存

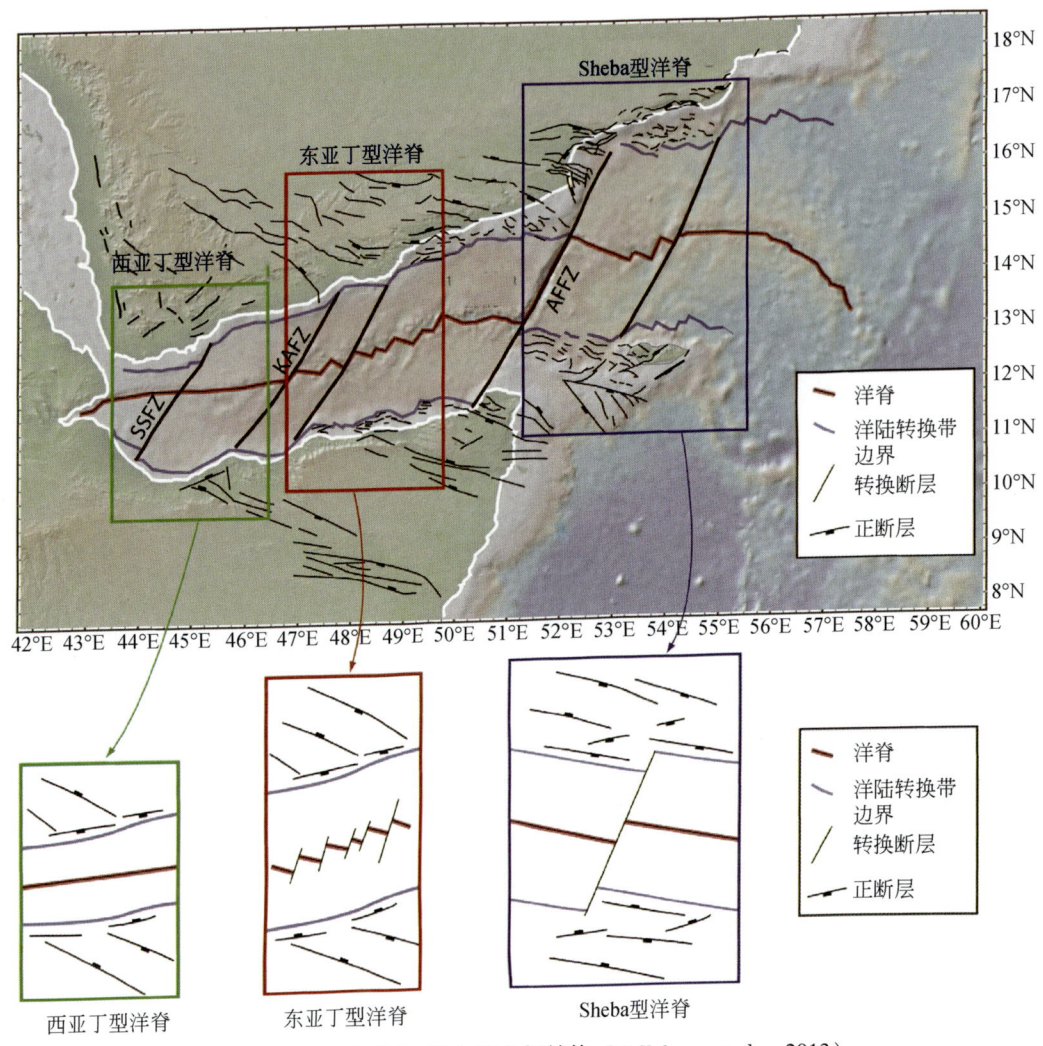

图 2-19 亚丁湾裂谷/洋中脊几何结构（Bellahsen et al., 2013）

在东部，Sheba 脊走向与大陆裂谷边缘（110°E）和洋陆转换带平行，鲜有大型转换断层活动。在这种情况下，裂解过程中软流圈较冷，浮力弱（但活跃）。在西部，洋中脊被分割成很多小的转换断层或变形协调带。与洋陆转换带平行（70°E），但与同裂陷盆地斜交（110°E~140°E）。这说明由于附近的阿法尔热点活动，软流圈比东部更热，从而产生了强大的浮力

化带将变形集中在较窄的区域，这将形成更集中的扩张中心。这与自然观察结果是一致的：①亚丁湾西部的演化模式类似于斜向弱化带模型（图 2-19），破碎带（KAFZ，<100km）对大陆区域有中等程度的影响，表明扩张中心相对较近；②东部的演化模式类似于忽略倾斜薄弱带的模型，并且扩张中心相距较远（沿 AFFZ 大于 200km）；③亚丁湾东西部不同的演化模式可以解释亚丁湾东部共轭边缘之间的强不对称性。实际上，南部边缘（约 300km）比北部边缘（140km）要宽（D'Acremont et al., 2005, 2006）。这种不对称性由继承盆地重新活化引起。在模型的假设中，由

阻止了变形的横向拓展，沿其边界积累了变形。总之，这里的模拟也适用于珠江口盆成因。

2.2.2.5 与亚丁湾的比较

初始厚度一致的岩石圈分层模型（模型A）在没有斜向运动、断层组合样式及年代学证据情况下（Lepvrier et al., 2002; Huchon and Khanbari, 2003; Fournier et al., 2004, 2007; D'Acremont et al., 2005; Bellahsen et al., 2006; Autin, 2008; Leroy et al., 2012），也可以解释亚丁湾东部的扩张过程（Autin et al., 2010）以及位移的横向传递作用。这意味着斜向断层不一定由斜向弱化带产生，而是由边界控制的斜向扩张引起（Hubert-Ferrari et al., 2003）。Bellahsen等（2003）提出，远场的热点或由特提斯洋俯冲而产生的远场效应，也可以产生斜向裂解。

另外，阿法尔热点的影响减弱了亚丁湾西部岩石圈强度。因此，模型A的初始厚度均匀模型不能代表亚丁湾西部。而脆性地幔斜向减薄模型（模型C和D）可以更好地代表亚丁湾西部。这表明热点已经在斜向扩张方向上削弱了岩石圈强度。这种趋势可能由第一次变薄事件控制，该事件显示了红海/亚丁湾/东非大裂谷的三节点模式（Hubert-Ferrari et al., 2003）。此外，Bellahsen等（2013）提出，附近阿法尔热点和地幔柱导致温度升高，使得斜向扩张在亚丁湾西部更强（图2-19）。这类似于岩石圈斜向软弱带所产生的现象。

因此，模型D中的斜向弱化带类似于阿法尔热点影响的局部岩石圈弱化，对应于亚丁湾西部中生代Balhaf和Berbera盆地的活化，KAFZ作为转换带。另外，模型B（无斜向弱化带）将更好地重现亚丁湾东部中生代盆地的影响，那里没有最初的热弱化。该设置对应于中生代的吉萨-卡马尔盆地和加尔达菲盆地（图2-11），现在被阿鲁拉-法塔克破碎带（Alula-Fartak Fracture Zone，AFFZ）所抵消。

在亚丁湾，中生代沉积物厚度达到6km，使用McKenzie模型估算的伸展因子或减薄系数为1.6（减薄37.5%）。在该模型中，对于40km的初始地壳厚度，除去6km的中生代沉积物厚度，计算出的最终厚度为25km，莫霍面变浅了9km。在模型中，继承盆地中地壳厚度从22mm减小到20mm，减薄系数为1.1（减薄9.1%）。

在整个亚丁湾，所有重新活化的盆地都被断裂带调节。模型中脆性地幔强度最大，地幔减薄代表了裂谷的最弱部分。在模型B中，脆性地幔的最薄部分（图2-18）在强化带两侧呈S形，且在S形转折处更薄，这表明强化带阻止了变形沿着裂谷边界传播，变形沿其边界集中，特别是在强化带与裂谷边界相交的狭窄转折处最为集中（图2-18中的椭圆）。随着进一步扩展，裂谷中心的强化将进一步旋转，即扩张中心将右移，在它们之间出现了变形调节断层（图2-20）。在模型D中，还观察到沿继承的强化带发生了较大的变形、旋转和转折，这导致扩张中心迁移。而斜向弱

(b) 脆性地幔厚度

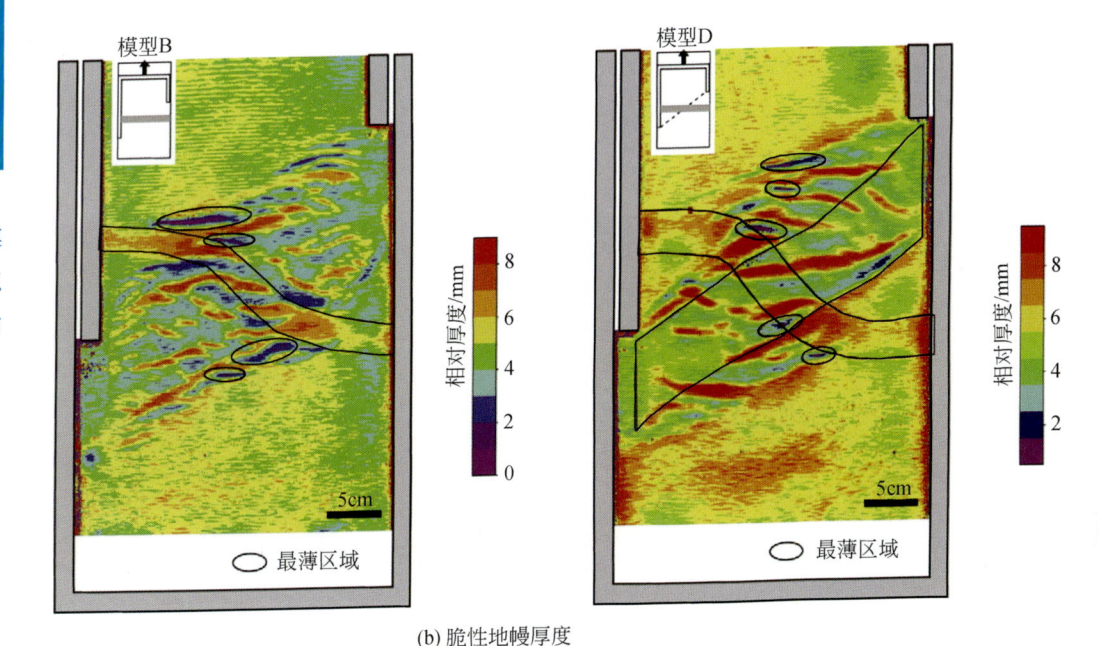

图 2-18　模型 B 和 D 中脆性地幔的相对厚度（Autin et al., 2013）

最大变薄区域位于岩石圈局部强化带两侧，特别是强化带的转折区（圆圈）

在模型 A 中，脆性地幔的最深区域呈右阶雁列式分布，表明整个模型中的横向变形比较分散［图 2-17（a）］。在模型 B（正交的地幔强化）中，地幔主要变薄区域位于强化带两侧。最薄的部分不在裂谷中心，而是在强化带的转折区（图 2-18 中的椭圆）。模型 A 和 B 存在局部的变薄脆性地壳和地幔交叉叠加［图 2-17（b），点 P］。它们可能是由旋转过大引起的［模型 B 中 50°旋转，图 2-15（a）中的红点代表的地堑］。

在模型 C 中，脆性地幔非常薄［脆性地幔的斜向破裂，图 2-17（a）］。变薄区域是倾斜的，并且与弱化带位置对应。变形主要集中于弱化带，并导致脆性地幔破裂。

在模型 D 中，裂谷中心为最薄的脆性地幔［图 2-17（a）］。该区域具有沿法线方向穿过斜向的弱化带。首先在脆性地壳和脆性地幔中沿法线变形［图 2-17（b）］。然而，脆性地幔的最深区域（图 2-17）并不对应于最薄的脆性地幔（图 2-18）。实际上，脆性地幔的相对厚度表明，最薄的区域并不位于裂谷中心，而是在裂谷边缘之下的强化带转折区附近（图 2-18 中的椭圆）。

总之，岩石圈层厚度均匀的模型（模型 A）显示正常的变形，而仅具有倾斜弱化带模型（模型 C）则斜向变形。具有强化带的模型（模型 B 和 D）将变形集中于强化带附近，特别是强化带转折区（图 2-18 中的圆圈）。强化带至少在脆性地幔中在脆性地垒。这可以通过脆性地壳与脆性地幔结构之间的偏移来解释，该偏移被中等韧性地壳中的低角度剪切带所吸收（Brun and Beslier，1996）。

模型A　　　　　模型B　　　　　模型C　　　　　模型D

(a) 实验结束时上地幔变薄

(b) 实验结束时的脆性上地壳和脆性上地幔

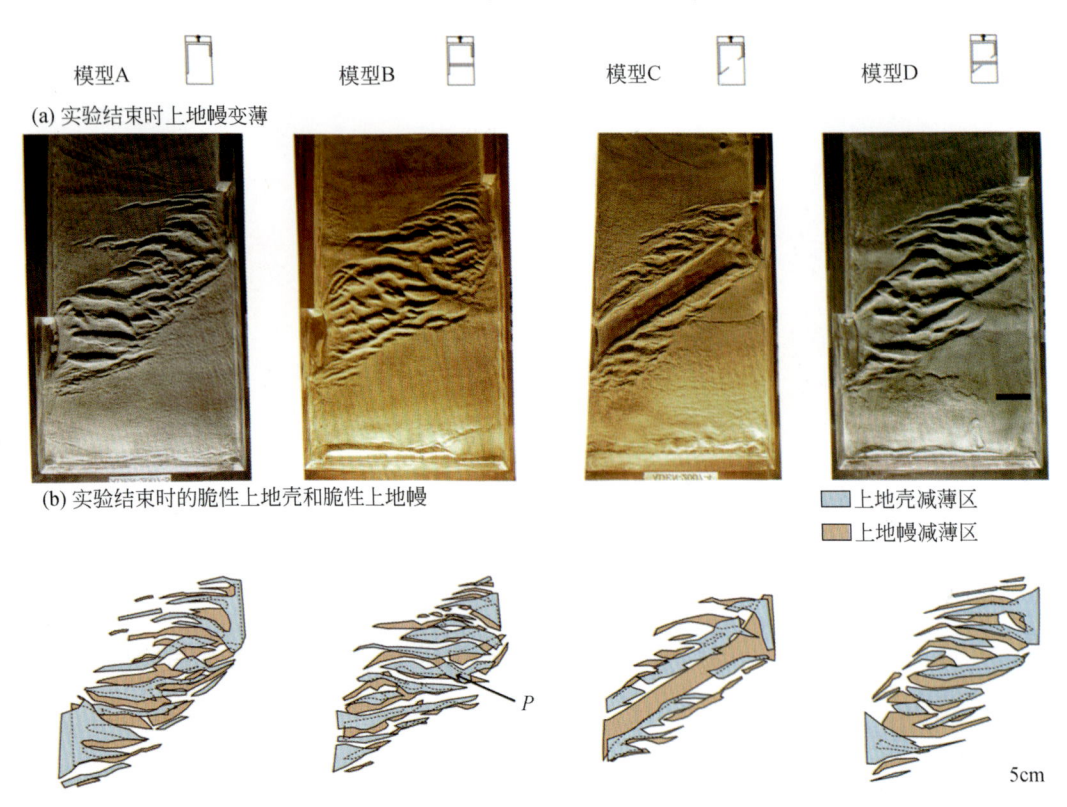

□ 上地壳减薄区
□ 上地幔减薄区

图 2-17　脆性上地壳和脆性岩石圈地幔中变形的比较（Autin et al.，2013）
(a) 实验结束后的脆性地幔顶视图；(b) 实验结束后，脆性上地壳（蓝色）和脆性地幔（橙色）中变薄的区域。地壳和地幔变形趋势相反

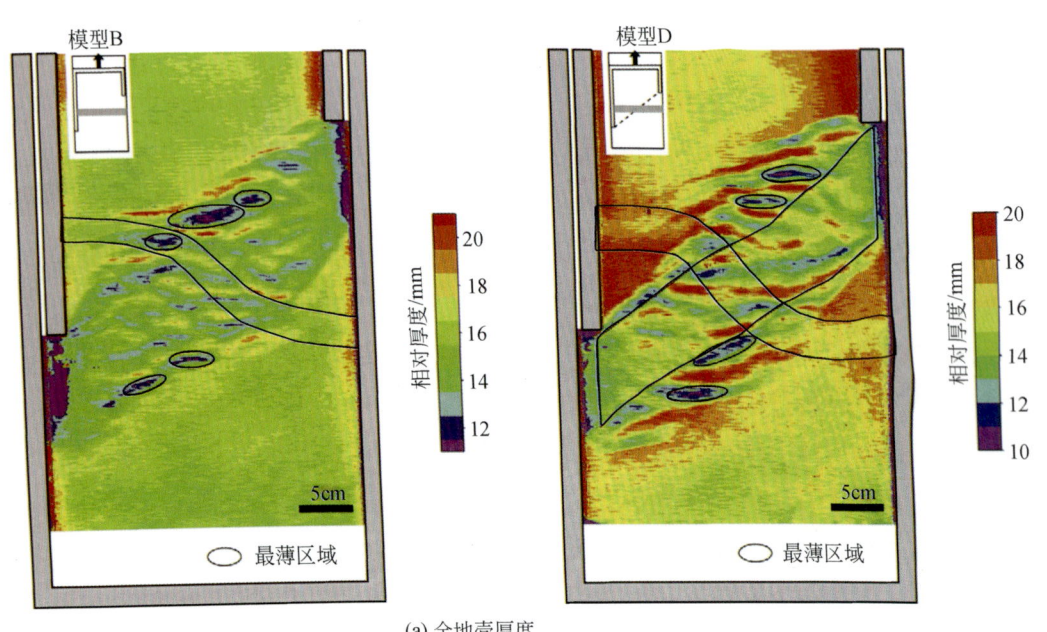

模型B　　　　　　　　　　　模型D

(a) 全地壳厚度

于洋中脊位于裂谷边界附近，这也意味着 AFFZ 以东，变薄的大陆位于洋陆转换带（红色）与 Gardafui 盆地之间的南部边缘；AFFZ 以西，北部大陆边缘更宽，位于洋陆转换带和吉萨–卡马尔盆地之间（图 2-20）。这个模拟同样适用于南海海盆打开机制。

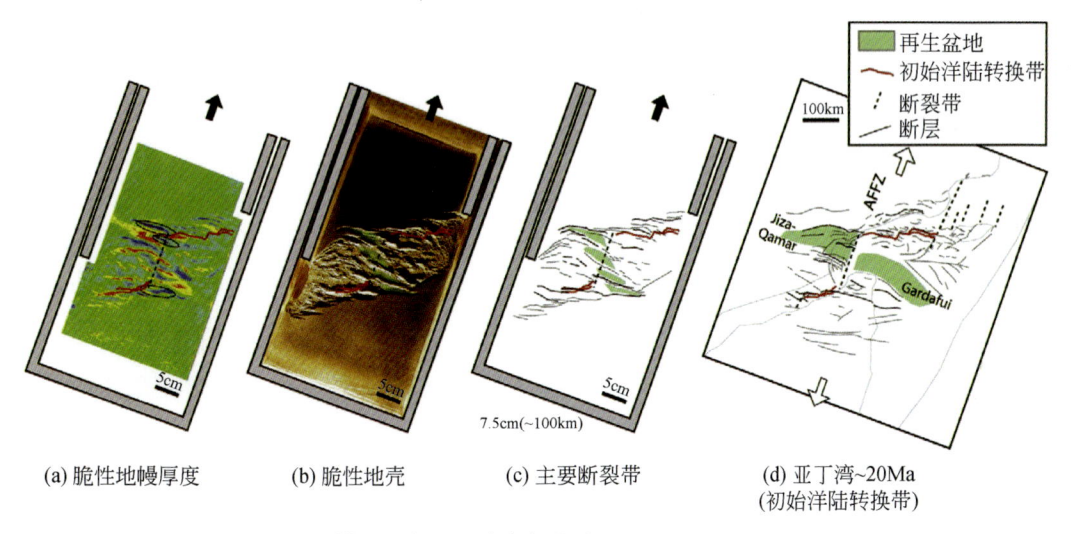

(a) 脆性地幔厚度　　(b) 脆性地壳　　(c) 主要断裂带　　(d) 亚丁湾~20Ma（初始洋陆转换带）

图 2-20　模型 B 与亚丁湾东部的对比（Autin et al.，2013）

（c）是实验结束时模型 B 顶视图，（d）来自 Leroy 等（2012）对野外和地震反射数据的综合分析

2.3　地幔柱

板块构造理论不仅可以解释大陆裂解、大洋扩张、板块俯冲和陆陆碰撞等板块边缘的区域性大地构造现象，也可以解释地球上绝大多数岩浆活动的发育规律，如洋中脊岩浆活动受离散板块边界软流圈被动上升减压熔融控制，而岛弧岩浆活动则与汇聚板块边界处大洋板块俯冲导致的上地幔交代和熔融有关。然而，板块构造理论很难解释板块运动的动力来源和板内岩浆作用的成因，如板块内部发育的大火成岩省，即大陆板块内部出现的溢流玄武岩和大洋板块内出现的洋岛玄武岩和火山链等地质现象。正是为了弥补板块构造理论的不足，前人才提出了地幔柱理论（Wilson，1963，1973；Morgan，1971，1972a，1972b；关德相等，1979；Hill et al.，1992；李上森，1995；李荫亭，1997；李凯明等，2003）。

2.3.1　地幔柱相关概念和认识

地幔柱的概念源于 Wilson（1963）提出的热点构造。Wilson 认为，夏威夷–皇帝海山链的形成与刚性大洋岩石圈移过深部相对静止的、可大量喷发岩浆的热地幔源区有关，并称这个相对固定的热地幔源区的地表表达为热点。Morgan（1971，1972a，1972b）认为，热点是深部地幔柱在地壳浅表的表现，并将地幔柱定义为：起源于核幔边界 D″层，在地幔中缓慢上升的圆柱形高温物质流。这些地幔柱通常以火山作用、高重力、高热流和上隆为标志，可出露于大洋或大陆板内环境中，也可出露于板块边缘（Wilson，1973）。

2.3.1.1 基本组成

物理模拟实验表明，处于深部的高温低黏度层物理性质极不稳定，一旦受到热扰动，就会在热浮力的作用下呈柱状上升，形成一种具有蘑菇状巨大螺旋式柱头和细窄柱状尾管结构（图2-21），蘑菇状柱头的形成与高温低黏度物质上升过程中周围低温高黏度物质的阻碍有关。以此为参照，前人认为地幔柱也应具有巨大的球形柱头和细窄柱尾，这是由地幔柱中低黏度、低密度的高温物质上升时受周围低温、高黏度地幔物质阻碍所致（Olson and Singer，1985；Griffiths，1986；Griffiths and Campbell，1990；Hill et al.，1992；Davies，2005）。

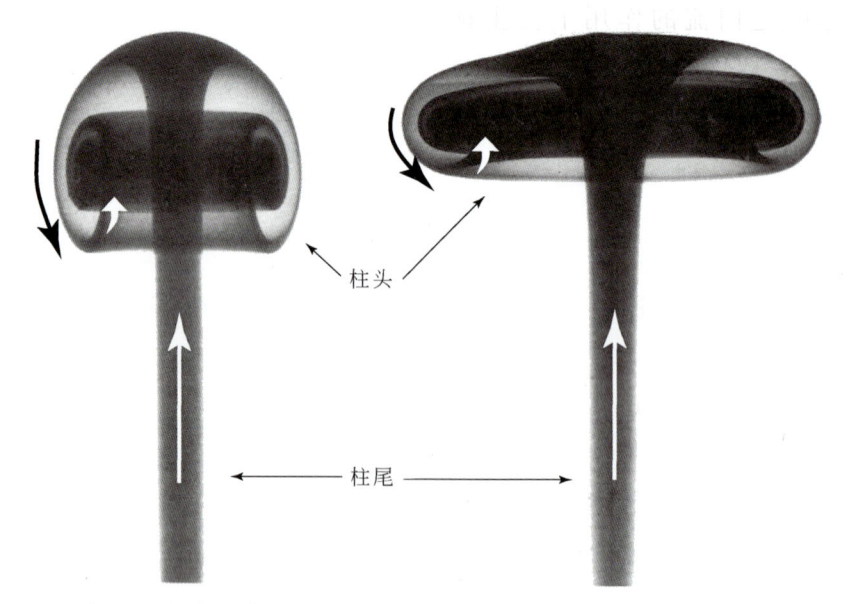

图 2-21　地幔柱典型柱头和柱尾结构（Griffiths and Campbell，1990）

地幔柱受到热扰动从高温、低黏度核幔源区分离后，地幔柱的柱头直径会随着上升距离增大而逐渐增大（图2-21），大致满足以下公式

$$D = Q^{\frac{1}{5}} \left(\frac{v}{g\alpha\Delta T_s} \right)^{\frac{1}{5}} k^{\frac{2}{5}} z^{\frac{3}{5}} \tag{2-27}$$

式中，D 为地幔柱柱头的直径；Q 为从源区流入地幔柱柱头的热通量；υ 为上覆地幔黏度；g 为重力加速度；α 为热膨胀系数；k 为地幔的热导率，ΔT_s 为地幔柱与源区的温度差；z 为柱头离开源区的距离（Griffiths and Campbell，1990；Davies，1992，2005）。地幔柱不仅是热柱，也是化学柱，热地幔上升过程中，由于热传导作用，高温柱头使周围地幔温度升高、密度变小的同时也会包裹部分周围地幔物质，从而使其体积增大（Cagney et al., 2016）。受岩石圈板块隔挡影响，柱头抵达岩石圈时，经水平扩展会变得扁平，表面积会进一步增大。研究表明，起源于核幔边界的地幔柱抵达近地表时，直径可达 1000km 以上（Griffiths，1986；Campbell and Griffiths，1990，1993；Griffiths and Campbell，1990；Hill et al.，1992；Coulliette and Loper，1995），地表规模相当的大火成岩省可能是地幔柱头规模的直接表征。这些大火成岩省的形成，可能跟地幔柱头上部压力释放导致的部分熔融有关，部分熔融产生的大量玄武岩浆可在 1～2Myr 快速喷发形成大火成岩省（Morgan，1971，1972a，1972b；Richards et al.，1989；Griffiths and Campbell，1990；Griffiths，1991；Davies，1992）。

与地幔柱柱头相比，地幔柱柱尾在上升的过程中多近于直立（图2-21），但也可以在地幔定向流的作用下发生偏转（Duncan and Richards，1991；Kerr and Mériaux，2004）。柱尾温度通常比上地幔高上千摄氏度，基本不会捕获周围的地幔物质，化学成分变化较小，因而可以反映源区化学成分特点（Griffiths and Campbell，1990；Campbell and Griffiths，1993；Davies，2005）。科马提岩-苦橄岩和拉斑玄武岩等洋岛玄武岩被认为是地幔柱柱尾通道中上升的热物质释压重熔的产物。最为明显的表现就是地幔柱柱尾处，地表发育的延伸数千千米的火山链，这数千千米的火山链是大洋板块相对柱尾长期活动的产物（或轨迹）。其中，柱尾运动速度通常小于 1～2mm/a，而板块运动则多在 2～10cm/a（Griffiths and Campbell，1990；Duncan and Richards，1991；Coffin and Eldholm，1994）。

需要注意的是，并不是所有地幔柱都能在地表有所体现和表达。李荫亭（1997）指出地幔柱柱尾热损耗相当显著，只有流入地幔柱柱头的热通量达到一定程度，柱头在接近岩石圈底部时，才能导致其本身或上覆岩石圈地幔大量熔融并在地表有所体现。

2.3.1.2 地幔柱的分类

就地幔柱的类型而言，分类的标准不同，地幔柱的类型也有差异。Wilson（1973）根据热点发育的位置和演化程度，将其分为洋中脊或海隆附近的热点、洋中脊其他部位的热点、与裂谷带有关的年轻热点、固定于海底的年轻热点以及已隐伏的古老热点等。王登红（2001）先根据地幔柱的产出环境，将其分为大陆地幔柱、大洋地幔柱和洋陆过渡带地幔柱三类；再根据地幔柱中地幔物质来源，将其进一步分为起源于核幔边界 D″层的深源（2900km）地幔柱和源于上、下地幔边界的浅源（670km）地幔柱。Arndt（2000）和 Courtillot 等（2003）认为，除以上两种地幔柱外，还可能发育起源于壳幔边界（100km）的安德森（Anderson）型地幔柱（图 2-22）。但 Davaille（1999）和高明等（2000）认为，上、下地幔和壳幔边界处发育的地幔柱可能是起源于 D″层的地幔柱上升过程中，受地幔或岩石圈影响分叉产生的次级地幔柱（图 2-23）。

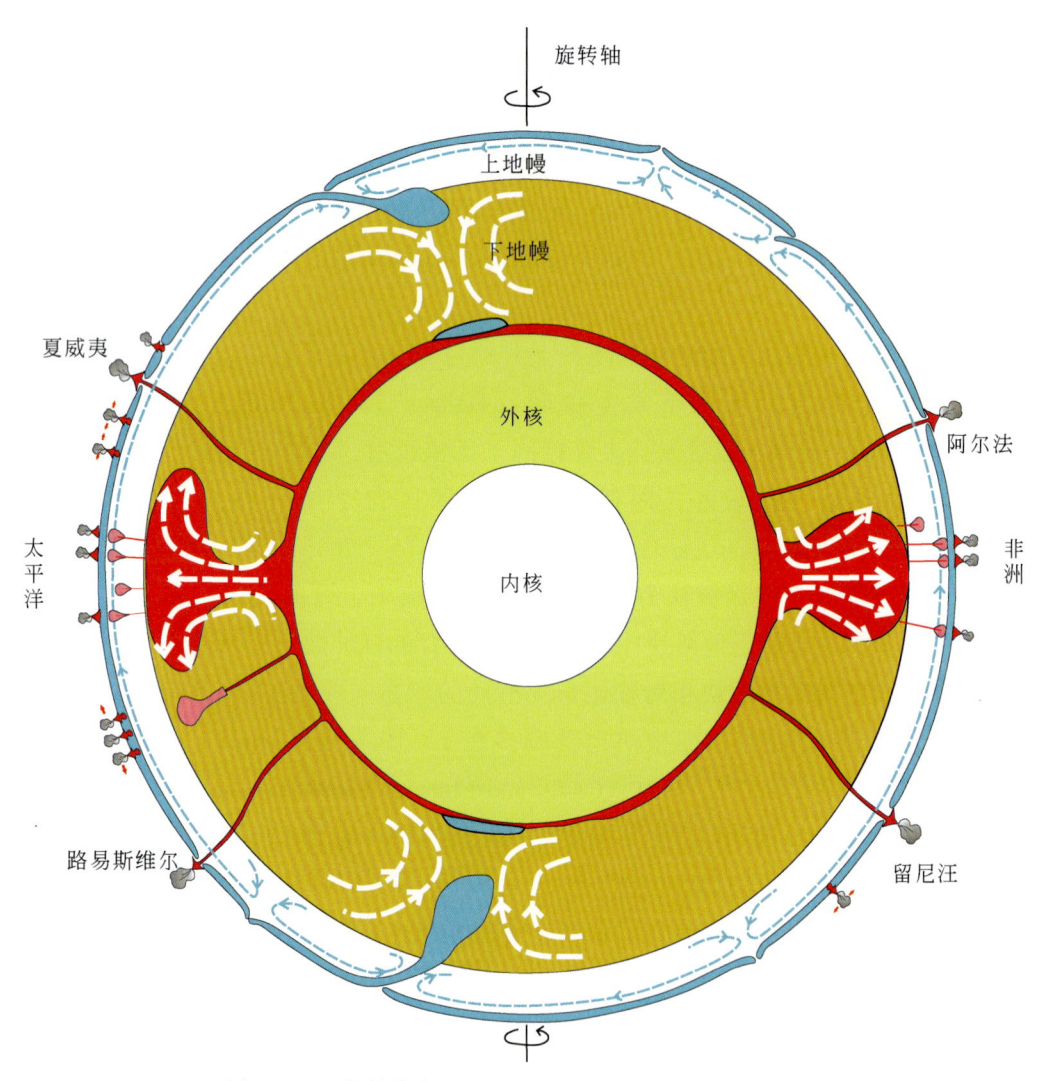

图 2-22 地幔柱分类和形成概略图（Courtillot et al., 2003）

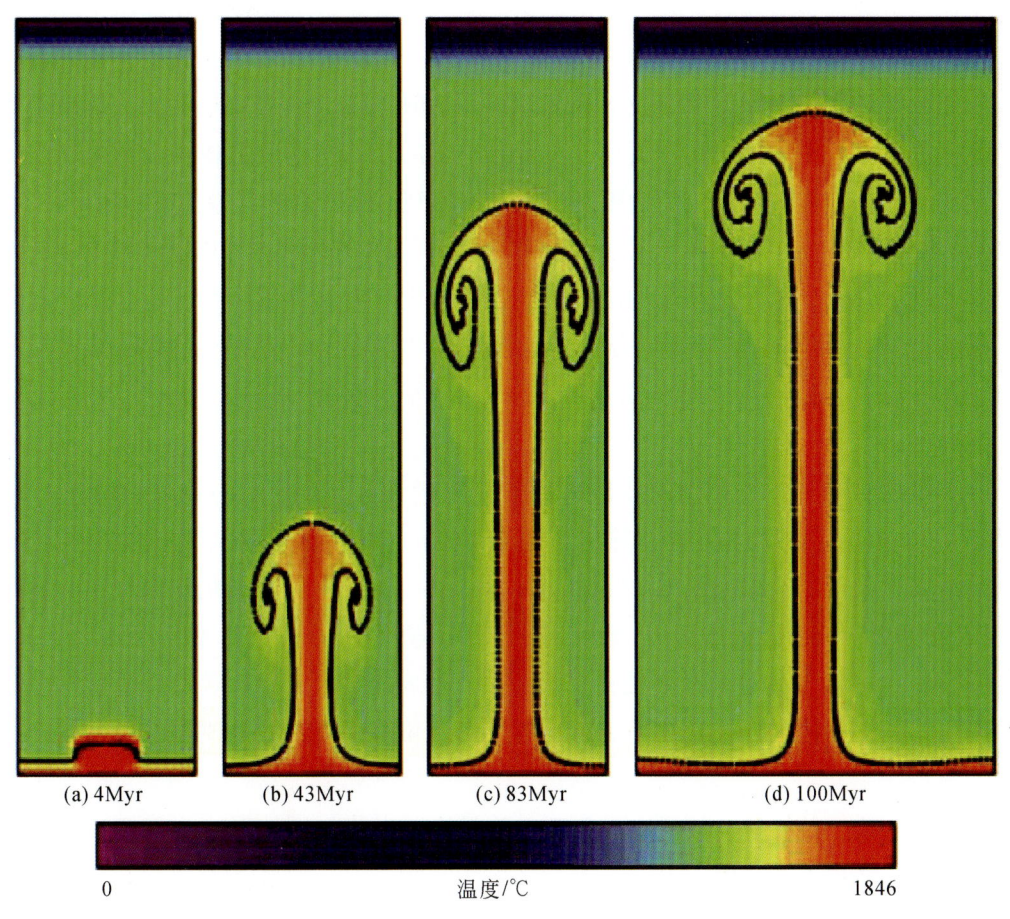

(a) 4Myr (b) 43Myr (c) 83Myr (d) 100Myr

图 2-23 地幔柱的形成和演化过程（Davies, 2005）

2.3.1.3 动力机制和演化过程

一系列物理和数值模拟实验表明，地幔柱的形成与地幔物质在核幔边界遭受热扰动有关（Griffiths, 1986；Davies, 1992）。然而，究竟何种因素导致的地幔热扰动依然没有定论。有些学者认为热扰动可能源于放射性元素的热衰变（Deffeyes, 1972；Anderson, 1975），也有学者认为可能是地核一侧的不均匀加热作用导致的（Loper and Stacey, 1983）。日本学者通过 P 波层析成像反演认为，地幔"热"柱的形成可能与俯冲板片穿过上、下地幔边界沉入下地幔有关（Maruyama et al., 1994；Kumazawa and Maruyama, 1994；Ishida et al., 1999）。俯冲板片在上、下地幔边界停留 1 亿~2 亿年后沉入下地幔，可能会诱发向下的超级"冷"幔柱，这种向下的超级"冷"幔柱，会引起全球地幔对流迫使热地幔上涌形成超级"热"幔柱（图 2-22）（贺世杰和郭锋，2003）。王少怀（2005）则认为，重力分异是地幔柱形成的根本原因。重力分异过程中，随着地球质量不断向地核集中，热能和地球自转动能也会集中于地核，为液核对流和地幔柱提供能量。李晖和朱貌贤（2012）还提出了地外星体做功模式。

无论哪种因素诱发了地幔柱，热扰动都是地幔柱形成的必要条件。热扰动会影响地幔的黏度、密度甚至化学组成，改变热地幔的普朗特数及热地幔与环境地幔的黏度比等影响地幔柱寿命、混染程度、上升速率和热量转换的参数（Schubert et al., 2001; Prakash et al., 2017）。在深部热扰动的影响下，核幔边界 D″层地幔物质的黏度和密度会降低，从而使其流动性增强。在热梯度、密度和黏度差的驱动下，高温低黏度物质会向热边界层最低处汇聚，并在自身热浮力作用下上涌形成地幔柱（Griffiths and Campbell, 1990; Davies and Richards, 1992; Davies, 2005; Cagney et al., 2016）。

地幔柱启动后，其上升速度十分缓慢，从 D″层上升至地表约需 100Myr（Arndt and Christensen, 1992）。上升过程中，随着热量的不断逸散和温度的持续降低，不仅热地幔上升速率会愈来愈慢（Loper and Stacey, 1983），其自身化学成分也会遭受周围地幔物质混染而发生一定改变，尤其是地幔柱柱头部位（Griffiths and Campbell, 1990）。这也是地幔柱柱头部位喷发形成的溢流玄武岩常具有源区和捕获地幔的特征，而柱尾部位喷发形成的洋岛玄武岩和科马提岩多反映深部源区化学成分的原因。

总体来说，地幔柱自核幔边界上升，并最终以岩浆作用的形式大规模喷发或侵位，至少要经过 4 个阶段。

1）初始阶段，受热扰动影响，核幔边界 D″层地幔分异出的活性地幔物质逐渐聚集 [图 2-23（a）]。

2）上升阶段，聚集在一起的地幔活性物质与周围地幔存在明显的密度、温度和黏度等差异，其在自身浮力作用下上升，形成具有一定规模的喷管状、蘑菇状或气球状地幔柱雏形 [图 2-23（b）]（Griffiths, 1986; Griffiths and Campbell, 1990; Coulliette and Loper, 1995）。

3）壳幔相互作用阶段，规模巨大的"雏地幔柱"在向上输送物质和能量的同时，也熔融和裹入部分周围正常地幔物质，使其体积更加庞大，地幔柱进入成熟期 [图 2-23（c）和（d）]。成熟的地幔柱在上、下地幔不连续面处，可能分化出次级的"幔枝"（图 2-23），并与上地幔和地壳充分反应，导致地壳发生一系列变化，如碱性岩浆上侵、变质作用、裂谷作用和盆地的形成等。

4）喷发-消退阶段，随着地壳的局部张裂，地幔柱物质可在很短的时间内大规模喷发和侵位，使柱头体积萎缩，能量耗尽，慢慢固化。这部分残留的"固化地幔柱"在后期合适条件下，如深大断裂活动时，仍可能继续喷发和侵位（Lee et al., 1994; 王登红, 2001; 徐义刚, 2002; 贺世杰和郭锋, 2003）。

2.3.1.4 地幔柱与早期地球动力机制

前人研究表明，地球形成早期，由于温度很高可能不存在刚性板块，其演化可能主要受地幔柱构造支配，而在地幔柱作用下形成的刚性岩石圈固结之后，板块构造体制才起作用。但地幔柱构造即使在刚性板块形成后，可能仍起主要作用。板块构造和地幔柱构造是地幔内部物质不同形式对流的响应。板块构造主要受整个上地幔物质球状对流控制，而地幔柱构造则与地幔物质柱状对流有关。因而，其在地球形成和演化过程中意义更为重大。地幔柱构造不仅可以用来解释大陆溢流玄武岩、洋底高原、洋岛玄武岩等大火成岩省及火山链的成因，在大陆裂解与再造、板块边缘（如洋中脊和俯冲带等）地质作用及地壳活化、区域变质和成矿作用等方面也具有很好的指示作用（Weinstein and Olson，1989；Hill et al.，1992；徐学义和杨军录，1997；高明等，2000；Schubert et al.，2001；李凯明等 2003；周连成等，2004；Mériaux et al.，2015，2016）。此外，前人研究发现，海平面和全球气候变化、地磁极倒转、生物大灭绝、海底大型滑坡等现象，可能也与地幔柱作用有关（Larson and Olson，1991；徐义刚，2002；王少怀，2005）。

从本质上看，板块构造是地幔物质水平运动的结果，而地幔柱则是地幔物质垂直运动的产物，两者既相互独立，又通过地幔对流有机地结合为一个整体，如板块俯冲把冷的洋壳带入地幔，而地幔柱则使深部热地幔上升到地表。地幔柱理论与板块构造相互配合，对理解全球构造演化和形成机理具有重要意义（Schubert et al.，2001；李凯明等，2003；王少怀，2005；Mériaux et al.，2016）。

2.3.2 物理模拟相关设置

地球化学和地球物理勘探（如地震剖面和层析成像技术）等手段，虽然可以用来推测地幔柱的组成和浅部结构，但很难了解地幔柱的形态和发育演化特征（Kumazawa and Maruyama，1994；Wolfe et al.，1997；Ishida et al.，1999；Foulger et al.，2000；徐义刚等，2007）。于是，数值模拟和物理模拟技术就成为探究地幔柱及其与洋中脊、俯冲带等板块边界相互作用的重要手段（Whitehead and Luther，1975；Griffiths and Campbell，1990；Burov and Cloetingh，2009；蒙伟娟等，2015；Prakash et al.，2017）。正是由于 Griffiths 和 Campbell（1990）成功解决了模拟地幔柱的动力（热驱动和大黏滞度对比）问题，并建立了动态热柱结构模型，才使得地幔柱研究得到长足的发展。近几十年来，很多学者对地幔柱的形成演化及其与板块边界的相互作用进行了模拟。下面从实验材料、实验设置和步骤、相似系数和观测手段等方面对前人研究进行总结（Whitehead and Luther，1975；李荫亭，1997；周连成等，

2004；Kerr and Mériaux，2004；Prakash et al.，2017）。

2.3.2.1 实验材料

合适的实验材料是模拟自然界构造变形的基础，只有实验材料尽可能地接近现实地幔柱的流变特性，才能获得好的模拟效果（Hubbert，1937，1951）。地幔是高温固流态物质，在深部热扰动作用下，D″层地幔物质的黏度和密度都会降低，流动性增强，表现为牛顿流体特性。这些高温低黏度低密度流体，在热梯度、密度和黏度差作用下汇聚，并在自身热浮力作用下上涌，形成地幔柱（Griffiths，1986；Davies，1992；Davies and Richards，1992）。因此，地幔模拟类似物不仅要具有牛顿流体特性，其黏度和密度应具有热敏性。

自地幔柱构造提出伊始，前人就认为化学成分浮力或热浮力是促使地幔柱物质在周围地幔中上浮的主要动力（Morgan，1972；Wilson，1973）。事实上，化学成分浮力也与热扰动导致的地幔物质密度、黏度以及成分变化有关，也是热浮力的一种表现。因此，地幔柱及其周围地幔的模拟类似物应为受化学成分差异或热作用影响形成密度和黏度不同的同类流体，如甘油（Whitehead and Luther，1975）、油（Griffiths，1986）、水与盐和纤维素的混合物（Davaille，1999；Davaille et al.，2002）、葡萄糖浆或玉米糖浆/溶液（Olson and Singer，1985；Griffiths and Campbell，1990；Mériaux et al.，2015，2016；Cagney et al.，2016；Prakash et al.，2017）等，但地幔柱模拟实验中，糖浆是应用最多的材料。一般来说，常压下，糖浆表现为牛顿流体特性，其密度和黏度与糖浆的浓度或温度有关。通常浓度和温度不同，糖浆的密度和黏度也会表现出较大差异，因而非常适合作为模拟地幔柱形成和演化的实验材料。

2.3.2.2 实验设置和步骤

由 2.3.2.1 节可知，地幔柱物质上涌既可以由化学成分不同引起，也可以由温度差导致，故按照浮力来源，地幔柱模拟设备可分为两种：化学成分浮力型和热浮力型。按照地幔柱类似物的来源，也可以分为两种：注入型和内部加热型。化学成分型设备多为注入型，而热浮力型设备则通常为内部加热型。无论哪种类型，为方便观察，设备的主体都是由透明玻璃或多聚物组成的实验箱。

（1）化学成分浮力型

化学成分浮力和地幔柱类似物与周围地幔类似物的密度倒置有关。基于密度倒置，前人开展了很多地幔柱相关模拟实验。根据密度倒置的范围，设备还可以进一步分为两种：整体密度倒置型（Whitehead and Luther，1975；Bercovici and Kelly，

1997）和局部密度倒置型（Olson and Singer, 1985; Prakash et al., 2017）。

整体密度倒置型地幔柱模拟设备非常简易，通常为长、宽、高皆不足1m的透明塑胶箱。模拟前，需先把高密度周围地幔类似物倒入箱中，待其充分稳定后，再缓缓倒入薄层低密度地幔柱类似物，然后静置使双层流体充分稳定。实验时，快速反转实验箱就会造成密度倒置，为地幔柱的形成提供动力（Whitehead and Luther, 1975; Bercovici and Kelly, 1997）。这种方法虽然简单，但在反转过程中会增加很多不可控因素，故已很少有人使用。

与整体密度倒置型地幔柱模拟设备不同，局部密度倒置型地幔柱模拟设备中的地幔柱类似物需要通过外部注入，故设备底部都设有注入孔（图2-24）。这类实验模拟前，也需要预先把高黏度、高密度地幔类似物倒入模拟箱中。模拟时，再从设备底部注入低黏度低密度地幔柱类似物，从而造成局部密度倒置。当然，设备底部也可以注入热地幔类似物，进而模拟注入型热地幔柱（Griffiths, 1986; Griffiths and Campbell, 1990）。利用这种模拟设备不仅可以直接探究地幔柱的形成和演化过程及其控制因素（Olson and Singer, 1985; Prakash et al., 2017），对设备稍加改动后，也可以模拟地幔柱与板块边界，如洋中脊（Feighner and Richards, 1995）和俯冲带（Mériaux et al., 2015, 2016）的相互作用（图2-24）。

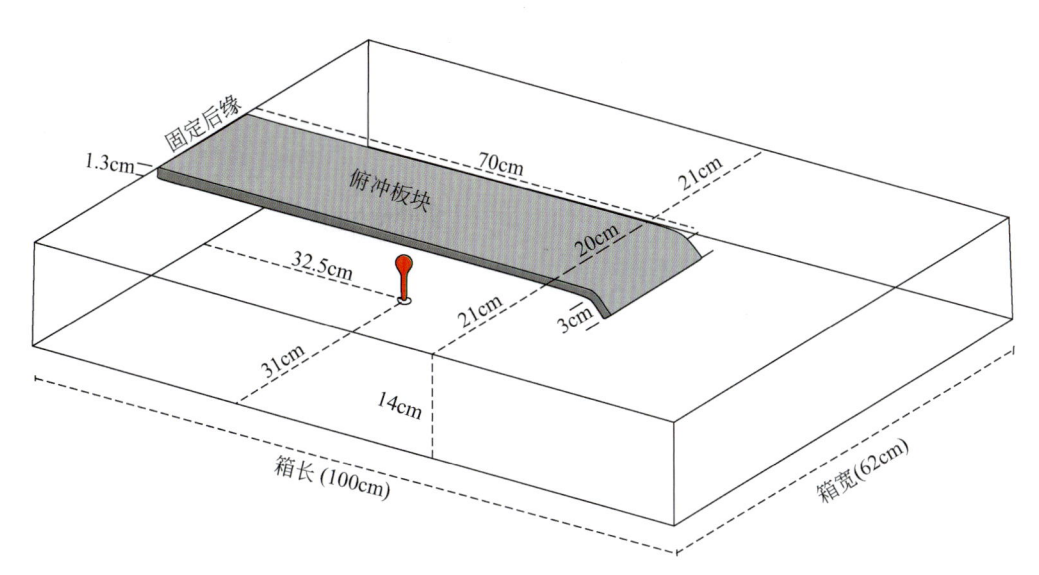

图2-24 注入型地幔柱模拟设备示意图（Mériaux et al., 2015）
为便于记录，注入的地幔柱类似物通常被染色或加入荧光剂（Olson and Singer, 1985; Prakash et al., 2017），部分环境物质内部或表面也可能引入染色层或其他被动标识（Griffiths, 1986; Mériaux et al., 2015, 2016）以突显地幔柱演化过程

（2）热浮力型

地幔类似物多具有热敏性，其整体或局部受热时，密度和黏度都会减小。轻的

热物质在热浮力作用下对流或上涌，从而模拟地幔柱的形成过程。热浮力型设备就是利用地幔类似物的热敏性来模拟地幔柱形成和演化过程的设备。这种设备与化学成分浮力型设备不同，通常不需要外部物质注入，但需额外加热。根据受热范围，这种设备也可分为整体加热型和局部加热型两类。

整体加热型设备不仅整个底部都装有加热片，其顶部还装有冷却装置，是地幔对流和地幔柱模拟的综合设备。模拟前，装置内需要预先装入上、下两层地幔类似物，下伏物质密度和黏度通常略大于上覆物质。模拟时，下伏物质受热升温而上覆物质冷却降温，导致上、下层物质密度倒置，从而为地幔对流或地幔柱形成提供动力（Davaille, 1999；Davaille et al., 2002）。

局部加热型模拟设备与局部化学成分浮力型设备非常类似，只是其底部的注入口改为了小型恒温加热器（图2-25）。这种设备模拟过程非常简单，只需要预先将地幔类似物倒入模拟设备，启动加热器即可（Coulliette and Loper, 1995；Cagney et al., 2016）。若稍加改进，这种设备也可以模拟地幔柱与板块边缘（如洋中脊）的相互作用（图2-26）。

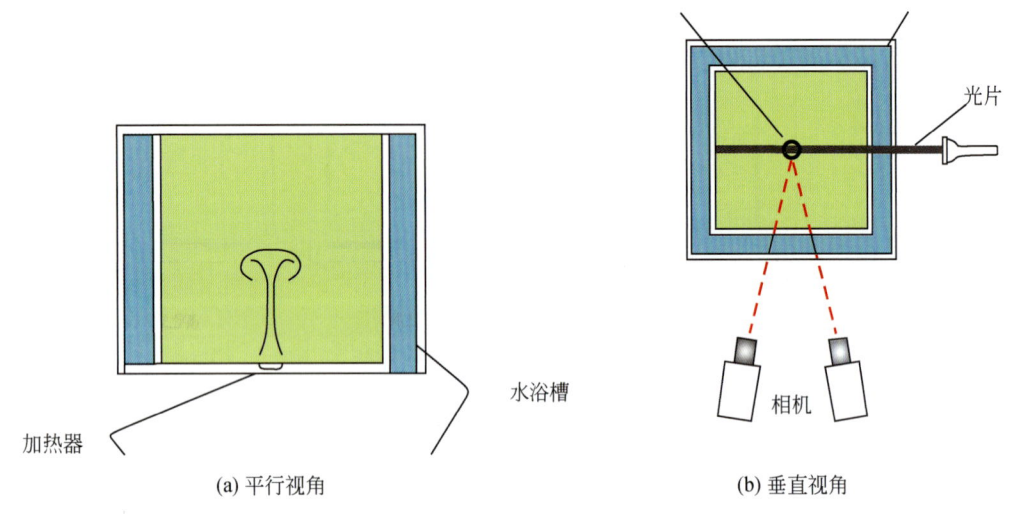

图2-25　配备粒子图像测速（PIV）成像系统的局部加热型地幔柱模拟设备（Cagney et al., 2016）

2.3.2.3　相似系数

相似性原则是构造物理模拟实验所遵循的基本原则，通常要求理论模型与地质原型不仅满足材料流变学性质相近，其构造变形的几何学、运动学和动力学方面也要具有一定的相似性（Hubbert, 1937, 1951；Ramberg, 1981）。这种相似性可以用相似比例或系数来表示（格佐夫斯基，1984）。

2.4 俯冲带

当板片断离时，部分俯冲的岩石圈板片将拆离并沉入地幔中，该过程首先被用于解释在古老造山带中俯冲极性变化（McKenzie，1969；Dewey and Bird，1970）。此后结合俯冲板片的地震震源分布差异（Barazangi et al.，1973；Cooper and Taylor，1985）和地震层析成像研究（Spakman et al.，1993；Wortel and Spakman，2000；Levin et al.，2005），也可以推测板片形态。层析成像结果发现了深部地幔异常，这些异常被解释为是沉没在地幔中的岩石圈板片，与其母体发生了脱离，Li 等（2018）称为微幔块（mantle micro-block），意为地幔中的微块体。现在，通过俯冲地幔深处的俯冲板片，利用 GPlates 等软件，可以重建微块体的俯冲历史和板片运动过程、地幔结构的形成年龄（Schellart et al.，2009；Handy et al.，2010；Replumaz et al.，2010；van der Meer et al.，2010；Liu et al.，2017）。

由于消除了先前由俯冲板片所施加的向下拉力，俯冲板片拆离会引起俯冲带力平衡的重大变化。俯冲板片断离通常与大陆俯冲有关（McKenzie，1969；Dewey and Bird，1970）。当正浮力的大陆岩石圈进入俯冲带时，先前俯冲的大洋岩石圈会产生向下的拖拽力，最终会导致板片破裂（Davies and von Blanckenburg，1995；Chemenda et al.，1996；Burkett and Billen，2009，2010；Burkett and Gurnis，2012；Duretz et al.，2011，2014）。研究还表明，俯冲作用会降低整个俯冲板片的净负浮力，使俯冲速度降低（Gerya et al.，2004）。因此，这使周围地幔对俯冲板片的黏性支撑降低，反过来又增加了板片向下拖拽力（Burkett and Gurnis，2012；Schoettle-Greene and Pysklywec，2014；von Tscharner et al.，2014）。俯冲速率降低也将导致俯冲板片温度升高，降低了俯冲板片的强度并加速了断裂作用（Wong and Wortel，1997；Wortel and Spakman，2000；Burkett and Billen，2009，2010；Afonso and Zlotnik，2011；Duretz et al.，2014；Schoettle-Greene and Pysklywec，2014）。

Boutelier 和 Cruden（2017）实施了一系列大洋岩石圈俯冲的热力学模拟实验，对俯冲岩石圈板片拆离进行了观测，关注特定汇聚速度对板片拉力和断裂的影响。使用高分辨率立体粒子图像测速仪来测量模型表面的三维变形，研究了板片拆离过程，讨论其对大陆碰撞和斜向俯冲的意义。

2.4.1 实验方法

实验模型（图 2-32）主要模拟软流圈拖曳造成的剪切牵引对岩石圈的影响（Funiciello et al.，2003；Royden and Husson，2006），使用恒定加载速率代表这种牵

致上、下层界线逐渐模糊,并在界线附近发育大量粗壮的地幔柱,但这些地幔柱通常不具有典型的地幔柱结构 [图 2-31 (e) 和 (f)],直至受热层减薄至一定程度后,才逐渐发育典型的地幔柱 [图 2-31 (c) 和 (d)]。

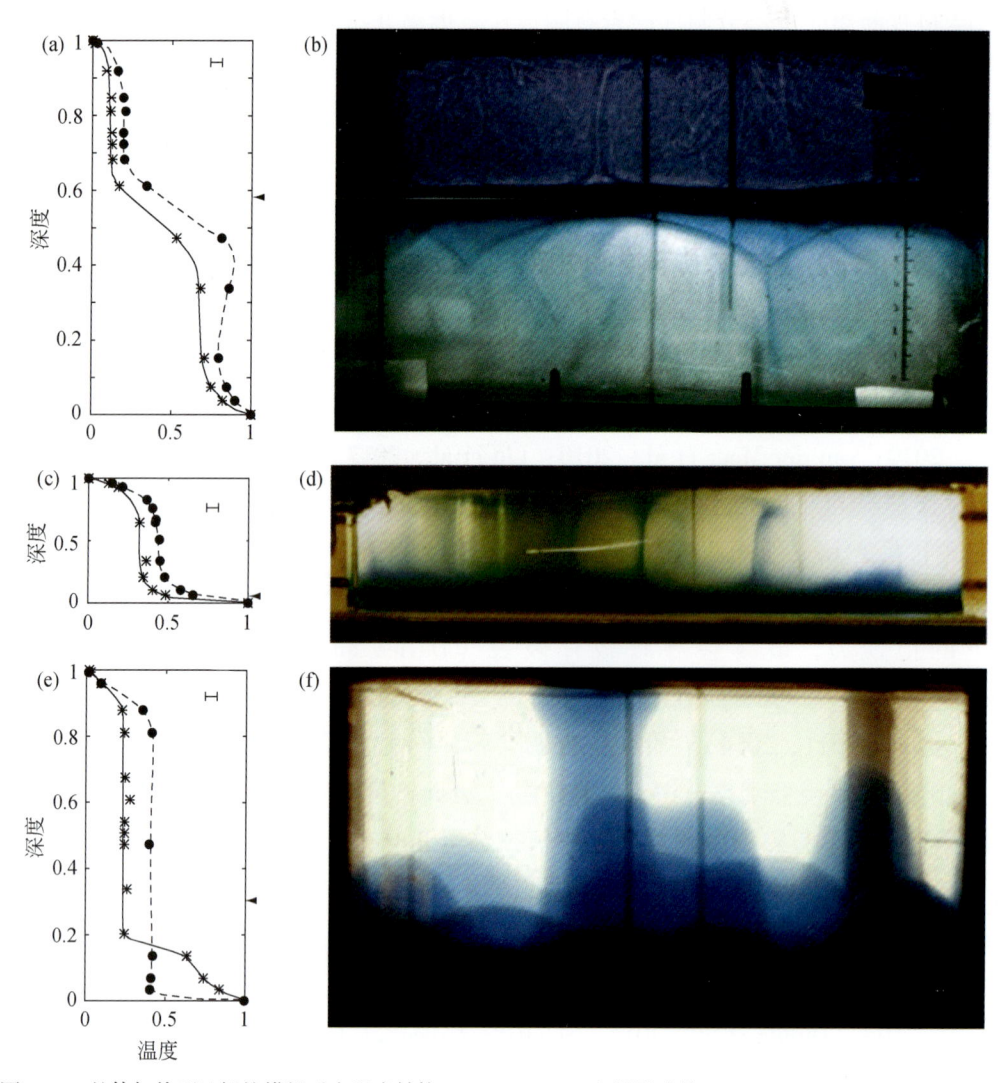

图 2-31 整体加热型地幔柱模拟垂向温度结构 (a) (c) (e) 和阴影成像 (b) (d) (f) (Davaille, 1999)
(a) 和 (b) 强分层型;(c) 和 (d) 夹卷型;(e) 和 (f) 弱分层型。左侧曲线横线为温度波动大小;
实心圆代表热地幔柱;星号代表地幔

局部加热型模拟试验中,加热器附近的地幔类似物密度和黏度会因受热而减小,从而在热浮力作用下逐渐上升。上升过程中,其柱头会呈蘑菇状逐渐增大,而柱尾宽度则变化不大(图 2-28)。当地幔柱发育于洋中脊一侧时,受洋中脊处地幔对流的影响,地幔柱物质上升过程中会首先向洋中脊偏移 [图 2-27 (a) 和 (b)],但当其到达岩石圈底部后,会因板块剪切拖曳作用而逐渐偏移洋中脊 [图 2-27 (c)]。

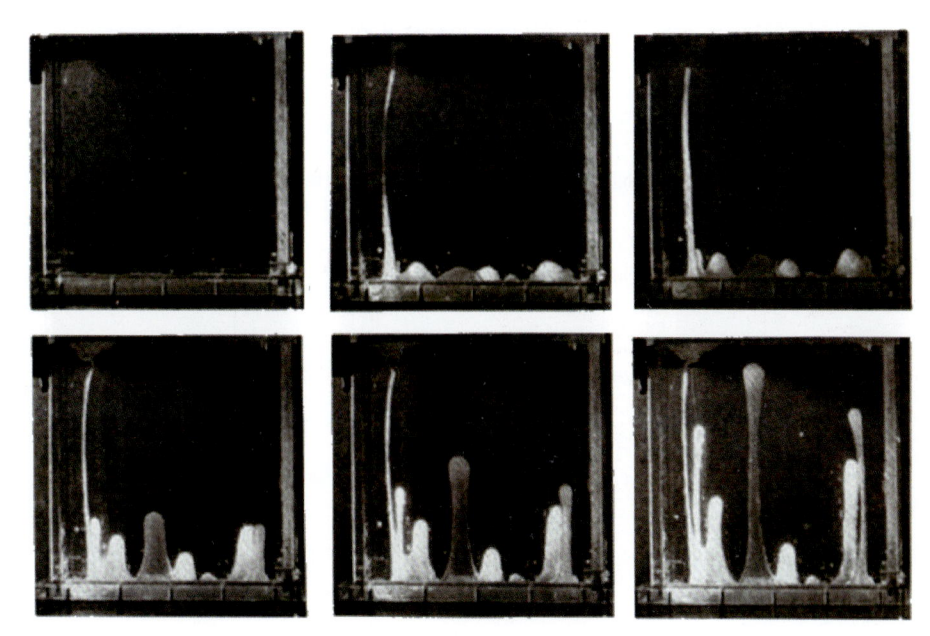

图2-29 薄层高黏度低密度流体侵入厚层低黏度高密度流体的过程（Whitehead and Luther，1975）

用下后撤，并有可能侵入俯冲板片上部，而俯冲板块受底部地幔浮力的影响，俯冲有可能中止（图2-30）（Mériaux et al.，2015）。

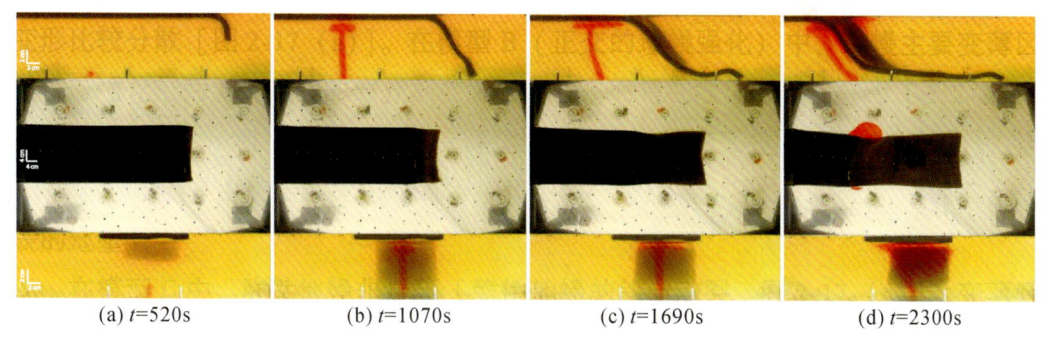

(a) t=520s　　(b) t=1070s　　(c) t=1690s　　(d) t=2300s

图2-30 侧视（上）、俯视（中）和后视（下）三视角地幔柱与
俯冲带相互作用过程（Mériaux et al.，2015）

（2）热浮力型

与化学成分浮力型模拟实验类似，根据加热范围，热浮力型地幔模拟实验也分为整体加热型和局部加热型两种。整体加热型实验中，上层物质顶部会因冷却而温度降低，而下层物质底部则会因受热而温度升高。这时受热层和冷却层的厚度是控制地幔柱形成与演化的重要因素。当受热层和冷却层厚度近于一致时，由于受热和冷却范围有限，地幔以分层对流为主，上、下层之间存在明显的平坦界线，下层地幔穹隆顶部可能发育细长的地幔柱［图2-31（a）和（b）］。受热层厚度减薄会导

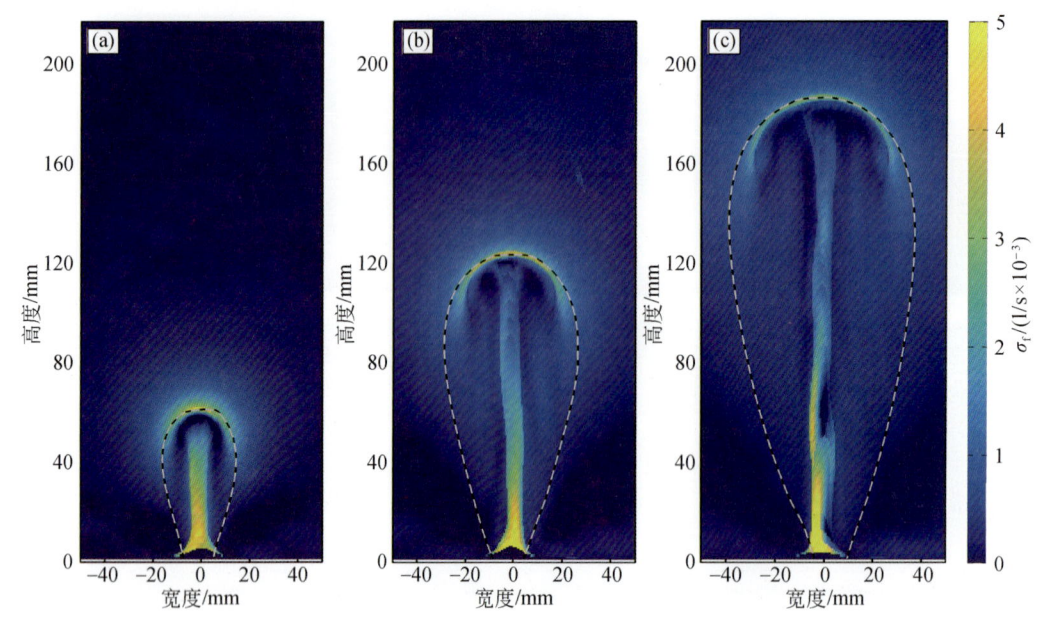

图 2-28　基于 PIV 技术和 FTLE 处理的地幔柱 LCSs（Cagney et al., 2016）

σ_f 为有限时间李雅普诺夫指数场

2.3.3　实验结果展示

基于上述化学成分浮力型或热浮力型模拟设备，前人在地幔柱的发育演化过程、影响因素以及与板块边界相互作用等方面开展了大量研究，下面按照设备介绍的顺序对其模拟结果一一进行阐述。

（1）化学成分浮力型

由 2.3.2 节可知，按照密度倒置的范围，化学成分浮力型设备可以分为整体密度倒置型和局部密度倒置型两种。以 Whitehead 和 Luther（1975）模拟实验结果为例，对整体密度倒置型地幔柱实验结果进行描述。模拟结果显示，设备反转后不久，由于密度倒置，两物质界面首先出现零星分布的鼓包，之后随时间推移，这些鼓包逐渐上升变细，演变为圆柱状（图 2-29）。显然，这些柱状物不具有典型地幔柱逐渐变大的蘑菇状柱头和粗细变化不大的柱尾结构，推测这可能与上升物质的黏度远大于环境物质的黏度有关（约 44 倍）（Prakash et al., 2017）。

对于局部密度倒置实验而言，低黏度低密度流体注入高黏度高密度流体后，在化学成分浮力作用下，低密度流体会逐渐上升。上升过程中，顶部会呈蘑菇状逐渐增大，而茎部变化不大，表现为典型的地幔柱特征。当这种地幔柱发育于俯冲板块底部时，会与俯冲板块相互作用。地幔柱在板块俯冲引起的地幔极向流和环向流作

侧面）拍照或录像的方法，来捕捉地幔类似物的变形过程，但不同类型实验，记录效果存在很大差异。对于注入型模拟实验而言，由于引入的地幔柱物质通常被染色或加入荧光剂，其变形过程容易捕捉和记录（图2-24）；而对于加热型实验而言，由于地幔柱与周围地幔类似物为同种流体且呈透明状，无法直接捕捉，前人通常利用阴影成像技术来捕捉实验过程，但成像效果较差（图2-27）。

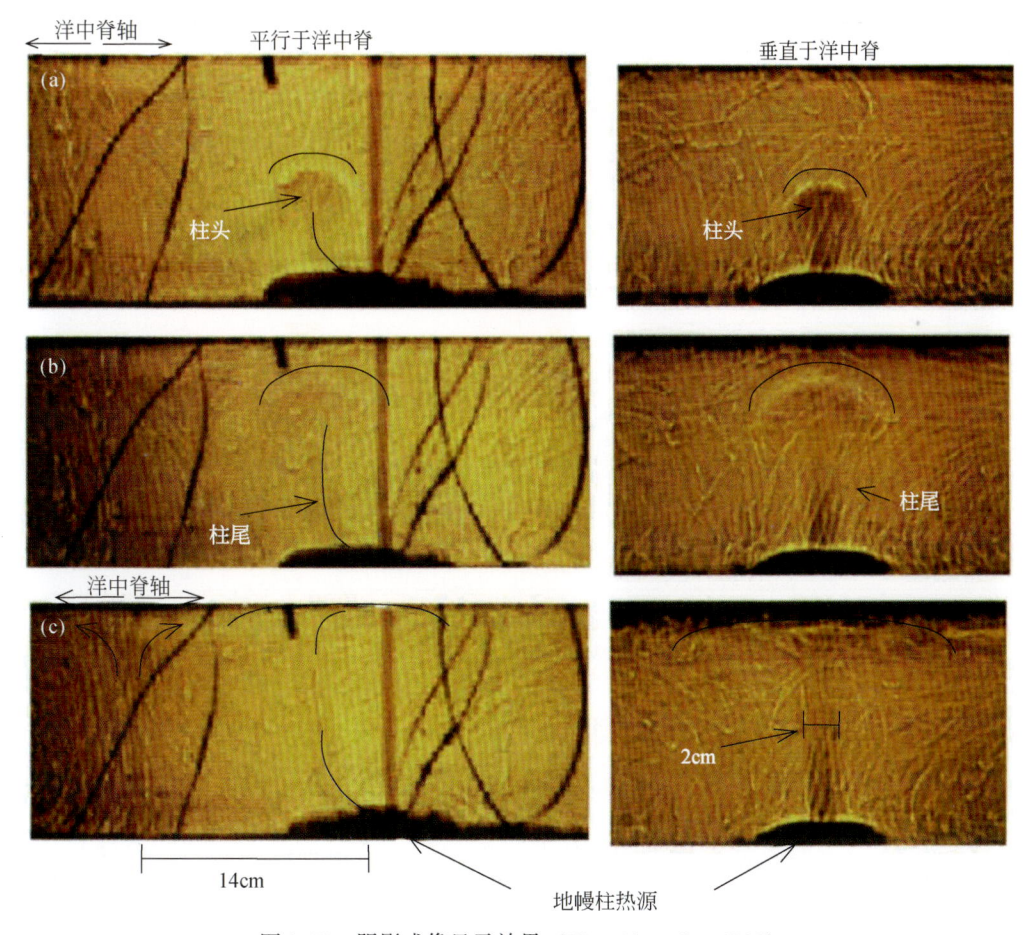

图2-27 阴影成像显示效果（Kincaid et al., 1995）

为解决这一问题，近年来一些新成像和分析方法被逐渐用于地幔柱模拟实验中，如PIV技术，可以捕获地幔柱类似物的速度场信息，这种速度场经过有限时间李雅普诺夫指数（finite-time Lyapunov exponent，FTLE）方法处理，得到的拉格朗日相干结构（Lagrangian coherent structures，LCSs）可以很好地显示地幔柱的结构（图2-28），而平面激光诱发荧光技术也可以使地幔柱结构得以很好地呈现（Prakash et al., 2017）。

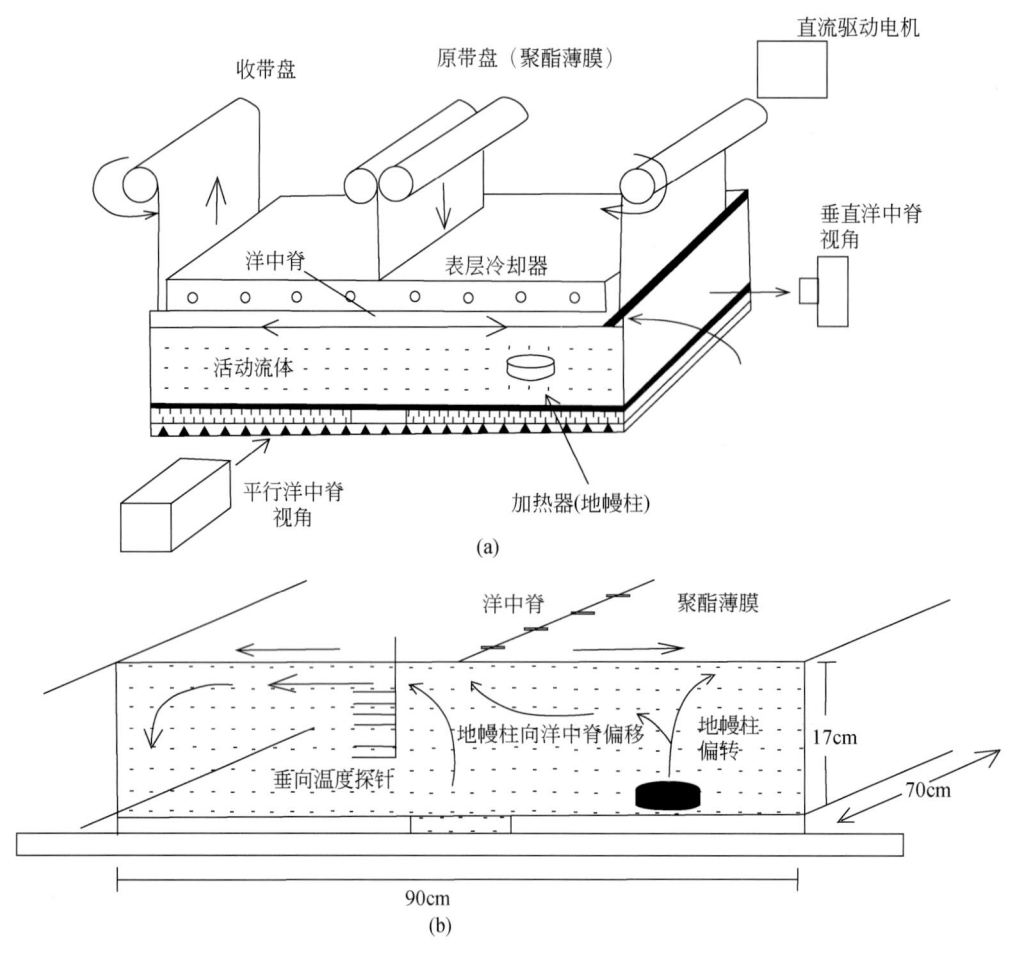

图 2-26 洋中脊与地幔柱相互作用模拟设备（a）和洋中脊与地幔关系的
细节图（b）（Kincaid et al.，1995）

遗憾的是，受现有技术手段勘探精度的限制，目前很难准确地定量描述特定地幔柱的具体形态、尺寸和演化历史。这也是现有地幔柱模拟实验通常不针对某一特定地幔柱进行模拟，而主要集中于定性模拟地幔柱的形态、发育演化过程以及地幔物质的物理特性（如密度、黏度、瑞利数、普朗特数等）和板块边界等因素对地幔柱形成与演化的影响等方面的原因。因此，除 Mériaux 等（2015，2016）对 Hainan-Manila 地幔柱-俯冲系统模拟时有相关比例参数外，其他实验很少有相关报道（Whitehead and Luther，1975；Griffiths，1986；Cagney et al.，2016；Prakash et al.，2017）。

2.3.2.4　观测手段

与其他物理模拟一致，地幔柱物理模拟实验也多采用相机定时和定位（顶部或

引力（Boutelier and Oncken，2011）。

岩石圈变形的一个重要特征是产生和维持岩石圈尺度的抗剪能力。在岩石圈的脆性层中，莫尔-库仑流变学很好地描述了应变局部化。应变局部化还可以发生在韧性状态，并通过应变弱化机制来促进，如动态重结晶和晶格发育优选方向（Hansen et al.，2012）和/或剪切加热（Regenauer-Lieb et al.，2008）。

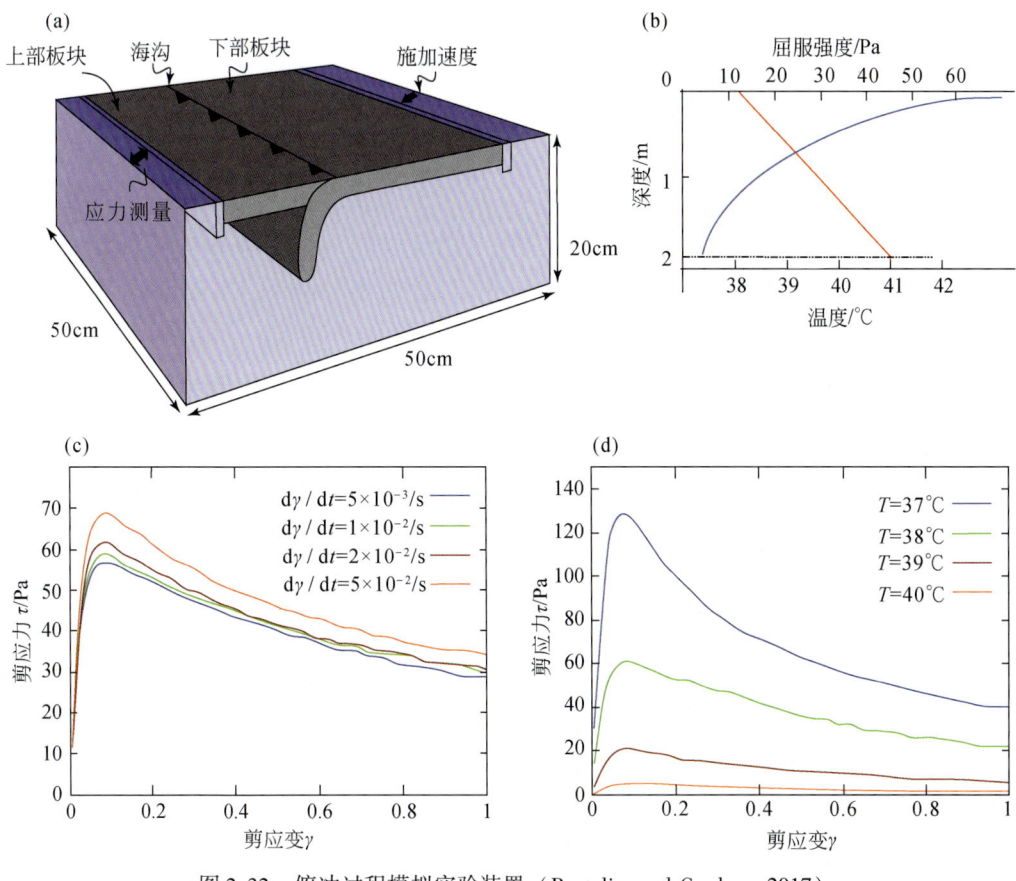

图 2-32　俯冲过程模拟实验装置（Boutelier and Cruden，2017）

(a) 实验装置的三维立体图。地幔由低黏度流体（水）模拟，而岩石圈由随温度变化的弹塑性材料模拟。(b) 岩石圈材料的温度梯度（红线）和屈服强度（蓝色），屈服强度随深度降低。(c) 简单剪切下的流变实验表明，在恒定温度下，应变速率不同时，弹塑性具有应变弱化行为。所选相似材料对应变率不敏感。(d) 在恒定应变速率但不同温度下的流变实验。当温度升高时，相似材料的弹性模量、屈服强度和应变弱化强度明显降低

在图 2-32（a）岩石圈模型中，通过在油中添加具有弹性-黏性-塑性特性的固体烃和粉末，制成具有应变弱化特性的弹塑性材料，来模拟应变局部化过程（Boutelier and Oncken，2011），其物理性质与温度有关。在不同的温度和应变速率下，这些相似材料表现出不同的流变学特性。岩石圈模拟的温度范围（37～42℃）和应变速率（$1\times10^{-3}\sim1\times10^{-2}$/s）使得材料具有单纯的韧性、弹塑性（即对应变率

不敏感）和应变弱化行为，这可以满足尺度效应。由于剪切应变在 0 ~ 100%（图 2-32），应变弱化程度随温度变化，模拟岩石圈的深度为 10%~60% 剪切应变。

模拟岩石圈的相似材料由不同分量的石蜡、凡士林和棕榈油与 α- 烯烃聚合物组成。通过添加黏土来调节密度，黏土则通过油包水型表面活性剂（磷脂酰胆碱）与油基基质混合。实验使用的相似材料比例如下：凡士林（32.2%）、矿物油（32.2%）、黏土粉末（23%）、石蜡（7.5%）、α- 烯烃聚合物（4.5%）和磷脂酰胆碱（0.3%）。

2.4.1.1 模型尺寸

长度比例因子 $L^* = \dfrac{L_m}{L_n} \approx 2.86 \times 10^{-7}$（下标 m 和 n 分别指的是模型和自然界），表示模型中的 1cm 约代表自然界中的 35km。密度比例因子 $\rho^* \approx 3.08 \times 10^{-1}$，表示模型中的 1000kg/m³ 约代表自然界中的 3250kg/m³。静水压力为 $\rho g z$，其中，深度 z 与长度成比例，设置压力的比例因子为 σ^*（Buckingham，1914）。实验是在正常的重力加速度下进行的，即 $g^* = 1$ 或 $g_m = g_n = 9.81 \text{m/s}^2$，$\sigma^* = \rho^* \times L^* \approx 8.79 \times 10^{-8}$，因此，岩石圈底部 10MPa 的流体应力，在模型中约为 0.879Pa；岩石圈较强部分 500MPa 的流体应力，在模型中相当于 43.95Pa。由于温度梯度的增加，每一层的强度随深度增加而降低，这里使用每层的平均强度来衡量应力（表 2-5）。时间比例因子可以衡量与变形有关的相对温度变化。加载速度决定了模型中的热对流过程。为了保持热对流和热扩散之间的平衡，引入无量纲的佩克莱数 VL/κ，在模型和自然界中该比值应保持一致，其中，V 是汇聚速度，κ 是热扩散系数；然后使用无量纲比 Vt/L 定义时间。模型的热扩散系数为 $2.8 \times 10^{-8} \text{m}^2/\text{s}$（Boutelier and Oncken，2011），假设岩石的热扩散系数为 $1 \times 10^{-6} \text{m}^2/\text{s}$（Turcotte and Schubert，1982），则热扩散系数的比例因子 $\kappa^* = 2.8 \times 10^{-2}$，速度比例因子 $V^* = \kappa^*/L^* \approx 9.8 \times 10^4$，表示模型中的 0.25mm/s 代表自然界中的 8cm/a（即 2.54×10^{-9} m/s）。时间比例因子 $t^* = L^*/V^* \approx 2.92 \times 10^{-12}$，表示模型中的 92s 代表自然界中的 1Ma（即 3.15×10^{13} s），详细参数见表 2-5。

表 2-5　模型中使用的参数、自然界的对应值和比例系数

参数	模型	自然	比例系数
岩石层厚度 H_l/m	2.0×10^{-2}	7.0×10^4	2.86×10^{-7}
上地幔厚度 H_m/m	0.19	6.6×10^5	2.86×10^{-7}
岩石圈密度 ρ_l/(kg/m³)	1030	3347	0.308
上地幔密度 ρ_m/(kg/m³)	1000	3250	0.308

续表

参数	模型	自然	比例系数
岩石圈塑性强度 σ_l/Pa	25	2.84×10^8	8.79×10^{-8}
岩石圈热扩散系数 κ/(m²/s)	2.8×10^{-8}	1×10^{-6}	2.8×10^{-2}
汇聚速度 V/(m/s)	2.5×10^{-4}	2.55×10^{-9}	9.8×10^4
时间 t/s	92	3.15×10^{13}	2.92×10^{-12}

资料来源：Boutelier 和 Cruden，2017

2.4.1.2　模型设置

模型包括两个岩石圈板块，这些板块上覆于以水为相似材料的低黏度软流圈上（图2-32）。两块板块均由应变弱化的对温度敏感的弹塑性材料制成，并受特定的温度梯度控制，屈服强度随深度减小［图2-32（b）］。在实验箱4个角上方60cm处，朝向模型放置4个250V/250W的红外线发射器。温度调节器通过计算红外发射器产生的热脉冲持续时间，显示热探针接收表面温度 T_s 的读数。这种方式提供了一个在时间上相对恒定（±0.1℃）和在空间上相对均匀（±0.2℃）的表面温度场（Boutelier and Oncken，2011）。此外，红外发射器不产生任何可见光，并且PIV系统不监测发射的红外波。使用5W LED灯对模型表面进行补光，这些LED灯不会对样品表面进行加热。软流圈的温度（T_a）通过实验箱底部的电加热元件、热探针和第二温度调节器来维持和控制。

上覆板块大小为20cm×40cm×2cm（长×宽×高），俯冲板片大小为30cm×40cm×2cm，板片的两侧无约束（图2-32）。实验中，在岩石圈边缘和实验箱体侧壁之间，放置了弱缓冲器，以研究温度较高的模型边缘对俯冲过程是否有影响。板块汇聚驱动力包括活塞以恒定速率推动下部或上部板块的力和俯冲岩石圈的负浮力。

2.4.1.3　应力和应变观测

PIV技术是一种使用数字图像相关性准确测量瞬时速度场的非接触式测量方法，可以获得精确的时空应变变化（Adam et al.，2005；Boutelier，2016）。该系统由两个400万像素高速摄像机组成，能够以0.1s的时间分辨率实现<0.1mm的位移空间分辨率。高分辨率可以记录岩石圈拆沉等快速过程相关的瞬态应变过程。从PIV获得的速度场可以直接计算应变率水平分量（$E_{xx}/\Delta t$，$E_{yy}/\Delta t$，$E_{yx}/\Delta t$）。E_{ij} 是应变分量增量（其中 i、j 是 x 或 y 坐标向量），表示方向 j 上位移向量 D 的 i 分量的梯度（即 $E_{ij}=\Delta D_i/\Delta j$）。$\Delta t$ 是图像之间的时间增量。模型中形貌变化在2mm以下，而顶部相机放置在模型顶面100cm以上，因此，使用简单的2D PIV技术对水平应变的

计算影响微弱（Adam et al., 2005; Boutelier, 2016）。3D 的 PIV 技术（Adam et al., 2005）可用来计算岩石圈拆沉过程中表面地貌的演化。两台摄像机同时使用双层高精度校准板校准，分辨率可达到 0.1mm。

位于后壁的高精度载荷传感器（图 2-32）可以记录岩石圈产生的横向应力（Boutelier and Oncken, 2011）。该力是板块在平行海沟的垂直横截面[即 W(宽)×H(高)]上的横向汇聚正应力，也是板块边界产生的力的水平分量的总和。通过连续测量横向应力，可以估计不同俯冲速度和俯冲量下，由板片的弯曲及负浮力产生的力的大小。

2.4.2　模拟结果

实验结果见表 2-6，其中，汇聚速率、汇聚方向及表面温度均有所改变。

表 2-6　板片俯冲实验参数及结果

模型	参数	结果	PIV 模式	表面温度 T_s/软流圈温度 T_a	汇聚速度 V_c/(mm/s)	密度比 ρ_l/ρ_a
GS1	俯冲板片厚 2cm	俯冲板片无断离	3D	39/42	0.25	1.0
GS2	俯冲板片厚 3cm	俯冲板片无断离	3D	39/42	0.25	1.0
GS3	俯冲板片厚 1.5cm	俯冲板片无断离	2D	39/42	0.25	1.0
GS4	俯冲板片厚 2cm	俯冲板片无断离	2D	38/41	0.25	1.03
GS5	对上覆板块施加推力	从活塞处断离	3D	38/41	0.25	1.03
GS6（实验1）	对上覆板块施加推力	断离滞后	2D	38/41	0.25	1.03
GS7（实验2）	对上覆板块施加推力	没有断离	2D	38/41	0.25	1.03
GS8	对上覆板块施加推力	没有断离	2D	38/41	0.25	1.03
GS9（实验3）	低汇聚速度	多幕断离	2D	38/41	0.025	1.03
GS9-B	低汇聚速度	多幕断离	2D	38/41	0.025	1.03
GS10	岩浆弧	弧形裂谷，板片回卷	2D	38/41	0.25	1.03
GS11	同 GS7	没有断离	3D	38/41	0.25	1.0
GS12（实验4）	高表面温度	断离后滞留，俯冲板片减薄	3D	39.5/41	0.25	1.0
GS13（实验5）	高表面温度	断离后滞留，从活塞处拆离	3D	39.5/41	0.25	1.03
GS14～GS24	岩浆弧	弧形裂谷，板片回卷	2D	38/41	0.125～0.25	1.03
SB1～SB5	大陆地壳	碰撞，断离	2D	37/41	0.125	1.03

资料来源：Boutelier 和 Cruden, 2017

在俯冲带，上覆板块的应力和构造形态主要受板间的正应力与剪切应力控制（Hassani et al., 1997），还受许多其他参数影响（Jarrard, 1986；Heuret et al., 2007；Schellart, 2008）。在该实验中，沿着预制的海沟开始俯冲，横向应力（水平压缩力 F_h 为正）快速增加，随后以恒定应力加载或者应力持续下降，这取决于俯冲的岩石圈是否为中性浮力或负浮力（图2-33）。为提高准确性和重复实验，在不同模型的俯冲板片和上覆板块均预制了海沟。实验中，两个板块之间的初始曲率对应7cm的半径（相当于自然界的245km）。测量的横向应力等于在板块边界上同时作用的几个力的水平分量的总和（Boutelier and Oncken, 2011）。俯冲板片的屈服强度阻止其板片弯曲，因此在两个板片之间产生压应力，导致横向压缩。而俯冲板片的负浮力则在板块之间产生张应力，导致横向拉张。

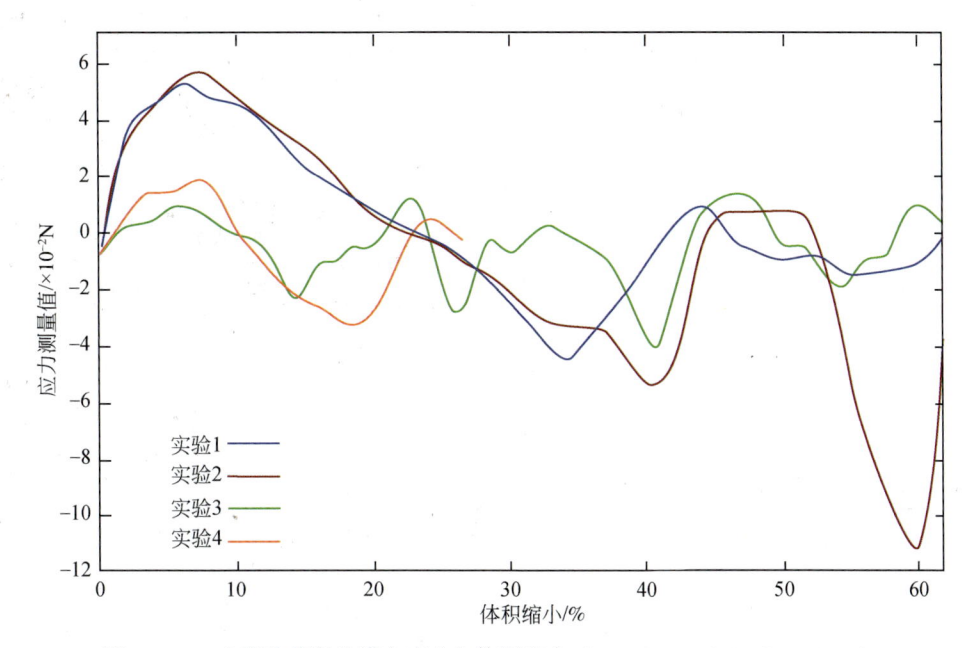

图2-33 4个实验获得的横向应力与体积缩小（Boutelier and Cruden, 2017）

2.4.2.1 俯冲速度对板片弯曲强度的影响

各实验加载均为横向加载到峰值之后慢慢卸载至负值（即张力，图2-33）。通过比较俯冲开始时的横向压缩最大值，可以估算板片弯曲强度的变化。在实验1和实验2（图2-34）中，施加的速度为 2.5×10^{-4} m/s（自然界相当于10cm/a）。在俯冲开始阶段，横向应力迅速上升到 $F_h=6\times10^{-2}$ N 的峰值（图2-35），产生了俯冲开始期间8.75Pa的横向汇聚应力，相当于99MPa的自然界应力。

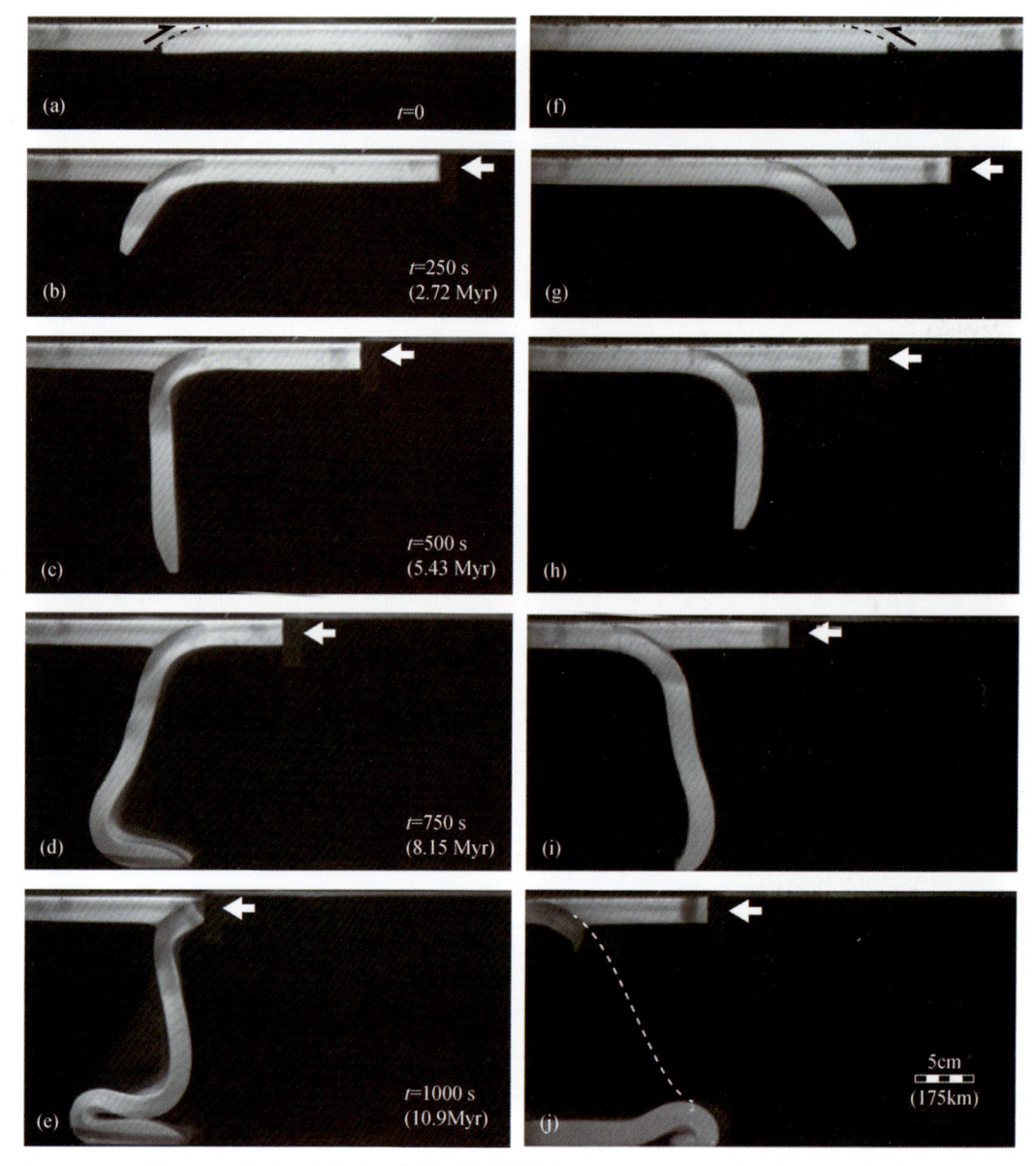

图 2-34　实验 1 和实验 2 中模型的连续侧视图（Boutelier and Cruden，2017）

实验 1（a）~（e），俯冲板片以 2.5×10^{-4} m/s（相当于自然界的 10cm/a）的速度运动。由于负浮力的影响，板块呈垂直状未断离。实验 2（f）~（j），模型与实验 1 的相同，加载于上部板块而非俯冲板片。模型演化与实验 1 相似，直到板片俯冲到下地幔。在随后阶段，板块角度减小 [（j）中的虚线]

板块边界曲率半径为 7cm，厚度为 2cm（图 2-32），板间倾角 α 的平均值为 22°。岩石圈板片屈服强度引起的压力 $F_r = F_h / \sin\alpha = 1.6\times10^{-1}$ N 计算。屈服强度引起的深度平均非静水压正应力 $\sigma_r = F_r / S = 18$ Pa（相当于自然界 210MPa），其中 S 是板间的表面积。

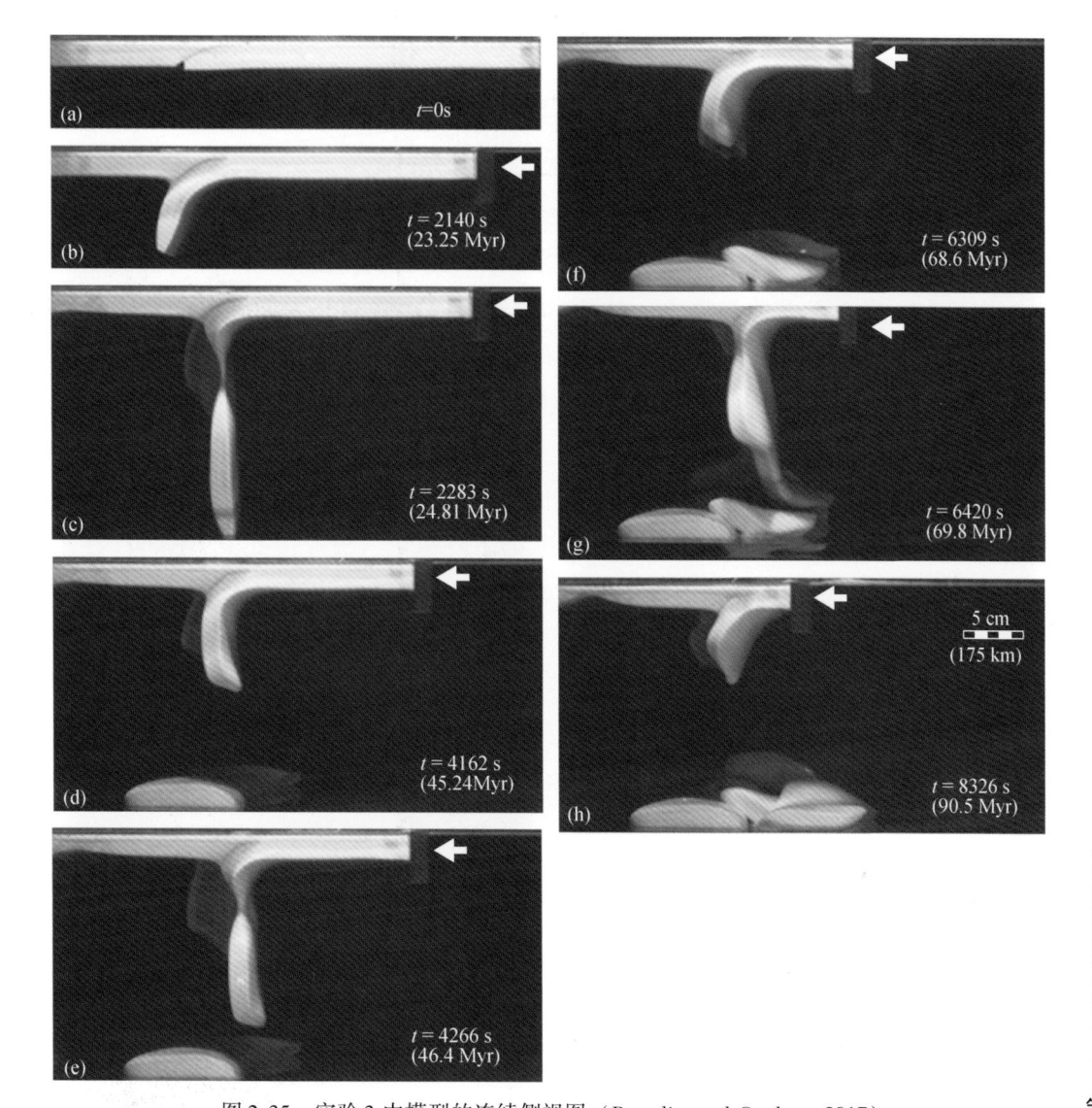

图 2-35　实验 3 中模型的连续侧视图（Boutelier and Cruden，2017）

该实验中使用的模型与实验 1 中使用的模型相同（图 2-34），但所使用的速度慢了一个数量级（相当于自然界的 1cm/a）。超慢速俯冲板片导致发生于 2283s、4266s 和 6420s 的多幕板片断离。值得注意的是，重复的断离导致上覆板块后缘的伸展，同时"板片墓地"存在于坚固的上地幔顶部

在实验中，测得的峰值力 $F_h = 6 \times 10^{-2}$ N（图 2-33）。板块的宽度为 40cm，厚度为 2cm，应力 σ_{xx} 为 8.75Pa，相当于自然界的 99MPa。在实验 3（图 2-33）中，除 2.5×10^{-5} m/s（自然界相当于 1cm/a）的加载速度外，所有参数值都是相同的。记录到的俯冲开始时横向应力增加到 $F_h = 1 \times 10^{-2}$ N（图 2-33）。弯曲强度引起的压力 $F_r = 2.7 \times 10^{-2}$ N，而弯曲强度引起的深度平均非静水压正应力 $\sigma_r = 3$ Pa（相当于自然界 35.7MPa）。

因此，俯冲速度的降低导致岩石圈的弯曲强度以及与板块边界相关的非静水压正应力显著降低。

2.4.2.2 俯冲速度对板拉力和断离的影响

由于俯冲岩石圈的负浮力，两个板块的水平应力从初始正峰值降至负值。在实验1和实验2（图2-34）中，俯冲速度是2.5×10^{-4}m/s，实验1应力施加于俯冲板片上，实验2则施加于上覆板块上，其他参数均相同。俯冲开始时，横向应力增加（即体积缩小5%~7%），之后以恒定和相似的速率降低（图2-33）。尽管实验1的俯冲板片（图2-34）经历了更大的向下拉伸，在板片接触刚性下地幔前，两实验过程相似。

两个实验俯冲至刚性下地幔的结果类似。水平张力迅速下降到0，板片开始向前拖拽（图2-33和图2-34）。实验2横向张力下降更快，板片仅受很小拉伸。在俯冲至下地幔之后，板片的行为有所不同。实验1中，板片向前俯冲至800s（图2-33的$\varepsilon=50\%$），之后发生回卷，横向应力在0附近波动。实验2中，俯冲从尖端处向前拖曳俯冲，之后持续向后回卷。由于板片滞留在下地幔，海沟持续水平移动，板片倾角从90°减小到50°，此时板片在距顶面3cm深度处（相当于自然界的105km）发生断离，横向应力为0，$\varepsilon=45\%\sim52\%$；随后，在$\varepsilon=60\%$处快速下降到-11×10^{-2}N；一旦板片断离，力迅速变为0（图2-33中$\varepsilon=62\%$）。

实验2中，当板片与下地幔接触时，横向应力F_h为-5.5×10^{-2}N，这意味着板片边界面积S上的有效深度平均非静水压正应力$\sigma_{eff}=-3$Pa（相当于自然界的-34.5MPa）。然而，测量的横向应力F_h取决于抗弯刚度（F_r）和板片的负浮力（F_b）的水平分量之和。如前所述，前者为6×10^{-2}N，因此，由负浮力引起的力的水平分量$(F_b)_h=F_h-(F_r)_h=-12\times10^{-2}$N；作用在板块边界上的板拉力$F_b=(2\times10^{-2})/\sin\alpha=-0.32$N，而由负浮力引起的深度平均非静水压正应力$\sigma_b=-37$Pa（相当于自然界的$-420$MPa）。

在实验3（图2-35）中，速度慢了一个数量级。俯冲开始之后，横向应力显示弱的压缩状态。当体积缩小至$\varepsilon=14\%$（即俯冲深度5.7cm，相当于自然界的200km）时，横向应力达到2.5×10^{-2}N；板片断离后，应力为0；之后，当$\varepsilon=26\%$、40%和54%时，板片发生了其他三幕断离事件（图2-33和图2-35）。断离发生深度范围为4.5~5.5cm，相当于自然界的150~210km。四幕板片断离位置分别位于200km、165km、193km和210km处。板片断离发生在俯冲板块向下拉伸较小的情况下，俯冲速度降低不仅减弱了岩石圈的弯曲强度，也减弱了其拉伸强度。

2.4.2.3 温度升高及强度降低的效应

俯冲开始时，弯曲强度随汇聚速度而变化。与俯冲板片弯曲有关的横向压力随着汇聚速度的降低而降低。当汇聚速度和佩克莱数较低时，弯曲的岩石圈板片温度更高（实验1和实验2中Pe=18，实验3中Pe=1.8）。虽然高表面温度可导致俯冲开始时横向压力减小（图2-33和图2-36），但通过增加汇聚速度（2.5×10^{-4}m/s），可获得高佩克莱数（Pe=18）和更高的表面温度（T_s=39.5℃）。当ε=19%（图2-36）时，板片开始断离，断离部分与下地幔接触时板片停止断离，相邻的板块边界没有被拉伸。

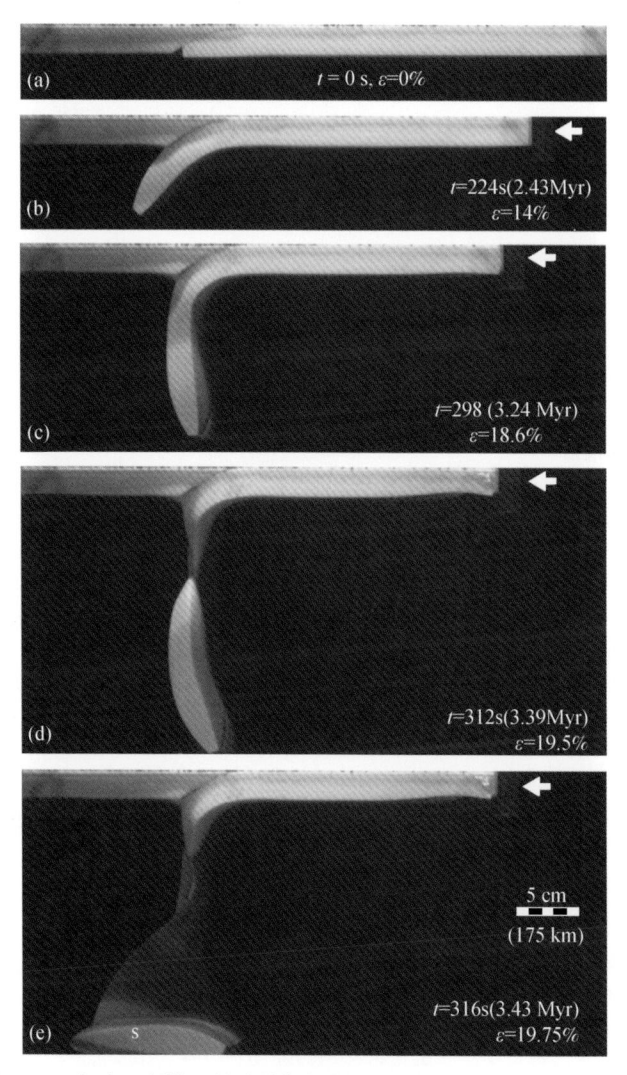

图2-36 实验4中模型的连续侧视图（Boutelier and Cruden，2017）

该模型与实验1（图2-34）和实验3（图2-35）中使用的模型相同，汇聚速度与实验1和实验2中一致（图2-34），表面温度是39.5℃

2.4.2.4 板片断离过程的 PIV 监测结果

PIV 表面位移场和相应的应变率（图 2-37）显示，俯冲带经历了局部强烈缩短，板内变形很小（Boutelier and Oncken，2011）。板片断离过程更为复杂。

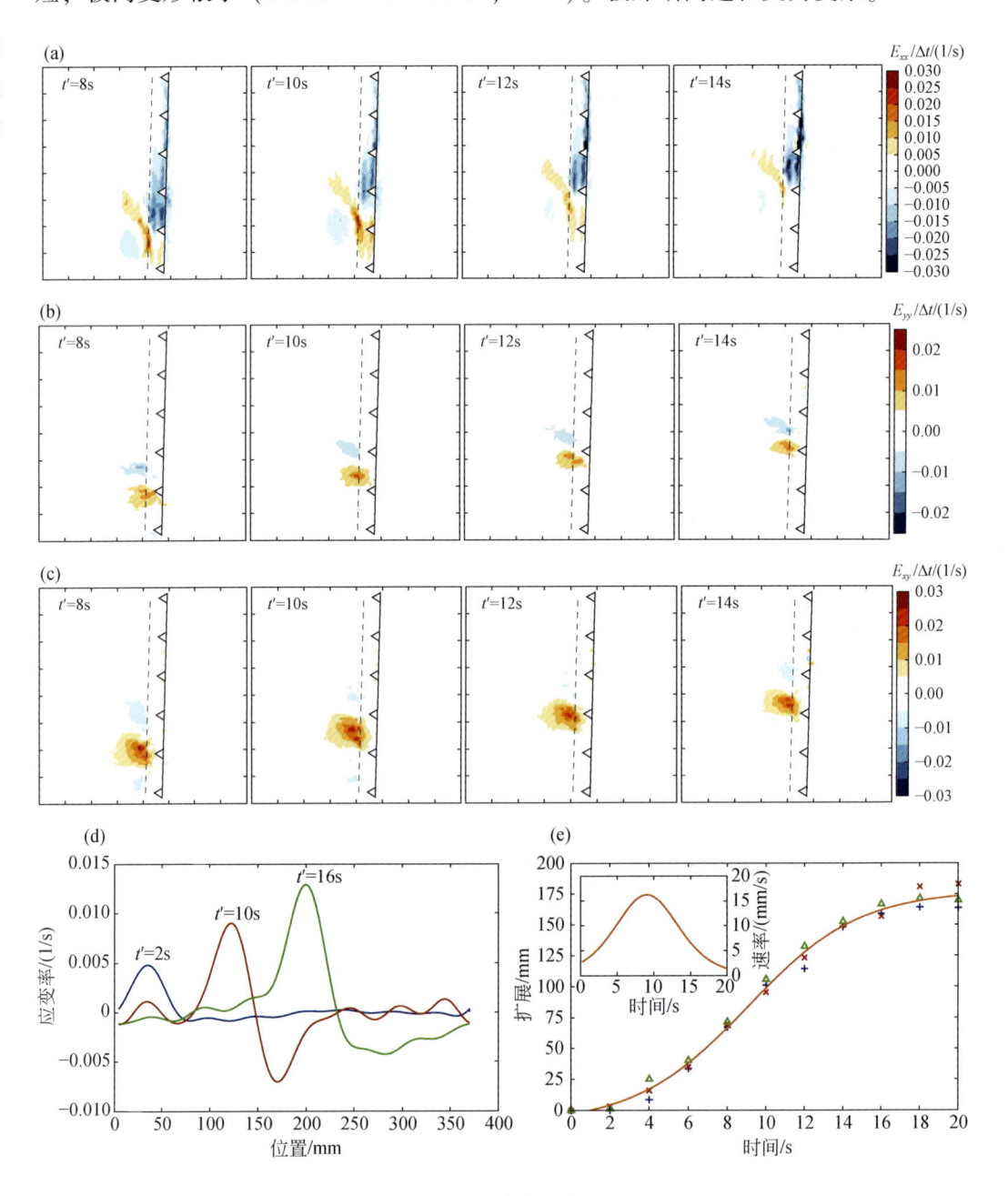

图 2-37 PIV 结果显示板片拆离过程中应变变化（Boutelier and Cruden，2017）
(a) 4 个连续阶段的正应变率 $E_{xx}/\Delta t$ 图；(b) 从正应变率计算的侧向应变 $E_{yy}/\Delta t$；(c) 剪切应变速率 $E_{xy}/\Delta t$；
(d) 通过弧前 [(a)~(c) 中的细虚线] 提取出平行海沟剖面；(e) 正或剪切速率下峰值位移随时间变化的曲线，
插图为速率与时间的关系

高速 PIV 监测可以获得板片开始断离和扩展过程中的应变率以及扩展率。当断离板片在模型中传播时，沿板块边界存在特定的应变率。板片断离之前，垂直海沟和平行海沟的缩短率瞬时增加，接着是局部的横向扩张。x 轴垂直于海沟，应变速率分量 $E_{xx}/\Delta t$ 和 $E_{yy}/\Delta t$ 在变为正值之前（伸展）变得更小（即缩短）[图 2-37（a）和（b）]。由于板块边界的不同区段在板片断离拓展时会经历不同的形变率，在弧前也会产生剪切应变 [图 2-37（c）]。

通过跟踪平行海沟的应变分量迁移 [图 2-37（b）和（c）]，可以估计板片断离的速度。实验结果显示，最大传播速度约为 10^{-16} mm/s [图 2-37（c）]。不同实验拓展速度在时间和空间上是不一致的。

板片断离过程中表面形貌的演化如图 2-38 和图 2-39 所示。板片断离通常从一侧开始，并在模型的宽度上快速拓展。板缘比中心温度可能更高，因此强度更弱。此外，由于板片沿某一方向断离，断离的岩石圈俯冲板片在板片尚未断离的相邻板片边界施加额外的拖曳力。在板片断离之前，这种额外的拖曳力导致海沟和弧前盆地沉降 0.3mm（相当于自然界的 1000m）；板片断离之后，海沟和弧前盆地则会向上抬升，盆地中心抬升量为 0.3mm [图 2-38（b）]。

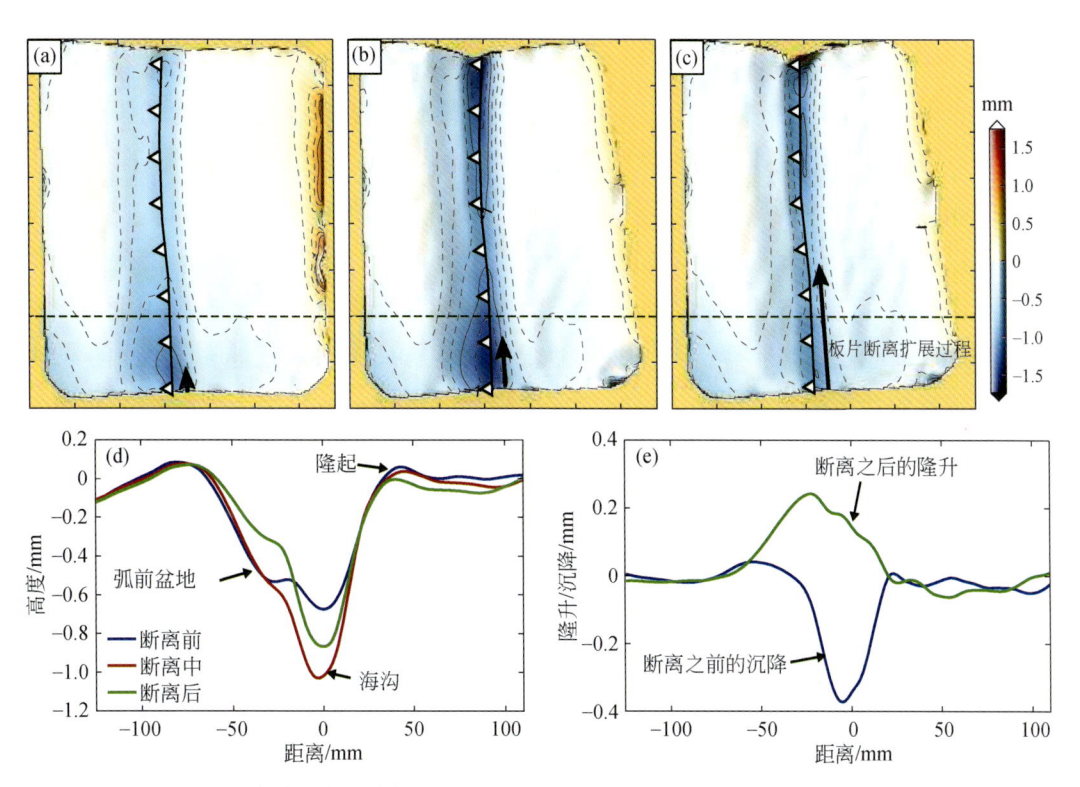

图 2-38　实验 5 中板片断离过程的三维 PIV 图（Boutelier and Cruden, 2017）
(a) 连续的高程图，显示了俯冲板片的开始断离，并使得海沟加宽和迁移；(b) 板片断离引起的海沟和弧前盆地迁移；(c) 板片断离过程停止；(d) 表示 (a)~(c) 虚线所示位置的地形剖面；(e) 沿着同一位置的抬升/沉降曲线，指示了与板片断离相关的垂向运动

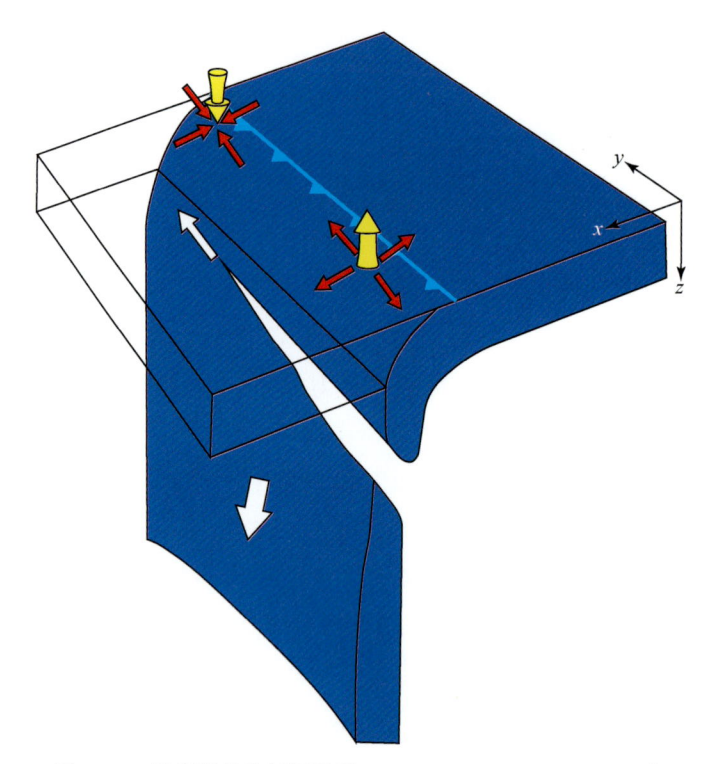

图 2-39　板片断离及拓展示意（Boutelier and Cruden，2017）

热力学实验模拟结果显示，板块汇聚速度显著改变了俯冲板片的弯曲强度和拉伸强度。慢的板块汇聚速度会导致板片强度变弱，当垂向张力达到中等阈值时，板片发生断离。当板片俯冲至下地幔或断离时，通过监测板片拉力引起的水平力的变化，可以获得表面隆起/沉降以及水平应变率变化特征。平板板片断离之前，海沟的快速沉降与海沟法向和平行方向的收缩有关；板片断离之后，前陆盆地由于弹性和等静压性而向上反弹，经历了快速且短暂的海沟方向及法向延伸。因此，在长时间板块缓慢俯冲之后的碰撞中，可能会发生板片的早期分离，因为由陆壳俯冲产生的向下的张力可能足以触发热的强度低的板片早期断离。汇聚速度对俯冲岩石圈温度和强度的影响，为俯冲带逐渐倾斜并最终演变成转换断层时的板片断离提供了力学解释。

2.5　海底滑坡

海底滑坡是大陆坡一种常见的沉积作用过程效应，是位于海底的岩石或沉积体在波浪、潮汐和海流等多种海洋自身环境动力，或地震、断裂活动、火山喷发、底辟作用等不同的内动力地质作用因素的综合影响下，发生的失稳破坏，同时也是在自身重力作用下，沿着一定的斜坡面向坡下运动的地质现象（Prior and Coleman，

1982；Locat and Lee，2002），决定着大陆坡的演化。海底滑坡（图 2-40）在主、被动大陆边缘皆可发育，一般集中在陆架坡折带及以下，它使失稳的沉积物沿滑动面从陆架坡折带经大陆坡滑动到深海盆地（Imbo et al.，2003；Sultan，2007）。随着水合物勘探与开发的发展，人们对于海底滑坡的分类、诱发机制、模拟方法等诸多方面进行了研究（Locat and Lee，2002；Haflidason et al.，2005）。

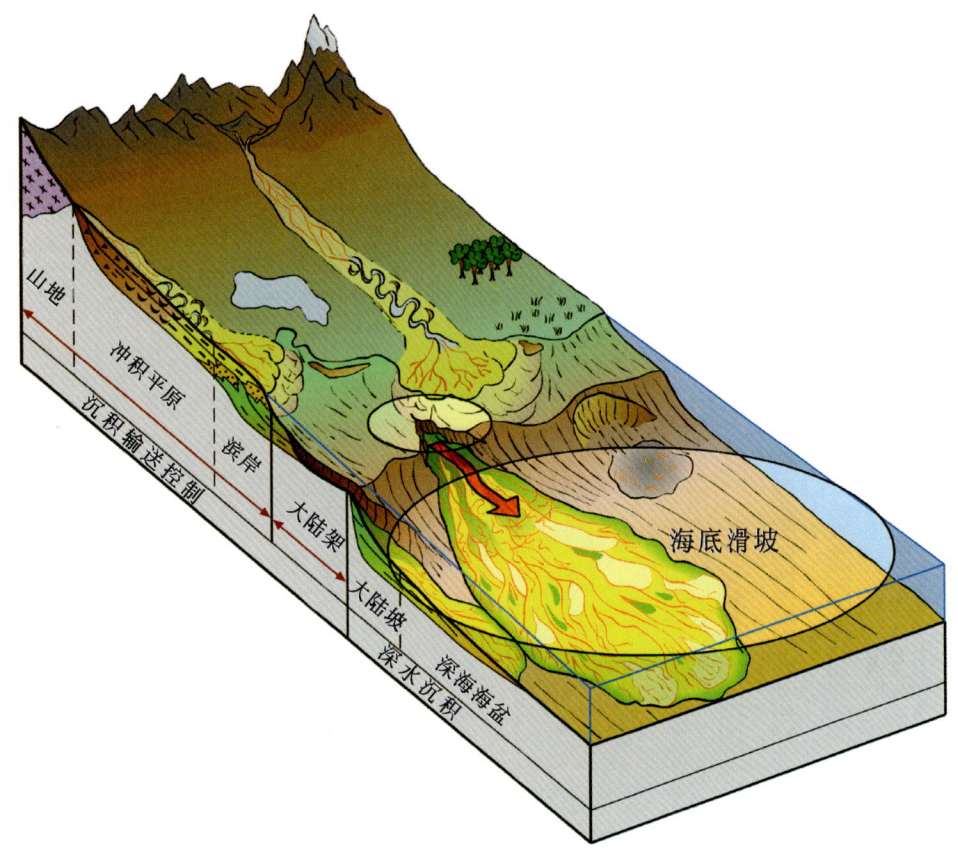

图 2-40　海底滑坡示意（Hadler-Jacobsen et al.，2005）

2.5.1　分类

Dott Jr（1963）最早将海底滑坡分为滑坡、浊流、块状流和塌陷 4 类；Moore（1978）按照失稳物质的状态将其分为滑动、流动和塌陷；Locat 和 Lee（2002）依据失稳物质的运动机理，划分出滑动（包括旋转滑动和平移滑动）、倾倒、扩张、坠落和流动 5 种类型，其中坠落和流动进一步可以细分为崩流、碎屑流和泥流三种亚类，这三种亚类可进一步发展演变为浊流；Canals 等（2004）总结了前人分类方案的不足，并基于海底斜坡破坏变形方式的不同，划分出平移滑坡（滑动）、碎屑流、泥流、蠕变和岩崩（碎屑崩落）5 种类型。此外，依据滑体规模，海底滑坡可分为超大型、中型、小型滑坡；依据滑体厚度，海底滑坡可分为薄层、中层、厚层滑坡；依据滑动斜坡结构和滑动面位置，海底滑坡可分为无层、顺层、切层滑坡（冯志强，1996）。

2.5.2 诱发机制

Prior 和 Coleman（1982）总结了海底滑坡的诱发因素，并探讨了诱发因素及诱发过程的相互关系；Locat 和 Lee（2002）将地震活动、火山活动、沉积物快速沉积、天然气水合物分解作用、峭削作用、潮位变化、孔隙气体释放、渗流作用、风暴潮和高纬度冰川活动作为诱发海底滑坡的主要外因；Hance（2003）对 366 个滑坡实例的诱发因素进行了统计分析，发现地震和断层、快速沉积和天然气水合物分解是诱发海底滑坡的三大主要因素（图 2-41）。

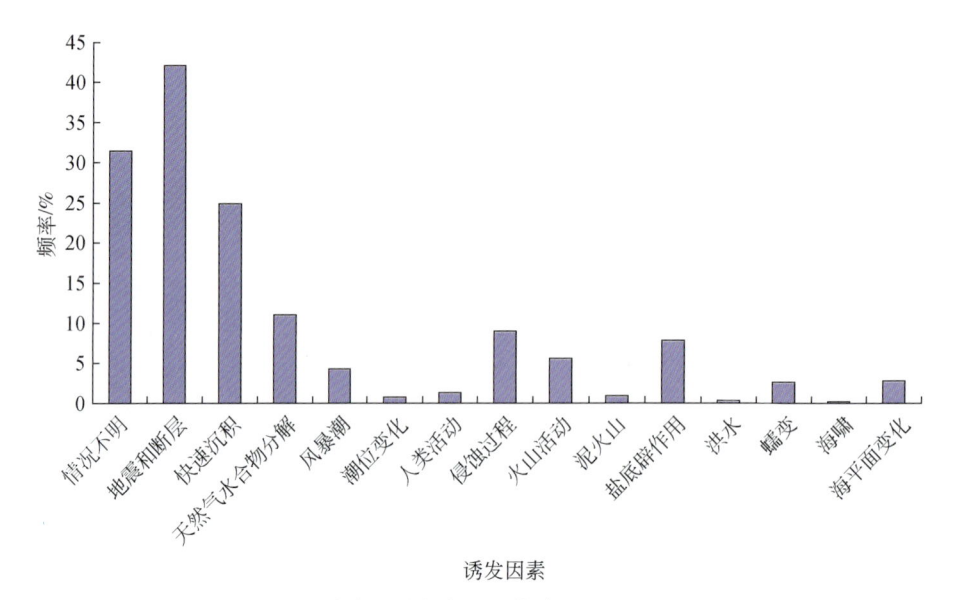

图 2-41　海底滑坡触发机理统计（Hance，2003）

2.5.3 天然气水合物与海底滑坡的关系

海底滑坡的存在与天然气水合物的形成和赋存具有紧密的联系（Kvenvolden，1993，1999；吴时国等，2008；蔡峰等，2011），海底滑坡带与已知天然气水合物分布区空间上存在着一致性（Maslin et al.，1998；宋海斌，2003）。不少学者也对大型海底滑坡的斜坡失稳与天然气水合物分解之间的关系进行了深入分析，结果表明，

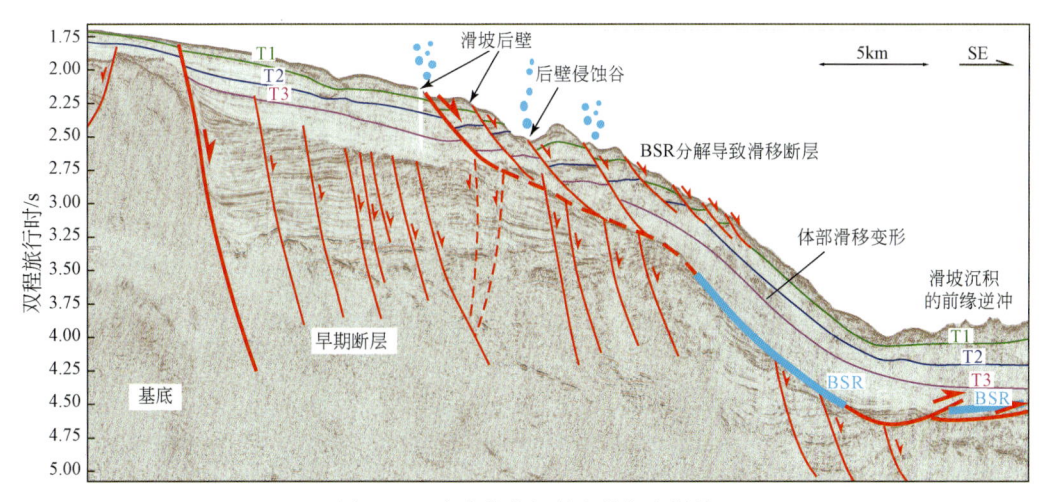

图 2-44　水合物分解触发的海底滑坡

滑坡发育过程中发育断裂，进一步为分解的水合物提供了释放的通道，断层附近温压条件更容易变化，断层附近水合物无法保存。水合物导致的海底滑坡发育形式为后退式发育，滑坡首先在下陆坡形成，随着气体逐渐释放并与水体交换，扰动了上部沉积物，导致再次滑坡，从而使陆坡倒退（图 2-45）。

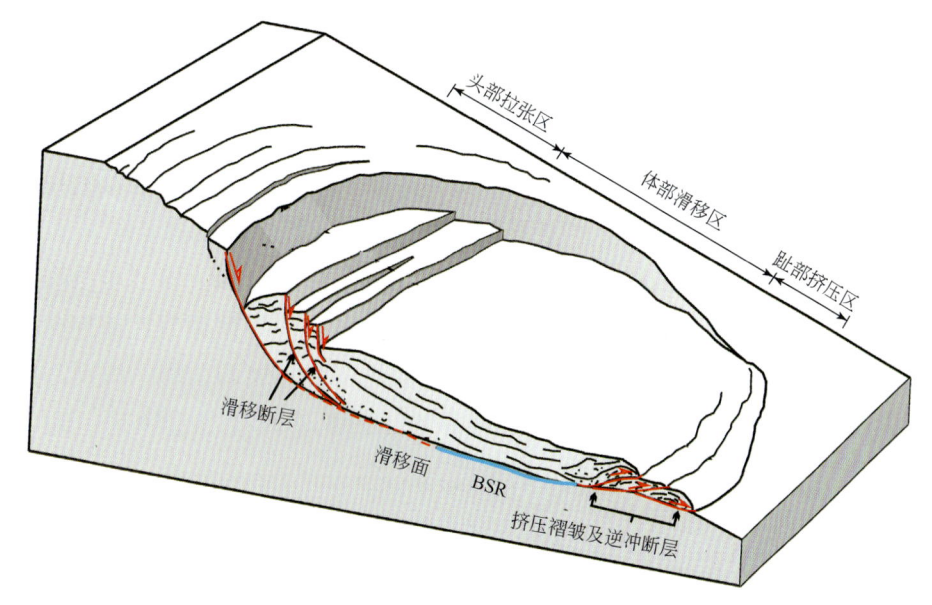

图 2-45　水合物分解触发的海底滑坡发生模式

（2）相似材料模型建立

确定物理模型的相似条件和相似材料是关键，根据地震剖面及该区的钻井资料，确定 T1、T2、T3 岩层的沉积物类型及力学性质，估算出各地层的层厚；基于地球物理资料，推算滑坡体大小和范围，获得水合物埋深、水合物分布长度、上覆

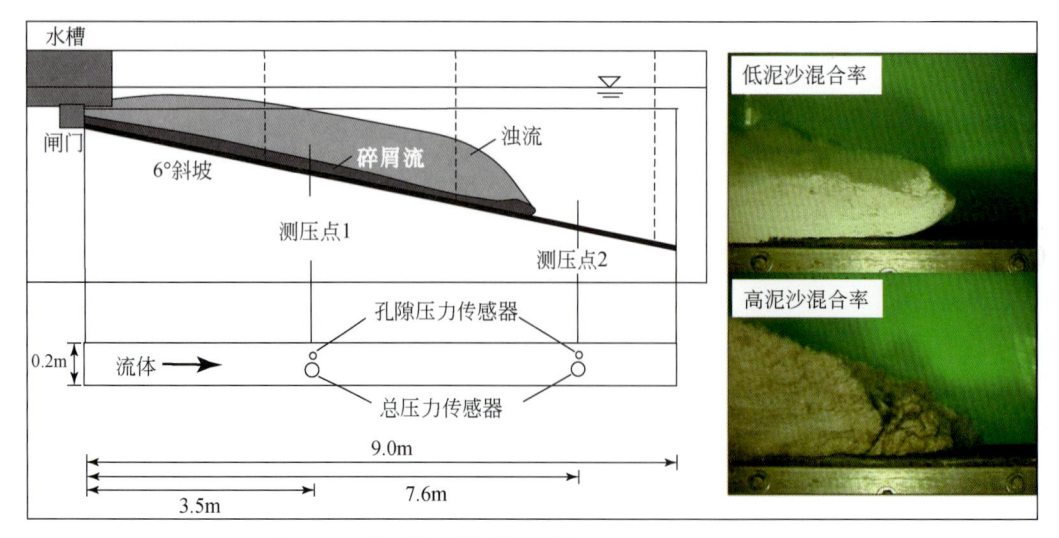

图 2-43　物理模拟模型及效果（Ilstad et al., 2004）

制和动力学的数值-物理一体化模拟方面仍然有很多的工作要做。受条件所限，目前研究是通过实验室合成样品或取芯样品进行相关结构参数的测定，为数值模拟计算积累数据，这在很大程度上也影响了海底滑坡的深入研究。

利用相似材料模拟实验研究水合物分解可能引发的海底斜坡稳定性，首先是将研究范围的岩层按照一定的比例缩小，在保证模型与实际岩层的初始状态和边界条件相似的条件下，采用与原型物理力学性质相似的人工材料制成模型，然后根据实际情况在模型中模拟水合物分解，观察和观测模型水合物分解区附近及上覆岩层由分解引起的移动、变形和破坏形式，观察其影响范围，评价斜坡稳定性。

相似材料模拟实验采用的理论基础是相似原理，可表达为：模型与原型是在几何特征和物理量之间具有一定比例关系的两个相似系统。根据相似性原理，模型与原型在动力学、运动学和几何学三方面保持相似是实验开展的前提。模型与原型的相似程度决定着模拟实验结果的精度和可靠性，因此实验要尽量满足运动方式相似、边界条件相似、物理量相似和几何相似。

2.5.5　实验方法

（1）水合物分解相关的典型滑坡模式构建

图 2-44 为南海北部陆缘海底滑坡的地震剖面，滑坡与 BSR（似海底反射层）发育区叠合，BSR 常沿着滑坡面位置发育，在整个滑坡体内，BSR 被断裂分割成多段，断续残留分布在沉积层内，在滑移断层周围消失，远离滑移断层的地区保存良好。

2.5.4 研究方法

目前，国内外在评价与水合物相关的海底灾害效应及稳定性方面的研究时，以讨论影响因素和定性研究为主（Prior et al., 1986；刘锡清和郭玉贵，2002；Camerlenghi et al., 2007），而发生机制及模型定量研究比较少见。目前的定量模拟研究主要集中于两方面：数值模拟和物理实验。

2.5.4.1 数值模拟

Sultan（2007）建立了天然气水合物热动力化学平衡理论模型，并模拟了挪威外陆架 Storegga 滑坡区天然气水合物变化情况。结果表明，Storegga 发生的第二次滑坡是由距今 8000 年前的一次天然气水合物分解所触发的。刘锋等（2010）利用数值模拟方法，同样对中国南海北部白云凹陷天然气水合物分解与地质灾害的形成，进行了定量化研究，并提出影响海底滑坡的主要因素是天然气水合物的分解量、海底斜坡水深、沉积物厚度以及斜坡坡角，而滑坡区底端的水合物比顶端的水合物更容易导致滑坡的发生。

2.5.4.2 物理实验

采用实验的方法，通过各种物理量测量手段，对研究模型进行变形模拟分析，模型在实验过程中的变形及其他参数的变化反映地质体的受力情况。物理实验主要集中在以下两方面。

(1) 含水合物的沉积物力学性质

通过对水合物沉积物原状试样和实验合成样品进行力学实验，研究样品的力学性质与温度、有效围压及饱和度间的关系，以及体积应变的变化与有效围压、剪切应力和临界孔隙比的关系及声学特性（Masui et al., 2005；Winters et al., 2007；业渝光等，2008）。

(2) 滑坡现象实验模拟

滑坡现象主要使用水槽实验和离心机模型进行模拟。图 2-43 为滑坡的水槽模拟实验，模拟结果和外业观测比较一致（Ilstad et al., 2004）。有学者利用离心机模拟海底滑坡（Boylan et al., 2009），研究了斜坡土体从初始状态到泥流状态的破坏过程，测定不同含水率土样在不同离心加速度下的孔隙水压力值、滑移速度等，探讨有水环境及无水环境对滑坡的影响。

总体上，海底滑坡研究主要集中在滑坡的几何形态识别、结构分析与触发因素等的定性研究方面，由于其直观研究的困难性，对于海底滑坡的定量研究、滑坡机

天然气水合物在触发区域性大型海底滑坡过程中起着重要的作用（Kvenvolden，1993，1999；Haflidason et al.，2004）。通过定量研究天然气水合物分解对海底滑坡的影响（Sultan et al.，2004；Nixon and Grozic，2007）发现，天然气水合物的分解量对海底斜坡的失稳是重要的影响因素之一。

在中国南海，滑坡机制及其与天然气水合物赋存的研究尚处于起步阶段。目前，已有研究人员对南海地区的海底滑坡进行了几何识别及机制探讨（吴时国等，2008；孙运宝等，2009；陈珊珊等，2012），推测滑坡的发生可能与天然气水合物分解有关。利用属性反演、超压分析以及数值模拟的方法，研究人员对潜在的浅水流危险区进行了评估，分析了南海北部白云凹陷天然气水合物分解与气烟囱和海底滑坡之间的相互作用关系（孙运宝等，2009）。

自然界的天然气水合物赋存于低温高压环境条件下，它的形成和分解主要受温度、压力、气体类型及海水盐度的影响，当上述条件发生变化时，其赋存状态也将发生变化。因而，构造作用、海平面升降和海底工程等因素都可能破坏天然气水合物的稳定性。图 2-42 为天然气水合物分解引起的海底滑坡示意，天然气水合物的分解将使沉积物孔隙中的含气量增加，从而产生高孔隙压力，降低沉积物的胶结强度。如果含水合物的沉积层坡度较大，水合物的分解量将十分显著，使得含气沉积层的抗剪强度和承载能力降低，被液化的分解带将形成一个向下的滑动面，此时含气沉积层受地震或者沉积载荷增大等因素触发，甚至仅依靠沉积物自身的重量，就可引起海底滑塌（Dillon et al.，1998）。目前，世界上识别出与天然气水合物分解有关的海底滑坡主要有挪威外陆架的 Storegga 滑坡、大西洋大陆坡上的 Cape Fear、南美亚马孙冲积扇、加拿大西北岸波弗特海、西地中海的 Balearic 巨型浊流层和西非大陆架、哥伦比亚大陆架、美国太平洋沿岸以及日本南部的海底滑坡体（Solheim et al.，2005）。

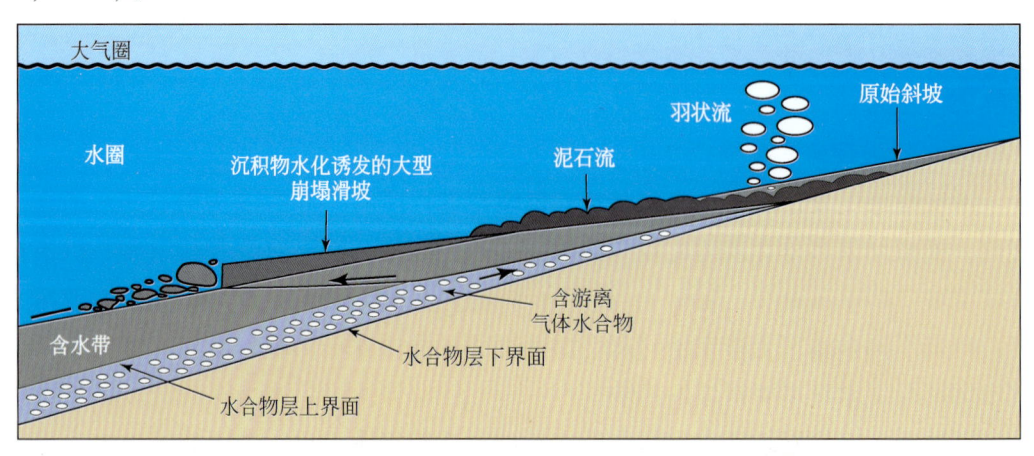

图 2-42　天然气水合物分解引起的海底滑坡示意（Kvenvolden，1993）

沉积层厚度、水合物坡角大小等参数，利用相似原理，选择合适的比例系数，确定相似材料模型的尺寸。

（3）相似条件

为保证模型的变形、破坏与实际开采条件下所发生的情况相似，必须合理地确定相似材料实验的相似条件几何相似常数，通常实验参数选取如下：几何相似常数 $a_l=l_m/l_p=1:100$，容重相似常数 $a_r=r_m/r_p=2:3$，重力加速度相似常数 $a_g=g_m/g_p=1:1$，时间相似常数 $a_t=t_m/t_p=\sqrt{a_l}=1:10$，速度相似常数 $a_u=u_m/u_p=\sqrt{a_l}=1:10$，位移相似常数：$a_s=a_l=1:100$，强度、弹模、黏结力相似常数 $a_R=a_E=a_C=a_l \cdot a_r=3:500$，内摩擦角相似常数 $a_f=f_m/f_p=a_g \cdot a_r \cdot a_l^3=0.6\times10^{-6}$。

（4）模型尺寸及材料

模型的几何尺寸相似比选用1:200，模型设计高度为0.84m，长度为1.9m，宽度为0.4m。水合物分解宽度为0.5m，水合物分布厚度为0.04m。

相似材料模拟实验中材料的选取，应当满足材料的某些力学性质与岩石的力学特性相似；调节材料的配比，较易获得不同的力学特性；模型制作方便，成型快。

这里的实验模型相似材料以石英砂、云母、重晶石做骨料，以石灰、石膏做胶结材料，以硼砂做缓凝剂。相似材料容重见表2-7。

表2-7 相似材料容重　　　　　　　　　　　　（单位：g/cm³）

材料名称	石英砂	重晶石	云母	石膏	石灰
容重	1.4	4.0	0.5	0.8	0.8

根据相似常数及原型性质，结合相似理论及配比原则，得出模拟材料配比（表2-8）。

表2-8 材料配比

材料名称	胶骨比	骨料比 石英砂:云母:重晶石	胶料比 石膏:石灰
周围土体	1:4	2:1:1	1:1
水合物	1:6	6:1:1	3:7

通常实验模型的制作采用分层捣制，因分层捣制模型具有相似材料强度易于保持、压实性好、整体性好等特点。根据材料配比称取所需材料用量，加相应的水均匀拌制，并迅速上模。分层铺设材料，每层铺设厚度为2cm左右，均匀压实（图2-46）。

（5）实验手段和关键技术

对滑坡模型的剖面和顶面进行数字图像的高分辨率数字CCD相机的数字图像采集，使用数字散斑方法分析滑坡体的变形过程，获得滑坡失稳的变形信息。数字散

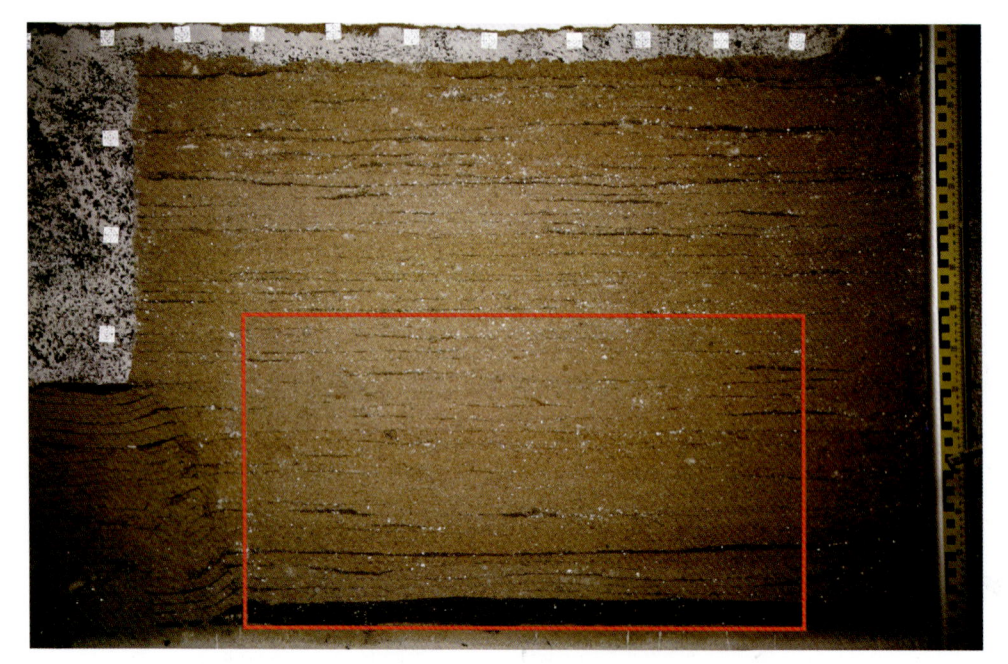

图 2-46　制作完成的模型及计算区域

红色方框代表数字散斑计算区，高度为 240mm，宽度为 620mm

斑方法是一种基于物体表面散斑图像分析，从而获得物体运动和变形信息的光测方法（图 2-47），具有全场测量、非接触等特点，便于全面观测水合物从分解到诱发滑坡的演化过程。

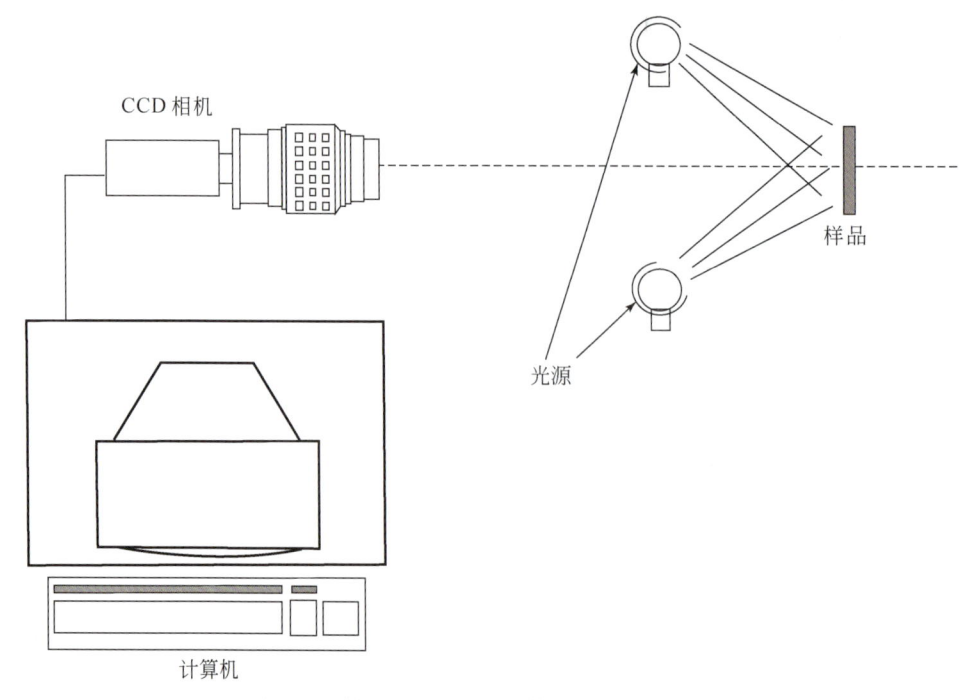

图 2-47　数字散斑方法的图像采集和数字化示意

（6）实验步骤

模拟实验在相似材料模拟平台上进行，对分解过程进行连续图像采集，图像通过佳能5DⅡ单反相机采集。

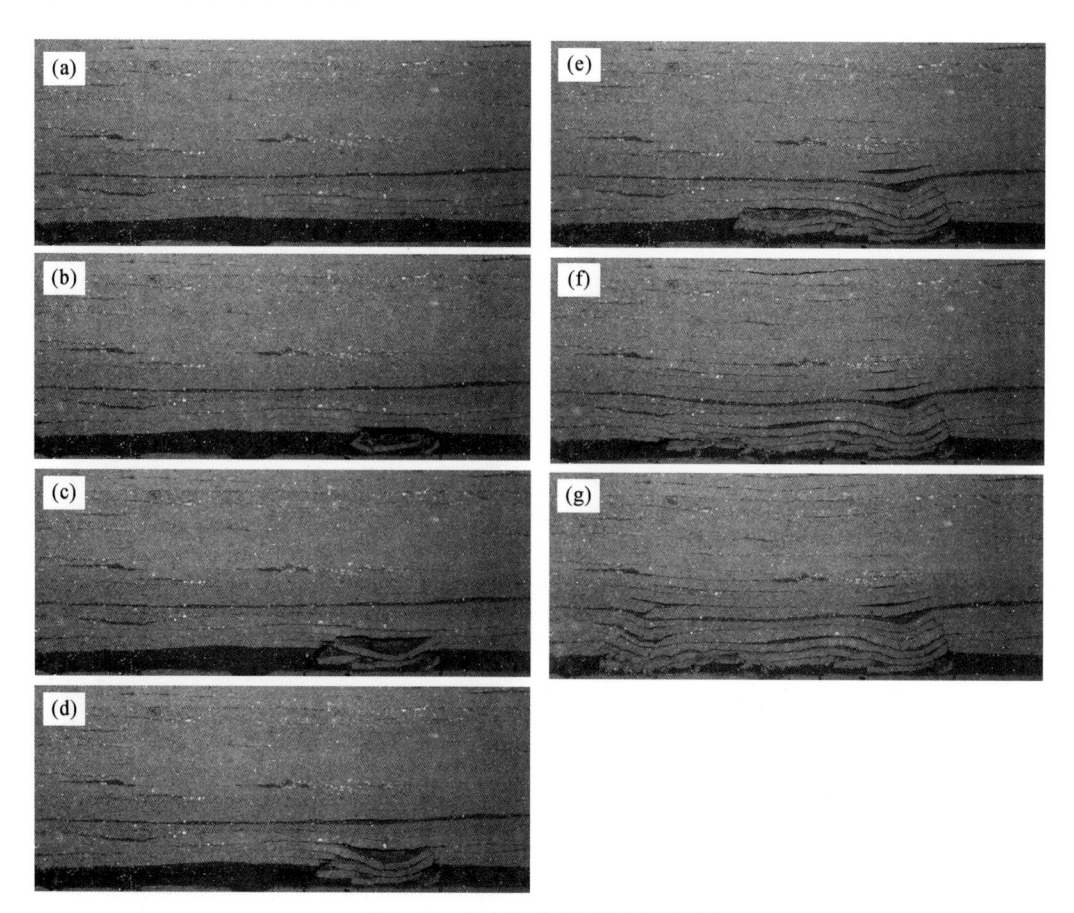

图2-48 水合物分解导致滑坡过程

(a) 水合物未分解时的实验模型图像；(b) 水合物分解20%的实验模型图像；(c) 水合物分解30%的实验模型图像；(d) 水合物分解45%的实验模型图像；(e) 水合物分解60%的实验模型图像；(f) 水合物分解80%的实验模型图像；(g) 水合物分解100%的实验模型图像

水合物分解为分段式分解，样品中底部黑色为水合物层，选取中间一段约50cm长度进行分解实验，图2-48（b）~（g）依次采用的分解量为20%、30%、45%、60%、80%、100%。

2.5.6 实验结果

图2-49为数字散斑方法计算得出的随水合物分解引起上覆沉积层的横向和纵向位移场。随着分解量增加，实验样品整体的横向位移慢慢积累并向右侧移动。分解

20%时，分解区上部邻近岩层发生小范围滑塌，横向上向右侧移动，纵向上向下位移［图2-49（a）和（g）］。分解30%时，最新分解区上部邻近岩层开始滑塌，横向上向右侧移动，纵向上整个分解区均向下位移［上覆层的层间裂隙［图2-49（c）~（f）和（i）~（l）］。横向位移上也显示出在分解区的右侧出现了局部位移集中，为滑塌的根部逆冲提供了位移积累。

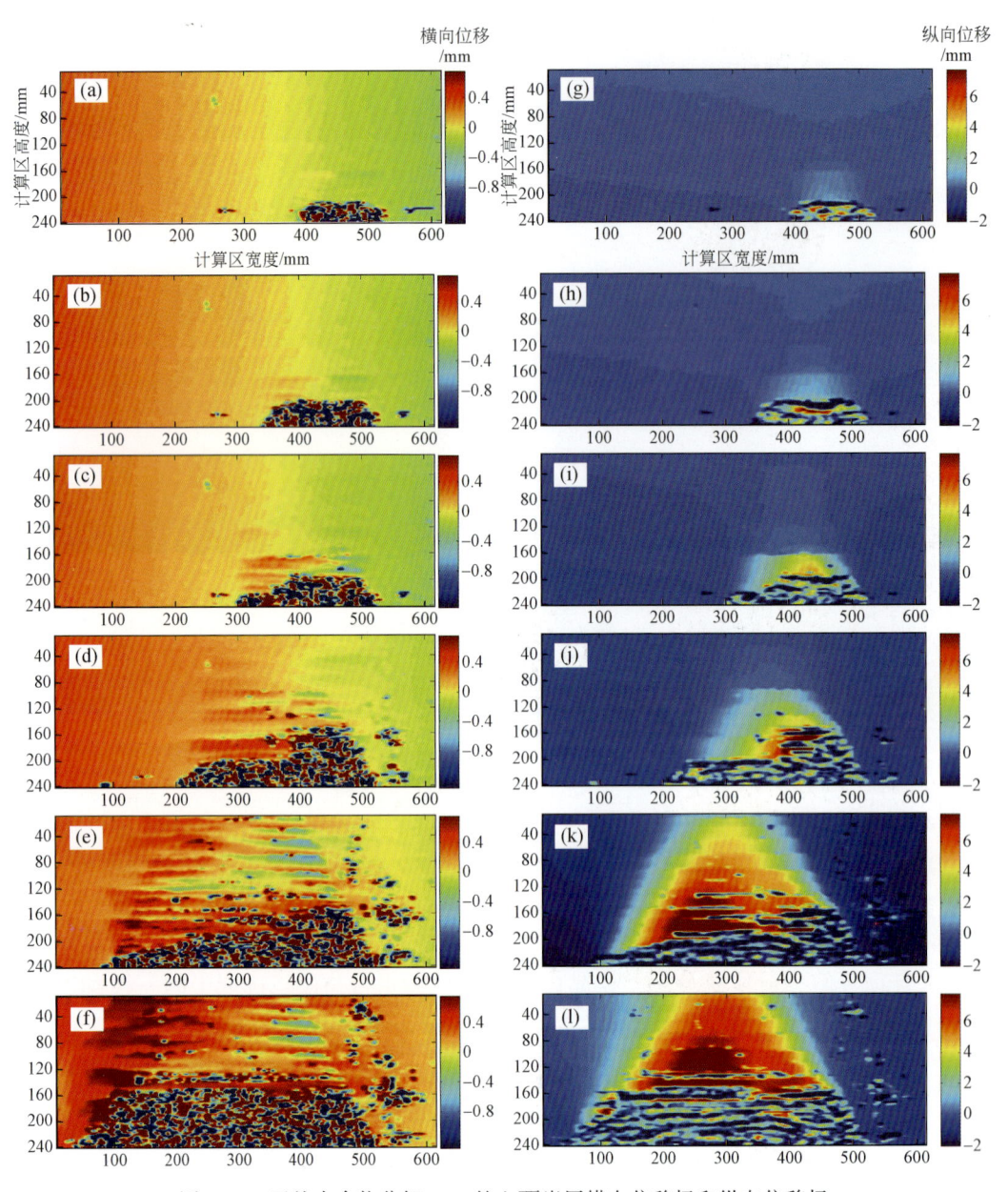

图 2-49　天然水合物分解 30% 的上覆岩层横向位移场和纵向位移场

(a) 水合物分解 20% 时的上覆岩层横向位移场；(b) 水合物分解 30% 时的上覆岩层横向位移场；(c) 水合物分解 45% 时的上覆岩层横向位移场；(d) 水合物分解 60% 时的上覆岩层横向位移场；(e) 水合物分解 80% 时的上覆岩层横向位移场；(f) 水合物分解 100% 时的上覆岩层横向位移场；(g) 水合物分解 20% 时的上覆岩层纵向位移场；(h) 水合物分解 30% 时的上覆岩层纵向位移场；(i) 水合物分解 45% 时的上覆岩层纵向位移场；(j) 水合物分解 60% 时的上覆岩层纵向位移场；(k) 水合物分解 80% 时的上覆岩层纵向位移场；(l) 水合物分解 100% 时的上覆岩层纵向位移场

由数字散斑方法计算得出的随水合物分解引起上覆层的最大剪应变场［图2-50 (a)～(f)］和体应变场［图2-50 (g)～(l)］可以看出，随着分解量的增加，分解区上覆岩层出现应变集中，并在分解区右侧出现局部的滑塌，整体呈逆冲趋势。

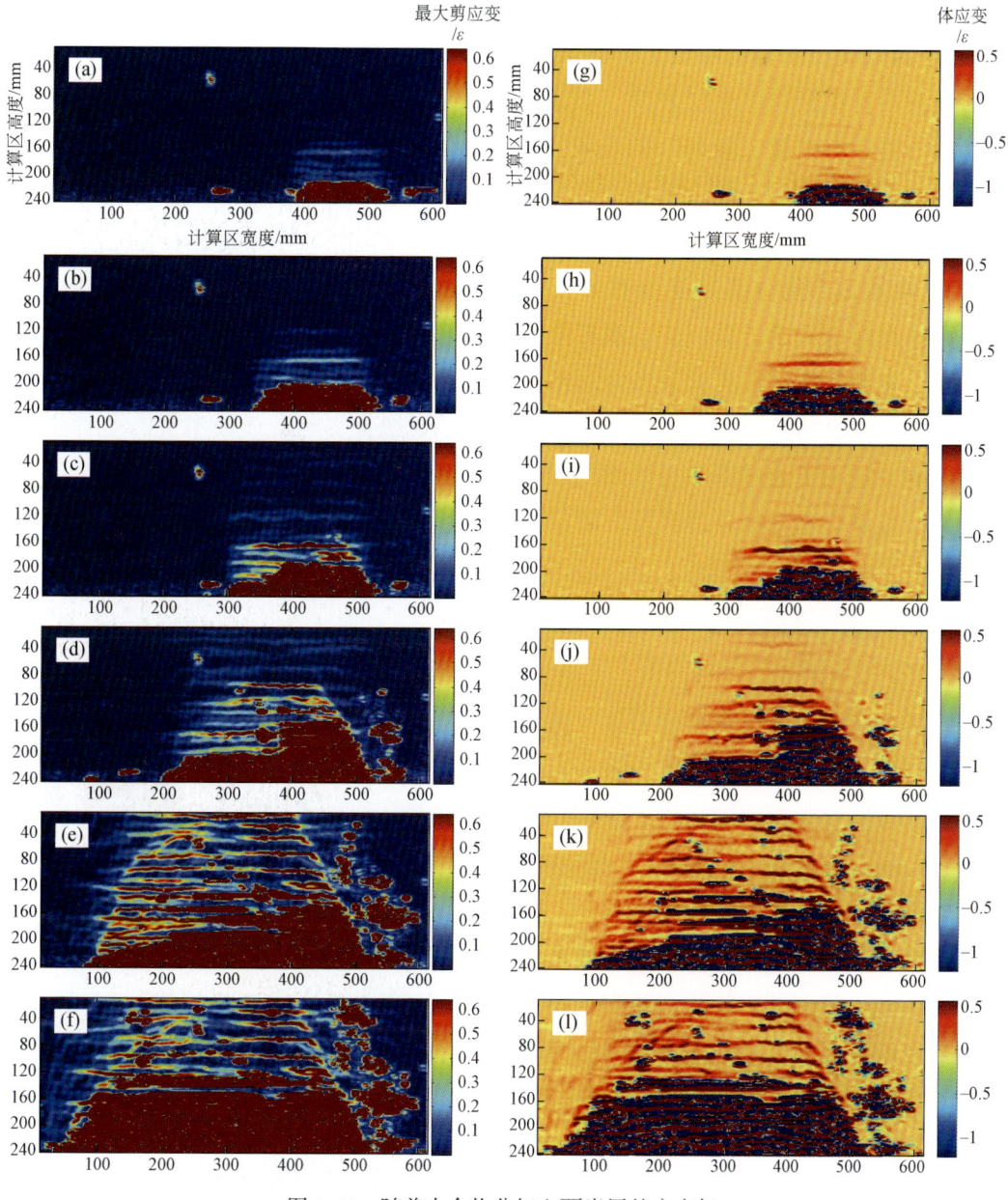

图2-50 随着水合物分解上覆岩层的应变场

(a) 水合物分解20%时的上覆岩层最大剪应变场；(b) 水合物分解30%时的上覆岩层最大剪应变场；(c) 水合物分解45%时的上覆岩层最大剪应变场；(d) 水合物分解60%时的上覆岩层最大剪应变场；(e) 水合物分解80%时的上覆岩层最大剪应变场；(f) 水合物分解100%时的上覆岩层最大剪应变场；(g) 水合物分解20%时的上覆岩层体应变场；(h) 水合物分解30%时的上覆岩层体应变场；(i) 水合物分解45%时的上覆岩层体应变场；(j) 水合物分解60%时的上覆岩层体应变场；(k) 水合物分解80%时的上覆岩层体应变场；(l) 水合物分解100%时的上覆岩层体应变场

从实验结果可以看出：

1）水合物分解会降低斜坡的稳定性，但不一定导致斜坡失稳，最大剪切应变随着水合物分解量的增加而应变集中范围增大，但未引起整体失稳，说明水合物分解会降低斜坡的稳定性。

2）滑动面在水合物层之上，斜坡失稳形态符合预期。由于上覆层较厚，形成的滑动面沿着水合物层顶层发育。贯通区从大陆坡坡脚开始发育，大陆坡失稳时，坡脚处的岩层有稍微"隆起"的现象；坡顶的位移为负，表明方向向下，出现相对较大的"塌陷"现象，符合地质上常见的"塌陷、滑动"型滑坡特征，且失稳的临界状态以垂向位移为主。

3）随着水合物分解量逐步增大，位移量逐步增大。从水合物不同分解程度下的位移情况可以看出，总位移、水平位移和垂向位移最初随着水合物分解量的增大而增大。本节的尝试性实验是在常温常压下进行的，没有考虑水合物的储存条件和压力，以及水合物的埋深、坡度等问题，因此需要结合实际地质模型进行更详细的物理实验，进一步通过增加更详细的水合物及滑坡地质模型的物理参数，可研究水合物储层坡度、水合物分解区及分解量的变化对斜坡稳定性的影响。

2.6 底辟构造

底辟作用是指地下高塑性岩体（如蒸发岩、黏土岩、泥炭、泥灰岩及岩浆等），在上覆岩层差异载荷、构造应力或岩石密度倒置所引起的浮力作用下，由深部向上流动推挤或刺穿上覆岩层形成上隆构造的过程（Chapman，1974；胡望水和薛天庆，1997；Hudec and Jackson，2007；杨克绳等，2007）。由底辟作用形成的上隆构造称为底辟构造，如盐底辟（或盐构造）、泥底辟和岩浆底辟等。其中，泥底辟和盐底辟主要发育于地壳浅层，也称冷底辟或浅源底辟。冷底辟中，盐底辟发育最为普遍且广受关注，故本节以盐构造为例，对冷底辟的一般特征和物理模拟进行阐述。与浅源冷底辟相比，岩浆底辟来源于深部，是一种热底辟（胡望水和薛天庆，1997；杨克绳等，2007；何春波等，2009），其成因机理与冷底辟存在一定差异，物理模拟过程也有所不同，因而本节将对其单独分析和总结。

2.6.1 底辟构造的相关概念

盐岩是指主要由盐（NaCl）组成的岩体，其内部常包含石膏、硬石膏等矿物，故在沉积盆地中也被称为盐膏岩或蒸发岩（Hudec and Jackson，2007）。盐岩的力学性质较弱，常表现为塑性，在快速形变作用下，也可以像流体一样流动。盐岩通常具有很好的致密性，体积随深度变化很小，故当深度或压实增大到一定程度时，盐岩密度常与上覆沉积载荷发生密度倒置（Hudec et al.，2009）。正是盐岩的这种流变学特征和密度反转，使其在很多地质条件下都不稳定，易形成盐构造。

2.6.1.1 基本组成

底辟构造通常由基底层（basement strata）、源岩层（source layer）和上覆盖层（overburden）三部分组成。就盐构造而言，基底层即盐下地层（subsalt strata），包括盐岩层之下所有岩层，反映了盐岩层沉积前或外来盐体侵位前的沉积构造特征。源岩层则指盐岩层，是介于基底层和上覆盖层之间的塑性层，为盐构造的发育演化提供盐源，是形成盐构造的主要组成部分。上覆盖层则为盐岩层之上的沉积岩层，记录了盐岩沉积后的各种地质事件，是判断盐构造活动时间和方式的关键（图 2-51）（Jackson and Talbot，1991；戈红星等，1997）。

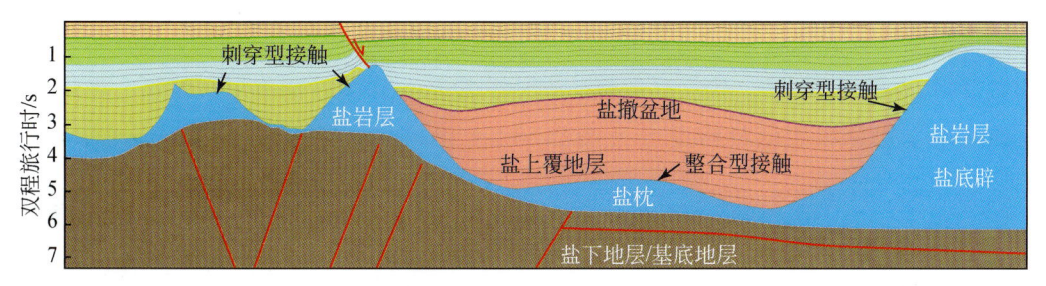

图 2-51 盐构造基本组成单元（吴珍云，2014）

根据地层沉积和构造变形的时间先后关系，可将上覆盖层进一步分为构造（或生长）前地层、同构造沉积地层及构造（或生长）后地层三个构造层（图 2-52）（Hardy and Poblet，1994；戈红星和 Jackson，1996）。构造前地层是指盐构造变形前所沉积的岩层，其厚度通常在一定的范围内变化不大。同构造沉积层地是指盐构造形成过程中沉积的岩层，地层通常由向斜中心往盐构造背斜核部逐渐减薄，在剖面上常可见地层上超或截顶现象（图 2-52）。构造后地层是盐岩层活动停止后所沉积的岩层，通常较为平坦且缺乏断层或褶皱等（图 2-52）。岩层厚度的局部变化、截顶和上超现象是识别上述三种构造层的重要标志（Hardy and Poblet，1994）

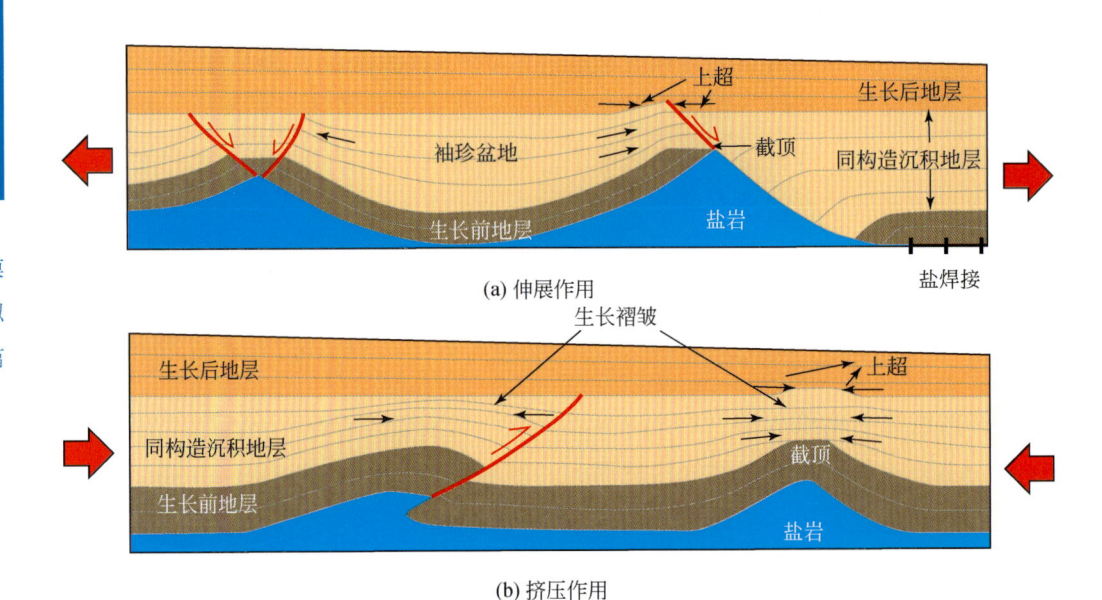

图 2-52 不同应力背景下盐构造发育特征（Jackson and Talbot，1991；吴珍云，2014）

2.6.1.2 构造样式

盐构造发育演化过程中，盐岩与上覆盖层相互作用可形成各种形态的盐构造，如盐背斜、盐墙、盐枕、盐丘、盐株、盐茎、盐席、盐滚、盐冰川、盐篷、盐焊接、盐撤盆地、盐盖和盐龟背构造等（图 2-53）（Trusheim，1960；Jackson and Talbot，

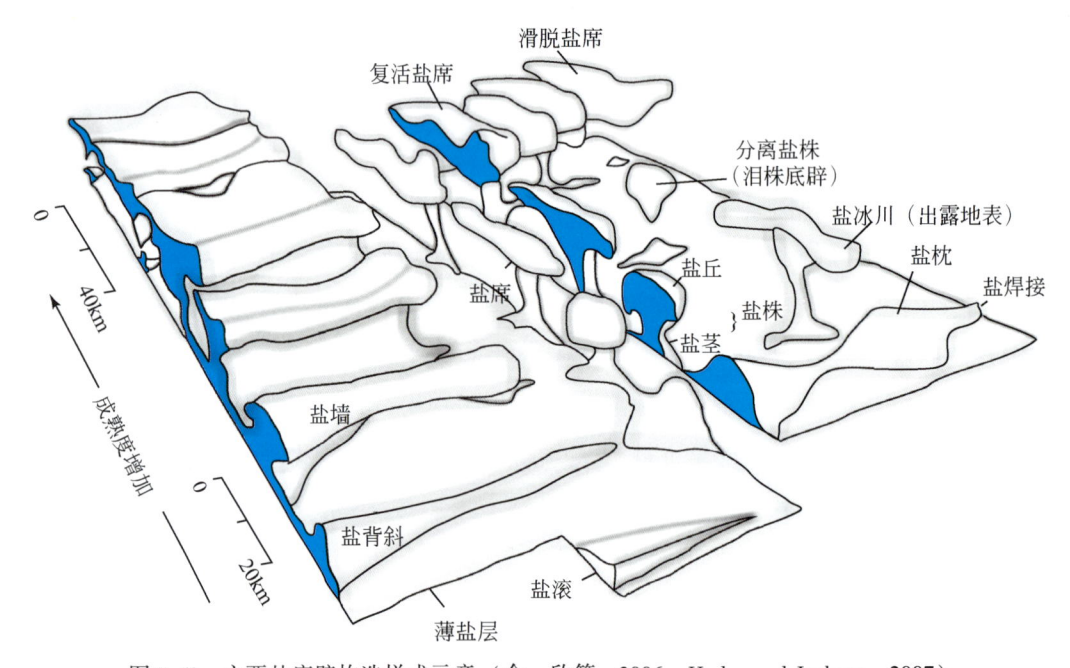

图 2-53 主要盐底辟构造样式示意（余一欣等，2006；Hudec and Jackson，2007）

1991；Vendeville and Jackson，1992b；Nalpas and Brun，1993；Hudec and Jackson，2007；Brun and Fort，2011；Karam and Mitra，2016）。根据盐岩与上覆盖层之间的接触关系，盐构造可分为整合型和刺穿型两类（图2-51）（Jackson and Talbot，1991；戈红星等，1997；Hudec and Jackson，2007）。

整合型盐构造是指盐岩层与上覆盖层整合接触，未侵入上覆盖层的盐构造，如盐背斜、盐枕等，而刺穿型盐构造则指盐岩层侵入或刺穿上覆盖层，并与上覆盖层呈不整合接触的盐构造，包括盐墙、盐株、盐篷、盐席等众多类型。整合型盐构造通常演化成熟度较低，但在区域构造运动等一系列动力机制的持续作用下，整合型盐构造很容易演变为成熟度较高的刺穿型盐构造，然而，并不是所有的整合型盐构造都会演变为刺穿型盐构造，这由上覆盖层厚度、盐岩层厚度、构造应力及剥蚀强度等一系列因素综合决定（Duerto and McClay，2009）。

2.6.1.3 变形机制

浮力曾被认为是驱动盐构造变形的主要机制（Ramberg，1981）。因为根据瑞利-泰勒不稳定性原理，若上覆盖层和盐岩层均为黏弹性软弱层时，随埋深的增大，盐岩层与上覆盖层会发生密度倒置（Hudec et al.，2009），在浮力作用下盐岩会向上流动，最后侵入上覆盖层形成刺穿型盐构造（Nettleton，1934；Trusheim，1960；Jackson and Talbot，1989）。然而，研究表明，盐构造上覆盖层通常表现为脆性而非黏弹性（Bishop，1978a，1978b；Weijermars et al.，1993），而且现已发现的很多盐构造中盐岩与上覆盖层密度并未倒转（Jackson and Talbot，1991）。因此，即使不需要满足瑞利-泰勒不稳定原理，盐岩层也可以形成底辟构造，浮力并非驱动盐构造形成的主要因素。

现在普遍认为，驱动盐岩层流动的主要因素为差异载荷。差异载荷可以由很多因素引起，如地形高程或上覆沉积物厚度横向不一致引起的重力差异载荷［图2-54（a）和（b）］（Hudec and Jackson，2007；Karam and Mitra，2016）和构造因素（如挤压和拉张）引起的位移差异载荷［图2-54（d）和（e）］（Jackson and Talbot，1986；Dooley et al.，2009；Brun and Fort，2011；Moragas et al.，2017）等。此外，亦有学者认为，盐岩层局部温度变化导致的盐内热对流（即热力差异载荷）也可能形成底辟构造（Jackson and Talbot，1986；单家增，1994），但遗憾的是，这种机制还未被证实。

重力载荷差异与盐岩层上覆沉积载荷或盐岩层自身重力因素有关（Trusheim，1960）。在地质时间尺度上，盐岩层可视为流体，故可用水头概念对重力载荷效应进行简化（Kehle，1988）。一般来说，某点的总水压头等于高程水头和压力水头之和。前者是指流体粒子高于某一参考平面的高程，而后者则代表上覆岩层所能支持

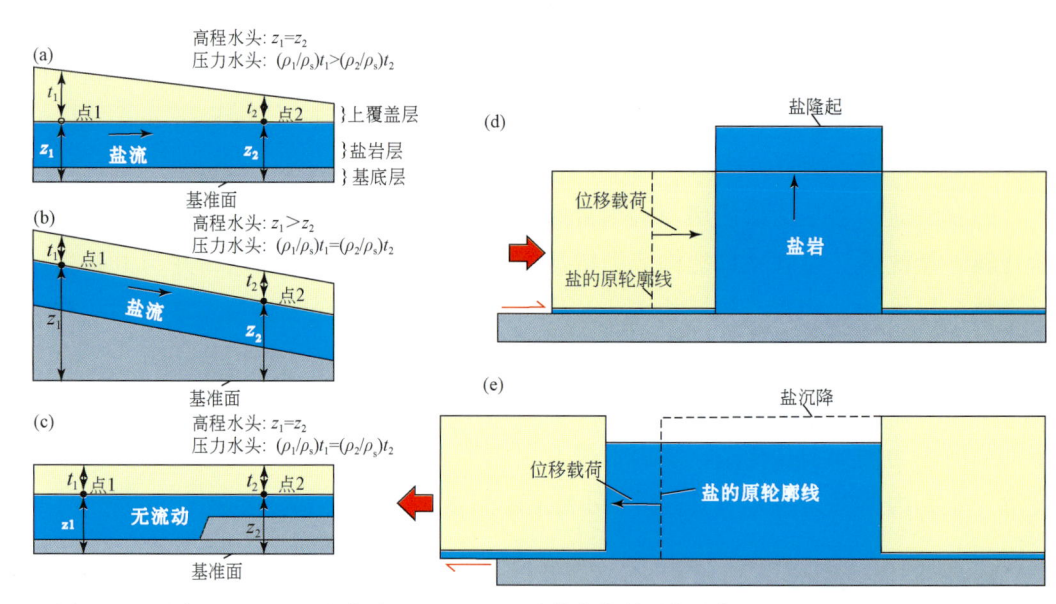

图 2-54 重力（a）~（c）和位移（d）（e）差异载荷控制因素示意（Hudec and Jackson，2007）

的流体柱高度。所有流体的流动都受水头梯度控制，并由高水头向低水头流动，盐岩层也不例外（Hudec and Jackson，2007）。盐岩层总水头可用式(2-28)表示

$$h=\frac{\rho_\mathrm{o}}{\rho_\mathrm{s}}t+z \quad (2-28)$$

式中，h 为总水头；$\frac{\rho_\mathrm{o}}{\rho_\mathrm{s}}t$ 为压力水头；z 为高程水头；ρ_o 和 ρ_s 分别为上覆盖层和盐岩层的平均密度；t 为上覆岩层的厚度。显然，压力水头主要受上覆岩层厚度横向变化控制，即受沉积差异载荷控制［图 2-54（a）］，高程水头则与盐岩层顶面横向上高程变化有关，这种情况下盐岩层自身重力不稳，可能发生横向滑移［图 2-54（b）］。上覆盖层的差异载荷和盐岩层在自身重力作用下的横向滑移可由多种因素导致，如基底地形、盆地边缘的沉积作用、构造变形或剥蚀等（Trusheim，1960；Brun and Fort，2011；Warsitzka et al.，2013；Karam and Mitra，2016）。

位移载荷受岩层边界强制位移控制（Suppe，1985；Hudec and Jackson，2007）。在盐构造中，当盐岩层在区域挤压或拉张作用下，两翼相对或相背运动时就会形成位移差异载荷［图 2-54（d）和（e）］。由于盐构造在区域应力作用下容易变形，位移差异载荷导致的底辟构造，在发育有先存盐构造的盆地内尤为常见。研究表明，很多盐构造的形成都需要区域挤压（Stewart and Coward，1995；Wu et al.，2014，2015）或拉张应力（Nalpas and Brun，1993；Moragas et al.，2017）的参与。事实上，世界范围内多数大型底辟构造都与区域拉张作用导致的基底卷入或拆离伸展有关（Hudec and Jackson，2007）。虽然挤压应力可以诱发新盐构造的形成，但促

使先存盐构造变形更为常见，如在挤压缩短变形过程中，先存锥形底辟常下部细颈化，形成泪珠或沙漏状底辟构造（Vendeville et al., 1995; Hudec and Jackson, 2007; Dooley et al., 2009）。走滑作用通常不能直接驱动盐构造的形成（Hudec and Jackson, 2007），但可以使塑性物质的临界液化压力降低（Mazzini et al., 2009）。此外，走滑断裂通常并不平直连续，在某些部位也会派生挤压或拉张应力，进而促进盐构造的形成（Koyi et al., 2008; Smit et al., 2008; 王光增，2017）。

鉴于有如此多的方式产生差异载荷，自然界中盐岩层或多或少都会遭受差异载荷的影响，但并不是所有盐岩层都能形成底辟构造，这与上覆岩层的强度和盐岩层上、下边界所受的剪切阻力有关（Hudec and Jackson, 2007）。

一般来说，在脆-韧转换面（至少8km）以上，上覆沉积物的强度会随埋深的增大而增大，故本质上，上覆盖层的强度取决于其厚度，通常上覆盖层厚度越小，强度越弱。盐岩层在内部压力差作用下所能突破的上覆盖层最大厚度称为底辟临界厚度（Hudec and Jackson, 2007; 唐鹏程，2011）。盐岩层边界所受的黏性剪切阻力与其自身厚度有关，通常盐岩层越厚，边界阻力对其影响越小，越易流动（van Keken et al., 1993; Hudec and Jackson, 2007）。

因此，在差异载荷的驱动下，只有超过一定厚度的盐岩层才能克服界面剪切阻力，发生流动变形，并最终突破上覆岩层（厚度小于底辟临界厚度），形成刺穿型盐构造（图2-55）。需要注意的是，盐构造形成的驱动力通常并不孤立存在，如拉

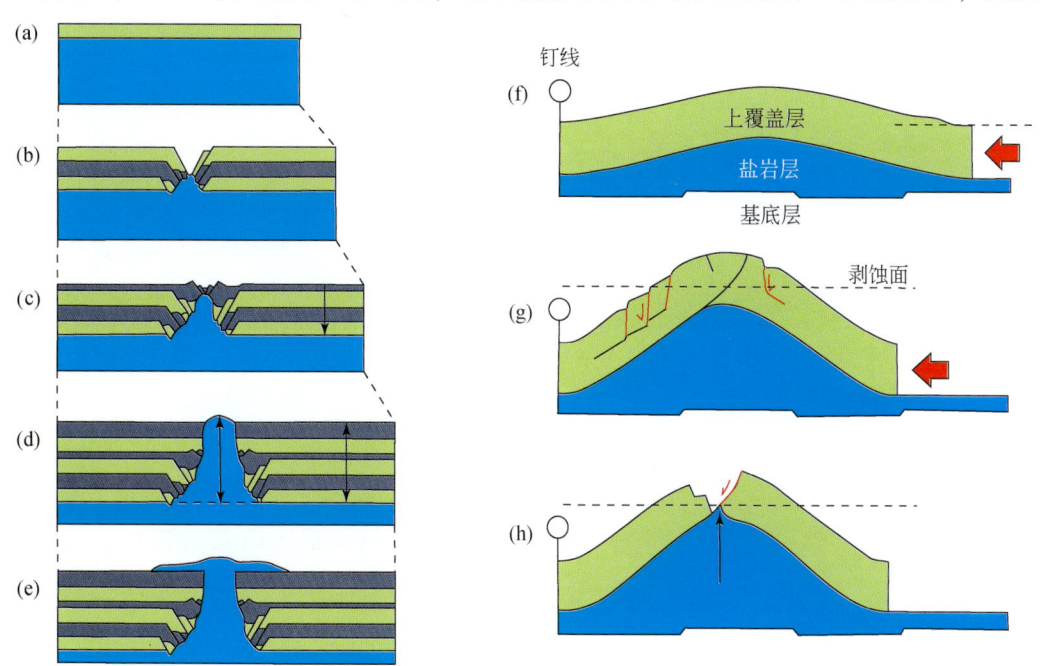

图2-55　伸展 [(a)~(e), Hudec and Jackson, 2007] 和挤压 [(f)~(h), Stewart and Coward, 1995] 应力下盐构造的形成过程

张作用会导致盐岩层上覆地层发生裂陷减薄［图 2-55（a）~（e）］，而挤压不仅可能使地层抬升剥蚀减薄［图 2-55（f）~（h）］，又可能使其推覆增厚。这时重力和位移差异载荷共同驱动盐构造的形成。

2.6.1.4 底辟模式

研究表明，在差异载荷作用下，盐岩层主要通过以下 4 种方式侵入上覆岩层，即响应底辟（或刺穿）、主动底辟（或刺穿）、剥蚀底辟（或刺穿）和逆冲底辟（或刺穿）［图 2-56（a）（d）］。当上覆地层以塑性变形为主时，也可能通过上覆地层塑性减薄来实现类似于底辟刺穿的效果，即韧性底辟或刺穿［图 2-56（e）］，但自然界中上覆盖层通常表现为脆性而非韧性，这种盐构造在现实中极少发育。若底辟构造完全刺穿上覆岩层到达沉积物表面，则上述刺穿作用就会转变为被动底辟或刺穿作用［图 2-56（f）］。以上底辟作用以响应底辟作用、主动底辟作用和被动底辟作用最为常见，下面一一阐述。

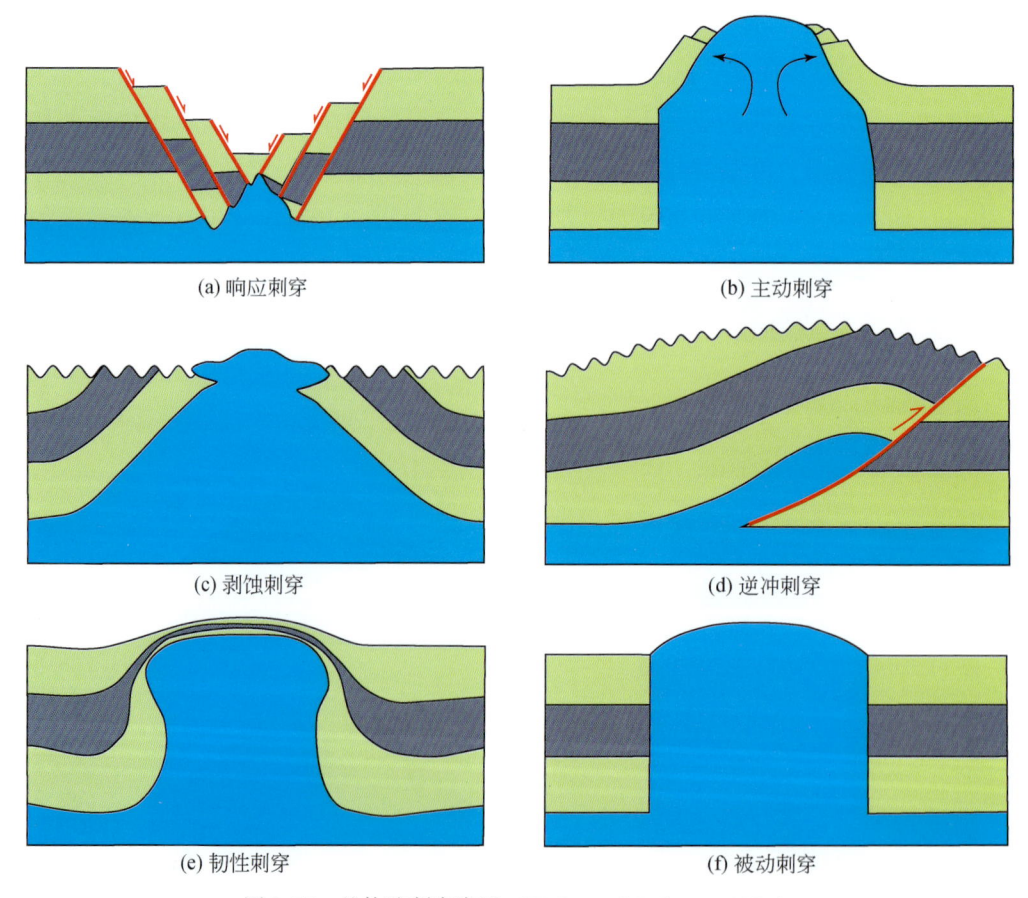

(a) 响应刺穿

(b) 主动刺穿

(c) 剥蚀刺穿

(d) 逆冲刺穿

(e) 韧性刺穿

(f) 被动刺穿

图 2-56　盐构造刺穿类型（Hudec and Jackson，2007）

响应底辟作用是指在拉张应力作用下，上覆岩层发生破裂减薄，盐岩层做出响应上涌并充填在断块之间的过程。响应底辟作用伴随拉张破裂作用产生，拉张破裂消失，底辟作用也会停止，但拉张破裂后上覆岩层厚度小于底辟临界厚度除外。这种底辟上部断裂通常对称呈"V"字形发育。当然，沿着一条主断裂发育的盐构造也很常见，如盐滚构造（Vendeville and Jackson，1992a，1992b；Dooley et al.，2009）。

主动底辟作用是指盐岩层在构造增压或自身浮力作用下克服上覆地层强度，使其拱起并发生旋转变形的过程。这种底辟作用在重力差异载荷、挤压和拉张作用下皆可发生。在拉张条件下，通常需要岩层密度倒置，即浮力起主要作用，而在挤压条件下，则构造增压作用为主导（Nelson and Fairchild，1989）。

与主动底辟作用不同，被动底辟作用发生在盐岩完全刺穿上覆盖层暴露于沉积物表面之后。这一阶段盐岩已不需要突破上覆盖层，盐岩在自身浮力或差异载荷作用下继续流出源岩层，故被动底辟作用在任何构造背景下都可发生。被动底辟构造的形态受底辟生长速率和沉积物加积速率共同控制（Jackson and Talbot，1991）。底辟生长速率快时，盐岩会向四周扩散覆盖到沉积物表面；而沉积物加积速率快时，底辟顶部会逐渐变窄，直至被沉积物重新覆盖（Dooley et al.，2009）。

由此可见，无论响应底辟作用、主动底辟作用还是被动底辟作用，都只在底辟构造不同演化阶段起作用，代表了盐构造不同演化阶段盐岩层侵入、贯穿或流出上覆岩层的过程。

2.6.1.5 岩浆底辟

岩浆底辟为深源热底辟构造，通常指下地壳或地幔岩浆沿深大断裂侵入或喷出上地壳沉积盖层所形成的构造（图2-57）。就底辟形态而言，岩浆底辟与浅源冷底辟差异不大，都发育刺穿型和整合型底辟，也发育岩席、岩墙、岩盘、岩株、岩盖、岩丘等构造，但底辟（即塑性）物质来源和形成机制有较大差异（England，1990；胡望水和薛天庆，1997；Mathieu et al.，2008）。

与冷底辟相比（何春波等，2009），岩浆底辟的底辟物质多不具有好的成层性，主要来源于下地壳或上地幔，如陆内裂谷中的火成岩常表现为碱性和铁镁质、长英质双峰组合（Martin and Piwinskii，1972）。这些双峰式岩浆多来源于100~200km的深度，即岩石圈底部或软流圈上部（毛黎光，2014），因此，岩浆底辟需要多个圈层参与。

前人研究表明，熔融的岩浆通常比围岩密度低，无需外力作用，也可沿深部薄弱带侵入地壳浅层，形成岩浆底辟构造，甚至喷出地表，故在拉张、挤压或走滑环境中，岩浆底辟作用皆可发育。在裂谷盆地和走滑拉分盆地发育演化过程中，深大

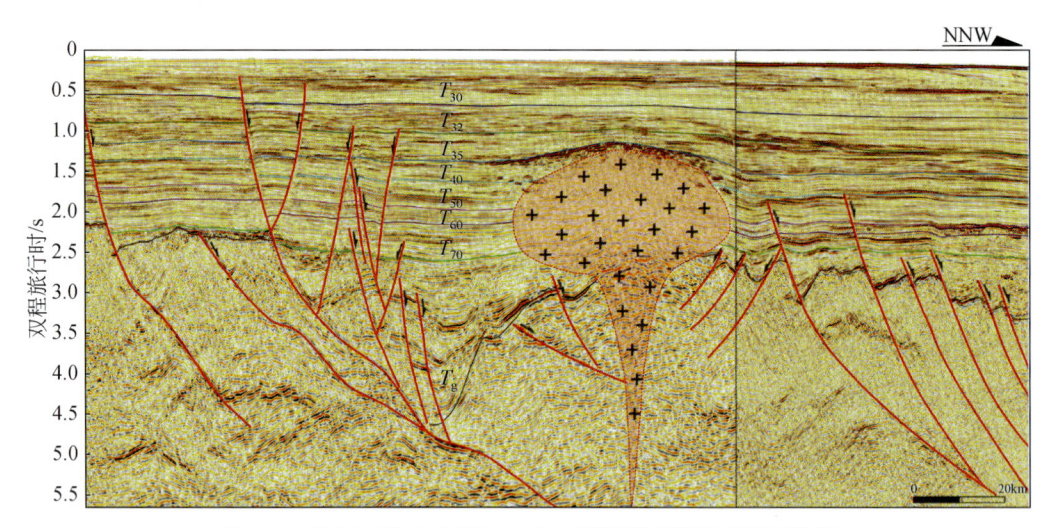

图 2-57　珠江口盆地过恩平 27 洼东缘测线岩浆底辟发育特征

断裂或走滑断裂往往切穿整个岩石圈。这些断裂不仅可以诱发岩浆活动，也可为岩浆幕式主动上涌或喷发提供通道，故岩浆底辟多沿断裂带主动向上刺穿，且在裂谷盆地和走滑拉分盆地中较为常见（图 2-58）（Bonini et al., 2001；Burov et al., 2003；Holohan et al., 2008）。岩浆底辟形态主要受上覆岩层的物理特性和区域构造应力场共同控制。

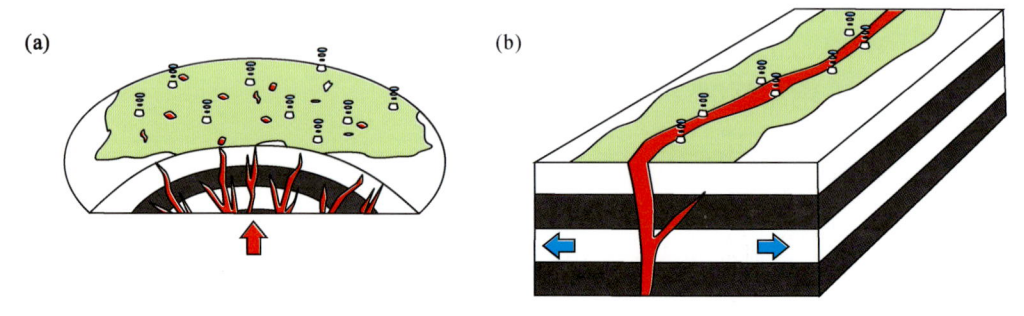

图 2-58　岩浆主动上涌的（a）中心式喷发和（b）沿断裂带状喷发模式（毛黎光，2014）

2.6.2　物理模拟相关设置

缩比物理模拟（scaled analog modelling）是在实验室条件下，基于相似性原理，利用较短的时间尺度和较小的实验模型，来重现地质构造发育演化过程的重要手段（Ge et al., 1997）。合适的实验材料，合理的实验设置，相似的几何学、运动学和动力学条件，是取得好的实验结果的前提，而先进的记录和分析手段对于实验结果的展现则起到至关重要的作用。近几十年来，前人基于相似性原理，利用缩比物理模拟手段，对不同地质条件下发育的底辟构造的形变机理和演化过程进行了大量研究，并取得了丰硕的成果。

2.6.2.1 实验材料

合适的实验材料是模拟自然界构造变形的基础。只有实验材料与现实地层的流变特性尽可能地接近，才能获得更为合理的模拟效果（Vendeville and Jackson，1992a，1992b；Dooley et al.，2009）。岩石圈不同深度，岩性和流变学特性存在很大差异，这就决定了岩石圈不同深度地层或岩性的模拟类似物也要有所不同。20世纪90年代中期之前，普遍认为浮力是底辟形成的主要驱动力，且无论塑性流变层还是上覆层都具有塑性特征，因此当时的物理模拟实验多选择密度不同的塑性材料，如蜡、蜂蜜、熟石膏、橡皮泥、松脂、凡士林和硅酮聚合物等材料及其混合物，开展底辟构造模拟研究。随着认识的不断深入，现在几乎所有的底辟构造物理模拟都采用不同颜色的石英砂（或石英砂与小玻璃珠等的混合物）来模拟上地壳脆性地层；用硅酮聚合物（或其与油酸等物质的混合物）来模拟塑性盐岩或泥岩层。

岩浆底辟的形成，除需要脆性上地壳外，还需要具有一定塑性的下地壳和上地幔参与（Carter and Tsenn，1987），因而，模拟材料更为复杂。通常脆性上地壳仍为石英砂（或石英砂与石膏或火山灰的混合物），下地壳和上地幔则多为石英砂和硅酮的混合物，岩浆类似物则多种多样，如甘油（Corti et al.，2002）、低黏度硅酮及其混合物（Montanari et al.，2010a，2010b）、蜂蜜或糖浆（Kervyn et al.，2009）、脂肪酸锂皂稠化矿物油（谭俊敏和孙志信，2007）、蔬菜油（Galland et al.，2009）以及水或空气等（Kervyn et al.，2009）。

实验使用的石英砂粒径通常在 200~500μm，密度为 1700~1800kg/m³。其内聚力非常小，抗张强度可忽略不计，内摩擦系数为 0.55~0.70，内摩擦角约为 30°，形变特性遵循莫尔-库仑破裂准则，非常接近地壳浅部沉积地层的脆性变形行为，是模拟地壳脆性变形的理想材料。硅酮聚合物（或其与油酸的混合物）近似牛顿流体，不同类型的硅酮聚合物或混合物密度和黏度变化很大。室温条件下，密度通常为 950~1060kg/m³，黏度则介于 10^3~10^{19}Pa·s，变化很大，可用来探究密度或黏度差异对盐构造的影响，但不管怎样，硅酮在较小的差异应力下就能发生变形，是模拟自然界中盐岩和泥岩的首选材料。硅酮与石英砂的混合物则是非牛顿流体，通常具有较高的黏度系数和密度（通常为 1400kg/m³），因而，适合模拟塑性下地壳或地幔（Davy and Cobbold，1991）。与脆性上地壳、塑性下地壳和上地幔相比，岩浆类似物通常需要较低的黏度系数和密度，如甘油，其黏度约为 1Pa·s，密度为 1260kg/m³，可作为模拟岩浆物质的材料。

2.6.2.2 实验设置和步骤

自 20 世纪六七十年代以来，国内外专家学者对重力差异载荷和各种构造作用导致的位移差异载荷作用下形成的底辟构造，开展了大量物理模拟研究。不同成因的底辟构造模拟设备和操作步骤存在很大差异，但通常都包括实验平台和驱动装置两部分。就盐构造而言，虽然各类实验平台细节上存在较大不同，但根据其驱动力的来源，通常可分为重力差异载荷型和位移差异载荷型两类，这两者最大的区别在于前者不需要额外的驱动设备，如模拟水平收缩或垂直升降的马达等。

（1）重力差异载荷

控制盐岩层侧向滑移的因素不同，重力差异载荷型模拟设备也存在差异，通常可分为重力滑移型（Vendeville，2005；Brun and Fort，2011）和沉积载荷重力扩展型（Ge et al.，1997；Karam and Mitra，2016）两类。

重力滑移型设备可用来模拟早期顶面近水平盐岩层，在后期构造作用或热作用的影响下，一侧高程水头发生变化，导致盐岩层重心不稳而发生横向滑移的过程，如发育于被动陆缘盐盆地中的重力滑移型盐构造（Brun and Fort，2011）。

实验可分为两个阶段。

1）实验准备阶段。首先，在操作台水平的情况下，预设长度为 L 的基底凹槽，如双楔形凹槽，并填充不同厚度的盐岩层模拟类似物；然后，在盐岩层上，铺设等厚（h_s）的薄砂层来模拟上覆盖层。

2）实验运行阶段。使操作台一侧升高一定角度（α），这时升高一侧的盐岩层高程水头增加，盐岩层自身重力转换为水平挤压力，导致盐岩层发生侧向滑移（图 2-59）。

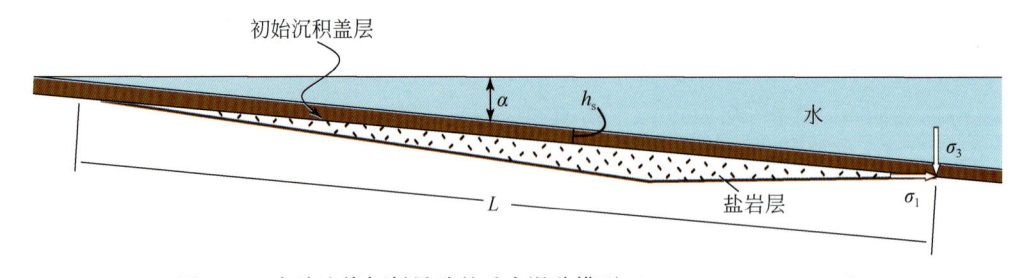

图 2-59 大陆边缘倾斜导致的重力滑移模型（Brun and Fort，2011）

沉积载荷重力扩展型设备主要用来模拟原始水平盐岩层，在上覆沉积物垂向加积或侧向进积导致的差异压力水头作用下，向两侧或上覆盖层内部扩展的过程，如盆地内部非构造成因的盐构造以及盆缘沉积物扩展导致的盐构造（Rowan et al.，1999；Warsitzka et al.，2013）。这类盐构造的模拟过程最为简单。

对于垂向加积重力扩展型盐构造模拟而言，只需在预设的水平等厚盐岩层模拟类似物（硅胶层）上，铺设不同厚度的薄砂层，以设置薄弱区（图2-60），其中，薄弱区砂层厚度为 H_1，两侧（或一侧）厚度为 H_2；随后使薄弱区两侧（或一侧）的砂层厚度 H_2 逐渐增大，则薄弱区部位的盐岩层遭受的差异压力水头也会增大，导致其向两侧或薄弱带内运移；而模拟进积型盐构造时，则需在原始等厚（h_s）的砂层一侧铺设向另一侧逐渐减薄的砂层，以模拟盐岩层上覆的沉积楔，随着沉积楔厚度 Δh 逐渐增大，下伏盐岩层模拟类似物（硅胶层）遭受的差异压力水头逐渐增大，从而发生横向扩展或向上侵入，形成底辟构造（图2-61）。

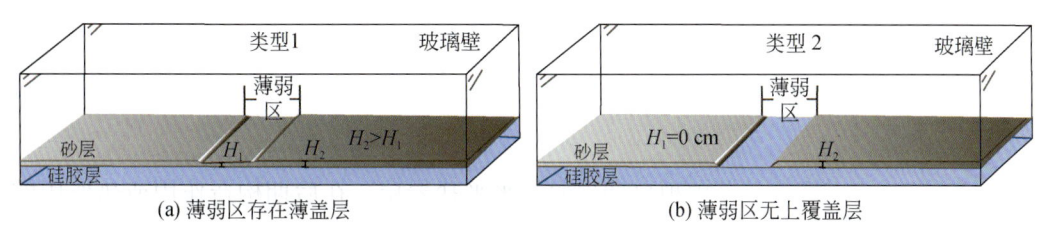

图2-60 沉积载荷差异加积诱发的重力扩展模型（Warsitzka et al.，2013）

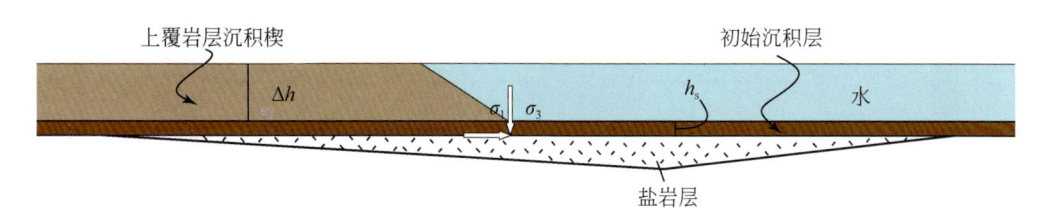

图2-61 沉积载荷侧向进积诱发的重力扩展模型（Brun and Fort，2011）

（2）位移差异载荷

位移差异载荷型物理模拟所用的实验平台，需配备实现水平位移或垂向升降的驱动装置，这类平台可用来实现拉张、挤压、走滑甚至反转等构造背景下盐构造三维发育演化特征，如前人曾经对薄皮拉伸（Koyi et al.，1995）、厚皮拉伸（Nalpas and Brun，1993；吴珍云，2011）、薄皮挤压（Dooley et al.，2009）、厚皮挤压（唐鹏程，2011）、走滑拉分（Koyi et al.，2008）和构造反转（Moragas et al.，2017）盐构造进行了相关模拟。

模拟过程通常分为两步：首先铺设模拟盐构造不同流变特性构造层的模拟类似物，通常以硅胶模拟盐岩层，硅胶层上、下分别铺设砂层来模拟盐上和盐下构造层（图2-62），实验通过增厚部分硅胶层来模拟先存盐构造（图2-63）；然后，通过驱动装置横向拉伸或推挤或纵向平移活动板来实现拉张（图2-62）、挤压（图2-63）或走滑（图2-64）应力的加载，先、后推挤或拉伸活动板，则可以实现应力反转的效果。

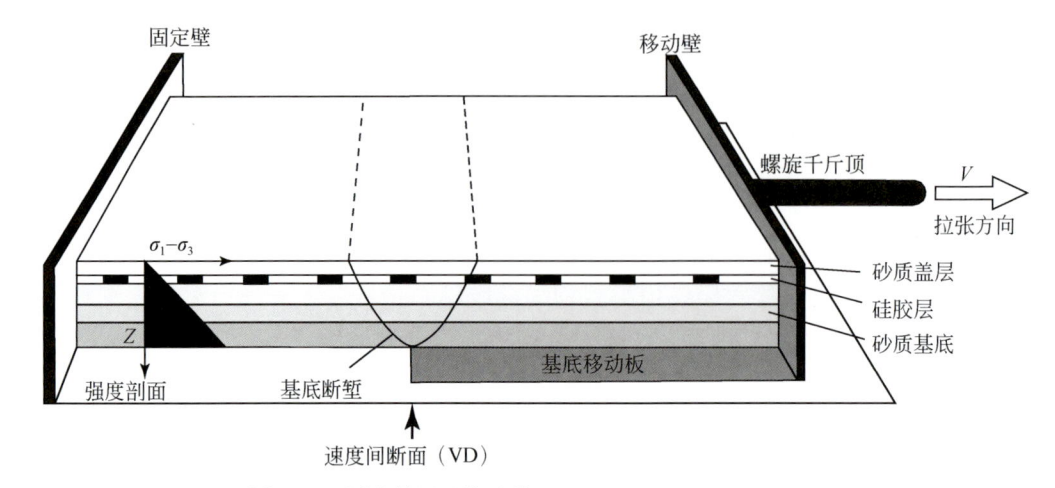

图 2-62 厚皮伸展盐构造模型（Nalpas and Brun, 1993）

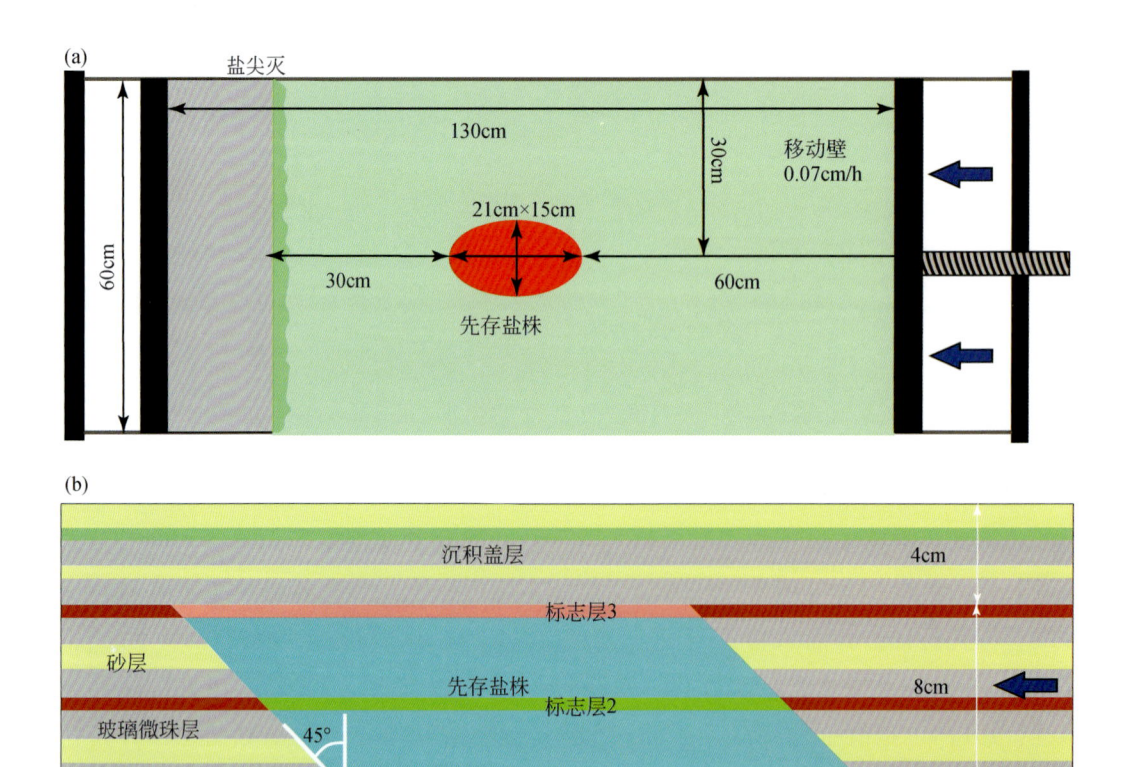

图 2-63 薄皮挤压（先存）盐构造物理模拟平面（a）和剖面（b）配置（Dooley et al., 2009）

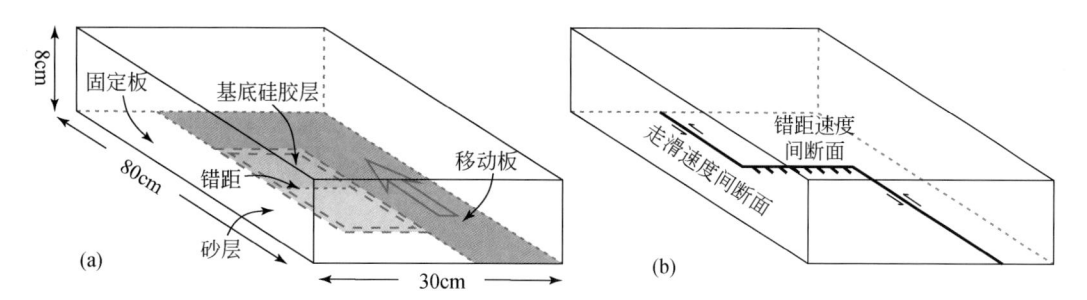

图2-64 走滑拉分盐构造物理模拟（a）基本配置模型和（b）基底速度模型（Smit et al., 2008）

（3）岩浆底辟

岩浆底辟通常与各类构造运动（如裂谷和走滑拉分作用）中形成（或复活）的深大断裂活动相伴生，故其模拟设备与差异位移载荷型盐底辟的模拟设备类似，通常都需要驱动装置的参与，但在脆–韧性模拟层铺设或岩浆类似物的供给方面存在很大差异（图2-65～图2-67）。

早期岩浆底辟物理模拟主要用来探讨岩石圈尺度的大陆裂谷或走滑拉分过程中，深源岩浆作用对上覆构造发育演化的影响（Bonini et al., 2001；Corti et al., 2002, 2003b；Sun et al., 2009）。故岩浆底辟涉及的圈层要多于盐构造，除脆性上地壳外，还需要下地壳、上地幔甚至塑性下地幔的参与，下地壳或上地幔中通常存在为岩浆上升侵位或底辟作用提供岩浆物质的局部岩浆房。模拟此类岩浆底辟时，首先，需根据以上圈层的特点，铺设不同类型脆–韧性层；然后，在离心机或正常重力环境中，利用驱动装置实现各类构造应力的加载（图2-65）。由于离心机模型能够模拟地球深部应力状态，模拟效果可能更好。

遗憾的是，由于模拟设备尺度有限，以上模拟很难像盐底辟那样，去模拟小尺度岩浆底辟的发育演化过程。为实现这一目的，现在多直接模拟岩浆在自身浮力或与同构造应力共同作用下侵入脆性上地壳的过程。两种平台底部都设有塑性物质侵入孔，用于模拟岩浆侵入通道，但前者不需要构造应力，没有驱动设备（图2-66～图2-67）。这种设备操作非常简单，首先在实验箱铺设不同颜色的等厚砂层，然后从底部注入甘油、油或蜂蜜等岩浆模拟物质（图2-66）（Kervyn et al., 2009）。同构造侵入过程则需塑性物质侵入的同时驱动活动板，以模拟不同构造环境，但多以走滑（Holohan et al., 2008）和挤压环境为主（图2-67）（Montanari et al., 2010a, 2010b）。

为便于观测，以上砂箱两侧多以透明的玻璃和塑料板为侧板。剖面上，常以不同颜色的彩砂层作为被动标识；平面上，则用彩砂等绘制等距平行条带或方格，来指示平面位移特征。

图 2-65 不同构造背景下岩浆响应初始模型（Corti et al., 2003b）
(a) 正交拉张；(b) 斜向拉张；(c) 多期拉张（先正交后斜向拉张）；(d) 双岩浆房转换剪切；
(e) 薄弱下地壳转换剪切

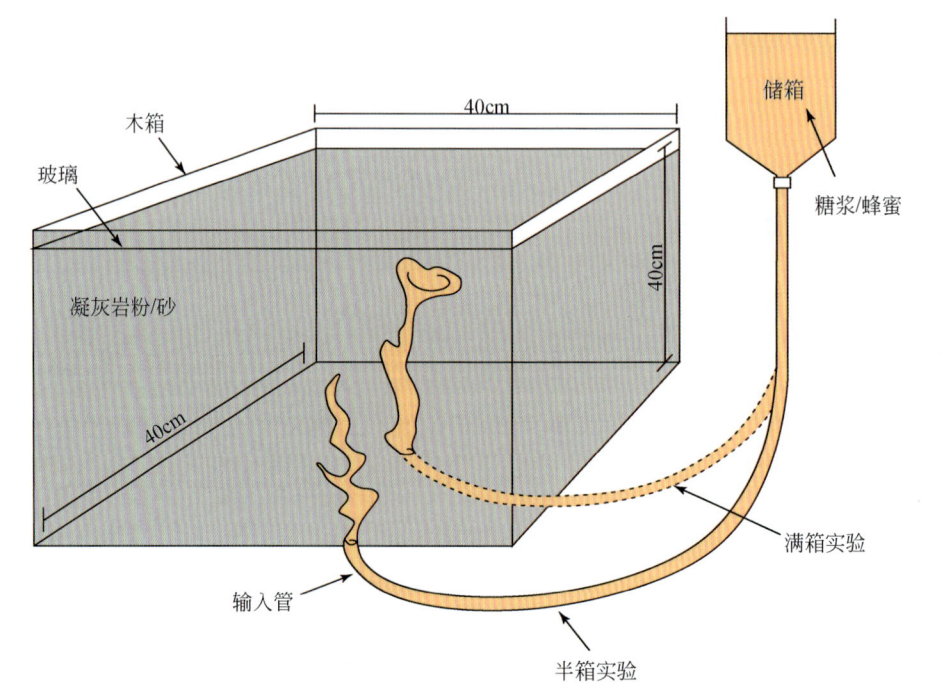

图 2-66 浮力驱动型火山底辟初始模型（Mathieu et al., 2008）

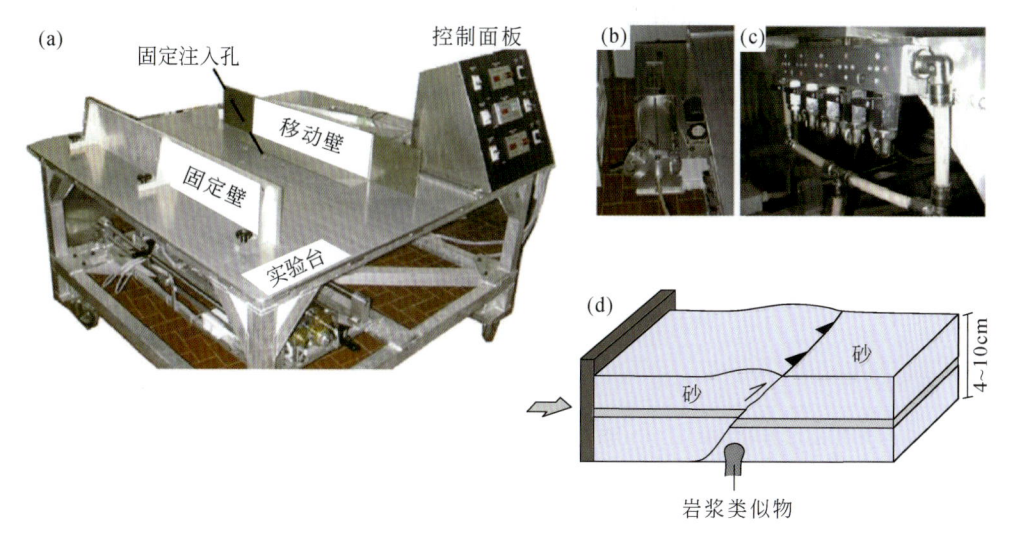

图 2-67 同构造岩浆底辟模拟设备和模型（Montanari et al., 2010b）
(a) 模拟实验变形装置；(b) 岩浆模拟类似物注入活塞；(c) 岩浆模拟物分布体系；
(d) 岩浆注入点与逆冲断层关系三维模型

2.6.2.3 相似系数

相似性原则是指构造物理模拟的理论模型与自然界的构造原型之间，不仅需要满足材料流变学性质相近，在构造变形的几何学、运动学和动力学方面也要具有一定的相似性，这种相似性通常用相似比例或系数来表示。研究表明，物理模拟中所涉及的物理量大都存在一定联系，因此，相似系数通常不可随意选取（格佐夫斯基，1984）。

通常情况下，物理模拟的理论模型与自然界的地质原型之间的重力加速度比例参数（$g_{m/n}$）为 1，长度比例参数（$l_{m/n}$）约为 10^{-5}，密度比例参数（$\rho_{m/n}$）约为 0.5，黏度比例参数（$\mu_{m/n}$）为 $10^{-15} \sim 10^{-13}$，其他比例参数，如应力比例参数（$\sigma_{m/n}$）、时间比例参数（$t_{m/n}$）和应变比例参数（$\varepsilon_{m/n}$）、位移速率比例参数（$v_{m/n}$）等可用式（2-29）~式（2-31）求取，大致参数见表 2-9（唐鹏程，2011）。

$$\sigma_{m/n} = \rho_{m/n} \cdot g_{m/n} \cdot l_{m/n} \tag{2-29}$$

$$\varepsilon_{m/n} = 1/t_{m/n} = (\rho_{m/n} \cdot g_{m/n} \cdot l_{m/n})/\mu_{m/n} \tag{2-30}$$

$$v_{m/n} = l_{m/n} \cdot \varepsilon_{m/n} = [\rho_{m/n} \cdot g_{m/n} \cdot (l_{m/n})^2]/\mu_{m/n} \tag{2-31}$$

表 2-9 实验模型材料与比例参数

参数	单位	自然界（n）	模型（m）	比率（m/n）
重力加速度	m/s²	9.81	9.81	1
长度（l）	m	2000	0.01	5×10^{-6}

续表

参数	单位	自然界（n）	模型（m）	比率（m/n）
速度（v）	m/s	1.38×10^{-10}	2×10^{-6}	1.45×10^{4}
密度（上覆层，ρ_0）	kg/m^3	2400	1297	0.54
密度（岩盐，ρ_s）	kg/m^3	2200	987	0.45
上覆层摩擦系数	—	0.6[a]	0.4	0.67
黏度（盐岩，η_s）	Pa·s	1×10^{19} [b]	0.6×10^{4}	0.6×10^{-15}
应力（σ）	Pa	$(4.3 \sim 4.7) \times 10^{-7}$	90~127	2.5×10^{-6}
应变（ε）	S^{-1}	4.7×10^{-12}	0.01	4.2×10^{9}

注：（a）来自Weijermars等（1993）；（b）来自van Keken等（1993）。
资料来源：唐鹏程，2011。

2.6.2.4 观测手段

缩比物理模拟实验过程通常需要同步记录，因此，需要记录和分析实验变形过程的仪器和技术。目前，较为常规的方法是，采用相机定时和定位（从顶部或侧面）拍摄的方法来记录盐构造平面或剖面被动标志的移动过程。近年来，不断有新的记录和分析方法被用于盐构造模拟中，如用于分析源岩层底辟运动学特征的染色标志层追踪技术、岩层仰视技术（Dooley et al., 2009）和粒子图像测速技术（Warsitzka et al., 2013）以及有助于盐构造三维显示的3D激光扫描成像技术和计算机虚拟成像技术（Dooley et al., 2009）等。

2.6.3 实验结果分析

基于上述模拟设备，前人针对不同成因的底辟构造开展了大量研究，如受重力差异载荷或位移差异载荷影响形成的各类盐底辟，以及在浮力或构造应力作用下形成的岩浆底辟构造。

2.6.3.1 重力差异载荷盐底辟

根据产生重力差异载荷的原因，前人对盐岩层重力滑移型和沉积载荷重力扩展型两大类底辟构造开展了大量模拟研究。根据上覆沉积差异载荷的成因，后者又分为沉积载荷垂向加积扩展型和侧向进积扩展型两类。

图2-68（a）~（d）展示了原始近水平的盐岩层，受构造应力等影响，产状发生变化，重心失稳逐渐横向滑移的过程。在自身重力作用下，盆地上坡部位的塑性盐岩层向下流动，导致盆地上部遭受水平拉张作用，形成下倾的翘倾断块、滚动背

斜、地堑和伸展底辟；而盆地下部则遭受挤压逐渐形成前缘逆冲断裂、生长褶皱、逆断层和挤压底辟构造等［图2-68（b）（e）］。

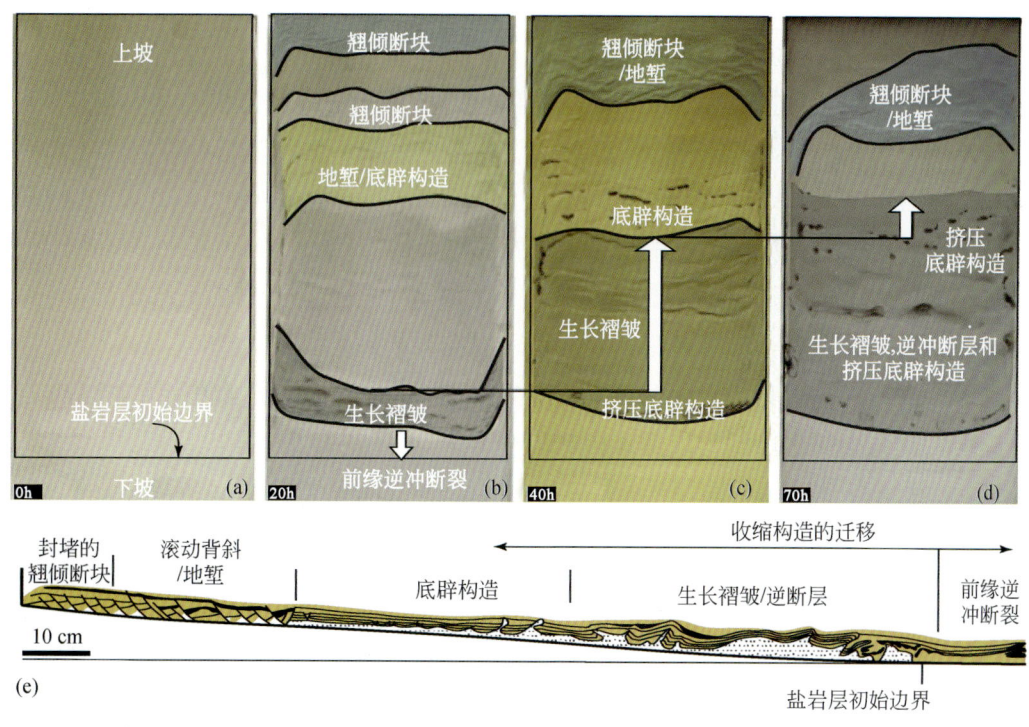

图2-68 重力滑移底辟构造发育演化过程顶视图和侧视图（Brun and Fort，2011）

就沉积载荷垂向加积重力扩展型盐底辟而言，由于薄弱区及其两侧遭受上覆盖层的差异压力水头逐渐增大，下伏盐岩层先由两侧逐渐向薄弱区运移，导致薄弱区两侧沉降，中部上拱形成盐枕构造［图2-69（a）和（b）］。随着盐岩层向薄弱区

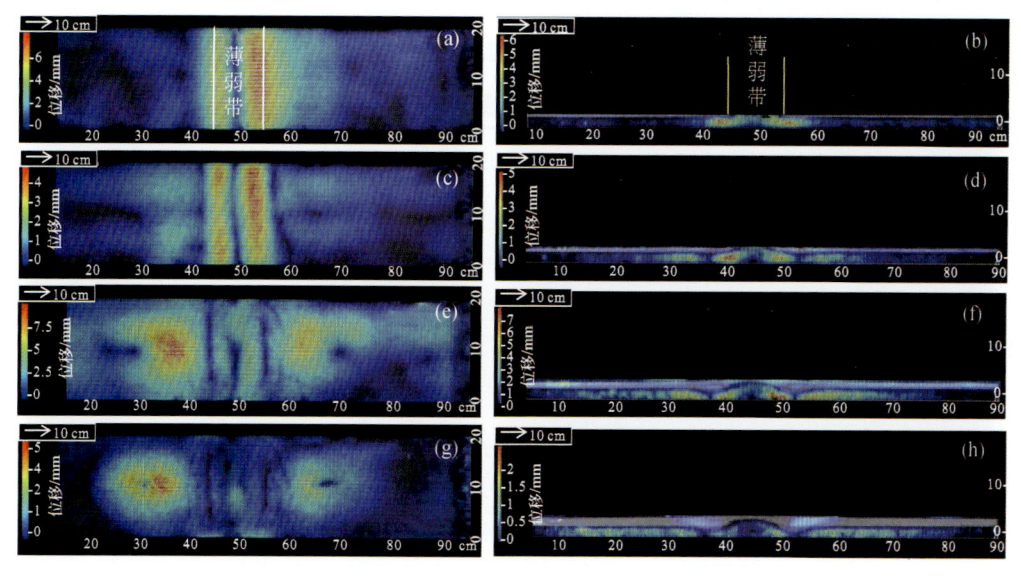

图2-69 沉积载荷加积型底辟构造演化过程（Warsitzka et al.，2013）

中部运移，其两侧同沉积沉降导致压力水头差异进一步增大，促使下伏盐岩层向两侧流动［图2-69（c）和（d）］，导致薄弱带中部盐枕构造侵入上覆盖层，逐渐形成刺穿型底辟构造［图2-69（e）和（f）］；而沉降区外侧，则发育新的盐枕构造［图2-69（g）和（h）］。

与垂向加积重力扩展型不同，侧向进积重力扩展型底辟的形成与盐岩层在沉积载荷作用下向海或向湖逐步进积，导致深部盐岩层侧向流动有关［图2-70（a）~（d）］。在上覆楔形同沉积盖层逐渐增厚且不断向海或湖推进过程中，下伏塑性盐岩层逐渐向前拓展，拓展盐岩层的后缘遭受拉张形成地堑和生长断层，而其前缘则遭受挤压形成生长褶皱构造［图2-70（b）］。受深部盐岩层逐渐向前迁移的影响，以上伸展和收缩构造也会向前迁移，直至盐岩层尖灭的部位［图2-70（c）和（d）］。在盐岩层向前迁移过程中，厚度变化较大的部位会向上侵入形成刺穿型底辟构造，而厚度变化较小的部位则形成龟背构造［图2-70（e）］。

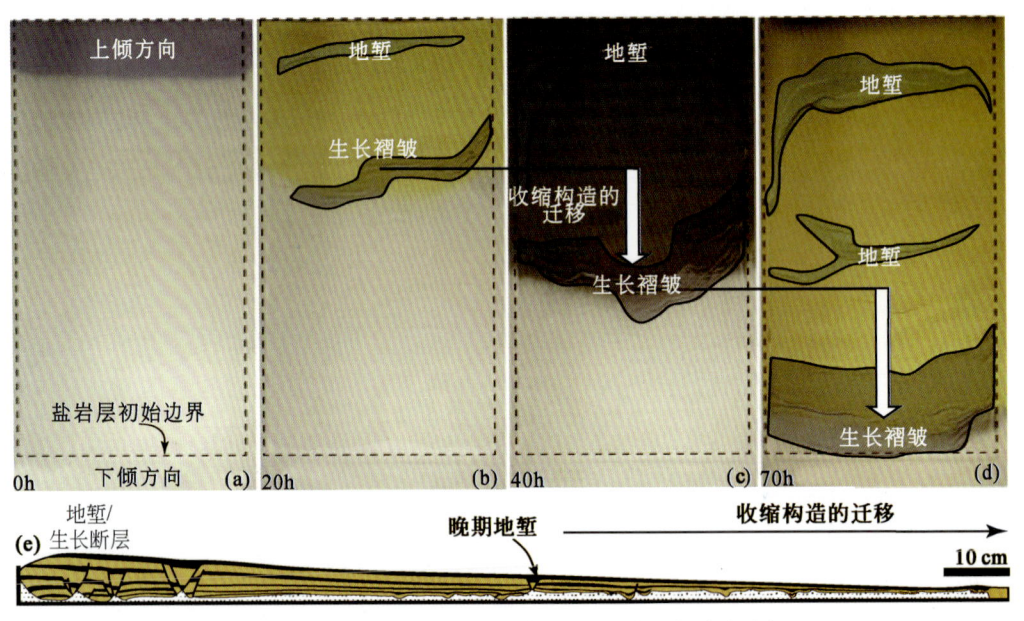

图2-70　沉积载荷侧向进积重力扩展型盐底辟演化过程顶视图和侧视图（Wu et al., 2015）

2.6.3.2　位移差异载荷盐底辟

前人对拉张、挤压、走滑甚至反转构造背景下因位移差异载荷作用形成的盐构造发育特征也进行了大量模拟研究。

拉张背景下发育的底辟构造演化过程非常简单。拉张作用首先导致上覆盖层出现局部断陷［图2-71（a）］；随着断陷的增大和上覆盖层的减薄，在差异载荷或自身浮力作用下，深部塑性物质向上刺穿，形成底辟构造［图2-71（b）和（c）］。

(a) 2h或2cm

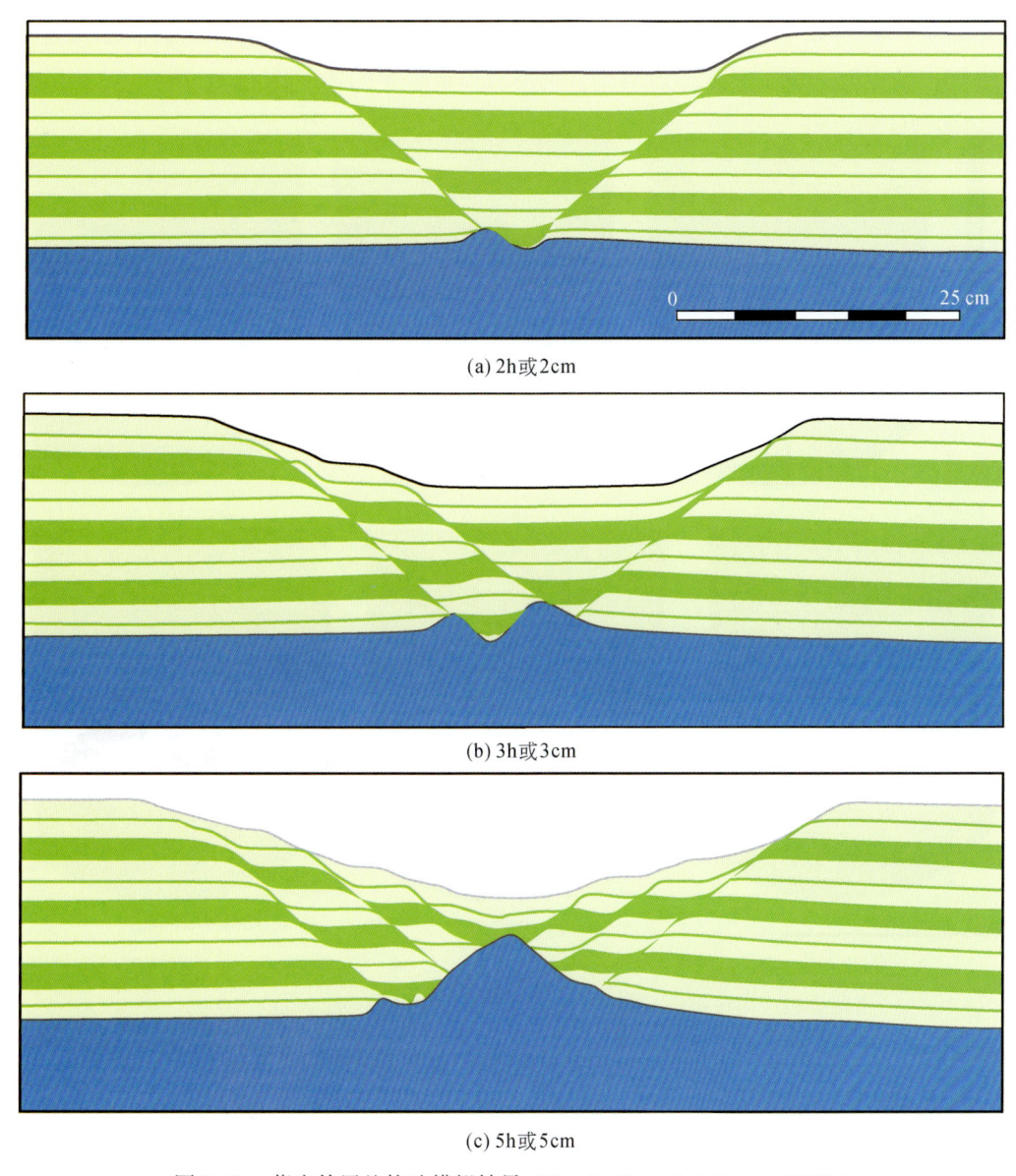

(b) 3h或3cm

(c) 5h或5cm

图2-71 薄皮伸展盐构造模拟结果（Vendeville and Jackson, 1992b）

挤压作用不仅可以形成新的底辟构造，也会导致先存底辟构造复活发生变形。图2-72显示了随着推覆块体的逐渐推进，先存底辟构造逐渐复活的过程。先存底辟构造为构造薄弱带，在挤压应力作用下，更易发生膨胀变形［图2-72（a）］。随着挤压块体的逐渐推进，底辟持续膨胀，传递挤压应力，首先在其前缘形成扇形逆冲断层［图2-72（b）］。接着，底辟顶部发生局部伸展，扇形前缘逆冲断层向两侧拓展，形成前缘逆冲带，而后缘两侧开始出现雁列状次级逆冲断层［图2-72（c）］。这些雁列状次级断层逐渐合并，形成后缘逆冲带，斜滑断层由后缘逆冲带出发，向底辟顶部扩展［图2-72（d）］。受后缘逆冲体系不断推进和初始底辟结构的影响，底辟两侧开始出现横切断层［图2-72（e）］。这些横切断层向后拓展，基本贯穿整个工区，且前缘逆冲带底部，受重力影响先出现伸展滑塌，再形成前缘陡崖构造［图2-72（f）］。

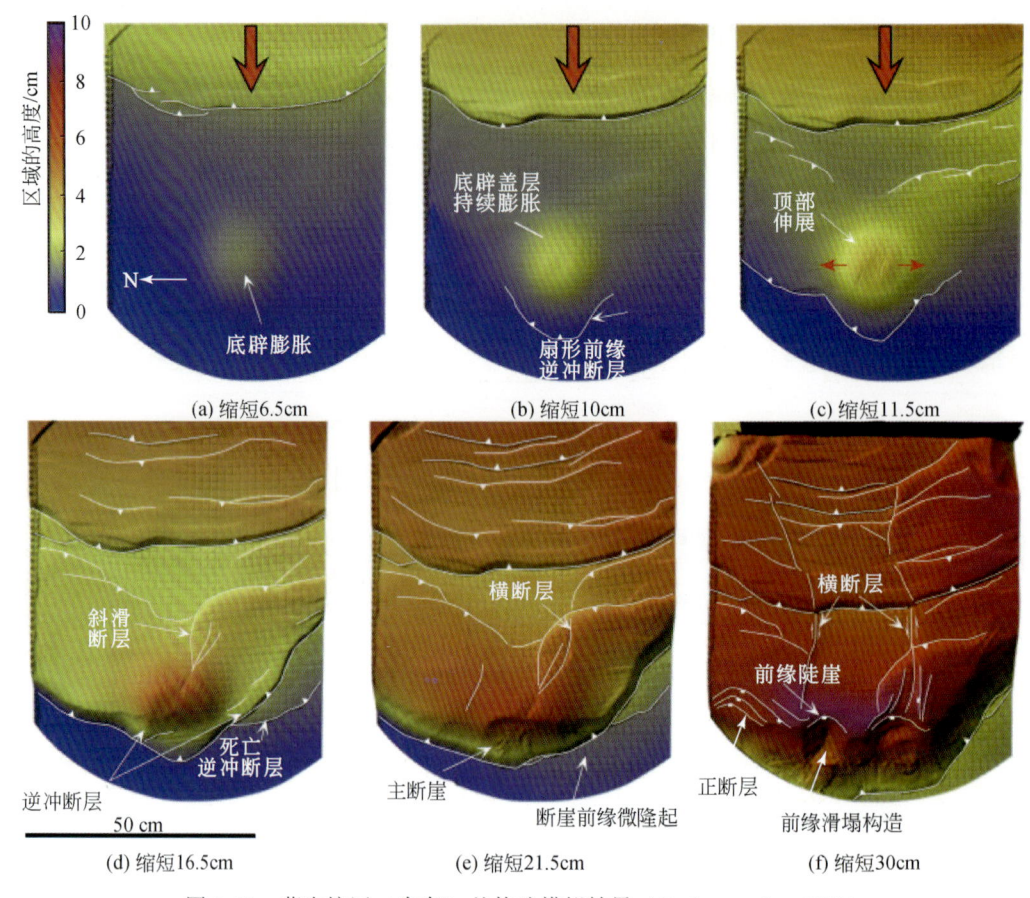

图2-72 薄皮挤压（先存）盐构造模拟结果（Dooley et al., 2009）

2.6.3.3 岩浆底辟

按照岩浆底辟的发育规模，模拟可以分为两类：第一类是岩石圈尺度的岩浆底辟物理模拟；第二类是脆性地壳尺度的岩浆侵入物理模拟。第一类模拟可用来探讨深部岩浆在对称或非对称正交裂谷或斜向拉张（包括走滑拉分）裂陷过程中，对浅层构造发育演化的响应（Corti et al., 2003b）。在正交裂谷作用下，岩浆常被动挤入大型主断裂的下盘，岩浆侵位发生于下地壳穹隆一侧（图2-73）。这一过程可以解释岩浆作用和变质核杂岩之间的密切联系，以及大陆裂谷中离轴火山作用的发育机理（Corti et al., 2003b）。在斜裂谷作用（即斜向拉张）下，上覆形变通常使岩浆主要侵入裂谷内部，且侵位主要呈斜向或雁列展布（图2-73）。这种现象在大陆裂谷和一些洋中脊中都可以看到（Corti et al., 2003b）。可见，在正交或斜向拉张作用下，浅层脆性岩石圈发生破裂，可导致深部岩浆在自身重力作用下被动上涌并形成底辟构造。

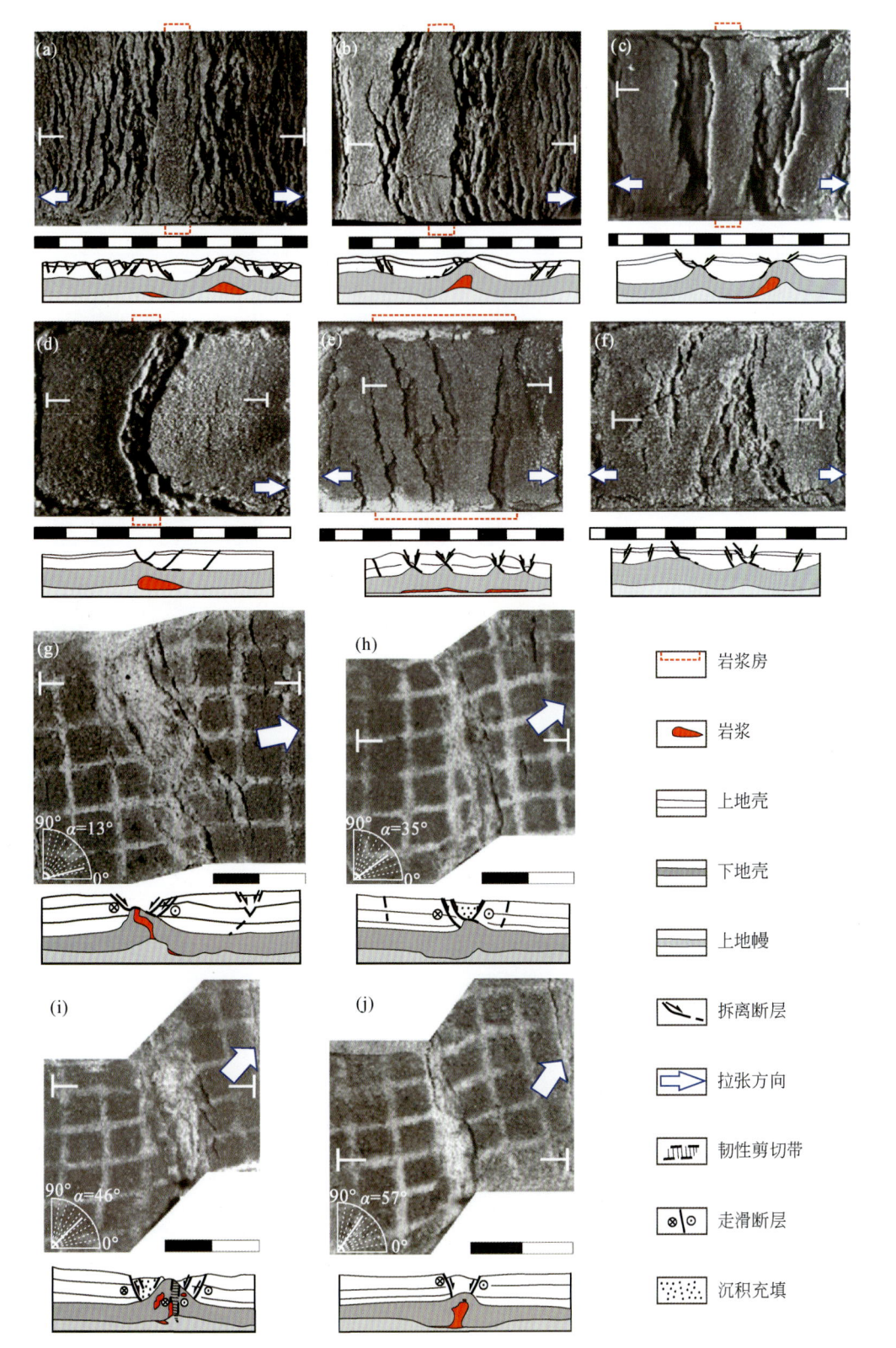

图 2-73 正交拉张和斜向拉张岩浆底辟模拟的顶视图（上）和剖面图（下）（Corti et al.，2003b）
正交拉张：（a）双向高速拉张（窄岩浆房）；（b）单侧高速拉张（窄岩浆房）；（c）双向低速拉张（窄岩浆房）；（d）单侧低速拉张（窄岩浆房）；（e）双向低速拉张（宽岩浆房）；（f）双向低速拉张（无岩浆房）。斜向拉张：（g）拉张角度为13°；（h）拉张角度为35°；（i）拉张角度为46°；（j）拉张角度57°

为更直观地了解岩浆底辟侵入脆性上地壳的过程，近10年来，前人开展了很多受浮力或浮力与构造应力共同驱动的岩浆底辟模拟实验。图2-74展示了岩浆类似物（蜂蜜或糖浆）侵入上覆脆性盖层（砂或者熔岩灰）的特征（Mathieu et al., 2008）。岩浆形成的各类底辟构造与盐底辟类似，也可以形成岩墙、岩席、岩盘、岩盖、岩盆和深成侵入体等（图2-74）。

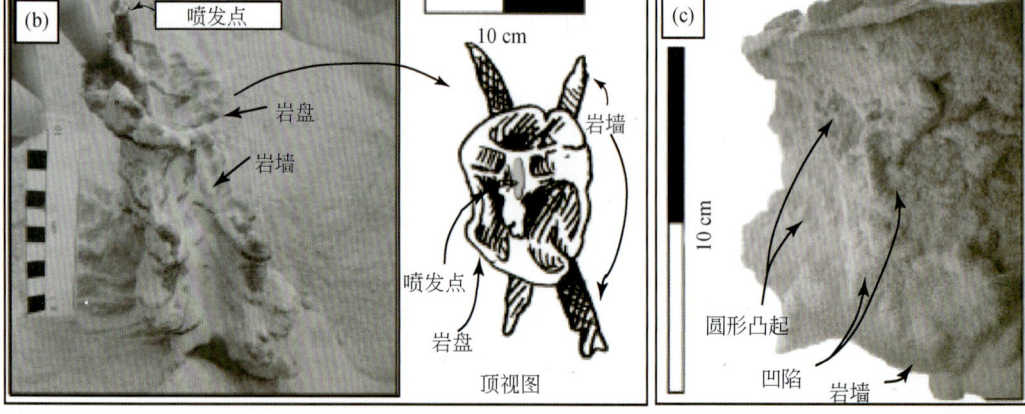

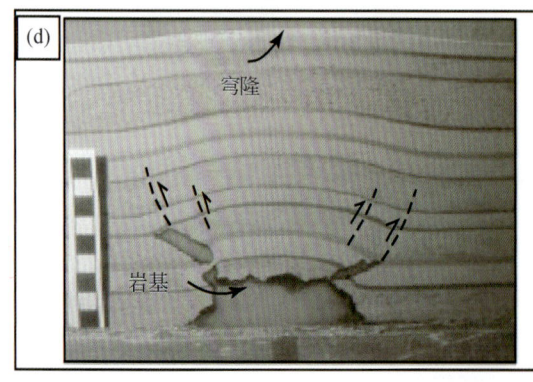

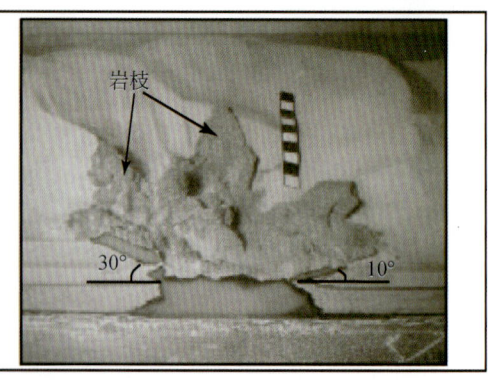

图2-74 浮力驱动型火山底辟模拟结果（Mathieu et al., 2008）

(a) 糖浆侵入30cm厚盖层的半箱模拟实验结果及底辟体素描特征；(b) 糖浆侵入20cm厚盖层形成的全箱底辟体及其素描特征；(c) 糖浆侵入15cm厚盖层形成的全箱底辟体特征；(d) 冷蜂蜜侵入15cm厚盖层的半箱模拟实验结果及底辟体特征

图 2-75 则展示了挤压缩短条件下，花岗质岩浆的侵位过程。实验结果表明：①逆冲断层运动过程中会形成侵入空间，这些空间大多与逆冲背斜发育的低压区重合。②侵入形态严格依赖于缩短率（Sh）和注入率（Inj）之间的竞争关系，当 Sh/Inj 较大时，深成岩体会被拉长，长轴平行于逆冲面；③Sh/Inj 较小时，岩浆从注入点向外运移，沿构造搬运方向移动较远；④同构造侵位也受盖层厚度控制，这一参数增加将导致深成岩体长宽比的增加。这些结果表明，深成岩体的最终形态可能受形变特征的强烈控制。

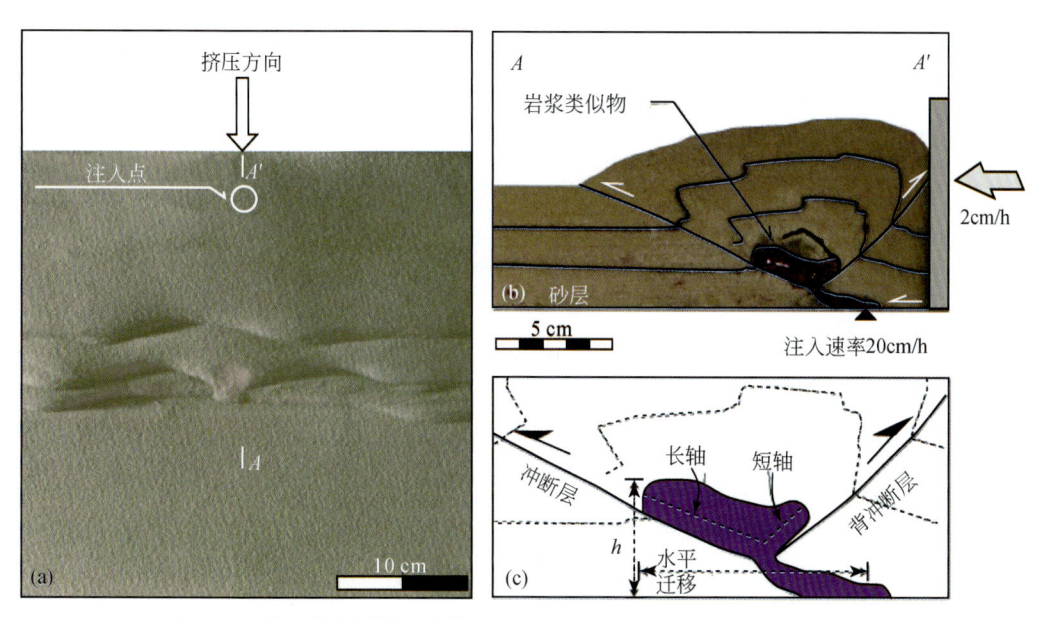

图 2-75　挤压背景同构造岩浆底辟模拟结果（Montanari et al., 2010b）

(a) 顶面特征；(b) 剖面特征；(c) 局部细节特征，其中 h 指高度

第 3 章　洋底构造机制数值模拟方法

随着计算机技术的发展，基于物理原理的地球动力学数值模拟快速发展了 50 多年。目前，可用于洋底构造的力学模拟数值方法很多。本章选择几个重要软件工具，以工具为出发点，介绍相关原理和技术。

3.1　ANSYS 有限元应力–应变模拟

3.1.1　有限元基本理论

有限元分析是利用数学近似的方法，对真实物理系统进行模拟。它是利用简单而又相互作用的元素，即单元，通过有限数量的未知量去逼近无限未知量的真实系统。其基本思想是将连续的结构离散成有限个单元，并在每一单元中设定有限个节点，将连续体看作只在节点处相连接的一组单元的集合体，选定场函数的节点值作为基本未知量，并在每一单元中假设一近似插值函数，以表示单元中场函数的分布规律，再利用力学中的某种变分原理，去建立用以求节点未知量的有限元方程，将一个连续域中有限自由度问题转化为离散域中有限自由度问题。其基本方程包括平衡方程、几何方程、本构方程及边界条件方程等。

3.1.1.1　平衡方程

弹性体域内任一点沿坐标轴 x、y、z 方向的平衡方程为

$$\frac{\partial \sigma_x}{\partial x} + \frac{\partial \tau_{yx}}{\partial y} + \frac{\partial \tau_{zx}}{\partial z} + X = 0$$

$$\frac{\partial \tau_{xy}}{\partial x} + \frac{\partial \sigma_y}{\partial y} + \frac{\partial \tau_{zy}}{\partial z} + Y = 0$$

$$\frac{\partial \tau_{xz}}{\partial x} + \frac{\partial \tau_{yz}}{\partial y} + \frac{\partial \sigma_z}{\partial z} + Z = 0 \tag{3-1}$$

式中，X、Y、Z 为单元体积的体积力在 x、y、z 方向的分量；σ 表示正应力；τ 表示剪切应力；脚标 xy、yz、zx、zy、xz、yx 为所在的作用面，具方向性。

3.1.1.2 几何方程

在微小位移和微小变形的情况下，略去位移导数的高阶项，则应变分量和位移向量间的几何关系为

$$\varepsilon_x = \frac{\partial u}{\partial x}, \quad \gamma_{xy} = \frac{\partial v}{\partial x} + \frac{\partial u}{\partial y}$$

$$\varepsilon_y = \frac{\partial v}{\partial y}, \quad \gamma_{yz} = \frac{\partial w}{\partial y} + \frac{\partial v}{\partial z}$$

$$\varepsilon_z = \frac{\partial w}{\partial z}, \quad \gamma_{zx} = \frac{\partial u}{\partial z} + \frac{\partial w}{\partial x} \tag{3-2}$$

式中，ε 表示正应变；γ 表示剪切应变；u、v、w 分别表示弹性体域内任一点沿 x、y、z 轴的位移分量。

3.1.1.3 本构方程

弹性力学中，应力-应变之间的转换关系也称弹性关系，表达式为

$$\sigma_x = \lambda e + 2G\varepsilon_x, \quad \tau_{xy} = G\gamma_{xy}$$

$$\sigma_y = \lambda e + 2G\varepsilon_y, \quad \tau_{yz} = G\gamma_{yz}$$

$$\sigma_z = \lambda e + 2G\varepsilon_z, \quad \tau_{zx} = G\gamma_{zx}$$

$$\lambda = \frac{\mu E}{(1+\mu)(1-2\mu)}$$

$$e = \varepsilon_x + \varepsilon_y + \varepsilon_z$$

$$G = \frac{E}{2(1+\mu)} \tag{3-3}$$

式中，E 表示杨氏模量；σ 表示应力；ε 表示庆变；μ 表示剪切模量；G 表示剪切模量；λ 表示拉梅系数；e 表示体积应变。

3.1.1.4 边界条件方程

应力边界条件：

$$l\sigma_x + m\tau_{yx} + n\tau_{zx} = \overline{X}$$

$$l\tau_{xy} + m\sigma_y + n\tau_{zy} = \overline{Y}$$

$$l\tau_{xz} + m\tau_{yz} + n\sigma_z = \overline{Z}$$

式中，l、m、n 为常数；$\overline{X}$、$\overline{Y}$、$\overline{Z}$ 为面力在 x、y、z 轴上的投影。

位移边界条件：

$$u = \overline{u}, \quad v = \overline{v}, \quad w = \overline{w} \tag{3-4}$$

式中，u、v、w 分别为边界上沿 x、y、z 方向的位移分量；$\bar{u}$、$\bar{v}$、$\bar{w}$ 分别为边界上沿 x、y、z 方向上位移分量的已知函数。

3.1.2 地学领域有限元关键技术

在地学领域中，对地质体的模拟方法主要分为解析法和数值法两种。其中，解析法在求解过程中最为直接也最为简便，其可通过解析表达式，直接求得精确解，但该方法同时也具有一定的局限性，即只适用于地质体边界条件简单、几何形状规则的线性问题，而对于复杂的边界条件（如含有多种类型的边界条件以及伴随时间不断变化的边界条件等）、特殊的几何形状（如考虑地质体横向与纵向上的不均匀性等）以及非线性问题（包括了材料上的非线性和结构上的非线性）等，则适用性较差，甚至无法求得解析解。对于这一问题的解决一般只能通过以下两种途径。

第一种途径为对地质体进行合理的简化处理，即使模型基本方程的约束条件、几何形状等，符合解析法求解的基本要求。虽然该途径对一些简单的非线性问题具有一定的有效性，但其依然存在很大的局限性，尤其是在对复杂地质模型进行过分简化的情况下，其计算结果可能与实际情况偏差较大，甚至完全错误。由此可见，该途径对于复杂的非线性地质问题的求解并不完全可取。

第二种途径为对地质体模型使用求数值解的方法来得到问题答案，即采用数值法求解。在数值法求解中，有限元法是最常用的手段之一，其基本思想是将连续的地质体剖分成有限个单元，且单元间相互连接在有限个节点上，承受等效的节点载荷，可根据平衡条件分析节点，然后根据变形协调条件，把这些单元重新组合起来，成为一个组合体，通过数值方法综合求解。基于这种思想，有限元法具有以下特点：第一，有限元法适用于各种复杂地质体模型的求解；第二，有限元法适用于各种地质体物理问题的求解，如地壳弹塑性问题、黏弹性问题以及地壳的屈曲问题等；第三，依据严格的理论基础，有限元法的计算结果具有良好的可靠性；第四，有限元法适用于计算机标准化编程及计算。由以上特点可知，对于地质体的复杂边界条件、不规则几何形状以及非线性问题，有限元法具有较强的求解能力。

在有限元计算中，需要对大型方程进行拆分求解，而计算机编程是一个非常繁琐的过程，尤其是面对非线性求解时尤为复杂。为了简化这一过程，20 世纪 70 年代一系列通用的商业有限元软件不断面世，如 COMOS/M 软件为面向多种物理环境耦合的有限元程序，面向流体计算的 Fluent 有限元程序，面向结构分析的 Flac3D 有限元程序，ADINA/ADINAT 自动动力增量非线性的有限元程序，面向结构、流体、热、电磁等多种物理环境的 ANSYS 有限元程序等，这些软件的出现，为高效率的有限元计算提供了有效途径。

这里主要选择 ANSYS 有限元软件，结合地质实践进行介绍。该软件与其他程序相比，具有以下优势。

1）强大的前处理能力，包括强大的三维空间建模能力、空间断层的处理能力以及强大的网络划分能力。

2）强大的加载求解能力，包括位移、力、压强、温度等在内的任何载荷，均可直接施加在任意几何实体或者有限元实体上。

3）强大的后处理能力，可以获得任意单元或节点数据，这些数据可以列表输出、图形显示、动画模拟等。

3.1.2.1　有限元法的非线性结构分析

在有限元结构分析中对问题域的求解，一般可划分为两大类。第一类为线弹性力学问题的有限元分析，这类分析相对较为简单，只涉及变量和自变量的线性对应关系，即弹性理论中的 15 个基本方程（平衡微分方程 3 个、几何方程或变形协调方程 6 个以及本构方程 6 个）均为线性微分方程。然而，该种分析方法在实际地学应用中并不能适用所有问题。例如，在温度、外界边界条件的载荷量大小和载荷时间长短等因素的综合影响下，岩石圈发生大的挠曲变形时，其应力-应变间的关系表现为非线性；又如，岩石圈中断层的运动，受断面压力及摩擦力的影响，表现为状态上的变化，因此断层两盘之间的位移、应力以及应变具有明显的不连续性。对于这类力学现象，可统称为有限元分析中的非线性分析，即问题域求解的第二类有限元分析。在有限元非线性分析中，引起物体结构非线性的因素很多，既包括了加载历史、环境状况、加载时间总量的变化，也包括了物体状态以及形状上的改变等，但总体上其可被划分为三种主要类型，分别为状态变化非线性、材料非线性和几何非线性。这里主要介绍状态变化非线性和材料非线性。

3.1.2.2　状态变化非线性

许多物体结构表现为与状态相关的非线性。例如，一根只能拉伸的电缆可能是松散的，也可能是绷紧的。断层两盘的地层可能是接触的，也可能是不接触的。冻土可能是冻结的，也可能是融化的。由此可见，在系统状态发生改变的情况下，系统的刚度可在不同值之间发生突变，这种变化可能与载荷直接相关，也可能由外部原因引起，但总体上表现出结构上的非线性。

而在地学领域中，断层的接触滑动是一种典型的状态变化非线性问题，该非线性问题能够控制岩石圈中应力-应变场的分布特征。因此，能否通过有限元法正确地描述地层的接触滑动行为，显得十分重要。本节结合 ANSYS 接触分析的技术特点，对其进行详细介绍。

（1）接触问题的概述

接触问题是地学领域中普遍存在的一种力学问题。例如，洋壳与陆壳的俯冲接触，陆壳与陆壳间的碰撞接触以及陆壳内断层两盘间的滑移接触等。可以说，在岩石圈构造演化中，接触问题是无处不在的。断层接触面上的相互作用是复杂的力学现象，同时，也是地震发生、盆内油气运移的重要原因。现代构造地质学的发展，提出了一系列有关接触的重要课题。

接触过程在力学上主要涉及接触面上的非线性，即状态非线性，其主要来源于两个方面：①接触面间接触区域的大小、相互作用位置以及接触状态是事先未知的，且伴随时间变化而变化，需要在求解过程中确定；②接触条件的内容包括接触物体间的不可相互入侵、接触力的法向分量为压力、切向接触的摩擦条件，这些约束条件是单边性的不等式约束，具有强烈的非线性特征。

（2）接触问题的分类

接触问题分为两种基本类型，即刚体-柔体接触和柔体-柔体接触。在刚体-柔体接触分析中，接触面中的一个或者多个被当作刚体。一般情况下，一种软材料和一种硬材料接触时，可被视为刚体-柔体接触，如沉积地层与基底的接触等。柔体-柔体接触问题是一种比较普遍的情况，在该情况下，两个接触体都是变形体，如断层两盘沉积地层的接触。

（3）接触问题的判断

接触过程通常与时间有关，并伴随材料非线性和几何非线性的不断演化而发生变化。特别是接触界面的区域和形状及接触面上运动学与动力学状态未知的情况下，对接触面条件的判断显得尤为重要。

A. 弹性无摩擦接触的判断

弹性无摩擦接触条件即法向接触条件，是判断两物体间是否处于接触阶段的基本依据，包括不可穿透性和法向接触力为压力两方面内容。其中，不可穿透性是指物体V_A、V_B在运动过程中，不允许相互侵入（图3-1），可由式（3-5）表示：

$$t_{g_N} = g(x, t) = ({}^t x_P^A - {}^t x_Q^B){}^t n_Q^B \tag{3-5}$$

式中，t_{g_N}表示t时刻两物体间的距离，下标N表示t时刻沿法线方向n的度量；x^A表示物体A的位移；x^B表示物体B的位移；P和Q分别表示物体V_A和V_B上的任意一点。当$g_N>0$时，表示P点尚未与S^B面接触，处于非接触状态；$g_N=0$时，表示P点与S^B面发生接触；当$g_N<0$时，表示P点与S^B面已相互贯穿，此时需要加入限制性方程，使得两物体停止侵入。在ANSYS中，主要使用4种方法，即拉格朗日乘子法、惩罚函数法、纯拉格朗日法以及增强的拉格朗日法。

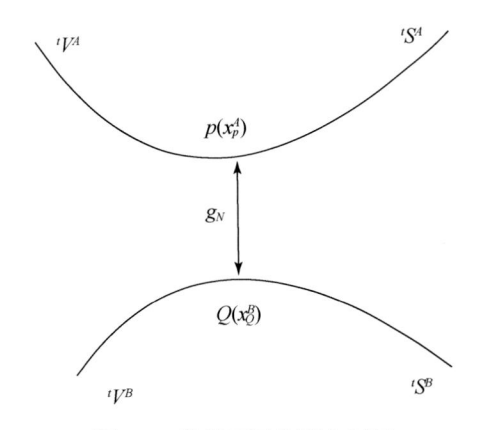

图 3-1 接触面间的距离判断

当两物体发生接触时，在不考虑接触面黏附的情况下，它们之间的接触力只可能是压力，所以法向接触力为压力的条件是

$${}^t F_N^B \leqslant 0, \quad {}^t F_N^A = -{}^t F_N^B \tag{3-6}$$

式中，F_N^A 和 F_N^B 表示接触面间的相互作用力。

B. 切向接触条件——无摩擦和有摩擦条件

切向接触力可分为无摩擦和有摩擦两种条件。当两个物体间接触面绝对光滑，或者相互间的摩擦可以忽略时，两物体接触面间的摩擦力为零，可用式（3-7）表示为

$${}^t F_T^A = {}^t F_T^B = 0 \tag{3-7}$$

式中，F_T^A 和 F_T^B 分别表示两物体间的切向摩擦力。

当两物体接触面间存在摩擦时，可认为切向摩擦力值不能超过其极限值，小于该值时接触面间无相对滑动出现，大于等于该值时则出现相对滑动，即

$${}^t F_T^A = \left[({}^t F_1^A)^2 + ({}^t F_2^A)^2 \right]^{\frac{1}{2}} \leqslant \nu \, |{}^t F_N^A| \tag{3-8}$$

式中，ν 表示摩擦系数；${}^t F_T^A$ 表示 t 时刻的切向接触力；$|{}^t F_N^A|$ 表示 t 时刻的正向应力。

3.1.2.3 材料非线性——岩石圈流变结构

一般而言，在盆地演化过程中，影响岩石圈应力-应变状态的因素较多，其涉及的相关地球物理、化学过程也十分复杂，这不仅包括岩石圈自身性质的变化，如在相同条件下，不同区域的岩石圈材料参数不同（泊松比、杨氏模量、热传导系数、热对流值等），因而表现出不同的脆性、弹性以及黏弹性等行为，而且包括在不同外界条件作用下岩石圈整体性质上的变化，如在低温、低压、短时间尺度作用下，同一区域岩石圈可能表现为脆性或弹性行为，而在高温、高压、长时间尺度作用下，却可能表现为流变性行为。

虽然上述两种性质的变化对岩石圈形变的影响各不相同，但从地壳长时间构造演化的角度来看，流变结构（材料的非线性）对岩石圈的持续形变起到了重要的控制作

用。这从前人的研究成果中可以看到，如 Royden 等（1997）分析了不同尺度黏性分层结构对造山带的地表形态、形变场、应力场及运动场等的影响，并提出在大陆动力学研究中，柔性下地壳的存在和流动是了解许多问题的关键，如青藏高原动力学演化。石耀霖和曹建玲（2008）对利用实验室流变实验结果估算岩石圈流变结构的计算方法中包含的多种不确定性进行了讨论，包括岩性、温度、应变速率、实验室速率数据，并由此外推到地质构造运动速率等因素对等效黏滞系数估算的影响，并以温度和应变速率的新研究成果为基础，对中国大陆地壳和上地幔等效黏滞系数做出了估计。Houseman 和 England（1996）讨论了岩石汇聚处下部物质的拆离过程及其对山脉、盆地形态的影响。Jarosinski 等（2011）采用二维薄板模型模拟了盆地的反转机制，在其计算中，考虑了来自重力、温度和流变结构对结果的影响。而关于岩石圈的瞬态形变（弹性行为），前人也多有论述，但主要集中在大型地震对周边地区形变的影响。

通过上述研究成果可以看到，在不同时间尺度和外在条件作用下，不同区域间岩石圈形变所涉及的物理-力学-化学过程并不相同，因而在数值模拟计算中，所需考虑的基本力学方程也不尽相同。显然，对于某一特定研究区而言，所构建的力学方程越接近真实情况，其所计算的结果越准确可信。但这种近似程度不可能是无限制的，其受到计算机计算能力以及岩石圈演化过程中不可知因素的影响，因而在模型构建过程中，进行合理的简化是必要的。

（1）弹性材料

弹性体是最简单的一种线性材料模型，其应力-应变关系符合胡克定律，尤其对于各向同性材料的弹性体而言，其可用式（3-9）表示为

$$\sigma_{ij} = \lambda \theta_{ij} + 2\mu \varepsilon_{ij} \tag{3-9}$$

式中，σ 表示弹性体的应力；$\theta = 1/3 \varepsilon_{ij}$；$\lambda$、$\mu$ 为拉梅系数；ε 表示弹性体的应变。这些弹性系数间具有如下关系：

$$\sigma = E\varepsilon$$

$$E = \frac{\mu(3\lambda + 2\mu)}{\lambda + \mu}$$

$$\nu = \frac{\lambda}{2(\lambda + \mu)}$$

$$\lambda = \frac{E\nu}{(\nu + 1)(1 - 2\nu)}$$

$$\mu = \frac{E}{2(\lambda + \mu)}$$

$$K = \lambda + \frac{2\mu}{3} = \frac{E}{3(1 - 2\nu)} \tag{3-10}$$

式中，E 表示弹性模量；ν 表示泊松比；K 表示体积模量。

(2) 幂指数流变材料

在地学领域中，常见的非线性材料主要包括与时间有关的塑性、蠕变以及黏弹性材料。而在一般情况下，对长时间尺度地壳运动的数值模拟，通常采用蠕变材料。蠕变是指在恒定载荷作用下，应变随时间延长而增加的现象。通过实践表明，在地壳中，该种现象可通过幂指数流变方程表达，即

$$\varepsilon = A\sigma^n \exp(-Q/RT) \tag{3-11}$$

式中，ε 表示应变率；A 表示物质结构常数；R 表示气体常数；Q 表示活化能；σ 表示差应力；n 表示应力指数。

3.1.3 模型构建实例

西太平洋的板块俯冲过程对俯冲带构造应力场分布及地震分段性的控制性作用，一直都是全球关注的研究热点（Müller et al., 1997; Zhao et al., 2011; Huang and Zhao, 2013; Liu et al., 2013a, 2013b; Suo et al., 2012, 2014）。不同于全球其他地区的地震带，西太平洋俯冲带日本海沟段和琉球海沟段布置了大量的地震监测台站，可以实时观测到俯冲带地震的相关信息。2011 年 4 月，日本东北部发生了 M9.0 的强烈地震，这次地震造成了重大的人员伤亡和财产损失，也使得人类第一次能够采用高分辨率的方式记录俯冲带巨震的发生过程。因此，这次地震记录的数据是进一步认识俯冲带活动地震和俯冲板块动力学过程的重要资源。

此外，海山作为海底的高地形，广泛分布于全球洋壳之上（Hillier and Watts, 2007; Liu et al., 2021），并伴随洋壳和陆壳间的汇聚，不断向大陆岩石圈板块下俯冲。就像陆内破裂带几何形状上的突变导致断层两盘接触性质上的改变一样，海山的俯冲过程同样会改变俯冲板块和上覆板块间一定范围内的接触关系，从而影响海山俯冲区及周缘强震的孕育和发生。为了验证前人对海山俯冲作用的两种观点，探寻太平洋板块的俯冲过程对俯冲带构造应力场及地震分布的分段控制作用，可以通过构建欧亚及西太平洋板块的三维黏弹性模型开展相关研究。

模型中岩石的应力–应变关系，即本构关系的确立，在数值模拟地球各种动力学问题中至关重要。岩石不仅受温度、水、孔隙度等因素的影响，而且受各种不同力的作用，其力学性质非常复杂，存在着如弹性体、流体、固体、黏弹性体、蠕变体和塑性体等物质状态，并具有明显的横向、纵向非均匀性。因此，在模型中，采用何种材料属性来计算其运动、形变，须视具体情况而定，这关系到模型的合理性及模拟结果的准确性。而在这里的例子中，则主要采用前文所讲的流变性结构，即幂指数流材料模型，而对于断层接触分析问题，主要采用库仑摩擦模型，其表达式为

$$\tau = \mu p \tag{3-12}$$

式中，τ 表示断层间的摩擦力；p 表示断层接触面间的正压力；μ 表示断层接触面间的摩擦系数。

在模拟过程中，断层接触面受力方式可分解为法向力和切向力，其中，法向力表现为垂直于断层面的压力，而切向力与库仑摩擦模型剪切应力则描述了断层面间的接触状态。当切向力小于剪应力 τ 时，断面处于黏合状态；当切应力大于剪切应力 τ 时，断面由黏合状态转为滑动状态，滑动距离的最大值设为每一个迭代步中断面接触单元平均长度的百分之一。而对于断面接触力的计算，这里采用有限元接触算法中的惩罚函数法（朱守彪等，2010）：

$$p(x, q) = f(x) + qs(x) \tag{3-13}$$

式中，$p(x, q)$、$qs(x)$ 表示惩罚项；$f(x)$ 为惩罚函数；q 表示惩罚因子。

其法向力的表达式为

$$f_n = k_n h_n \tag{3-14}$$

式中，f_n 表示法向接触力；k_n 表示法向接触刚度；h_n 表示穿透距离。

切向力（摩擦力）的表达式为

$$f_s = k_s h_s \tag{3-15}$$

式中，f_s 表示切向接触力；k_s 表示切向接触刚度；h_s 表示滑移距离。

（1）模型建立

欧亚及西太平洋板块俯冲模型的建立主要是基于欧亚板块、菲律宾海板块以及太平洋板块的三维几何结构。在该模型中，由于横向不均匀性，岩石圈被分为脆性上层和黏性下层两层。脆性上层代表了孕震的大陆地壳和大洋地壳，而黏性下层代表了刚性较弱的地幔。上层的底界和表面的地形数据主要提取自 Crust 2.0（http://igppweb.ucsd.edu/~gabi/rem.html）。该数据根据地震观测数据获得，并结合全球具有相似地质或构造的地方的平均值，给出了全球 $2°×2°$ 地壳速度及密度模型，这里提取了其 7 层一维模型中的上地壳和下地壳层数据。

由于提取的数据为直角坐标系 (x, y, z)，为了更加真实地展示研究区的地形变化特征，这里利用球坐标系转换公式，将直角坐标系数据转换成球坐标系数据，再进行后期的数值模拟。假设 $P(x, y, z)$ 为空间内一点，则点 P 也可用球坐标系三个有次序的数 (r, θ, φ) 来确定，其中，r 为原点 O 与点 P 间的距离；θ 为有向线段 OP 与 z 轴正向的夹角；φ 为从正 z 轴来看自 x 轴按逆时针方向转到 OM 的位置时所转动的角度，这里 M 为点 P 在 xOy 面上的投影。这样的三个数 r、θ、φ 叫作点 P 的球面坐标，这里 r、θ、φ 的变化范围分别为 $r \in [0, +\infty)$，$\theta \in [0, \pi]$，$\varphi \in [0, 2\pi]$，如图 3-2 所示。其转换关系为

$$\begin{aligned} x &= r\sin\theta\cos\varphi \\ y &= r\sin\theta\sin\varphi \\ z &= r\cos\theta \end{aligned} \tag{3-16}$$

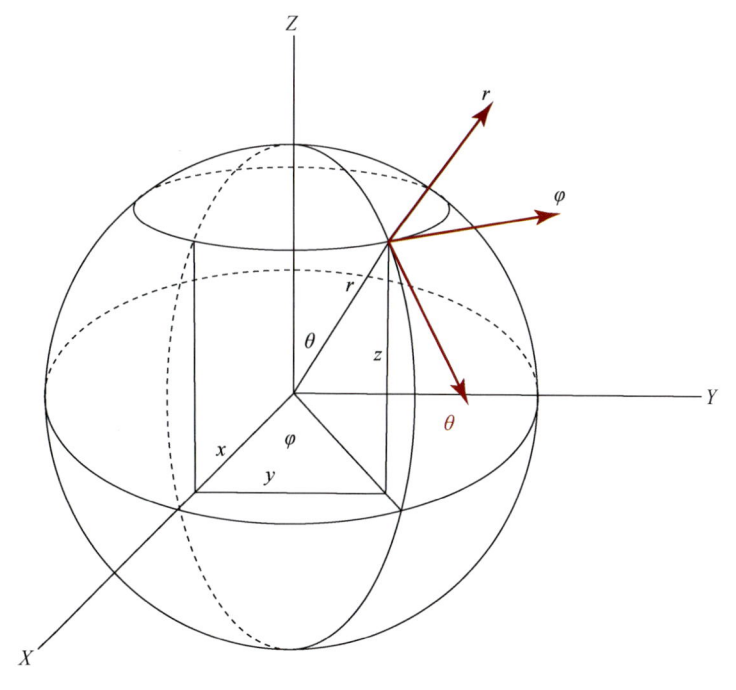

图 3-2　球坐标与直角坐标转换系统

将数据进行直角坐标系到球坐标系的转换后，通过 Surfer 软件，对提取的每一层数据进行前处理，将其网格化（图 3-3），再将每层数据综合成一个 Surfer-data 数据。

图 3-3　利用 Surfer 软件将提取的 txt 数据进行网格化

最后利用 Flac 3D，将 Surfer 软件处理后的数据生成 ANSYS 模型数据；将这些数据导入 ANSYS 模拟软件中，即构建出了西太平洋的板块俯冲模型（图 3-4）。模型包括所有构造单元，如欧亚板块、太平洋板块以及整个菲律宾海板块，模型的平均厚度在 50km 左右。

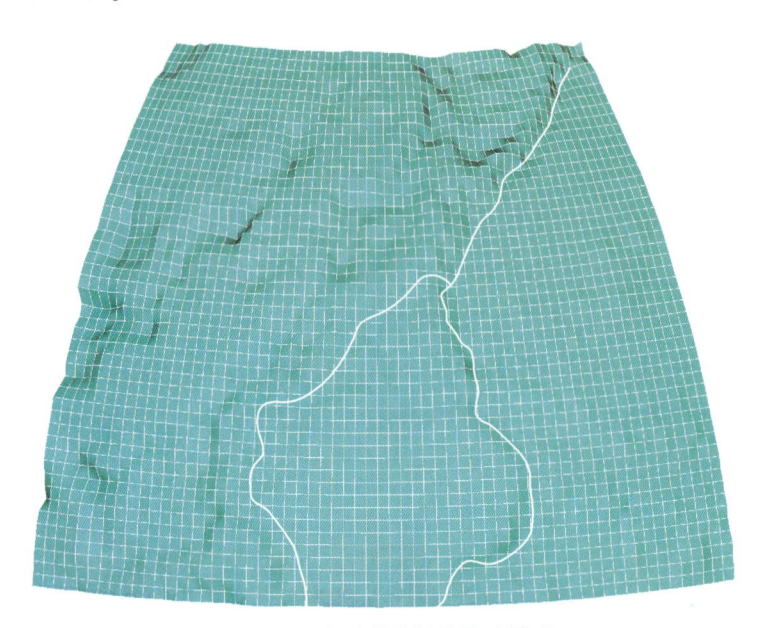

图 3-4　西太平洋的板块俯冲模型

（2）断层建立

前人研究显示，断层的空间组合形态对位移状态以及局部应力场的分布情况具有重要的影响。西太平洋俯冲带的俯冲板片形态，在不同区段具有不同的复杂的空间格局，这对于地震以及应力场的分布具有重要的控制作用。因此，在模型中，为了展现出模型的空间非线性结构，将俯冲的太平洋板块和菲律宾海板块简化为两条大型逆冲断层，断层面的建立主要根据地震定位和层析成像所得的断层面真实位置、真实形态（Liu et al., 2013a, 2013b；Liu and Zhao, 2014, 2015），其形态呈现出由北至南、由浅至深断层面倾角逐渐增大的趋势（图 3-5）。

（3）定义单元类型

ANSYS 有限元软件具有强大的前处理能力，包括强大的三维空间建模能力、空间断层的处理能力以及强大的网格划分能力，因此，首先就要对模型进行前处理（preprocessor）。在 ANSYS 单元库中，提供了多达 200 种不同的单元，包括杆单元类（一维）、平面单元类（二维）以及体单元类（三维），为了方便用户正确识别这些单元，ANSYS 建立了针对不同问题的单元类，并根据单元类的特点为每个单元命名，其格式为单元类前缀名+数字编号，数字编号在 ANSYS 单元库中是无重复的。这里使用的是最接近地质体材料属性、专门针对静态分析的 solid 185 单元。

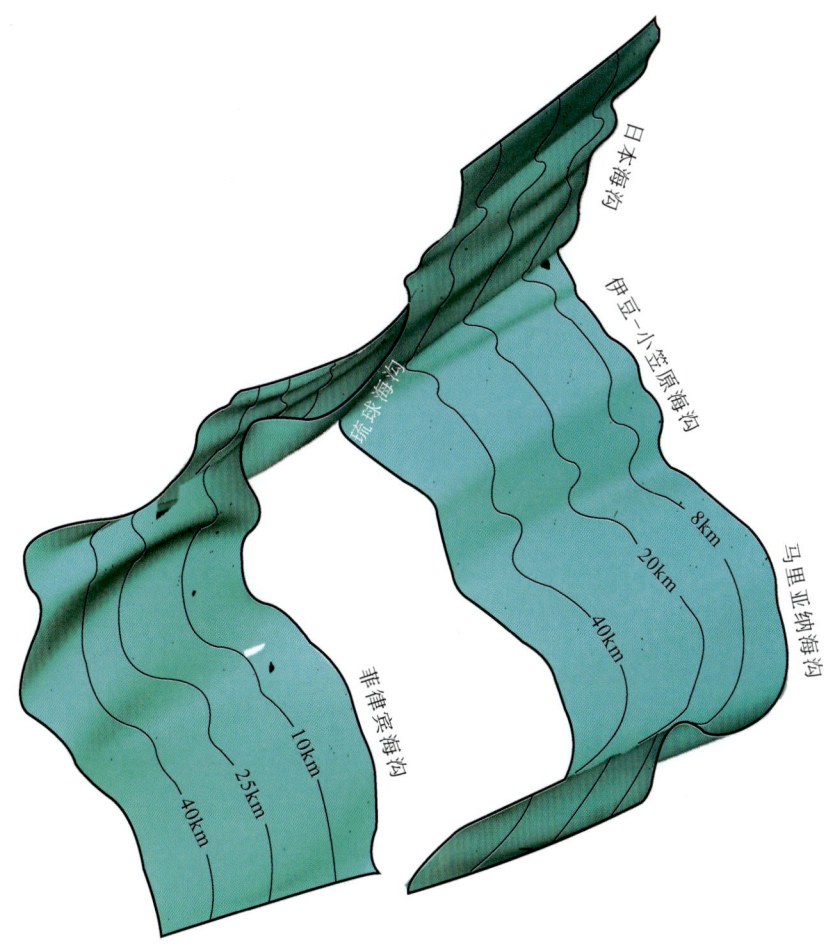

图 3-5　断层面的空间几何形态
等值线为俯冲面等深线

定义单元类型：Preprocessor（前处理器）→Element Type（单元类型）→Add/Edit/Delete（增加/编辑/删除），弹出 Element Type（单元定义）对话框。单击 Add（增加）按钮，弹出 Library of Element Types（单元类型库），选择单元库 Solid→选择单元库中对应的 Brick 8node 185 单元（图 3-6），单击 OK，即可保存刚定义的单元类型。

（4）定义材料属性

在 ANSYS 模拟软件中，所有的分析都需要输入材料属性。例如，在进行电磁场分析时，至少要输入材料的相对磁导率 MURX；而在进行结构分析时，要输入材料的杨氏弹性模量 EX。这里将通过改变参数来表现不同的岩石圈层。

定义材料属性：Preprocessor（前处理器）→Material Props（材料属性）→Material Models（材料模型），可以看到 Material Models Defined（已定义材料模型），按树形结构列表显示已定义的材料模型，右侧窗口 Material Models Available（可选

材料模型），则提供了 ANSYS 材料模型库中提供的材料模型及其属性等（图3-7）。

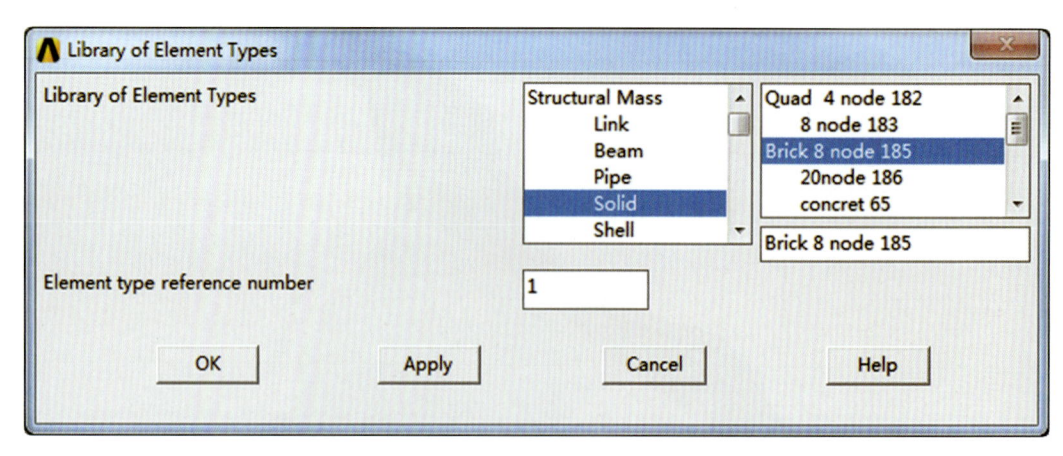

图3-6　ANSYS 12 单元库

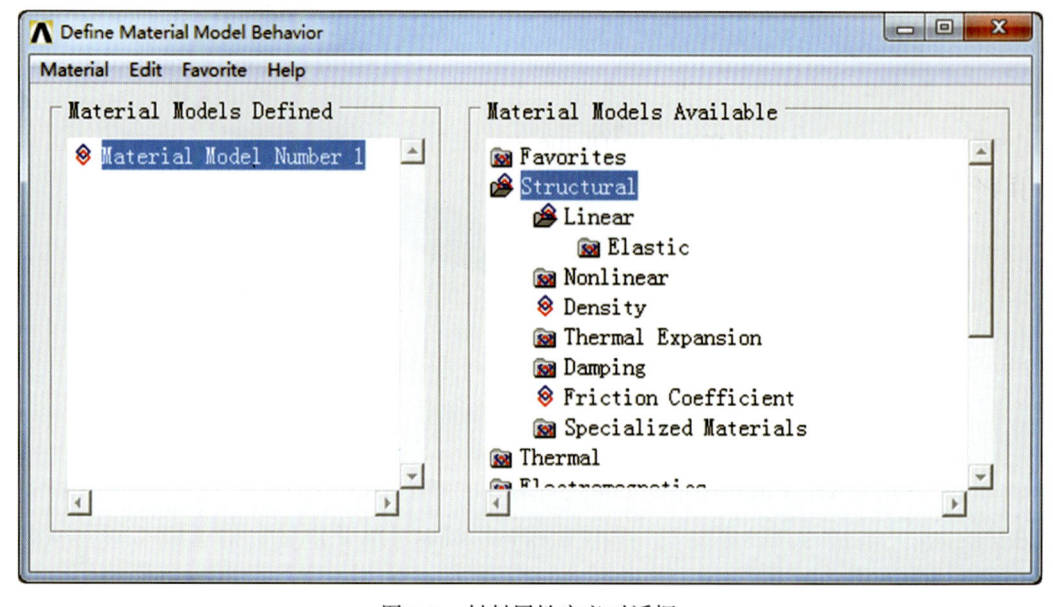

图3-7　材料属性定义对话框

还未定义材料属性前，弹出定义材料模型对话框时的左侧材料列表框，只显示 Material Model Number 1，表示自动默认当前材料编号为 1；若新增一个材料模型，则选择菜单 Material（材料）→New Model（新模型），即可定义一个新的材料模型 Material Model Number 2。这里定义了三种不同的材料模型，分别代表了 Continental crust（陆壳）、Oceanic crust（洋壳）以及 Top of mantle（地幔顶部），对其赋予了不同的杨氏模量、密度、泊松比等属性参数。同时，岩石和矿物的变形实验研究与大量的野外观察证明，中–下地壳和上地幔的大多数岩石变形都是通过组成岩石的矿物塑性变形及流动变形完成的，而在微观尺度上主要表现为位错蠕变和扩散蠕变两种过程。因此，对于不同的材料模型，赋予不同的幂律指数、活化能等属性。参数设置则主要是根据前人的经验结果设定（表3-1）。

表 3-1 材料参数的设定

材料模型	弹性性质			蠕变特性		
	杨氏模量/Pa	密度/(kg/m³)	泊松比	幂律指数因子/(Pa/ns)	活化能/(KJ/mole)	幂律指数
陆壳	2×10^{10}	2700	0.3	3.3×10^{-20}	163	3
洋壳	6.5×10^{10}	2800	0.3	3.3×10^{-20}	163	3
上地幔	1.6×10^{11}	3200	0.3	1.3×10^{-15}	170	1

资料来源：Freed 和 Bürgmann，2004；de Franco 等，2007

（5）切割运算

将生成的模型与断层面导入 ANSYS 后，需要用断层面将模型体切开，模拟真实的断层面活动，并进行接触分析。切割运算是用一个图形把另一个图形分成两份或多份，与减运算类似。单击 Preprocessor（前处理器）→Modeling（建模）→Operate（操作）→Booleans（布尔运算）→Divide（切割运算），展开运算菜单项（图3-8），用两个断层面将模型体切割。在对断层面进行接触分析时，对接触行为的判定使用库仑摩擦模型。

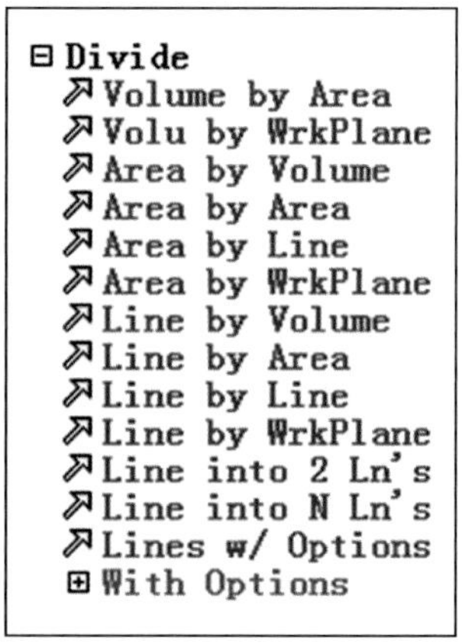

图 3-8 切割运算子菜单

（6）网格化模型

对实体模型进行网格划分，也就是用单个的单元逐一地将实体模型划分成众多子区域。这些子区域（单元）是有属性的。因此，在划分网格前，需要设置单元各项属性。这里将模型的不同层位，赋予之前设定的不同材料属性，完成单元属性的分配。

网格划分的精度则直接决定了有限元计算的好坏。一般来说，网格划分越细，计算结果越准确，但消耗的计算机资源也会越多。单击 Preprocessor（前处理器）→ Meshing（网格）→Meshtool（网格划分工具），网格划分工具分为 5 个部分，代表了网格划分工具不同的功能（图 3-9）：分配单元属性、智能网格划分水平控制、单元尺寸控制、网格划分形状控制与网格划分、细化网格控制。

图 3-9　网格划分工具

这里使用三角形单元，将模型划分为 605 716 个单元，每个三角单元的边缘距离大约为 8km，具有较高的精度和稳定性。网格划分完成后生成的有限元模型如图 3-10 所示。

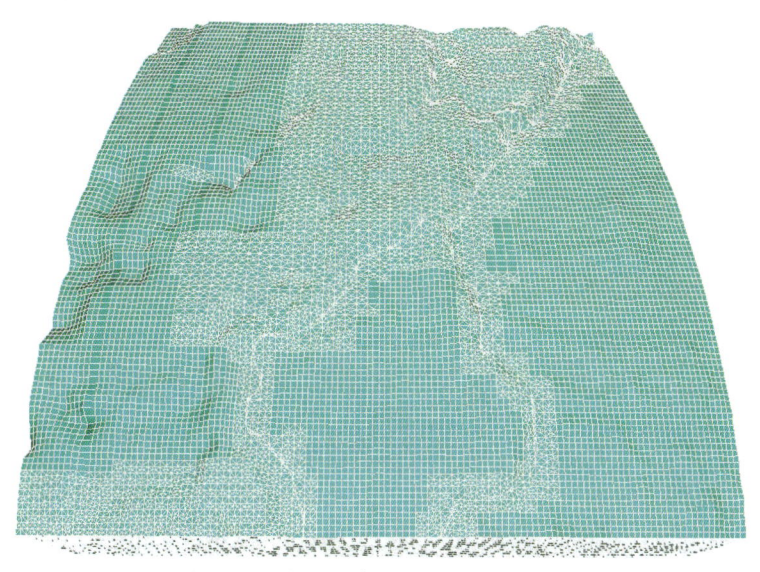

图 3-10　西太平洋的板块俯冲模型网格划分结果

（7）加载求解

在此模块中，需要进入 SOLUTION 处理器来完成求解类型定义，包括分析选项设置，施加载荷，设置载荷步，并最终求解。在加载求解之前，先要指定此次分析的类型。因为该模型关注的是太平洋板块和菲律宾海板块间俯冲带横向应力场响应，模型没有考虑瞬态热条件以及模型沉积和侵蚀造成的表面质量输运的影响，模型为准静态模型。

通过式（3-17）可以发现，温度在被考虑的范围中。温度的高低将决定岩石圈和上地幔横向与纵向上的不均匀性，而这种不均匀性能够决定其流变学行为。因此，在底面温度为 700℃和顶面温度为 0℃的条件下，通过有限元法模拟岩石圈和上地幔的温度场，热传导方程如下

$$\rho C_\mathrm{p} \mathrm{d}T/\mathrm{d}t = - \partial q_i/\partial x + H$$
$$q_i = - k\partial T/\partial X_i \tag{3-17}$$

式中，C_p、k、H 分别表示比热容、热导率、内部热生成量；$\mathrm{d}T/\mathrm{d}t$ 表示空间中一点的温度对时间的变化率。之后，将初始温度代入准静态模型进行下一步模拟。

单击 Solution（求解）→Define Loads（定义载荷）→Apply（加载）→Structural（结构）→Displacement（位移），在节点上施加位移边界条件，进行求解（Solve）过程（图 3-11）。

```
□ Solution
  ⊞ Analysis Type
  □ Define Loads
    ⊞ Settings
    □ Apply
      □ Structural
        □ Displacement
          ↗ On Lines
          ↗ On Areas
          ↗ On Keypoints
          ↗ On Nodes
          ↗ On Node Components
        ⊞ Symmetry B.C.
        ⊞ Antisymm B.C.
```

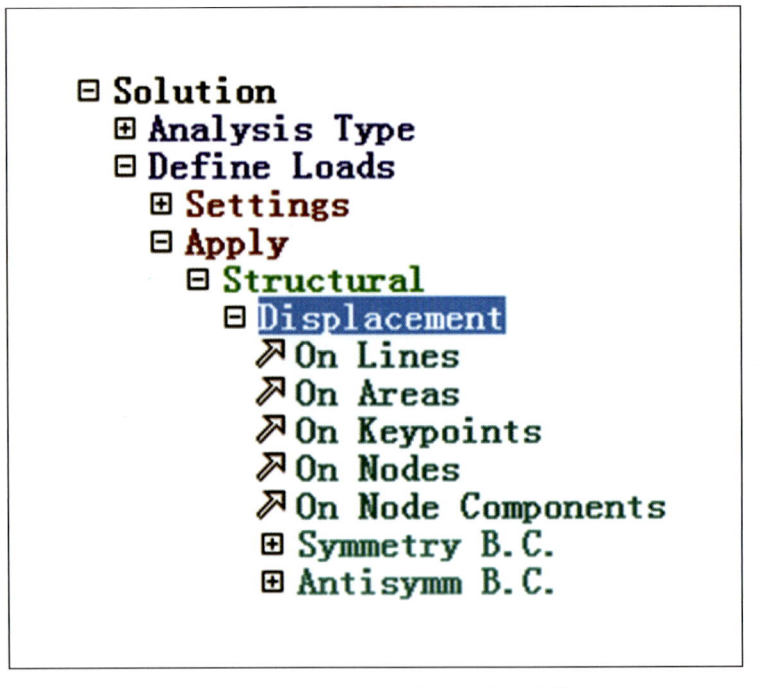

图 3-11　结构分析中的位移加载子菜单

3.1.4　模拟结果例析

在西太平洋模拟的例子中，计算了沿着俯冲带由缓慢滑移或地震造成的应力强度，用以研究活动的大型逆冲断层面是如何控制西太平洋板块构造应力场分布的。应力强度的表达式为

$$\sigma_i = \max(|\sigma_1 - \sigma_2|,|\sigma_2 - \sigma_3|,|\sigma_3 - \sigma_1|) \tag{3-18}$$

式中，σ_1、σ_2、σ_3 分别为第一、第二和第三主应力。应力强度为表征模型中每个点应力状态变化的一个标量，其高值可能导致区域发生破碎或触发更高频的地震（Dai et al.，2015）。

3.1.4.1　大型逆冲断层面摩擦系数改变导致构造应力场变化

俯冲界面摩擦系数的大小是影响俯冲带区域应力场分布的主要因素之一（Das and Aki，1977；Aki，1979；Kanamori and McNally，1982；Bilek et al.，2003；Wibberley et al.，2008），摩擦系数的变化导致区域构造应力场分布特征的改变，进而影响俯冲带地震的分布特征。对太平洋板块一系列俯冲带摩擦系数而言，确定其值的大小是一件非常重要的工作。因此，为了能够计算得出更加符合西太平洋俯冲带应力场分布特征的模型，对俯冲界面设置适当的摩擦系数，据此计算得出不同的模拟结果。

值得注意的是，俯冲界面摩擦力的大小不但与摩擦系数有关，还可能与不同段落间俯冲界面的俯冲形态、海山作用、沉积物厚度等影响因素相关。虽然模型已经充分考虑板片俯冲形态对模拟结果的影响（图3-12），但由于缺乏俯冲界面沉积厚度等资料，模型一般很少考虑沉积物及其流体对俯冲界面摩擦力的影响。

图3-12（a）、(c)、(e)、(g) 分别为俯冲界面摩擦系数0.1、0.2、0.3、0.4情况下模型应力场的分布特征，(b)、(d)、(f)、(h) 分别为不同模拟结果与俯冲带已发地震分布特征的对比图。以下将根据模型不同的模拟结果分别加以对比描述。

(1) 日本–千岛俯冲带

太平洋板块每年以7~10cm速度近北西向沿日本–千岛海沟向日本岛弧之下俯冲（Bird，2003；Zhao，2015）。在这种边界条件下，通过对比图3-12（a）、(c)、(e)、(g) 可知，俯冲的太平洋板块在靠近海沟的前缘都表现出应力强度值的高度集中，但伴随俯冲界面摩擦系数的增加，应力集中区的强度值不断提高，同时分布范围更加狭窄。这说明太平洋板块在近垂直海沟走向的俯冲过程中，俯冲板片挠曲变形，而伴随俯冲界面摩擦系数的增加，即摩擦力的增大，俯冲板片的挠曲变形越强烈，应力也就越集中，越容易形成正断型地震。在日本岛弧的弧前地带，应力集中区的分布特征也同样受到摩擦系数的影响。在摩擦系数为0.1的情况下［图3-12（a）］，前弧的应力集中区的分布范围较广，应力平均值较低。但伴随摩擦系数的增高，应力集中区的面积逐渐减小，且分布范围逐渐靠近海沟前缘，同时，应力强度值也逐渐提高［图3-12（c）、(e)、(g)］。对比俯冲带地震分布图可知［图3-12（b）、(d)、(f)］，浅源地震多分布在俯冲带的前缘，这与具有较高摩擦系数的模拟结果较为一致。

(2) 伊豆–小笠原和南海海槽俯冲带

这两条俯冲带发育的位置较为特殊，是俯冲的太平洋板块和菲律宾海板块的交汇带。从地震分布特征来看，区域地震主要发生在伊豆–小笠原海沟以及两条俯冲带的交接区，而在南海海槽俯冲带上的地震则相对较少。对比模拟结果，伴随俯冲界面摩擦系数的增加，两条俯冲带的交接区的应力强度值不断增大，而琉球岛弧上的平均应力强度值则不断降低。同时，太平洋板块靠近伊豆–小笠原海沟处的挠曲量不断增大。由此可见，模型处于相对较高摩擦系数的情况下，与地震分布特征较为相似。

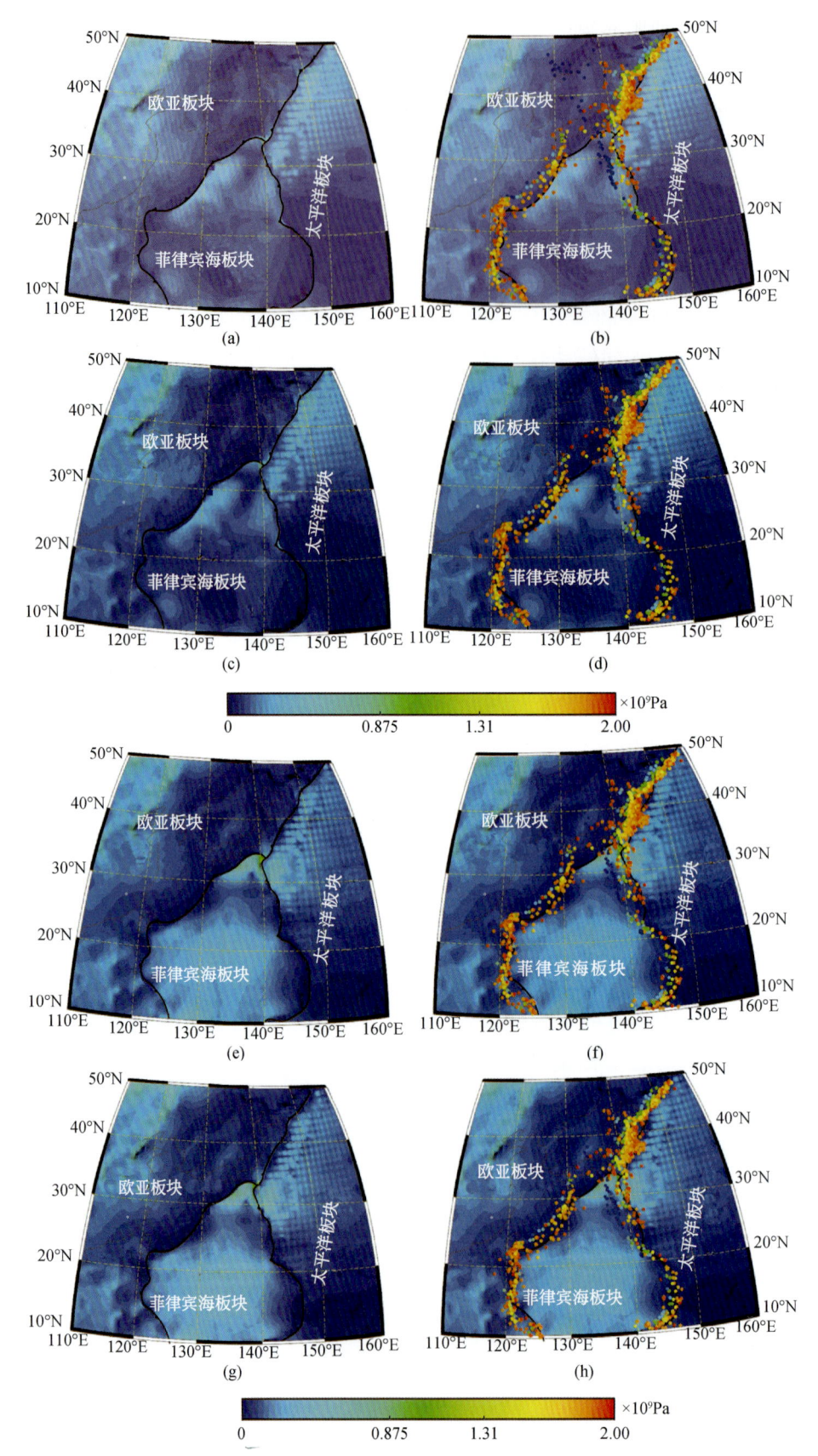

图 3-12　模型中大型逆冲断层面不同摩擦系数下应力场分布特征

(3) 马里亚纳俯冲带

马里亚纳海沟是世界上最深的海沟，也是太平洋板块俯冲角度最大的地方。与日本俯冲带相比，该俯冲带地震明显偏少。模拟结果显示，虽然可以通过不断调高俯冲界面摩擦系数的方式，提高马里亚纳弧前地区的应力强度值，但与日本-千岛俯冲带相比，应力强度值还是明显偏低，这是因为太平洋板块朝北西向运动，而马里亚纳海沟的走向由北西向逐渐偏转为近南北向，那么板块运动方向和海沟走向间只存在 0°～30°的偏差，这明显小于日本海沟走向与太平洋板块运动方向间的夹角。

总之，从以上不同俯冲带对比可知，当俯冲界面的摩擦系较大时，模拟结果与区域地震分布的宏观规律较为一致。但需要强调的是，以上模型设置都假设俯冲界面具有统一的属性，而没有考虑俯冲界面不均一性对区域应力场及地震分布的影响。

类似的方法也可以用于模拟印度-欧亚板块碰撞的应力分布状态（图 3-13），通过对比现今的 GPS 测量结果，以探索板内活动断层的活动性，进一步做法，读者可参考相关文献（戴黎明等，2013）。

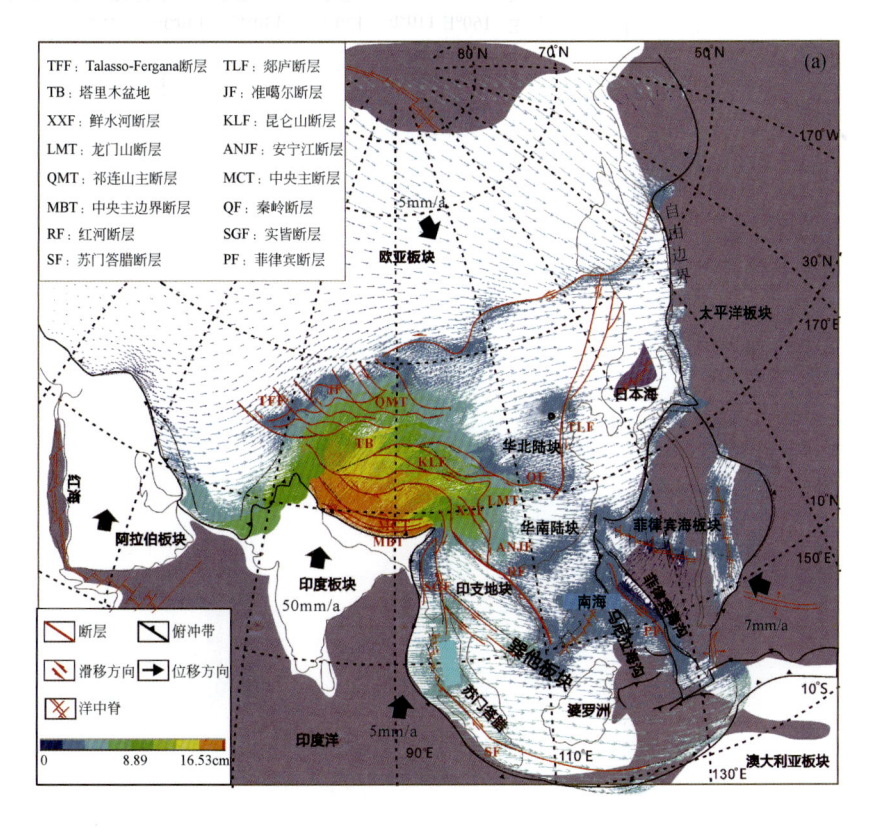

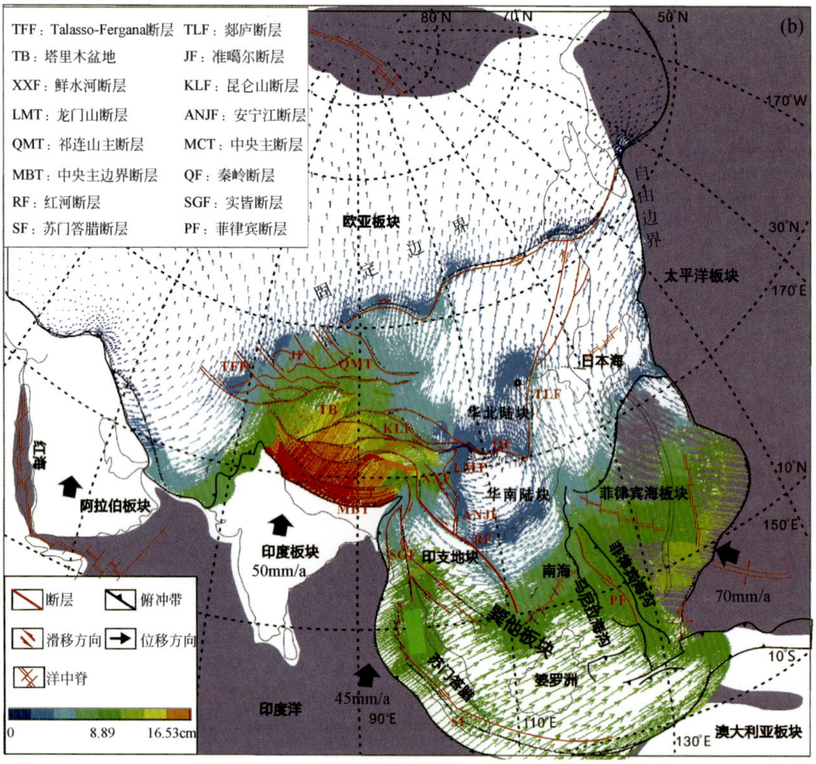
(b)
TFF：Talasso-Ferganal断层
TLF：郯庐断层
TB：塔里木盆地
JF：准噶尔断层
XXF：鲜水河断层
KLF：昆仑山断层
LMT：龙门山断层
ANJF：安宁江断层
QMT：祁连山主断层
MCT：中央主断层
MBT：中央主边界断层
QF：秦岭断层
RF：红河断层
SGF：实皆断层
SF：苏门答腊断层
PF：菲律宾断层
欧亚板块
固定边界
自由边界
太平洋板块
日本海
华北陆块
华南陆块
菲律宾海板块
红海
阿拉伯板块
印度板块
50mm/a
印支地块
南海
70mm/a
断层
俯冲带
滑移方向
位移方向
洋中脊
苏门答腊
婆罗洲
印度洋
45mm/a
澳大利亚板块
0
8.89
16.53cm
80°N
70°N
50°N
170°W
30°N
170°E
10°N
150°E
10°S
90°E
110°E
130°E

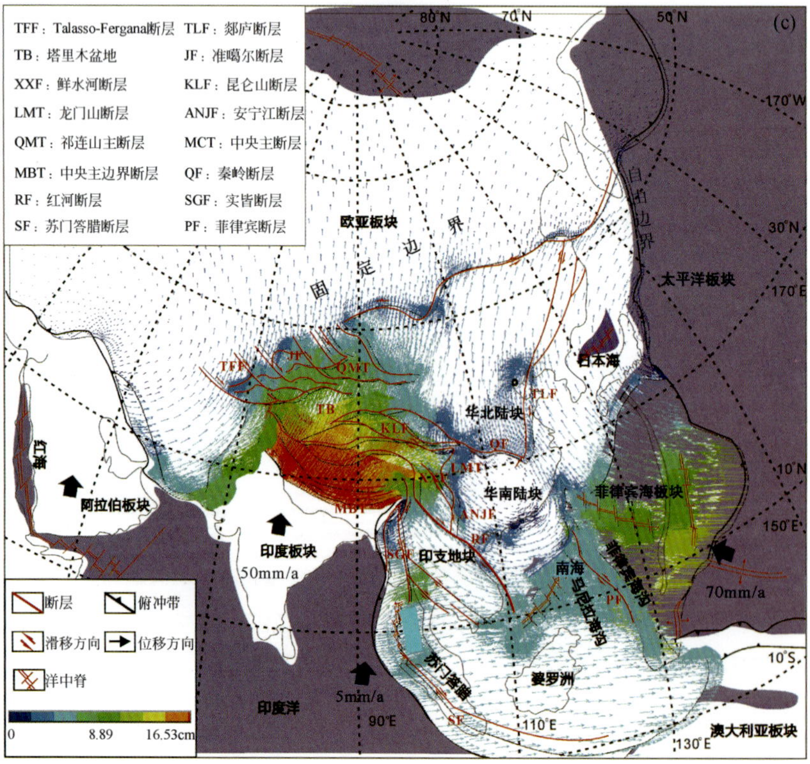
(c)
TFF：Talasso-Ferganal断层
TLF：郯庐断层
TB：塔里木盆地
JF：准噶尔断层
XXF：鲜水河断层
KLF：昆仑山断层
LMT：龙门山断层
ANJF：安宁江断层
QMT：祁连山主断层
MCT：中央主断层
MBT：中央主边界断层
QF：秦岭断层
RF：红河断层
SGF：实皆断层
SF：苏门答腊断层
PF：菲律宾断层
欧亚板块
固定边界
自由边界
太平洋板块
日本海
华北陆块
华南陆块
菲律宾海板块
红海
阿拉伯板块
印度板块
50mm/a
印支地块
南海
马尼拉海沟
70mm/a
断层
俯冲带
滑移方向
位移方向
洋中脊
苏门答腊
婆罗洲
印度洋
5mm/a
澳大利亚板块
0
8.89
16.53cm
80°N
70°N
50°N
170°W
30°N
170°E
10°N
150°E
10°S
90°E
110°E
130°E

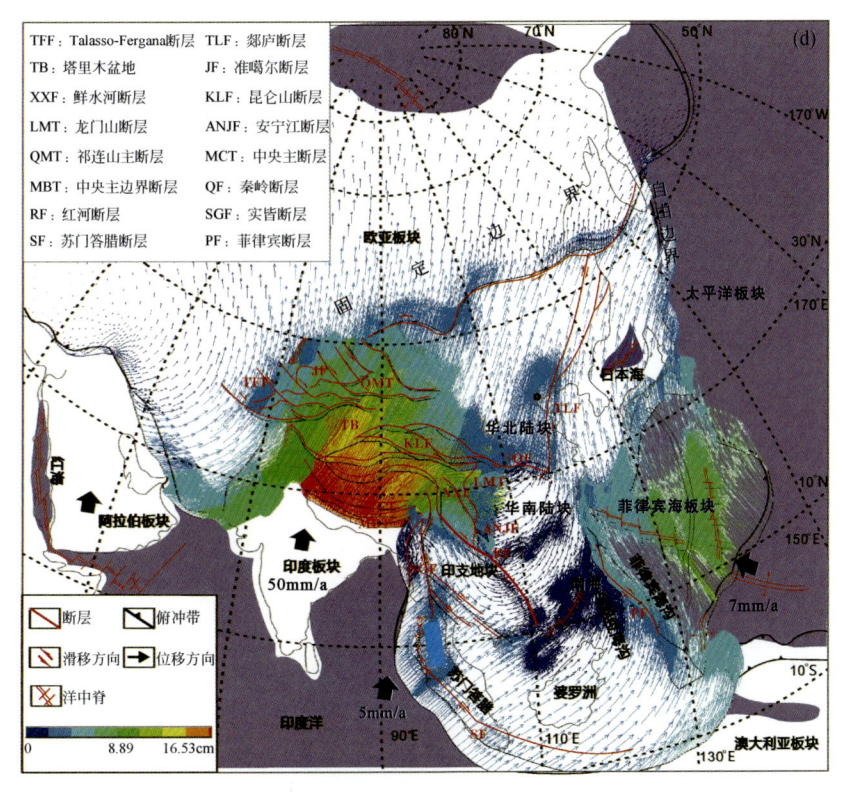

图 3-13　四种边界条件下亚洲大陆速度场分布特征（戴黎明等，2013）

(a) 模型在印度-欧亚板块碰撞带设置了约 50mm/a 的位移速率，苏门答腊俯冲带以及菲律宾海板块东缘分别设置了约 5mm/a 和 7mm/a 的位移速率。根据 GPS 测量结果，印度板块和菲律宾海板块分别以 60mm/a 和 70mm/a 的速率向东南亚板块下俯冲。由于模型为二维模型，无法模拟处俯冲作用对东南亚板块位移场影响的程度，因此模型中这两条俯冲带边界的位移速率设置为 GPS 数据的 1/10。而西伯利亚板块的位移速率根据 GPS 测量的结果设置约为 5mm/a。(b) 完全基于 GPS 测量的结果，只是根据前人的数值模拟假设将西伯利亚板框固定，起到阻挡的作用。(c) 和 (b) 的边界条件为苏门答腊俯冲带的位移速率减小至 5mm/a，由此来证明移动速率的变化是否能够导致东南亚板块运动方向上的改变。(d) 和 (c) 的界条件相比，将菲律宾海板块东缘的位移速率减小至 7mm/a，用来测试该边界对亚洲大陆内部位移场的影响范围

3.1.4.2　海山俯冲对应力场的影响

俯冲界面的各向异性是俯冲带地震分段及构造应力场分布不均匀性的主要原因（Wang and Bilek，2014；Lay，2015；Zhao，2015），而控制俯冲界面各向异性的主要因素包括俯冲板片的俯冲形态、年龄、温度、沉积物厚度以及俯冲海山等（Aki，1979；Ruff，1989；Bilek et al.，2003；Miura et al.，2003；Pedley et al.，2010；Gerya and Meilick，2011；Wang and Bilek，2011）。其中，目前争议最大的是俯冲海山对强震的触发作用以及构造应力场的控制作用分布。

根据层析成像研究成果显示（Liu et al.，2014；Liu and Zhao，2015），日本俯冲

带存在一个明显的高速异常体，这个高速异常体被解释为正在俯冲的海山（Liu et al.，2014）。2011年日本俯冲带发生了里氏9.0级地震，该次强震的发生位置恰好位于俯冲海山的边缘（Liu et al.，2014）。该次强震与俯冲海山之间存在怎样的内在联系？是俯冲带强耦合界面的解锁导致强震的发生（Zhao，2015），还是弱耦合界面导致周缘强震的发生（Wang and Bilek，2011）？为了验证上述观点，根据日本–千岛俯冲带高速异常体的分布位置，构建了两种模型。一种模型假设俯冲海山与上覆板块间处于强耦合状态［图3-14（a）］，将俯冲界面海山俯冲区的摩擦系数设置为0.9；另一种模型假设俯冲海山与上覆板块间处于弱耦合状态［图3-14（b）］，将俯冲界面海山俯冲区设置为无摩擦。需要说明的是，以上两种模型，除海山俯冲区以外，其他俯冲界面摩擦系数均设置为0.3。

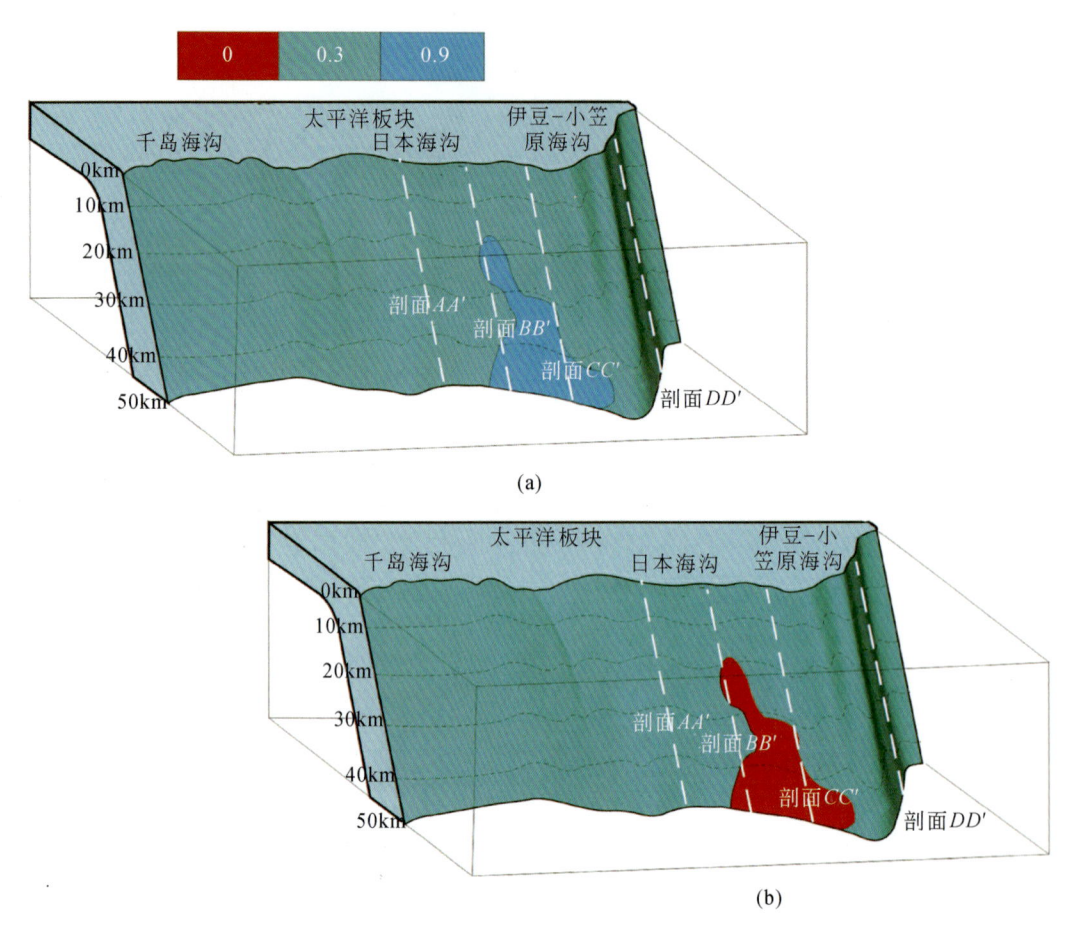

图3-14 在海山俯冲带区域具有不同摩擦系数的两种模型

图3-15（a）和（c）分别为两种不同假设模型应力场的分布特征，图3-15（b）和（d）则为两组模拟结果与俯冲带已发地震分布的对比图。以下将根据模型中不同俯冲带的模拟结果进行对比分析。

(a) 应力场1　　(b) 地震分布1

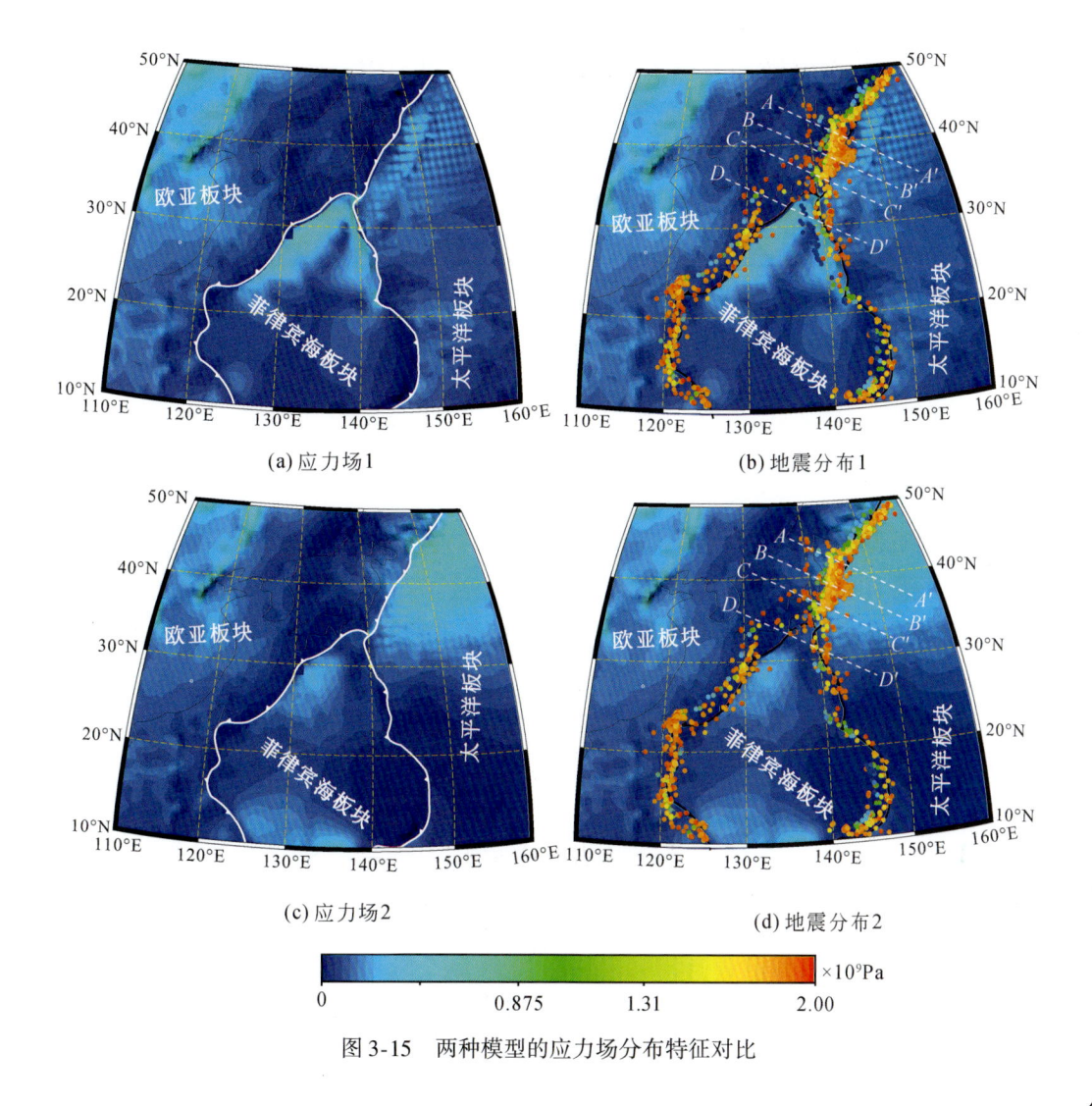

(c) 应力场2　　(d) 地震分布2

图 3-15　两种模型的应力场分布特征对比

(1) 日本–千岛俯冲带

由于受海山俯冲区摩擦性质的控制，模型中两条俯冲带地表构造应力场分布特征明显不同。在海山俯冲区无耦合情况下，对比统一摩擦系数模型（图 3-14），日本–千岛俯冲带的弧前地区和太平洋板块靠近海沟的挠曲变形区的应力强度值明显提高，同时强值区的分布范围不断扩大，且其主要发育于俯冲海山区的上部，这说明俯冲界面深部的弱耦合环境能够导致前弧及俯冲板片挠曲变形区变形量增大，有利于浅源地震的发生。而在海山俯冲区处于强耦合环境下，模拟结果恰好相反，日本–千岛俯冲带的前弧及俯冲板片挠曲变形区的应力强度值出现明显下降，而且不同于弱耦合模型 [图 3-15（a）]，海山俯冲区上部的弧前地区处于低应力环境，这说明俯冲界面深部的强耦合，不能提高俯冲带弧前的构造应力，不利于浅源地震的发生。对比日本俯冲带地震分布特征可知（Liu et al.，2014；Liu and Zhao，2015），俯冲界面10km以上的地震相对较少，这与强耦合模型相一致，但地震偏少的原因可能与俯冲带10km以上多为松散沉积有关（Lay，2015）。

（2）伊豆-小笠原和南海海槽俯冲带

对比统一摩擦系数模型（图3-13），弱耦合的海山俯冲区导致两条俯冲带夹持区应力强度值降低。反之，强耦合作用导致区域应力强度值升高[图3-15（a）和（c）]。对比区域分布地震分布特征[图3-15（b）和（d）]可知，在两条俯冲带的交汇处多发浅源地震，由此可见，强耦合模型的模拟结果可能更加符合实际情况。不过，需要强调的是，在模型中这两条俯冲带并没有考虑俯冲界面的不均匀性。

3.1.4.3 俯冲带深部构造应力场分布特征

上节论述了海山俯冲作用下海沟周缘应力场的分布特征，那么俯冲带深部应力结构又如何呢？本节分别过日本俯冲带和伊豆-小笠原俯冲带，在模型中提取了4条剖面[图3-16（a）和（b）]。

在图3-16（a）和（b）中，剖面A、B、C为过日本俯冲带海山俯冲区的三条剖面。假设海山俯冲区剖面处于强耦合环境下，可以看到三条剖面的应力场分布特征具有一定的相似性，都表现为在俯冲带20km以下应力强度值的高度集中，以及在20km以上应力强度值的突然下降，这里应力值的下降可对比于俯冲带前弧地区应力值的整体偏低（图3-15）。而在弱耦合环境下，三条剖面的应力强度值在纵向上虽有差异，但并不明显，尤其在俯冲界面25km以上，应力强度值明显大于强耦合环境，这说明海山俯冲区的弱耦合很可能促使其上部俯冲界面摩擦力的增加，从而导致俯冲带20km以上区域应力强度值的增大。同时，俯冲界面增大的摩擦力能够加大太平洋板块挠曲变形区的变形量，这也就解释了为什么只有在弱耦合环境下，而不是在强耦合环境下，太平洋板块具有较高的应力强度值。这里还需要强调的是，剖面B过2011年里氏9.0级地震的震中，可以看到在发震位置上两种耦合模型的应力强度特征完全相反，海山俯冲区的强耦合能够导致应力在俯冲板片界面上集中，而弱耦合能够导致海山俯冲区应力强度值降低，在其周边也没有明显的应力集中现象。

在图3-16（a）和（b）中，剖面D过马里亚纳俯冲带和南海海槽俯冲带。从图中可以看到，两种模型在地幔应力场的分布基本一致，主要差异出现在俯冲的洋壳之上。只是在强耦合环境下，俯冲海山能够导致菲律宾海板块上部洋壳应力强度值增加，而对其深部应力环境几乎没有影响。

作为全球重要的活动构造带，太平洋板块沿NW向向欧亚板块和菲律宾海板块之下的俯冲过程，对俯冲带构造应力场及地震的分布，起到了重要的控制性作

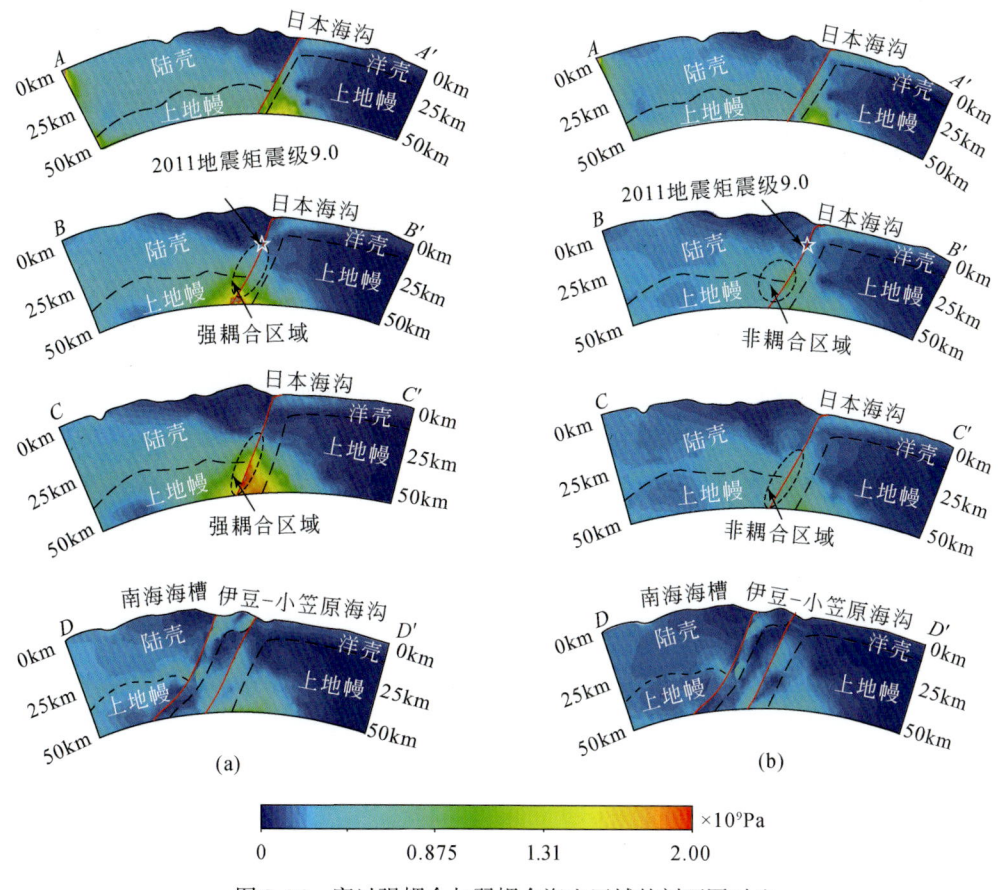

图 3-16 穿过强耦合与弱耦合海山区域的剖面图对比

用。但由于太平洋板块不同段落间俯冲形态、俯冲角度及俯冲方向的变化，地震的分段性分布特征非常明显。在日本俯冲带段，地震活动异常密集、强烈，这些强震的发生是否与海山有关？在伊豆-小笠原和南海海槽俯冲带段，作为菲律宾海板块与太平洋板块向欧亚板块之下俯冲的交汇区，俯冲带地震的发生却相对较少（Huang and Zhao，2013；Zhao，2015），区域构造应力场是如何控制地震分布的？在马里亚纳俯冲段，地震发生的强度和密集程度都相对较弱，而且历史地震性质表现较为复杂，既有逆冲型、正断型，也有走滑型（Okal et al.，2013）。其中，正断型和逆冲型地震说明小笠原-马里亚纳俯冲带可能是一个正在解耦的俯冲系统（Uyeda and Kanamori，1979），但对于走滑型地震的发生解释并不明确。根据以上问题，这里将结合模拟结果，讨论西太平洋俯冲带不同段落间地震形成及分布的可能机制。

（1）日本俯冲带

目前俯冲海山与上覆板块间的耦合关系是俯冲带研究的一个关注热点

（McCaffrey，2007；Tajima et al.，2013）。从日本俯冲带的模拟结果（图3-17）来看，强耦合能够导致海山俯冲区的应力集中，同时也降低了俯冲带15km以上的应力值，而弱耦合的作用效果则恰好相反。为了解控制了这种应力场的分布特征的原因，这里来对比一下两种模型俯冲界面的运动学特征。

图3-17（a）是海山俯冲区为强耦合条件下俯冲界面的位移场分布特征。从图中可以看到，虽然在模型中考虑了日本俯冲带的各向异性，但由于不同海山俯冲区之间的闭锁作用，俯冲界面25km以下区域的滑移量几乎为零，而20km以上的区域滑移量逐渐变大。这种模拟结果可类比于Lay等（2012）、Lay（2015）关于日本俯冲带地震分布的三段模式［图3-17（b）］。A区域位于从海沟至海平面15km左右的俯冲界面，Lay等（2012）认为由于沉积物及孔隙流体的作用，A区域多发生无震滑移或缓慢的地震破裂过程。虽然这里的模型没有考虑前弧地区沉积物及流体作用，但由于模型受到B区域俯冲海山的影响，A区域同样可能发生无震滑移。产生这种现象的原因是，在模型中B区域的强耦合能够导致A区域俯冲界面上正应力的降低，从而减小摩擦力，利于界面的滑移，并降低前弧地区的应力强度值。需要强调的是，相比于伊豆-小笠原和马里亚纳俯冲带，A区域俯冲界面滑移量依然是损耗的，损耗的位移应转化为前弧地区的弹性及塑性变形。因此，2011年里氏9.0级地震能够触发这部分能量的释放，导致同震最大破裂位移发育于A区域（Liu et al.，2014；Liu and Zhao，2015）。B区域位于俯冲界面15~35km，模型中由于海山的闭锁作用，B区域俯冲界面位移量降低、应力值升高［图3-17（a）］，这种环境有利于强震的触发，但由于俯冲海山和非海山区处于强、弱相间的耦合状态，B区域具有较大的破裂面积和相对较小的同震位移（Tajima et al.，2013；Zhao，2015）。C区域位于俯冲界面35~50km，俯冲界面性质由壳-壳接触转换为幔-壳接触，联合海山的闭锁作用，导致该区域具有较大的应力值。但由于地幔楔具有较高的黏度，该区域应主要表现为缓慢滑移特征（Lay et al.，2012；Lay，2015）。

图3-17（b）是海山俯冲区为弱耦合条件下俯冲界面位移场的分布特征。模拟结果显示，俯冲带B区域在海山俯冲区，具有较高的滑移量和较低的应力值，而在非海山俯冲区，滑移量有所下降。那么，在该模式下，B区域强震的发生位置就可能会在海山与非海山俯冲区的交接转换带。对比历史强震分布位置可见（Zhao，2015），围绕海山俯冲区外缘的地震分布较多。从图3-17中还可以看到，B区域增大的位移量会导致俯冲带A区域应力值增加，这意味着在该模式下俯冲带A区域历史地震应分布较多，这与实际情况不符，但需要说明的是，这里的模型没有考虑前弧地区沉积物及流体作用的影响。

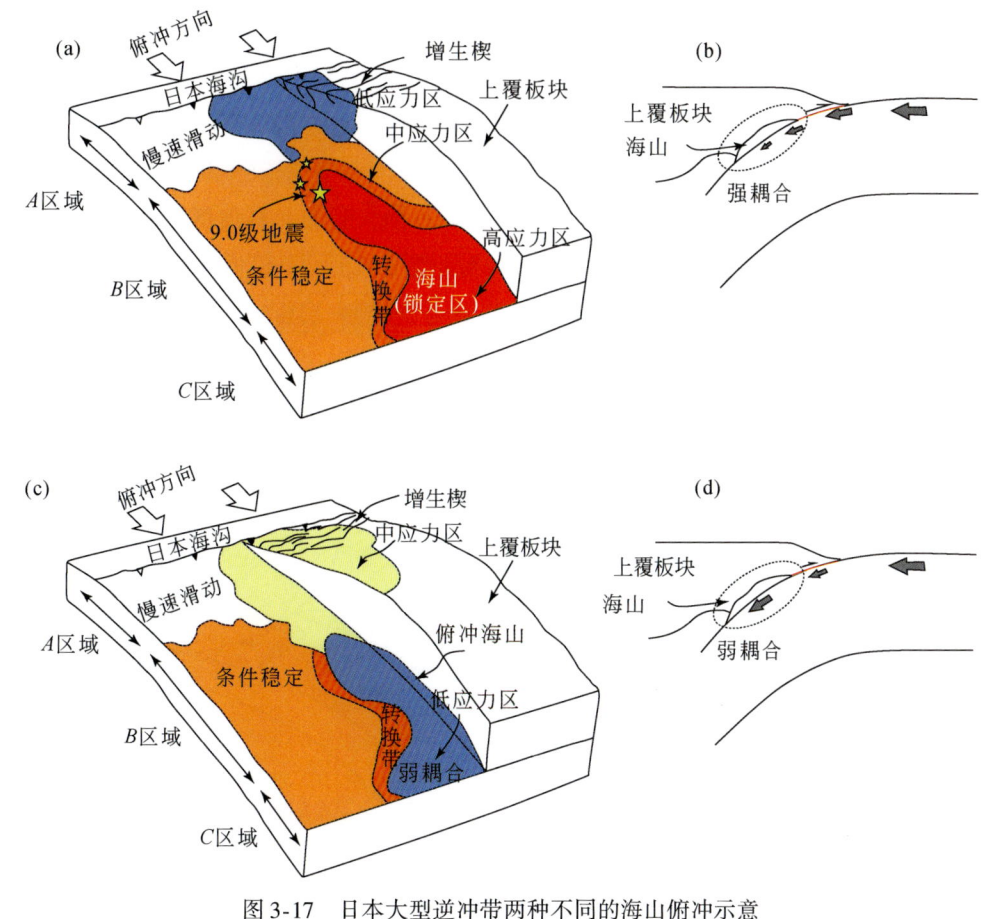

图 3-17　日本大型逆冲带两种不同的海山俯冲示意

（2）伊豆-小笠原和南海海槽俯冲带

相比于日本俯冲带，伊豆-小笠原和南海海槽俯冲带地震相对较少，而这里的模拟结果同样显示这两个俯冲带具有较低的应力值。Zhao（2015）认为，南海海槽俯冲带强震分布较少的原因可能与俯冲板片的脱水作用有关，这里认为，菲律宾海板块俯冲速度的降低，同样可能影响了南海海槽俯冲带的地震分布。沿伊豆-小笠原海沟，太平洋板块向菲律宾海板块之下俯冲，由于是洋壳-洋壳接触，巨型逆冲推覆断层的接触面积必然减小。同时，可能受到日本俯冲带的影响，应力主要集中于菲律宾海板块之上。这就解释了伊豆-小笠原俯冲带的地震分布密度相对较小的原因。

（3）马里亚纳俯冲带

马里亚纳俯冲带位于西太平洋俯冲带的南段，是全球最深海沟的发育地。不同于其他段俯冲带，该段地震较少发生，但地震性质复杂，逆冲型、正断型和走滑型均有发生（Okal et al., 2013）。Uyeda 和 Kanamori（1979）认为，这种复杂的俯冲带地震类型说明马里亚纳俯冲带属于典型的解耦型俯冲系统，即在俯冲过程中，高密度的太平洋板块不断后撤，导致弧前断裂作用。这种模式很好地解释了马里亚纳俯冲带多发生正断型和逆冲型地震，但对走滑型地震的发生没有很好的解释，尤其 1988 年在马里亚纳海沟北段发生的里氏 8.0 级的走滑型强震，是该区域第二强震。

从模拟结果来看，虽然处于相同的边界条件下，相比于其他区域，模型中马里亚纳俯冲带始终具有较低的应力值（图 3-14 和图 3-15）和较低的俯冲界面滑移量亏损值。这种现象产生的原因主要受三个关键因素控制（图 3-18）。

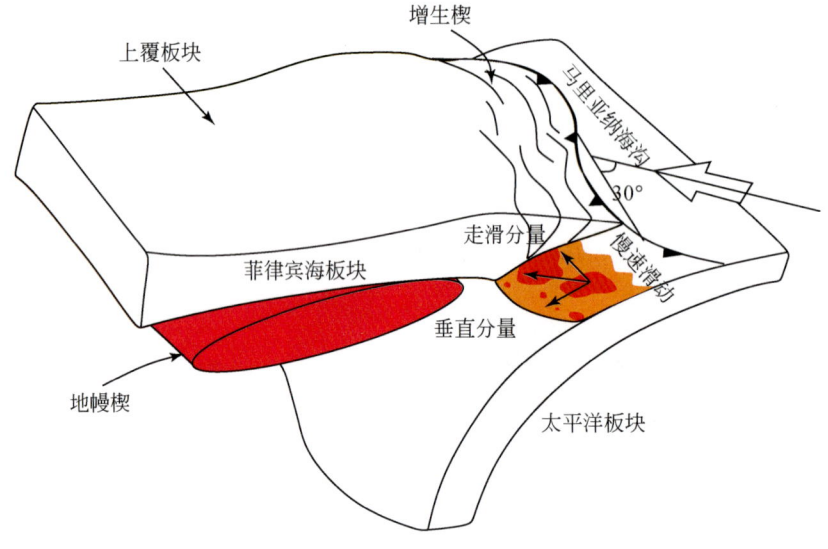

图 3-18　马里亚纳俯冲带动态模型

1）马里亚纳俯冲带也是洋-洋俯冲带，同时太平洋板块在该段具有较大的俯冲角度，因此，较薄的洋壳和较大的俯冲角度导致俯冲带地震触发带面积减小。

2）太平洋板块俯冲后撤过程导致区域具有张性应力环境，但需要强调的是，由于模型没有考虑俯冲板片重力的影响，俯冲后撤导致的张应力在模拟结果中没有体现。

3）GPS 和地质调查数据显示，太平洋板块的运动方向为 NW 向，而马里亚纳海沟的走向由北部的 NW 向偏转为南部的 SN 向，两者之间具有 0°～30° 的夹角，而日本海沟的走向几乎垂直于太平洋板块的俯冲方向。这说明太平洋板块沿马里亚纳海沟向菲律宾海板块之下俯冲过程中，板块运动方向可以分解为走滑分量和逆冲分量，这就解释了为什么该俯冲带能够发生比较强的走滑型和逆冲型地震。

3.2 I2ViS 有限差分构造-热模拟

3.2.1 有限差分法的基本原理

有限差分法基于有限差分的基本原理，并遵守三大物理规律（质量守恒定律、动量守恒定律、热量守恒定律）。其中，质量守恒定律的数学表达方式是连续性方程，其形式可以是欧拉形式或拉格朗日形式，这取决于方程几何点的性质。欧拉连续性方程在空间中的不动或固定点的表达形式为

$$\frac{d\rho}{dt} + \text{div}(\rho \boldsymbol{v}) = 0 \tag{3-19}$$

在连续体力学中，又经常使用式（3-20）表达

$$\frac{d\rho}{dt} + \boldsymbol{\nabla} \cdot (\rho \boldsymbol{v}) = 0 \tag{3-20}$$

式中，$\frac{d}{dt}$ 为欧拉时间导数；ρ 为局部密度，其表征每单位体积的质量（kg/m³）；$\boldsymbol{v}$ 为局部速度（m/s），div 或 $\boldsymbol{\nabla} \cdot$ 为散度算子，是向量场的标量函数，并且定义如下

$$\text{一维（1D）：div}(\boldsymbol{v}) = \frac{\partial v_x}{\partial x}$$

$$\text{二维（2D）：div}(\boldsymbol{v}) = \frac{\partial v_x}{\partial x} + \frac{\partial v_y}{\partial y}$$

$$\text{三维（3D）：div}(\boldsymbol{v}) = \frac{\partial v_x}{\partial x} + \frac{\partial v_y}{\partial y} + \frac{\partial v_z}{\partial z} \tag{3-21}$$

式中，x、y 和 z 为笛卡儿坐标系下的坐标；v_x、v_y 和 v_z 是速度矢量 $\boldsymbol{v}$ 在各自坐标轴上的分量。简单来说，当周围矢量场从该点指向外部时，在给定点处矢量的散度是正的（图 3-19），反之，散度是负的。

拉格朗日连续性方程可表达为移动参考点

$$\frac{d\rho}{dt} + \rho \text{div}(\boldsymbol{v}) = 0 \tag{3-22}$$

或者

$$\frac{d\rho}{dt} + \rho \boldsymbol{\nabla} \cdot \boldsymbol{v} = 0 \tag{3-23}$$

式中，$\frac{d}{dt}$ 为拉格朗日时间导数。

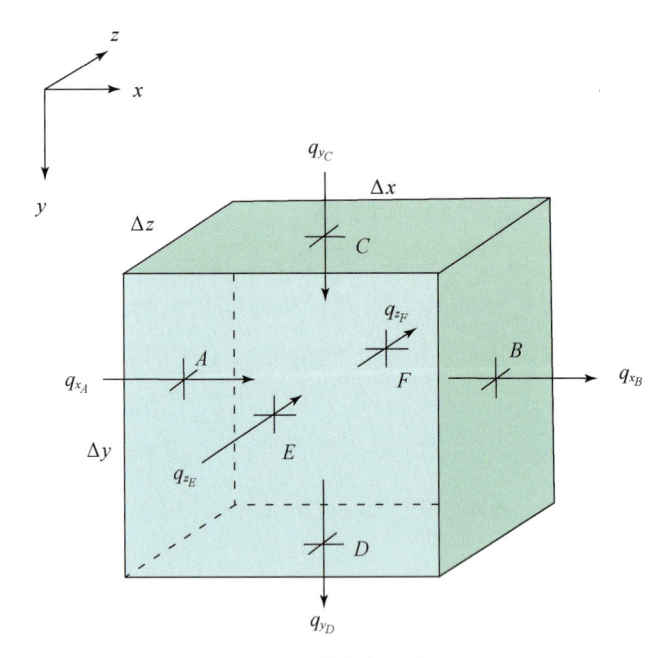

图 3-19　拉格朗日体积

箭头显示了热通量（q）通过各自界面（$A \sim F$）

动量守恒定律：利用动量方程与偏应力之间的关系，可以把压力引入动量方程，从而获得纳维–斯托克斯（Navier-Stokes）动量方程。它描述了重力场中流体的动量守恒

$$\frac{\partial \sigma'_{ij}}{\partial x_j} - \frac{\partial P}{\partial x_i} + \rho g_i = \rho \frac{\mathrm{d}v_i}{\mathrm{d}t} \tag{3-24}$$

式中，P 为压力；σ' 为偏应力；g 为重力加速度。将其转换为三个方向的形式，记作

$$x\text{-Navier-Stokes 方程}: \frac{\partial \sigma'_{xx}}{\partial x} + \frac{\partial \sigma_{xy}}{\partial y} + \frac{\partial \sigma_{xz}}{\partial z} - \frac{\partial P}{\partial x} + \rho g_x = \rho \frac{\mathrm{d}v_x}{\mathrm{d}t}$$

$$y\text{-Navier-Stokes 方程}: \frac{\partial \sigma'_{yy}}{\partial y} + \frac{\partial \sigma_{yx}}{\partial x} + \frac{\partial \sigma_{yz}}{\partial z} - \frac{\partial P}{\partial y} + \rho g_y = \rho \frac{\mathrm{d}v_y}{\mathrm{d}t}$$

$$z\text{-Navier-Stokes 方程}: \frac{\partial \sigma'_{zz}}{\partial z} + \frac{\partial \sigma_{zx}}{\partial x} + \frac{\partial \sigma_{zy}}{\partial y} - \frac{\partial P}{\partial z} + \rho g_z = \rho \frac{\mathrm{d}v_z}{\mathrm{d}t} \tag{3-25}$$

最后与不可压缩流体的连续性方程联立，可得

$$\eta \left(\frac{\partial^2 v_x}{\partial x^2} + \frac{\partial^2 v_x}{\partial y^2} + \frac{\partial^2 v_x}{\partial z^2} \right) - \frac{\partial P}{\partial x} + \rho g_x = 0 \text{ 或 } \eta \Delta v_x = \frac{\partial P}{\partial x} - \rho g_x$$

$$\eta \left(\frac{\partial^2 v_y}{\partial x^2} + \frac{\partial^2 v_y}{\partial y^2} + \frac{\partial^2 v_y}{\partial z^2} \right) - \frac{\partial P}{\partial y} + \rho g_y = 0 \text{ 或 } \eta \Delta v_y = \frac{\partial P}{\partial y} - \rho g_y$$

$$\eta \left(\frac{\partial^2 v_z}{\partial x^2} + \frac{\partial^2 v_z}{\partial y^2} + \frac{\partial^2 v_z}{\partial z^2} \right) - \frac{\partial P}{\partial z} + \rho g_z = 0 \text{ 或 } \eta \Delta v_z = \frac{\partial P}{\partial z} - \rho g_z \tag{3-26}$$

其中，$\Delta = \dfrac{\partial^2}{\partial x^2} + \dfrac{\partial^2}{\partial y^2} + \dfrac{\partial^2}{\partial z^2}$ 为拉普拉斯算子；η 为有效黏度。

热量守恒方程也称温度方程。拉格朗日温度方程具有以下形式

$$\rho C_p \dfrac{dT}{dt} = -\dfrac{\partial q_i}{\partial x_i} + H \tag{3-27}$$

或者写作

$$\rho C_p \dfrac{dT}{dt} = -\dfrac{\partial q_x}{\partial x} - \dfrac{\partial q_y}{\partial y} - \dfrac{\partial q_z}{\partial z} + H \tag{3-28}$$

或

$$\rho C_p \dfrac{dT}{dt} = \dfrac{\partial}{\partial x}\left(k\dfrac{\partial T}{\partial x}\right) + \dfrac{\partial}{\partial y}\left(k\dfrac{\partial T}{\partial y}\right) + \dfrac{\partial}{\partial z}\left(k\dfrac{\partial T}{\partial z}\right) + H \tag{3-29}$$

式中，重复出现的指数 i 为某个坐标系（x、y、z）的指代；q 为热通量；ρ 为密度（kg/m^3）；C_p 为恒定压力下的热容量 [$J/(kg \cdot K)$]；H 为产生的体积热（W/m^3）；T 为温度；dT/dt 为对应于拉格朗日-欧拉关系实质性时间的推导。

$$\dfrac{dT}{dt} = \dfrac{\partial T}{\partial t} + \boldsymbol{v} \cdot \mathbf{grad}(T) \tag{3-30}$$

拆分成三维，记作

$$\dfrac{dT}{dt} = \dfrac{\partial T}{\partial t} + v_x\dfrac{\partial T}{\partial x} + v_y\dfrac{\partial T}{\partial y} + v_z\dfrac{\partial T}{\partial z} \tag{3-31}$$

因此，温度方程用欧拉形式写出来，如下所示

$$\rho C_p\left[\dfrac{dT}{dt} + \boldsymbol{v} \cdot \mathbf{grad}(T)\right] = -\dfrac{\partial q_i}{\partial x_i} + H \tag{3-32}$$

有 4 种类型的热生成、热消耗过程应该被纳入温度方程的考虑范围

$$\rho C_p \dfrac{dT}{dt} = -\dfrac{\partial q_i}{\partial x_i} + H_r + H_s + H_a + H_L \tag{3-33}$$

式中，i 是一个坐标指数，X_i 是一个空间坐标，H_r、H_s、H_a 和 H_L 分别为放射热、剪切热、绝热产热和潜热（W/m^3）。

放射热（H_r）生产是由于存在于岩石的放射性元素的衰变。很大程度上，放射性热量的产生主要取决于岩石的类型。

剪切热（H_s）生产与耗散在不可逆转的无弹性（如机械能、黏性）变形，可以通过如下方法计算

$$H_s = \sigma'_{ij}\dot{\varepsilon}'_{ij} \tag{3-34}$$

式中，i 和 j 是坐标索引（x，y，z），重复的 ij 索引表示求和。对于三维不可压缩流体的黏性变形，就变成

$$H_s = \sigma'_{xx}\dot{\varepsilon}'_{xx} + \sigma'_{yy}\dot{\varepsilon}'_{yy} + \sigma'_{zz}\dot{\varepsilon}'_{zz} + 2(\sigma_{xy}\dot{\varepsilon}_{xy} + \sigma_{xz}\dot{\varepsilon}_{xz} + \sigma_{yz}\dot{\varepsilon}_{yz}) \tag{3-35}$$

绝热产热/耗热（绝热加热/冷却）与压力的变化相关，并可以计算压力变化如下

$$H_a = T\alpha \frac{dP}{dt'} \tag{3-36}$$

式中，dP/dt' 为关于压力的时间导数，与剪切和放射性加热相比，绝热效果既可以加热，也可以冷却。从热力学可知：物体的温度在没有热交换增加的情况下，随着压力的增加或减少，可以直接反映 dP/dt 的变化；而潜热（H_L）产生于岩石受到压力和温度的变化所引起的相变。在连续介质力学中，解决偏微分方程的两个首要方法为分析法和数值法。分析法仅限于解决相对简单的问题，不适用于一般情况。本章介绍的是数值法中的有限差分方法。有限差分法是线性数学表达法，使用"以直代曲""以有限代替无限"的思想，其精度在一定程度上可信。用这种简单的方法也可以用公式表示出三阶、四阶、五阶和更高阶的导数，从而计算拉普拉斯算子。

3.2.2　有限差分的网格化过程

数值模型需要一个多点网格，表示空间（时间）场变量的分布，以此应用于有限差分，这种点网格也称为数值网格。其中，网格点可以是欧拉点，也可以是拉格朗日点。欧拉点有固定的位置，欧拉网格不随介质变形而变形。拉格朗日点根据局部流动而移动，拉格朗日网格随介质变形而发生位置改变。偏微分方程式的数值求解过程，需要在数值模型中定义数字化网格，这种网格方式的选择与所要解决的方程式密切相关。欧拉网格或拉格朗日网格的使用，均取决于要解决的偏微分方程以及要建模的物理过程类型。在地球动力学模型中，为了求取不同变量场的耦合过程，需要将欧拉网格和拉格朗日网格结合使用，并充分利用两种方法的各自优势以及弥补各自的不足（Gerya，2010）。

有限差分法的离散方案会随着数值网格化的方法发生改变，已经建立的数值地球动力学模拟中的数值网格方法有以下几种：

1）基于模拟问题的维度，网格可以是一维的、二维的和三维的（图 3-20）；
2）基于基本要素的形状，网格可以是直角的、三角的（图 3-21）；
3）基于节点的分布，网格可以是规则的、不规则的（图 3-22）；
4）基于网格中不同变量分布，网格可以是无交错的、交错的（图 3-23）。

图 3-24 是离散化网格为无交错的网格。在网格中，每个节点都被赋予三个基本方程（连续性方程、斯托克斯方程、温度方程）中的所有变量。当使用这种网格进行有限差值时，所有的方程都是模型内相同节点的公式。

(a) 一维网格

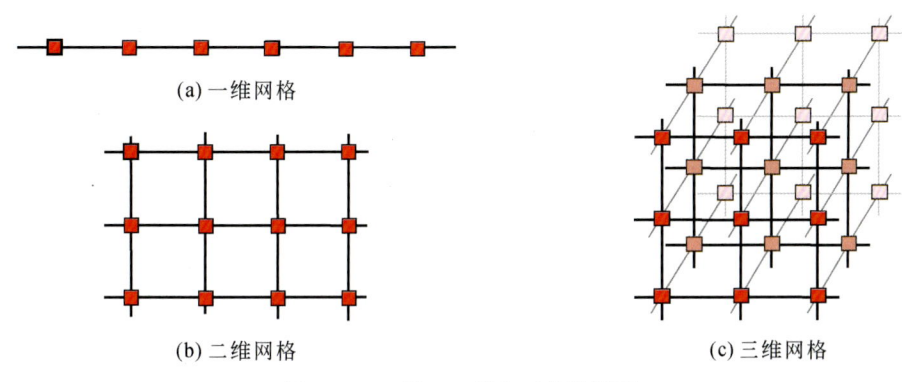

(b) 二维网格

(c) 三维网格

图 3-20　一维、二维和三维数值网

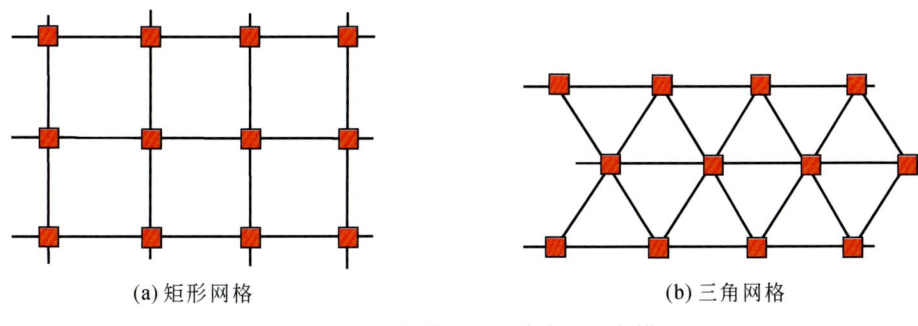

(a) 矩形网格

(b) 三角网格

图 3-21　二维数值网格的直角和三角模型

(a) 均匀网格

(b) 不均匀网格

图 3-22　一维数值网格的规则和不规则模型

V_x

$\longrightarrow x$

(a) 非交错网格

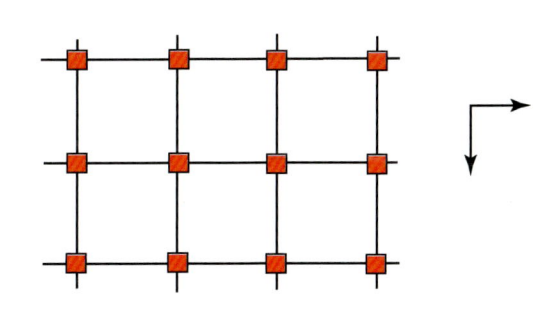

V_x

P

(b) 交错网格

图 3-23　一维数值网格的交错和无交错模型

图 3-24　二维数值网格的无交错模型

而在交错网格模型中，存在不同类型的节点，这些节点被赋予三个基本方程中的不同变量。二维空间内半交错的网格结合无交错网格的方法，并集合由基础节点衍生出的单元格中心的一系列节点。交错网格模型对于解决斯托克斯方程和连续性方程非常有效（图3-25）。

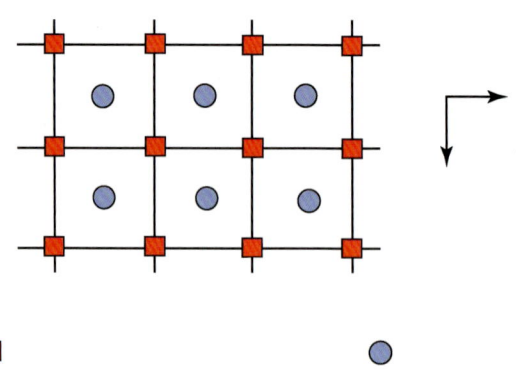

图3-25　二维数值网格的半交错模型

全交错网格化可以应用于包含具有不同几何形态位置的多类型节点的二维和三维模型，不同变量则被定义在不同的数值节点上，不同方程式在不同节点上也不相同（图3-26）。尽管表面几何形状比较复杂，全交错网格模型在使用有限元差分方法解决连续性、斯托克斯和温度方程这些具有不同黏度系数的热力学数值模拟上具有便捷性，同时全交错网格的数值解法精度也非常高。

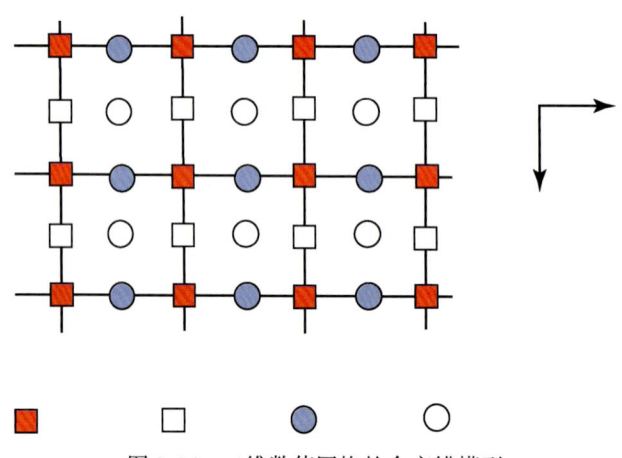

图3-26　二维数值网格的全交错模型

全交错网格离散化（图3-27）的方法如下，求解二维不可压缩连续性方程 $\frac{\partial v_x}{\partial x} + \frac{\partial v_y}{\partial y} = 0$ 的表达方式及使用的网格模式为

$$\frac{v_{x3} - v_{x1} + v_{x4} - v_{x2}}{2\Delta x} + \frac{v_{y2} - v_{y1} + v_{y4} - v_{y3}}{2\Delta y} = 0$$

$$\frac{v_{x2} - v_{x1}}{\Delta x} + \frac{v_{y2} - v_{y1}}{\Delta y} = 0 \tag{3-37}$$

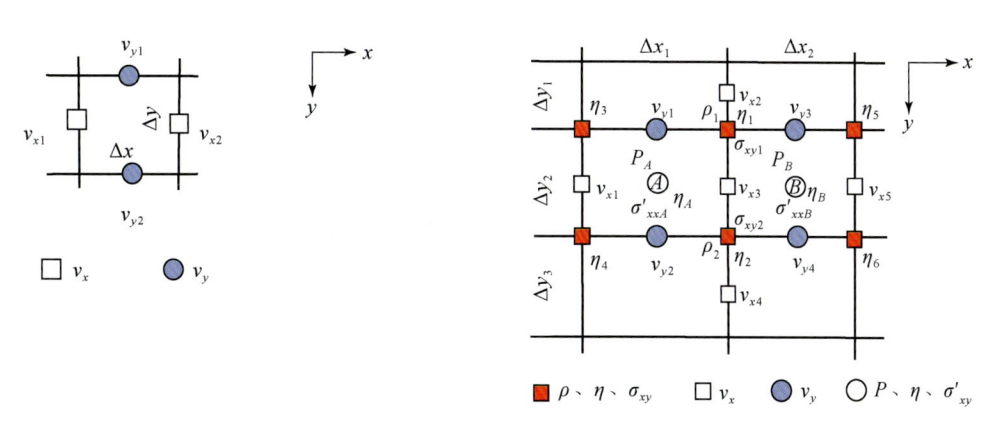

图 3-27　二维全交错网格平面模型

在该形式中，连续性方程都是单元格中心的方程式，形成了数值网格的体积单元。在求解斯托克斯方程时包含较少的不确定性。

求解 x-Stokes 方程的表达方式及网格模式如下

$$2\frac{\sigma'_{xxB} - \sigma'_{xxA}}{\Delta x_1 + \Delta x_2} + \frac{\sigma_{xy2} - \sigma_{xy1}}{\Delta y_2} - 2\frac{P_B - P_A}{\Delta x_1 + \Delta x_2} = -\frac{\rho_1 + \rho_2}{2} g_x \tag{3-38}$$

其中

$$\sigma_{xy1} = 2\eta_1 \left(\frac{v_{x3} - v_{x2}}{\Delta y_1 + \Delta y_2} + \frac{v_{y3} - v_{y1}}{\Delta x_1 + \Delta x_2} \right)$$

$$\sigma_{xy2} = 2\eta_2 \left(\frac{v_{x4} - v_{x3}}{\Delta y_2 + \Delta y_3} + \frac{v_{y4} - v_{y2}}{\Delta x_1 + \Delta x_2} \right)$$

$$\sigma'_{xxA} = 2\eta_A \frac{v_{x3} - v_{x1}}{\Delta x_1}$$

$$\sigma'_{xxB} = 2\eta_B \frac{v_{x5} - v_{x3}}{\Delta x_2} \tag{3-39}$$

式中，σ'_{xxA} 和 σ'_{xxB} 表示偏应力；η_A 和 η_B 为单元格中心的黏度系数；$\eta_1 \sim \eta_6$ 为基础节点的黏度系数；P_A 和 P_B 为单元格中心的压力；v 为速度；ρ 为密度。

如果单元格中心（A，B）的黏度系数值未知，可以由基础节点处已知黏度系数的算术平均值来代替

$$\eta_A = \frac{\eta_1 + \eta_2 + \eta_3 + \eta_4}{4}$$

$$\eta_B = \frac{\eta_1 + \eta_2 + \eta_5 + \eta_6}{4} \tag{3-40}$$

求解 y-Stokes 方程的表达方式如下

$$2\frac{\sigma'_{yyB} - \sigma'_{yyA}}{\Delta y_1 + \Delta y_2} + \frac{\sigma_{yx2} - \sigma_{yx1}}{\Delta x_2} - 2\frac{P_B - P_A}{\Delta y_1 + \Delta y_2} = -\frac{\rho_1 + \rho_2}{2}g_y \tag{3-41}$$

其中

$$\sigma_{yx1} = 2\eta_1\left(\frac{v_{y3} - v_{y2}}{\Delta x_1 + \Delta x_2} + \frac{v_{x3} - v_{x1}}{\Delta y_1 + \Delta y_2}\right)$$

$$\sigma_{yx2} = 2\eta_2\left(\frac{v_{y5} - v_{y3}}{\Delta x_2 + \Delta x_3} + \frac{v_{x4} - v_{x3}}{\Delta y_1 + \Delta y_2}\right)$$

$$\sigma'_{yyA} = 2\eta_A\frac{v_{y3} - v_{yy}}{\Delta y_1}$$

$$\sigma'_{yyB} = 2\eta_B\frac{v_{y4} - v_{y3}}{\Delta y_2} \tag{3-42}$$

如果单元格中心（A，B）的黏性系数值未知，可以由基本节点处已知黏性值的算数平均值来代替

$$\eta_A = \frac{\eta_1 + \eta_2 + \eta_3 + \eta_4}{4}$$

$$\eta_B = \frac{\eta_1 + \eta_2 + \eta_5 + \eta_6}{4} \tag{3-43}$$

上述方程均是针对不可压缩流体，其偏应力的应力分量 σ_{ij} 是通过应变速率张量 ε_{ij} 来表示的，黏性方程为

$$\sigma'_{ij} = 2\eta\dot{\varepsilon}_{ij} \tag{3-44}$$

式中，$\dot{\varepsilon}_{ij} = \frac{1}{2}\left(\frac{\partial v_i}{\partial x_j} + \frac{\partial v_j}{\partial x_i}\right)$，$i$ 和 j 为坐标指数，x_i 和 x_j 为空间坐标系。

岩石的流变学公式：地质体的密度总要随着外界的温压条件而变化。而只考虑温度和压力时，密度公式为

$$\rho = \rho_r e^{\beta(P-P_r) - \alpha(T-T_r)} \tag{3-45}$$

此公式有两个近似解

$$\rho = \rho_r[1 + \beta(P - P_r)] \times [1 - \alpha(T - T_r)]$$

$$\rho = \rho_r\frac{1 + \beta(P - P_r)}{1 - \alpha(T - T_r)} \tag{3-46}$$

式中，ρ_r 为在标准压力 P_r 和标准温度 T_r（一般为 298.15K，即 25℃）下的给定材料的密度；α、β 分别为压缩系数和热膨胀系数。

流变是物质流动变形的物理属性。固态蠕变是岩石变形的主要机制，其主要有

两种形式，即扩散蠕变和位错蠕变。扩散蠕变主要由相对弱应力控制，并主要受变热控制，原子从受力晶体的内部（Herring-Nabarro 蠕变）和边界处（Coble 蠕变）扩散。通过扩散蠕变，晶粒的变形导致整个岩石块体的形变。在扩散蠕变中，应变率 $\dot{\gamma}$ 和施加的剪切应力 τ 呈线性关系

$$\dot{\gamma} = A_{\text{diff}} \tau \tag{3-47}$$

式中，A_{diff} 为不受应力约束的比例系数（脚标 diff 表示扩散），主要取决于晶粒大小、压强、温度、水含量和氧逸度。

位错蠕变是受强应力控制的错位移动（晶格结构的破坏）。位错密度很大程度依赖于应力的大小，因此在位错蠕变中，应变率和应力之间呈非线性（非牛顿）关系

$$\dot{\gamma} = A_{\text{disl}} \tau^n \tag{3-48}$$

式中，A_{disl} 是不受应力和晶粒大小约束的比例系数（脚标 disl 表示位错），主要取决于压强、温度、水含量和氧逸度；$n>1$ 是应力指数。

扩散蠕变和位错蠕变流变性一般都是根据实验数据，通过应力差 σ_d（施加的最大应力与最小应力之差）和其引起的应变率 $\dot{\gamma}$ 之间的简单的参数化关系（也称为流动定律）进行标定

$$\dot{\gamma} = A_D h^m (\sigma_d)^n \exp\left(-\frac{E_a + V_a P}{RT}\right) \tag{3-49}$$

式中，P 为压强（Pa）；T 为温度（K）；R 为气体常数 [8.314 J/(K·mol)]；h 为颗粒的大小（m）；A_D、n、m、E_a、V_a 为实验中待定的流变参数，A_D 为物性常数（$\text{MP}_a^{-n}/\text{s}$），$n$ 为应力指数（$n=1$ 代表扩散蠕变，$n>1$ 代表位错蠕变），m 为颗粒大小的指数，E_a 为活化能量，V_a 为活化体积。位错蠕变与颗粒大小无关，因此，$m=0$，$h^m=1$。相反，扩散蠕变受颗粒大小影响显著，颗粒大小的指数 m 是负值（即随着颗粒尺寸的减小，应变率增大）。

而对于黏性、弹性等多种应变模式（图 3-28），黏度则需采用有效黏度（η_{eff}）来代替，它与偏应力（σ_{II}）或应变率（$\dot{\varepsilon}_{\text{II}}$）的转换关系为

$$\sigma_{\text{II}} = 2\eta_{\text{eff}} \dot{\varepsilon}_{\text{II}} \tag{3-50}$$

或写作

$$\eta_{\text{eff}} = \frac{\sigma_{\text{II}}}{2\dot{\varepsilon}_{\text{II}}} \tag{3-51}$$

上述的关系式对各向同性、不可压缩的物质是适用的。

重构的公式应将流变学实验的类型考虑在内，从而建立 σ_{II} 和 σ_d、$\dot{\varepsilon}_{\text{II}}$ 和 $\dot{\gamma}$ 之间合理的关系。有效黏度的最终表达如下

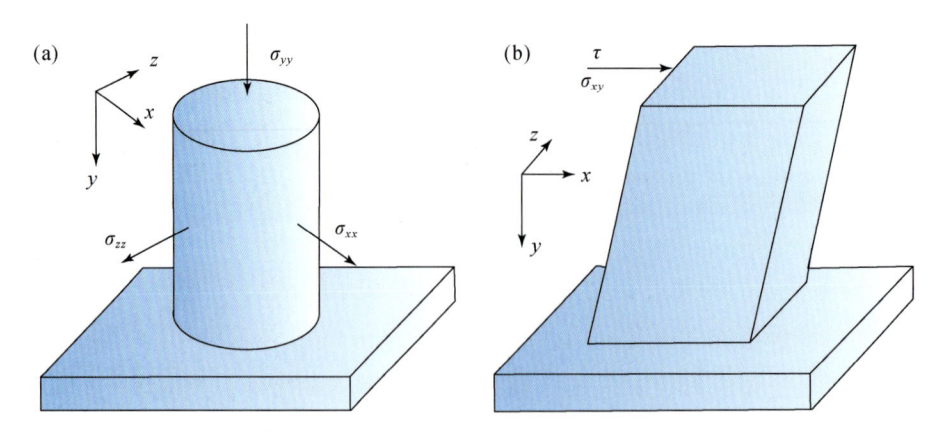

图 3-28 轴向挤压（a）和简单剪切（b）实验几何关系示意

$$\eta_{\text{eff}} = F_1 \frac{1}{A_D \, h^m (\sigma_{\text{II}})^{(n-1)}} \exp\left(\frac{E_a + V_a P}{RT}\right) \tag{3-52}$$

或写作

$$\eta_{\text{eff}} = F_2 \frac{1}{(A_D)^{1/n} \, h^{m/n} (\dot{\varepsilon}_{\text{II}})^{(n-1)/n}} \exp\left(\frac{E_a + V_a P}{nRT}\right) \tag{3-53}$$

式中，F_1 和 F_2 用来标定无量纲系数，它们由实验类型决定。依赖于张力应变率的算法，更加适用于黏性（黏塑性）流变的数值模型；而依赖于压力应变率的公式，更加适应于黏弹性（黏弹塑性）问题。F_1 和 F_2 一般都是通过轴向挤压和简单剪切流变实验获得的。需要说明的是，一般总是假设材料不可压缩，即 $\text{div}(\bar{v}) = 0$。

值得注意的是，在岩石和矿物集合体中，在施加压力的作用下，位错蠕变和扩散蠕变同时发生，因此有效黏度表达如下

$$\frac{1}{\eta_{\text{eff}}} = \frac{1}{\eta_{\text{diff}}} + \frac{1}{\eta_{\text{disl}}} \tag{3-54}$$

式中，η_{diff} 和 η_{disl} 分别代表扩散蠕变和位错蠕变的黏度。这个关系式的成立基于一定的前提假设，即在持续施加偏应力 σ'_{ij} 时，张应变率 $\dot{\varepsilon}_{ij}$ 由位错蠕变 $\dot{\varepsilon}_{ij(\text{disl})}$ 和扩散蠕变 $\dot{\varepsilon}_{ij(\text{diff})}$ 组成

$$\dot{\varepsilon}_{ij} = \dot{\varepsilon}_{ij(\text{disl})} + \dot{\varepsilon}_{ij(\text{diff})} \tag{3-55}$$

其中

$$\dot{\varepsilon}_{ij} = \frac{\sigma'_{ij}}{2\eta_{\text{eff}}}, \quad \dot{\varepsilon}_{ij(\text{disl})} = \frac{\sigma'_{ij}}{2\eta_{\text{disl}}}, \quad \dot{\varepsilon}_{ij(\text{diff})} = \frac{\sigma'_{ij}}{2\eta_{\text{diff}}} \tag{3-56}$$

3.2.3 二维热结构计算的基本流程

在对某一地质问题模型求解过程中，进行二维有限插分的计算流程（图 3-29）如下。

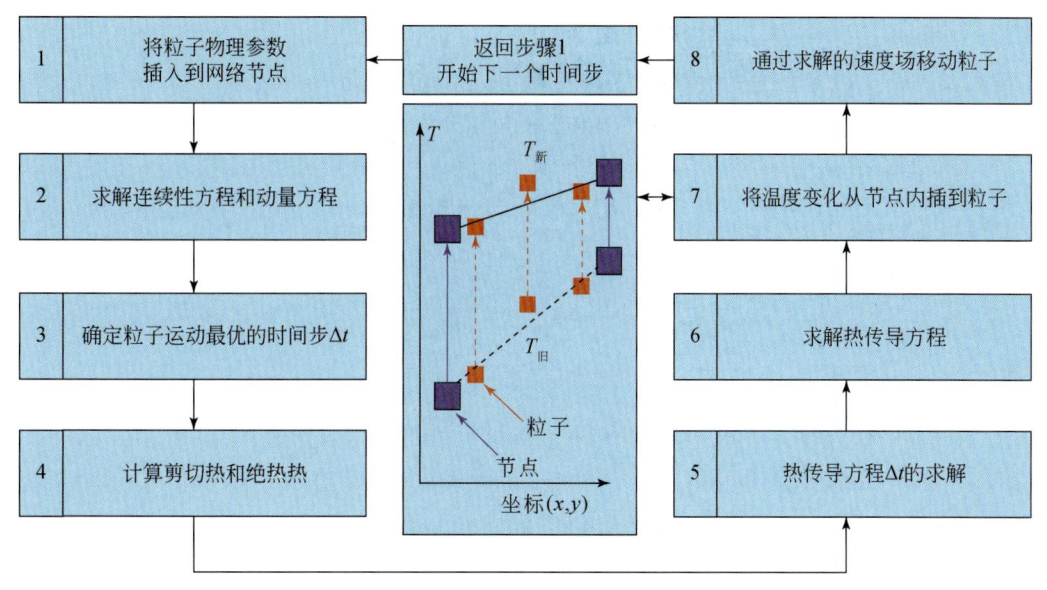

图 3-29　二维有限插分的计算流程

1）计算每个粒子的物理参数（如黏度、密度、温度等），并使用内插法标记到欧拉网格节点上，利用边界条件对网格参数进行限制。

2）通过矩阵的方法，联立所有网格节点，并求解其隐式线性方程组。借助交错网格的优势，求解出较为准确的压力值、速度分量。

3）基于步骤 2 计算的速度场，为粒子的移动确定最优的时间步长。通常将最大位移限制为最小网格步长的 0.01~1.0。

4）计算欧拉节点处的剪切热（H_s）以及绝热加热（H_a）。

5）确定温度方程的最佳时间步长，通常将变化限制在 1~20K。然后在给定的三种限制——绝对时间步长限制、最佳粒子位移步长限制、节点温度变化极限之中，选取最小的时间步长。

6）求解温度方程。

7）将计算的节点温度变化，从欧拉节点插入到粒子点中，并考虑粒子的移动影响。

8）在计算过程中，使用四阶显式 Runge-Kutta（龙格-库塔）方法，根据计算出的速度场 v 以及时间步长来平移网格中的所有粒子。返回步骤 1，执行下一时间步骤，直至到达最大迭代时间或最大迭代次数。

通过不断求解三大方程构成的线性代数方程组，在粒子与网格间不断进行数据传输，不断移动粒子点的位置，并改变其物理参数，最终可以得出一段时间内的不同时间点的地球动力学特征。具体实例可参考 Perchunk 等（2020），下载该文章附件提供的源代码。

3.2.4 沉积–部分熔融过程模拟方法

（1）侵蚀与沉积

外动力地质作用会影响模拟结果，并且对研究地形地貌十分重要。外动力地质作用中，侵蚀与沉积过程需要在模拟中体现。

根据数值实验，侵蚀与沉积比值的变化会明显影响地壳，最终会改变地壳的形变以及壳幔边界的行为。对于上述过程的一种可行性模拟，是通过一个内部演化的侵蚀/沉积曲面，以垂直密度分带的黏性将岩石圈上边界从覆盖水/空气层中分离。例如，"空气"的密度为 $1 kg/m^3$，当 $y<y_水$ 时视为空气；"水"的密度取 $1000 kg/m^3$，当 $y>y_水$ 时视为水，而 $y_水$ 代表水平面的位置。这一曲面演化依据欧拉坐标系下求解任一时间步长的迁移方程

$$\frac{\partial y_{es}}{\partial t} = v_y - v_x \frac{\partial y_{es}}{\partial x} + v_e - v_s \tag{3-57}$$

式中，曲面的垂直位置 y_{es} 为水平距离 x 的函数；v_y 和 v_x 为曲面重要的垂直与水平速度主向量；v_s 和 v_e 分别为沉积速率和侵蚀速率。

侵蚀速率与沉积速率可以通过多种方法计算得到，其中，最简单的是利用依赖坡度与海拔独立的大规模侵蚀沉降速率，对应关系式为

$$v_s = 0, \quad v_e = v_{e0} \quad 当 y < y_水$$
$$v_s = v_{s0} mm/a, \quad v_e = 0 \quad 当 y > y_水 \tag{3-58}$$

式中，v_{e0} 和 v_{s0} 为侵蚀与沉积速率的常数。另一种可行性方法是利用更复杂的曲面过程模型，包括坡降扩散侵蚀和流水侵蚀作用。在短距离情况下，坡降扩散侵蚀可以修改为

$$\frac{\partial y_{es}}{\partial t} = v_y - v_x \frac{\partial y_{es}}{\partial x} + \frac{\partial}{\partial x}\left(K_s \frac{\partial y_{es}}{\partial x}\right) \tag{3-59}$$

式中，K_s 为有效"地形扩散"（topography diffusion）系数，是高度可变的。

（2）熔融与侵位

根据断层构造以及其诱发的地壳塑性变形观测，熔体在火成岩侵入中扮演重要的角色，而火成岩侵入是由流体/熔融物质沿着断裂带渗透造成的。在熔融条件下，岩石塑性屈服强度依赖于固体压力方程和液体压力方程的比值。在侵入过程中，最强烈的岩浆渗透作用被认为是沿着岩石破碎的断裂带自由扩散。沿断裂带的流体供应会增加孔隙流体压力，降低破碎岩石的塑性屈服强度，这反过来又会沿薄弱的断裂带进一步引起应变集中。

在这种情形下，破碎岩石的塑性强度与岩石持续的塑性形变量成反比。为了以简单的方式模拟此过程，对于一种给定的模型岩石，它的液体压力因数 λ 随岩石塑性应变增加，或者在某方面与有效摩擦角度有关

当 $\gamma_{\text{plastic}} < \gamma_{\text{cr}}$ 时，$\lambda = 1 - (1 - \lambda_0)\left(1 - \dfrac{\gamma_{\text{plastic}}}{\gamma_{\text{cr}}}\right)$

当 $\gamma_{\text{plastic}} \geqslant \gamma_{\text{cr}}$ 时，$\lambda = 1$

当 $\gamma_{\text{plastic}} < \gamma_{\text{cr}}$ 时，$\sin(\phi) = \sin(\phi_0)\left(1 - \dfrac{\gamma_{\text{plastic}}}{\gamma_{\text{cr}}}\right)$

当 $\gamma_{\text{plastic}} \geqslant \gamma_{\text{cr}}$ 时，$\sin(\phi) = 0$

$\sin(\phi_0) = \sin(\phi_{\text{dry}})(1 - \lambda_0)$

$\sin(\phi) = \sin(\phi_{\text{dry}})(1 - \lambda)$

$$\gamma_{\text{plastic}} = \int_0^t \left(\dfrac{1}{2} \cdot \varepsilon_{ij\text{plastic}} \cdot \varepsilon_{ij\text{plastic}}\right)^{\frac{1}{2}} dt \tag{3-60}$$

式中，γ_{plastic} 为岩石塑性应变；λ_0 和 ϕ_0 分别为初始孔隙液体压力影响因子和有效摩擦系数；γ_{cr} 为液体渗透使得岩石薄弱的临界塑性应变。在式（3-60）中，使用 $\gamma_{\text{cr}} = 0.1$，地壳岩石和地幔岩石 $\sin(\phi_0)$ 值分别为 0.2 和 0.6。

为了简单起见，部分熔融岩石的有效黏度被指定为常数值 $10^{16} \text{Pa} \cdot \text{s}$。它在实际的熔体-晶体混合体中，强烈地、非线性地依赖于熔融比例，可以用下面公式计算

$$\eta = \eta_0 \exp\left[2.5 + (1 - M)\left(\dfrac{1 - M}{M}\right)^{0.48}\right] \tag{3-61}$$

式中，η_0 为依赖于岩石组成的经验参数。熔融的镁铁质岩石中，$\eta_0 = 10^{13} \text{Pa} \cdot \text{s}$，长英质岩石 $\eta_0 = 5 \times 10^{14} \text{Pa} \cdot \text{s}$。经验方程也可以用来校正部分熔融长英质岩石的非牛顿式应变率。

与以前的数值模拟不同，这里的新技巧是对熔融状态/结晶化过程的处理。在一定程度上，侵入岩浆的结晶作用和围岩的部分熔融，在深成作用中是两个重要的且同时期的过程，因为它们分别影响侵入和被侵入岩石的密度与流变。与固相线或液相线相对应的岩石压力和温度，应考虑岩浆的逐步结晶过程和岩石的部分熔融。根据前人得到的关系，作为第一近似值，假定熔融物质 M 的体积分数随温度线性增加

$$\begin{aligned} M &= 0, \quad T \leqslant T_{\text{solidus}} \\ M &= \dfrac{(T - T_{\text{solidus}})}{(T_{\text{liquidus}} - T_{\text{solidus}})}, \quad T_{\text{solidus}} < T < T_{\text{liquidus}} \\ M &= 1, \quad T \geqslant T_{\text{solidus}} \end{aligned} \tag{3-62}$$

式中，T_{solidus} 和 T_{liquidus} 分别为固相线和液相线温度。

部分熔融岩石的有效密度 ρ_{eff}，可以通过式（3-63）计算

$$\rho_{\text{eff}} = \rho_{\text{solid}}\left(1 - M + M\frac{\rho_{\text{0molten}}}{\rho_{\text{0solid}}}\right) \tag{3-63}$$

式中，ρ_{0solid} 和 ρ_{0molten} 分别为固态岩石和熔融岩石的标准密度；ρ_{solid} 为由基于热膨胀和压缩系数的公式给定 P 与 T 并计算得到的固态岩石密度。

平衡熔融-结晶态岩石的潜热影响也被包括在计算中，可通过增加结晶-熔融态岩石的热容量（$C_{P\text{eff}}$）和热膨胀（α_{eff}）得到，计算公式如下

$$C_{P\text{eff}} = C_P + Q_{\text{L}}\left(\frac{\partial M}{\partial T}\right)_{P = \text{const}}$$

$$\alpha_{\text{eff}} = \alpha + \rho\frac{Q_{\text{L}}}{T}\left(\frac{\partial M}{\partial P}\right)_{T = \text{const}} \tag{3-64}$$

式中，C_P 为固态岩石的热容量；Q_{L} 为熔融态岩石的潜热；熔融比例 M 的压力和温度相关量可以通过围岩熔融比例估算得到。

值得强调的是，重力平衡控制岩浆通道的高度，而不是莫霍面上下的岩浆体积。力学平衡公式表达为

$$h_{\text{Channel}}(\rho_{\text{Mantle}} - \rho_{\text{Magma}}) = h_{\text{Intrusion}}(\rho_{\text{Magma}} - \rho_{\text{Crust}}) \tag{3-65}$$

式中，h_{Channel} 为在莫霍面下部岩浆通道的高度；$h_{\text{Intrusion}}$ 为在莫霍面上方岩浆通道的高度；ρ_{Mantle}、ρ_{Magma} 以及 ρ_{Crust} 分别为岩石圈地幔密度、侵入岩浆的密度和地壳密度。

3.3 ASPECT 地幔动力模拟

ASPECT 是"地球对流问题的高级求解器"（Advanced Solver for Problems in Earth's CovecTion）的缩写，这个代码旨在求解描述热驱动对流的方程式，尤其侧重于地幔对流的研究（下载网址：https://github.com/geodynamics/aspect），主要由得克萨斯农工大学的计算地球动力学家根据以下原则开发。

1）可用性和可扩展性：模拟地幔对流是一个难题，不仅表现在非线性材料的计算过程非常复杂，还表现在人们对地球内部复杂结构的理解尚不明晰。例如：①地幔对流通常在球壳形状中运行，但地球并不是一个球体，其真实形状主要由其扁率决定，但对流模式与球面的偏差很可能影响造山带、洋中脊或俯冲带的大尺度结构特征，从而改变地球几何形态。此外，一系列地表动力学过程，如冰期的地壳拗陷也会改变球壳几何形状。这种几何学形态的改变如何影响地球内部地幔对流特征，迄今尚未知。②地幔中的岩石在较长时间尺度上变形，具有流动特征，但在较短时间尺度上，岩石则通过破裂并随着晶体结构的恢复而表现为黏弹

塑性材料。因此，针对不同问题的时间尺度，需要不同数学模型利用不同的近似值描述岩石流变学结构。③如果压力低且温度足够高，则岩石会熔融，从而导致各种特殊的与岩石密度、黏度相关的动力学行为，如超高压岩石的折返、岩浆的分异、冷凝及萃取等。

以上可见，根据解决的问题不同，程序功能需要扩展，这需要依据不同条件下地幔对流的基本特征来确定。除地幔对流以外，ASPECT 还可扩展到研究宇宙中与对流过程相关的行星动力学。

2) 现代数值方法：ASPECT 基于各领域前沿研究的数值方法构建包括自适应网格、线性和非线性求解器。这意味着算法的复杂性，但也保证了解决方案的高精度，同时，在面对未知数不确定时，可高效利用 CPU 和内存资源。

3) 并行性：地幔对流过程具有空间尺度大、结构精细的特征。例如，直径几十千米的地幔柱在 2900km 地幔中的运动学行为。这些问题无法在一台计算机上解决，它需要数十个或数百个处理器协同工作。ASPECT 的设计初衷就是要解决这种大规模并行问题。

4) 基于前人的工作重新构建满足上述标准的代码，可能需要几十万行代码。这超出了任何一个学术研究团队的能力。幸运的是，大多数的数值模拟方法已经非常成熟，可以经过充分测试和移植库的方法，使 ASPECT 成为一个更小、更易于操作的系统。具体来说，ASPECT 是建立在 deal.II 库之上（参见 https://www.dealii.org/），在充分理解有限元、网格化等相关内容基础上，通过 Trilinos 上的 deal.II（参见 http://trilinos.org/），实现并行线性代数计算；并通过 p4$_{est}$（参见 http://www.p4est.org/），进行并行网格处理。

3.3.1 基本方程及原理

（1）基本方程

ASPECT 解决了一个二维或三维域 Ω 的方程组，该方程组描述了高密度流体的运动。该运动由密度（取决于温度）引起的重力差驱动。在本书中，基本方程遵循了 Schubert 等（2001）的地幔岩石材料的说明。

具体来说，在域 Ω 中，方程组考虑速度 u、压力 p、温度 T 以及物质成分场 c_i

$$-\nabla \cdot \left\{ 2\eta \left[\varepsilon(u) - \frac{1}{3}(\nabla \cdot u)1 \right] \right\} + \nabla p = \rho g \tag{3-66}$$

$$\nabla \cdot (\rho u) = 0 \tag{3-67}$$

$$\rho C_p \left(\frac{\partial T}{\partial t} + u \cdot \nabla T \right) - \nabla \cdot k \nabla T = \rho H + 2\eta \left[\varepsilon(u) - \frac{1}{3}(\nabla \cdot u)1 \right] :$$

$$\left[\varepsilon(u) - \frac{1}{3}(\nabla \cdot u)1\right] + \alpha T(u \cdot \nabla p) + \rho T \Delta S\left(\frac{\partial X}{\partial t} + u \cdot \nabla X\right) \tag{3-68}$$

$$\frac{\partial T}{\partial t} + u \cdot \nabla c_i = q_i \qquad i = 1, \cdots, C \tag{3-69}$$

其中，$\varepsilon(u) = \frac{1}{2}(\nabla u + \nabla u^T)$ 是速度的对称梯度（通常称为应变率）。

在这组方程中，式（3-66）和式（3-67）表示可压缩的斯托克斯方程，其中，$u = u(x, t)$ 为速度场，$p = p(x, t)$ 为压力场，两个场都取决于空间位置 x 和时间 t。重力驱动材料发生流动，并且与材料的密度和压力成一定比例。

与斯托克斯系统耦合的是温度场 $T = T(x, t)$，其方程式（3-68）左侧包含热传导项以及流速为 u 的速度场；该方程式的右侧项还包括内部热量产生，如放射性衰变生热、摩擦加热、材料的绝热压缩、相变。

温度方程［式（3-68）］的最后一项对应于材料相变过程中产生或消耗的潜热。潜热释放与相变（也称为相函数）材料 X 的分数和熵 ΔS 的变化成比例。该过程既适用于固态相变，也适用于熔融/凝固。这里，相变放热过程中，ΔS 是正值。对于给定的成分，材料的相状态取决于温度和压力，因此可以重新定义潜热项

$$\frac{\partial X}{\partial t} + u \cdot \nabla X = \frac{dX}{dt} = \frac{\partial X}{\partial T}\frac{dT}{dt} + \frac{\partial X}{\partial p}\frac{dp}{dt} = \frac{\partial X}{\partial T}\left(\frac{\partial T}{\partial t} + u \cdot \nabla T\right) + \frac{\partial X}{\partial p}u \cdot \nabla p \tag{3-70}$$

最后的变换是基于以下假设得出的：流场始终处于平衡状态，因此，$\partial p/\partial t = 0$［这基于式（3-66）没有项 $\partial u/\partial t$］。因此，在域 Ω 中，式（3-68）可以重构为

$$\left(\rho C_p - \rho T \Delta S \frac{\partial X}{\partial T}\right)\left(\frac{\partial T}{\partial t} + u \cdot \nabla T\right) - \nabla \cdot k \nabla T = \rho H + 2\eta\left[\varepsilon(u) - \frac{1}{3}(\nabla \cdot u)1\right]:$$

$$\left[\varepsilon(u) - \frac{1}{3}(\nabla \cdot u)1\right] + \alpha T(u \cdot \nabla p) + \rho T \Delta S \frac{\partial X}{\partial p} u \cdot \nabla p \tag{3-71}$$

式（3-71）描述了在满足材料的质量、动量、能量守恒的前提下，多重变量之间的相互耦合关系。

需要注意的是，科学计算中，对应变和应变率的符号，人们没有达成共识。符号 ε、$\dot{\varepsilon}$、$\varepsilon(u)$ 和 $\dot{\varepsilon}(u)$ 都可以在不同资料查找到。但 ASPECT 代码中，将始终使用 ε 作为运算符号，即如果 u 是速度场，则 $\varepsilon(u) = 1(\nabla u + \nabla u^T)$ 表示应变率。另外，如果 d 是位移场，则 $\varepsilon(d) = 1(\nabla d + \nabla d^T)$ 表示应变。

（2）绝热增温

在很多数值模拟方法中，经常简化前面等式中的绝热增温项，这是因为动态压力梯度的垂直分量与总压力的梯度相比较小（梯度由静水压力的梯度决定），那么 $-\rho g \approx \nabla p$，因此，可以推导出以下关系（负号是由于 g 指向下方）

$$\alpha T(u \cdot \nabla p) \approx -\alpha \rho T u \cdot g \tag{3-72}$$

式中，α 为绝热增温项系数。

虽然这种简化是可以理解的，但如果能够通过计算获得总压力，则没有必要进行简化处理。因此，默认情况下，ASPECT 不进行这种简化设置，但依然允许通过设置"使用简化的绝热增温"参数来简化方程。

（3）边界条件

初始方程式（3-69）描述了材料成分场 $c_i(x, t)$，$i = 1, \cdots, C$ 的运动，又可称为成分域，代表了不同矿物或对流材料成分随时间、空间的浓度变化。因此，材料成分场可用基本方程计算，影响方程组中各系数值。另外，ASPECT 还允许在模型边界处定义独立区域的材料模型，使其成为被动组分场，即模型边界条件。边界条件可以是 Dirichlet、Neumann 或边界 $\Gamma = \partial\Omega$ 的子集上的切向类型

$$u = 0 \qquad 当 \Gamma_{0,u} \qquad (3\text{-}73)$$

$$u = u_{\text{prescribed}} \qquad 当 \Gamma_{\text{prescribed},u} \qquad (3\text{-}74)$$

$$n \cdot u = 0 \qquad 当 \Gamma_{\parallel,u} \qquad (3\text{-}75)$$

$$[2\eta\varepsilon(u) - pI]n = t \qquad 当 \Gamma_{\text{traction},u} \qquad (3\text{-}76)$$

$$T = T_{\text{prescribed}} \qquad 当 \Gamma_{D,T} \qquad (3\text{-}77)$$

$$n \cdot k\nabla T = 0 \qquad 当 \Gamma_{N,T} \qquad (3\text{-}78)$$

$$c_i = c_{i,\text{prescribed}} \qquad 当 \Gamma_{in} = \{x : u : n < 0\} \qquad (3\text{-}79)$$

在这里，速度和温度的边界条件，被细分为不关联的部分：

1）$\Gamma_{0,u}$ 对应于速度固定为零的边界部分。

2）$\Gamma_{\text{prescribed},u}$ 对应于速度被规定为某个值（也可能为零）的边界部分。速度可限制为仅限于速度矢量的某些分量。

3）$\Gamma_{\parallel,u}$ 对应于边界上速度可能不为零，但必须与边界平行，且切向分量不确定的部分。

4）$\Gamma_{\text{traction},u}$ 对应于对某些表面力密度规定牵引力的边界部分（如果只是想要规定压力分量，则常见的应用是 $t = -pn$）。牵引力可规定为仅限于某些矢量分量。

5）$\Gamma_{D,T}$ 对应于规定温度的地方（如地幔的内外边界处）。

6）$\Gamma_{N,T}$ 对应于温度未知的地方，但跨越边界的热通量为零（例如，如果仅模拟地幔一部分时，则在对称面上）。

这要求其中一个边界条件，在每个点都保持特定速度和温度，即

$$\Gamma_{0,u} \cup \Gamma_{\text{prescribed},u} \cup \Gamma_{\parallel,u} \cup \Gamma_{\text{traction},u} = \Gamma \text{ 且 } \Gamma_{D,T} \cup \Gamma_{N,T} = \Gamma \qquad (3\text{-}80)$$

如果在材料成分场特定边界处仅指向特定流向的边界，则见式（3-79），在该种条件下，不考虑切向或朝外指向的影响。温度和成分边界条件之间的处理差异是由于温度方程包含一个（可能很小的）扩散项，而成分方程却没有。

当需要解决一些特定问题时，ASPECT 还可以选择边界方程。例如，可以处理自由表面的方程，或描述熔体生成和运聚及其水平流动的方程等。

(4) 二维模型

ASPECT 允许通过输入文件中的参数来确定二维和三维模型。需要注意的是，在解决一个二维问题时，要评估三维地球中这个问题到底指什么，是否可以简化为二维。

与许多其他代码一样，这里采用以下理念来选择使用二维模型：要求解的域是二维截面（由 x 和 y 坐标表示）沿 z 的正、负方向无限延伸，或在 z 方向上的速度为零并且所有变量在 z 方向上都没有变化。因此，这些情况下可以将二维模型视为三维模型，其中速度的 z 分量为零，所有 z 导数也为零。

如果采用这种设定，斯托克斯方程式（3-66）和式（3-67）会自然以一种方式简化，即允许将 3+1 个方程式简化为 2+1 个，但是很显然，对可压缩应变率的正确描述仍为 $\varepsilon(u) - 1/3 (\nabla \cdot u) 1$，而不是第二项使用因子 1。在 Schubert 等（2001）的文献中，可以找到为什么可压缩应变率张量具有以下形式

$$\varepsilon(u) = \begin{bmatrix} \dfrac{\partial u_x}{\partial x} & \dfrac{1}{2}\dfrac{\partial u_x}{\partial y} + \dfrac{1}{2}\dfrac{\partial u_x}{\partial x} & 0 \\ \dfrac{1}{2}\dfrac{\partial u_x}{\partial y} + \dfrac{1}{2}\dfrac{\partial u_y}{\partial x} & \dfrac{\partial u_y}{\partial y} & 0 \\ 0 & 0 & 0 \end{bmatrix} \quad (3\text{-}81)$$

这种可压缩应变率需要 3×3 的张量来描述，且该张量中最后一行和最后一列都为零，但可应用式（3-66）的可压缩应变率张量，一个完整的表达方式如下

$$\varepsilon(u) - \dfrac{1}{3}(\nabla \cdot u)1 = \begin{bmatrix} \dfrac{2}{3}\dfrac{\partial u_x}{\partial x} - \dfrac{1}{3}\dfrac{\partial u_y}{\partial y} & \dfrac{1}{2}\dfrac{\partial u_x}{\partial y} + \dfrac{1}{2}\dfrac{\partial u_y}{\partial x} & 0 \\ \dfrac{1}{2}\dfrac{\partial u_x}{\partial y} + \dfrac{1}{2}\dfrac{\partial u_y}{\partial x} & \dfrac{2}{3}\dfrac{\partial u_y}{\partial y} - \dfrac{1}{3}\dfrac{\partial u_x}{\partial x} & 0 \\ 0 & 0 & -\dfrac{1}{3}\dfrac{\partial u_y}{\partial y} - \dfrac{1}{3}\dfrac{\partial u_x}{\partial x} \end{bmatrix}$$

(3-82)

该张量在矩阵 (3, 3) 位置的输入并不为零。然而，在解决（三维）应力-应变问题时，该不为零项消失了，如式（3-66）中所描述的那样，这是因为应力离散时，将 z 导数应用于最后一行的所有元素，并且上面的假设是所有 z 导数是零。因此，无论应变率张量第三排是什么，没有任何影响。

(5) 最后一组方程的注释

ASPECT 主要利用前述方式求解基本方程。特别是，式（3-66）给出的形式意

味着计算的压力 p 实际上是总压力，即静水压力和动态压力之和。因此，当查找与压力相关的材料参数时，允许直接使用该压力。

（6）系数

下面讨论式（3-82）包含的大量系数，在一般情况下，这些系数的非线性求解主要取决于方程组中变量压力 p、温度 T，如果存在黏度和成分场 $c = \{c1, \cdots, cC\}$ 影响，非线性求解还要考虑黏度和材料成分对应变速率 $\varepsilon(u)$ 的控制作用。下面讨论系数与这些变量的相关性

$$\text{黏度 } \eta = \eta(p, T, \varepsilon(u), c, x)，\text{单位 Pa·s} = \text{kg}/(\text{m·s}) \quad (3\text{-}83)$$

黏度是与合力（外部重力减去压力）和流体速度 u 相关的比例因子。最简单的模型假设 η 是常数，该常数通常选择在 10^{21} Pa·s 的数量级。更复杂真实的模型假设黏度取决于压力、温度和应变速率。这种参数之间的依赖性通常难以量化，因此一种建模方法是使 η 具有空间依赖性。

$$\text{密度 } \rho = \rho(p, T, c, x)，\text{单位 kg/m}^3 \quad (3\text{-}84)$$

通常，密度取决于压力和温度，且随压力增加而压缩、受热而膨胀。密度的最简单参数化是假设密度随温度的线性依赖性，得到式（3-85）

$$\rho(T) = \rho_{\text{ref}}[1 - \alpha(T - T_{\text{ref}})] \quad (3\text{-}85)$$

式中，ρ_{ref} 为温度 T_{ref} 时的参考密度（ref 表示参考）；α 为线性热膨胀系数。对于地球地幔，这个参数化的标准值 $\rho_{\text{ref}} = 3300 \text{kg/m}^3$，$T_{\text{ref}} = 293 \text{K}$，$\alpha = 2 \times 10^{-5}/\text{K}$。

$$\text{重力矢量 } g = g(x)，\text{单位 m/s}^2 \quad (3\text{-}86)$$

简单模型假设具有恒定幅度的径向向内的重力矢量（如地球表面重力为 9.81m/s^2），或者假设地幔密度均匀，这可以简化地幔密度的计算。物理自洽模型将重力矢量计算为 $g = -\nabla \varphi$，其重力势 φ 满足 $-\Delta \varphi = 4\pi G \rho$，密度 ρ 为不同深度处的密度值，G 是万有引力常数。这可以计算随时间变化的重力矢量。

$$\text{比热容 } Cp = Cp(p, T, c, x)，\text{单位 J}/(\text{kg·K}) \quad (3\text{-}87)$$

比热容是指将 1kg 材料的温度，提高 1℃所需的能量。维基百科列出的花岗岩的比热容为 790J/(kg·K)。对于地球地幔，比热容为 1250J/(kg·K)。

$$\text{导热率 } k = k(p, T, c, x)，\text{单位 W}/(\text{m·K}) = \text{kg·m}/(\text{s}^3 \cdot \text{K}) \quad (3\text{-}88)$$

热导率表示在给定温度梯度下流过单位面积的热能量。热导率取决于材料本身属性，从物理角度来看，将取决于材料的相变以及通过不同的传热机制而产生的压力和温度。但确切的值并没有那么重要，通过对流进行的热传输比通过导热要高几个数量级。导热率 k 通常表示为 $k = \rho Cp \kappa$。

$$\text{固有比热容 } H = H(x)，\text{单位 W/K} = \text{m}^2/\text{s}^3 \quad (3\text{-}89)$$

固有比热容表示材料的固有增热属性，如放射性材料的衰变。因此，它不取决于压力或温度，而是取决于不同化学组成的地幔材料。其值 $\gamma = 7.4 \times 10^{-12}$ W。

$$热膨胀系数 \alpha = \alpha(p, T, c, x)，单位 1/K \tag{3-90}$$

热膨胀系数表示所考虑材料由于温度升高而膨胀的程度。该系数定义为 $\alpha = -\frac{1}{\rho} \times \frac{\partial \rho}{\partial r}$，其中，负号是由于密度随温度而降低。$\alpha = 1 \times 10^{-5} \frac{1}{K}$ 适合核-幔边界，$\alpha = 4 \times 10^{-5} \frac{1}{K}$ 适合地幔。

相变时的熵变化 ΔS 以及相函数的导数，$X = X(p, T, c, x)$，单位 $(-\Delta S \cdot \partial X/\partial T)$J/(kg·K^2) 和 $(\Delta S \cdot \partial X/\partial p)$m^3/(kg·K)。 (3-91)

当材料经历相变时，熵由于潜热的释放或耗散而改变。当给定化学组成逐渐发生相变时，其主要取决于相位的温度和压力。因此，可以从中计算潜热释放熵的变化 ΔS 和相位函数的导数 $\partial X/\partial T$ 和 $\partial X/\partial p$。这些值必须由材料模型提供，分别用于温度方程式左侧的系数 $-\Delta S \frac{\partial X}{\partial T}$ 和右侧的 $\Delta S \frac{\partial X}{\partial p}$。但是，它们可以借助分析相函数，使用热力学数据库中的数据或以用户认为合适的任何其他方式近似。

（7）无量纲化方程

式（3-66）~式（3-68）以正确的物理形式描述黏度 η、密度 ρ 和热导率 κ 等各种系数，其标准的物理单位为国际单位制。当然，ASPECT 设想的使用方式是几何模型、材料模型、边界条件和初始值也以标准的物理单位给出。因此，当计算机显示 ASPECT 的模拟信息时，通常使用诸如 m/s 或 W/m^2 的后缀，分别来指示速度或热通量。

为方便起见，有时当前时间或时间步长以 m/a 为单位，而不是输出速度单位 m/s；或以年为单位，而不是以秒为单位；此转换在输出时出现，并不是求解过程的一部分。

也就是说，只要每个材料常数、几何单位、时间等都在同一系统中表示，ASPECT 就不存在优选的单位系统，即实现几何和材料模型完全一致，其中，域的尺寸为1，密度和黏度也为1，并且作为温度函数的密度变化可通过瑞利数来缩放，即通常使式（3-66）~式（3-68）非维数化。

换句话说，计算是使用物理单位，还是无量纲单位，这取决于所研究的特定几何形状、材料、初始条件和边界条件。因此，ASPECT 有意留给用户来决定：是简单地使用单位，还是选择更合适的一个单位。当然，有充分的理由使用现实问题的无量纲描述，而不是将所有系数都保留物理单位中的原始形式。无量纲描述也有缺点。

1）无量纲描述，如当使用瑞利数来表示对流到扩散热传输的相对强度时，可以假设两种情况：第一，增加黏度和热膨胀系数的两倍；第二，将区域大小增加两倍，热扩散系数增加8倍。在这两种情况下，无量纲方程是完全一样的。但它们的物理单位形式的方程是不同的，且它们的结果也可能因系数变化而完全不同。因此，在进行参数研究时，对于独立参数，考虑使用无量纲变量以降低计算资源。

2）实际角度来看，式（3-66）~式（3-68）通常以其原始形式进行过度调节，每个等式的两边具有与其他等式不同的物理单位，并且它们的数值通常大不相同。当然，这些值无法比较，因为它们具有不同的物理单位，且这些值之间的比率取决于选择，如长度单位是米还是千米。然而，当软件运行这些方程式时，必须使用数字，此时物理单位将丢失。如果此时没有注意，模拟结果很容易损失精度。另外，非维度化通常将所有数量标准化，使得计算中出现的值通常为1，因此就避免了精度丢失的情况。

3）无量纲方程产生的数字，不能立即与物理实验中得知的数字相比。如果将程序的每个输出数量，转换为物理单位，那么这一点就无关紧要。另外，如果转换必须在程序内部进行，如将黏度视为依赖压力、温度和应变率的函数时，则更难以找到众多错误的来源，首先必须将压力、温度和应变率从无量纲转换为物理单位，在表格中查找相应的黏度，然后将黏度转换为无量纲数量。要在程序内部实现数十或数百个这种转换，将每一个数值都正确设置，既充满困难，又可能导致错误。

4）数学角度来看，如果所有系数都是常数，通常可以很清晰地对方程进行无量纲化。然而，如果像地幔黏度一样，变化在几个数量级范围，那么对方程如何进行标准化？在这种情况下，必须选择一个参考黏度、密度等，然后进行标准化处理。但选择不当时，无法确定参考值，能否保持数值的稳定性也难说。

由于这些考虑，过去大多数代码都使用了无量纲的模型。但近年来，这种情况发生了变化，许多模型具有恒定的系数，而与可变系数相关的困难不再是问题。另外，使用ASPECT的目标是，使用复杂模型，解决实际问题，并且代码易于使用。因此，允许用户自行决定是以物理还是以无量纲单位输入模型，这将简化对现实模型的描述。

（8）静态压力或动态压力

在模型中计算压力时，可将总压力 p 分解为静态压力和动态压力，$p = p_s + p_d$。假设 p_s 已经给出，那么可以替换式（3-66）

$$-\nabla \cdot 2\eta \nabla u + \nabla p_\mathrm{d} = \rho g - \nabla p_\mathrm{s} \tag{3-92}$$

通常，选择 p_s 作为整个介质静止时的压力，即静水压力。注意式（3-66）可简化为

$$\nabla p_\mathrm{s} = \rho(p_\mathrm{s}, T_\mathrm{s}, x)g = \bar{\rho}g \tag{3-93}$$

如果在没有任何运动的情况下，T_s 是静态温度场。式（3-66）可以表述为

$$-\nabla \cdot 2\eta \nabla u + \nabla p_\mathrm{d} = [\rho(p, T, x) - \rho(p_\mathrm{s}, T_\mathrm{s}, x)]g \tag{3-94}$$

在式（3-94）中，显然驱动流体运动实际上由密度变化引起，而不是密度本身。

这种方程的重构有许多优缺点。

1）在许多实际情况中，压力的动态分量 p_d 比静态分量 p_s 小几个数量级。例如，两者在地球地幔底部相差约 6 个数量级。因此，如果想要求解由原始方程的离散化产生的线性系统，则必须以相当高的精度（6~7 位）求解以使压力的动态部分得以有效校正，这意味着巨大的运算量。但如果能够以某种方式预先计算出静态分量 p_s 或者产生静态分量 p_s 的温度和密度，那么剩下的动态压力计算仅需两位或三位的精度，而不是 7~8 位的精度。

2）以这种方式计算的压力 p_d 不能立即与压力相关的量（如密度）相比，而是首先需要找到静压，然后将两者加在一起，最后才能将其用于查找材料特性或将其与实验结果进行比较。因此，如果程序输出的压力（用于可视化，或者在内部接口代码部分中，用户可以实现依赖温压的材料属性）只是动态组件，那么这些信息在与物理实验对比时，需要将其转换为总压力。

3）如果考虑不可压缩模型，并假设温度引起的密度变化与总密度相比较小，那么从静态压力和温度导出的参考密度 $\rho(p_\mathrm{s}, T_\mathrm{s}, x)$ 的定义相对简单。在这种情况下，可以选择 $\rho(p_\mathrm{s}, T_\mathrm{s}, x) = \rho_0$，具有恒定的参考密度 ρ_0。另外，对于更复杂的模型，如果尚不清楚先选择哪种密度，此时首先需要计算静态压力和温度，以满足引入边界层方程的数量，这就可能包括释放潜热的相变过程。因此，如果假设绝热压力 $\hat{p}_\mathrm{s}$ 和温度 $\hat{T}$，且顶部边界层温度值为 900K，便得到相应的密度分布 $\bar{\rho} = \rho(\bar{p}_\mathrm{s}, \bar{T}_\mathrm{s}, x)$。但是经过数百万年的运行之后，温度发生了改变，以至于顶部边界层在相应的绝热压力 $\hat{p}_\mathrm{s}$ 和温度 $\hat{T}_\mathrm{s}$ 下跃迁了 800K，那么更合适的密度分布将是 $\hat{\rho} = \rho(\hat{p}_\mathrm{s}, \hat{T}_\mathrm{s}, x)$。

值得注意的是，大多数值模拟方法将压力分成静态和动态部分，无论是内部默认参数还是用户指定参数，都要设定密度分布的真实情况和静态密度之间的差异。这归因于大多数地球动力学模拟方法在解决地幔对流问题时，都认为地幔是不可压缩流体，因此，静态密度的定义很简单。与之相对，ASPECT 为了能够解决更多的

通用模型，选择求解总压力，而不仅仅是其动态分量。与多数传统方法相比，这将导致动态压力精度损失。ASPECT 则巧妙地通过选择不同迭代求解器的方式来规避这个问题，该求解器确保计算的总压力足够准确，详细计算过程可参见 Kronbichler 等（2012）。

3.3.2 初始条件和绝热压力/温度

式（3-66）~式（3-68）需要模型给定初始温度条件，这可以参考地球温度结构进行设置。同时，式（3-66）~式（3-68）本身不要求为速度和压力变量指定初始条件，因为模型中的这些变量没有时间导数。

但在复杂模型中，密度 ρ 和黏度 η 等系数与材料的压力及温度相关，这就导致非线性求解器将难以收敛以得到正确解。为此，ASPECT 使用绝热条件模型来计算压力 $p_{ad}(z)$ 和温度场 $T_{ad}(z)$。默认情况下，这些场满足绝热条件

$$pC_p \frac{\mathrm{d}}{\mathrm{d}_z} T_{ad}(z) = \frac{\partial \rho}{\partial T} T_{ad}(z) \, g_z \tag{3-95}$$

$$\frac{\mathrm{d}}{\mathrm{d}_z} p_{ad}(z) = \rho \, g_z \tag{3-96}$$

式中，g_z 为重力矢量场垂直分量的大小，但实际上可以采用整个重力矢量的大小。

方程中可以使用重力场和系数 $\rho = \rho(p, T, z)$、$C_p = C_p(p, T, z)$ 的值，从 $z=0$ 开始进行数值积分，即与深度相关。作为 $z=0$ 的起始条件，需要输入一个等于平均表面压力的初始值以及绝热表面温度 $T_{ad}(0)$ 文件。

但是，用户还可以使用"功能"插件，提供自己的绝热条件模型，或任意定义配置文件。

值得注意的是，选择的绝热表面温度通常显著高于实际表面温度。例如，实际地球表面温度约为290K，而合理的绝热地幔温度可能是1600K。原因是地幔大部分处于热平衡状态，如果设置非常低的实际表面温度和非常高的核-幔边界温度，将导致温度和压力曲线不正常。

最后式（3-69）描述了一组变量 $c_i(x, t)$，$i=1\cdots$ 的演化。通常称为成分场或物质场的 C，经常聚合成向量 $\boldsymbol{c}$。

成分域最初含义是对流介质的化学组成。在这种解释中，成分是一个非扩散量，仅沿某特定方向被动平移，即满足等式

$$\frac{\partial \boldsymbol{c}}{\partial t} + u \cdot \nabla c = 0 \tag{3-97}$$

在这个方程中，成分场在被动平移过程，可以参与确定式（3-66）～式（3-69）中的各种系数值。这意味着，成分场是一个非常有效的工具，可用于跟踪材料的运动过程和轨迹。除此之外，如果在方程右侧设置反应速率 q，那么

$$\frac{\partial c}{\partial t} + u \cdot \nabla c = q \tag{3-98}$$

成分场还可以用来模拟不同材料相之间的相互作用关系，如模拟相变过程，即一个指定相的成分域根据压力和温度转换成另一个相或者几个相与其他相的结合。在实际操作中，ASPECT 允许 q 是一个既具有平滑（如连续）的时间分量，又具有单个时间分量的函数（即包含狄拉克 δ 函数或脉冲函数）。一般时间积分器需要在特定时间点评估右侧 q，但这将排除使用狄拉克函数。因此，ASPECT 中只需要材料模型通过 reaction_term 输出变量，并提供积分值 $\int_{t}^{t+\Delta t} q(\tau) \mathrm{d}\tau$。

不同成分之间的反应，通常涉及不同成分域之间的平衡状态，因为化学反应发生在比运输更快的时间尺度上。换句话说，常常假设存在 $c^*(p, T)$，使得

$$q[p, T, \varepsilon(u), c^*(p, T)] = 0 \tag{3-99}$$

处理成分场的材料模型方法，需要计算成分场的先前值的增量 Δc，使得先前值和增量的总和等于 c^*。

成分场还可以定义跟踪岩石粒度的场。如果材料处于高应变率环境，则随着岩石破碎，晶体尺寸逐渐减小。如果温度足够高，则晶体愈合并且它们的尺寸再次增加。在这种"损坏"模型中，要求方程只使用单个成分场，且没有处于永久平衡状态

$$\frac{\partial c}{\partial t} + u \cdot \nabla c = q(T, c) \tag{3-100}$$

因此，ASPECT 中需要计算材料模型的增量，以满足与时间步长相关的反应速率 $q(T, c)$。换句话说，如果计算材料模型中的反应速率，则需要在返回值之前，将其乘以时间步长。

成分场已被证明是一种令人惊讶的多功能工具，可用于模拟超出简单斯托克斯方程组、温度方程组的各种模型组件。

3.3.3 运行 ASPECT

根据前述内容，ASPECT 编译之后，在主目录中应该出现它的可执行文件。它可以用以下命令进行调用：

```
./aspect parameter-file.prm
```

或者，如果需要并行运行程序，可使用类似下行的命令：

mpirun-np 32 ./aspect parameter-file.prm

该命令表示使用32个处理器运行参数文件。在ASPECT中，参数一词包含参数文件的路径和名称。下载ASPECT时，cookbooks目录下有许多示例输入文件，一些基准的输入文件位于benchmarks目录中。

3.3.3.1 输出参数文件

输入参数文件，ASPECT将产生类似下方的输出：

```
-----------------------------------------------------------
--This is ASPECT,the Advanced Solver for Problems in Earth's Convec-
  Tion.
--     .version 2.0.0-pre(include_dealii_version,c20eba0)
--     .using deal.II 9.0.0-pre(master,952baa0)
--     .using Trilinos 12.10.1
--     .using p4est 2.0.0
--     .running in DEBUG mode
--     .running with 1 MPI process
-----------------------------------------------------------
Number of active cells:1,536(on 5 levels)
Number of degrees of freedom:20,756(12,738+1,649+6,369)

*** Timestep 0: t=0 years

   Rebuilding Stokes preconditioner... Solving
   Stokes system... 30+3 iterations.
   Solving temperature system... 8 iterations.

Number of active cells:2,379(on 6 levels)
Number of degrees of freedom:33,859(20,786+2,680+10,393)
```

```
*** Timestep 0: t=0 years

   Rebuilding         Stokes
   preconditioner... Solving
   Stokes    system...    30+4
   iterations.
   Solving temperature system... 8 iterations.

   Postprocessing:
     Writing        graphical        output:
     output/solution/solution-00000 RMS, max
     velocity:           0.0946  cm/year,
     0.183 cm/year Temperature min/avg/max:
     300  K,3007  K,6300  K Inner/outer heat
     fluxes:   1.076e+05  W, 1.967e+05  W

*** Timestep 1:t=1.99135e+07 years

   Solving  Stokes  system...  30+3
   iterations.  Solving   temperature
   system...  8  iterations.

   Postprocessing:
     Writing        graphical        output:
     output/solution/solution-00001 RMS, max
     velocity:            0.104  cm/year,
     0.217 cm/year Temperature min/avg/max:
     300  K,3008  K,6300  K Inner/outer heat
     fluxes:   1.079e+05  W, 1.988e+05  W

*** Timestep 2:t=3.98271e+07 years

   Solving  Stokes  system...  30+3
```

```
  iterations. Solving    temperature
  system... 8  iterations.

  Postprocessing:
    RMS, max velocity: 0.111 cm/year,
    0.231 cm/year Temperature min/avg/max:
    300 K,3008 K,6300 K Inner/outer heat
    fluxes:1.083e+05 W,2.01e+05 W
*** Timestep 3:t=5.97406e+07 years
  ...
```

ASPECT 的输出文件以一段抬头文字开始，抬头中列出了 ASPECT、deal.Ⅱ、Trilinos 和 p4est 的版本和编译 ASPECT 的模式，以及并行进程的数量。利用这些信息，可以使各种 ASPECT 模型尽可能重现。

以下输出取决于模型选择，并由输入的参数文件生成，除其他设置外，该参数文件包含以下值：

```
set Dimension                        = 2
set End time                         = 1.5e9
set Output directory                 = output

subsection Geometry model
  set Model name                     = spherical shell
end

subsection Mesh refinement
  setInitial global refinement       = 4
  setInitial adaptive refinement     = 1
end

subsection Postprocess
  set List of postprocessors         = visualization, velocity statistics,
    ′→temperature statistics,heat flux statistics,depth average

End
```

这些运行参数表示对球壳（spherical shell）进行四次全局网格划分后开始运行程序。最粗的网格全局细化 4 次，即每个单元被细化为 4 个子单元（在三维中为 8 个）。这产生了一个 5 级（4 级网格划分）深度的网格层次，其结构上的初始数目具有 1536 个单元。然后，在 5 级层次进行一次网格划分，并根据参数文件中初始时间设置的自适应细化步骤数（这里是 1），从时间 $t=0$ 时开始，使用计算出来的解，自适应地细化网格一次（在 6 级层次产生 2379 个单元）。

在每个时间步骤中，输出指示线性求解器执行的迭代次数，然后通过选定的后处理程序，生成若干行输出。这里，选择运行当前在 ASPECT 实现的所有后处理器，其中包括评估速度、温度和热流特性的处理器，以及生成图形输出以供可视化的后处理器。

尽管屏幕输出对于实时监控模拟进展是非常有用的，但由于其缺乏结构化的输出，在以后绘制核–幔边界热通量的演变时，没有太大用处。为此，在参数文件中选择的输出目录里，ASPECT 将创建补充文件，如下所示。

```
aspect> ls-l output/
total 932
-rw-rw-r--1 bangerth bangerth 11134 Dec 11 10:08 depth_average.gnuplot
-rw-rw-r--1 bangerth bangerth 11294 Dec 11 10:08 log.txt
-rw-rw-r--1 bangerth bangerth 326074 Dec 11 10:07 parameters.prm
-rw-rw-r--1 bangerth bangerth 577138 Dec 11 10:07 parameters.tex
drwxr-xr-x 2 bangerth bangerth 4096 Dec 11 10:08 solution
-rw-rw-r--1 bangerth bangerth 484 Dec 11 10:08 solution.pvd
-rw-rw-r--1 bangerth bangerth 451 Dec 11 10:08 solution.visit
-rw-rw-r--1 bangerth bangerth 8267 Dec 11 10:08 statistics
```

这些文件的用途如下。

1) 所有运行时参数的清单：output/parameters.prm 文件包含所有运行时参数的完整清单。特别是，这包括输入参数文件中的指定参数，也包括已使用默认值的那些参数。通常将此文件与仿真数据一起保存，以便以后轻松复制计算。此外，还有第二个文件，即 output/parameters.tex，它以 LaTeX 格式列出这些参数。

2) 图形输出文件：在计算的参数文件中，选择的后处理器之一是生成在某些时间步表示解决方案的输出文件的后处理器。屏幕输出表明，它已在时间步骤 0 运行，生成以 output/solution/solution-00000 开头的输出文件。根据参数文件中的设置，每隔几秒钟或每隔模拟程序中的数年将产生一次输出，这些输出文件将以 output/solution/solution-00001 开始，按顺序命名，所有这些图形输出文件都放在 output/solution 子目录中。由于通常生成有大量的输出文件生成，它们放置在子目录中，这样就可以方便地查找其他文件。

当前，ASPECT 默认以 VTK 格式生成输出，因为许多出色的可视化软件包广泛使用了 VTK 格式的输出，并且还支持并行可视化。如果程序使用了多个 MPI 进程，输出文件的列表将是 output/solution/solution-XXXXX.YYYY，表示这是创建输出文件的第 XXXXX 次，并且该文件是由第 YYYY 个处理器生成的。

VTK 文件可视化可以由许多大型可视化软件实现，尤其是 VisIt 和 ParaView 程序都可以读取 VTK 文件。然而，尽管 VTK 已经成为科学计算中数据可视化的一个标准，但似乎还没有一种统一的方法来描述哪些文件共同构成单个时间步骤的模拟数据（如在上面的示例中，所有文件都具有相同的 XXXXX，但具有不同的 YYYY）。VisIt 和 ParaView 都有 .pvtu 和 .visit 文件的处理方法。为了方便查看数据，ASPECT 会在生成图形数据的每个时间步骤中创建两种类型的文件，然后将它们分别放入 output/solution/solution-XXXXX.pvtu 和 output/solution/solution-XXXXX.visit 的子目录中。

这种类型的最后两个文件，output/solution.pvd 和 output/solution.visit，分别是描述 ParaView 和 VisIt 的文件，分别为 output/solution/solution-XXXXX.pvtu 和 output/solution/solution-XXXXX。YYYY.vtu 共同构成一个完整的模拟。在前一种情况下，solution.pvd 文件列出了所有时间步骤的 .pvtu 文件以及它们对应的模拟时间。在后一种情况下，solution.visit 实际上列出了属于一个模拟的所有 .vtu，并按它们对应的时间步骤分组。为了可视化整个模拟，而不仅仅是一个时间步骤，最简单的方法就是加载这些文件中的一个，这取决于是使用 ParaView 还是 VisIt。因为加载整个模拟是最常见的用法，所以这两个文件将是使用者最常加载的，它们被直接放置在 output 目录中，而不是实际的 .vtu 数据文件所在的子目录。

3）统计文件：output/statistics 文件包含每个时间步骤结束时，模拟器内部运行的后处理期间收集的统计信息（如时间步骤的当前时间、时间步长等）。该文件本质上是一个表，它允许简单地生成时间趋势。上面示例中的统计文件，如下所示。

```
#1:Time step number
#2:Time(years)
#3:Iterations for Stokes solver
```

```
#4:Time step size(year)
#5:Iterations for temperature solver
#6:Visualization file name
#7:RMS velocity(m/year)
#8:Max. velocity(m/year)
#9:Minimal temperature(k)
#10:Average temperature(k)
#11:Maximal temperature(k)
#12:Averagenondimensional temperature(k)
#13:Core-mantle heat flux(W)
#14:Surface heat flux(W)
0 0.000e+00 33 2.9543e+07 8"" 0.0000 0.0000 0.0000 0.0000 ...
0  0.000e+00  34 1.9914e+07  8  output/solution/solution-00000
0.0946  0.1829  300.00  3007.2519...
1 1.991e+07  33 1.9914e+07  8  output/solution/solution-00001
0.1040  0.2172  300.00  3007.8406...
2 3.982e+07 33 1.9914e+07 8"" 0.1114 0.2306 300.00 3008.3939...
```

统计文件中实际的纵列可能与上面的纵列不同，但该文件的格式应该显而易见。#标记是许多程序中的注释标记（如 gnuplot 忽略以#标记开头的行），因此将这些纵列绘制为时间序列很简单，或者可以将数据导入电子表格，并在那里绘制。

4）其他后处理器生成的输出文件：类似于 output/statistics 文件，可以从参数文件中选择几个现有后处理器，在输出目录的相关文件里生成它们的数据。例如，ASPECT 的"深度平均值"后处理器，将把深度平均统计量，写入文件 output/depth_average. gnuplot。输入文件中可以选择更新该文件的频率以及要使用何种图形文件格式进行记录。

默认情况下数据以文本格式编写，这使得它们可以很容易地可视化。图 3-30 显示了初始线性温度分布如何在模型中形成上边界层和下边界层。

ASPECT 的其他部分也可能在输出目录中创建文件。如果模拟包括自由粒子，那么这些粒子的可视化信息也将出现在这个文件中。

"depthaverage.plt"using 1∶2∶3 ——

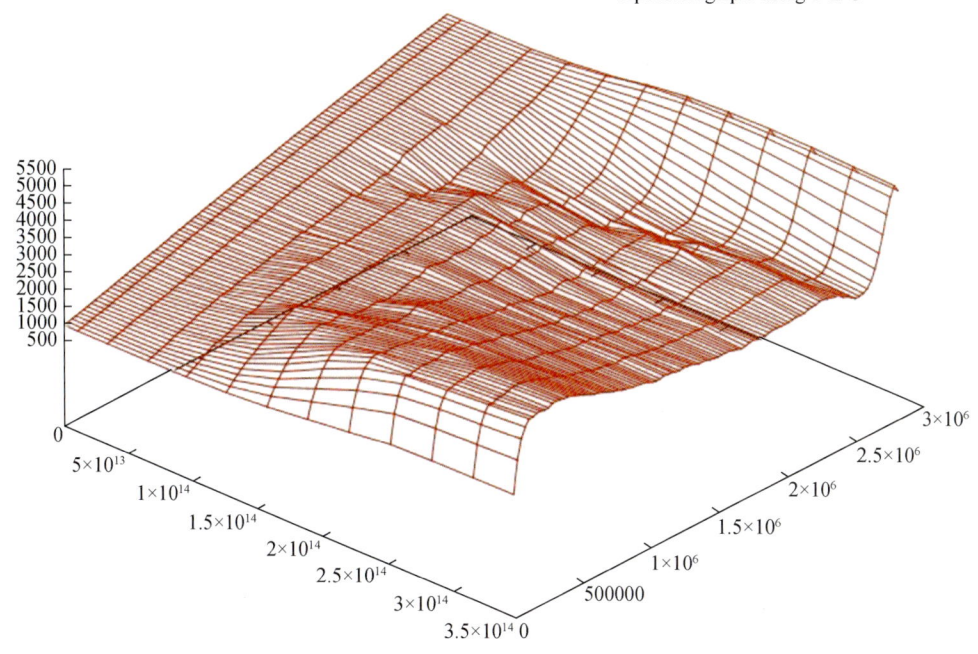

图 3-30　深度平均统计的示例输出

在左轴上有 13 个时间步长，右边是深度（从顶部的 0 到右端地幔底部），纵轴是平均温度（K）。这个图是由 gnuplot 生成的，但深度平均值也可以用许多其他输出格式编写

3.3.3.2　选择 2D 或 3D 运行

ASPECT 可以解决 2D 和 3D 的问题，可以通过在参数文件中输入命令行，来选择想要的维度，如选择 2D 作为模型的维度

```
set Dimension=2
```

在程序内部，处理维度的基础是 deal.Ⅱ 的一种特性，也是 ASPECT 所基于的特性，即独立于维度的编程。本质上，这样做的目的是只编写一次代码，而空间维度是一个变量（实际上是一个模板参数），用户可以根据需要编译 2D 或 3D 代码。这样做的优点有很多，如由于 2D 模拟更为快速、便捷，代码可以先在 2D 进行测试和调试，之后再以同样的代码在 3D 中编译和执行。若直接在 3D 中进行模拟，则存在漏洞，3D 模拟的代价将很大。同样，在确定某些参数设置是否会产生预期的效果时，首先在 2D 中测试它们，然后在 3D 中运行它们。

与此类似，ASPECT 中的所有函数和类都是为 2D 与 3D 编译的。具体使用哪个维度实际上是程序内部调用的，这取决于输入文件中设置了什么维度，但是在这两种情况下，2D 和 3D 生成的机器代码都是从相同的源代码中生成的，故而应该包含相同的特性和错误集。因此，2D 和 3D 运行应该会产生类似的结果。但是，在后一种情况下，等待计算完成的时间要长得多。

3.3.3.3 输入参数文件

ASPECT 的计算由两个因素驱动：①在 ASPECT 中实现的模型。这包括模型中的几何学、物理定律或当前支持的初始条件。下面将讨论这些模型中的哪些是当前实现的。②选择哪些已实现的模型，以及它们的运行参数是什么。例如，可以从当前实现的所有材料模型中，选择一个规定全局常量系数的模型；或者可以分别为所有这些常量参数选择适当的值。这两种选择都是从运行时读取的参数文件中进行的，其名称在命令行中指定。

这里概述参数文件的选择。

（1）参数文件的结构

ASPECT 的大多数运行行为都是由一个参数文件驱动的，如下所示：

```
set Dimension                       =2
set Resume computation              =false
set End time                        =1e10
set CFL number                      =1.0
set Output directory                =output

subsection Mesh refinement
  set Initial adaptive refinement   =1
  set Initial global refinement     =4
end
subsection Material model
  set Model name                    =simple

  subsection Simple model
    set Reference density           =3300
    set Reference temperature       =293
    set Viscosity                   =5e24
  end
end
...
```

有些参数位于顶层，但大多数参数被分组为子部分。因此，输入参数文件与文件系统非常相似：有几个文件位于根目录中，其他文件位于嵌套的子目录层次结构中。与其他文件一样，参数有一个名称（等号左边加粗部分）和一个内容（等号右边项）。

在此输入文件中可以列出所有参数，所有参数均已在 ASPECT 进行了声明。这意味着不能在输入文件中放入未声明的内容。相反，如果输入文件中存在未知的参数，则会收到一条 ERROR 信息。同样地，所有声明的参数都具有具体参数范围的描述。例如，一些参数必须是非负整数（如初始细化步骤的数目），可以是 true 或 false（如是否应该从保存的状态恢复计算），或者只能是选择的单个元素（如材料模型的名称）。如果输入文件中的条目不满足这些约束，ASPECT 则会拒绝读取该文件。最后因为已经声明了参数，所以不需要在输入文件中指定参数。另外，如果没有列出参数，则 ASPECT 程序将简单地使用参数声明时提供的默认参数。

（2）参数类别

输入文件提供的参数大致可分为以下几组。

1）全局参数：这些参数决定了程序的总体行为。主要描述诸如输出目录位置、结束模拟的时间、是否应该从先前保存的状态恢复计算等。

2）算法参数：这些参数描述了空间离散化。特别是关于有限元近似的多项式，关于稳定性的一些细节，以及自适应网格细化应该如何工作的参数。

3）方程求解参数：如关于模型中的某些术语是否应该被省略的描述。

4）插件表征参数：ASPECT 的某些行为由插件进行描述，插件即代码描述模拟某特定方面的独立部分，如要使用哪些已实现的材料模型以及这个材料模型的具体内容。可以从多个插件中选择一个插件（在后处理器的情况下，可以选择任何数目的插件），然后在专门用于该特定模型的子部分中可以指定该模型的具体内容。ASPECT 的许多组件通过插件实现，包含的插件有材料模式、几何形态、重力描述、温度初始条件、温度边界条件、后处理程序等。

（3）输入文件中的公式语法

输入文件可以通过不同插件来描述 ASPECT 的某些处理。例如：①选择一个插件规定恒定温度的温度初始值；②选择在插件代码中以 C++语言，为这些初始条件选择实现特定公式的插件；③选择一个允许在输入文件中以符号方式描述该公式的插件。第③种情况如下所示：

```
subsection Initial temperature model
  set Model name = function
```

```
subsection Function
  set Variable names         =x,y,z
  set Function constants   =p=0.01,L=1,pi=3.1415926536,k=1
  set Function expression = (1.0-z)-p* cos(k* pi* x/L)* sin(pi* z)* y^3
  end
end
```

这里输入的公式需要使用语法，使选择的函数和类型能被理解。在内部，这是使用 muParser 解析库完成的，相关内容请参阅 http://muparser.beltoforion.de/。它通常使用符号 x、y 和 z 来表示坐标（除非某个插件使用不同的变量，如深度），所以语法基本上可不释自明。许多情况下，符号 t 代表时间，并且可用于所有常见的数学函数，如正弦和余弦。另一个常见情况是 if 语句，它具有 if（condition，true-expression，false-expression）的一般形式。有关理解语法的更多示例，请参考 muParser 解析库的官网文档。

（4）输入参数文件与较新版本 ASPECT 的兼容性

用户力求尽可能保持输入文件中选项的版本兼容性，但是有时不得不重新排序、重命名或删除参数文件中的选项，以进一步改进 ASPECT。为了允许使用较新的 ASPECT 版本，运行旧的输入参数文件，用户可以自动将现有参数文件更新为新语法的脚本。使用一个或多个参数文件执行 doc/update_prm_files.sh 命令可创建旧版本参数文件的备份（命名为 old_filename.bak），并将现有文件替换为与当前 ASPECT 版本兼容工作的版本。此脚本所示如下：

```
bash doc/update_prm_files.sh cookbooks/convection_box.prm
```

3.3.3.4 调试或优化模式

调试模式旨在尽可能多地找出错误：截至 2016 年，ASPECT 启用了 deal.Ⅱ 中的大约 8000 个声明，如果出现错误，则将中止程序，并返回一条详细的消息，其中显示了错误检查、源代码中错误的位置等。不过，调试模式的缺点是会降低 ASPECT 程序运行效率。

大多数用户都希望调试与源代码运行同时进行，并且这是验证编译过程正常与否的最佳方法，所以，在默认情况下，ASPECT 命令行将使用调试模式。如果已验证该程序使用输入参数正确，如通过让它运行前 10 个时间步，则可以用命令，通过编译 ASPECT，切换到优化模式：

```
make release
```

然后，使用

```
make
```

若要切换回调试模式类型，执行以下操作：

```
make debug
```

3.3.3.5 结果可视化

默认情况下，ASPECT 生成的文件采用 VTU 格式，即 VTK 库定义的基于 XML 的压缩格式，请参阅 https://vtk.org/。这种文件格式已经成为许多可视化程序支持的一个标准，包括两个在计算科学中使用最广泛的可视化程序：VisIt（详情参见 https://wci.llnl.gov/simulation/computer-codes/visit/）和 ParaView（详情参见 https://www.paraview.org/）。VTU 格式有许多优点。

1）它允许压缩，即使包含相当大的计算范围，文件也相对较小。

2）它是一种结构化的 XML 格式，允许其他程序比较方便地进行读取。

3）它在一定程度上支持并行计算，即每个处理器只将部分数据写入该处理器实际拥有的文件中，从而避免了单个处理器处理所有数据通信，而是由单个处理器生成单个文件。这种并行计算方式需要为每个时间步骤提供一个主文件，然后该文件包含对单个时间步骤输出文件的引用。不幸的是，这些主要记录似乎没有一个统一的标准。但是，ParaView 和 VisIt 定义了每个程序都能理解的格式，并且可将一个以 .pvtu 或 .visit 结尾的文件，放到与每个处理器的输出文件相同的目录中。

打开 VisIt 软件后，单击"Plots"区域的"Add"按钮，向视图中添加一个绘图数据。然后单击"Draw"按钮，进行模拟结果绘制［图 3-31（a）和（b）］。

绘制的温度场如图 3-32 所示。同样地，对于其他标量场模拟结果（如黏度、压力、密度等）的可视化操作也是一样的，只需替换为其他标量场数据文件即可。

VisIt 也可以在同一视图中叠加多个图层。为此，当添加一个图层数据后，可以再次单击"Plots"区域的"Add"按钮，向视图中添加另一个图层数据，然后单击"Draw"按钮进行绘制［图 3-31（c）］。图 3-33 显示的为同一视窗同时添加速度矢量和自适应网格的显示结果。

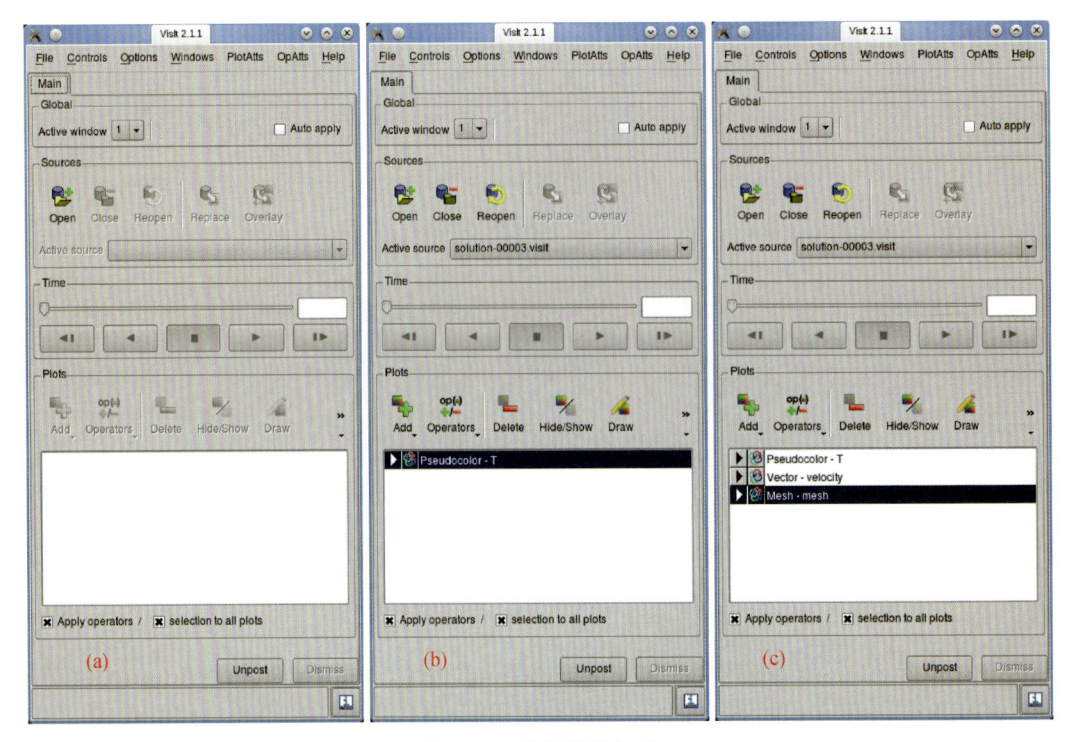

图 3-31　模拟结果加载

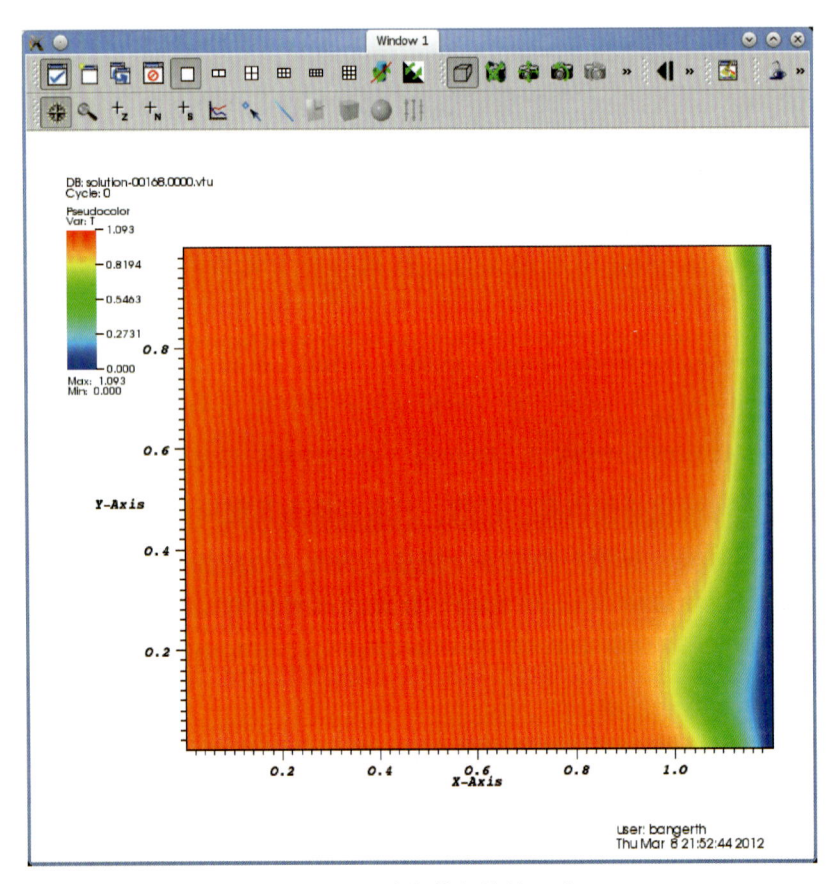

图 3-32　温度场模拟结果显示

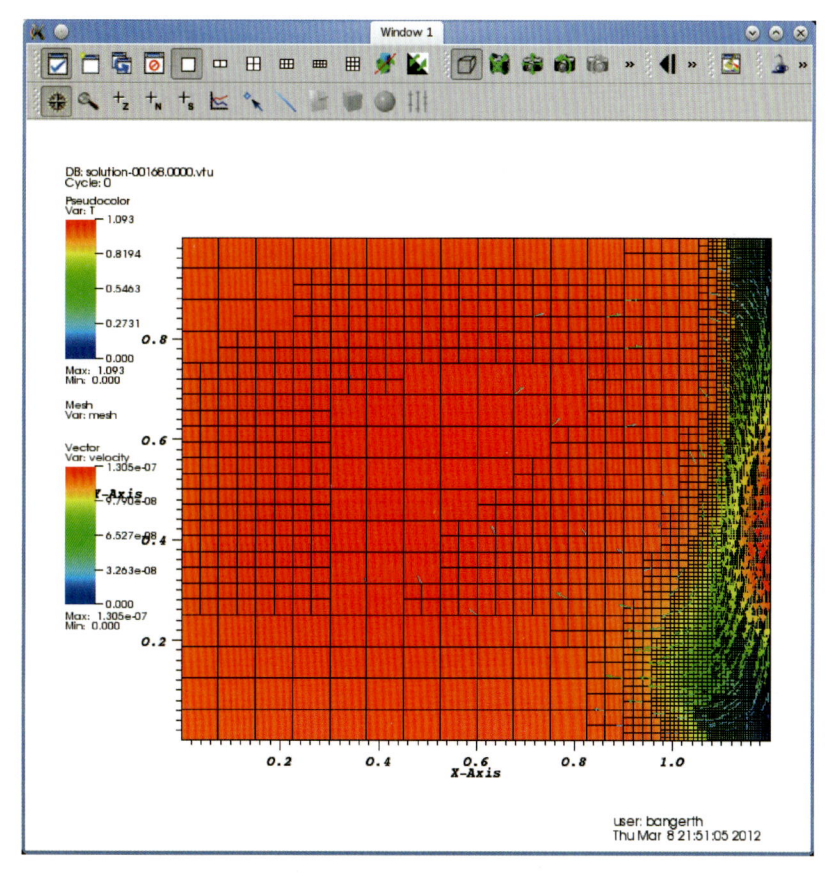

图 3-33　自适应网格与速度矢量叠加显示

3.3.3.6　检查点和重新启动

如果需要执行长时间运算，特别是在使用并行计算时，以下情形可能需要定期保存程序。

1）如果程序因任何原因崩溃，则整个计算可能会丢失。最常见的原因就是程序已经超过了集群批处理调度程序分配请求的挂钟时间（wallclock time）。

2）大多数情况下，强对流流动没有实际的初始条件，因此人们通常从某种自定义状态开始运行，这种情况下需要等待很长一段时间，直到对流状态进入表示长期行为的阶段。然而，到达这个阶段可能需要大量的 CPU 机时。

为此，ASPECT 在输出目录中，具体在参数文件中选择每 n 个时间步骤创建一组文件，由分段检查点指定的步骤数或挂钟时间控制，其中保存了程序的整个状态，以便以后可以从这一时间节点继续进行模拟。如果要从上次保存的状态恢复操作，可将输入参数文件中的恢复计算标志设置为 true。

3.3.3.7 提升 ASPECT 的运行速度

在开发 ASPECT 时，所遵循的原则是所有参数的默认设置都应当是"安全"的。这意味着当程序出现问题时，用户会得到一个 ERROR 的反馈。同时，编程人员的目标是让用户在默认情况下，尽可能获得最好的答案。其缺点是 ASPECT 运行的速度可能会比较慢。下面描述提升 ASPECT 运行速度的办法。

（1）调试模式与优化模式

默认情况下，deal.II 和 ASPECT 都有大量的内部检查功能，以确保代码状态有效。例如，编写一个新的后处理插件需要访问向量解时，如果这是并行计算的话，则 deal.II 的 Vector（矢量）类会确保只访问实际存在的元素，并且在当前计算机上可用。这样做的原因是，程序中引入的大多数 bug（故障）都是因为用户试图做一些显然没有意义的事情，如访问向量元素 101，而实际只有 100 个元素。这类 bug 比编辑了错误算法更常见，但幸运的是，如果代码中有足够数量的声明，就很容易找到它们。缺点是声明太多会增加运行时间。

如前所述，默认的做法是在代码中包含所有这些声明，以识别那些静默访问，调用各种计算模块。一旦运行了一个插件，并验证了输入文件运行时没有问题，就可以通过调试模式切换到优化模式，以关闭所有这些声明检查。这意味着在不进行所有这些内部检查的情况下，也可重新编译 ASPECT。

（2）调整求解器公差

每个时间步长的核心都是斯托克斯方程、温度场和物质场的线性解。从本质上讲，每个步骤都需要通过迭代求解器，求解 $Ax = b$ 的线性系统，即尝试找到一个近似序列 $x^{(k)}$，其中 $x^{(k)} \to x = A^{-1}b$。求解器通过每次迭代后，检验残差 $r^{(k)} = A(x - x^{(k)}) = b - Ax^{(k)}$ 是否满足 $\|r^{(k)}\| \leq \varepsilon \|r^{(0)}\|$，其中，$\varepsilon$ 为（相对）公差。如果近似解与精确解"足够"相似，则在迭代 k 处终止。

显然，选择的 ε 越小，近似解 $x^{(k)}$ 就越精确。同时，它也将需要更多的迭代以及更多的 CPU 机时。通常选择这些公差的默认值就足够了，如果选择更大的公差，可以使 ASPECT 运行得更快。需要特别关注的参数是线性求解器公差（linear solver tolerance），包括温度求解器公差（temperature solver tolerance）和合成求解器公差（composition solver tolerance）。

如果选择的公差过大，那么线性系统 x 的精确解和近似解 $x^{(k)}$ 之间的差别可能会变得很大，以至于无法得到模型的精确输出。选择公差的基本经验法则是先从一个小值开始，然后逐渐增加，直到达到输出量开始显著变化为止。

(3) 调节求解器的预调节器公差

为了解斯托克斯方程，需要对其进行预处理，以降低斯托克斯矩阵的条件数。在 ASPECT 中，调节器 $Y^{-1} = \begin{pmatrix} \widetilde{A}^{-1} & -\widetilde{A}^{-1} B^{\mathrm{T}} \widetilde{S}^{-1} \\ 0 & \widetilde{S}^{-1} \end{pmatrix}$ 常用于预处理系统，其中，$\widetilde{A}^{-1}$ 是 A 分块的近似逆，而 $\widetilde{S}^{-1}$ 是 Schur 补矩阵的近似逆。通过 CG（共轭梯度）求解计算矩阵 $\widetilde{A}^{-1}$ 和 $\widetilde{S}^{-1}$，而这需要设置公差。与前文的求解器公差相比，这些参数使用相对安全，因为它们仅改变了预调节器，可以显著加快或减慢求解斯托克斯系统的过程。

实际上，计算 $\widetilde{A}^{-1}$ 花费了很多时间，但是这在调节系统方面也非常重要。通过参数线性求解器 A 公差（linear solver A block tolerance），控制 $\widetilde{A}^{-1}$ 的计算精度，该公差具有 1×10^{-2} 的默认值。此公差设置不严格，将导致更多的外部迭代，但是计算 $\widetilde{A}^{-1}$ 所需的时间可显著减少，从而使总的求解时间减少。例如，通过设置线性求解器 A 公差为 5×10^{-1}，可以更快地计算算例中的地壳形变。

(4) 使用低阶有限元进行温度/物质场离散化

ASPECT 默认设置使用二次有限元作为速度。考虑到温度场和物质场（以材料参数为限）本质上都满足平流方程 $\partial_t T + u \cdot \nabla T = \cdots$，故而对温度场和物质场采用二次有限元形状函数是合适的。

但这不是强制性的。如果对温度和物质场计算有较高精度要求，而对速度场或压力场计算没有需求，可以在输入文件中选择低阶有限元。所计算的多项式由输入文件离散化（discretization）部分中的参数控制。

(5) 限制后处理

ASPECT 具有大量的后处理能力，从生成图形输出，到计算平均温度或温度通量，都可以实现，其中部分后处理器运行时间很长。因此，如果计算时间太长，就要考虑限制后处理的使用，因为部分后处理程序，如那些生成图形输出的处理器，也允许每隔一段时间运行一次，而不是在每一时间步骤中运行一次。

(6) 关闭压力标准化

大多数地球动力过程模拟中，斯托克斯方程式（3-66）~式（3-67）只确定一个常数的压力，而且方程中只有压力梯度，而不是压力的实际值。注意，与压力梯度"数学"压力不同的是，对"物理"压力有一个非常具体的概念，如地球表面的空气压力是一个定义明确的量，与地球内部的静水压力相比，地球表面的空气压力基本为零。

因此，ASPECT 默认将计算的"数学"压力标准化，要么使表面的平均压力为零，要么使域中的平均压力为零。如果模型描述了密度、黏度和其他与压力有关的量，那么这种归一化是很重要的。另外，如果引入一个压力无关的物质模型，那么根本就不需要将压力标准化。在这种情况下，可以通过调用压力归一化（pressure normalization），来关闭压力标准化。

（7）规范化具有较大系数变化的模型

在数值上，黏度和其他系数有很大的跳跃，如黏度受温度、压力等参数复合影响，这对离散化和求解都是一个很大的挑战。特别是如果直接用这种跳跃性很大的众多系数进行计算，会导致求解的时间很长。一些参数可以帮助模型规范化，还能显著缩短运行时间。

Averaging material properties

例如，设置材料属性均一化功能，让计算速度更快，因为该操作能够让成分场取平均值，代码如下：

```
subsection Material model
set Material averaging=harmonic average
end
```

（8）采用多线程

在大多数情况下，使用尽可能多的 MPI 进程是 ASPECT 模型的最佳并行化策略，但如果受 MPI 通信量的限制，则在每个 MPI 进程中，使用多个线程是有益的。虽然线性求解器没有使用这种并行化，但是这种并行化可以加快系统矩阵的组装，如果使用未使用的逻辑核，则可以提高 10%～15% 的速度；如果使用其他未使用的物理核，则速度几乎是线性增加的。如果内存有限，并且需要在集群中的每个节点上运行所有可用的核数，这也可以降低性能成本，以增加每个核心的可用内存。例如，在每个进程中，运行两个线程，将抵消原本可能存在的一些性能损失。

多线程通过设置命令行参数 –j 或 –threads 来控制。如果未设置参数，ASPECT 将为每个 MPI 进程创建一个确切的线程，即禁用多线程。在每个 MPI 进程中，附加参数允许 ASPECT 生成多个线程。内部的 TBB 库将根据可用内核的数量来确定线程数，也就是说，在具有超线程（8 个逻辑核）的四核计算机上，如果启动两个 MPI 进程，则在每个 MPI 进程上，ASPECT 将生成 4 个线程。如果以非逻辑核心的进程数开始，如 8 个逻辑核与 3 个 MPI 进程，则不能保证最终线程数与可用逻辑核数完全匹配。

3.4 CitcomS 地幔动力模拟

3.4.1 地幔动力学基本方程

3.4.1.1 基本控制方程组

在地质时间尺度上，地球内部地幔物质可以看作具有一定黏性的流体。因此，地幔物质的运动（地幔对流）遵循流体力学的普遍物理定律。通常来说，控制地幔对流的基本方程可以归纳为质量守恒方程（即连续性方程）、动量守恒方程（即运动方程）、能量守恒方程（即热输运方程）

$$(\rho u_i)_{,i} = 0 \tag{3-101}$$

$$-P_{,i} + \left[\eta\left(u_{i,j} + u_{j,i} - \frac{2}{3} u_{,k} \delta_{ij}\right)\right] - \delta\rho g \delta_{ir} = 0 \tag{3-102}$$

$$\rho c_P (T_{,t} + u_i T_{,i}) = \rho c_P \kappa T_{,ii} - \alpha \rho g u_r T + \Phi + \rho(Q_{L,t} + u_i Q_{L,i}) + \rho H \tag{3-103}$$

式中，ρ 为密度；u 为速度；P 为动力压强；η 为黏度；δ_{ij} 为克罗内克符号张量；$\delta\rho$ 为密度异常；g 为重力加速度；T 为温度；c_P 为比热容；κ 为热扩散系数；α 为热膨胀系数；Φ 为黏滞耗散；Q_L 为相变潜热；H 为生热率。表达式 $X_{,y}$ 代表了 X 对于 y 的导数，其中 i 和 j 为方位标识，r 为径向，t 为时间。考虑相变、温度以及组分的变化时，密度异常可以表示为

$$\delta\rho = -\alpha \bar{\rho}(T - \bar{T}_a) + \delta\rho_{ph}\Gamma + \delta\rho_{ch}C \tag{3-104}$$

式中，$\bar{\rho}$ 为径向密度分布；$\bar{T}_a$ 为径向绝热温度分布；$\delta\rho_{ph}$ 为穿过某一相变面的密度跳跃；$\delta\rho_{ch}$ 为不同组分之间的密度差异；Γ 为相函数；C 为组分。相函数定义如下

$$\pi = \bar{\rho}g(1 - r - d_{ph}) - \gamma_{ph}(T - T_{ph}) \tag{3-105}$$

$$\Gamma = \frac{1}{2}\left[1 + \tanh\left(\frac{\pi}{\bar{\rho}g\omega_{ph}}\right)\right] \tag{3-106}$$

式中，π 为对比压力；d_{ph} 和 T_{ph} 为某一相变的背景深度和温度；γ_{ph} 为相变面的克拉珀龙斜率；ω_{ph} 为相变面的厚度。

3.4.1.2 无量纲方程

通常情况下，为了消除地球内部各物性参数差异所造成的求解方程的不稳定性，同时，为了避免引入过多的参数变化影响，可以将基本方程组进行无量纲化处理。对于不同的物理量，可以通过引入以下量纲参数，来进行无量纲化处理

$$x_i = R_0\, x'_i$$

$$\alpha = \alpha_0\, \alpha'$$

$$\rho = \rho_0\, \rho'$$

$$g = g_0\, g'$$

$$\kappa = \kappa_0\, \kappa'$$

$$\eta = \eta_0\, \eta'$$

$$c_P = c_{P0}\, c'_P$$

$$u_i = \frac{\kappa_0}{R_0} u'_i$$

$$t = \frac{R_0^2}{\kappa_0} t'$$

$$T_0 = \Delta T T'_0$$

$$T = \Delta T (T' + T'_0)$$

$$P = \frac{\eta_0\, \kappa_0}{R_0^2} P'$$

$$H = \frac{\kappa_0}{R_0^2} c_{P0} \Delta T\, H'$$

$$d_{\mathrm{ph}} = R_0\, d'_{\mathrm{ph}}$$

$$\gamma_{\mathrm{ph}} = \frac{\rho_0\, g_0\, R_0}{\Delta T} \gamma'_{\mathrm{ph}} \tag{3-107}$$

式中，ρ_0 为参考密度；α_0 为参考热扩散系数；g_0 为参考重力；κ_0 为参考热扩散系数；η_0 为参考黏度；c_{P0} 为参考比热容；R_0 为地球半径；T_0 为表面温度；ΔT 为从核幔边界到地表的温度差异；不带有角标的表示有量纲的参数；带有角标的表示无量纲化后的参数。

根据以上无量纲关系式，去掉角标，则无量纲化的控制方程组变为

$$u_{i,i} + \frac{1}{\bar{\rho}} \frac{\mathrm{d}\bar{\rho}}{\mathrm{d}r} u_r = 0 \tag{3-108}$$

$$-P_{,i} + \left[\eta\left(u_{i,j} + u_{j,i} - \frac{2}{3} u_{k,k} \delta_{ij}\right)\right]_{,i} + (\mathrm{Ra}\,\bar{\rho}\alpha T - \mathrm{Ra}_b \Gamma - \mathrm{Ra}_c C) g \delta_{ir} = 0 \tag{3-109}$$

$$\bar{\rho}\, c_P (T_{,t} + u_i\, T_{,i}) \left[1 + 2\Gamma(1-\Gamma) \frac{\gamma_{\mathrm{ph}}^2}{d_{\mathrm{ph}}} \frac{\mathrm{Ra}_b}{\mathrm{Ra}} \mathrm{Di}(T + T_0)\right]$$

$$= \bar{\rho}\, c_P \kappa\, T_{,ii} - \bar{\rho}\alpha g\, u_r \mathrm{Di}(T + T_0) \left[1 + 2\Gamma(1-\Gamma) \frac{\gamma_{\mathrm{ph}}}{d_{\mathrm{ph}}} \frac{\mathrm{Ra}_b}{\mathrm{Ra}}\right] + \frac{\mathrm{Di}}{\mathrm{Ra}} \Phi + \bar{\rho} H \tag{3-110}$$

其中，Ra 为瑞利数，其定义为

$$\mathrm{Ra} = \frac{\alpha_0 \rho_0 g_0 \Delta T R_0^3}{\eta_0 \kappa_0} \tag{3-111}$$

相变瑞利数（Ra_b）、化学瑞利数（Ra_c）、内生热瑞利数（Ra_H）和耗散数（Di）分别定义为

$$\mathrm{Ra}_b = \mathrm{Ra}\,\frac{\delta\rho_{ph}}{\alpha_0 \rho_0 \Delta T} \tag{3-112}$$

$$\mathrm{Ra}_c = \mathrm{Ra}\,\frac{\delta\rho_{ch}}{\alpha_0 \rho_0 \Delta T} \tag{3-113}$$

$$\mathrm{Ra}_H = \mathrm{Ra}H\,\frac{R_0^3 - R_{\mathrm{CMB}}^3}{3R_0^3} \tag{3-114}$$

$$\mathrm{Di} = \frac{\alpha_0 g_0 R_0}{c_{P0}} \tag{3-115}$$

3.4.2 地幔对流的数值方法

地幔对流的控制方程来源于质量守恒方程、动量守恒方程和能量守恒方程。地幔的流变特性具有非线性的特征，与温度、应力有很强的依赖关系，因此，能量方程中，流体速度和温度的非线性耦合过程，需要通过数值方法来求解这些控制方程。要理解相变（如橄榄石到尖晶石相变）和多组分对流的动力学影响，同样需要数值方法。20世纪60年代末期以来，有关地幔对流的数值模型已经有了丰富的经验。计算机技术的蓬勃发展以及数值技术的不断进步，大大促进了地幔对流领域的发展，使其在地球流体动力学领域逐渐有了自己独特的位置。

接下来介绍地幔对流研究中比较常用的一些数值方法。首先，针对某些特定的地幔对流问题，给出控制方程、边界条件和初始条件；然后，介绍通常情况下能够有效解决这些问题的数值方法。有限元方法是目前使用最多的，也是最受欢迎的，因此，选取有限元作为最基本的数值工具。为了简洁明了，这里主要讨论均匀、不可压缩流体在Boussinesq（布西内斯克）近似下的问题。但是，对于更为复杂和实际的地幔情况，也将给出一定的解决方法，如对流过程包含了非牛顿流变性质、固态相变以及热-化学对流等过程。

3.4.2.1 控制方程、初始条件和边界条件

地幔对流最简单的数学描述，就是假设不可压缩和Boussinesq近似。在这种情况下，无量纲的质量守恒方程、动量守恒方程和能量守恒方程可以表示为

$$u_{i,i} = 0 \tag{3-116}$$

$$\sigma_{ij,j} + \mathrm{Ra} T \delta_{iz} = 0 \tag{3-117}$$

$$\frac{\partial T}{\partial t} + u_i T_{,i} = (\kappa T_{,i})_{,i} + \gamma \tag{3-118}$$

式中，u_i、σ_{ij}、T 和 γ 分别为速度、应力张量、温度和生热率；Ra 为瑞利数；δ_{iz} 为克罗内克函数。重复的角标代表求和，$u_{,i}$ 代表变量 u 相对于坐标 x_i 的偏导。这些方程是根据以下特征尺度得到的：长度 D、时间 D^2/κ、温度（T），其中，D 通常为地幔或者流体层的厚度，κ 为热扩散系数，ΔT 为流体层的温度差异。应力张量可以通过以下连续性方程和应变率相联系：

$$\sigma_{ij} = -P\delta_{ij} + 2\eta \varepsilon_{ij} = -P\delta_{ij} + \eta(u_{i,j} + u_{j,i}) \tag{3-119}$$

式中，P 为动态压强；η 为黏度。

将应力张量代入守恒方程中，即可以得到三个主要的未知变量：压强、速度和温度。结合适当的边界以及初始条件，以上三个控制方程足够用来求解这三个未知量。由于只有温度在能量方程中对时间存在一阶导数，只需要对温度设定初始条件。通常情况下，边界条件包括动量方程中给定的应力和速度，以及能量方程中给定的热流和温度边界条件。初始条件和边界条件可以表示为

$$T(r_i, t=0) = T_{\mathrm{init}(r_i)} \tag{3-120}$$

$$u_i = g_i \mathrm{on} \Gamma_{g_i}, \quad \sigma_{ij} n_j = h_i \mathrm{on} \Gamma_{h_i} \tag{3-121}$$

$$T = T_{\mathrm{bd}} \mathrm{on} \Gamma_{T_{\mathrm{bd}}}, \quad (T_{,i})_n = q \mathrm{on} \Gamma_q \tag{3-122}$$

在研究地幔动力过程中，尽管在某些研究中表面速度是根据表面板块运动而给定的，但通常情况下，在表面和底部边界施加自由滑移（即切向应力为零，正向速度为零）和恒温的边界条件。在很多情况下，地幔动力过程考虑的是稳态或统计稳态状态下的解，因为这对于稳态下的最终结果没有明显的影响，初始条件的选择可以相对任意。

尽管完全时间相关的热对流过程涉及以上所有三个控制方程，但还有一种很重要的次级地幔动力学问题，通常被称为瞬时斯托克斯流体问题，其只需要求解质量和动量方程。对于瞬时斯托克斯流体问题，通常是考虑给定的一个浮力场（如从地震波结构得到）或给定的表面板块运动对重力异常、表面以及地幔内部的变形速率和应力状态的动力学影响（Hager and O'Connell, 1981; Hager and Richards, 1989）。

这些控制方程需要数值求解，求解步骤应注意以下几点。

1）方程中的热传导项，$u_i T_{,i}$ 代表了速度和温度的一种非线性耦合。

2）连续性方程通常也是非线性的，应力和应变率遵循幂律关系。也就是说，方程中的黏度只能看作依赖于应力或应变率的一种等效黏度。

3）即便是对于线性流变的斯托克斯流体问题，黏度的空间变化性也会使得任何解析求解方法变得很困难和不切实际。

对于实际的地球动力学过程而言，耦合问题的稳态解通常没有什么太大的意义，因此，不管对控制方程采用什么样的数值方法进行求解，一般来说，都是对耦合系统通过以下方法，在时间域进行明确求解：①通过给定的一个初始浮力或温度场，利用质量守恒方程和动量守恒方程，得到流体运动速度；②利用求得的速度，通过能量方程，得到下一时间步的温度场。

3.4.2.2 有限元法

有限元法在求解考虑复杂几何形状和材料性质的微分方程过程中是非常有效的。有限元法在地幔动力学研究中已经得到了广泛应用（Christensen，1984；Baumgardner，1985；King et al.，1990；van den Berg et al.，1993；Moresi and Gurnis，1996；Bunge et al.，1997；Zhong et al.，2000）。下面介绍有限单元方法求解热对流控制方程的一些基本步骤。

式（3-116）和式（3-117）所描述的斯托克斯流体的有限元公式和能量方程的有限元公式是相互独立的。Hughes（2000）详细给出了针对斯托克斯流体的一种Galerkin弱形式的有限元公式。Brooks（1981）发展了一种针对涉及传导和扩散过程的能量方程的Streamline Upwind Petrov-Galerkin（SUPG）算法。这两个算法在解决这一类型的问题中应用依然十分广泛，并且被引入到地幔对流程序ConMan（King et al.，1990）和Citcom/CitcomS（Moresi and Gurnis，1996；Zhong et al.，2000）之中。下面将要介绍的方法是根据Brooks（1981）、Hughes（2000）、Ramage和Wathen（1994）修改而来的，主要适用于不可压缩物质中的热对流问题，与ConMan以及Citcom程序密切相关。

（1）斯托克斯流体：一种弱形式与有限元实现和求解

A. 一种弱形式

斯托克斯流体Galerkin弱形式可以表述如下：找到流体速度$u=v+g$和压强P，其中g_i是式（3-121）所描述的给定边界速度，$v_i \in V$，$P \in P$，其中，V是一组方程使得在Γ_{gi}上每一个w_i都是零，P是函数q的组合，这样对于所有$w_i \in V$和$q \in P$都符合式（3-123）

$$\int_\Omega w_{i,j} \sigma_{ij} \mathrm{d}\Omega - \int_\Omega q u_{i,i} \mathrm{d}\Omega = \int_\Omega w_i f_i \mathrm{d}\Omega + \sum_{i=1}^{n_{sd}} \int_{\Gamma_{h_i}} w_i h_i \mathrm{d}\Gamma \qquad (3\text{-}123)$$

w_i和q也被称为权重函数。当$f_i = \mathrm{Ra} T \delta_{iz}$时，式（3-123）、式（3-116）和式（3-117）以及边界条件式（3-121）是等效的（Hughes，2000）。式（3-123）也可以写作

$$\int_\Omega w_{i,j} c_{ijkl} v_{k,l} \mathrm{d}\Omega - \int_\Omega q v_{i,i} \mathrm{d}\Omega - \int_\Omega w_{i,i} P \mathrm{d}\Omega$$

$$= \int_\Omega w_i f_i \mathrm{d}\Omega + \sum_{i=1}^{n_{sd}} \int_{\Gamma_{h_i}} w_i\, h_i \mathrm{d}\Gamma - \int_\Omega w_{i,j}\, c_{ijkl}\, g_{k,l} \mathrm{d}\Omega \qquad (3\text{-}124)$$

其中,

$$c_{ijkl} = \eta(\delta_{ik}\delta_{jl} + \delta_{il}\delta_{jk}) \qquad (3\text{-}125)$$

通常情况下将方程写为以下形式:

$$w_{i,j}\, c_{ijkl}\, v_{k,l} = \varepsilon(\vec{w})^{\mathrm{T}} D \varepsilon(\vec{v}) \qquad (3\text{-}126)$$

对于二维平板应变问题而言, 见式 (3-127)

$$\varepsilon(\vec{w}) = \begin{Bmatrix} v_{1,1} \\ v_{2,2} \\ v_{1,2} + v_{2,1} \end{Bmatrix}, D = \begin{bmatrix} 2\eta & 0 & 0 \\ 0 & 2\eta & 0 \\ 0 & 0 & 2\eta \end{bmatrix} \qquad (3\text{-}127)$$

对于其他坐标系统, 如三维、轴对称 (Hughes, 2000) 或者是球坐标 (Zhong et al., 2000) 都可以类似地写出其表达式。

假设利用一系列网格点将求解区域 Ω 离散化, 这样区域内任一位置的速度、压力场以及它们的权重函数就可以通过它们在网格点上的值给出, 也就是通过差值网格点得到的形函数如下:

$$\vec{w} = V_i \vec{e}_i = \sum_{A \in \Omega^v - \Gamma_{gi}^v} N_A v_{iA} \vec{e}_i, \quad \vec{w} = \vec{w}_i \vec{e}_i = \sum_{A \in \Omega^v - \Gamma_{gi}^v} N_A w_{iA} \vec{e}_i, \quad \vec{g} = \sum_{A \in \Gamma_{gi}^v} N_A g_{iA} \vec{e}_i$$
$$(3\text{-}128)$$

$$P = \sum_{B \in \Omega^p} M_B P_B, \quad q = \sum_{B \in \Omega^p} M_B q_B \qquad (3\text{-}129)$$

式中, N_A 为速度在节点 A 处的形函数; M_B 为压强在节点 B 处的形函数; Ω^v 为速度节点的集合; Ω^p 为压强节点的集合; Γ_{gi}^v 为沿着边界的一系列速度节点。注意, 速度的形函数及其节点位置可以和压强不同。如图 3-34 所示, 实心点为速度节点, 具有速度变量 V; 空心点代表压强节点, 具有压强变量 P。

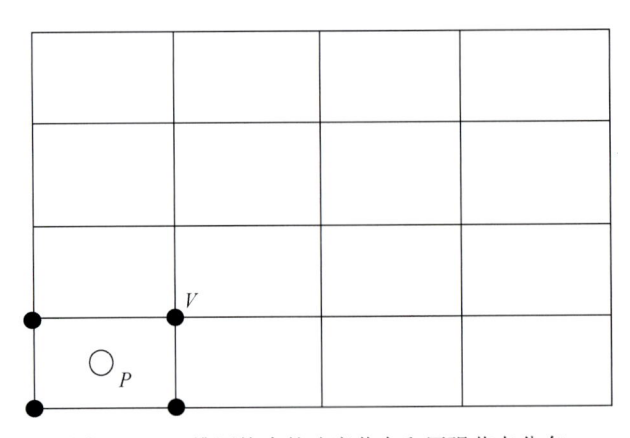

图 3-34 二维网格中的速度节点和压强节点分布

将式（3-128）代入式（3-126），可以得到以下方程

$$\varepsilon(\vec{w})^{\mathrm{T}} D \varepsilon(\vec{v}) = \varepsilon\Big(\sum_{A \in \Omega^v - \Gamma^v_{gi}} N_A w_{iA} \vec{e}\Big)^{\mathrm{T}} D \varepsilon\Big(\sum_{B \in \Omega^v - \Gamma^v_{gi}} N_B v_{jB} \vec{e}_j\Big)$$

$$= \Big[\sum_{A \in \Omega^v - \Gamma^v_{gi}} \varepsilon(N_A \vec{e}_i)^{\mathrm{T}} w_{iA}\Big] D \Big[\sum_{B \in \Omega^v - \Gamma^v_{gi}} \varepsilon(N_B \vec{e}_j)^{\mathrm{T}} v_{jB}\Big]$$

$$= \sum_{A \in \Omega^v - \Gamma^v_{gi}} w_{iA} \Big[\sum_{B \in \Omega^v - \Gamma^v_{gi}} \vec{e}_i^{\mathrm{T}} B_A^{\mathrm{T}} D B_B \vec{e}_j v_{jB}\Big]$$

对于二维平板应变问题而言，

$$B_A = \begin{bmatrix} N_{A,1} & 0 \\ 0 & N_{A,2} \\ N_{A,2} & N_{A,1} \end{bmatrix} \tag{3-130}$$

将式（3-128）和式（3-129）代入式（3-124），可以得到

$$\sum_{A \in \Omega^v - \Gamma^v_{gi}} w_{iA} \Big[\sum_{B \in \Omega^v - \Gamma^v_{gi}} \Big(\vec{e}_i^{\mathrm{T}} \int_\Omega B_A^{\mathrm{T}} D B_B \mathrm{d}\Omega \vec{e}_j v_{jB}\Big) - \sum_{B \in \Omega^v} \Big(\vec{e}_i \int_\Omega N_{A,i} M_B \mathrm{d}\Omega P_B\Big)\Big] - \sum_{A \in \Omega^v} \Big[q_A \sum_{B \in \Omega^v - \Gamma^v_{gi}} \Big(\int M_A N_{B,j} \mathrm{d}\Omega \vec{e}_j v_{jB}\Big)\Big]$$

$$= \sum_{A \in \Omega^v - \Gamma^v_{gi}} w_{iA} \Big[\int_\Omega N_A \vec{e}_i f_i \mathrm{d}\Omega + \sum_{i=1}^{n_{sd}} \int_{\Gamma_{hi}} N_A \vec{e}_i h_i \mathrm{d}\Gamma - \sum_{B \in \Gamma^v_g} \Big(\vec{e}_i^{\mathrm{T}} \int_\Omega B_A^{\mathrm{T}} D B_B \mathrm{d}\Omega \vec{e}_j g_{jB}\Big)\Big] \tag{3-131}$$

因为式（3-131）对任意权重函数 w_{iA} 和 q_A 都成立，这样就可以得到以下两个方程

$$\sum_{B \in \Omega^v - \Gamma^v_{gi}} \Big(\vec{e}_i^{\mathrm{T}} \int_\Omega B_A^{\mathrm{T}} D B_B \mathrm{d}\Omega \vec{e}_j v_{jB}\Big) - \sum_{B \in \Omega^v} \Big(\vec{e}_i \int_\Omega N_{A,i} M_B \mathrm{d}\Omega P_B\Big)$$

$$= \int_\Omega N_A \vec{e}_i f \mathrm{d}\Omega_i + \sum_{i=1}^{n_{sd}} \int_{\Gamma_{hi}} N_A \vec{e}_i h_i \mathrm{d}\Gamma - \sum_{B \in \Gamma^v_{gi}} \Big(\vec{e}_i^{\mathrm{T}} \int_\Omega B_A^{\mathrm{T}} D B_B \mathrm{d}\Omega \vec{e}_j g_{jB}\Big) \tag{3-132}$$

$$\sum_{B \in \Omega^v - \Gamma^v_{gi}} \Big(\int_\Omega M_A N_{B,j} \mathrm{d}\Omega \vec{e}_j v_{jB}\Big) = 0 \tag{3-133}$$

将式（3-132）和式（3-133）写成矩阵形式，可以得到

$$\begin{bmatrix} \boldsymbol{K} & \boldsymbol{G} \\ \boldsymbol{G}^{\mathrm{T}} & 0 \end{bmatrix} \begin{Bmatrix} \boldsymbol{V} \\ \boldsymbol{P} \end{Bmatrix} = \begin{Bmatrix} \boldsymbol{F} \\ 0 \end{Bmatrix} \tag{3-134}$$

式中，矢量 $\boldsymbol{V}$ 包含所有节点的速度；矢量 $\boldsymbol{P}$ 为所有压强节点的压强；矢量 $\boldsymbol{F}$ 为来自式（3-132）或式（3-133）右侧的总力项；矩阵 $\boldsymbol{K}$、$\boldsymbol{G}$、$\boldsymbol{G}^{\mathrm{T}}$ 分别是刚度矩阵、离散梯度算子和离散散度算子，分别来自式（3-132）和式（3-133）的第一和第二项。特别地，刚度矩阵为

$$\boldsymbol{K}_{lm} = \vec{e}_i^{\mathrm{T}} \int_\Omega B_A^{\mathrm{T}} D B_B \mathrm{d}\Omega \vec{e}_j \tag{3-135}$$

式中，角标 A 和 B 为式（3-128）中所示的整体速度节点的数目；i 和 j 为自由度数目，从 1 到 n_{sd}；l 和 m 为整体的速度方程的数目，从 1 到 $n_v n_{sd}$，其中 n_v 为速度节点的数目。

B. 有限元实现

本节介绍斯托克斯流体 Galerkin 弱形式的有限元实现方法，以及式（3-134）中各项的表达形式。有限元近似的一个关键点就是所有待求解的方程在整个求解域内都可写成积分形式，因此，也就可以直接写成一系列子求解域的集合形式，而不需要做进一步近似，矩阵方程式（3-134）可以分解成这些子域所贡献的叠加总和。

首先介绍单元和形函数。标准的有限元法的一个主要特征就是采用一个局部的基函数或者形函数，这样某个单元内变量的值就只取决于这个单元所包含的节点。通常情况下，形函数的选取基于以下原则，在此单元的主节点上它们的值是 1，而在其他节点以及单元边界以外的地方值为 0。除去已知解的形式等特殊情况外，通常选择简单的多项式形函数，并对其进行组合，从而构成多维的结果。此外，这种差值要求限定了单元内节点的排列样式，也就是说，哪些单元可以放在相邻的位置是有要求的，Bathe（1996）对这一问题给出了很好的综述性介绍。

为了简单起见，可以考虑二维空间、四边形单元。这里引入混合单元，其中每个单元包含 4 个速度节点，每个节点占据单元的一个角，而唯一的压强节点位于单元的中心（图3-35）。对于这些四边形单元，每个单元内的速度插值使用双线性形函数，且每个单元的压强是恒定的。一般作为有限元模拟不可压缩物质的变形/流动问题而言，一个很重要的条件就是要保证速度的插值函数（形函数）比压强的高至少一个量级，这也是针对四边形单元所做的（Hughes，2000）。然而，即便这个条件满足了，假的流动解也可能会产生。

对于任一给定的单元 e，单元内的速度和压强可以通过以下插值给出

$$\vec{v} = v_i \vec{e}_i = \sum_{a=1}^{n_{en}} N_a v_{ia} \vec{e}_i, \quad \vec{w} = w_i \vec{e}_i = \sum_{b=1}^{n_{en}} N_b w_{ib} \vec{e}_i, \quad \vec{g} = g_i \vec{e}_i = \sum_{a=1}^{n_{en}} N_a g_{ia} \vec{e}_i \quad (3\text{-}136)$$

$$P = \sum_{a=1}^{n_{ep}} M_a P_a, \quad q = \sum_{a=1}^{n_{ep}} M_a q_a \quad (3\text{-}137)$$

式中，n_{en} 和 n_{ep} 分别为每个单元的速度和压强节点数，对于四边形单元而言，$n_{en}=4$，$n_{ep}=1$。形函数 N_a，$a=1, \cdots, n_{en}$ 取决于坐标系，N_a 在节点 a 为 1，在单元的其他节点上则线性减小到 0。形函数的位置大大简化了 Galerkin 弱形式的实现性和计算性。

接下来引入单元刚度矩阵、离散梯度和离散散度算子以及力项

$$k^e = [k^e_{lm}], \quad g^e = [g^e_{ln}], \quad f^e = \{f^e_l\} \quad (3\text{-}138)$$

式中，$1 \leqslant l$，$m \leqslant n_{en} n_{sd}$，$1 \leqslant n \leqslant n_{ep}$（对于四边形单元而言，$n_{en}=4$，$n_{ep}=1$，$n_{sd}=2$）；$k^e$ 为一个 $n_{en} n_{sd}$ 乘 $n_{en} n_{sd}$ 的方阵；g^e 为一个 $n_{en} n_{sd}$ 乘 n_{ep} 的矩阵

$$k^e_{lm} = \vec{e}_i^{\mathrm{T}} \int_\Omega B_a^{\mathrm{T}} D B_b \, \mathit{\Omega} \, \vec{e}_j \quad (3\text{-}139)$$

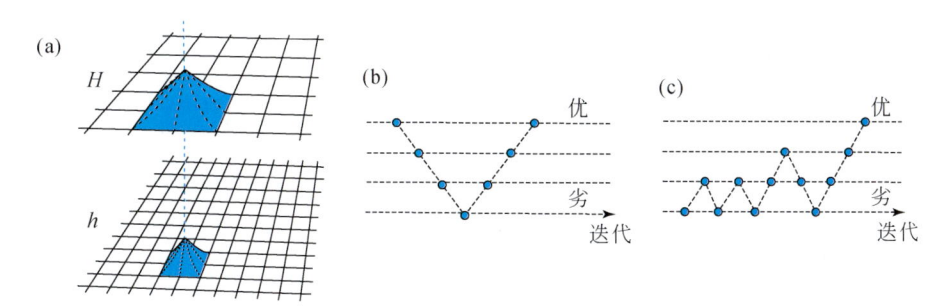

图 3-35 多重网格方法迭代循环示意

其中，$l=n_{sd}(a-1)+i$，$m=n_{sd}(b-1)+j$，a，$b=1$，$\cdots$，n_{en}，i，$j=1$，$\cdots$，n_{sd}，

$$g_{ln}^e = -\vec{e}_i \int_\alpha N_{a,i} M_n \mathrm{d}\Omega \qquad (3\text{-}140)$$

其中，$n=1$，$\cdots$，n_{ep}，其余符号如前所述

$$f_l^e = \int_\alpha N_a f_i \mathrm{d}\Omega + \int_{\Gamma_h} N_a h_i \mathrm{d}\Gamma - \sum_{m=1}^{n_{sd}n_{en}} k_{im}^e g_m^e \qquad (3\text{-}141)$$

这些单元矩阵和力项的确定，需要对每个单元的积分进行求值，而被积函数就涉及形函数和它们的导数。通常情况使用等参数单元是比较方便的，即单元的坐标和速度具有插值格式（Hughes，2000）。例如，对于之前讨论的 2D 四边形单元，对于坐标为（-1，1）和（-1，1）的某个单元的节点 a 而言，其速度形函数可以表示为

$$N_a(\xi, \eta) = 1/4(1+\xi_a\xi)(1+\eta_a\eta) \qquad (3\text{-}142)$$

其中，对于 $a=1$，2，3，4 而言（ξ_a，η_a）分别为（-1，-1）、（1，-1）、（1，1）和（-1，1）。每个单元只有一个压强节点，因此，M_a 的压强形函数为 1。尽管式（3-139）~式（3-141）的积分是在物理域内给出的（即 x_1 和 x_2 坐标系），而不是在父域内给出，但是它们可以通过坐标变化在父域内给出。

实际上，这些单元积分是通过一定形式的正交法则，以数值方法计算的。在二维情况下，高斯正交法则是最适宜的，通常也是最受推荐的；在三维情况下，其他法则也许可能更有效，但是通常并不被采用，这主要是考虑到计算机编程的简化性（Hughes，2000）。

当单元的 k、g、f 确定了以后，就可以直接将它们组装成整体矩阵方程（3-134）。如果采用迭代求解方法来解式（3-134），那么就可以对方程式（3-134）左侧，进行逐个单元的计算，而不需要将单元矩阵和体力项组装成方程（3-134）所示的整体矩阵方程形式。

C. 矩阵方程的 Uzawa 算法

本节介绍式（3-134）的求解算法。主要聚焦于迭代求解方法，相对于直接求解方法而言，它需要更低的内存和计算量。对于三维问题而言，迭代求解方法是唯一可行且切合实际的方法。

由于在对角线上零项的存在，方程系统是奇异的，但它又是对称的，刚度矩阵 K 是正定对称的，这就成为寻找求解策略的一个优势。一个有效的方法就是在 Citcom 程序中实现的 Uzawa 算法（Moresi and Solomatov，1995）。在 Uzawa 算法中，矩阵方程式（3-134）被分解为两个耦合的方程系统（Atanga and Silvester，1992；Ramage and Wathen，1994）

$$KV + GP = F \qquad (3\text{-}143)$$

$$G^{\mathrm{T}}V = 0 \qquad (3\text{-}144)$$

将这两个方程结合，并消去 V，从而得到压强的舒尔补码系统

$$(G^{\mathrm{T}}K^{-1}G)P = G^{\mathrm{T}}K^{-1}F \qquad (3\text{-}145)$$

注意，矩阵 $\widehat{K} = G^{\mathrm{T}}K^{-1}G$ 是正定对称的。尽管实际上很难得到 K^{-1}，式（3-145）并不能直接用来求解 P，但是可以利用它结合共轭梯度算法，来建立一个压强校正方法，而共轭梯度算法并不需要构建矩阵 $\widehat{K}$（Ramage and Wathen，1994）。这一步骤接下来将会详细介绍并讨论。

在共轭梯度算法中，对于正定对称矩阵 K，一个线性方程系统 $\widehat{K}P = H$ 的解，可以通过如下运算过程得到（Golub and van Loan，1989）

```
k = 0; P₀ = 0; r₀ = H
while |rₖ| > ε (a given tolerance)
    k = k+1
If k = 1
    s₁ = r₀
else
    βₖ = r_{k-1}^T r_{k-1} / r_{k-2}^T r_{k-2}
    sₖ = r_{k-1} + βₖ s_{k-1}
end
    αₖ = r_{k-1}^T r_{k-1} / sₖ^T K̂s_k
    Pₖ = P_{k-1} + αₖ sₖ
    rₖ = r_{k-1} − αₖ K̂s_k
end
P = Pₖ
```

对于式（3-143）和式（3-145）中的速度和压强，给定一个初始猜测的压强 $P_0 = 0$，则可以得到初始速度 V_0 为

$$KV_0 = F, \text{ 或 } V_0 = K^{-1}F \quad (3\text{-}146)$$

压强方程式（3-145）的初始残差 r_0 和查找方向 s_1 为 $r_0 = s_1 = H = G^T K^{-1} F = G^T V_0$。为了确定共轭梯度算法中的查找步 α_k，需要计算查找方向 s_k 和 $\widehat{K}$，$s_k^T \widehat{K}_{S_k}$ 的乘积。这一乘积可以不需要通过构建 $\widehat{K}$ 而估算出来，其原因如下。

乘积可以写成

$$s_k^T \widehat{K}_{S_k} = s_k^T G^T K^{-1} G_{S_k} = (G_{S_k})^T K^{-1} G_{S_k} \quad (3\text{-}147)$$

如果定义 u_k，使得

$$Ku_k = G_{S_k}, \text{ 或 } u_k = K^{-1} G_{S_k} \quad (3\text{-}148)$$

那么就有

$$s_k^T \widehat{K}_{S_k} = s_k^T G^T K^{-1} G_{S_k} = (G_{S_k})^T u_k \quad (3\text{-}149)$$

这表明如果以 G_{S_k} 作为体力项利用式（3-148）求解 u_k，那么乘积 $s_k^T \widehat{K}_{S_k}$ 实际上可以不需要 $\widehat{K}$ 就可以得到。类似地，在更新残差 r_k 的过程中 $\widehat{K}_{S_k}$ 也不需要 $\widehat{K}$ 就可以得到，因为 $\widehat{K}_{S_k} = G^T K^{-1} G_{S_k} = G^T u_k$。

压强 P 在共轭梯度算法中可以通过 $P_k = P_{k-1} + \alpha_k u_k$ 来更新，因此，速度也可以相应的进行更新，为

$$V_k = V_{k-1} - \alpha_k u_k \quad (3\text{-}150)$$

这可以通过以下推导得到。在 k–1 迭代步，压强和速度分别是 P_{k-1} 和 V_{k-1}，它们满足式（3-143），

$$KV_{k-1} + GP_{k-1} = F \quad (3\text{-}151)$$

在 k 迭代步，更新的压强为 P_k，速度为 $V_k = V_{k-1} + v$，其中 v 是待确定的未知增量。将 P_k 和 V_k 代入式（3-143），并考虑 $P_k = P_{k-1} + \alpha_k s_k$ 和 $V_k = V_{k-1} + v$，则式（3-150）变为

$$Kv + \alpha_k G_{S_k} = 0, \text{ 或 } v = -\alpha_k K^{-1} G_{S_k} \quad (3\text{-}152)$$

结合式（3-148），可以清楚地发现，速度增量 $v = -\alpha_k u_k$ 以及式（3-150）更新了速度。

最终的算法过程如下

$$k = 0 ; P_0 = 0$$

$$\text{Solve } K V_0 = F$$

$$r_0 = H = G^T V_0$$

$$\text{while } |r_k| > \varepsilon \text{ (a given tolerance)}$$

$$\quad k = k+1$$

$$\quad \text{If } k = 1$$

$$\quad\quad s_1 = r_0$$

$$\quad \text{else}$$

$$\quad\quad \beta_k = r_{k-1}^T r_{k-1} / r_{k-2}^T r_{k-2}$$

$$\quad\quad s_k = r_{k-1} + \beta_k s_{k-1}$$

$$\quad \text{end}$$

$$\quad \text{Solve } K u_k = G_{s_k}$$

$$\quad\quad \alpha_k = r_{k-1}^T r_{k-1} / (G_{s_k})^T u_k$$

$$\quad\quad P_k = P_{k-1} + \alpha_k s_k$$

$$\quad\quad V_k = V_{k-1} - \alpha_k u_k$$

$$\quad\quad r_k = r_{k-1} - \alpha_k G^T u_k$$

$$\text{end}$$

$$P = P_k, V = V_k$$

这种算法的效率取决于求解式（3-148）的效率。需要注意的是，共轭梯度只是众多可选择的方法中的一种。任意一个标准 Krylov 子空间方法，包括双共轭梯度、GMRES 原则上都可以用同样的方法实现，不论涉及 K 的逆矩阵的矩阵矢量乘积在什么地方需要。

D. 多重网格求解策略

刚度矩阵 K 是正定对称的，这就使得可以有很多种可能的求解方法。例如，在 Citcom 程序中，多重网格解法被用来求解方程式（3-148）（Moresi and Solomatov, 1995）。在新版 Citcom，包括 CitcomS/CitcomCU 中，引入了采用一致投影方案的完全多重网格解法来求解方程式（3-148），这使得求解过程变得更加有效（Zhong et al., 2000）。

多重网格方法工作的原理是将有限元问题在不同尺度上进行公式化处理——通常情况下就是一系列不同尺度的嵌套网格 [图 3-35（a）]。求解过程在所有网格上同时求解，而每一层网格消除不同尺度的误差。其效果就是快速地在网格上的不同节点之间传递信息，否则，就会被单元形函数的局部支撑所阻止。事实上，经过一次从精细网格到粗糙网格再到精细网格的变换，网格上的所有节点就可以直接和其他所有的节点相联系——考虑节点在物理上是耦合的，但是在网格上是疏远的，从而在每一个迭代循环中，可以直接进行交流。这与斯托克斯流体问题在物理结构上是相符合的，即由任意位置的浮力或者是边界条件的改变所引起的应力响应，向系统内所有位置的传递，都是瞬时发生的。

多重网格的效果依赖于每一个分辨率的嵌套网格所使用的迭代求解方法，这就像是对每个特定网格的特征尺度的残差进行平滑处理。高斯–赛德尔迭代是一个非常常见的选择，因为它恰好就包含这种功能，尽管它的有效性取决于求解程序所访问的自由度的数量，而且也很难在并行环境下实现。在粗糙网格上，因为单元的数目通常是很少的，所以使用直接求解程序是可能的。

对于一个椭圆算子，如式（3-148）中斯托克斯速度问题的刚度矩阵 $\boldsymbol{K}$，可以写成

$$K_h v_h = F_h \tag{3-153}$$

式中，角标 h 表示问题被离散到一个有限精度网格 h 上。在网格 h 上的一个初始估测速度 v_h，可以通过一个修正量 Δv_h 进行改进

$$K_h \Delta v_h = F_h - K_h v_h \tag{3-154}$$

假设通过在粗网格上求解问题，得到近似的初始估计值。自由度的减少，使得问题变得更易于处理，从而可以快速求解。所以，修正项为

$$K_h \Delta v_h = F_h - K_h R_h^H v_H \tag{3-155}$$

式中，H 为粗糙等级的离散化，算符 R_h^H 代表从粗糙等级 H 到精细等级 h 的插值。

为了获得 v_H，需要对问题进行粗糙近似的求解

$$K_H v_H = F_H \tag{3-156}$$

其中，$\boldsymbol{K}_H$ 和 $\boldsymbol{F}_H$ 是粗网格下等价的刚度矩阵和力矢量。一般地，可以定义为

$$\boldsymbol{K}_H = R_H^h K_h R_h^H \quad \text{和} \quad \boldsymbol{F}_H = R^h F_h \tag{3-157}$$

式中，R_H^h 是一个限定算符，它的作用和插值算子正好相反，是对细网格误差进行减采样得到粗网格的误差。

整个过程是在最细网格上开始和结束的，其他层节点的物理量仅仅是达到目的一种手段、一个过程。在最细网格上，先用高斯–赛德尔迭代法迭代若干次，得到残差，并将它限制在粗糙些的网格上；在粗糙网格上，再用高斯–赛德尔迭代法迭代若干次，估计残差并做限制，直到限制到最粗糙网格［图3-35（b）］。在最粗糙网格上精细求解，再回升最精细网格，在每一步延拓中，在新的网格上更新残差，并进行若干次高斯–赛德尔迭代法计算，来减少可能由先前的延拓带来的误差。整个过程从最精细网格到最粗网格再回到最精细网格，也就完成了 V 循环。求解步骤

的一个简单描述如下

  在最精细网格 h 处求近似解 v

计算残差

$$r_h = F_h - K_h v_h$$

重复

$$r_{h-i} = R_{h-i}^{h-(i-1)} r_{h-i-1}$$

更新残差由 N 到 h–N

精确求解

$$\Delta v_{h-N} = K_{h-N} r_{h-N}$$

插入并改良

$$r_{h-(i-1)} = R_{h-(i-1)}^{h-i} K_{h-i} \Delta v_{h-i}$$

改良

$$v_{h-(i-1)} = v_{h-(i-1)} + \Delta v_{h-(i-1)} \tag{3-158}$$

  多重网格除了 V 循环外，还有一个比较常用的就是完全多重网格循环，即 FMV 循环 [图 3-35（c）]，实际上，它就是对 V 循环做了一些改进，主要体现在迭代初值选取。众所周知，迭代方法有一个缺点：如果迭代初值取得不适当，那么极有可能加大计算量。迭代初值越接近真实解，迭代次数通常也就越小。FMV 在求解最精细网格 n 的 V 循环时，它的迭代初值是从较精细网格 $n-1$ 的精细解插值而来。$n-1$ 的迭代初值又要用到 $n-2$ 精细解。这样一直递归到最粗网格。而最粗网格由于节点数少，可直接求得它的精细解。

  （2）利用 SUPG 算法求解能量方程

  任意物理量在高佩克莱数（平流传输速率和扩散速率的比值）条件下的对流输运问题，对任何数值近似求解来讲都是一个挑战，因为网格不会随着材料的变形而移动。为了计算网格点上物理量的更新值，需要将这些物理量从网格点上传递到插值点上，这样就会引入一个额外的非物理性质的扩散项。此外，平流算子是很难保持稳定的，对基于网格化的平流问题，目前提出的很多不同的解决方法都是从精度和稳定性的角度出发的。目前比较成功的近似方法包括一些试图追踪流动方向的并且认识到平流算子在上行方向和下行方向上并不是对称的。在这里，介绍一种求解和时间相关的能量方程 [即（式 3-149）] 的 SUPG（Petrov-Galerkin 流线迎风）算法，以及一个预测–多重校正显式算法。这种方法是 Hughes（2000）和 Brooks（1981）在 20 多年前提出的，但是目前仍然是利用有限元求解包含平流和扩散方程问题的一种有效方法。有限元地幔对流程序 Citcom 就在求解能量方程中引入了这种方法。

能量方程 [式（3-118）] 和边界条件 [式（3-122）] 的一种弱形式为 (Brooks, 1981)

$$\int_\Omega w(\dot{T} + u_i T_{,i}) \mathrm{d}\Omega + \int_\Omega w_{,i}(\kappa T_{,i}) \mathrm{d}\Omega + \sum_e \int_\Omega \overline{w}[\dot{T} + u_i T_{,i} - (\kappa T_{,i})_{,i} - \gamma] \mathrm{d}\Omega$$
$$= \int_\Omega w\gamma \mathrm{d}\Omega + \int_{\Gamma_q} wq \mathrm{d}\Gamma - \int_\Omega w_{,i} k g_{,i} \mathrm{d}\Omega \tag{3-159}$$

式中，w 为常规权重函数并且在 Γ_q 为零；$\dot{T}$ 为温度对时间的导数；$\overline{w}$ 为流线迎风对权重函数的贡献。

式（3-159）的有限元实现与之前讨论的斯托克斯流体类似。而权重函数 w 与式（3-136）中的定义类似，只不过现在它是标量，流线迎风部分的定义是通过以下定义给出的

$$\overline{w} = \widetilde{\kappa}\, \widehat{u}_j w_{,j} / |u| \tag{3-160}$$

式中，$|u|$ 为度的流体速度的大小；$\widehat{u}_j = u_j / |u|$ 代表了流体速度的方向，$\widetilde{\kappa}$ 定义为

$$\widetilde{\kappa} = \left(\sum_{i=1}^{n_{sd}} \widetilde{\xi}_i u_i h_i\right)/2 \tag{3-161}$$

$$\widetilde{\xi}_i = \begin{cases} -1 - 1/\alpha_i, & \alpha_i < -1 \\ 0, & -1 \leqslant \alpha_i \leqslant 1 \\ -1 - 1/\alpha_i, & \alpha_i > 1 \end{cases}, \quad \text{其中}, \alpha_i = \frac{u_i h_i}{2\kappa} \tag{3-162}$$

式中，u_i 和 h_i 为流体速度和特定方向上单元的长度。需要指出的是，式（3-161）和式（3-162）是根据经验给出的，它们也可能有其他的形式。这样定义的流线迎风权重函数，可以被认为是常规扩散项之外的额外扩散项，这样总扩散项就是

$$\kappa + \widetilde{\kappa}\, \widehat{u}_i \widehat{u}_j \tag{3-163}$$

$\overline{w}$ 在单元边界上是不连续的，这和 w 是不同的。这也是为什么在式（3-159）的第三项中积分是对每个单元而言的。在某些情况下，$\widetilde{w} = w + \overline{w}$ 也被称为 Petrov-Galerkin 权重函数，这也表明用来对积分加权的形函数和插值形函数是有区别的。

在这里，做一个合理的假设，即式（3-159）中的第三项，单元的加权扩散项 $\overline{w}(\kappa T_{,i})_{,i}$ 是可忽略的极小项。因此，式（3-159）可以写为

$$\int_\Omega w_{,i}(\kappa T_{,i}) \mathrm{d}\Omega + \sum_e \int_{\Omega^e} \widetilde{w}[\dot{T} + u_i T_{,i} - (\kappa T_{,i})_{,i} - \gamma] \mathrm{d}\Omega$$
$$= \int_{\Gamma_q} wq \mathrm{d}\Gamma - \int_\Omega w_{,i} k g_{,i} \mathrm{d}\Omega \tag{3-164}$$

接下来，给出单元层次的相关矩阵。式（3-159）中的 $\dot{T}$ 项表明，一个质量矩阵是需要的，其定义为

$$m_{ab}^e = \int_{\Omega^e} N_a N_b \mathrm{d}\Omega \tag{3-165}$$

其中，a，$b=1$，…，n_{en}。

单元刚度矩阵为

$$k_{ab}^e = \int_{\Omega^e} B_a^{\mathrm{T}} \kappa B_b \mathrm{d}\Omega \tag{3-166}$$

对 2D 问题来说，

$$B_a^{\mathrm{T}} = (N_{a,1} N_{a,2}) \tag{3-167}$$

单元力矢量为

$$f_a^e = \int_{\Omega^e} \widetilde{N}_a \gamma \mathrm{d}\Omega + \int_{\Gamma_q^e} N_a q \mathrm{d}\Gamma - \sum_{b=1}^{n_{\mathrm{en}}} k_{ab}^e g_b^e \tag{3-168}$$

其中，$\widetilde{N}_a$ 为 Petrov-Galerkin 形函数。

单元平流矩阵为

$$c_{ab}^e = \int_{\Omega^e} \widetilde{N}_a u_i N_{b,i} \mathrm{d}\Omega \tag{3-169}$$

联合矩阵方程可以写为

$$M\dot{\Phi} + (K+C)\Phi = F \tag{3-170}$$

式中，Φ 为未知温度；M、K、C 和 F 分别为所有单元组装的总质量、刚度矩阵、平流矩阵以及力矢量。

以上方程可以在给定一定初始温度条件下，通过一个预测-校正算法来进行求解。假设在时间步 n，温度及其时间导数给定为 Φ_n 和 $\dot{\Phi}_n$，那么在时间增量为 Δt 的时间步 $n+1$ 的解，可以通过以下算法得到

预测：$\Phi_{n+1}^0 = \Phi_n + \Delta t(1-\alpha)\dot{\Phi}_n$，$\dot{\Phi}_{n+1}^0 = 0$，步长 $i = 0$ (3-171)

求解：$M^* \Delta \dot{\Phi}_{n+1}^i = \prod_e (f_{n+1}^e - m^e \dot{\Phi}_{n+1}^i - (k^e + c^e)\Phi_{n+1}^i)$ (3-172)

校正：$\Phi_{n+1}^{i+1} = \Phi_{n+1}^i + \Delta t \alpha \Delta \dot{\Phi}_{n+1}^i$，$\dot{\Phi}_{n+1}^{i+1} = \dot{\Phi}_{n+1}^i + \Delta \dot{\Phi}_{n+1}^i$ (3-173)

时间步长加 1，跳转到步骤 2 并继续迭代，直到收敛。

3.4.3 真实地球的模拟

在 3.4.2 节介绍了均匀不可压缩牛顿流体，在 Boussinesq 近似下的控制方程。然而，对实际地球而言，地幔性质很可能是更为复杂的，如不均匀组分和非牛顿流变性质。此外，非 Boussinesq 效应，如在地幔动力过程中，固-固相变很可能起着非常重要的作用。在这里，将讨论如何将一些更为实际的物理过程，包含进地幔对流

研究中，其主要聚焦于模拟热–化学地幔对流、固相转变以及非牛顿流变性质。

3.4.3.1 热–化学对流

近些年，成分不均匀的地幔中的热对流问题，已经引起了很多研究者的兴趣（Lenardic and Kaula, 1993；Davaille, 1999；Kellogg et al., 1999），这些研究主要聚焦于地幔组分异常和地壳结构在地幔动力过程中的影响。这也被称为热–化学对流。与纯热对流中流体成分一致不同的是，热–化学对流涉及的流体含有不同的成分特征。这里将给出热–化学对流的控制方程，以及求解这些方程的数值方法。

（1）控制方程

除前面介绍的质量守恒方程、动量守恒方程和能量守恒方程以外，热–化学对流的控制方程还包括一个描述组分运动的输运方程。假设 C 代表成分场，那么输运方程为

$$\frac{\partial C}{\partial t} + u_i C_{,i} = 0 \tag{3-174}$$

这一输运方程与能量方程类似，只是其中不包含扩散项和源项。对于一个两种组分的系统，如壳–幔系统或者是亏损–原始地幔系统，C 可以是 0 或 1，代表任何一个组分。如果不同成分的流体具有不同的密度，那么动量方程需要进行修改，以便将成分对浮力的影响考虑进去

$$\sigma_{ij,j} + \text{Ra}(T - \beta C)\delta_{iz} = 0 \tag{3-175}$$

式中，β 是浮力数（van Keken et al., 1997；Tackley and King, 2003），定义为

$$\beta = \Delta\rho/(\rho\Delta T\alpha) \tag{3-176}$$

式中，$\Delta\rho$ 为两种成分之间的密度差异；ρ 和 ΔT 分别为参考密度和参考温度；α 为参考热膨胀系数。

（2）求解近似

热–化学对流问题的质量守恒方程、动量守恒方程和能量守恒方程的求解，与前面介绍的纯热对流的求解过程完全一样。动量方程式（3-175）中增加的成分浮力项，对数值求解过程没有增加任何新的难度，因为成分 C 已经给定。而新的挑战在于如何有效的求解输运方程式（3-176）。

在热–化学对流研究中，为了求解输运方程，人们发展了很多不同的技术。这些技术主要包含滤波的域方法（Hansen and Yuen, 1988；Lenardic and Kaula, 1993）、粒子链方法（Christensen and Yuen, 1984；van Keken et al., 1997；Zhong and Hager, 2003）、质点法（Weinberg and Schmeling, 1992；Tackley, 1998a, 1998b；Tackley and King, 2003；Gerya and Yuen, 2003）。尽管这些技术都取得了一些成果，但是它们也都有各自的局限性，尤其是在对待成分 C 的夹带以及数值扩散

方面。接下来重点介绍一下质点法。

在质点法中，成分 C 的输运方程并不是直接求解的。在某一给定时刻，成分 C 是通过一系列质点粒子来描述的。这种描述方法需要将粒子的分布映射到成分场 C，而通常情况下，C 体现在网格点上。通过这种映射方法，来更新 C 所需要的就是更新每个粒子的位置，从而得到新的粒子分布，这可以有效的求解 C 的输运方程。

目前，将粒子分布映射到 C 的方法有两种：绝对值法和比值法（Tackley and King，2003）。在绝对值法中，粒子只用来代表一种类型的成分，如高密度成分或 $C=1$。粒子的分布密度也可以映射到 C。例如，对于体积为 Ω_e、粒子数为 N_e 的单元/网格来说，C 给定为

$$C_e = AN_e/\Omega_e \tag{3-177}$$

式中，常数 A 是组分 $C=1$ 的粒子初始密度的倒数，即总粒子数除以成分 $C=1$ 的体积。

很明显，单元网格中粒子的缺失，代表 $C=0$。粒子分布或设置中，可能存在统计偏差，因此很可能造成 $C>1$ 的情况出现，而这在物理上是不切合实际的。因此，要使得这种方法能有效地工作，就需要设置大量的粒子（Tackley and King，2003）。

在比值法中，使用两种不同类型的粒子来描述成分场 C，类型 1 代表 $C=0$，类型 2 代表 $C=1$。这样对于一个类型 1 粒子数为 N_1、类型 2 粒子数为 N_2 的网格单元来说，C 可以给定为

$$C_e = N_2/(N_1 + N_2) \tag{3-178}$$

在比值法中，C 永远不可能大于 1。Tackley 和 King（2003）发现，在处理两种组分占据类似体积比重的热-化学对流问题中，比值法尤其有效。

下面简单讨论一下更新粒子位置的主要步骤。一种常见的方法是，使用高阶龙格-库塔方法（van Keken et al.，1997）。在这里，给出一个预测-校正算法来更新粒子的位置（Zhong and Hager，2003）。假设在 $t=t_0$ 时刻，流体速度是 $\vec{u}_0$，成分场 C_0 通过一系列坐标为 $\vec{x}_0^i$ 的粒子来定义，则求解下一时间步 $t=t_0+\mathrm{d}t=t_1$ 的成分场 C_1 的算法，可以总结如下：

1）使用向前欧拉格式，预测每个粒子 i 的新位置 $\vec{x}_{1p}^i = \vec{x}_0^i + \vec{u}_0 \mathrm{d}t$，并在 $t=t_1$ 时刻将粒子映射到成分场 C_{1p}。

2）使用预测的 C_{1p} 求解斯托克斯方程以得到新的速度 $\vec{u}_{1p}$。

3）使用修改的二阶精度的欧拉格式，计算 $t=t_1$ 时刻每个粒子 i 的位置 $\vec{x}_1^i = \vec{x}_0^i + 0.5(\vec{u}_0 + \vec{u}_{1p})\mathrm{d}t$ 以及成分场 C_1。

3.4.3.2 固态相变

在地幔中，固态相变是一种很重要的现象，主要的相变包括 410km 深度从橄榄

岩到尖晶石的相变，以及670km深度从尖晶石到钙钛矿和镁方铁矿的相变。这两个相变都是与地幔密度以及地震波速度的剧烈变化密切相关的。研究表明，核幔边界附近的D″不连续层，很可能也是由钙钛矿到过钙钛矿的相变引起的（Murakami et al.，2004）。这些相变过程主要从两个方面影响地幔对流动力过程：

1）与相变相关的潜热，会影响能量输运过程。

2）地幔温度的横向变化，会引起相变边界的起伏，从而影响浮力的分布，进而影响相变区域的压强分布（Schubert et al.，1975；Christensen and Yuen，1985；Richter，1993；Tackley et al.，1993；Zhong and Gurnis，1994）。

相变边界的起伏代表了存在影响动量方程的额外浮力项。对于密度变化为 $\Delta\rho_k$ 的相变 k 而言，相变边界的起伏可以通过一个无量纲的相变函数 Γ_k 来描述，Γ_k 在 $0\sim1$，Γ_k 为 0 和 1 的区域，代表着被这一相变边界所分隔的两个固相。动量方程可以写为

$$\sigma_{ij,j} + (\mathrm{Ra}T - \sum_k \mathrm{Ra}_k \Gamma_k)\delta_{iz} = 0 \tag{3-179}$$

其中，相变瑞利数 Ra_k 为

$$\mathrm{Ra}_k = \frac{\Delta\rho_k g D^3}{\kappa \eta_0} \tag{3-180}$$

相变函数 Γ_k，通过"附加压强"定义为

$$\pi_k = P - P_0 - \gamma_k T \tag{3-181}$$

式中，γ_k 和 P_0 分别为克拉珀龙斜率和零度温度下的相变压强。将压强以 $\rho_0 g D$，克拉珀龙斜率以 $\rho_0 g D/\Delta T$ 做归一化，这样无量纲的"附加压强"就可以写为

$$\pi_k = 1 - d_k - z - \gamma_k(T - T_k) \tag{3-182}$$

式中，γ_k、d_k 和 T_k 分别为无量纲克拉珀龙斜率、参考相变深度以及参考相变温度。无量纲相变函数为

$$\Gamma_k = \frac{1}{2}\left(1 + \tanh\frac{\pi_k}{d}\right) \tag{3-183}$$

式中，d 为无量纲的相变宽度，代表相变发生的深度范围。

潜热以及黏滞生热、绝热生热的影响，可以包含进能量方程（Christensen and Yuen，1985），如下

$$\left[1 + \sum_k \gamma_k^2 \frac{\mathrm{Ra}_k}{\mathrm{Ra}} \frac{\mathrm{d}\Gamma_k}{\mathrm{d}\pi_k}\mathrm{Di}(T+T_s)\right]\left(\frac{\partial T}{\partial t} + \vec{v}g\nabla T\right) + \left(1 + \sum_k \gamma_k^2 \frac{\mathrm{Ra}_k}{\mathrm{Ra}} \frac{\mathrm{d}\Gamma_k}{\mathrm{d}\pi_k}\right)$$

$$(T+T_s)\mathrm{Div}_z = \nabla^2 T + \frac{\mathrm{Di}}{\mathrm{Ra}}\tau_{ij}\frac{\mathrm{d}v_i}{\mathrm{d}x_j} + \gamma \tag{3-184}$$

式中，T_s、v_z 和 τ_{ij} 分别为表面温度、垂向速度和偏应力；k 为相变编号；Di 为耗散数，定义为

$$\mathrm{Di} = \frac{\alpha g D}{C_{\mathrm{p}}} \tag{3-185}$$

式中，α 和 C_{p} 分别为热膨胀系数和比热容。Christensen 和 Yuen（1985）将潜热、黏滞生热和绝热生热的影响称为非 Boussinesq 效应，并将这种情况称为扩展 Boussinesq 近似。他们认为这些影响具有类似的量级，应该被同时考虑。以上修改的动量和能量方程，可以用与地幔对流问题相同的 Uzawa 和 SUPG 算法进行求解。

3.4.3.3 非牛顿流变性质

研究表明，作为上地幔的主要组成成分，橄榄岩的形变遵循幂律流变特性（Karato and Wu, 1993），为

$$\varepsilon = A\tau^n \tag{3-186}$$

式中，ε 为应变率；τ 为偏应力；系数 A 为其他因素，如晶粒大小和水含量的影响；指数 $n \approx 3$。流变性质中的非线性特征来源于 $n \neq 1$。

一般来说，非线性问题的求解需要迭代近似。幂律流变公式可以通过有效黏性的形式写为

$$\sigma_{ij} = -P\delta_{ij} + 2\eta_{\mathrm{eff}}\varepsilon_{ij} \tag{3-187}$$

$$\eta_{\mathrm{eff}} = \frac{\tau}{\varepsilon} = \frac{1}{A}\varepsilon^{\frac{1-n}{n}} \tag{3-188}$$

式中，ε 为应变率张量的第二不变量，为

$$\varepsilon = \frac{1}{2}\varepsilon_{ij}\varepsilon_{ij} \tag{3-189}$$

很明显有效黏性依赖于应变率，反过来应变率又取决于流体速度。因此，解决这类问题的一般步骤是：

1）给定一个猜测的有效黏性，求解斯托克斯流体问题，从而得到流体速度；

2）根据新得到的应变率，更新有效黏性，再次求解斯托克斯方程；

3）保持这一迭代过程，直到流体速度收敛。

尽管二维模拟依然扮演着很重要的角色，近年来计算能力的飞速发展使得三维地幔对流模拟变得更为实用。对二维模型来说，各式各样的基于迭代方法或者是直接求解方法都是有效的，但是对于三维模拟来说，由于计算机内存和计算要求的需求，需要使用迭代求解技术。

一个有效的迭代求解近似就是多重网格法，这也被普遍应用于有限单元方法中。这些方法已经在很多地幔对流程序中加以实现，包括 STAG3D（Tackley, 1994）、Citcom/CitcomS（Moresi and Solomatov, 1995; Zhong et al., 2000）、Terra（Baumgardner, 1985）。前文已对多重网格法进行了一些基本的讨论，有关这一方法

的更多详细内容可以参考 Brandt（1977）、Trottenberg 等（2001）和 Yavneh（2006）的相关论述。多重网格概念的优势之处在于可以将它推广到除网格以外的其他结构上，如多重尺度或多重等级技术（Trottenberg et al.，2001）。

目前，不论是计算机集群系统，还是超级并行计算机，都可以提供大量的并行计算机，因此，三维模拟几乎可以肯定能够充分利用并行计算。并行计算技术同样会对数值技术造成一定的限制。例如，谱方法相对其他基于网格的数值方法而言，具有很重要的优势，但是在并行计算下，并不是很有效。这就严重地制约了其在下一代计算问题中的应用。

幸运的是，其他一些数值方法包括有限元、有限差分以及有限体积等，在并行计算情况下，还是很有效的。前面提到的地幔对流程序 STAG3D、Citcom/CitcomS 以及 Terra 都是可以在不同的并行计算机上实现并行化的。这些程序可以实现多达 1000 核心数的计算量级，这为帮助研究和理解高精度、高瑞利数下的地幔对流问题提供了很大的潜力。

然而，在地幔对流的数值模拟研究中，不论是在发展更有效的数值算法方面，还是在分析模型结果方面，目前仍然存在很多挑战。至少在以下三个领域还需要更好的数值算法。

1）热-化学对流在回答多种地球动力学问题方面，正变得越来越重要。前面简单介绍了在求解热-化学对流问题时，被动示踪粒子输运的拉格朗日技术。然而，很明显，目前大多数已有技术在处理热-化学对流中的夹带问题时，都不是很理想（van Keken et al.，1997；Tackley and King，2003）。随着计算能力的日益增强，这个问题可以通过提高分辨率来解决，但是更好、更有效的算法显然也是很需要的。

2）岩石圈，尤其是岩石圈边界，通常表现出高度非线性，包括塑性的流变特征。当非线性特征增强时，收敛性会急剧变差。因此，在求解高度非线性流变的地幔对流问题时，更强有力的算法是非常有必要的。

3）多尺度物理效应是地幔对流一个非常重要的特征。地幔对流具有很长的波长。例如，对于太平洋板块而言，可以达到 ~10 000km。然而，由于地幔对流的高瑞利数，其又主要受控于薄的热边界层，从而引起细的上升地幔柱（~100km）和下降板片。此外，板块边界过程以及热-化学对流中的夹带过程，都发生在相对较小的空间尺度。目前，大多数已有的地幔对流数值方法，都主要适用于均匀网格。新的采用动态自适应网格加密的方法，也是很需要的。最后所有的这些新的方法和算法，都需要在二维/三维并行计算上能够有效地运行。

对模型结果进行有效的后处理和分析也正成为一个越来越重要的内容。地幔对流以及其他很多地球科学的学科，大尺度、高精度三维研究所产生的数据量，正以指数形式日益增长。某个单独的任务就可以生成几个太字节（TB）的数据，目前来说，已经是很常见的了，这也对传统的数据分析、后处理和可视化，提出了很大的挑战。即便是在兆级计算的时代，可视化就已经成为一个严峻的问题。考虑到未来需要用到千兆计算，这一问题在未来也将在很大程度上日益严重。

引入现代的可视化工具来克服这种挑战是很有必要的。一些潜在的、有用的方法，如2D/3D特征提取、分段分割方法和流体拓扑学（Hansen and Johnson，2005），可以帮助地球物理学家更好地理解和时间相关对流问题的物理结构，以及耦合其中的一些结构，如球体中的热柱或者拆沉板片。三维可视化程序，如 AMIRA、ParaView 等，可以帮助研究者减轻在处理模型输出时的负担。

参 考 文 献

蔡峰, 闫桂京, 梁杰, 等. 2011. 大陆边缘特殊地质体与水合物形成的关系. 海洋地质前沿, 27: 11-15.

陈珊珊, 孙运宝, 吴时国. 2012. 南海北部神狐海域海底滑坡在地震剖面上的识别及形成机制. 海洋地质前沿, 28: 40-45.

陈书平, 汤良杰, 贾承造, 等. 2004. 秋立塔克构造带盐构造形成的传力方式的构造物理模拟. 西安石油大学学报（自然科学版）, 19（1）: 6-10.

陈星, 于革, 刘健. 2002. 东亚中全新世的气候模拟及其温度变化机制探讨. 中国科学（D辑）, 32（4）: 335-345.

陈云华. 2008. 中国东南地区晚白垩世沉积响应与古气候. 成都: 成都理工大学硕士学位论文.

戴黎明, 李三忠, 楼达, 等. 2013. 亚洲大陆主要活动块体的现今构造应力数值模拟. 吉林大学学报（地球科学版）, 43（2）: 469-483.

丁一汇, 张锦, 徐影, 等. 2003. 气候系统的演变及其预测. 北京: 气象出版社.

方苗, 李新. 2016. 古气候数据同化: 缘起、进展与展望. 中国科学（D辑）, 46（8）: 1076-1086.

冯志强. 1996. 南海北部地质灾害及海底工程地质条件评价. 南京: 河海大学出版社.

高明, 孙勇, 陈亮. 2000. 论地幔柱构造与板块构造的矛盾性和相容性. 西北大学学报: 自然科学版, 30（6）: 514-518.

高艺, 姜在兴, 李俊杰, 等. 2015. 古地貌恢复及其对滩坝沉积的控制作用: 以辽河西部凹陷曙北地区沙四段为例. 油气地质与采收率, 22（5）: 40-46.

戈红星, Jackson M P A. 1996. 盐构造与油气圈闭及其综合利用. 南京大学学报（自然科学）, 32（4）: 640-649.

戈红星, Jackson M P A, Vendeville B. 1997. 文留盐构造成因与掩埋机制. 石油学报, 18（2）: 35-40.

格佐夫斯基. 1984. 构造物理学基础. 北京: 地震出版社.

关德相, 李荫亭, 薛恩. 1979. 地幔热柱上升运动的流体动力学模式. 中国科学, （7）: 63-71.

何春波, 汤良杰, 黄太柱, 等. 2009. 塔里木盆地塔中地区底辟构造与油气关系. 东北石油大学学报, 33（5）: 5-10.

贺世杰, 郭锋. 2003. 地幔柱的识别和演化研究述评. 地球科学进展, 18（3）: 433-439.

胡望水, 薛天庆. 1997. 底辟构造成因类型. 石油天然气学报, 19（4）: 1-7.

黄建平. 1992. 理论气候模式. 北京: 气象出版社.

江东辉, 唐建, 王丹萍, 等. 2017. 东海陆架盆地南部及邻近陆域中生代地层格架对比. 海洋地质前沿, 33（4）: 16-21.

蒋玉波, 龚建明, 曹志敏, 等. 2013. 东海陆架盆地南部及邻区陆域中生界对比. 海洋地质前沿,

29（10）：1-7.

康波，解习农，杜学斌，等．2012．基于滨线轨迹的古水深定量计算新方法：以古近系沙三中段东营三角洲为例．沉积学报，30（3）：443-450.

康志宏，吴铭东．2003．利用层序地层学恢复岩溶古地貌技术：以塔河油田6区为例．新疆地质，21（3）：10-15.

李晖，朱貌贤．2012．地幔柱动力学机制的新思考．岩石矿物学杂志，31（1）：113-118.

李家强．2008．层拉平方法在沉积前古地貌恢复中的应用：以济阳坳陷东营三角洲发育区为例．油气地球物理，6（2）：46-49.

李凯明，汪洋，赵建华，等．2003．地幔柱、大火成岩省及大陆裂解——兼论中国东部中、新生代地幔柱问题．地震学报，25（3）：314-323.

李三忠，余珊，赵淑娟，等．2013．东亚大陆边缘的板块重建与构造转换．海洋地质与第四纪地质，33（3）：65-94.

李三忠，索艳慧，王光增，等．2019．海底"三极"与地表"三极"：动力学关联．海洋地质与第四纪地质，39（5）：1-22.

李上森．1995．地幔柱构造．地质调查与研究，（1）：73-75.

李晓东．1997．气候物理学引论．北京：气象出版社．

李晓红．2007．岩石力学实验模拟技术．北京：科学出版社．

李荫亭．1997．地幔柱假说及其发展．地球科学进展，12（5）：484-487.

李忠海，Di Leo J，Neil R．2014．大洋俯冲带的地幔变形和地震波各向异性的数值模拟．2014年中国地球科学联合学术年会论文集．北京：中国地球物理学会，中国地质学会．

刘锋，吴时国，孙运宝．2010．南海北部陆坡水合物分解引起海底不稳定性的定量分析．地球物理学报，53：946-953.

刘军锷，简晓玲，康波，等．2014．东营凹陷东营三角洲沙三段中亚段古地貌特征及其对沉积的控制．油气地质与采收率，21（1）：20-23.

刘瑞东，王宝清，王博，等．2014．鄂尔多斯盆地环江地区前侏罗纪古地貌恢复研究．石油地质与工程，28（5）：9-11.

刘锡清，郭玉贵．2002．南海灾害地质发育规律初探．中国地质灾害与防治学报，13：12-16.

刘泽．2018．深部动力过程对地球表层系统的影响–以东海陆架盆地南部中生代盆地演化为例．青岛：中国海洋大学硕士学位论文．

刘泽，李三忠，S. Wajid. Hanif. Bukhari，等．2020．动态古地貌再造：Badlands软件在盆地分析中的应用．古地理学报，22（1）：1-10.

满志敏，葛全胜，张丕远．2000．气候变化对历史上农牧过渡带影响的个例研究．地理研究，19（2）：141-147.

毛建仁．1994．中国东南大陆中、新生代岩浆作用与壳幔演化动力学．火山地质与矿产，15（2）：1-11.

毛黎光．2014．岩浆底辟干扰下的裂陷盆地发育特征．杭州：浙江大学博士学位论文．

蒙伟娟，陈祖安，白武明．2015．地幔柱与岩石圈相互作用过程的数值模拟．地球物理学报，58（2）：495-503.

单家增. 1994. 莺歌海盆地泥底辟构造成因机制的模拟实验（一）. 中国海上油气: 地质, 8（5）: 311-318.

石广仁, 郭秋麟, 米石云, 等. 1996. 盆地综合模拟系统 BASIMS. 石油学报,（1）: 1-9.

石耀霖, 曹建玲. 2008. 中国大陆岩石圈等效粘滞系数的计算和讨论. 地学前缘,（3）: 82-95.

宋海斌. 2003. 天然气水合物体系动态演化研究（Ⅱ）: 海底滑坡. 地球物理学进展, 18: 503-511.

孙枢, 王成善. 2009. "深时"（Deep Time）研究与沉积学. 沉积学报, 27（5）: 792-810.

孙运宝, 吴时国, 王志君, 等. 2009. 南海北部白云大型海底滑坡的几何形态与变形特征. 海洋地质与第四纪地质, 28: 69-77.

谭俊敏, 孙志信. 2007. 火成岩侵入形成的构造物理模拟实验及实例. 石油实验地质, 29（3）: 324-328.

唐鹏程. 2011. 南天山库车坳陷西段新生代盐构造: 构造分析和物理模拟. 杭州: 浙江大学博士学位论文.

王登红. 2001. 地幔柱的概念、分类、演化与大规模成矿: 对中国西南部的探讨. 地学前缘, 8（3）: 67-72.

王光增. 2017. 郯庐断裂渤海段走滑派生构造及其控藏作用. 青岛: 中国石油大学博士学位论文.

王会军, 曾庆存. 1992. 冰期气候的数值模拟. 气象学报, 50（3）: 279-289.

王少怀. 2005. 地幔柱假说及地质意义. 地质找矿论丛, 20（S1）: 1-6.

吴时国, 陈珊珊, 王志君, 等. 2008. 大陆边缘深水区海底滑坡及其不稳定性风险评估. 现代地质, 22: 430-437.

吴珍云. 2011. 构造活动对盐构造演化影响的比例化物理模拟. 南京: 南京大学硕士学位论文.

吴珍云. 2014. 含盐沉积盆地盐构造分析和物理模拟. 南京: 南京大学博士学位论文.

徐学义, 杨军录. 1997. 地幔柱理论研究概述. 地球科学与环境学报, 19（2）: 46-51.

徐义刚. 2002. 地幔柱构造、大火成岩省及其地质效应. 地学前缘, 9（4）: 341-353.

徐义刚, 何斌, 黄小龙, 等. 2007. 地幔柱大辩论及如何验证地幔柱假说. 地学前缘, 14（2）: 3-11.

燕青, 张仲石, 王会军, 等. 2011. 上新世中期海洋表面温度变化及其与古气候重建数据对比. 科学通报, 56（6）: 423-432.

杨传胜. 2014. 东海陆架盆地雁荡低凸起综合地球物理解释及其成因探讨. 地球物理学报, 57（9）: 2981-2992.

杨传胜, 李刚, 杨长清, 等. 2012. 东海陆架盆地及其邻域岩浆岩时空分布特征. 海洋地质与第四纪地质, 32（3）: 125-133.

杨克绳, 胡平, 党晓春. 2007. 冷底辟与热底辟地震信息. 地震地质, 29（3）: 558-577.

幺枕生. 1984. 气候统计学基础. 北京: 科学出版社.

业渝光, 张剑, 胡高伟, 等. 2008. 天然气水合物饱和度与声学参数响应关系的实验研究. 地球物理学报, 51: 1156-1164.

于革, 刘健, 薛滨. 2007. 古气候动力模拟. 北京: 高等教育出版社.

余一欣, 汤良杰, 李京昌, 等. 2006. 库车前陆褶皱-冲断带基底断裂对盐构造形成的影响. 地质学报, 80（3）: 330-336.

张德二. 1989. 美国全新世制图合作研究计划简介. 第四纪研究, 2: 97-100.

张丕远. 1996. 中国历史气候变化. 济南：山东技术出版社.

张秋颖，万修全，刘泽栋，等. 2017. 末次盛冰期气候环境基本特征和数值模拟研究进展. 海洋通报，36（1）：1-11.

张冉，姜大膀，田芝平. 2013. 中上新世是否存在"永久厄尔尼诺"状态：一个耦合模式结果. 第四纪研究，33（6）：1130-1137.

赵传湖. 2009. 全新世东亚地区气候时空演变及古气候定量重建. 南京：南京大学博士学位论文.

赵其庚. 1999. 海洋环流及海气耦合系统的数值模拟. 北京：气象出版社.

郑伟鹏，满文敏，孙咏，等. 2019. 第四次国际古气候模拟比较计划（PMIP4）概况与评述. 气候变化研究进展，15（5）：510-518.

周建勋. 2002. 盆地构造研究中的砂箱模拟实验方法. 北京：地震出版社.

周连成，白伟明，赵俐红，等. 2004. 地幔柱研究述评. 海洋地质动态，20（8）：16-19.

朱守彪，张培震，石耀霖. 2010. 华北盆地强震孕育的动力学机制研究. 地球物理学报，53（6）：1409-1417.

竺可桢. 1972. 中国近五千年来气候变迁的初步研究. 考古学报，1：15-38.

Washington W M, Parkinson C L 1991. 三维气候模拟引论. 马淑芬等译校. 北京：气象出版社.

Davies G F. 1992. Temporal variation of the Hawaiian Plume flux. Earth & Planetary Science Letters, 113（1-2）：277-286.

Adam J, Urai J, Wieneke B, et al. 2005. Shear localisation and strain distribution during tectonic faulting-new insights from granular-flow experiments and high-resolution optical image correlation techniques. Journal of Structural Geology, 27：283-301.

Adams J M, Gasparini N M, Hobley D E J, et al. 2017. The landlab v1.0 overlandflow component：a python tool for computing shallowwater flow across watersheds. Geoscientific Model Development, 10（4）：1645-1663.

Adloff M, Reick C H, Claussen M. 2018. Earth system model simulations show different feedback strengths of the terrestrial carbon cycle under glacial and interglacial conditions. Earth System Dynamics, 9：413-425.

Afonso J, Zlotnik S. 2011. The subductability of continental lithosphere：the before and after story. Frontiers in Earth Sciences, 53-86.

Aki K. 1979. Characterization of barriers on an earthquake fault. Journal of Geophysical Research：Solid Earth, 84（B11）：6140-6148.

Altas I J, Gupta Dym M, Manohar R P. 1998. Multigrid solution of automatically generated high-order discretizations for the biharmonic equation. SIAM J. Science Computer, 19：1575-1585.

Alverson K D, Bradley R S. 2003. Paleoclimate, global change and the future. Berbin：Springer Science & Business Media.

Alyea F N. 1972. Numerical simulation of an ice age paleoclimate. Colorado：Colorado State University.

Ambrizzi T, Reboitta M S, Rocha R P, et al. 2019. The state of the art and fundamental aspects of regional climate modeling in South America. Annals of the New York Academy of Sciences, 1436（1）：98-120.

Anderson D L. 1975. Chemical plumes in the mantle. Geological Society of America Bulletin, 86（11）：1593-1600.

Andrews D J, Bucknam R C. 1987. Fitting degradation of shoreline scarps by a nonlinear diffusion model. Journal of Geophysical Research: Solid Earth, 92 (B12): 12857-12860.

Anthes R A, Rosenthal S L, Trout J W. 1971. Preliminary results from an asymmetric model of the tropical cyclone. Monthly Weather Review, 99 (10): 744-758.

Arndt N T. 2000. Geochemistry: Hot heads and cold tails. Nature, 407 (6803): 458-461.

Arndt N T, Christensen U. 1992. The role of lithospheric mantle in continental flood volcanism: Thermal and geochemical constraints. Journal of Geophysical Research Solid Earth, 97 (B7): 10967-10981.

Atanga J, Silvester D. 1992. Iterative methods for stabilized mixed velocity-pressure finite elements. International Journal for Numerical Methods in Fluids, 14: 71-81.

Attal M, Tucker G E, Whittaker A C, et al. 2008. Modeling fluvial incision and transient landscape evolution: Influence of dynamic channel adjustment. Journal of Geophysical Research: Earth Surface, 113 (F3): 3-13.

Autin J. 2008. Déchirure continentale et segmentation du Golfe d'Aden Oriental en contexte de rifting oblique. PhD Thesis Université Paris VI, France.

Autin J, Bellahsen N, Husson L, et al. 2010. Analog models of oblique rifting in a cold lithosphere. Tectonics, 29: 6016.

Autin J, Bellahsen N, Leroy S, et al. 2013. The role of structural inheritance in oblique rifting: Insights from analogue models and application to the Gulf of Aden. Tectonophysics, 607: 51-64.

Avebury P C. 1903. An experiment in mountain-building. Quarterly Journal of the Geological Society, 59 (1-4): 348-355.

Baatsen M, von der Heydt A S, Huber M, et al. 2018. Equilibrium state and sensitivity of the simulated middle-to-late Eocene climate. Climate of the Past Discussions, (4): 1-49.

Bahr D B, Hutton E W H, Syvitski J P M, et al. 2001. Exponential approximations to compacted sediment porosity profiles. Computer Geoscience, 27 (6): 691-700.

Bajolet F, Chardon D, Martinod J, et al. 2015. Synconvergence flow inside and at the margin of orogenic plateaus: Lithospheric-scale experimental approach. Journal of Geophysical Research: Solid Earth, 120: 6634-6657.

Balmforth N J, Rust A C. 2009. Weakly nonlinear viscoplastic convection. Journal of Non-Newtonian Fluid Mechanics, 158: 36-45.

Banks W E, d'Errico F, Zilhão J. 2013. Human-climate interaction during the Early Upper Paleolithic: Testing the hypothesis of an adaptive shift between the Proto-Aurignacian and the Early Aurignacian. Journal of Human Evolution, 64 (1): 39-55.

Barazangi M, Isacks B, Oliver J, et al. 1973. Descent of lithosphere beneath New Hebrides, Tonga-Fiji and New Zealand: Evidence for detached slabs. Nature, 242: 98-101.

Barker S, Cacho I, Benway H, et al. 2005. Planktonic foraminiferal Mg/Ca as a proxy for past oceanic temperatures: A methodological overview and data compilation for the Last Glacial Maximum. Quaternary Science Reviews, 24: 821-834.

Barnosky A D, Koch P L, Feranec R S, et al. 2004. Assessing the causes of late Pleistocene extinctions on the continents. Science, 306 (5693): 70-75.

Barrera E, Savin S M. 1999. Evolution of late Campanian-Maastrichtian marine climates and oceans. Special Papers-Geological Society of America, (332): 245-282.

Barron E J. 1985. Numerical climate modeling, a frontier in petroleum source rock prediction: results based on Cretaceous simulations. AAPG Bulletin, 69 (3): 448-459.

Barrows T T, Juggins S. 2005. Sea surface temperatures around the Australian margin and Indian Ocean during the last glacial maximum. Quaternary Science Reviews, 24: 1017-1047.

Bathe K J. 1996. Finite Element Procedures. New York: Prentice Hall, Englewood Cliffs.

Baumgardner J R. 1985. Three dimensional treatment of convectionflow in the Earth's mantle, Journal of Statistical Physics, 39 (5/6): 501-511.

Bellahsen N, Faccenna C, Funiciello F, et al. 2003. Why did Arabia separate from Africa? Insights from 3-D laboratory experiments. Earth and Planetary Science Letters, 216: 365-381.

Bellahsen N, Fournier M, d'Acremont E, et al. 2006. Fault reactivation and rift localization: Northeastern Gulf of Aden margin. Tectonics, 25 (1): 1007.

Bellahsen N, Husson L, Autin J, et al. 2013. The effect of thermal weakening and buoyancy forces on rift localization: Field evidences from the Gulf of Aden oblique rifting. Tectonophysics, Special Issue: The Gulf of Aden rift, 607: 80-97.

Benes V, Davy P. 1996. Modes of continental lithospheric extension: experimental verification of strain localization processes. Tectonophysics, 254 (1-2): 69-87.

Bercovici D, Kelly A. 1997. The non-linear initiation of diapirs and plume heads. Physics of the Earth and Planetary Interiors, 101 (1): 119-130.

Berner R A, Raiswell R. 1983. Burial of organic carbon and pyrite sulfur in sediments over Phanerozoic time: A new theory. Geochimica et Cosmochimica Acta, 47 (5): 855-862.

Bilek S L, Schwartz S Y, DeShon H R. 2003. Control of seafloor roughness on earthquake rupture behavior. Geology, 31 (5): 455-458.

Bird P. 2003. An updated digital model of plate boundaries. Geochemistry, Geophysics, Geosystems, 4 (3): 1027.

Bishop R S. 1978a. Mechanism of emplacement ofpiercement diapirs. Aapg Bulletin-American Association of Petroleum Geologists, 62 (9): 1561-1583.

Bishop R S. 1978b. Shale diapirism and compaction of abnormally pressuredshales in South Texas. Houston Geological Society Bulletin, 20 (7): 3.

Bitz C M, Shell K M, Gent P R, et al. 2012. Climate sensitivity of the community climate system model version 4. Journal of Climate, 25 (9): 3053-3070.

Björck S, Muscheler R, Kromer B, et al. 2001. High-resolution analyses of an early Holocene climate event may imply decreased solar forcing as an important climate trigger. Geology, 29 (12): 1107-1110.

Bonini M, Sokoutis D, Mulugeta G, et al. 2000. Modelling hanging wall accommodation above rigid thrust ramps. Journal of Structural Geology, 22: 1165-1179.

Bonini M, Sokoutis D, Mulugeta G, et al. 2001. Dynamics of magma emplacement in centrifuge models of continental extension with implications for flank volcanism. Tectonics, 20 (6): 1053-1065.

Bonnardot M A, Hassani R, Tric E, et al. 2008. Effect of margin curvature on plate deformation in a 3-D numerical model of subduction zones. Geophysical Journal International, 173: 1084-1094.

Bonnet C, Malavieille J, Mosar J. 2007. Interactions between tectonics, erosion, and sedimentation during the recent evolution of the Alpine orogen: Analogue modeling insights. Tectonics, 26: 6016.

Boutelier D. 2016. TecPIV-A MATLAB-based application for PIV-analysis of experimental tectonics. Computers and Geosciences, 89: 186-199.

Boutelier D, Oncken O. 2011. 3-D thermo-mechanical laboratory modeling of plate-tectonics: Modeling scheme, technique and first experiments. Solid Earth, 2: 35-51.

Boutelier D, Cruden A. 2013. Slab rollback rate and trench curvature controlled by arc deformation. Geology, 41: 911-914.

Boutelier D, Cruden A R. 2017. Slab breakoff: Insights from 3D thermo-mechanical analogue modelling experiments. Tectonophysics, 694: 197-213.

Boutelier D, Chemenda A, Burg J P. 2003. Subduction versus accretion of intra-oceanic volcanic arcs: Insight from thermo-mechanical analogue experiments. Earth and Planetary Science Letters, 212: 31-45.

Boutelier D, Schrank C, Cruden A. 2008. Power-law viscous materials for analogue experiments: New data on the rheology of highly-filled silicone polymers. Journal of Structural Geology, 30: 341-353.

Boylan N, Gaudin C, White D, et al. 2009. Geotechnical centrifuge modelling techniques for submarine slides. Proceedings of the ASME 2009 28th International Conference on Ocean, Offshore and Arctic Engineering OMAE2009.

Braconnot P, Otto Bliesner B L, Kitoh A, et al. 2006. Coupled simulations of the mid Holocene and Last Glacial Maximum: New results from PMIP2. Climate of the Past Discussions, 2: 1293-1346.

Braconnot P, Harrison S P, Kageyama M, et al. 2012. Evaluation of climate models using palaeoclimatic data. Nature Climate Change, 2 (6): 417-424.

Brady E C, OttoBliesner B L, Kay J E, et al. 2013. Sensitivity to glacial Forcing in the CCSM4. Journal of Climate, 26: 1901-1925.

Brandt A. 1977. Multi-level adaptive solutions to boundary-value problems, Mathematics of Computation, 31: 333-390.

Braun J, Sambridge M. 1997. Modelling landscape evolution on geological time scales: A new method based on irregular spatial discretization. Basin Research, 9 (1): 27-52.

Braun J, Heimsath A M, Chappell J. 2001. Sediment transport mechanisms on soil-mantled hillslopes. Geology, 29 (8): 683-686.

Brigham-Grette J, Melles M, Minyuk P, et al. 2013. Pliocene warmth, polar amplification, and stepped Pleistocene cooling recorded in NE Arctic Russia. Science, 340 (6139): 1421-1427.

Brooks A N. 1981. A Petrov-Galerkin finite element formulation for convection dominated flows. California: California Institution of Technology Ph. D. Thesis.

Brown J L, Hill D J, Dolan A M, et al. 2018. PaleoClim, high spatial resolution paleoclimate surfaces for global land areas. Scientific data, 5 (1): 1-9.

Brun J P, Beslier M O. 1996. Mantle exhumation at passive margins. Earth and Planetary Science Letters, 142 (1-2): 161-173.

Brun J P, Fort X. 2011. Salt tectonics at passive margins: Geology versus models. Marine and Petroleum Geology, 28 (6): 1123-1145.

Brune J N, Ellis M A. 1997. Structural features in a brittle-ductile wax model of continental extension. Nature, 387: 67-70.

Bryant E. 1997. Climate Process and Change. Cambrige: Cambrige University Press.

Buchanan P J, Matear R J, Lenton A, et al. 2016. The simulated climate of the Last Glacial Maximum and insights into the global marine carbon cycle. Climate of the Past, 12 (12): 2271.

Bucher W H. 1956. Role of gravity in orogenesis. Bulletin of the Geological Society of America, 67 (10): 1295-1318.

Buckingham E. 1914. On physically similar systems: Illustrations of the use of dimensional equations. Physical Review, 4: 345-376.

Budyko M. 1969. The Effect of Solar Radiation Variations on the Climate of the Earth. Tellus, 21: 611-619.

Bunge H P, Richards M A, Baumgardner J R. 1997. A sensitive study of 3-dimensional spherical mantle convection at 108 Rayleigh number: effects of depth-dependent viscosity, heating mode, and an endothermic phase change. Journal of Geophysical Research, 102: 11991-12007.

Burke A, Kageyama M, Latombe G, et al. 2017. Risky business: The impact of climate and climate variability on human population dynamics in Western Europe during the Last Glacial Maximum. Quaternary Science Reviews, 164: 217-229.

Burkett E R, Billen M I. 2009. Dynamics and implications of slab detachment due toridge-trench collision. Journal of Geophysical Research, 114: B12402.

Burkett E R, Billen M I. 2010. Three-dimensionality of slab detachment due to ridge-trench collision: Laterally simultaneous boudinage versus tear propagation. Geochemistry Geophysics Geosystems, 11: Q11012.

Burkett E R, Gurnis M. 2012. Stalled slab dynamics. Lithosphere, 5: 92-97.

Burliga S, Koyi H A, Chemia Z. 2013. Analogue and numerical modelling of salt supply to a diapiric structure rising above an active basement fault. Geological Society of London Special Publications, 363 (1): 395-408.

Burov E, Cloetingh S. 2009. Controls of mantle plumes and lithospheric folding on modes of intraplate continental tectonics: differences and similarities. Geophysical Journal International, 178 (3): 1691-1722.

Burov E, Jaupart C, Guillou-Frottier L 2003. Ascent and emplacement of buoyant magma bodies in brittle-ductile upper crust. Journal of Geophysical Research: Solid Earth, 108 (B4): 1-20.

Cadell H M. 1888. Experimental researches in mountain building. Transactions of the Royal Society of Edinburgh, 35: 337-357.

Cagnard F, Durrieu N, Gapais D, et al. 2006. Crustal thickening and lateral flow during compression of hot lithospheres, with particular reference to Precambrian times. Terra Nova, 18: 72-78.

Cagney N, Crameri F, Newsome W H, et al. 2016. Constraining the source of mantle plumes. Earth and Planetary Science Letters, 435: 55-63.

Calignano E, Sokoutis D, Willingshofer E, et al. 2015. Asymmetric vs. symmetric deep lithospheric architecture of intra-plate continental orogens. Earth and Planetary Science Letters, 424: 38-50.

Camerlenghi A, Urgeles R, Erchilla G, et al. 2007. Scientific ocean drilling behind the assessment of geohazards from submarine slides. Scientific Drilling, 45-47.

Campbell I H, Griffiths R W. 1990. Implications of mantleplume structure for the evolution of flood basalts. Earth and Planetary Science Letters, 99 (1): 79-93.

Campbell I H, Griffiths R W. 1993. The evolution of the mantle's chemical structure. Lithos, 30 (3-4): 389-399.

Campforts B, Schwanghart W, Govers G. 2017. Accurate simulation of transient landscape evolution by eliminating numerical diffusion: The ttlem 1.0 model. Earth Surface Dynamics, 5 (1): 47-66.

Canals M, Lastras G, Urgeles R, et al. 2004. Slope failure dynamics and impacts from seafloor and shallow sub-seafloor geophysical data: Case studies from the COSTA project. Marine Geology, 213: 9-72.

Capron E, Govin A, Stone E J, et al. 2014. Temporal and spatial structure of multi-millennial temperature changes at high latitudes during the Last Interglacial. Quaternary Science Reviews, 103: 116-133.

Cardozo N, Bhalla K, Zehnder A T, et al. 2003. Mechanical models of fault propagation folds and comparison to the trishear kinematic model. Journal of Structural Geology, 25 (1): 1-18.

Carter N L, Tsenn M C. 1987. Flow properties of continental lithosphere. Tectonophysics, 136 (1): 27-63.

Cerca M, Ferrari L, Bonini M, et al. 2004. The role of crustal heterogeneity in controlling vertical coupling during Laramide shortening and the development of the Caribbean-North America transform boundary in southern Mexico: Insights from analogue models. Geological Society, London, Special Publications, 227: 117-139.

Cerezal J C S, Tomé J N, Ritter A, et al. 2014. Water management and planning. Climate change and restoration of degraded land. Colegio de Ingenieros de Montes, 213-297.

Chamberlin R T, Link T A. 1927. The theory of laterally spreading batholiths. Journal of Geology, 35 (4): 310-352.

Chamberlin R T. 1925. The wedge theory of diastrophism. Journal of Geology, 33 (8): 755-792.

Chamberlin R T, Miller W Z. 1918. Low-angle faulting. Journal of Geology, 26 (1): 1-44.

Chamberlin R T, Shepard F P. 1923. Some experiments in folding. Journal of Geology, 31 (6): 490-512.

Chapman R E. 1974. Clay diapirism and overthrust faulting. Geological Society of America Bulletin, 85 (10): 1597-1602.

Charney J G, Arakawa A, Baker D J, et al. 1979. Carbon dioxide and climate: A scientific assessment. Washington: National Academy of Sciences.

Chemenda A I, Mattauer M, Malavieille J, et al. 1995. A mechanism for syn-collisional rock exhumation and associated normal faulting: Results from physical modelling. Earth and Planetary Science Letters, 132: 225-232.

Chemenda A I, Mattauer M, Bokun A N. 1996. Continental subduction and a mechanism for exhumation of high-pressure metamorphic rocks: New modelling and field data from Oman. Earth and Planetary Science Letters, 143: 173-182.

Chemenda A I, Burg J P, Mattauer M. 2000. Evolutionary model of the Himalaya-Tibet system: Geopoem: based on new modelling, geological and geophysical data. Earth and Planetary Science Letters, 174: 397-409.

Chemenda A, Déverchère J, Calais E. 2002. Three-dimensional laboratory modelling of rifting: Application to the Baikal Rift, Russia. Tectonophysics, 356: 253-273.

Chen M T, Huang C C, Pflaumann U, et al. 2005. Estimating glacial western Pacific sea surface temperature: Methodological overview and data compilation of surface sediment planktic foraminifer faunas. Quaternary Science Reviews, 24: 1049-1062.

Chen Z, Schellart W P, Duarte J C. 2015a. Overriding plate deformation and variability of fore-arc deformation during subduction: Insight from geodynamic models and application to the Calabria subduction zone. Geochemistry, Geophysics, Geosystems, 16: 3697-3715.

Chen Z, Schellart W P, Duarte J C. 2015b. Quantifying the energy dissipation of overriding plate deformation in three-dimensional subduction models. Journal of Geophysical Research: Solid Earth, 120: 519-536.

Christensen U R. 1984. Convection with pressure-and temperature-dependent non-Newtonian rheology. Geophysical Journal Royal Astronomical Society, 77: 343-384.

Christensen U R, Yuen D A. 1984. The interaction of a subducting lithosphere with a chemical or phase boundary. Journal of Geophysical Research, 89 (B6): 4389-4402.

Christensen U R, Yuen D A. 1985. Layered convection induced by phase changes. Journal of Geophysical Research, 90: 10291-10300.

Church J A, Clark P U, Cazenave A, et al. 2013. Sea Level Change. New York: Cambridge University Press.

Clark P U, Alley R B, Pollard D. 1999. Northern Hemisphere icesheet influences on global climate change. Science, 286: 1104-1111.

Clark P U, Shakun J D, Marcott S A, et al. 2016. Consequences of twenty-first-century policy for multi-millennial climate and sea-level change. Nature Climate Change, 6 (4): 360-369.

Cloos H. 1928. Experimente zur inneren Tektonik. Zentralblatt für Mineralogie, Geologie und Paläontologie Abhandlungen B, 12: 609-621.

Cloos H. 1930a. Zur experimentellen Tektonik I. Methodik und Beispiele. Die Naturwissenschaft, 34: 741-747.

Cloos H. 1930b. Zur experimentellen Tektonik V. Verggleichende Analyse dreier Verschiebungen. Geologische Rundschau, 21: 353-367.

Cobbold P R. 1975. Fold propagation in single embedded layers. Tectonophysics, 27: 333-351.

Cobbold P R, Castro L. 1999. Fluid pressure and effective stress in sandbox models. Tectonophysics, 301: 1-19.

Coffin M F, Eldholm O. 1994. Large igneous provinces: Crustal structure, dimensions, and external consequences. Reviews of Geophysics, 32 (1): 1-36.

Colletta B, Letouzey J, Pinedo R, et al. 1991. Computerized X-ray tomography analysis of sandbox models: Examples of thin-skinned thrust systems. Geology, 19: 1063-1067.

Contoux C, Jost A, Ramstein G, et al. 2013. Megalake Chad impact on climate and vegetation during the late Pliocene and the mid-Holocene. Clim Past, 9: 1417-1430.

Cooper P A, Taylor B. 1985. Polarity reversal in the Solomon Islands arc. Nature, 314: 428-430.

Cooperative Holocene Mapping Project (COHMAP) Members. 1988. Climatic changes of the last 18000 years: Observations and model simulations. Science, 241 (4869): 1043-1052.

Corti G. 2008. Control of rift obliquity on the evolution and segmentation of the main Ethiopian rift. Nature Geoscience, 1: 258.

Corti G, Manetti P. 2006. Asymmetric rifts due to asymmetric Mohos: An experimental approach. Earth and Planetary Science Letters, 245: 315-329.

Corti G, Bonini M, Mazzarini F, et al. 2002. Magma-induced strain localization in centrifuge models of transfer zones. Tectonophysics, 348 (4): 205-218.

Corti G, VanWijk J, Bonini M, et al. 2003a. Transition from continental break-up to punctiform seafloor spreading: how fast, symmetric and magmatic. Geophysical Research Letters, 30: 12.

Corti G, Bonini M, Conticelli S, et al. 2003b. Analogue modelling of continental extension: A review focused on the relations between the patterns of deformation and the presence of magma. Earth-Science Reviews, 63 (3-4): 169-247.

Coulliette D L, Loper D E. 1995. Experimental, numerical and analytical models of mantle starting plumes. Physics of the Earth and Planetary Interiors, 92 (3): 143-167.

Courtillot V, Davaille A, Besse J, et al. 2003. Three distinct types of hotspots in the Earth's mantle. Earth and Planetary Science Letters, 205 (3): 295-308.

Cowie P A, Whittaker A C, Attal M, et al. 2008. New constraints on sediment-flux dependent river incision: Implications for extracting tectonic signals from river profiles. Geology, 36: 535-538.

Cox A. 1973. Plate Tectonics and Geomagnetic Reversals. W. H. Freeman, San Francisco.

Cox P M, Betts R A, Jones C D, et al. 2000. Acceleration of global warming due to carbon-cycle feedbacks in a coupled climate model. Nature, 408 (6809): 184-187.

Cristallini E O, Allmendinger R W. 2001. Pseudo 3-D modeling of trishear fault-propagation folding. Journal of Structural Geology, 23 (12): 1883-1899.

Cruden A R, Nasseri M H B, Pysklywec R. 2006. Surface topography and internal strain variation in wide hot orogens from three-dimensional analogue and two-dimensional numerical vice models. Geological Society, London, Special Publications, 253: 79-104.

Cruz L, Teyssier C, Perg L, et al. 2008. Deformation, exhumation, and topography of experimental doubly-vergent orogenic wedges subjected to asymmetric erosion. Journal of Structural Geology, 30: 98-115.

Currie J B. 1956. Role of concurrent deposition and deformation of sediments in development of salt-dome graben structures. American Association of Petroleum Geologists, 40 (1): 1-16.

Dai L M, Li S Z, Guo L L, et al. 2016. Numerical modelling of the relationship between the present tectonic stress field and the earthquakes in the Western Pacific Subduction Zone. Geological Journal, 51 (S1): 609-623.

Dai L, Li Q, Li S, et al. 2015. Numerical modelling of stress fields and earthquakes jointly controlled by NE- and NW- trending fault zones in the Central North China Block. Journal of Asian Earth Sciences, 114: 28-40.

Dansgaard W, Johnsen S J, Clausen H B, et al. 1971. Climatic record revealed by the Camp Century ice core//Turekian K K. The Late Cenozoic Glacial Ages. New Haven: Yale University Press.

Darbouli M, Métivier C, Piau J M, et al. 2013. Rayleigh-Bénard convection for viscoplastic fluids. Physics of Fluids, 25: 023101.

Das S, Aki K. 1977. Fault plane with barriers: A versatile earthquake model. Journal of Geophysical Research, 82 (36): 5658-5670.

Daubrée G A. 1878. Expériences tendant à imiter des formes diverses de ploiements, contournements et ruptures que présente l'écorce terrestre. Comptes Rendus Hebdomadaires des Séances de l'Académie des Sciences, 86 (12): 733-739 864-869, 928-931.

Daubrée G A. 1879. Etudes synthétiques de Géologie Expérimentale. Dunot, 20: 501-502.

Dauteuil O, Bourgeois O, Mauduit T. 2002. Lithosphere strength controls oceanic transform zone structure: Insights from analogue models. Geophysical Journal International, 150: 706-714.

Davaille A. 1999. Simultaneous generation of hotspots and superswells by convection in a heterogeneous planetary mantle, Nature, 402: 756-760.

Davaille A, Girard F, Bars M L 2002. How to anchor hotspots in a convecting mantle? Earth and Planetary Science Letters, 203 (2): 621-634.

Davaille A, Limare A, Touitou F, et al. 2011. Anatomy of a laminar starting thermal plume at high Prandtl number. Experiments in Fluids, 50: 285-300.

Davaille A, Gueslin B, Massmeyer A, et al. 2013. Thermal instabilities in a yield stress fluid: Existence and morphology. Journal of Non-Newtonian Fluid Mechanics, 193: 144-153.

Davies G F. 1992. Temporal variation of the Hawaiian Plume flux. Earth and Planetary Science Letters, 113 (1-2): 277-286.

Davies G F, Richards M A. 1992. Mantle convection. Journal of Geology, 100 (2): 151-206.

Davies J H, vonBlanckenburg F. 1995. Slab breakoff: a model of lithosphere detachment and its test in the magmatism and deformation of collisional orogens. Earth and Planetary Science Letters, 129: 85-102.

Davis D, Suppe J, Dahlen F A. 1983. Mechanics of fold-and-thrust belts and accretionary wedges. Journal of Geophysical Research, 88 (B12): 1153-1172.

Davy P, Cobbold P R. 1988. Indentation tectonics in nature and experiment: I, Experiments scaled for gravity. Bulletin of the Geological Institutions of the University of Uppsala, New Series, 14: 129-141.

Davy P, Cobbold P R. 1991. Experiments on shortening of a 4-layer model of the continental lithosphere. Tectonophysics, 188 (1-2): 1-25.

Davy P, Lague D. 2009. The erosion/transport equation of landscape evolution models revisited. Journal of Geophysics Research, 114: F03007.

Dawson T P, Jackson S T, House J I, et al. 2011. Beyond predictions: biodiversity conservation in a changing climate. Science, 332 (6025): 53-58.

de Franco R, RobGovers R, Wortel R. 2007. Numerical comparison of different convergent plate contacts: Subduction channel and subduction fault. Geophysical Journal International, 171: 435-450.

DeSitter L U. 1956. Structural Geology. New York: McGraw-Hill Book Co. Inc., 262 (5): 416.

DeBresser J H P, Ter Heege J H, Spiers C J. 2001. Grain size reduction by dynamic recrystallization: Can it result in major rheological weakening? International Journal of Earth Sciences, 90: 28-45.

DeConto R M, Pollard D. 2003. Rapid Cenozoic glaciation of Antarctica induced by declining atmospheric CO_2. Nature, 421 (6920): 245-249.

DeConto R M, Pollard D. 2016. Contribution of Antarctica to past and future sea-level rise. Nature, 531 (7596): 591-597.

Deffeyes K S. 1972. Plume convection with an upper-mantle temperature inversion. Nature, 240 (5383): 539-544.

Denton G H, Karlen W. 1973. Holocene climatic variations-their patterns and possible cause. Quaternary Research, 3: 155-205.

Dewey J F, Bird J M. 1970. Mountain belts and the new global tectonics. Journal of Geophysical Research, 75: 2625-2647.

Dezileau L, Bareille G, Reyss J L, et al. 2000. Evidence for strong sediment redistribution by bottom currents along the southeast Indian Ridge. Deep sea Research I, 47: 1899-1936.

Di Giuseppe E, Funiciello F, Corbi F, et al. 2009. Gelatins as rock analogs: A systematic study of their rheological and physical properties. Tectonophysics, 473: 391-403.

Di Giuseppe E, Corbi F, Funiciello F, et al. 2015. Characterization of Carbopol hydrogel rheology for experimental tectonics and geodynamics. Tectonophysics, 642: 29-45.

DiBiase R A, Whipple K X, Heimsath A M, et al. 2010. Landscape form and millennial erosion rates in the san gabriel mountains, ca. Earth and Planetary Science Letters, 289 (1): 134-144.

Dietrich, W E, Reiss R, Hsu M L, et al. 1995. A process-based model for colluvial soil depth and shallow landsliding using digital elevation data. Hydrologic Processes, 9 (3-4): 383-400.

Dillon W, Danforth W, Hutchinson D, et al. 1998. Evidence for faulting related to dissociation of gas hydrate and release of methane off the southeastern United States. Geological Society, London, Special Publications, 137: 293-302.

Dixon J M, Summers J M. 1985. Recent developments in centrifuge modelling of tectonic processes: Equipment, model construction techniques and rheology of model materials. Journal of Structural Geology 7, 83-102.

Dobrin M B. 1941. Some quantitative experiments on a fluid salt-dome model and their geological interpretations. Eos American Geophysical Union Transactions, 22: 528-542.

Dooley T, McClay K. 1997. Analog modeling of pull-apart basins. AAPG Bulletin, 81: 1804-1826.

Dooley T P, Schreurs G. 2012. Analogue modelling of intraplate strike-slip tectonics: A review and new experimental results. Tectonophysics, 574-575: 1-71.

Dooley T P, Jackson M P A, Hudec M R. 2009. Inflation and deflation of deeply buried salt stocks during lateral shortening. Journal of Structural Geology, 31 (6): 582-600.

Dott Jr R. 1963. Dynamics of subaqueous gravity depositional processes. AAPG Bulletin, 47: 104-128.

Dowsett H J, Foley K M, Stoll D K, et al. 2013. Sea surface temperature of the mid-Piacenzian ocean: A data-model comparison. Scientific reports, 3.

Dowsett H, Dolan A, Rowley D, et al. 2016. The PRISM4 (mid-Piacenzian) paleoenvironmental reconstruction Clim Past, 12: 1519-1538.

Duarte J C, Schellart W P, Cruden A R. 2013. Three-dimensional dynamic laboratory models of subduction with an overriding plate and variable interplate rheology. Geophysical Journal International, 195: 47-66.

Duarte J C, Schellart W P, Cruden A R. 2014. Rheology of petrolatum-paraffin oil mixtures: Applications to analogue modelling of geological processes. Journal of Structural Geology, 63: 1-11.

Duerto L, McClay K. 2009. The role of syntectonic sedimentation in the evolution of doubly vergent thrust wedges and foreland folds. Marine and Petroleum Geology, 26 (7): 1051-1069.

Duncan R A, Richards M A. 1991. Hotspots, mantle plumes, flood basalts, and true polar wander. Reviews of Geophysics, 29 (1): 31-50.

Duretz T, Gerya T V, May D. 2011. Numerical modelling of spontaneous slab breakoff and subsequent topographic response. Tectonophysics, 502: 244-256.

Duretz T, Gerya T V, Spakman W. 2014. Slab detachment in laterally varying subductionzones: 3-D numerical modeling. Geophysical Research Letters, 41: 1951-1956.

Dutton A, Carlson A E, Long A J, et al. 2015. Sea-level rise due to polar ice-sheet mass loss during past warm periods. Science, 349 (6244): aaa4019.

D'Acremont E, Leroy S, Beslier M O, et al. 2005. Structure and evolution of the eastern Gulf of Aden conjugate margins from seismic reflection data. Geophysical Journal International, 160 (3): 869-890.

D'Acremont E, Leroy S, Maia M, et al. 2006. Structure and evolution of the eastern Gulf of Aden: Insights from magnetic and gravity data (Encens-Sheba MD117 cruise). Geophysical Journal International, 165 (3): 786-803.

D'Hondt S, Arthur M A. 1996. Late Cretaceous oceans and the cool tropic paradox. Science, 271 (5257): 1838-1841.

Eisenstadt G, Sims D. 2005. Evaluating sand and clay models: Do rheological differences matter? Journal of Structural Geology, 27: 1399-1412.

Elmohandes S. 1981. The central European graben system: Rifting imitated by clay modeling. Tectonophysics, 73 (1-3): 186-210.

England R W. 1990. The identification of graniticdiapirs. Journal of the Geological Society, 147 (6): 931-933.

European Project for Ice Coring in Antarctica members. 2004. Eight glacial cycles from an Antarctic ice core. Nature, 429: 623-628.

Evgene B, Claude J, Laurent G F. 2003. Ascent and emplacement of buoyant magma bodies in brittle-ductile upper crust. Journal of Geophysical Research-Atmospheres, 108 (B4): 2177.

Faccenna C, Davy P, Brun J P, et al. 1996. The dynamics of back-arc extension: An experimental approach to the opening of the Tyrrhenian Sea. Geophysical Journal International, 126: 781-795.

Faccenna C, Giardini D, Davy P, et al. 1999. Initiation of subduction at Atlantic-type margins: Insights from laboratory experiments. Journal of Geophysical Research: Solid Earth, 104: 2749-2766.

Fairchild I J, Kennedy M J. 2007. Neoproterozoic glaciation in the Earth System. Journal of the Geological

Society, 164 (5): 895-921.

Favre A. 1878. The formation of mountains. Nature, 19: 103-106.

Feighner M A, Richards M A. 1995. The fluid dynamics of plume-ridge and plume-plate interactions: An experimental investigation. Earth and Planetary Science Letters, 129 (1-4): 171-182.

Fernandes N, Dietrich W E. 1997. Hillslope evolution by diffusive processes: The timescale for equilibrium adjustments. Water Resource Research, 33 (6): 1307-1318.

Finnegan S, Anderson S C, Harnik P G, et al. 2015. Paleontological baselines for evaluating extinction risk in the modern oceans. Science, 348 (6234): 567-570.

Flato G, Marotzke J, Abiodun B, et al. 2014. Evaluation of climate models. Climate change 2013: The physical science basis. Contribution of Working Group I to the Fifth Assessment Report of the Intergovernmental Panel on Climate Change. New York: Cambridge University Press.

Forchheimer P. 1883. Ubersanddruck und Bewegungserscheinungen im inneren trockenen sandes. Tübingen, Aachen, 53 (1): 18-53.

Foufoula-Georgiou E, Ganti V, Dietrich W E. 2010. A nonlocal theory of sediment transport on hillslopes. Journal of Geophysical Research: Earth Surface, 115 (F2): 16.

Foulger G R, Pritchard M J, Julian B R, et al. 2000. The seismic anomaly beneath Iceland extends down to the mantle transition zone and no deeper. Geophysical Journal International, 142 (3): F1-F5.

Fournier M, Bellahsen N, Fabbri O, et al. 2004. Oblique rifting and segmentation of the NE Gulf of Aden passive margin. Geochemistry, Geophysics, Geosystems, 5 (11): 24.

Fournier M, Huchon P, Khanbari K, et al. 2007. Segmentation and along-strike asymmetry of the passive margin in Socotra, eastern Gulf of Aden: Are they controlled by detachment faults? Geochemistry, Geophysics, Geosystems, 8: (3): Q03007.

Freed A M, Bürgmann R, Calais E, et al. 2004. Deep Lithospheric Mantle and Heterogeneous Crustal Flow Following the 2002 Denali, Alaska Earthquake. Agu Fall Meeting. AGU Fall Meeting Abstracts.

Freund R, Merzer A M. 1976. Anisotropic origin of transform faults. Science, 192: 137-138.

Funiciello F, Faccenna C, Giardini D, et al. 2003. Dynamics of retreating slabs: 2. Insights from three-dimensional laboratory experiments. Journal of Geophysical Research: Solid Earth, 108: 2207.

Funiciello F, Moroni M, Piromallo C, et al. 2006. Mapping mantle flow during retreating subduction: Laboratory models analyzed by feature tracking. Journal of Geophysical Research: Solid Earth, 111: B03402.

Gable C W, O'Connell R J, Travis B J. 1991. Convection in three dimensions with surface plates: Generation of toroidal flow. Journal of Geophysical Research, 96: 8391-8405.

Galland O, Cobbold P R, Hallot E, et al. 2006. Use of vegetable oil and silica powder for scale modelling of magmatic intrusion in a deforming brittle crust. Earth and Planetary Science Letters, 243: 786-804.

Galland O, Planke S, Neumann E R, et al. 2009. Experimental modelling of shallow magma emplacement: Application to saucer-shaped intrusions. Earth and Planetary Science Letters, 277 (3): 373-383.

Gartrell A P. 1997. Evolution of rift basins and low-angle detachments in multilayer analog models. Geology, 25: 615-618.

Gates W L 1976. The numerical simulation of ice-age climate with a global general circulation model. Journal of the Atmospheric Science, 33 (10): 1844-1873.

Gavin D G, Fitzpatrick M C, Gugger P F, et al. 2014. Climate refugia: Joint inference from fossil records, species distribution models and phylogeography. New Phytologist, 204 (1): 37-54.

Ge H, Jackson M P A, Vendeville B C. 1997. Kinematics and dynamics of salt tectonics driven by progradation. Aapg Bulletin, 81 (3): 398-423.

Gent P R, Large W G, Bryan F O. 2001. What sets the mean transport through the Drake Passage? Journal of Geophysical Research Atmospheres, 106: 2693-2712.

Ghil M. 2001. Hilbert problems for the geosciences in the 21st century. Nonlinear Processes in Geophysics, 8: 211-222.

Gerya T V. 2010. Introduction to Numerical Geodynamic Modelling. New York: Cambridge University Press.

Gerya T V, Yuen D A. 2003. Characteristics-based marker method with conservative finite-differences schemes for modeling geological flows with strongly variable transport properties, Physics of the Earth and Planetary Interiors, 140: 295-320.

Gerya T V, Burg J P. 2007. Intrusion of ultramafic magmatic bodies into the continental crust: Numerical simulation. Physics of the Earth and Planetary Interiors, 160 (2): 124-142.

Gerya T V, Meilick F I. 2011. Geodynamic regimes of subduction under an active margin: effects of rheological weakening by fluids and melts. Journal of Metamorphic Geology, 29 (1): 7-31.

Gerya T V, Yuen D, Maresch W V. 2004. Thermomechanical modelling of slab detachment. Earth and Planetary Science Letters, 226: 101-116.

Goddess C M, Palutikof J P, Davies T D. 1990. A first approach to assessing future climate states in the UK over very long timescales: Input to studies of the integrity of radioactive waste repositories. Climatic Change, 16 (1): 115-139.

Goelzer H, Huybrechts P, Marie-France L, et al. 2016. Last Interglacial climate and sea-level evolution from a coupled ice sheet-climate model. Climate of the Past, 12 (12): 2195-2213.

Golub G H, van Loan C F. 1989. Matrix Computations. Baltimore: The Johns Hopkins University Press.

Gomes C J S. 2013. Investigating new materials in the context of analog-physical models. Journal of Structural Geology, 46: 158-166.

Gorceix C. 1924a. Expériences de laboratoire sur la formation des montagnes. Revue de Géographie Alpine, 12 (1): 31-78.

Gorceix C. 1924b. Origine des grands reliefs terrestres. Essai de géomorphisme rationnel et expérimental. Paris, Lechevalier, 176.

Granjeon D, Joseph P. 1992. Concepts and applications of a 3D multiple lithology, diffusive model in stratigraphic modeling//Harbaugh J W, Watney W L, Rankey E C, et al. Numerical Experiments in Stratigraphy: Recent Advances in Stratigraphic and Sedimentological Computer Simulations, vol. 62, SEPM Spec. Pub. , Tulsa Ok, pp. 197-210.

Graveleau F, Hurtrez J E, Dominguez S, et al. 2011. A new experimental material for modeling relief dynamics and interactions between tectonics and surface processes. Tectonophysics, 513: 68-87.

Graveleau F, Malavieille J, Dominguez S. 2012. Experimental modelling of orogenic wedges: A review. Tectonophysics, 538-540: 1-66.

Gregoire L J, Otto-Bliesner B, Valdes P J, et al. 2016. Abrupt Bølling warming and ice saddle collapse contributions to the Meltwater Pulse 1a rapid sea level rise. Geophysical research letters, 43 (17): 9130-9137.

Griffiths R W. 1986. Thermals in extremely viscous fluids, including the effects of temperature-dependent viscosity. Journal of Fluid Mechanics, 166 (166): 115-138.

Griffiths R W. 1991. Entrainment and stirring in viscous plumes. Physics of Fluids, A3 (5): 1233-1242.

Griffiths R W, Campbell I H. 1990. Stirring and structure in mantle starting plumes. Earth and Planetary Science Letters, 99: 66-78.

Guillaume B, Martinod J, Espurt N. 2009. Variations of slab dip and overriding plate tectonics during subduction: Insights from analogue modelling. Tectonophysics, 463: 167-174.

Guillaume B, Funiciello F, Claudio F, et al. 2010. Spreading pulses of the Tyrrhenian Sea during the narrowing of the Calabrian slab. Geology, 38: 819-822.

Guillot D, Rajaratnam B, Emile-Geay J. 2015. Statistical paleoclimate reconstructions via Markov random fields. The Annals of Applied Statistics, 9 (1): 324-352.

Gurnis M, Hall C, Lavier L. 2004. Evolving force balance during incipient subduction. Geochemistry, Geophysics, Geosystems, 5 (7): Q07001.

Gutscher M A, Kukowski N, Malavieille J, et al. 1998. Material transfer in accretionary wedges from analysis of a systematic series of analog experiments. Journal of Structural Geology, 20: 407-416.

Hadler-Jacobsen F, Johannessen E P, Ashton N, Henriksen S, et al. 2005. Submarine fan morphology and lithology distribution: a predictable function of sediment delivery, gross shelf-to-basin relief, slope gradient and basin topography. Geological Society, London, Petroleum Geology Conference Series, 6 (1): 1121-1145.

Haflidason H, Sejrup H P, Nygård A, et al. 2004. The Storegga Slide: architecture, geometry and slide development. Marine Geology, 213: 201-234.

Haflidason H, Lien R, Sejrup H P. 2005. The dating and morphometry of the Storegga Slide. Marine and Petroleum Geology, 22: 123-136.

Hager B H, O'Connell R J. 1981. A simple global model of plate dynamics and mantle convection. Journal of Geophysical Research, 86: 4843-4878.

Hager B H, Richards M A. 1989. Long-wavelength variations in Earth's geoid: Physical models and dynamical implications. Philosophical Transactions of the Royal Society of London, A328: 309-327.

Hall J. 1815. On the vertical position and convolutions of certain strata and their relation with granite. Transactions of the Royal Society of Edinburgh, 7: 79-108.

Hallam A. 2003. Pre-Quaternary Sea-Level Changes. Annual Review of Earth and Planetary Sciences, 12 (12): 205-243.

Hampel A, Adam J, Kukowski N. 2004. Response of the tectonically erosive south Peruvian forearc to subduction of the Nazca Ridge: Analysis of three-dimensional analogue experiments. Tectonics, 23: 5003.

Hance J J, 2003. Submarine slope stability, Project Report for the Minerals Management Service Under the

MMS/OTRC Coop. Research Agreement 1435-01-99-CA-31003, Task Order.

Handy M R, Schmid S M, Bousquet R, et al. 2010. Reconciling plate-tectonic reconstructions of Alpine Tethys with the geological geophysical record of spreading and subduction in the Alps. Earth-Science Reviews, 102: 121-158.

Hansen C D, Johnson C R. 2005. The Visualization Handbook. Massachusetts: Elsevier Inc.

Hansen J, Sato M, Kharecha P A, et al. 2008. Target atmospheric CO_2: Where should humanity aim? The Open Atmospheric Science Journal, 2 (1): 217-231.

Hansen L N, Zimmerman M E, Dillman M, et al. 2012. Strain localization in olivine aggregates at high temperature: A laboratory comparison of constant-strain-rate and constant-stress boundary conditions. Earth and Planetary Science Letters, 333-334: 134-145.

Hansen U, Yuen D A. 1988. Numerical simulations of thermal-chemical instabilities and lateral heterogeneities at the core-mantle boundary. Nature, 334: 237-240.

Haq B U, Al-Qahtani A M. 2005. Phanerozoic cycles of sea-level change on the Arabian Platform. Geoarabia-Manama, 10 (2): 127-160.

Haq B U, Hardenbol J, Vail P R. 1987. Chronology of fluctuating sea levels since the Triassic. Science, 235: 1156-1167.

Hardy S, Poblet J. 1994. Geometric and numerical model of progressive limb rotation in detachment folds. Geology, 22 (4): 371-374.

Harris J, Ashley A, Otto S, et al. 2017. Paleogeography andpaleo-earth systems in the modeling of marine paleoproductivity: a prerequisite for the prediction of petroleum source rocks//AbuAli M A, Moretti I, Bolås H M N. Petroleum systems analysis: Case Studies. AAPG Memoir, Tulsa, 114: 37-60.

Harrison S P, Bartlein P J, Prentice I C. 2016. What have we learnt from palaeoclimate simulations? Journal of Quaternary Science, 31 (4): 363-385.

Hassani R, Jongmans D, Chéry J. 1997. Study of plate deformation and stress in subduction processes using two-dimensional numerical models. Journal of Geophysical Research B: Solid Earth, 102: 17951-17965.

Haywood A, Valdes P J, Markwick P J. 2004. Cretaceous (Wealden) climates: A modelling perspective. Cretaceous Research, 25 (3): 303-311.

Haywood A, Hill D, Dolan A, et al. 2013. Large-scale features of Pliocene climate: results from the Pliocene Model Intercomparison Project. Climate of the Past, 9 (1): 191-209.

Haywood A, Dowsett H, Dolan A, et al. 2015. Pliocene Model Intercomparison (PlioMIP) Phase 2: scientific objectives and experimental design. Climate of the Past Discussions, 11 (4): 4003-4038.

Haywood A, Valdes P J, Aze T, et al. 2019. What can Palaeoclimate Modelling do for you? Earth Systems and Environment, 3 (1): 1-18.

Haywood J M, Jones A, Dunstone N, et al. 2016. The impact of equilibrating hemispheric albedos on tropical performance in the HadGEM2-ES coupled climate model. Geophysical Research Letters, 43: 395-403.

Herbert T D, Ng G, Peterson L C. 2015. Evolution of Mediterranean sea surface temperatures 3.5-1.5 Ma: regional and hemispheric influences. Earth and Planetary Science Letters, 409: 307-318.

Heuret A, Funiciello F, Faccenna C, et al. 2007. Plate kinematics, slab shape and back-arc stress: A comparison between laboratory models and current subduction zones. Earth and Planetary Science Letters, 256: 473-483.

Hewitt C D, Stouffer R, Broccoli A, et al. 2003. The effect of ocean dynamics in a coupled GCM simulation of the Last Glacial Maximum. Climate Dynamics, 20: 203-218.

Hill R I, Campbell I H, Davies G F, et al. 1992. Mantle plumes and continental tectonics. Science, 256 (5054): 186-193.

Hillier J K, Watts A B. 2007. Global distribution of seamounts from ship-track bathymetry data. Geophysical Research Letters, 34 (13): 173-180.

Hobbs W M. 1914a. Mechanics of formation of arcuate mountains—Part I. Journal of Geology, 22 (1): 71-90.

Hobbs W M. 1914b. Mechanics of formation of arcuate mountains—Part III: The folding process studied in the profile—formation of slides. The Journal of Geology, 22 (3): 193-208.

Hobley D E J, Sinclair H D, Mudd S M, et al. 2011. Field calibration of sediment flux dependent river incision. Journal of Geophysical Research: Earth Surface, 116 (F4): 4017.

Hobley D E J, Adams J M, Nudurupati S S, et al. 2017. Creative computing with landlab: an open-source toolkit for building, coupling, and exploring two-dimensional numerical models of earth-surface dynamics. Earth Surface Dynamics, 5 (1): 21-46.

Hodgetts D, Egan S S, Williams G D. 1998. Flexural modelling of continental lithosphere deformation: A comparison of 2D and 3D techniques. Tectonophysics, 294: 1-20.

Hoeting J A, Madigan D, Raftery A E, et al. 1999. Bayesian model averaging: A tutorial. Statistical Science, 14 (4): 382-401.

Hogg A M. 2010. An Antarctic Circumpolar Current driven by surface buoyancy forcing. Geophysical Research Letters, 37: L23601.

Holohan E P, Vries B V W D, Troll V R. 2008. Analogue models of caldera collapse in strike-slip tectonic regimes. Bulletin of Volcanology, 70 (7): 773-796.

Horsfield W. 1977. An experimental approach to basement-controlled faulting. Geologie en Mijnbouw, 56 (4): 363-370.

Hoth S, Hoffmann-Rothe A, Kukowski N. 2007. Frontal accretion: An internal clock for bivergent wedge deformation and surface uplift. Journal of Geophysical Research: Solid Earth, 112: B06408.

Houseman G, England P C. 1996. A lithospheric thickening model for the Indo-Asian collision//Yin A, Harrison T M. Tectonic Evolution of Asia. New York: Cambridge University Press.

Howard A D, Dietrich W E, Seidl M A. 1994. Modeling fluvial erosion on regional to continental scales. Journal of Geophysical Research: Solid Earth, 99 (B7): 13971-13986.

Huang Z, Zhao D. 2013. Relocating the 2011 Tohoku-oki earthquakes (M 6.0-9.0). Tectonophysics, 586: 35-45.

Hubbert M K. 1937. Theory of scale models as applied to the study of geologic structures. Geological Society of America Bulletin, 48 (9-12): 1459-1519.

Hubbert M K. 1951. Mechanical basis for certain familiar geologic structures. Geological Society of America Bulletin, 62 (4): 355.

Huchon P, Khanbari K. 2003. Rotation of the syn-rift stress field of the northern Gulf of Aden margin, Yemen. Tectonophysics, 364 (3-4): 147-166.

Hudec M R, Jackson M P A. 2007. Terra infirma: Understanding salt tectonics. Earth-Science Reviews, 82 (1-2): 1-28.

Hudec M R, Jackson M P A, Schultz-Ela D D. 2009. The paradox of minibasin subsidence into salt: Clues to the evolution of crustal basins. Geological Society of America Bulletin, 121: 201-221.

Hughes T J R. 2000. The Finite Element Method. New York: Dover Publications, Inc.

Ilstad T, Marr J G, Elverhøi A, et al. 2004. Laboratory studies of subaqueous debris flows by measurements of pore-fluid pressure and total stress. Marine Geology, 213: 403-414.

Imbo Y, De Batist M, Canals M, et al. 2003. The Gebra Slide: A submarine slide on the Trinity Peninsula Margin, Antarctica. Marine Geology, 193: 235-252.

Ishida M, Maruyama S, Suetsugu D, et al. 1999. Superplume project: Towards a new view of whole earth dynamics. Earth Planets and Space, 51 (1): i-v.

Ito H, Masuda Y, Kinoshita O. 1983. Mantle vortex induced by downgoing slab: experimental simulation and its application to trench-arc systems. Bulletin of University of Osaka prefecture. Series A: Engineering And Natural Sciences, 32 (1): 47-63.

Jackson M P A, Talbot C J. 1986. External shapes, strain rates, and dynamics of salt structures. Geological Society of America Bulletin, 97 (3): 305-323.

Jackson M P A, Talbot C J. 1989. Anatomy of mushroom-shaped diapirs. Journal of Structural Geology, 11 (1): 211-230.

Jackson M P A, Talbot C J. 1991. A glossary of salt tectonics: Geological Circular 91-94. Bureau of Economic Geology, University of Texas at Austin.

Jacoby W R. 1976. Paraffin model experiment of plate tectonics. Tectonophysics, 35: 103-113.

Janson L, Rajaratnam B. 2014. A methodology for robust multiproxy paleoclimate reconstructions and modeling of temperature conditional quantiles. Journal of the American Statistical Association, 109 (505): 63-77.

Jarosinski M, Beekman F, Matenco L, et al. 2011. Mechanics of basin inversion: Finite element modelling of the Pannonian Basin System. Tectonophysics, 502 (1-2): 121-145.

Jarrard R D. 1986. Relations among subduction parameters. Reviews of Geophysics, 24: 217-284.

Joussaume S, Taylor K E, Braconnot P, et al. 1999. Monsoon changes for 6000 years ago: Results of 18 simulations from the Paleoclimate Modeling Intercomparison Project (PMIP). Geophysical Research Letters, 26 (7): 859-862.

Kageyama M, Braconnot P, Laurent B, et al. 2012. Mid-Holocene and Last Glacial Maximum climate simulations with the IPSL model: New features with the IPSLCM-5A version. 13101.

Kageyama M, Braconnot P, Harrison S P, et al. 2018. The PMIP4 contribution to CMIP6-Part 1: Overview and over-arching analysis plan. Geoscientific Model Development, 11 (3): 1033-1057.

Kanamori H, McNally K C. 1982. Variable rupture mode of the subduction zone along the Ecuador-Colombia coast. Bulletin of the Seismological Society of America, 72 (4): 1241-1253.

Karam P, Mitra S. 2016. Experimental studies of the controls of the geometry and evolution of salt diapirs. Marine and Petroleum Geology, 77: 1309-1322.

Karato S, Wu P. 1993. Rheology of the upper mantle: A synthesis. Science, 260: 771-778.

Katz R F, Ragnarsson R, Bodenschatz E, 2005. Tectonic microplates in a wax model of sea-floor spreading. New Journal of Physics, 7: 37.

Kebiche Z, Castelain C, Burghelea T. 2014. Experimental investigation of the Rayleigh-Bénard convection in a yield stress fluid. Journal of Non-Newtonian Fluid Mechanics, 203: 9-23.

Keep M. 2000. Models of lithospheric-scale deformation during plate collision: Effects ofindentor shape and lithospheric thickness. Tectonophysics, 326: 203-216.

Kehle R O. 1988. The origin of salt structures//Schreiber B C. Evaporites and hydrocarbons. New York: Columbia University Press.

Kellogg L H. 1992. Mixing in the Mantle. Annual Review of Earth and Planetary Sciences, 20: 365-388.

Kennett J P. 1977. Cenozoic evolution of Antarctic glaciation, the circum-Antarctic Ocean, and their impact on global paleoceanography. Journal of Geophysical Research, 82 (27): 3843-3860.

Kerr R C, Mériaux C. 2004. Structure and dynamics of sheared mantle plumes. Geochemistry Geophysics Geosystems, 5 (12): Q12009.

Kervyn M, Ernst G G J, Vries B V W D, et al. 2009. Volcano load control on dyke propagation and vent distribution: Insights from analogue modeling. Journal of Geophysical Research Atmospheres, 114 (B3): 438-457.

Kim S J. 2004. A coupled model simulation of ocean thermohaline properties of the Last Glacial Maximum. Atmos. Ocean, 42: 213-220.

Kincaid C, Olson P. 1987. An experimental study of subduction and slab migration. Journal of Geophysical Research: Solid Earth, 92: 13832-13840.

Kincaid C, Ito G, Gable C. 1995. Laboratory investigation of the interaction of off-axis mantle plumesand spreading centres. Nature, 376 (6543): 758-761.

King S D, Raefsky A, Hager B H. 1990. ConMan: Vectorizing a finite element code for incompressible two-dimensional convection in the Earth's mantle. Physics of the Earth and Planetary Interiors, 59: 195-207.

Kirby S H. 1983. Rheology of the lithosphere. Reviews of Geophysics, 21 (6): 1458-1487.

Kirby S H. 1985. Rock mechanics observations pertinent to the rheology of the continental lithosphere and the localization of strain along shear zones. Tectonophysics, 119: 1-27.

Kitoh A, Murakami S, Koide H. 2001. A simulation of the Last Glacial Maximum with a coupled atmosphere-ocean GCM. Geophysical Research Letters, 28: 2221-2224.

Kobberger G, Zulauf G. 1995. Experimental folding and boudinage under pure constrictional conditions. Journal of Structural Geology, 17: 1055-1063.

Koenigsberger J, Morath O. 1913. Theoretische Grundlagen der experimentellen Tektonik. Zeitschrift der Deutschen Geologischen Gesellschaft, 65: 65-86.

Kohfeld K E, Graham R M, de Boer A M, et al. 2013. Southern Hemisphere westerly wind changes during the Last Glacial Maximum: Paleo-data synthesis. Quaternary Science Reviews, 68: 76-95.

Konstantinovskaia E, Malavieille J. 2005. Erosion and exhumation in accretionary orogens: Experimental and geological approaches. Geochemistry, Geophysics, Geosystems, 6: Q02006.

Koyi H, Talbot C J, Torudbakken B O. 1995. Analogue models of salt diapirs and seismic interpretation in the Nordkapp Basin, Norway. Petroleum Geoscience, 1 (2): 185-192.

Koyi H A. 2001. Modeling the influence of sinking anhydrite blocks on salt diapirs targeted for hazardous waste disposal. Geology, 29: 387-390.

Koyi H A, Vendeville B C. 2003. The effect of décollement dip on geometry and kinematics of model accretionary wedges. Journal of Structural Geology, 25: 1445-1450.

Koyi H A, Ghasemi A, Hessami K, et al. 2008. The mechanical relationship between strike-slip faults and salt diapirs in the Zagros fold-thrust belt. Journal of the Geological Society, 165 (6): 1031-1044.

Krantz R W. 1991. Measurements of friction coefficients and cohesion for faulting and fault reactivation in laboratory models using sand and sand mixtures. Tectonophysics, 188: 203-207.

Kronbichler M, Heister T, Bangerth W. 2012. High accuracy mantle convection simulation through modern numerical methods. Geophysical Journal International, 191 (1): 12-29.

Kucera M, Weinelt M, Kiefer T, et al. 2005. Reconstruction of sea surface temperatures from assemblages of planktonic foraminifera: Multitechnique approach based on geographically constrained calibration data sets and its application to glacial Atlantic and Pacific Oceans. Quaternary Science Reviews, 24: 951-998.

Kumazawa M, Maruyama S. 1994. Whole earth tectonics. Journal of the Geological Society of Japan, 100 (1): 81-102.

Kurahashi T, Losch M, Paul A. 2014. Can sparse proxy data constrain the strength of the Atlantic meridional overturning circulation. Qeoscientific Model Development Discussions, 7: 419-432.

Kutzbach J E, Street-Perrott F A. 1985. Milankovitch forcing of fluctuations in the level of tropical lakes from 18 to 0 kyr BP. Nature, 317 (6033): 130-134.

Kutzbach J E, Guetter P J. 1986. The influence of changing orbital parameters and surface boundary conditions on climate simulations for the past 18 000 years. Journal of the Atmospheric Sciences, 43 (16): 1726-1759.

Kutzbach J E, Guetter P J, Behling P J, et al. 1993. Simulated climatic changes: Results of the COHMAP climate-model experiments. Global Climates Since The Last Glacial Maximum, Minneapolis: University of Minnesota Press.

Kvenvolden K A. 1993. Gas hydrates—geological perspective and global change. Reviews of Geophysics, 31: 173-187.

Kvenvolden K A. 1999. Potential effects of gas hydrate on human welfare. Proceedings of the National Academy of Sciences, 96: 3420-3426.

Lague D, Hovius N, Davy P. 2005. Discharge, discharge variability, and the bedrock channel profile. Journal of Geophysics Research, 110: F04006.

Larsen I J, Montgomery D R. 2012. Landslide erosion coupled to tectonics and river incision. Nature Geoscience, 5: 468.

Larson R L, Olson P. 1991. Mantle plumes control magnetic reversal frequency. Earth and Planetary Science Letters, 107: 437-447.

Lay T, Kanamori H, Ammon C J, et al. 2012. Depth-varying rupture properties of subduction zonemegathrust faults. Journal of Geophysical Research: Solid Earth, 117 (B4): 7.

Lay T. 2015. The surge of great earthquakes from 2004 to 2014. Earth and Planetary Science Letters, 409: 133-146.

Lee D C, Halliday A N, Fitton J G, et al. 1994. Isotopic variations with distance and time in the volcanic islands of the cameroon line: Evidence for a mantle plume origin. Earth and Planetary Science Letters, 123 (1-3): 119-138.

Lenardic A, Kaula W M. 1993. A numerical treatment of geodynamic viscous flow problems involving the advection of material interfaces. Journal of Geophysical Research, 98: 8243-8269.

Lepvrier C, Fournier M, Bérard T, et al. 2002. Cenozoic extension in coastal Dhofar (southern Oman): Implications on the oblique rifting of the Gulf of Aden. Tectonophysics, 357: 279-293.

Leroy S, Razin P, Autin J, et al. 2012. Fromrifting to oceanic spreading in the Gulf of Aden: A synthesis. Arabian Journal of Geosciences, 5: 859-901.

Leturmy P, Mugnier J L, Vinour P, et al. 2000. Piggyback basin development above a thin-skinned thrust belt with two detachment levels as a function of interactions between tectonic and superficial mass transfer: The case of the Subandean Zone (Bolivia). Tectonophysics, 320: 45-67.

Levin V, Shapiro N M, Park J, et al. 2005. Slab portal beneath the western Aleutians. Geology, 33: 253-256.

Li S Z, Suo Y H, Li X, et al. 2018. Microplate tectonics: New insights from micro-blocks in the global oceans, continental margins and deep mantle. Earth-Science Reviews, 185: 1029-1064.

LIMAP Project Members. 1981. Relative abundance of planktic foraminifera in the 120 kyr time slice reconstruction of sediment core GIK12392-1. PANGAEA. https://doi.org/10.1594/PANGAEA.51983 [2020-11-24].

Lindborg T, Thorne M, Andersson E, et al. 2018. Climate change and landscape development in post-closure safety assessment of solid radioactive waste disposal: Results of an initiative of the IAEA. Journal of environmental radioactivity, 183: 41-53.

Link T A. 1928a. Enéchelon folds and arcuate mountains. Journal of Geology, 36 (6): 526-538.

Link T A. 1928b. Relationship between over- and under-thrusting as revealed by experiments. Bulletin of the American Association of Petroleum Geologists, 12 (8): 825-854.

Lisiecki L E, Raymo M E. 2005. A Pliocene-Pleistocene stack of 57 globally distributed benthic $\delta^{18}O$ records. Paleoceanography, 20 (1): PA1003.

Liu X, Zhao D. 2014. Structural control on the nucleation ofmegathrust earthquakes in the Nankai subduction zone. Geophysical Research Letters, 41 (23): 8288-8293.

Liu X, Zhao D. 2015. Seismic attenuation tomography of the Southwest Japan arc: New insight into subduction dynamics. Geophysical Journal International, 201 (1): 135-156.

Liu X, Zhao D, Li S. 2013a. Seismic heterogeneity and anisotropy of the southern Kuril arc: Insight intomegathrust earthquakes. Geophysical Journal International, 194 (2): 1069-1090.

Liu X, Zhao D, Li S. 2013b. Seismic imaging of the Southwest Japan arc from the Nankai trough to the Japan

Sea. Physics of the Earth and Planetary Interiors, 216: 59-73.

Liu X, Zhao D, Li S. 2014. Seismic attenuation tomography of the Northeast Japan arc: Insight into the 2011 Tohoku earthquake (Mw 9.0) and subduction dynamics. Journal of Geophysical Research: Solid Earth, 119 (2): 1094-1118.

Liu X, Zhao D P, Li S Z, et al. 2017. Age of the subducting Pacific slab beneath East Asia and its geodynamic implications. Earth and Planetary Science Letters, 464: 166-174.

Liu Z, Shin S I, Otto-Bliesner B, et al. 2003. Tropical cooling at the last glacial maximum and extratropical ocean ventilation 1. Geophysical Research Letters, 30 (3): 48-1-48-4.

Liu Z, Dai L M, Li S Z, et al. 2018. Mesozoic magmatic activity and tectonic evolution in the southern East China Sea Continental Shelf Basin: Thermo-mechanical modelling. Geological Journal, 53: 240-251.

Locat J, Lee H J. 2002. Submarine landslides: Advances and challenges. Canadian Geotechnical Journal, 39: 193-212.

Lohest M. 1913. Expériences de Tectonique. Annales de la Societe Geologique de Belgique, Mémoires, 39: 547-585.

Lohrmann J, Kukowski N, Adam J, et al. 2003. The impact of analogue material properties on the geometry, kinematics, and dynamics of convergent sand wedges. Journal of Structural Geology, 25: 1691-1711.

Loper D E, Stacey F D. 1983. The dynamical and thermal structure of deep mantle plumes. Physics of the Earth and Planetary Interiors, 33 (4): 304-317.

Lunt D J, Foster G L, Haywood A M, et al. 2008. Late Pliocene Greenland glaciation controlled by a decline in atmospheric CO_2 levels. Nature, 454 (7208): 1102-1105.

Lunt D J, Haywood A M, Schmidt G A, et al. 2010. Earth system sensitivity inferred from Pliocene modelling and data. Nature Geoscience, 3 (1): 60-64.

Lunt D J, Dunkley Jones T, Heinemann M, et al. 2012. A model-data comparison for a multi-model ensemble of early Eocene atmosphere-ocean simulations: EoMIP. Climate of the Past, 8: 1717-1736.

Lunt D J, Huber M, Baatsen M, et al. 2017. DeepMIP: Experimental design for model simulations of the EECO, PETM, and pre-PETM. Geoscientific Model Development, 10 (2): 889-901.

Luth S, Willingshofer E, Sokoutis D, et al. 2013. Does subduction polarity changes below the Alps? Inferences from analogue modelling. Tectonophysics, 582: 140-161.

Lyell C. 1871. The Student's Elements of Geology. London: John Murray, 640.

Manabe S, Terpstra T B. 1974. The effects of mountains on the general circulation of the atmosphere as identified by numerical experiments. Journal of the atmospheric Sciences, 31 (1): 3-42.

Manabe S, Delworth T. 1990. The temporal variability of soil wetness and its impact on climate. Climatic Change, 16 (2): 185-192.

Mancktelow N S. 1988. The rheology of paraffin wax and its usefulness as an analogue for rocks. Bulletin of the Geological Institutions of the University of Uppsala, New Series, 14: 181-193.

Mandl G, de Jong L N J, Maltha A. 1977. Shear zones in granular material. Rock Mechanics, 9: 95-144.

Mannshardt E, Craigmile P F, Tingley M P. 2013. Statistical modeling of extreme value behavior in North American tree-ring density series. Climatie Change, 117 (4): 843-858.

Marques F O, Cobbold P R. 2006. Effects of topography on the curvature of fold- and- thrust belts during shortening of a 2-layer model of continental lithosphere. Tectonophysics, 415: 65-80.

Marques F O, Cobbold P R, Lourenco N. 2007. Physical models of rifting and transform faulting, due to ridge push in a wedge-shaped oceanic lithosphere. Tectonophysics, 443: 37-52.

Mart Y, Aharonov E, Mulugeta G, et al. 2005. Analogue modelling of the initiation of subduction. Geophysical Journal International, 160: 1081-1091.

Martin R F, Piwinskii A J. 1972. Magmatism and tectonic settings. Journal of Geophysical Research Atmospheres, 77 (26): 4966-4975.

Martinod J, Regard V, Letourmy Y, et al. 2016. How do subduction processes contribute to forearc Andean uplift? Insights from numerical models. Journal of Geodynamics, 96: 6-18.

Maruyama S, Kumazawa M, Kawakami S I. 1994. Towards a new paradigm on the Earth's dynamics. Journal of the Geological Society of Japan, 100 (1): 1-3.

Maslin M, Mikkelsen N, Vilela C, et al. 1998. Sea- level- and gas- hydrate- controlled catastrophic sediment failures of the Amazon Fan. Geology, 26: 1107-1110.

Masui A, Haneda H, Ogata Y, et al. 2005. Effects of methane hydrate formation on shear strength of synthetic methane hydrate sediments. Proceedings of the 15th International Offshore and Polar Engineering Conference: 364-369.

Mathieu L, De Vries B V W, Holohan E P, et al. 2008. Dykes, cups, saucers and sills: Analogue experiments on magma intrusion into brittle rocks. Earth and Planetary Science Letters, 271 (1-4): 1-13.

Matsumoto K, LynchStieglitz J, Anderson R F. 2001. Similar glacial and Holocene southern ocean hydrography. Paleoceanography, 16: 445-454.

Mazzini A, Nermoen A, Krotkiewski M, et al. 2009. Strike-slip faulting as a trigger mechanism for overpressure release through piercement structures. Implications for the Lusi mud volcano, Indonesia. Marine and Petroleum Geology, 26 (9): 1751-1765.

McCaffrey R. 2007. The next great earthquake. Science-New York Then Washington, 315 (5819): 1675.

Mccave I, Simon C, Hillenbrand C D, et al. 2012. Constant flow speed of the ACC through Drake Passage between glacial maximum and Holocene. EGU Geneval Assembly Conference Abstracts, 9842.

McClay K R. 1976. The rheology of plasticine. Tectonophysics, 33 (1): T7-T15.

McClay K R. 1990. Extensional fault systems in sedimentary basins: A review of analogue model studies. Marine and Petroleum Geology, 7: 206-233.

McClay K R, White M J. 1995. Analogue modelling of orthogonal and oblique rifting. Marine and Petroleum Geology, 12: 137-151.

McKenzie D. 1969. Speculations on the consequences and causes of plate motions. Geophysical Journal International, 18: 1-32.

Mead W J. 1920. Notes on themechanics of geologic structures. Journal of Geology, 28 (6): 505-523.

Miller K G, Kominz M A, Browning J V, et al. 2005. The Phanerozoic record of global sea-level change. Science, 310: 1293-1298.

Miura S, Kodaira S, Nakanishi A, et al. 2003. Structural characteristics controlling the seismicity crustal structure of southern Japan Trench fore-arc region, revealed by ocean bottom seismographic data. Tectonophysics, 363 (1): 79-102.

Mix A, Bard E, Schneider R. 2001. Environmental processes of the ice age: Land, oceans, glaciers (EPILOG). Quaternary Science Reviews, 20: 627-657.

Montanari D, Corti G, Sani F, et al. 2010a. Experimental investigation on granite emplacement during shortening. Tectonophysics, 484 (1): 147-155.

Montanari D, Corti G, Simakin A. 2010b. Magma chambers and localization of deformation during thrusting. Terra Nova, 22 (5): 390-395.

Montési L G, Hirth G. 2003. Grain size evolution and the rheology of ductile shear zones: From laboratory experiments to postseismic creep. Earth and Planetary Science Letters, 211: 97-110.

Moore D G. 1978. Submarine Slides//Barry Voight. Developments in Geotechnical Engineering. Elsevier, 14 (Part A): 563-604.

Moore V M, Vendeville B C, Wiltschko D V. 2005. Effects of buoyancy and mechanical layering on collisional deformation of continental lithosphere: Results from physical modeling. Tectonophysics, 403: 193-222.

Moragas M, Vergés J, Nalpas T, et al. 2017. The impact of syn- and post-extension prograding sedimentation on the development of salt-related rift basins and their inversion: Clues from analogue modelling. Marine and Petroleum Geology, 88: 985-1003.

Moresi L, Gurnis M. 1996. Constraints on the lateral strength of slabs from three dimensional dynamic flow models. Earth and Planetary Science Letters, 138: 15-28.

Moresi L N, Solomatov V S. 1995. Numerical investigation of 2D convection with extremely large viscosity variation. Physics of Fluids, 9: 2154-2164.

Moresi L N, Zhong S, M Gurnis. 1996. The accuracy of finite element solutions of Stokes' flow with strongly varying viscosity. Physics of the Earth and Planetary Interiors, 97: 83-94.

Morgan W J. 1971. Convection plumes in the lower mantle. Nature, 230 (5288): 42-43.

Morgan W J. 1972a. Deep mantle convection plumes and plate motions. Aapg Bulletin, 56 (2): 203-213.

Morgan W J. 1972b. Plate motions and deep mantle convection. Nature, 132 (11): 7-22.

Mudelsee M, Raymo M E. 2005. Slow dynamics of the Northern Hemisphere glaciation. Paleoceanography, 20 (4): 4022.

Murakami M, Hirose K, Kawamura K, et al. 2004. Post-perovskite phase transition in $MgSiO_3$. Science (304): 855-858.

Myers C E, Stigall A L, Lieberman B S. 2015. PaleoENM: Applying ecological niche modeling to the fossil record. Paleobiology, 41 (2): 226-244.

Mériaux C A, Duarte J C, Schellart W P, et al. 2015. A two-way interaction between the Hainan Plume and the Manila Subduction Zone. Geophysical Research Letters, 42 (14): 5796-5802.

Mériaux C A, Mériaux A S, Schellart W P, et al. 2016. Mantle plumes in the vicinity of subduction zones. Earth and Planetary Science Letters, 454: 166-177.

Müller R D, Roest W R, Royer J, et al. 1997. Digital isochrons of the world's ocean floor. Journal of Geophysical Research Atmospheres, 102 (B2): 3211-3214.

Müller R D, Flament N, Matthews K J, et al. 2016a. Formation of Australian continental margin highlands driven by plate-mantle interaction. Earth and Planetary Science Letters, 441: 60-70.

Müller R D, Seton M, Zahirovic S, et al. 2016b. Ocean Basin Evolution and Global-Scale Plate Reorganization Events Since Pangea Breakup. Annual Review of Earth and Planetary Science, 44: 107-138.

Nalpas T, Brun J P. 1993. Salt flow and diapirism related to extension at crustal scale. Tectonophysics, 228 (3-4): 349-362.

Naylor M A, Mandl G, Supesteijn C H K. 1986. Fault geometries in basement-induced wrench faulting under different initial stress states. Journal of Structural Geology, 8 (7): 737-752.

Nelson T H, Fairchild L H. 1989. Emplacement and evolution of salt sills in the northern Gulf of Mexico. Aapg Bulletin, 32 (1): 6-7.

Nettleton L L. 1934. Fluid mechanics of salt domes. Bulletin of the American Association of Petroleum Geologists, 18 (9): 1175-1204.

Nettleton L L 1943. Recent experimental and geophysical evidence of mechanics of salt-dome formation. Bulletin of the American Association of Petroleum Geologists, 27 (1): 51-63.

Neurath C, Smith R B. 1982. The effect of material properties on growth rates of folding and boudinage: Experiments with wax models. Journal of Structural Geology, 4: 215-229.

Nixon M, Grozic J L 2007. Submarine slope failure due to gas hydrate dissociation: A preliminary quantification. Canadian Geotechnical Journal, 44: 314-325.

Noble T L 2012. Greater supply of Patagonian sourced detritus and transport by the ACC to the Atlantic sector of the Southern Ocean during the last glacial period. Earth and Planetary Science Letters, 317: 374-385.

North G R, Coakley Jr J A. 1979. Differences between seasonal and mean annual energy balance model calculation of climate and climate sensitivity. Journal of the Atmospheric Sciences, 36: 1889-1204.

North Greenland Ice Core Project members. 2004. High-resolution record of Northern Hemisphere climate extending into the last interglacial period. Nature, 431: 147-151.

Okal E A, Reymond D, Hongsresawat S. 2013. Large, pre-digital earthquakes of the Bonin-Mariana subduction zone, 1930-1974. Tectonophysics, 586: 1-14.

Oldenburg D W, Brune J N. 1972. Ridge transform fault spreading pattern in freezing wax. Science, 178: 301.

Oldenburg D W, Brune J N. 1975. An explanation for the orthogonality of ocean ridges and transform faults. Journal of Geophysical Research, 80: 2575-2585.

Olson P, Singer H. 1985. Creeping plumes. Journal of Fluid Mechanics, 158: 511-531.

Otto-Bliesner B L, Brady E C, Clauzet G, et al. 2006. Last Glacial Maximum and Holocene Climate in CCSM3. J. Climate, 19: 2526-2544.

Otto-Bliesner B L, Hewitt C D, Marchitto T M. 2007. Last Glacial Maximum ocean thermohaline circulation: PMIP2 model intercomparisons and data constraints. Geophysical Research Letters, 34 (12): L12706.

Otto-Bliesner B L, Schneider R, Brady E C, et al. 2009. A comparison of PMIP2 model simulations and the MARGO proxy reconstruction for tropical sea surface temperatures at last glacial maximum. Climate Dynamics, 32 (6): 799-815.

Otto-Bliesner B L, Russell J M, Clark P U, et al. 2014. Coherent changes of southeastern equatorial and northern African rainfall during the last deglaciation. Science, 346 (6214): 1223-1227.

O'Bryan J W, Cohen R, Gilliland W N. 1975. Experimental origin of transform faults and straight spreading-center segments. GSA Bull, 86: 793-796.

Panien M, Schreurs G, Pfiffner A. 2006. Mechanical behaviour of granular materials used in analogue modelling: Insights from grain characterisation, ring-shear tests and analogue experiments. Journal of Structural Geology, 28: 1710-1724.

Panitz S, Salzmann U, Risebrobakken B, et al. 2018. Orbital, tectonic and oceanographic controls on Pliocene climate and atmospheric circulation in Arctic Norway. Global and Planetary Change, 161: 183-193.

Parker T J, McDowell A N. 1955. Model studies of salt-dome tectonics. Bulletin of the American Association of Petroleum Geologists, 39 (12): 2384-2470.

Parrish J T, Curtis R L 1982. Atmospheric circulation, upwelling, and organic-rich rocks in the Mesozoic and Cenozoic eras. Palaeogeography, Palaeoclimatology, Palaeoecology, 40 (1-3): 31-66.

Pastor-Galán D, Gutiérrez-Alonso G, Zulauf G, et al. 2012. Analogue modeling of lithospheric-scale orocline buckling: Constraints on the evolution of the Iberian-Armorican Arc. GSA Bulletin, 124: 1293-1309.

Paulcke W. 1912. Das Experiment in der Geologie. Festschrift zur Feier des fünfündfündfzigsten Geburtstages Seiner Königlichen Hohiet des GroBherzogs Friedrich II, Karlsruhe, 74-108.

Pearson P N, Ditchfield P W, Singano J, et al. 2001. Warm tropical sea surface temperatures in the Late Cretaceous and Eocene epochs. Nature, 413 (6855): 481-487.

Pedley K L, Barnes P M, Pettinga J R, et al. 2010. Seafloor structural geomorphic evolution of the accretionary frontal wedge in response to seamount subduction, Poverty Indentation, New Zealand. Marine Geology, 270 (1-4): 119-138.

Peixoto J P, Oort A H. 1991. Physics of Climate. New York: American Institute of Physics.

Pelletier J. 2011. Fluvial and slope-wash erosion of soil-mantled landscapes: Detachment- or transport-limited? Earth Surface Processes Landforms, 37 (1): 37-51.

Peltier W R. 2004. Global glacial isostasy and the surface of the ice age Earth: The ICE-5G (VM2) model and GRACE. Annual Review of Earth and Planetary Sciences, 321: 111-149.

Peltier W R, Solheim L P. 2004. The climate of the Earth at Last Glacial Maximum: Statistical equilibrium state and a mode of internal variability. Quaternary Science Reviews, 23: 335-357.

Peltzer G, Gillet P, Tapponnier P. 1984. Formation des failles dans un materiau modele; la plasticine. Bulletin de la Société Géologique de France S7-XXVI, 161-168.

Peng Y, Shen C, Cheng H, et al. 2014. Modeling of severe persistent droughts over eastern China during the last millennium. Climate of the Past, 10 (3): 1079-1091.

Perez-Sanz A, Li G, González-Sampériz P, et al. 2014. Evaluation of modern and mid-Holocene seasonal precipitation of the Mediterranean and northern Africa in the CMIP5 simulations. Climate of the Past, 10 (2): 551-568.

Perron J T, Kirchner J W, Dietrich W E. 2009. Formation of evenly spaced ridges and valleys. Nature, 460: 502-505.

Peterson A T, Soberón J, Pearson R G, et al. 2011. Ecological Niches and Geographic Distributions (MPB-

49). Princeton: Princeton University Press.

Pound M J, Haywood A M, Salzmann U, et al. 2012. Global vegetation dynamics and latitudinal temperature gradients during the Mid to Late Miocene (15.97-5.33 Ma). Earth-Science Reviews, 112 (1-2): 1-22.

Prakash V N, Sreenivas K R, Arakeri J H. 2017. The role of viscosity contrast on plume structure in laboratory modeling of mantle convection. Chemical Engineering Science, 158: 245-256.

Prinn R G. 2013. Development and application of earth system models. Proceedings of the National Academy of Sciences, 110 (Supplement 1): 3673-3680.

Prior D, Yang Z S, Bornhold B, et al. 1986. Active slope failure, sediment collapse, and silt flows on the modern subaqueous Huanghe (Yellow River) delta. Geo-Marine Letters, 6: 85-95.

Prior D B, Coleman J M. 1982. Active slides and flows inunderconsolidated marine sediments on the slopes of the Mississippi delta, Marine slides and other mass movements. Springer, 1: 21-49.

Pudsey C J, Howe J A. 1998. Quaternary history of the Antarctic Circum-polar Current: Evidence from the Scotia Sea. Marine Geology, 148: 83-112.

Ramage A, Wathen A J. 1994. Iterative solution techniques for the Stokes and Navier-Stokes equations. International Journal for Numerical Methods in Fluids, 19: 67-83.

Ramberg H. 1967. Model experimentation of the effect of gravity on tectonic processes. Geophysical Journal of the Royal Astronomical Society, 14 (1-4): 307-329.

Ramberg H. 1970. Model studies in relation to intrusion of plutonic bodies. Geological Journal, 10: 261-286.

Ramberg H. 1981. Gravity, Deformation and The Earth's Crust: In Theory, Experiments And Geological Application 2d ed. New York: Academic Press.

Ramberg H. 1990. Review of experimental diapirism performed in the Uppsala Tectonic Laboratory. Symposium on diapirism, 493-496.

Ramstein G, Fluteau F, Besse J, et al. 1997. Effect of orogeny, plate motion and land-sea distribution on Eurasian climate change over the past 30 million years. Nature, 386 (6627): 788-795.

Ratschbacher L, Merle O, Davy P, et al. 1991. Lateral extrusion in the eastern Alps, Part 1: Boundary conditions and experiments scaled for gravity. Tectonics, 10: 245-256.

Reade T M. 1886. The Origin of Mountain Ranges Considered Experimentally, Structurally, Dynamically, and in Relation to Their Geological History. London: Taylor & Francis, 359.

Regenauer-Lieb K, Rosenbaum G, Weinberg R F. 2008. Strain localisation and weakening of the lithosphere during extension. Tectonophysics, 458: 96-104.

Replumaz A, Negredo A M, Villaseñor A, et al. 2010. Indian continental subduction and slab break-off during Tertiary collision. Terra Nova, 22: 290-296.

Richards M A, Duncan R A, Courtillot V E. 1989. Flood basalts and hot-spot tracks: Plume heads and tails. Science, 246 (4926): 103-107.

Richter F M. 1973. Finite amplitude convection through a phase boundary. Geophysical Journal Royal Astronomical Society, 35: 265-276.

Richter-Bernburg G. 1980. Salt tectonics, interior structures of salt bodies. Dimensions in Health Research Search for the Medicines of Tomorrow, 37 (2): 3-10.

Ritz C, Edwards T L, Durand G, et al. 2015. Potential sea-level rise from Antarctic ice-sheet instability constrained by observations. Nature, 528 (7580): 115-118.

Roering J J, Kirchner J W, Sklar L S, et al. 1999. Hillslope evolution by nonlinear creep and landsliding: An experimental study. Geology, 29 (2): 143-146.

Roering J J, Kirchner J W, Dietrich W E. 2001. Hillslope evolution by nonlinear, slope-dependent transport: Steady state morphology and equilibrium adjustment timescales. Journal of Geophysical Research: Solid Earth, 106 (B8): 16499-16513.

Rohling E J, Sluijs A, Dijkstra H A, et al. 2012. Making sense of palaeoclimate sensitivity. Nature, 491 (7426): 683-691.

Rosell-Mele A, Bard E, Emeis K C, et al. 2004. Sea surface temperature anomalies in the oceans at the LGM estimated from the alkenone index: Comparison with GCMs. Geophysical Research Letters, 31: L03208.

Rossetti F, Ranalli G, Faccenna C. 1999. Rheological properties of paraffin as an analogue material for viscous crustal deformation. Journal of Structural Geology, 21: 413-417.

Rossi D, Storti F. 2003. New artificial granular materials for analogue laboratory experiments: Aluminium and siliceous microspheres. Journal of Structural Geology, 25: 1893-1899.

Royden L H, Husson L L. 2006. Trench motion, slab geometry and viscous stresses in subduction systems. Geophysical Journal International, 167: 881-905.

Royden L H, Burchfiel B C, King R W, et al. 1997. Surface Deformation and Lower Crustal Flow in Eastern Tibet. Science, 276 (5313): 788-790.

Royer D L, Berner R A, Montañez I P, et al. 2004. CO_2 as a primary driver of phanerozoic climate. GSA today, 14 (3): 4-10.

Rubey M, Brune S, Heine C, et al. 2017. Global patterns in Earth's dynamic topography since the Jurassic: The role of subducted slabs. Solid Earth, 8 (5): 899-919.

Ruff L J. 1989. Do trench sediments affect great earthquake occurrence in subduction zones? Pure and Applied Geophysics PAGEOPH, 129 (1-2): 263-282.

Rutter E. 1999. On the relationship between the formation of shear zones and the form of the flow law for rocks undergoing dynamic recrystallization. Tectonophysics, 303: 147-158.

Sabin A L, Pisias N G. 1996. Sea surface temperature changes in the Northeastern Pacific ocean during the past 20 000 years and their relationship to climate change in Northwestern North America. Quaternary Research, 46: 48-61.

Salles T. 2016. Badlands: A parallel basin and landscape dynamics model. SoftwareX, 5 (C): 195-202.

Salles T, Duclaux G. 2015. Combined hillslope diffusion and sediment transport simulation applied to landscape dynamics modelling. Earth Surf. Process Landf, 40 (6): 823-839.

Salles T, Hardiman L 2016. Badlands: An open-source, flexible and parallel framework to study landscape dynamics. Computers Geosciences, 91 (Supplement): 77-89.

Salles T, Griffiths C, Dyt C, et al. 2011. Australian shelf sediment transport responses to climate change-driven ocean perturbations. Marine Geology, 282 (3-4): 268-274.

Salles T, Flament N, Müller D. 2017. Influence of mantle flow on the drainage of eastern Australia since the jurassic period. Geochemistry, Geophysics, Geosystems, 18 (1): 280-305.

Saltzman B. 1978. A survey of statistical-dynamical models of the terrestrial climate. Advances in Geophysics, 20: 183-304.

Saltzman B. 2002. Dynamical Paleoclimatology: Generalized Theory of Global Climate Change. San Diego: Academic Press.

Salzmann U, Haywood A M, Lunt D J, et al. 2008. A new global biome reconstruction and data-model comparison for the middle Pliocene. Global Ecology and Biogeography, 17 (3): 432-447.

Sarnthein M, Pflaumann U, Weinelt M. 2003. Past extent of sea ice in the northern North Atlantic inferred from foraminiferal paleotemperature estimates. Paleoceanography, 18: 1047.

Saupe E E, Hendricks J R, Portell R W, et al. 2014. Macroevolutionary consequences of profound climate change on niche evolution in marine molluscs over the past three million years. Proceedings of the Royal Society B: Biological Sciences, 281 (1795): 20141995.

Schardt H. 1884. Geological studies in the Pays-D'Enhaut Vaudois. Bulletin de la Société Vaudoise des Sciences Naturelles, 20 (90): 139-167.

Schellart W P. 2000. Shear test results for cohesion and friction coefficients for different granular materials: Scaling implications for their usage in analogue modelling. Tectonophysics, 324: 1-16.

Schellart W P. 2004. Kinematics of subduction and subduction-induced flow in the upper mantle. Journal of Geophysical Research: Solid Earth, 109: B07401.

Schellart W P. 2008. Kinematics and flow patterns in deep mantle and upper mantle subduction models: Influence of the mantle depth and slab to mantle viscosity ratio. Geochemistry, Geophysics, Geosystems, 9: Q0301.

Schellart W P. 2010. Mount Etna-Iblean volcanism caused by rollback-induced upper mantle upwelling around the Ionian slab edge: An alternative to the plume model. Geology, 38: 691-694.

Schellart W P. 2011. Rheology and density of glucose syrup and honey: Determining their suitability for usage in analogue and fluid dynamic models of geological processes. Journal of Structural Geology, 33: 1079-1088.

Schellart W P, Strak V. 2016. A review of analogue modelling of geodynamic processes: Approaches, scaling, materials and quantification, with an application to subduction experiments. Journal of Geodynamics, 100: 7-32.

Schellart W P, Lister G S, Jessell M W. 2002a. Analogue modeling of arc and backarc deformation in the New Hebrides arc and North Fiji Basin. Geology, 30: 311-314.

Schellart W P, Lister G S, Jessell M W. 2002b. Analogue modelling of asymmetrical back-arc extension. Journal of the Virtual Explorer, 7: 25-42.

Schellart W P, Jessell M W, Lister G S. 2003. Asymmetric deformation in the backarc region of the Kuril arc, northwest Pacific: New insights from analogue modeling. Tectonics, 22: 1047.

Schellart W P, Kennett B L N, Spakman W, et al. 2009. Plate reconstructions and tomography reveal a fossil lower mantle slab below the Tasman Sea. Earth and Planetary Science Letters, 278: 143-151.

Schoettle-Greene P, Pysklywec R N. 2014. Passive margin subduction and the dynamics of collisional orogenesis. Geophysical Research Letters, 41: 843-849.

Schouten H, Klitgord K D, Gallow D G. 1993. Edge-driven microplate kinematics. Journal of Geophysical Research, 98: 6689-6701.

Schrank C E, Boutelier D A, Cruden A R. 2008. The analogue shear zone: From rheology to associated geometry. Journal of Structural Geology, 30: 177-193.

Schubert G, Yuen D A, Turcotte D L 1975. Role of phase transitions in a dynamic mantle. Geophysical Journal Royal Astronomical Society, 42: 705-735.

Schubert G, Turcotte D L, Olson P. 2001. Mantle Convection In The Earth And Planets. Cambridge: Cambridge University Press.

Schubert G, Turcotte D L, Olson P. 2002. Mantle Convection in the Earth and Planets. Geophysical Journal International, 150 (3): 827.

Schreurs G, Buiter S J H, Boutelier D, et al. 2006. Analogue benchmarks of shortening and extension experiments. Geological Society, London, Special Publications, 253: 1-27.

Schueller S, Davy P. 2008. Gravity influenced brittle-ductile deformation and growth faulting in the lithosphere during collision: Results from laboratory experiments. Journal of Geophysical Research: Solid Earth, 113: B12404.

Schwander J, Eicher U, Ammann B. 2000. Oxygen isotopes of lake marl at Gerzensee and Leysin (Switzerland), covering the Younger Dryas and two minor oscillations, and their correlation to the GRIP ice core. Palaeogeography, Palaeoclimatology, Palaeoecology, 159: 203-214.

Schöpfer M P J, Zulauf G. 2002. Strain-dependent rheology and the memory of plasticine. Tectonophysics, 354: 85-99.

Scotese C R, Summerhayes C P. 1986. Computer model of paleoclimate predicts coastal upwelling in the Mesozoic and Cenozoic. Geobyte, 1 (3): 28-42.

Sellers J B. 1969. Strain Relief Overcoring to Measure in-Situ Stresses. Niagara Falls Project, Corps of Engineers, Buffalo District.

Seton M, Müller R D, Zahirovic S, et al. 2012. Global continental and ocean basin reconstructions since 200Ma. Earth-Science Reviews, 113: 212-270.

Seton M, Whittaker J M, Wessel P, et al. 2014. Community infrastructure and repository for marine magnetic identifications. Geochemistry, Geophysics, Geosystems, 15 (4): 1629-1641.

Sexton P F, Wilson P A, Pearson P N. 2006. Microstructural and geochemical perspectives onplanktic foraminiferal preservation: "Glassy" versus "Frosty". Geochemistry, Geophysics, Geosystems, 7 (12): 12-19.

Sheldon P. 1912. Some observations and experiments on joint planes. The Journal of Geology, 20 (1): 53-79.

Shemenda A. 1992. Horizontal lithosphere compression and subduction: Constraints provided by physical modeling. Journal of Geophysical Research: Solid Earth, 97: 11097-11116.

Shemenda A I. 1993. Subduction of the lithosphere and back arc dynamics: Insights from physical modeling. Journal of Geophysical Research: Solid Earth, 98: 16167-16185.

Shemenda A I. Grocholsky A L. 1994. Physical modeling of slow seafloor spreading. Journal of Geophysical Research, 99: 9137-9153.

Sherlock D H, Evans B J. 2001. The Development of Seismic Reflection Sandbox Modeling. AAPG Bulletin,

85: 1645-1659.

Sherrill R E. 1929. Origin of the en echelon faults in north-central Oklahoma. AAPG Bulletin, 13 (1): 31-37.

Shi Y F, Kong Z C, Wang S M, et al. 1993. Mid-Holocene climates and environments in China. Global and Planetary Change, 7 (1-3): 219-233.

Shin S I, Liu Z, OttoBliesner B L, et al. 2003. A simulation of the Last Glacial Maximum Climate using the NCAR CCSM. Climate Dynamics, 20: 127-151.

Simpson G, Schlunegger F. 2003. Topographic evolution and morphology of surfaces evolving in response to coupled fluvial and hillslope sediment transport. Journal of Geophysical Research Solid Earth, 108 (B6): 2300.

Sklar L S, Dietrich W E. 2001. Sediment and rock strength controls on river incision into bedrock. Geology, 29 (12): 1089-1090.

Smit J, Brun J P, Fort X, et al. 2008. Salt tectonics in pull-apart basins with application to the Dead Sea Basin. Tectonophysics, 449: 1-16.

Smith R B, Barstad I. 2004. A linear theory of orographic precipitation. Journal of the Atmospheric Sciences, 61 (12): 1377-1391.

Sokoutis D, Burg J P, Bonini M, et al. 2005. Lithospheric-scale structures from the perspective of analogue continental collision. Tectonophysics, 406: 1-15.

Sokoutis D, Corti G, Bonini M, et al. 2007. Modelling the extension of heterogeneous hot lithosphere. Tectonophysics, 444 (1-4): 63-79.

Solheim A, Berg K, Forsberg C F. 2005. The Storegga Slide complex: Repetitive large scale sliding with similar cause and development. Marine and Petroleum Geology, 22: 97-107.

Solomon S, Manning M, Marquis M, et al. 2007. Climate change 2007-the physical science basis: Working group I contribution to the fourth assessment report of the IPCC. New York: Cambridge University Press.

Spakman W, van der Lee S, van der Hilst R. 1993. Travel-time tomography of the European-Mediterranean mantle down to 1400km. Earth and Planetary Science Letters, 79: 3-74.

Stewart S A, Coward M P. 1995. Synthesis of salt tectonics in the southern North Sea, UK. Marine & Petroleum Geology, 12 (5): 457-475.

Stock J, Molnar P. 1988. Uncertainties and implications of the Late Cretaceous and Tertiary position of North America relative to the Farallon, Kula, and Pacific plates. Tectonics, 7 (6): 1339-1384.

Storti F, Salvini F, McClay K. 2000. Synchronous and velocity-partitioned thrusting and thrust polarity reversal in experimentally produced, doubly-vergent thrust wedges: Implications for natural orogens. Tectonics, 19: 378-396.

Sultan N, Cochonat P, Foucher J P, et al. 2004. Effect of gas hydrates melting on seafloor slope instability. Marine Geology, 213: 379-401.

Sultan N. 2007. Comment on "Excess pore pressure resulting from methane hydrate dissociation in marine sediments: A theoretical approach" by Wenyue Xu and Leonid N. Germanovich. Journal of Geophysical Research: Solid Earth (1978-2012), 112 (B2): 84.

Sun Y, Zhou T, Ramstein G, et al. 2016. Drivers and mechanisms for enhanced summer monsoon precipitation over East Asia during the mid-Pliocene in the IPSL-CM5A. Climate Dynamics, 46 (5-6): 1437-1457.

Sun Y, Ramstein G, Li L Z X, et al. 2018. Quantifying East Asian Summer Monsoon Dynamics in the ECP4.5 Scenario With Reference to the Mid-Piacenzian Warm Period. Geophysical Research Letters, 45 (22): 12523-12533.

Sun Z, Zhong Z, Keep M, et al. 2009. 3D analogue modeling of the South China Sea: A discussion on breakup pattern. Journal of Asian Earth Sciences, 34 (4): 544-556.

Suo Y H, Li S Z, Dai L M, et al. 2012. Cenozoic tectonic migration and basin evolution in East Asia and its continental margins. Acta Petrologica Sinica, 28 (8): 2602-2618.

Suo Y H, Li S Z, Yu S, et al. 2014. Cenozoic tectonic jumping and implications for hydrocarbon accumulation in basins in the East Asia Continental Margin. Journal of Asian Earth Sciences, 88: 28-40.

Suo Y H, Li S Z, Zhao S J, et al. 2015. Continental margin basins in East Asia: Tectonic implications of the Meso-Cenozoic East China Sea pull-apart basins. Geological Journal, 50 (2): 139-156.

Suppe J. 1985. Principles of Structural Geology. New Jersey: Prentice-Hall.

Sutter J, Gierz P, Grosfeld K, et al. 2016. Ocean temperature thresholds for last interglacial West Antarctic Ice Sheet collapse. Geophysical Research Letters, 43 (6): 2675-2682.

Tabor C R, Poulsen C J, Lunt D J, et al. 2016. The cause of Late Cretaceous cooling: A multimodel-proxy comparison. Geology, 44 (11): 963-966.

Tackley P J. 1994. Three-dimensional models of mantle convection: Influence of phase transitions and temperature-dependent viscosity. Ph. D. Thesis, California Institution of Technology, Pasadena, California.

Tackley P J. 1998. Self-consistent generation of tectonic plates in three-dimensional mantle convection. Earth and Planetary Science Letters, 157: 9-22.

Tackley P J, King S D. 2003. Testing the tracer ratio method for modeling active compositional fields in mantle convection simulations. Geochemistry Geophysics Geosystems, 4 (4): 8302.

Tackley P J, Stevenson D J, Glatzmeir G A, et al. 1993. Effects of an endothermic phase transition at 670km depth on spherical mantle convection. Nature, 361: 137-160.

Tajima F, Mori J, Kennett B L N. 2013. A review of the 2011 Tohoku-Oki earthquake (Mw 9.0): Large-scale rupture across heterogeneous plate coupling. Tectonophysics, 586: 15-34.

Tallavaara M, Luoto M, Korhonen N, et al. 2015. Human population dynamics in Europe over the Last Glacial Maximum. Proceedings of the National Academy of Sciences, 112 (27): 8232-8237.

Talley L D, Reid J L, Robbins P E. 2003. Data-based meridional overturning streamfunctions for the global ocean. Journal of Climate, 16 (9): 3213-3226.

Tapponnier P, Peltzer G, Le Dain A Y, et al. 1982. Propagating extrusion tectonics in Asia: New insights from simple experiments with plasticine. Geology, 10 (12): 611-616.

Taylor L L, Quirk J, Thorley R M S, et al. 2016. Enhanced weathering strategies for stabilizing climate and averting ocean acidification. Nature Climate Change, 6 (4): 402-406.

tenGrotenhuis S M, Piazolo S, Pakula T, et al. 2002. Are polymers suitable rock analogs? Tectonophysics, 350: 35-47.

Tentler T. 2003a. Analogue modeling of tension fracture pattern in relation to mid-ocean ridge propagation. Geophysical Research Letters, 30: 1268.

Tentler T. 2003b. Analogue modeling of overlapping spreading centers: Insights into their propagation and coalescence. Tectonophysics, 376: 99-115.

Tentler T. 2007. Focused and diffuse extension in controls of ocean ridge segmentation in analogue models. Tectonics, 26: 5008.

Tentler T, Acocella V. 2010. How does the initial configuration of oceanic ridge segments affect their interaction? Insights from analogue models. Journal of Geophysical Research, 115: B01401.

Terada T, Miyabe N. 1929. Experimental investigations of the deformation of sand mass by lateral pressure. Bulletin of the Earthquake Research Institute, University of Tokyo, 109-126.

Tetzlaff D M. 2005. Modelling Coastal Sedimentation through Geologic Time. Journal of Coastal Research, 21 (3): 610-617.

Thieulot C, Steer P, Huismans R S. 2014. Three-dimensional numerical simulations of crustal systems undergoing orogeny and subjected to surface processes. Geochemistry, Geophysics, Geosystems, 15 (12): 4936-4957.

Tierney J E, Pausata F S R, deMenocal P B. 2017. Rainfall regimes of the Green Sahara. Science Advances, 3 (1): e1601503.

Tjallingii R, Claussen M, Stuut J B W, et al. 2008. Coherent high- and low-latitude control of the northwest African hydrological balance. Nature Geoscience, 1 (10): 670-675.

Tokuda S. 1926. On the echelon structure of the Japanese archipelagoes. Japanese Journal of Geology and Geography, 5: 41-76.

Trottenberg U, Oosterlee C, Schueller A. 2001. Multigrid. New York: Academic Press.

Trusheim F. 1960. Mechanism of salt migration in North Germany. Aapg Bulletin, 44 (9): 1519-1540.

Tucker G E, Slingerland R. 1997. Drainage basin responses to climate change. Water Resources Research, 33 (8): 2031-2047.

Tucker G E, Bradley D N. 2010a. Trouble with diffusion: Reassessing hillslope erosion laws with a particle-based model. Journal of Geophysical Research: Earth Surface, 115 (F1): F00A10.

Tucker G E, Hancock G R. 2010b. Modelling landscape evolution. Earth Surface Processes and Landforms, 35 (1): 28-50.

Tucker G, Lancaster S, Gasparini N, et al. 2001. The Channel-Hillslope Integrated Landscape Development Model (CHILD). Boston, MA: Springer US, 349-388.

Turcotte D, Schubert G. 1982. Geodynamics: Applications of Continuum Physics to Geological Problems. New York: John Wiley and Sons.

Turowski J M, Lague D, Hovius N. 2007. Cover effect in bedrock abrasion: A new derivation and its implications for the modeling of bedrock channel morphology. Journal of Geophysical Research: Earth Surface, 112: F04006.

Urban M C. 2015. Accelerating extinction risk from climate change. Science, 348 (6234): 571-573.

Uyeda S, Kanamori H. 1979. Back-arc opening and the mode of subduction. Journal of Geophysical Research: Solid Earth, 84 (B3): 1049-1061.

van den Berg A P, van Keken P E, Yuen D A. 1993. The effects of a composite non-Newtonian and Newtonian rheology on mantle convection. Geophysical Journal International, 115: 62-78.

van derMeer D G, Spakman W, van Hinsbergen D J J, et al. 2010. Towards absolute plate motions constrained by lower-mantle slab remnants. Nature Geoscience, 3: 36-40.

van Keken P E, Spiers C J, Berg A P V D, et al. 1993. The effective viscosity of rocksalt: Implementation of steady-state creep laws in numerical models of salt diapirism. Tectonophysics, 225 (4): 457-476.

van Keken P E, King S D, Schmeling H, et al. 1997. A comparison of methods for the modeling of thermochemical convection. Journal of Geophysical Research, 102: 22477-22496.

van Rijn L C. 1984. Sediment Transport, Part I: Bed Load Transport. Journal of Hydraulic Engineering, 110 (10): 1431-1456.

van Wijk J W, Cloetingh S A P L. 2002. Basin migration caused by slow lithospheric extension. Earth and Planetary Science Letters, 198 (3-4): 275-288.

Vendeville B C, Jackson M P A. 1992a. The fall of diapirs during thin-skinned extension. Marine and Petroleum Geology, 9 (4): 354-371.

Vendeville B C, Jackson M P A. 1992b. The rise of diapirs during thin-skinned extension. Marine and Petroleum Geology, 9 (4): 331-354.

Ventisette C D, Montanari D, Bonini M, et al. 2005. Positive fault inversion triggering 'intrusive diapirism': An analogue modelling perspective. Terra Nova, 17 (5): 478-485.

Vogt K, Gerya T V, Castro A. 2012. Crustal growth at active continental margins: Numerical Modeling. Physics of the Earth and Planetary Interiors, 192-193: 1-20.

von der Heydt A S, Dijkstra H A, van de Wal R S W, et al. 2016. Lessons on climate sensitivity from past climate changes. Current Climate Change Reports, 2 (4): 148-158.

von Tscharner M, Schmalholz S M, Duretz T. 2014. Three-dimensional necking during viscous slab detachment. Geophysical Research Letters, 41: 4194-4200.

Vrba E. 1995. Paleoclimate And Evolution, with 4mphasis on Human Origins. New Haven: Yale University Press.

Wang K, Bilek S L 2011. Do subducting seamounts generate or stop large earthquakes? Geology, 39 (9): 819-822.

Wang K, Bilek S L. 2014. Invited review paper: Fault creep caused by subduction of rough seafloor relief. Tectonophysics, 610: 1-24.

Warsitzka M, Kley J, Kukowski N. 2013. Salt diapirism driven by differential loading — Some insights from analogue modelling. Tectonophysics, 591: 83-97.

Watts A B, Thorne J. 1984. Tectonics, global changes in sea level and their relationship to stratigraphical sequences at the US Atlantic continental margin. Journal of Marine and Petroleum Geology, 1 (4): 319-339.

Weber S L, Drijfhout S S, AbeOuchi A, et al. 2007. The modern and glacial overturning circulation in the Atlantic Ocean in PMIP coupled model simulations. Climate of the Past, 3: 51-64.

Weertman J, White S D M, Cook A H, et al. 1978. Creep laws for the mantle of the Earth. Philosophical Transactions of the Royal Society of London. Series A, Mathematical and Physical Sciences, 288: 9-26.

Weijermars R. 1986. Flow behaviour and physical chemistry of bouncing putties and related polymers in view of tectonic laboratory applications. Tectonophysics, 124: 325-358.

Weijermars R, Schmeling H. 1986. Scaling of Newtonian and non-Newtonian fluid dynamics without inertia for quantitative modelling of rock flow due to gravity (including the concept of rheological similarity). Physics of the Earth and Planetary Interiors, 43 (4): 316-330.

Weijermars R, Jackson M P A, Vendeville B C. 1993. Scaling of salt tectonics. Tectonophysics, 207: 143-174.

Weinberg R F, Schmeling H. 1992. Polydiapirs: Multi-wavelength gravity structures. Journal of Structural Geology, 14: 425-436.

Weinstein S A, Olson P L, Yuen D A. 1989. Time-dependent large aspect-ratio thermal convection in the Earth's mantle. Geophysical Fluid Dynamics, 47 (1-4): 157-197.

Wessel P, Matthews K J, Müller R D, et al. 2015. Semiautomatic fracture zone tracking. Geochemistry, Geophysics, Geosystems, 16: 2462-2472.

Whipple K X. 2009. The influence of climate on the tectonic evolution of mountain belts. Nature Geoscience, 2: 97-104.

Whipple K X, Tucker G E. 1999. Dynamics of the stream-power river incision model: Implications for height limits of mountain ranges, landscape response timescales, and research needs. Journal of Geophysics Research, 104 (B8): 17661-17674.

Whipple K X, Tucker G E. 2002. Implications of sediment-flux-dependent river incision models for landscape evolution. Journal of Geophysical Research: Solid Earth, 107 (B2): 1-20.

Whitehead Jr J A. 1976. Convection models: Laboratory versus mantle. Tectonophysics, 35 (1-3): 215-228.

Whitehead Jr J A, Luther D S. 1975. Dynamics of laboratory diapir and plume models. Journal of Geophysical Research, 80 (5): 705-717.

Wibberley C A J, Yielding G, Di Toro G. 2008. Recent advances in the understanding of fault zone internal structure: a review. Geological Society, London, Special Publications, 299 (1): 5-33.

Wickert A D. 2016. Open-source modular solutions for flexural isostasy: gFlex v1.0. Geoscientific Model Development, 9 (3): 997-1017.

Widmann M, Goosse H, van der Schrier G, et al. 2010. Using data assimilation to study extratropical Northern Hemisphere climate over the last millennium. Climate of Past, 6 (5): 627-644.

Willgoose G. 2005. Mathematical Modeling of Whole Landscape Evolution. Journal of Annual Review of Earth and Planetary Sciences, 33 (1): 443-459.

Willgoose G, Bras R L, Rodriguez I. 1991. A coupled channel network growth and hillslope evolution model: 1. Theory. Journal of Water Resources Research, 27 (7): 1671-1684.

Williams S, Flament N, Müller R D, et al. 2015. Absolute plate motions since 130 Ma constrained by subduction zone kinematics. Journal of Earth and Planetary Science Letters, 418: 66-77.

Willis B. 1893. The mechanics of Appalachian structure. U. S. Geological Survey Annual Report, 13: 211-282.

Wilson J T. 1963. A Possible origin of Hawaiian Islands. Canadian Journal of Earth Sciences, 41 (6): 863-868.

Wilson J T. 1973. Mantle Plumes and plate motions. Tectonophysics, 19 (2): 149-164.

Winters W J, Waite W F, Mason D H, et al. 2007. Methane gas hydrate effect on sediment acoustic and strength properties. Journal of Petroleum Science and Engineering, 56: 127-135.

Wolfe C J, Bjarnason I T, Vandecar J C, et al. 1997. Seismic structure of the Iceland Mantle Plume. Nature, 385 (6613): 245-247.

Wong A, Ton S Y M, Wortel M J R. 1997. Slab detachment in continental collision zones: An analysis of controlling parameters. Geophysical Research Letters, 24: 2095.

Wortel M J, Spakman W. 2000. Subduction and slab detachment in the Mediterranean-Carpathian region. Science, 290: 1910-1917.

Wright Jr H E, Bartlein P J. 1993. Reflections on COHMAP. The Holocene, 3 (1): 89-92.

Wu Z, Yin H, Wang X, et al. 2014. Characteristics and deformation mechanism of salt-related structures in the WesternKuqa Depression, Tarim Basin: Insights from scaled sandbox modeling. Tectonophysics, 612-613 (3): 81-96.

Wu Z, Yin H, Wang X, et al. 2015. The structural styles and formation mechanism of salt structures in the SouthernPrecaspian Basin: Insights from seismic data and analog modeling. Marine and Petroleum Geology, 62: 58-76.

Yavneh I. 2006. Why multigrid methods are so efficient? Computing in Science and Engineering, 8: 12-23.

Yin H, Zhang J, Meng L, et al. 2009. Discrete element modeling of the faulting in the sedimentary cover above an active salt diapir. Journal of Structural Geology, 31 (9): 989-995.

Yu G, Chen X, Liu J. 2001. Preliminary study on the LGM climate simulation and the diagnosis for East Asia. Chinese Science Bulletin, 46 (5): 364-368.

Zachos J C, Dickens G R, Zeebe R E. 2008. An early Cenozoic perspective on greenhouse warming and carbon-cycle dynamics. Nature, 451 (7176): 279-283.

Zhang K J, Cai J X, Zhu J X. 2006. North China and South China collision: Insights from analogue modeling. Journal of Geodynamics, 42: 38-51.

Zhang Y G, Pagani M, Liu Z, et al. 2013. A 40-million-year history of atmospheric CO_2. Philosophical Transactions of the Royal Society A: Mathematical, Physical and Engineering Sciences, 371 (2001): 20130096.

Zhao D. 2015. The 2011 Tohoku earthquake (Mw 9.0) sequence and subduction dynamics in Western Pacific and East Asia. Journal of Asian Earth Sciences, 98: 26-49.

Zhao D, Huang Z, Umino N, et al. 2011. Seismic imaging of the Amur-Okhotsk plate boundary zone in the Japan Sea. Physics of the Earth and Planetary Interiors, 188 (1-2): 82-95.

Zheng W, Zhang Z, Chen L, et al. 2013. The mid-Pliocene climate simulated by FGOALS-g2. Geoscientific Model Development Discussions, 6 (2): 2403-2428.

Zhong S, Gurnis M. 1994. The role of plates and temperature-dependent viscosity in phase change dynamics. Journal of Geophysical Research, 99: 15903-15917.

Zhong S, Hager B H. 2003. Entrainment of a dense layer by thermal plumes. Geophysical Journal International, 154: 666-676.

Zhong S, Zuber M T, Moresi L N, et al. 2000. Role of temperature dependent viscosity and surface plates in spherical shell models of mantle convection. Journal of Geophysical Research, 105: 11063-11082.

Zubakov V A, Borzenkova II. 1990. Global Palaeoclimate of the Late Cenozoic. Amsterdam: Elsevier.

Zulauf G, Zulauf J, Hastreiter P, et al. 2003. A deformation apparatus for three-dimensional coaxial deformation and its application to rheologically stratified analogue material. Journal of Structural Geology, 25: 469-480.

Zulauf J, Zulauf G. 2004. Rheology of plasticine used as rock analogue: The impact of temperature, composition and strain. Journal of Structural Geology, 26: 725-737.

索　引

A

ANSYS	218
ASPECT	260

B

板块重建	105
板片断离	170、177、180
被动底辟	200、201
本构方程	218、219、221
比热容	233、265、266、287、288、306
冰盖	4、11、32、54、64
冰期	2、32、55、60
冰室气候	4、8、12、32
剥蚀底辟	200
泊松比	223、224、230、231
Badlands	81

C

材料非线性	221、222、223
超级"冷"幔柱	159
超级"热"幔柱	159
雏地幔柱	160
刺穿型	197、201
脆性材料	127、129、144、145

CitcomS	287

D

大火成岩省	155、157、161
大气环流模式	5、24、31、43、58
导热率	265
地幔对流	260、261、268、287、289、291、300、302、303、305、306、307
地幔柱柱头	157、160
地幔柱柱尾	157
地球动力学	218、250、257、260、268、291、307
地球系统模式	7、24、31、57、61
地质时期	2、18、27、57
动量守恒定律	247、248
冻蜡模型	132、133、136、138

F

反馈机制	17、24、72
俯冲带	112、131、161、163、168、170、175、180、182

G

高程水头	197、204

高佩克莱数	300	冷底辟	194、201
高斯正交法则	295	粒子图像测速技术	210
共轭梯度算法	296、297	流体力学	287
构造物理模拟实验	112、115、164	陆冰模式	24、31、50、54
古地貌	95、96、101、104	陆面模式	7、24、27、47
古气候模拟	2、36、59、71		
古气候模拟比较计划	10、26、59、72	**M**	
固化地幔柱	160	摩擦系数	223、226、234、235、236、237、240、241、242
固态相变	262、304		
GPlates	105	末次间冰期	4、34、61、64
		末次盛冰期	8、28、34、59、66
H			
海冰模式	5、24、31、50	**N**	
海底滑坡	112、182	挠曲均衡	83、91、96、97
海洋环流模式	5、10、31、45、58	能量平衡模式	5、23、36、55
核幔边界 D'' 层	156、158、160	逆冲底辟	200
胡克定律	224		
火山链	155、157、161	**O**	
		欧拉点	250
I		欧拉连续性方程	247
I2ViS	247	耦合模式	7、23、56、69
J		**P**	
基底层	195	平衡方程	218
间冰期	2、29、60	PIV 技术	166、167、173、174
K		**Q**	
扩散蠕变	230、255、256	气候变化	1、24、40、66、70
		气候敏感性	71、72
L		气候模式	2、5、23、36、55
拉格朗日点	250	气候突变	8、12、34、61
拉格朗日法	222	气候系统	3、23、36、56

潜热	249、250、260、262、266、268、287、305、306	无量纲方程	267、287

X

相似材料	113、116、127、144、171、187、191
相似理论	113、116、119、127、189
相似条件	113、117、119、123、125、188、189
响应底辟	200、201
斜向扩张	141、145、146、150
形函数	292、294、295、298、301、302

求解器	260、261、269、274、284、285、286
屈服强度	258
全球变暖	2、33、71

R

热-化学对流	289、303、304、307
热底辟	194、201
热点	141、145、153、155、157
热量守恒定律	247
热膨胀系数	254、265、266、267、303、306

Y

压力水头	197、204、211
岩石流变学	261
杨氏模量	83、91、219、223、230、231
洋岛玄武岩	155、157、160、161
洋中脊-转换断层	112、132、134
溢流玄武岩	155、160、161
阴影成像技术	166
应力场	224、225、228、233、234、235、236、237、239、240、241、242、243、244
有限差分法	247、250
有限元法	220、221、233、291、294
有限元分析	218、221
有效黏度	255、256、259
源岩层	195、201

S

上覆盖层	195、197、199
数值模拟	1、9、28、60、218
数字散斑	118、189、193
斯托克斯方程	250、252、253、262、264、284、285、304、306
斯托克斯流体	290、291、294、299、301、306
塑性材料	125、127、129、171、173、203

T

天然气水合物分解	184

W

位错蠕变	230、255、256
温室气候	4、8、12、32

Z

整合型	197、201

质量守恒定律	247	状态非线性	222
中全新世	20、34、61、63	总水头	198
中上新世暖期	61、65、75		
重力矢量	265	**其他**	
主动底辟	200、201	3D激光扫描成像技术	210

后　记

大海的浩瀚激起了人类的好奇心，触发了人类的惊奇感。无垠的深海不断丰富着人类的想象力，海底更是蕴藏着人类的新需求。抱着一颗深入认识了解洋底的心，我们耗时多年编撰了这套《洋底动力学》。《洋底动力学》第一批5本书试图带领读者深度"认识海洋"，其中第一册《系统篇》的编著目的是：一本书通览地球系统。为此，编者们耗费大量时间、精力去完成这项艰巨的任务。自2016年动笔至今，历时5年，其间多次大幅调整书稿目录，不断开拓新视野、不断补充学习新理论、不断吸纳新技术、不断融合国内外新成果、不断凝练这套书的新内容、不断收集及清绘成果新图件，希望通过不断的修改、完善、补充，呈现给读者一些能传递更多信息的图文。

《洋底动力学：系统篇》这一册全部初稿首先由主编本人初步构架、整理、初编完成，最终经过本书其他作者的系统补充、修改和完善，总体上明确了从洋底动力学角度入手，围绕统一的地球系统过程，按不同圈层（大气圈与气候系统、水圈与河海系统、冰冻圈与冰川系统、土壤圈与地球关键带、生物圈与生态系统、人类圈与人地系统、岩石圈与板块系统、对流圈与地幔系统、地磁圈与跨圈层系统）层层深入、逐步展开内容，最后以物质、能量循环为纽带贯穿各圈层系统，强调从占地球三分之二的大洋的洋底动力过程，以窥整体地球系统的运行规律和运作模式。《洋底动力学》这套书坚持万事万物都是关联的理念，试图将与洋底动力过程有联系的一切过程，包括人类影响，合理并逻辑性地纳入。然而，撰稿过程中发现，本套书内容涉及宇宙科学、行星科学、大气科学、海洋科学、流体力学、极地科学、土壤学、环境科学、生命科学、地理科学、固体力学、地球化学、地球物理学、技术科学、数据科学、哲学等近20门学科，考虑涉及学科跨度之大、涉猎之广，个人能力所限，不好把握全部内容，不得不邀请相关专家先后加盟本套书的修改、补充和完善，《洋底动力学》编著者队伍也不断壮大，教授、副教授有30多人。值得欣慰的是，这些专家不断交流对话，互为借鉴，也逐渐融为了一个多学科交叉的研究队伍，不仅增进了友谊，还不断交流产生了一些新的学术思想，切实开始了以洋底动力学为核心，开展海-陆耦合、流-固耦合、深-浅耦合的综合集成研究。

地球科学博大精深，地球就像一个生命体，每个生长阶段有每个生长阶段的特征，每个圈层好比人体的一个系统，每个系统又关联着各种器官或组织，各自功能独特，却又协调作用，各分支系统合作共同支撑整个系统，协调系统的整体行为，而这种整体系统行为又不为任何一个分支系统所拥有。因此，迄今依然无法从某个单一学科用几句话来概括说清地球系统的本质过程和机理，难以找到类似物理学界那样的爱因斯坦方程、量子力学中的量子纠缠、遗传学中的DNA双螺旋结构等简洁表达。地球各个圈层都遵循的而非单个圈层才有的或只有系统才有的根本机制是什么，这个问题涉及的知识无比宽广。我自己边写书也边琢磨，要建立"地球系统理论"到底从何入手？地球系统的本质内涵在哪里？思考中的深切体会是：很难做到"只言片语，能通万物；究其一理，能察万端"。

书中也涉及各种各样关键过程的计算公式，但实际上很多公式、反应式都以物质、能量守恒为根本出发点。编写这些公式和反应式时，常让我回忆起研究生期间我的老师授课的场景。讲授"计算方法"的王老师、"固体力学"的常老师在讲授时一黑板一黑板地推导公式；讲授"物理化学"的李老师面对面教我们三位博士生基元反应时的复杂计算推导，也是一张纸写满接着另一张。当时的感觉是：公式好复杂啊！好麻烦啊！如今，编撰这套书的过程中，重新捡起丢失多年的数学、物理、化学、生物知识，串联起多学科知识之后，我对公式有了新的认识与感受，特别是将公式与地质现象结合理解后，更是对前人钦佩有加。尽管本套书所列公式之外还有更多重要公式未能纳入，但我深刻地感受到公式是解释、解决科学问题的利器！随着现代科学技术发展，地球科学各分支学科定量化发展、大数据驱动的发展态势越来越显著，为此，考虑到未来一代创新型人才培养需要，本套书也列举了上千个关键公式和反应式，权作引导式量化思维。

类似地，在编写生物圈部分时，各种（古）生物名称涌现。虽然读大学时，"古生物学""地史学"两门课程的老师兢兢业业教授，我也为记忆各种拉丁名称、地层名称努力过，但实在太多了，且实在拗口，之后也不从事这方面专门研究，因此几乎忘光了，现在也只有 *Trilobite*、*Fusulina* 两个还记得住。但是，编撰本套书过程中让我重新捡起了这些知识，对于枯燥的生物种类划分，若建立起它们与重大地史事件之间的联系后，从"进化"道理上理解了，才发现原来当年老师们教授的"枯燥"知识也这么有趣，不用死记硬背，趣味中就记牢了。基于这些体会，我在编写时也想着如何让编写的内容更有趣，而不是枯燥的灌输式、刻板的章节化。所以，本套书希望做到的是：从头到尾"讲理"、道法自然"过程"、顺应时空"流转"。

地球的运行是复杂的，实际不同圈层因物质构成和属性不同，运行时间尺度千差万别，不同时间跨度长短、不同空间跨度大小的过程复杂交错，导致不同领域专家难以跨界解释地球系统如何协同耦合发展进化至今。我们当前能做的就是将人类对整个地球系统现有的理解和知识先整合到一起，以地球系统过程为编撰脉络，试图让读者感受到各个圈层内部和之间各种过程的自然发生、各种作用和进程的相互协调。我们翻阅了国内外很多教材和专著，虽然不乏各个圈层独立的系统论述，但从地球46亿年以来全面且科学地介绍某个圈层的书籍寥若晨星。例如，很多气象学的书都会讲大气圈，但全面介绍从太古代到现今的大气圈物质组成、演化的几乎没有，因此，我们在书中以"深时"理念贯穿整体。对其他圈层，也是如此组织的：例如，对于生物圈，我们把古生物内容浓缩了纳入其中，给读者一个从生命起源到智慧初现的整体全面认知；对于冰冻圈，我们将地史冰期也纳入其中。最为关键的是，我们以自己的理解，试图构建各个圈层在不同地史时期之间协同演变导致的重大地史事件，试图洞察地球系统的进化历程和核心机制。我也试图以个人对地球的研究经验，来阐明对自然界结构、过程、机制的探索心得，例如，当前构造地质学专业的研究生们，他们接受的教育存在很多缺失，诸如固体力学、弹性力学、塑性力学、物理化学等基本没有为他们开设，这大大约束了他们对变形的力学分析、地球动力学运行机制的理解，就是他们比较熟悉的构造地质学也不能灵活运用。比如，研究含油气盆地，必然涉及地震剖面解释，他们在解释断层时，从地震剖面上能识别出不同几何样式的断裂就很满足了。但实际上，这是远远不够的，因为这样看到的只是一条"死"的断层或静止的影像，没有揭示断裂如何运动和演化。含油气断陷盆地构造研究的灵魂在于将各层 T_0 构造图上的断裂合理组合成体系，分清期次，进而构建出立体形态来，并从不同地震剖面的各种地质标志反复对比后，让断裂"活动"起来，在脑海中闪现或深刻理解其成核、拓展、链接、生长、死亡过程，乃至其控盆、控烃、控源、控圈效应。虽然俗话说，眼见为实，但科学研究中，真实的世界不是眼见的世界时，才是独具慧眼之时，才是创新开启之始。为此，本套丛书也始终强调五项基本内容：时空格架、运动过程、演化历史、微观机制、宏观效应。万事万物都在纷繁复杂地"流"动、进化中，宇宙、地球、生命、人类、社会、思想、宗教、科学、技术、知识等都在不断演替，这些都综合体现在地球系统过程中，地球系统的进化更是难以一时认透，难以全面把握。本套丛书只好赶海拾贝，在此撷取人类浩如烟海的部分相关知识，遗漏不可避免。

  这套书的编撰实在艰辛，团队成员和科学出版社周杰编辑都付出了巨大辛劳。特别是，老师们首先要带着学生从软件的使用学起，教导学生如何甄别图件的核心内容，如何突出呈现要表达的学术思想，对书中的大多数图件，都耐心对比多家类似图件，并绘制了多次，定稿前反复修改图线、配色等以期达到科学艺术化。尽管还未达到《中国科学》或《科学通报》封面插图专家的水平，但最后竟意外地培养、锻炼、提升了学生的作图能力，更是加深了他们对每张图件内涵的理解。

如今这套书即将付梓出版，长期压在我脑海中的任务得以完成，内心倍感轻松。回顾这套书的写作和编撰，也不免有些感慨。2009年"洋底动力学"两篇姊妹篇论文发表后，2010年我就开始着手成书的构架、资料的收集、知识的系统整理、初稿的编辑和融合，乃至相关人才的培养，直到2016年《洋底动力学》书稿才初步完成。2017年11月，我受国家留学基金委员会资助，到澳大利亚昆士兰大学做高级访问学者，在南半球焦金流石的炎炎夏日，我利用难得的"封闭"时段静心修整书稿，一度伏案到"扶然而起、杖然而行"的地步。回到国内至今又过去了3年，这期间许多的专家学者又加入作者队伍，因此更希望《洋底动力学》能编著得好一些，能超越国际上一些经典著作，在国际上能独具特色。2020年初突如其来的新冠肺炎疫情暴发，我们都不能出门。对我来说，真是难得的整块时间，所以，2020年1~6月集中修改了此套书初稿，并陆陆续续提交给出版社。希望我们的付出能让读者们收获一二。

为使书稿系统性，书中纳入了多个学科的内容，其中难免有些不是我们本行的内容，考虑系统地重建视野、重构知识、重识地球、重塑框架、重新定位的必要，确保知识的科学性，我们也一一去查找、追踪了大量原始文献的出处，其中，仅国际专著，就查阅了2000多本；也根据关键词下载阅读了大量最新相关国际论文，篇数已经是无法准确说清。考虑太多的引用可能导致书的可读性太差，我们只是选择性地列举了一些重要的参考文献。因此，如有特别重要的引用遗漏，还请原作者和读者谅解。

本丛书立足多层次读者需求，部分内容在中国海洋大学崇本学院的本科拔尖人才班、未来海洋学院拔尖研究生班试讲，基于学生反馈信息，也作了调整，但依然保留了很多深入的内容。所以，在基础知识和前沿研究进展方面作了一些平衡。

当我写完这5本书后，心里无比轻松，因而再回头集中精力准备理顺南海海盆打开模式的研究。2020年5月我正好承担了一个课题，利用油田大量的地震剖面全面研究珠江口盆地的构造成因，因为"珠江口盆地"（我认为它是成因密切相关的多个独立盆地构成，可称为盆地群）耗费几代人的努力仍未明确其构造演化的前世今生，而这个盆地正是开启"南海海盆打开之谜"的金钥匙。于是，2020年7月8日，我们团队核心成员来到深圳检查了核酸后，迫不及待地跑去了南山书城买书。这次收获巨大，我发现了四本新书：第一本是德国畅销书作家、作曲家和音乐制作人弗兰克·施茨廷（Frank Schätzing）著、丁君君和刘永强翻译的《海——另一个未知的宇宙》（四川人民出版社，2018年7月出版，德语书名为：*Nachrichten aus einem unbekannten Universum-Ein Zeitreise durch die Meere*）；第二本是美国著名生物学家马伦·霍格兰（Mahlon Hoagland）和画家伯特·窦德生（Bert Dodson）合著、洋洲和玉茗翻译的《生命的运作方式》（北京联合出版公司，2018年12月出版，英文书名为 The Way Life Works）；第三本是英国生物化学家尼克·莱恩（Nick Lane）著、免疫学研究员梅芡芒翻译的《生命进化的跃升——40亿年生命史上10个决定性突变》（文汇出版社，2020年5月出版，英文书名：Life Ascending- The Ten Great Inventions of Evolution）；第四本是英国古生物和地层学教授理查德·穆迪（Richard Moody）、俄罗斯科学院古生物研究所首席科学家安德烈·茹拉夫列夫（Andrey Zhuravlev）、英国著名科普作家杜戈尔·迪克逊（Dougal Dixon）及英国古脊椎动物和比较解剖学家伊恩·詹金斯（Ian Jenkins）合著，由古生物和地层学博士王烁及生物化学和分子生物学硕士王璐翻译的《地球生命的历程》（人民邮电出版社，2016年5月出版，英文书名 The Atlas of Life on Earth- The Earth, Its Landscape and Life Forms）。我如饥似渴地花了20天时间一个字不漏地读完了。真是相见恨晚，万万没想到：这四本书正是我们《洋底动力学：系统篇》的科普版，非常通俗易懂，特此，激动地建议读者阅读《洋底动力学：系统篇》之前，阅读这四本科普书及国际著名大学都开设的公共课参考书——美国的大卫·克里斯蒂安、辛西娅·斯托克斯·布朗、克雷格·本杰明的《大历史——虚无与万物之间》一书，这非常有助于理解我们在这套书中对复杂自然系统的科学解读。

迄今，欣慰地看到《海底科学与技术》丛书中的11本在5年内一一付梓，这也是我们团队20年科研教学实践的结晶。今后，海底科学与探测技术教育部重点实验室将持续支持这套丛书其他教材或教学参考书的建设，本套丛书也作为科研反哺教学的一个成果，更希望能满足新时代国家海洋强国的人才急需，提供给学生或读者一些营养，期盼对大家有所启发。

主编：

2020年7月29日于深圳